普通高等教育"十二五"规划教材

工程水文与水利计算

主　编　范世香
副主编　韩娜娜　刁艳芳　王　刚

中国水利水电出版社
www.waterpub.com.cn

内 容 提 要

该教材以“两个设计”和“两个计算”为核心，系统地介绍了工程水文与水库水利计算中的基本原理和方法。全书共分15章，主要内容有：水文现象，水文信息技术，流域产流计算，流域汇流计算，河道汇流计算，水文频率分析计算，设计年径流分析计算，河流泥沙计算，直接法推求设计洪水，间接法推求设计洪水，水库特性，水库兴利调节计算及水库防洪调节计算，还简要介绍了水文预报的相关内容。

本书可作为水利类各专业本科教学使用，也可作为相关专业的教学参考书，还可供其他涉水工程的专业技术人员参考。

图书在版编目（CIP）数据

工程水文与水利计算 / 范世香主编. -- 北京 : 中国水利水电出版社, 2013.8(2018.11重印)
普通高等教育“十二五”规划教材
ISBN 978-7-5170-1154-5

Ⅰ. ①工… Ⅱ. ①范… Ⅲ. ①工程水文学－高等学校－教材②水利计算－高等学校－教材 Ⅳ. ①TV12②TV214

中国版本图书馆CIP数据核字(2013)第187212号

书　　名	普通高等教育“十二五”规划教材 **工程水文与水利计算**
作　　者	主编　范世香　　副主编　韩娜娜　刁艳芳　王刚
出版发行	中国水利水电出版社 （北京市海淀区玉渊潭南路1号D座　100038） 网址：www.waterpub.com.cn E-mail：sales@waterpub.com.cn 电话：(010) 68367658（营销中心）
经　　售	北京科水图书销售中心（零售） 电话：(010) 88383994、63202643、68545874 全国各地新华书店和相关出版物销售网点
排　　版	中国水利水电出版社微机排版中心
印　　刷	北京瑞斯通印务发展有限公司
规　　格	184mm×260mm　16开本　21.75印张　516千字
版　　次	2013年8月第1版　2018年11月第3次印刷
印　　数	5001—8000册
定　　价	**52.00**元

前言

教材改革是教学改革的重要组成部分，其宗旨就是要遵循“传承与创新”的精神和“有所为有所不为”的原则。因此，结合近年来的教学情况及各校学时安排等现状，本教材重点突出了工程水文与水利计算课程的核心内容，即“两个设计”（年径流设计与洪水设计）和“两个计算”（水库的兴利调节计算与防洪调节计算）。在内容安排上，注重实用，结构合理，特色鲜明。书中强化了河道汇流与小流域设计洪水的内容，尤其是河道汇流，不仅在设计洪水分析计算中是非常有用的，而且也是短期洪水预报的重要组成部分，所以将河道汇流计算单独列章编写。同时，由于篇幅所限，淡化了水文预报的内容，并将相关分析、径流过程随机模拟、流域水文模型、河流水质及水库调度等不再编入本书。全书共分 15 章，主要内容包括水文现象、水文信息技术、流域产流计算、流域汇流计算、河道汇流计算、水文频率计算、设计年径流计算、直接法推求设计洪水、间接法推求设计洪水、水库兴利调节计算和水库防洪调节计算等。

本教材在传承经典、采纳成熟内容的基础上，还编入了近年来包括编者在内的最新研究成果，如增加了计算特征河长的新公式，提出并诠释了汇流曲线的定义与因次。另外，作为一种尝试，有关章节采用了新名称更为合理，如第十章“由流量资料推求设计洪水”改为“直接法推求设计洪水”，第十一章“由暴雨资料推求设计洪水”改为“间接法推求设计洪水”。还如，在流域地面净雨汇流计算中，先介绍单位线的定义和使用方法，再介绍直接法推求单位线和间接法推求单位线的内容。

本书由四所农林院校承担本科生“工程水文与水利计算”课程教学任务的几位主讲教师负责编写。具体分工是：第一章、第五章、第六章、第十五章由山东农业大学范世香编写；第三章、第四章、第九章由天津农学院韩娜娜编写；第十二章、第十三章、第十四章由山东农业大学刁艳芳编写；第二章、第八章由山东农业大学王刚编写；第十章由河北农业大学孟霄编写；第十一章由河北工程大学王金贵编写；第七章及附录由山东农业大学高雁编写。

对书中各章节的审核、完善及统稿工作，由范世香、刁艳芳负责完成。

在编写过程中，我们参考了已出版的许多相关教材或论著，力求在参考文献中详尽地列出，但也可能有所遗漏。在新版《工程水文与水利计算》即将面世之际，我们谨向相关作者，特别是在参考文献中没有列出的作者，表示诚挚的谢意。

本教材可作为高等院校水文与水资源工程、给水与排水工程、水利水电工程、农业水土工程等专业的教学用书，也可作为相关专业的教学参考书，还可供水利、交通、给排水及环境保护等专业人员参考。

在编写中我们力求精益求精，但由于水平所限，书中不当之处在所难免，恳请读者提出批评和意见，以便今后进一步完善。

编者

2013年5月

目 录

第一章　绪　　论

第一节　概　　述

水文学是研究地球系统中水的存在、分布、运动和循环变化规律的科学，是地理学的一个重要分支。长期以来，由于水利工程建设的需要推动了水文学的发展，水文学的许多实用技术又为水利工程建设提供了有力的支撑，这样就逐步形成了工程水文学，可以说，兴利和除害是工程水文学研究的驱动力。

由此可见，工程水文学是水文学的重要组成部分，属于应用水文学范畴，它是将水文学的基本理论与方法应用于工程建设的一门技术学科，如水利水电工程、城市工矿企业用水工程与排水工程、农田水利工程、公路和铁路的桥涵工程及国防建设工程等，是为防洪排涝、水资源开发利用、桥涵建筑等工程的规划设计、施工及运用提供水文数据的各种水文分析计算的总称。其主要目的是估算工程在规划设计阶段和施工运行期间可能出现的水文设计值及其时空变化情况。

水利计算指的是在水资源的开发和河流的治理中，根据河流的天然水文情况、国民经济各部门的用水需求、径流调节方式及经济论证等，通过水库（工程措施）而进行的分析计算。通过计算获得的成果，可为水工建筑物的设计提供依据，以便确定水工建筑物的规模，同时也为工程的投资与效益、用水部门工作的保证程度和工程修建后的后果等做经济分析、综合论证提供定量依据。

兴利与除害是水利工作的主要任务，也是水利事业发展中的永恒主题。要达到兴利除害的目的，必然要修建各种水利工程。由于水库具有调节径流的作用，所以水库是最常用的水利设施，工程水文与水利计算的最终目标就是为修建水利设施提供各种设计参数，尤其是特指水库，因此也可称为工程水文与水库水利计算。

第二节　水资源特点及我国水资源概况

一、水资源的特点

水资源是一种自然资源，是人类赖以生存和发展以及保障社会经济发展的必不可少的一种资源。水资源的概念随着时代的进步，其内涵也在不断地丰富和发展。到目前为止，其概念的界定也没有达成共识，一般对水资源的定义有广义和狭义之分。广义水资源是指地球上水的总体，包括大气中的降水、河湖中的地表水、浅层和深层的地下水、冰川、海水等。狭义水资源是指与生态系统保护和人类生存与发展密切相关的、可以利用而又逐年能够得到恢复和更新的淡水。对于某一流域或局部地区而言，水资源的含义则更为具体。广义的水资源就是大气降水；狭义的水资源就是河川径流，包括地表径流、壤中流和地下径流。因为河川径流与人类的关系最为直接、最为密切，故常将它作为研究对象。

如果仅把河川径流作为水资源来看，水资源具有以下普遍特点：

（1）流动性。水是一种流体，通过水文循环和各种水文过程的相互转化，形成了一个复杂而庞大的系统。

（2）可恢复性。由于水文循环的作用，各种水体在不断地更新交替，这就是水资源的可恢复性，又称为再生性。这种可恢复性有一定限度，局部地区的总量有限，如果超过限度就会引起用水危机。

（3）时空分布的不均匀性。由于水文循环的路径不同，水资源在地区分配上存在较大的差异；又由于水文循环受大气环流的影响，水资源在时程分配上也变化很大。

（4）利害两重性。水资源是一切生物包括人类赖以生存的基本物质，但由于受大气环流等不确定性因素的影响，有时降雨量过分集中，常造成洪涝灾害。

（5）随机性。在水文循环中由于受到天气系统的影响，各地的水文现象有周期性规律可循，但大多也表现出随机性，难以预料。

（6）一水多用性。水资源作为人类不可或缺的重要资源，具有一水多用性，例如，发电的水还可用来航运、灌溉、养殖等。

从水资源的特点可以看出，兴利和除害两者并举，可望实现变水害为水利的最高目标。也正是由于水资源的这几个特点，才为水文科学的发展提供了源动力。

二、我国水资源概况

1. 水资源总量多而人均少

水资源通常指平均每年可以得到的淡水量（包括洪水资源），而大气降水则是它的主要补给来源（或毛水资源量）。据估计，我国多年平均年降水量约 61889 亿 m^3，折合平均年降水深为 648.4mm。我国平均年水资源总量 28124 亿 m^3，其中河川平均年径流量 27115 亿 m^3，地下水量 8840 亿 m^3。我国还有年平均融水量近 500 亿 m^3 的冰川以及近 500 万 km^3 的近海海水。我国河川平均年径流量相当于全球陆面年径流总量的 5.7%，居世界第 6 位，仅次于巴西、俄罗斯、加拿大、美国和印度尼西亚。但按人口、耕地面积平均，则处于较低的水平。我国人均水资源量只有 2710m^3，相当于世界人均水资源量的 1/4；亩均水资源量只有 1770m^3，约为世界亩均水资源量的 3/4。因此，我国的水资源并不富裕。

2. 水资源时空分布不均匀

我国水资源的地区分布很不均匀，南多北少，相差悬殊。长江流域及其以南的珠江流域、东南诸河和西南诸河等南方四片，平均年径流深都在 500mm 以上，其中东南诸河片平均年径流深超过 1000mm。北方六片中，淮河流域片 225mm，略低于全国均值，黄河、辽河、松花江四片平均年径流深仅有 100mm 左右，西北内陆河流域平均年径流深仅有 32mm。

我国水资源年内、年际分配极不均匀，是造成水、旱灾害频繁的重要因素。1950～1983 年的统计资料表明，平均约每三年发生一次较为严重的水、旱灾害。

3. 水土资源组合极不平衡

全国有 45%的国土处于年降水量少于 400mm 的干旱少水地带。长江流域及其以南地区的径流量占全国的81%，耕地只占全国的35.9%；北方黄淮海及东北地区，径流量只占全国的14.4%，而耕地却占全国的58.3%，南北水土资源组成相差十分悬殊。

4. 水土流失和水质污染严重

随着人口和工农业的发展，致使水土流失和水质污染的问题也日益突出。目前全国水土流失面积约为150万km^2，占国土面积的1/6左右，平均每年流失泥沙50亿t。1980年对全国451条河流进行水质综合评价，表明其中受到较严重污染的有141条，占31.3%。例如黑龙江流域，有机物污染河长达62.7%；黄河干流汞、酚、砷、铅四种剧毒物质在鱼体中的残留量已接近或超过食用标准。因此，合理使用水量、防止水质污染已是水资源工作的重要任务。

5. 水能资源丰富

全国水能资源蕴藏量为6.29亿kW，其中可供开发利用的量为3.81亿kW。我国的水能资源居世界第一位，到2010年，我国水电装机达到了1.25万kW，占电力总装机容量的28%。到2015年，我国水电装机将达到1.5亿kW，水能资源开发程度将达到40%，成为名副其实的水电大国。

为了解决水资源供需矛盾、减轻水灾害，我国开展了以防洪减灾和水资源综合利用为主要目标的大规模水利工程建设。截止到2000年，全国已建成大中小型水库8.5万多座，塘坝等工程585万座，蓄水工程总库容达5756亿m^3，兴利库容3134亿m^3；已建各类堤防27万余km，其中主要堤防7.7万km；开辟临时分蓄洪区约100处，可分蓄洪水1000多亿m^3；大多数流域已形成了包括堤防、水库、分蓄洪工程、河道整治工程的防洪工程体系。

第三节　水文现象基本规律与研究方法

一、水文现象的基本规律

地球上的水在太阳辐射和重力的作用下，以蒸发、降水和径流等方式周而复始地循环，这些现象称为水文现象。这些水文现象在时间变化上与其他自然现象一样，具有必然性和偶然性，在水文学中通常称前者为确定性，后者为随机性。此外，水文现象在空间变化上，还具有地区性规律。

（1）水文现象的确定性规律。河流每年都具有丰水期和枯水期的周期性交替规律，冰雪水源的河流则具有以日为周期的流量变化规律，产生这些现象的根本原因是地球公转、自转和周期性变化。再如，在流域上降落一场暴雨，相应地就会出现一次洪水。如果暴雨强度大、历时长、笼罩面积广，产生的洪水就大；反之，则小。显然，暴雨与洪水之间存在着因果关系。由此说明水文现象都具有客观发生的原因和具体的形成条件，从而存在确定性的规律，也称为成因规律。

（2）水文现象的随机性规律。影响水文现象的因素错综复杂，其确定性规律常常不能完全用严密的数理方程表达出来，于是，在一定程度上又表现出非确定性，称随机性。例如根据暴雨洪水的成因规律进行洪水预报，尽管能取得较好的效果，但由于计算中忽略了一些次要的偶然因素的干扰，从而使预报成果表现出某种程度的随机误差。河流某断面每年出现最大洪峰流量的大小和它们出现的具体时间各年不同，也具有随机性，即未来的某一年份到底出现多大洪水是不确定的。但通过长期观测可以发现，特大洪水和特小洪水出现的机会很少，中等洪水出现的机会多，多年平均值则是一个趋于稳定的数值，洪水大小和出现机会形成一个确定的概率分布，这就是所说的随机性规律，因为要掌握这种规律，常常需要统计学的知识，由大量的资料分析出来，故又称统计规律。

（3）水文现象地区性规律。某些水文现象受分区性的气候因素，如降水、蒸发、气温等影响，而这些气候因素是具有地区性规律的，所以这些水文现象也在一定程度上呈现出地区性规律。例如我国的多年平均降水量自东南沿海向西北内陆逐渐减少，从而使多年平均河川径流深也呈现出同样的地区性变化，它综合地反映了确定性规律和统计规律。

二、工程水文研究方法

根据水文现象的基本规律，其研究方法相应地也分为以下 3 种：

（1）成因分析法。如上所述，水文现象与其影响因素之间存在着成因上的确定性关系，通过对实测资料和实验资料加以分析研究，可以从水文过程形成的机理上建立某一水文现象与其影响因素之间确定性的定量关系，这样，就可以根据过去和当前影响因素的状况，预测未来的水文现象。这种利用水文现象确定性规律来解决水文问题的方法，称为成因分析法，它在水文分析计算中得到广泛应用。

（2）数理统计法。根据水文现象的随机性，以概率理论为基础，运用频率计算方法，可以求得某水文要素的概率分布，从而得出工程规划设计所需要的设计水文特征值。利用两个或多个变量之间的统计关系（相关关系），进行相关分析，以展延水文系列使其更具有代表性。

（3）地区综合法。根据气候要素和其他地理要素的地区性规律，可以按地区研究受其影响的某些水文特征值的地区变化规律。这些研究成果可以用等值线图或地区经验公式表示出来，如多年平均径流深等值线图、洪水地区经验公式等，称为地区综合法。利用这些等值线或经验公式，可以求出资料短缺地区的水文特征值。

以上三种研究方法，在实际工作中经常结合使用，相辅相成，互为补充，以期计算成果合理可靠。

三、水利计算研究方法

水利计算是在工程水文学的基础上，主要利用水量平衡原理进行研究，但它涉及的内容较多，并与其他学科发生交叉，综合性较强。

（1）水量平衡法。水量平衡法就是质量守恒定律的具体应用。在水库的水量兴利调节计算中，主要是利用计算时段的来水、用水与水库的蓄水变化进行水量平衡分析，确定调节库容和蓄水变化过程；在中小型水电站的水能计算中，也用到水量平衡方法确定水库的蓄水（水位或水头）变化情况。在水库的调洪计算中，也必须根据水库水量平衡方程与蓄泄方程（或称蓄泄曲线）联合求解，才能确定水库防洪需要的各种特征值，可见水量平衡原理贯穿整个水利计算的全部内容。

（2）多科学交叉法。仅依靠水量平衡法难以完成水利计算目标，必须有其他学科的紧密配合才能达到研究目的，如数理统计学、水力学、水利经济学、水能学等。因此，与其他学科一样，从事水利计算研究时，必须具有扎实的相关学科的知识。虽然水利计算是多学科相互交融的一门技术科学，但水量平衡原理起主导地位，所以将水利计算归类为应用水文学范畴也在情理之中，并得到许多专家学者的认可。

第四节 水文科学的发展简史

一、水文科学发展简介

1. 萌芽时期

公元前3000年到300年，古埃及人就开始了在尼罗河的水位观测；公元前450年至350年，希腊人初次提出了水文循环的臆说；公元前250年，我国在四川都江堰设立石人观测水位。公元100～200年，东汉王充在《论衡》一书中论述了水文循环的概念；公元1425年我国颁布了测雨器制度；公元1452年意大利人采用了浮标法测流速，并通过观测数据论证了水循环。这一时期，被认为是水文学的萌芽时期，一些水文学基本概念与原理开始形成。

这一时期，中国的水文知识居于世界领先的地位。

2. 奠基时期

公元1400～1900年期间，水文实验兴起，一些水文观测仪器制造成功并开始使用，如毕托管、流速仪等，这一时期，科学家们提出了伯努利方程、谢才公式、达西定律等。特别是1674年法国人贝罗特在巴黎出版了《泉之源》一书，从数量上进行了水文循环的描述，通过对塞纳河三年的观测，计算出塞纳河伯格底以上流域的年径流量占年降水量的1/6，这一结论的公布被认为是现代水文学的开始。

在这一时期，基本形成了以水文水利计算为主的新的分支学科，即应用水文学，但中国的水文科学在这一时期的进展比较缓慢。

3. 应用水文学兴起时期

1900年至1950年各国逐渐建立起雨量站、水文站，以便更深入地了解和探讨水文规律，水文理论有了长足的进步，并开始应用于生产实践，应用水文学得到了很大发展。由于科学技术的进步，涉水工程大量开发，迫切需要解决工程建设中的许多实际水文问题。随着水文站网的发展及实测水文资料的逐年增加，促进了水文分析计算工作。这一时期，不仅出现了许多水文经验公式，还出现了许多基于成因分析的推理公式、合理化公式及水文预报方法，如1932年的谢尔曼单位线、1940年的霍顿下渗公式等。与此同时，数理统计理论也开始应用于水文分析计算，这一时期被称为水文学的实践时期。

进入20世纪，特别是经过两次世界大战的破坏后，各国都致力于经济的恢复与发展，迫切需要解决城市建设、交通运输、工农业用水和防洪等水利工程中的一系列水文问题，进而促进了水文科学的迅速发展。在这一时期，水文站网扩大，实测资料积累丰富，为水文分析研究提供了有利的条件，应用水文学取得了许多新进展。1935年，美国的GT麦卡锡提出了马斯京根方法，简化了河道洪水演算。1914年海森首先设计并使用了正态频率格纸选配流量频率曲线。1924年，HA福斯特完整地提出了皮尔逊－III型频率曲线的分析方法，同时，W韦伯尔提出了经验频率计算公式，将概率论与数理统计理论引进了水文学。

这一时期，许多应用水文学著作出版，标志着水文学进入了成熟期。

4. 现代水文学的发展

1950年以后，水文科学的深度和广度又得到发展。一是表现在水文科学理论的深入研究向相关学科的渗透，促使水文分析计算和预报出现了许多新方法；二是表现在计算机的普及、应用和3S技术大大推动了水文学的发展，如水文系统的自动测报、实时水文预报方法等。在这一时期，许多水文学新分支也相应的出现了，如随机水文学、城市水文学、农业水文学、森林水文学、环境水文学、生态水文学等。

调查、考证和分析历史洪水资料，以弥补资料系列的不足和代表性差的问题，也是这一时期的新特点。除了广泛调查历史洪水外，90年代又发展了古洪水研究，利用放射性同位素碳14获得全新世（约距今1万年）以来的古洪水信息，为我国大型水利工程的洪水设计提供了有重大意义的成果。

二、我国水文事业的发展

1. 水文信息技术方面

新中国在1949年刚成立时，全国仅有148个水文站，203个水位站，2000多个雨量站。而到了1978年，全国水文站发展到2922个，水位站发展到1320个，雨量站发展到13309个，水质站800个，各种水文实验站33个。到2008年，全国已有水文测站37436个，水位站1244个，雨量站14602个，水质站5668个，地下水监测站12683个，蒸发实验站17个，径流实验站51个。在测站现代化建设方面也取得新成就，如建成测流缆道2162座，水文测船849艘，专用测车近300辆，配备多普勒测流仪341台，全站仪481个，卫星全球定位系统486套，水文自动测报系统300余处，自记水位站2000余处（其中能够遥测的水位站有1000多处），固态储存雨量设备有7000多个。目前，全国已建成了覆盖主要江河水系、布局合理、功能比较完善、项目比较齐全的水文站网体系。

水文观测资料也已按流域进行了整编刊印，到1989年共计刊印水文年鉴2277册。调查整理了6000多个河段的历史特大洪水资料并由各省汇编成册出版，较好地满足了水利建设和经济社会发展对水文信息的需求。

2. 水文实用技术方面

多年来，水文、规划设计及科学研究等多部门共同协作，进行了大量的水文统计分析工作，全国各地都编制出了水文特征值统计表、水文手册或水文图集等。1981年颁布了《水利水电工程设计洪水计算规范》，1983颁布了《水利电力工程水利动能设计规范》，1975年8月河南驻马店大暴雨（简称“75.8”大暴雨）发生后，全国范围内开展了可能最大暴雨的普查研究，编制了《全国24h可能最大暴雨等值线图》及《暴雨洪水查算图表》等。1980年开始，开展了全国水资源综合评价与合理利用研究，分别于1987年和1989年出版了《中国水资源评价》及《中国水资源利用》。在此基础上，2000年又开始了第二次全国范围的水资源调查与评价工作。2005年起，为解决水库防洪与兴利的矛盾，实现洪水资源化，在许多大型水库又开始了汛限水位的设置与控制运用研究，在确保水库安全的条件下，大大提高了已建成水库的综合利用效益。

新中国成立以来，水文预报工作从无到有，也已经逐步发展起来。目前，全国建立了水情中心125个、自动测报站6385个，占报汛站总数的80%。全国7大流域机构和各省市的水雨情信息均可通过宽带传达到国家防汛抗旱总指挥部办公室，极大地提高了水文信息的时效性，实现了防洪抗旱异地会商、洪水预报的自动测报和优化决策。水文预报理论和方法也有很大发展，基本形成了符合我国国情的一整套水文预报方法，1985 颁发、2000 修订的《水文情报预报规范》，有力地促进了我国水文预报工作向着国际先进水平发展。

在水利计算方面，我国也相应地提出了设计规范，如 1995 年水利部颁布的《水利工程水利计算规范》（SL—95）等，另外，在技术手段上，从过去的手工绘图、解算发展到目前的编程电算化。

2011 年中共中央、国务院发出的 1 号文件《关于加快水利改革发展的决定》中指出“水是生命之源、生产之要、生态之基。兴水利、除水害，事关人类生存、经济发展、社会进步，历来是治国安邦的大事。”由此可见，我国的水利建设事业在未来将会有一个较大的发展，工程水文与水利计算也将在水利建设中发挥着越来越重要的作用。

第五节 本课程的主要任务与内容

一、本课程的主要任务

水利工程从兴建到运用，一般要经历规划设计、施工和运行管理三个阶段，而每个阶段都离不开工程水文与水利计算的理论和技术方法，因此，本课程的主要任务是：

（1）规划设计阶段。这个阶段主要是确定工程的位置、规模。例如一条河流，在何处布设工程合适，工程的规模，如库容、装机容量等选择多大为宜。要使它们确定得经济合理，关键在于正确预计将来工程运行期间可能出现的各种水文情况，比如设计水库时，若把河流洪水估算过大，据此设计的库容就会偏大，从而造成浪费；反之，洪水估计过小，设计的库容量小了，将来危及工程本身和下游的安全。另外，合理的估算出洪水大小后，还要知道采用多大的防洪库容才合适。在规划设计阶段，工程水文与水利计算的主要任务是为工程设计提供水文数据，如设计年径流、设计洪水等，在此基础上再通过调节计算确定工程规模。

（2）施工阶段。此阶段需要确定临时性水工建筑物，如围堰、导流隧洞和明渠等，为此要求计算施工期设计洪水，经调洪演算定出围堰高度和导流洞或渠道的断面尺寸。

（3）运行管理阶段。随着工程运行期间水文资料的不断积累，还要经常地复核和修正原来计算的水文数据，通过调节计算检验工程是否达到设计标准，以便改进调度方案或对工程实行扩建、改建和除险加固等。

工程水文不仅对水利水电工程建设有巨大的作用，而且对国民经济许多部门也是非常重要的。例如道路桥涵、船运码头、城市排水等，在规划设计和管理中都要用到由水文分析计算提供的数据，在防汛和洪水预报中也是不可缺少的。所以，水文学科在国民经济建设中的作用将越来越重要。水利工作的主要目标是兴利除害，而工程水文学的作用就是为实现这一目标而解决工程上遇到的实际问题。

二、本课程的内容

本课程的主要内容有两部分：一是工程水文；二是水库水利计算。

1. 工程水文的主要内容

工程水文的主要内容，是在了解水文现象相关知识（第二章）及水文频率分析计算（第八章）的基础上，重点阐述了进行“两个设计”的分析计算，即年径流设计（第九章）与洪水设计（第十章、第十一章）。而洪水设计又分为由洪水资料直接推求设计洪水与由暴雨资料间接推求设计洪水。在“两个设计”中，又涉及水文资料的来源（第三章）、流域产流（第四章）、流域汇流（第五章）及河段汇流计算（第六章）等内容。另外，还介绍了河流泥沙计算（第十二章）并简要叙述了水文预报（第七章）。

2. 水库水利计算的主要内容

水库水利计算主要介绍基本知识。主要内容是在了解水库基本特性（第十三章）与工程水文提供的年径流与洪水设计成果的基础上，阐述了水库的“两个计算”，即水库的兴利调节计算（第十四章）与水库的防洪调节计算（第十五章）。在兴利调节计算中，既阐述了径流的兴利调节计算，也简要叙述了中小型水电站的水能兴利调节计算。

第二章 水 文 现 象

把水文循环以及在水文循环过程中发生的降水、蒸发、下渗与径流等现象称为水文现象，了解并掌握这些水文现象的有关知识，对后续各章的学习将是非常有益的。

第一节 水 文 循 环

一、水文循环

地球表面的水体在太阳辐射作用下，大量的水分被蒸发升至空中，随气流运动并向各地输送。水汽上升和输送过程中，在一定条件下凝结，以降水形式降落到陆面或洋面上，降落在陆面上的雨水形成径流，通过江河汇入海洋，然后再由海洋面上蒸发。水分这种往复不断的循环过程称为水文循环。

自然界的水循环是通过蒸发、降水、下渗和径流四个主要环节（也称为四大水文现象）进行的。根据地球上水文循环的全局性和局部性，可把水文循环分为大循环和小循环。海洋上蒸发的水汽，被气流带到陆地上空，在一定气象条件下成云致雨，降落到地面，称降水。其中一部分被蒸发；另一部分形成径流，最后回归海洋。这种海洋与大陆之间水分的不断交换称大循环，如图 2-1 中的图注 1 所示。洋面上蒸发的水汽，凝结后又降落在洋面上；或陆面蒸发的水汽，上升凝结后又降落在陆面上，这种局部的水文循环称小循环，如图 2-1 中的图注 2 所示。对陆面降水来说，主要是依赖于洋面上源源不断送来的水汽，即大循环起主导作用。

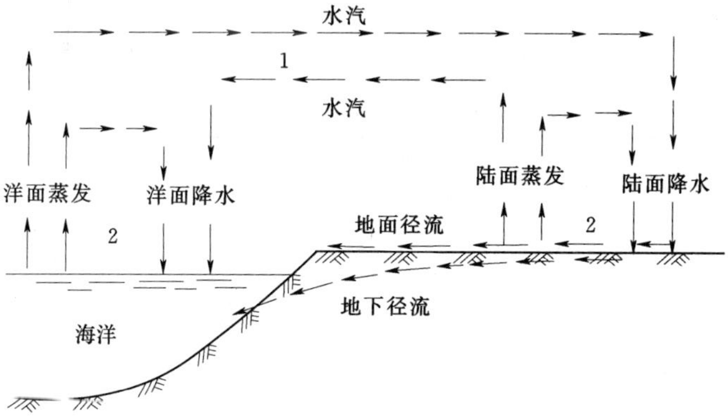

图 2-1 自然界水循环

1—大循环；2—小循环

发生水文循环的内因是“水在常温下能实现三态转化而不发生化学变化”，外因是“由于太阳辐射和地心引力提供了强大的驱动力”。内因是关键，外因是条件，缺一不可。

水文学研究的核心问题，是以水文循环为主线，以流域产汇流为重点。水文循环中的“降水、下渗、蒸发及径流”四大水文现象将分别在下面几节中论述。

我国水文循环的主要水汽来源是东南面的太平洋。随着东南季风，水汽向西北往大陆输送。输送途中，首先在沿海地区形成较多的降水，所以越向西北，空气中的水汽将越少，降水量也越少。来自西南方向印度洋的水汽也是我国水汽的一个很重要的来源，对我国西南地区和江淮流域的降水起很大作用。西北边疆地区，还有少量的水汽来自西风环流带来的大西洋水汽，还有随强盛的北风带来的北冰洋水汽。鄂霍次克海的水汽，随东北风进入我国东北地区，对该区降水有重要影响。

二、全球水量平衡

水量平衡是指在水文循环过程中，任一地区在一定时段内进入的水量与输出的水量之差，必等于其蓄水的变化量。水量平衡原理是物质不灭定律在水文学中的具体应用，在水文学研究中是非常重要有力的工具。

对于陆地来说，每年的蓄水变量有正有负，多年平均值将趋近于零，因此，多年平均情况的水量平衡方程为

$$\overline{R}=\overline{P}_c-\overline{E}_c \tag{2-1}$$

同理，对于海洋则为

$$\overline{R}=\overline{E}_0-\overline{P}_0 \tag{2-2}$$

式中：$\overline{R}$为流入海洋的多年平均年径流量；$\overline{P}_c$、$\overline{P}_0$ 分别为陆地上和海洋上的多年平均年降雨量；$\overline{E}_c$、$\overline{E}_0$ 分别为陆地和海洋的多年平均年蒸发量。上两式合并，得全球水量平衡方程为

$$\overline{E}_c+\overline{E}_0=\overline{P}_c+\overline{P}_0 \tag{2-3}$$

式（2-3）表明，全球多年平均年降水量和多年平均年蒸发量大体上是相等的，如表2-1所示。由该表可知，海洋平均每年向大陆输送119000km^3 的降水量，除去蒸发后，将是可能为人们运用的径流资源，即一般所说的水资源。由于各地的水文循环情况不同，使水资源在地区分布和时程分配上有很大的差异。另外，某一地区的水资源量也不是永恒不变的，例如大规模的灌溉、造林等，使陆面蒸发增加，从而使降水增加和径流减少。

表2-1　　地球上的水量平衡

区 域	面积（10^6km^2）	多年平均年降水量		多年平均年蒸发量		多年平均入海年径流量	
		km^3	mm	km^3	mm	km^3	mm
陆地	149	119000	800	72000	485	47000	315
海洋	361	458000	1270	505000	1400	47000	130
全球	510	577000	1130	577000	1130		

第二节 河流与流域

研究水文现象，一般都以河流为对象，以流域为区域范围。因此，有必要了解河流与流域的某些基本特征。接纳地面径流和地下径流的天然泄水通道称河流。供给河流的地面

和地下径流集水区叫流域，它由汇集地面径流的地面集水区和汇集地下径流的地下集水区所组成。流域里大大小小的水流，构成脉络相通的系统称河系（河网），又称水系。流域和河系是河川径流的补给源地和输送路径，它们的特征都将直接、间接地影响径流的形成和变化。

一、河流特征

1. 河流长度与分段

自河源沿主河道至河口的长度称为河流长度，简称河长，用 L 表示，km。一条河流沿水流方向，自上而下可分为河源、上游、中游、下游、河口 5 段。

河源是河流的发源地，可以是泉水、溪涧、沼泽、冰川等。上游直接连接河源，这一段的特点是河谷窄、坡度大、水流急、下切侵蚀为主，河流中常有瀑布、急滩。中游河段坡度渐缓，下切力减弱，旁蚀力加强，急流、瀑布消失，河槽变宽，两岸有滩地，河床较稳定。下游河槽宽、坡度缓、流速小、淤积为主，浅滩沙洲多，河曲发育。河口是河流的终点，即河流注入海洋或内陆湖泊的地区，这一段因流速骤减，泥沙大量淤积，往往形成三角洲。

2. 河谷与河槽

可以排泄河川径流的连续凹地称为河谷。由于地质构造不同河谷的横断面形状有很大差异，一般可分为峡谷、宽广河谷和台地河谷。谷底过水部分称河槽，河槽的横断面称过水断面。根据横断面形状的不同，又分为单式断面和复式断面，如图 2-2 所示。复式断面由枯水河槽和滩地组成，洪水时滩地将被淹没。

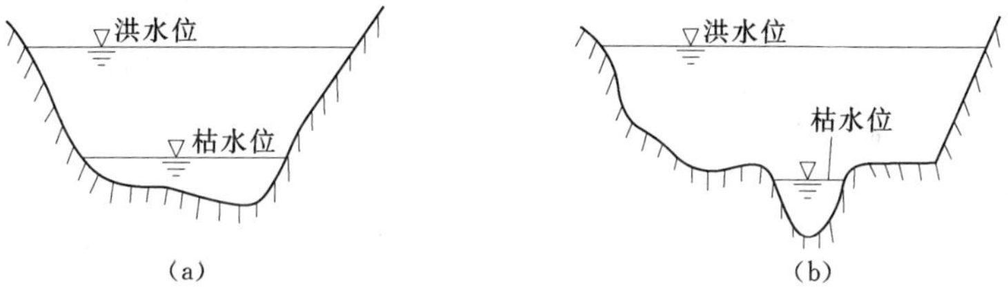

图 2-2　河槽断面

(a) 单式断面；(b) 复式断面

3. 河道纵比降

河段两端的高程差称落差。单位河长的落差称河道纵比降，简称河道坡降。当河段纵断面的河底近于直线时，该河段的落差除以河段长，便得平均纵比降。当河道纵断面的河底呈折线时，如图 2-3 所示，则通过下游端面的河底处向上游作一斜线，使之以下的面积与原河底线以下的面积相等，此斜线的坡度即为河道平均纵比降 J，计算公式为

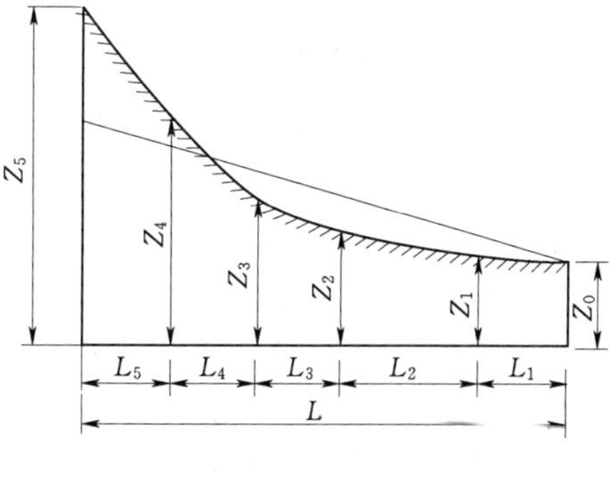

图 2-3　河道平均纵比降计算示意

$$J=\frac{(Z_0+Z_1)L_1+(Z_1+Z_2)L_2+\cdots+(Z_{n-1}+Z_n)L_n-2Z_0L}{L^2} \tag{2-4}$$

式中：Z_0，Z_1，…，Z_n 为自下游至上游沿程各转折点的高程，m；L_1，L_2，…，L_n 为自下游向上游相邻两转折点间的距离，m；L 为河道全长，m。

4. 水系的几何形态

水系中长度最长或水量最大的河流称作为干流，直接汇入干流的为一级支流，汇入一级支流的为二级支流，其余类推。根据干支流分布状况，河系可分为 4 种类型，①扇状河系，河系如扇骨状分布；②羽状河系，干流沿途接纳许多支流，其排列如同羽毛状；③平行河系，几条支流平行排列，在靠近河口处，才很快汇合；④混合型河系，较大的河流多数都包括上述二、三种型式的混合排列型。

5. 河网密度

一个流域中，所有河道的总长度与该流域总面积之比，称河网密度，即：$D=\sum L_i/F$，1/km。

6. 河流弯曲系数

河流弯曲系数 φ 指的是河流实际长度 L 与河流两端的直线距离 l 的比值，即 $\varphi=L/l$。

二、流域特征

1. 分水线和流域

（1）分水线。如图 2-4 所示，地形向两侧倾斜，使雨水分别汇入两条不同的河流中去，这一地形上的脊线起着分水作用，称为分水线或分水岭。分水线是相邻两流域的分界线，例如降在秦岭以南的雨水流入长江，而秦岭以北的雨水则流入黄河，所以秦岭是长江与黄河的分水岭。流域的分水线是流域周界，也是分水岭的延长线。流域的地面分水线是地面集水区的周界，通常是经过出口断面环绕流域四周的山脊线，可根据地形图勾绘。流域的地下分水线是地下集水区的周界，但很难准确确定。由于水文地质条件和地貌特征影响，地面、地下分水线可能不一致，如图 2-4 所示 A、B 两河地面分水线即中间的山脊线，但地下不透水层向 A 河倾斜，其地下分水线在地面分水线的右边，两者在垂直方向不重合。在地面、地下分水线之间的面积上，降雨产生的地面径流注入 B 河，产生的地下径流则注入 A 河，从而造成地面、地下集水区不一致。除此之外，如果 A、B 之间没有不透水的地下分水线，枯季时，A 河的水还会渗向 B 河，使地下分水线发生变动。

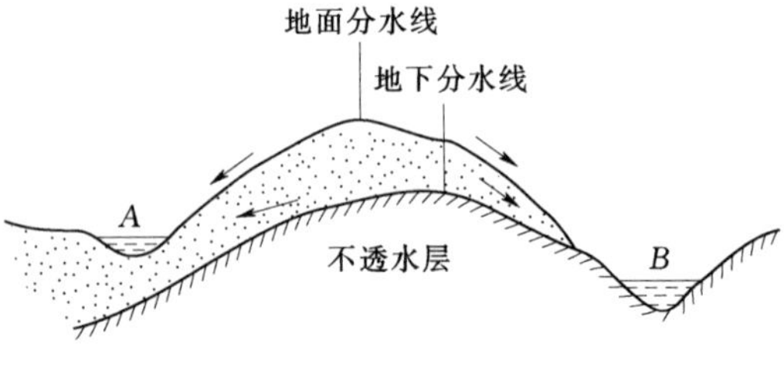

图 2-4　地面分水线与地下分水线示意

（2）流域。流域是指汇集地面、地下径流的区域，相对河流某一个断面就有一个相应的流域。例如，图 2-4 中 B 断面控制的流域是 B 以上的地面、地下集水区，它们产生的径流将由 B 断面流出。A 断面控制的流域则是 A 以上的集水区域，但由于它下切深度浅，其上产生的径流将有小部分从下面的透水层排出，而没有完全通过 A 断面。

当流域的地面、地下分水线重合，河流下切比较深，流域上降水产生的地面、地下径流能够全部经过该流域出口断面流出者，称为闭合流域。一般的大中流域，地面、地下分水线不重合造成地面、地下集水区的差异相对全流域很小，且出口断面下切较深，常常被看作是闭合流域。与闭合流域相反，因地面、地下分水线不一致，或者因河道下切过浅，出口断面流出的径流并不正好是流域地面集水区上降水产生的径流时，称这种流域为非闭合流域。小流域，或岩溶地区的流域，常常是非闭合流域，水文计算时要格外注意，应通过地质、水文地质、枯水、泉水调查和水平衡分析等，判定由于流域不闭合可能造成的影响。

2. 流域的几何特征

流域的几何特征常用流域面积、流域长度、流域形状系数等描述。

（1）流域面积。流域面积是指流域地面集水区的水平投影面积，以 F 表示，km^2。

（2）流域长度和平均宽度。流域长度就是流域的轴长，km。以流域出口为中心做许多同心圆，由每个同心圆与流域两边分水线的交点作割线，各割线中点的连线长度即为流域长度 L。流域面积 F 与流域长度 L 的比值为流域的平均宽度 B，即：$B=F/L$，km。

（3）流域形状系数。流域平均宽度 B 与流域长度 L 之比为流域形状系数 K，即

$$K=B/L=F/L^2 \tag{2-5}$$

扇形流域 K 较大，容易形成洪峰比较高的洪水；狭长流域 K 较小，洪水不易集中。它在一定程度上反映了流域形状对汇流的影响。

3. 流域的自然地理特征

流域自然地理特征包括流域的地理位置、气候条件、土壤性质及地质构造、地形、植被、湖泊沼泽等。

（1）地理位置。流域的地理位置以流域所处的经度和纬度来表示，反映流域所处的气候带和地理环境。

（2）气候条件。流域气候条件包括降水、蒸发、温度、风等，是决定流域水文特征的重要因素。

（3）土壤、岩石性质和地质构造。流域的土壤性质，如土壤类型、结构；岩石水理性质，如透水性、给水度；地质构造，如断层、节理，它们都对下渗和地下水运动具有重要影响。

（4）地形。流域的地形特征除用地形图描述外，还常用流域的平均高程和平均坡度来表述。可用格点法计算，即将流域地形图划分成100个以上的正方格，定出每个方格交叉点上的高程和与等高线正交方向的坡度，这些高程的平均值即为流域平均高程，这些格点坡度的平均值即为流域平均坡度。

（5）植被。流域的植被主要指森林，以森林植被面积与流域面积之比称植被率，表示植被的相对多少。森林对调节气候，改善径流分配、减少泥沙和洪水有重要作用。

（6）湖泊与沼泽。流域的湖泊与沼泽对径流起调节作用，能调蓄洪水和改变径流的年内分配。通常以它们占流域面积的百分数表示，称湖泊率和沼泽率。

另外，人类活动措施，如水利水电工程、水土保持、农业措施、城市化等，都将通过改变流域的自然地理条件而引起水文上的变化。例如修建水库扩大了水面面积，增加了蒸发和对径流的调蓄；毁林开荒，则会增加水土流失，河道淤积，旱涝灾害加剧等。

三、流域水量平衡方程

1. 流域水量平衡方程

前面曾就全球范围建立了水量平衡方程。现在再以流域为对象，研究水量平衡问题更具普遍性。在一定时段 T 内，如果不计流域内外人工用水交换量，则进入流域的水量有：降水量 P、地面径流流入量 R_{S1}、地下径流流入量 R_{g1}。流出流域的水量有：蒸发量 E、地面径流流出量 R_{S2}、地下径流流出量 R_{g2}。时段初、末的流域蓄水量分别为 S_1、S_2，根据水量平衡原理，该流域在 T 时段内的水量平衡方程式如下

$$(P+R_{S1}+R_{g1})-(E+R_{S2}+R_{g2})=S_2-S_1 \tag{2-6}$$

若流域是闭合的，则 $R_{S1}=0$，$R_{g1}=0$。并令 $R=R_{S2}+R_{g2}$ 为流域出口断面的总径流量，$\Delta S=S_2-S_1$ 为该流域 T 时段内的蓄水变化量，则得闭合流域的水量平衡方程为

$$P-E-R=\Delta S \tag{2-7}$$

对于多年平均情况，上式中蓄水变化量 ΔS 趋于零，从而求得多年平均情况的闭合流域水量平衡方程为

$$\overline{P}=\overline{R}+\overline{E} \tag{2-8}$$

2. 通用水量平衡方程

对于任意空间体，还可以写出通用水量平衡方程的微分式

$$I-O=\frac{\mathrm{d}W}{\mathrm{d}t} \tag{2-9}$$

式中：I 为对空间体水分的输入率，m^3/s；O 为输出率 m^3/s；$\mathrm{d}W/\mathrm{d}t$ 为空间体的水量变化率，m^3/s。如果写成差分的形式，则为

$$\overline{I}-\overline{O}=\frac{\Delta W}{\Delta t} \qquad [2-10\ (a)]$$

或

$$(\overline{I}-\overline{O})\ \Delta t=\Delta W \qquad [2-10\ (b)]$$

实际上，流域水量平衡方程式（2-6）就是通用水量平衡方程式［2-10（b）］的展开式。

第三节 降 水

空气中的水分以各种形式降落到地面的现象称降水。降水的主要形式有雨、雪、雹、霜、露等。对我国绝大多数河流来说，降雨与水文现象关系最大，所以本节主要介绍降雨。

一、气象要素

降雨与蒸发都与气象要素有关，例如气温、气压、风、空气湿度等。

1. 气温

表示空气冷热程度的物理量称为气温，以℃计。气温与空气吸收的热能有关，热能主要来自太阳辐射。在对流层内，距地表越高，气温越低，平均每升高 100m，气温约降低 0.65℃。

2. 气压

单位面积上所承受的大气重量称为气压，以 hPa（百帕）计。气压随高度增加而减

小，由于空气密度不是常数，它与空气所含水汽多少有关，所以气压与高度不是线性关系。气压的空间分布称为气压场，空间上气压相等的点组成的曲面称为等压面，等压面与水平面的交线称为等压线。

3. 风

大气的水平运动，称为风，常以风速 m/s 计。风主要是由于各地气压不同引起的，风速越大，风力也越大，通常按风速大小将风力分为 12 级。

4. 空气湿度

大气中水汽含量的多少称为空气湿度，表示空气湿度的特征量有多种。

（1）水汽压。水汽压是指空气中水汽的压力，用 e 表示，以 hPa 计。在一定温度下，空气中所含水汽量的最大值称为饱和水汽压，用 E 表示，以 hPa 计。温度越高，饱和水汽压越大，空气所含的水汽越多。饱和水汽压与温度的关系为 $E=E_0 10^{\frac{at}{b+t}}$（式中：$E_0$ 为 0℃时水面的饱和水汽压，约等于 6.11hPa；a、b 为常数，由实验确定；t 为温度，℃），在一定温度下，饱和水汽压与实际水汽压之差称为饱和差，饱和差小于 0 时，水汽将发生凝结。

（2）湿度。单位体积空气中所含水汽的质量称为绝对湿度，即水汽密度，以 g/m^3 计。空气的实际水汽压与同温度下的饱和水汽压之比值称为相对湿度，以%计。

（3）露点。如果保持气压和水汽含量不变，降低气温使水汽达到饱和，这时的温度称为露点温度，简称为露点，以℃计。当空气饱和时，露点与气温相等。由于空气经常处于非饱和状态，所以露点常比实际气温低。

（4）比湿。一定体积的空气中，水汽质量与空气总质量之比称为比湿，以 g/g 或 g/kg 计。比温 q 与气压 P 及水汽压 e 三者的关系为 $q=0.622\dfrac{e}{P}$，以 g/g 计。

二、降雨的成因分类

降雨的形成主要是由于地面暖湿气团在各种因素的影响下，迅速升入高空产生动力冷却，当温度降到露点以下时，气团中的水汽便凝结成水滴或冰晶，形成云层，云层中的水滴、冰晶，随着水汽不断凝结而增多，同时还随着气流运动，相互碰撞合并而增大，直到它们的重量不能为上升气流托浮时，在重力作用下降落地面形成降水。可见，源源不断的水汽输入是降水的先决条件，气流的上升运动产生动力冷却是形成降水的必要条件。

按气流上升运动形成动力冷却的原因，常把降水分成以下四种类型。

1. 锋面雨

锋面雨是由于冷暖气团相遇，使暖湿空气上升而形成的降雨。它又可分为冷锋雨、暖锋雨、静止锋雨等。

气团是指大气物理性质，如温度、湿度等在水平方向上比较均一的大团空气。气团向较冷地区移动时，它的温度比周围空气相对较高，称为暖气团；反之，称冷气团。冷、暖气团相遇时，形成的交界区域称为锋区或锋面，简称锋。冷气团比较强盛时，如图 2-5（a）所示，因冷空气较重，将楔入暖气团的下部，使锋面向暖气团一侧移动的同时，还迫使暖湿空气沿锋面上升，发生动力冷却而致雨，称此为冷锋雨。一般情况下，冷锋雨强度大、历时短、雨区范围较小。若暖气团比较强大，推动锋面向冷气团方向移动，暖空气主动沿锋面滑行到冷气团的上方，如图 2－5（b）所示，这样形成的降雨称暖锋雨。暖锋雨的锋面比较平缓，暖湿空气上升速度较慢，所以降雨强度较小，但历时长，范围广。若冷、暖气团势力相当，锋面在一定地区来回摆动，称为准静止锋，将产生历时长、强度也比较大的降雨。

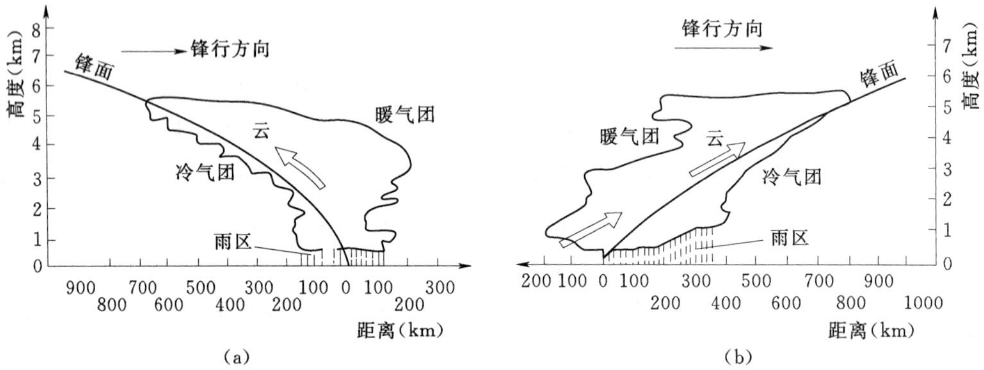

图 2－5 锋面雨形成示意
（a）冷锋雨；（b）暖锋雨

2. 气旋雨

存在气旋的地方，由于气流向低压中心辐合而引起大规模的空气上升运动，这样形成的降雨称气旋雨。

非锋面气旋，有高空涡旋，称涡，如西南涡、西北涡等。1963 年 8 月海河流域的特大暴雨就是西南涡连续北上造成的，另外，还有热带气旋，按气旋地面中心风速大小可分为热带低压、热带风暴、强热带风暴和台风（风速超过 12 级），后者所形成的降雨称台风雨。台风雨来势凶猛，一天内降雨可达数百毫米，极易造成灾害。1975 年 8 月，第 3 号台风在淮河上游降了历史上罕见的特大暴雨，最大 24h 降雨 1060.3mm，其中最大 6h 达 860.1mm。

气旋雨是我国降水的主要类型，几乎所有比较大的降雨都与它有关，是造成我国洪水的主要来源。

3. 对流雨

地面局部受热，下层空气膨胀，比重减小，与上层空气形成对流，使下层带有大量水汽的暖空气上升产生动力冷却，凝结致雨，称为对流雨。对流雨多发生的夏季酷热的午后，一般强度大、面积小、历时短，它对小面积洪水影响极大，易形成陡涨陡落的洪水。

4. 地形雨

地形雨是空气在运行途中，因遇到山岭障碍，沿山坡爬升，发生动力冷却而成云致雨。地形雨多在迎风面的山坡上，背风坡雨量则较少。例如，我国的南岭山地，七月份岭南比岭北的雨量大一倍之多，就是因为夏季多东南风，岭南属迎风面。

以上只是一种从成因上简化了的降水分类，气象部门按日雨量的大小，将降水分为 7 级，如表 2－2 所示。

表 2-2　　降水量等级表

24h 降雨量（mm）	＜0.1	＜0.1～10	10～25	25～50	50～100	100～200	＞200
等级	无雨或微雨	小雨	中雨	大雨	暴雨	大暴雨	特大暴雨

三、降雨要素及时空分布

1. 降雨要素

降雨要素主要有降雨量、降雨历时、降雨强度，称为降水三要素，另外还有降雨面积和暴雨中心等。

降雨量指一场降雨或一定时段内降落在某点或某一面积上的水层深度，以 P 表示，mm。降雨量有点雨量与面雨量之分，面雨量是一个地区或一个流域上的平均值（计算方法见第四章第一节）。降雨历时指一场降水从开始到结束持续的时间，以 T 表示，min、h 或 d。降雨强度指单位时间的降水量，又称为雨率，以 i 表示，mm/min 或 mm/h。同一时段内的降雨强度与降雨量和降雨历时三者之间的关系为

$$i=\frac{P}{T} \tag{2-11}$$

降雨面积指降雨笼罩的平面面积，以 F 表示，km^2。暴雨中心指雨量很集中的局部地区或某点，由等雨量线图可以了解暴雨中心所在位置。

2. 次降雨的时空分布

次降雨的时程分布通常用时段降雨量（或降雨强度）过程柱状图与累积降雨过程线图表示，空间分布通常用等雨量线图表示（详见第四章第一节）。为了反映次雨量的空间分布特征，有时还需要给出一场暴雨的“面积—雨深”曲线（简称面深曲线）以及“历时—面积—雨深”曲线（简称时面深曲线）。

“面深”曲线的制作方法：首先绘出一场暴雨（历时一定）的等雨量线图，其次是求出各等雨量线包围的面积，并算出面积上的平均雨量，再点绘出面积与雨量的关系，如图 2-6 所示。

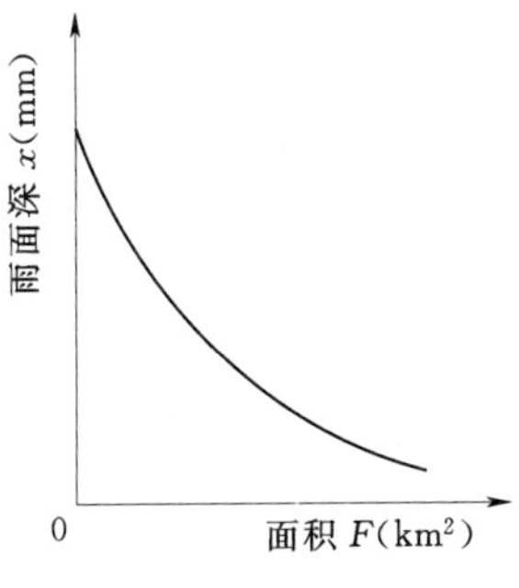

图 2-6 暴雨面积　雨深关系曲线

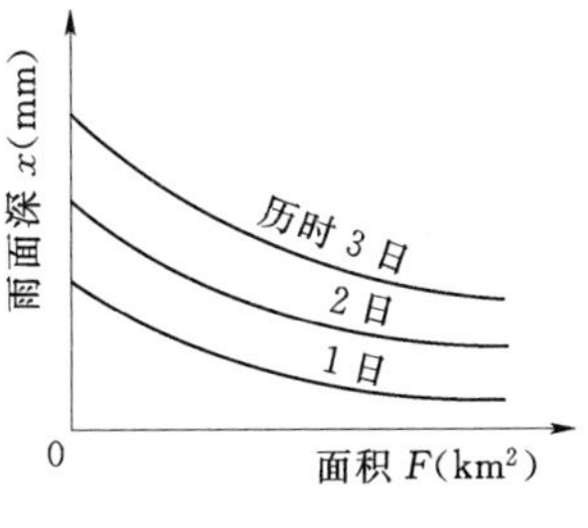

图 2-7　暴雨时—面—深关系曲线

“时面深”曲线的制作方法：对一场暴雨，首先按降雨时程分配特点，分别不同历时（如最大 1h、3h、7h 等）绘出多幅等雨量线图，其次是根据某一历时的等雨量线图求出面深曲线，最后再将各种历时的面深曲线绘在同一坐标中，即可得到时面深曲线，如图 2-7 所示。

四、我国降水的时空变化特性

1. 时间变化特性

（1）年内变化。我国大部分地区的年降水量在季节上分配不均，主要集中在夏季。长江以南主雨季较长，3～7月的雨量约占全年雨量的60%左右；华北和东北地区，主雨季在6～9月，其雨量约占全年总雨量的70%～80%，甚至更多，其中华北雨季更短，大部分降雨量集中在7～8月。其他地区，也明显地表现出夏季各月的降雨量大大超过冬季各月的降水量。

降水的年内变化除用百分数表示外，还可以用均匀性系数描述：$c=\sqrt{\frac{\sum_{i=1}^{12}(K_i-1)^2}{12}}$（式中：$K_i$ 为各月降雨量与年降雨量的比值）。

（2）年际变化。我国降水量的年际变化也很大，而且时常发生连续丰水年和连续枯水年的现象。年降水量越小的地区，年际变化越大。降水量的年际变化可以用变差系数 C_V（变差系数的概念详见第五章第一节）描述，还可以用极值比表示，即：$K=x_{max}/x_{min}$（式中：x_{max}为最大年降水量；x_{min}为最小年降水量）。西北地区的 K 值可达8以上，华北为3～6，东北为3～4，南方一般为2～3，西南在2左右。月降水量的年际变化更大，有的地区汛期最大一个月的降水量是其他年份同月的几倍、几十倍甚至百倍以上。

2. 空间变化特性

我国降水量的地区分布，一般情况是从东南向西北递减。全国多年平均降水量是650mm左右，低于全球陆地多年平均降水量800mm，也低于亚洲陆地多年平均降水量740mm。通常根据我国各地区年降水量的多少，划分为五个降水分布带，如表2-3所示。

表2-3　我国水分分布带的划分

降水分布带	年降水量（mm）	径流分布带	年径流深（mm）	径流系数	干旱指数	占国土总面积比例（%）	多年平均降水日数（d）
十分湿润带	>1600	丰水带	>800	>0.5	<0.5	7.8	>160
湿润带	800～1600	多水带	200～800	0.25～0.5	0.5～1.0	26.1	120～160
半湿润带	400～800	过渡带	50～200	0.1～0.25	1.0～3.0	18.6	80～120
半干旱带	200～400	少水带	10～50	<0.1	3.0～7.0	20.9	60～80
干旱带	<200	干涸带	<10		>7.0	26.6	<60

注　干旱指数为年蒸发能力与年降水量的比值。

第四节　土壤水与下渗

下渗是水分从土壤表面向土壤内部的运动过程，也是重要的水文现象之一，常用下渗率描述下渗的强弱。下渗率定义为单位时间内渗入土壤的水深，其单位与降雨强度相同，以mm/h、mm/d表示。下渗不仅直接决定地面径流与地下径流的比例大小，同时也影响土壤水分的大小，是径流形成中的一个重要影响因素。因为下渗率与土壤水分大小有关，有必要先了解关于土壤水分的一些概念。

一、土壤水

深厚的岩土层可分为两个水分带：①地表以下到潜水面以上是由固体颗粒、水分和空气组成的三相系统，是非饱和土壤水分带，也称为包气带。土壤水就是指包气带中的水分，在包气带的上部，由于经常接受降雨补给和蒸发消耗，土壤水分变化剧烈，称为影响土层。②潜水面以下是由固体颗粒和水分组成的两相系统，称为饱水带。

由径流形成理论可知，径流的产生以及各种径流成分的形成，是以包气带为核心的对降水的再分配，所以，包气带既是径流的发生场，又是径流的分配场。

土壤水分通常受到三种主要作用力的影响，即土壤分子力、毛管力和重力。按照土壤水分的受力情况，可将土壤水分分为吸湿水（或薄膜水）、毛管水和重力水三大类。

1. 土壤水的存在形式与度量

（1）土壤水的存在形式。土壤水通常以吸湿水、薄膜水、毛管水及重力水的形式存在于土壤中。吸湿水是指土壤颗粒吸附空气中的水汽；薄膜水是指土壤颗粒表面吸附的液态水；毛管水是指由于土壤毛细作用吸附的水分，毛管水又分为悬着毛管水（靠近地表附近）和支持毛管水（地下水面以上）；重力水也分为支持重力水（支持重力水是靠下部的支撑存在的水，如在相对不透水层和地下水位之上）和自由重力水（能在重力作用下沿非毛管孔隙运动）。

（2）土壤水分的度量。土壤水分的多少可用土壤含水量表示，表征土壤湿度的大小，土壤含水量有以下几种表达方法：

重量含水量：一定体积土壤中水分的重量和相应固相物质重量的比值（%），也称为重量含水率，用符号 θ_m 表示。

体积含水量：一定体积土壤中水分占有的体积和土壤总体积的比值（%），也称为体积含水率，用符号 θ_v 表示。

深度含水量：一定厚度的土壤中所含的水分再折算成水深大小（mm），常用符号 W 表示，这种表示方法水文上比较多的采用。

重量含水量与体积含水量的关系为 $\theta_v=\gamma\theta_m$（γ 为土壤的干容重，注意不是比重）。

深度含水量与体积含水量的关系为 $W=h\theta_v$，h 为土层的深度（mm），以后如不特别说明，土壤含水量一般是指深度含水量。

2. 土壤水分常数

所谓土壤水分常数是指土壤水分一些特征值，对一定的土壤来说，这些特征值基本保持不变。土壤水分常数主要有以下几种：

（1）最大吸湿量：土壤在饱和空气中能够吸附的最大吸湿水的土壤含水量。

（2）最大分子持水量：薄膜水达到最大时的土壤含水量。

（3）凋萎系数：当植物不能正常吸收土壤中的水分而导致缺水死亡时的土壤含水量。

（4）田间持水量：毛管悬着水达到最大时的土壤含水量。

（5）毛管断裂含水量：毛管悬着水的连续状态全部断裂时的含水量。

（6）饱和含水量：土壤中的孔隙完全被水充满时的土壤含水量。

以上土壤水分常数由大到小依次为：饱和含水量→田间持水量→毛管断裂含水量→最大分子持水量→凋萎系数→最大吸湿量。

3. 土壤水分运动方程

土壤水分的作用力可以用势表述，称为土壤水分势或土水势，用ψ表示，土水势的大小与土壤含水量有关。在非饱和土壤中，土壤水分势主要是由基质势（分子力和毛管力产生）和重力势组成，即$\psi=\psi_m+\psi_g$。在饱和土壤中，土壤水分势主要由静水压力势和重力势组成，即$\psi=\psi_p+\psi_g$。土水势的组成不同是区分饱和土壤与非饱和土壤的重要标志。

饱和土壤水分（如地下水）运动用达西定律描述

$$V=-k\frac{\partial\psi}{\partial x} \tag{2-12}$$

式中：V是水流运动速度，cm/h；k为饱和水力传导度，一定的土壤是常数，也称为渗透系数，cm/h；$\frac{\partial\psi}{\partial x}$称为水势梯度，也称为水力坡度；$x$为水流运动方向距离，cm。

非饱和土壤水分运动也可用达西定律描述：$V=-k(\theta)\frac{\partial\psi}{\partial x}$

式中：k（θ）称为非饱和水力传导度，是土壤含水量的函数。水力传导度的不同是区分饱和土壤水分与非饱和土壤水分的又一重要标志。

根据达西定律和质量守恒定律，可以导出非饱和土壤水分在三维空间的基本运动方程

$$\frac{\partial\theta}{\partial t}=\frac{\partial}{\partial x}\left[D(\theta)\frac{\partial\theta}{\partial x}\right]+\frac{\partial}{\partial y}\left[D(\theta)\frac{\partial\theta}{\partial y}\right]+\frac{\partial}{\partial z}\left[D(\theta)\frac{\partial\theta}{\partial z}\right]\pm\frac{\partial k(\theta)}{\partial z} \tag{2-13}$$

式中：$D(\theta)=k(\theta)\frac{\partial\psi_m}{\partial\theta}$称为非饱和土壤水分扩散率。如果只考虑垂直方向的水分运动，则

$$\frac{\partial\theta}{\partial t}=\frac{\partial}{\partial z}\left[D(\theta)\frac{\partial\theta}{\partial z}\right]\pm\frac{\partial k(\theta)}{\partial z} \tag{2-14}$$

式（2-14）是进行下渗与蒸发理论研究的重要依据之一。

二、下渗物理过程与下渗公式

当降雨持续不断地落在干燥的土层表面后，在土壤分子吸力、土壤孔隙毛管力和重力的作用下，雨水将不断地渗入土壤。随着下渗过程中土壤分子力和毛管力的先后消失，使下渗显示出不同阶段的特点。如果在供水（降水）充分条件下，下渗的三阶段如下：

1. 渗润阶段

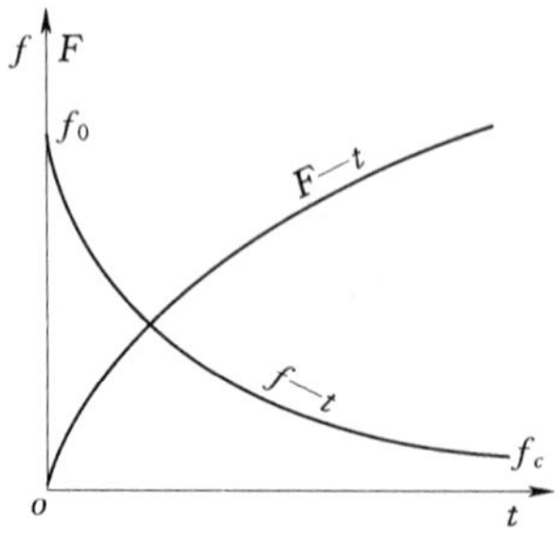

图 2-8　下渗曲线与累积下渗曲线

降雨初期，主要受土壤分子力的作用，下渗的水分被土粒吸附而成为薄膜水。干燥的土粒吸附力极大，从而初期下渗率很大，如图 2-8 中所示开始时的f_0。当土壤含水量达到最大分子持水量时，土粒分子吸力消失，这一阶段告终，图 2-8 中f—t曲线的前部。

2. 渗漏阶段

下渗水分主要在毛管力和重力作用下，沿土壤孔隙继续向下作不稳定流动，并逐步充填土壤孔隙，直到土层中全部毛管孔隙被水充满，此时毛管力也消失了。这一阶段，随着

毛管力的逐渐消失，下渗率也逐步减小。渗润阶段与渗漏阶段都属于非饱和下渗，为非稳定下渗期。这一阶段表现在图 2-8 中 f—t 曲线的中部。

3. 渗透阶段

土壤饱和后，或达到田间持水量后，水分在重力作用下呈稳定流动，称这一阶段为稳定下渗阶段，下渗率基本为一常量 f_c，称为稳定下渗率，如图 2-8 所示 f—t 曲线的后部。

充分供水条件下的下渗率称为下渗能力，下渗能力随时间的变化过程线称为下渗曲线。上面讲述的下渗三阶段，实际上就是下渗能力随时间变化的过程。当供水不充分时，其下渗率小于下渗能力，按实际供水强度下渗。

很多实验和理论都表明，一个地点的下渗曲线基本上表现为一条光滑曲线，并呈现出下渗能力随时间增长而衰减的规律，经过一定时间后逐渐趋于一个稳定的数值。这种规律与上面分析的下渗过程是一致的，实用上常以某种数学模式来描述，如 R. E 霍顿公式

$$f(t)=f_c+(f_0-f_c)\mathrm{e}^{-\alpha t} \tag{2-15}$$

式中：$f(t)$ 为 t 时刻的下渗能力，mm/h；f_0 为初始（$t=0$）的下渗能力，mm/h；f_c 为稳定下渗率；α 为递减指数。

又如菲利浦公式

$$f(t)=f_c+\frac{1}{2}st^{-1/2} \tag{2-16}$$

式中：s 为土壤的吸水系数；其他符号意义同上。

实际工作中，需通过实验或流域降雨径流资料定出 f_0、f_c、α 或 s 值，便可按公式求得某处的下渗曲线。但必须指出，流域各处的下渗能力将随着土壤地质条件和土壤含水量的不同而有比较大的变化。

下渗曲线的积分曲线称为累积下渗曲线，即

$$F(t)=\int_0^t f(t)\mathrm{d}t \tag{2-17}$$

累积下渗曲线如图 2-8 中的 F—t 曲线。

第五节　蒸　散　发

蒸发是水文循环和水量平衡的基本要素之一，对径流变化有直接影响。我国湿润地区约有 30%～50%的年降水量被蒸发掉，干旱地区约有 80%～95%的年降水量被蒸发掉。因此在水文分析中，研究流域蒸发是一项很重要的工作。自然界的蒸发包括水面蒸发、土壤蒸发和植物散发，流域蒸发则是流域各部分这些蒸散发的总和，简称蒸发。

蒸散发是蒸发面的水分受热后，由液态或固态转化为水汽向空中扩散的过程。蒸发量的大小通常以某一时段的蒸发水深表示，或蒸发率（蒸发强度）表示，例如 1 日蒸发量 3mm 表示为 3mm/d。蒸发的先决条件是蒸发面上要有水分，必要条件是供给一定的热能（主要是太阳辐射）和风引起的乱流扩散。

一、水面蒸发

水面蒸发常用水面蒸发器进行观测，蒸发器都属于小型蒸发器皿，它们的蒸发条件与实际水体有一定差异。因此，必须把蒸发器皿测得的蒸发量 $E_{器}$ 乘以折算系数 k_{ω}，才得实际水体的水面蒸发量 E_{ω}，即 $E_{\omega}=k_{\omega}E_{器}$。折算系数随蒸发器皿的直径而异，当蒸发器直径超过 3.5m 时，其值近似等于 1.0。折算系数还与月份、所在地区有关。例如表 2-4 是湖北省东湖蒸发试验站得出的各类蒸发器皿的折算系数。实际工作中，应根据当地的资料分析采用。

表 2-4　　不同类型蒸发器皿折算系数 k_{ω}

月　份	1	2	3	4	5	6	7	8	9	10	11	12	全年平均
20cm 蒸发皿	0.64	0.57	0.57	0.46	0.53	0.57	0.59	0.66	0.75	0.74	0.89	0.80	0.65
80cm 蒸发器	0.92	0.78	0.66	0.62	0.65	0.67	0.67	0.73	0.88	0.87	1.01	1.04	0.79
E—601 蒸发器	0.98	0.96	0.89	0.88	0.89	0.93	0.95	0.97	1.03	1.03	1.06	1.02	0.97

二、土壤蒸发

土壤蒸发，即土壤中水分以水汽的形式逸入大气的物理过程。土壤蒸发较水面蒸发复杂，它不仅受气象条件影响，而且与土壤中所含水分多少、土壤性质等有关。湿润的土壤在蒸发过程中逐渐干燥时，其蒸发过程如图 2-9 所示，大体分为三个阶段。

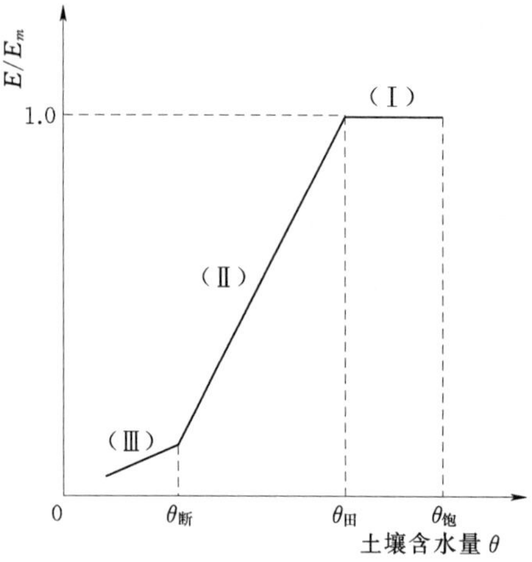

图 2-9　土壤蒸发过程示意

第一阶段（Ⅰ），土壤含水量大于田间持水量（田间持水量是指在分子力和毛管力的作用下，能够保持而不流走的最大含水量），土壤十分湿润，土层中毛细管上下沟通，这时土壤中的水分可以充分地供给土壤表面蒸发，蒸发强度（蒸发率）E 只受气象条件影响，按土壤蒸发能力 E_m 进行，即 $E=E_m$。所谓土壤蒸发能力，是指充分供水条件下的蒸发，近似等于水面蒸发。由于土壤蒸发持续耗水，土壤含水量不断减少，当减少到小于田间持水量后，土壤中毛细管的连续状态逐渐受到破坏，于是土壤内部由毛细作用上升到地表的水分也逐渐减少，这时土壤进入第二阶段（Ⅱ）。

第二阶段（Ⅱ），土壤蒸发的供水条件随着土壤含水量的减少越来越差，土壤的蒸发率也就越来越小，土壤蒸发率与土壤含水量大体上成正比，即 $E=k\theta E_m$。当土壤含水量继续减少，至凋萎含水量后，土壤蒸发进入第三阶段（Ⅲ）。

第三阶段（Ⅲ），毛管水不再以连续状态存在于土层中，毛管向土壤表面输送水分的机制遭到完全破坏，水分只能以气态水的形式向地表移动，运动十分缓慢。这一阶段的土壤蒸发率很微小，基本保持一个常量，即 $E=C$，蒸发与气象条件和土壤含水量的关系已很不明显。

土壤蒸发可通过土壤蒸发试验场或土壤蒸发器进行观测，受许多条件的限制，其成果很少在生产上具体应用，多用于土壤蒸发规律的研究。

三、植物散发

土壤中的水分经植物吸收后，输送至叶面，经由气孔逸入大气，称为植物散发。由于气孔受植物生命活动的控制，具有随外界条件张开和关闭的性能，所以植物散发是一种生物物理过程。植物的散发率随土壤含水量、植物种类、季节和天气条件的不同而异。当土壤含水量低于枯萎点后，植物就要枯萎而死亡，散发随之停止。植物除散发外，还枝叶截留一部分降水，在雨后蒸发，这一现象称植物截留。植物生长在土壤中，植物散发与土壤蒸发总是同时存在的，因此，通常又将两者合称为陆面蒸发，或流域蒸发。

四、流域蒸散发

流域中的土壤蒸发、水面蒸发与植物散发的总和，称流域蒸散发或流域总蒸发，简称流域蒸发，水文计算和水文预报中，常常需要确定这个总的数值和变化。如果先分别计算各项蒸发和散发，然后再综合求出总蒸散发量是比较困难的，这是由于流域情况极其复杂和分项计算很难准确。现在应用最多的办法是用流域水量平衡原理推求，即以实测的降水量和径流量由流域水量平衡方程计算，或根据实测的水面蒸发资料按流域蒸发模型计算。

在自然条件下的流域上，土壤蒸发所占的比重较大，由于水面面积较小，水面蒸发比重不大。另外，植物散发也基本上遵循土壤的蒸发规律。所以，流域蒸发也可用土壤蒸发规律来描述，如图 2-9 所示，其表达式为

$$E=\begin{cases}E_m, & (\theta\geqslant\theta_{田}) \\ k\theta E_m, & (\theta_{断}\leqslant\theta<\theta_{田}) \\ c, & (\theta<\theta_{断})\end{cases} \tag{2-18}$$

由以上蒸散发规律为依据，我国研制了一层、二层和三层蒸散发模型，用于进行逐日流域蓄水量的计算。另外，我国根据流域水量平衡分析，绘制了全国和各省的多年平均年蒸发量等值线图，可供使用。我国多年平均总蒸发为 364mm，地理分布趋势大体与年降水量的分布趋势相当。

第六节 径 流

流域上的降雨量除去各种损失后，经由地面和地下汇入河网，最终形成流域出口断面的水流称之为河川径流，简称径流。径流随时间的变化过程称径流过程，它是水文学研究的核心。

一、径流形成过程

由降雨到形成流域出口的径流是一个很复杂的过程，为了便于分析，一般都把它分解为流域产流和汇流两个过程。

1. 流域产流过程

雨水降到地面，能形成地面、地下径流的那部分雨量称为净雨。因此，净雨和它形成的径流在总量上是相等的，但两者的过程完全不同。把降雨扣除损失变为净雨过程称作产流过程。降雨的损失，大体分为：①植物截留 I_0 损失，雨停以后这部分损失将很快被蒸

发掉。②填洼 V_d 损失，植物截留以后降到地面的雨水，除去地面下渗，剩余的部分（超渗雨）将沿坡面流动，只有把沿程的洼陷填满之后，才能流到河网中去。填充洼地的这部分水量称填洼。填洼水量一部分下渗，另一部分以水面蒸发的形式返回大气。③雨期蒸发 E 损失，包括雨期的土壤蒸发和截留蒸发。④初渗 F_0 损失，降雨初期补充土壤缺水量的那部分下渗量（土壤缺水量等于田间持水量与当时含水量之差）。初渗的那部分雨水为土壤保持，以后被蒸发和散发掉而不能成为地下径流。

产流过程中，净雨按产生的场所可分为以下三种：

（1）地面净雨。形成地面径流（Q_s）的那一部分降雨称地面净雨。它等于降雨减去植物截留、填洼、蒸发和全部下渗量，它从地面汇入河网，形成地面径流。

（2）壤中流净雨。形成壤中流（Q_1）的那一部分降雨称壤中流净雨。因为表层土壤多为根系和土壤动物活动层，比较疏松，下渗能力比下层密实的土壤大，降雨时，来自地面的下渗将有一部分被阻滞在上、下层交界的相对不透水的界面上，形成沿界面的侧向水流，在表层土壤中流入河网（或在地凹处露出地面而注入河网），因此被称壤中流。壤中流净雨在数量上应等于地面下渗量减去初渗量和深层下渗量。

（3）地下净雨。产生地下径流（包括浅层的 Q_{g1} 和深层的 Q_{g2}）的那一部分降雨称地下净雨，它在数量上等于地面下渗量扣除初渗量和壤中流净雨量。

就目前的水文科学水平，要正确划分地面径流、壤中流和地下径流是非常困难的，故实际上，一般只把实测的总径流过程划分为地表径流和地下径流。相应地，净雨也只分为地面净雨和地下净雨。壤中流与地面径流性质上比较相近，一般把它归并到地面径流中，壤中流净雨也自然地归并到地面净雨中。实验表明，湿润多雨、植被良好地区，除靠近河道的坡脚，即使大暴雨洪水，也很难观测到真正的坡面流。显然在这种情况下，表层流常是径流的主要成分，在径流计算时应给予足够的重视。

2. 流域汇流过程

净雨沿坡地从地面和地下汇入河网，然后再沿着河网汇集到流域出口断面，这一完整的过程称流域汇流过程，前者称坡地汇流，后者称河网（道）汇流。

（1）坡地汇流。坡地汇流可分为三种情况：一是坡面漫流，地面净雨沿坡面流到附近小河沟的过程。在植被差、土层薄的干旱半干旱地区，大暴雨时，在山坡上容易看到这种水流。它一般没有明显的沟槽，常是许多股细流，时分时合，雨强很大时形成片流。在植被良好、土层较厚的山坡上，其量较少，通常仅在坡脚土壤饱和的地方出现。坡面流速度快，将形成陡涨陡落的洪峰。二是壤中流，在植被良好、表层土壤疏松的大孔隙中，饱和壤中流也有较大的速度，对于较大的流域和历时较长的降雨，将是形成洪水的重要成分。三是地下径流，地下净雨向下渗透到地下潜水面或深层地下水体后，沿水力坡降最大的方向流入河网。地下径流汇流速度很慢，降雨以后地下水流可以维持很长的时间。由于坡面漫流与壤中流很难区分开来，一般将两者合并称为地面径流。

（2）河（道）网汇流。净雨经坡地汇流进入河网，在河网中从上游向下游、从支流向干流汇集到流域出口，这种汇流过程称河网汇流或河道汇流。显然，在河网汇流过程中，沿途不断有坡地水流汇入。对于比较大的流域，河网汇流时间长，调蓄能力大，降雨和坡面漫流终止后，它们产生的洪水还会延续很长的时间。

一次降雨过程，经植物截留、填洼、初渗和蒸发等项损失扣除后，进入河网的水量自然比降雨量少，而且经坡地汇流和河网汇流两次再分配作用，使出口断面的径流过程远比降雨过程变化缓慢、历时增长、时间滞后，图 2-10 清楚地显示了由降雨过程到径流过程的这种因果关系。

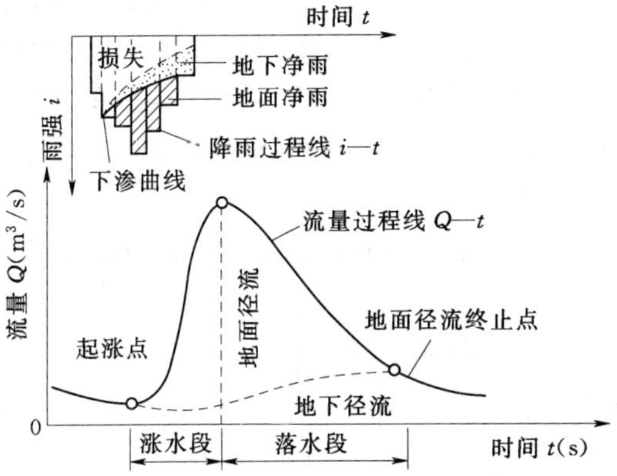

图 2-10 流域降雨径流因果关系

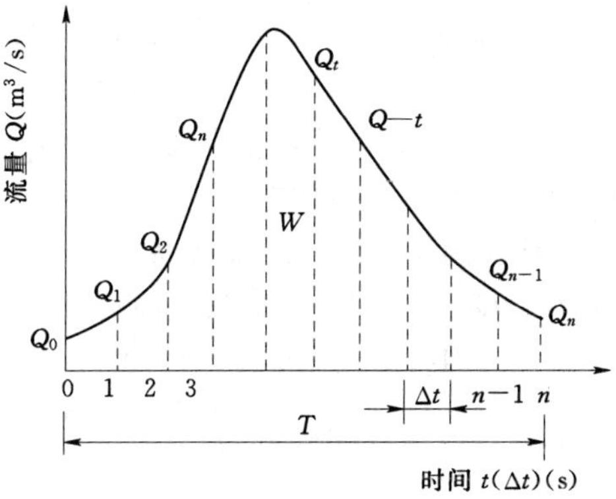

图 2-11 流量过程线及径流总量计算示意

二、径流的表示方法和单位

（1）流量 Q。指单位时间通过某河流断面的水量，m^3/s。由实测的各时刻流量，可绘出流量随时间的变化过程，如图 2-11 中的 $Q—t$ 线，称流量过程线。该图中的流量是各时刻的瞬时流量，瞬时流量过程按时段求平均值，得时段平均流量，如日平均流量、年平均流量等。

（2）径流总量 W。指时段 T 内通过某断面的总水量，m^3。它等于流量过程线在时段 T 内的积分，如图 2-11 中的过程线与横坐标之间的面积。因此，常用数值积分法近似计算：将 T 划分为 n 个时段 Δt，即 $\Delta t=T/n$；然后按 Δt 把整个面积分成 n 个梯形，用求梯形面积的方法求各时段的径流量；最后，把它们累加起来，即得 T 时段的径流总量 W，其计算式为 $W=(Q_0/2+Q_1+\cdots+Q_{n-1}+Q_n/2)\Delta t$（式中各符号意义如图 2-11 所示）。历时 T 的径流总量 W 与平均流量 $\overline{Q}$ 的关系为

$$W=\overline{Q}T \tag{2-19}$$

在水库的水利计算中，为了计算方便，还经常使用另一种单位“（m^3/s）·月”，表示流量乘以一个月秒数代表一个月的总水量（m^3），每个月按平均 30.4 天计算时，一个月的秒数为 2.63×10^6（s）。

（3）径流深 R。指将径流总量 W 均匀的平铺在整个流域面积上所得的水层深度，mm。时段 T 内的 W、$\overline{Q}$ 与流域面积 F 之间的关系为

$$R=\frac{W}{1000F}=\frac{\overline{Q}T}{1000F} \tag{2-20}$$

（4）径流模数 M。是指单位面积上的流量，$m^3/(s\cdot km^2)$ [或 $L/(s\cdot km^2)$]。

$$M=Q/F \text{ 或 } M=1000Q/F \tag{2-21}$$

式中：当 Q 为洪峰流量时，M 为洪峰流量模数；当 Q 为年平均流量时，M 年径流模数。

(5) 径流系数 α。是指某一时段的径流 R 与相应的流域平均降雨量 P 之比。

$$\alpha=R/P \tag{2-22}$$

因为 R 是由相应的 P 扣除损失后所形成，对于闭合流域 R 必小于 P，所以 $\alpha<1$。

如果针对同一条河流，仅从数量上表征径流的大小尚可说明问题，如果与不同河流之间进行比较就显得牵强了。例如，$Q=1000\text{m}^3/\text{s}$，在大江大河上可能是很普通的量级，甚至是枯水流量，而在小河上就是很稀遇的了。所以，水文上还常用频率来表征径流的大小，尤其是对某些水文特征值（如年最高水位、年最大洪峰流量、年最大次洪总量及年最大时段洪量等），因此，在水文计算中，常用频率大小来度量水文特征值的大小，频率反映了水文特征值出现的机会大小。

【例题 1】 某站控制流域面积 $F=121000\text{km}^2$，多年平均年降水量 $\overline{P}=767\text{mm}$，多年平均流量 $\overline{Q}=822\text{m}^3/\text{s}$。根据这些资料可算得：

(1) 多年平均年径流总量：$\overline{W}=\overline{Q}T=822\times365\times86400=259\times10^8$ (m^3)。

(2) 多年平均年径流深：$R=\dfrac{\overline{W}}{1000F}=\dfrac{259\times10^8}{1000\times121000}=214$ (mm)。

(3) 多年平均径流模数：$\overline{M}=\dfrac{\overline{Q}}{F}=\dfrac{822}{121000}=0.0068\ [\text{m}^3/(\text{s}\cdot\text{km}^2)]$

$=6.8\ [\text{L}/(\text{s}\cdot\text{km}^2)]$。

(4) 多年平均年径流系数：$\alpha=\dfrac{\overline{R}}{\overline{P}}=\dfrac{214}{767}=0.28$。

如果流域是闭合的，则多年平均蒸发量为：$\overline{E}=\overline{P}-\overline{R}=767-214=553$ (mm)。

三、我国河川径流的时空变化特征

我国多年平均年径流深 294.6mm。由于径流主要受控于流域降水和蒸发，尤其是降水，因此，我国年径流总的时空分布趋势和年降水分布比较相似，地理上由南向北和由东向西递减；时间上夏秋多暴雨洪水，冬春大都为枯季径流。同时，流域的下垫面条件对径流也有一定影响，使之变化比降水更为复杂。

我国各省区在大量统计分析实测资料基础上，绘制了许多径流特征值随地理位置变化的等值线图，可供有关部门应用。结果表明：多年平均径流深 100mm 的等值线与多年平均降水深 400mm 的等值线位置基本一致，该线以东为半湿润区和湿润区，河流水量较多或非常丰沛；以西为干旱半干旱区，河流少水，甚至常常干涸。例如东南和华南地区、台湾、海南、云南西南部及西藏东南部，多年平均径流深高于 800mm，尤其台湾中央山地和藏东南雅鲁藏布江下游甚至高达 4000～5000mm，河流水量非常丰富。而内蒙古高原、河西走廊、柴达木盆地、准噶尔盆地、塔里木盆地、吐鲁番盆地的多年平均径流深则小于 10mm，河流除暴雨期外常常断流。

径流的时间变化一般也分为年际变化和年内变化两类，前者常以年径流的概率分布和丰枯年组交替周期表示；后者则多以不同典型年的年内分配过程来反映。我国河川径流的年际、年内变化都比较大，即年际、年内分配都相当不均，干旱半干旱地区将远远大于半湿润和湿润地区。例如历年最大最小年径流量的比值，海滦河、淮河各支流达 10～20，而长江以南则多小于 3；汛期连续 4 个月的径流量占全年径流量的比值，松辽平原、华北平原及淮河流域大部为 70%～80%以上，而长江以南则多在 60%～70%之间，这将明显影响水资源的开发利用。

另外，表示径流年际、年内变化的一些定量指标，如同描述降水量的年际、年内变化那样，也可采用变差系数、极值比、不均匀系数等参数反映出来，以方便定量比较。

习　　题

1. 思考题。(1) 一条发育完整的河流通常由哪几段组成？各段有什么特点？(2) 河流与流域有哪些主要特征？(3) 按照使空气抬升而形成动力冷却的原因，降水主要分为哪几种类型？(4) 流域总蒸发包括哪几部分？如何确定流域总蒸发量？

2. 某站控制流域面积 $F=54500\text{km}^2$，多年平均年降水量$\overline{P}=1650\text{mm}$，多年平均流量$\overline{Q}=1680\text{m}^3/\text{s}$，试根据这些资料计算多年平均年径流总量、多年平均年径流深、多年平均流量模数和多年平均年径流系数。如果流域是闭合的，试计算流域多年平均蒸散发量。

3. 某闭合流域，面积为 500km^2，多年平均降雨量$\overline{P}=1000\text{mm}$，多年平均流量$\overline{Q}=6\text{m}^3/\text{s}$，试计算该流域的多年平均蒸发量。如果流域出口修一水库，水库的水面面积为 10km^2，当地蒸发器观测的多年平均年水面蒸发量为 950mm，蒸发器折算系数为 0.8，试问建库后该流域的径流量是增加还是减少？建库后的多年平均年流量是多少？

第三章 水文信息技术

水文信息技术，即水文信息采集与处理技术，是研究各种水文要素的测量、计算与资料整编的一门学科，或者说是研究水文信息采集、处理、存储与检索的一门学科，为水资源的开发利用、评价、管理等提供依据。具体任务是：根据国民经济发展的需要，进行水文站网的规划与测站布设；对各种水文要素进行定量观测和分析；对测量（采集）的水文信息进行计算、处理；将整编好的水文信息以水文年鉴的形式发布。

第一节 水文测站与站网

一、水文测站

在河流某一断面按照统一标准对指定的水文要素作系统、规范观测，以获取所需水文信息而设立的观测场所称为水文测站。根据其性质，水文测站可分为基本站、专用站两大类。基本站是水文主管部门根据全国各地的水文情况而设立的，是为国民经济各方面的需要服务的。专用站是为某种专门目的或用途由各部门自行设立的。这两类测站相辅相成，专用站在面上辅助基本站，而基本站在时间系列上辅助了专用站。

测站所观测的项目有水位、流量、泥沙、降水、蒸发、水温、冰凌、水质、地下水位等，只观测上述项目中的一项或少数几项的测站，按其主要观测项目分别称为水位站、流量站（也称水文站）、雨量站、蒸发站等。

（一）水文测验河段的选择

1. 选择条件

测验河段是在野外进行水文测验的场所，应满足下列条件：①必须满足设站的目的和要求。②尽量满足在各级水位下（包括稀遇洪水、枯水期）均能测得所要信息。③在保证工作安全和测验精度的前提下，尽可能有利于简化水信息要素的观测和观测数据的整理分析，即要求水文测站的水位与流量之间呈良好的稳定关系（单一关系），从而可由水位过程推求出流量过程，有利于简化流量测验及资料整编工作。为此，要求水文测站具有良好的测站控制。④交通方便，人员易于到达测站。

2. 测站控制及河段的选择

测站控制是对水文测站的水位流量关系起控制作用的断面或河段的水力因素的总称。前者称为断面控制，后者称为河槽控制。若测站控制良好，则水文测站的水位与流量之间的关系稳定（单一关系）；反之，则不稳定。选择测验河段时，应根据设站目的、河流特性综合考虑：①平原河流应尽量选择河道顺直、匀整、稳定、水流集中、便于布设测验的河段，尽量避开分流、斜流、回流、死水、严重漫滩等现象以及妨碍测验工作的地貌、地物。其顺直河段长度应不小于洪水时主槽河宽的 3～5 倍，以保证比降一致。②山区河流应选在有石梁、急滩、卡口、弯道的上游附近规整的河段上，避开乱石阻塞、斜流、分流影响。石梁、急滩，一般在中、低水时起控制作用，高水时失去控制；而卡口、急弯则在高水时起控制作用。③测验河段应避开受人为干扰的码头、渡口等处。对北方河流还应尽量避开易发生冰坝、冰塞的河段。

总之，在选择水文测站位置时，最理想的是选择在各级水位均具备较好的测站控制的河段。

（二）水文测站设立

1. 观测断面的布设

根据不同用途，水文站一般应布设基线、水准点和各种断面，即基本水尺断面、流速仪测流断面、浮标测流断面及比降断面（包括上、下比降断面）。断面布设如图 3-1 所示。

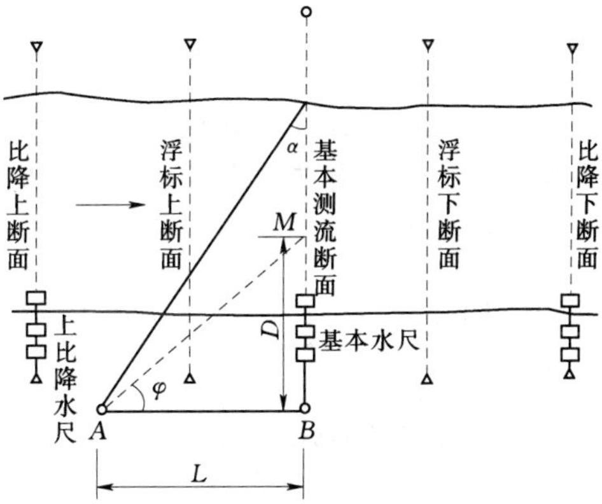

图 3-1　水文测站基线、断面布设示意

（1）基本水尺断面。设立基本水尺，进行经常性的水位观测。基本水尺断面最好设在测验河段的中央，且与断面平均流向垂直。

（2）流速仪测流断面。流速仪测流断面应与基本水尺断面重合，若重合有困难时，可分别设置，但应尽量减少两断面的距离，中间不能有支流汇入。

（3）浮标测流断面。浮标测流断面有上、中、下三个断面，一般中断面应与流速仪测流断面重合。上、下断面之间的间距不宜太短，其距离应为断面最大流速的 50～80 倍。

（4）比降断面。比降断面设立比降水尺，用来观测河流的水面比降和分析河床的糙率。比降上、下断面间的河底和水面比降，不应有明显的转折，其间距应使所测比降的误差在±15%以内。

2. 基线的布设

在测验河段进行水文测验时，为推求测验垂线在断面上的位置（起点距）而在岸上布设的线段，称为基线（图 3-1）。基线垂直于测流断面，其起点应在测流断面线上。

从测定起点距的精度出发，基线长度应使测角仪器瞄准测流断面上最远点的方向线与横断面线的夹角不小于 30°，即应使基线长度 L 不小于河宽 B 的 0.6 倍；在受地形限制的特殊情况下不应小于 15°，即基线长度最短也应为 $0.3B$。不同水位时，水面宽悬殊的测站，可在岸上和河滩上分别设置高、低水基线。

二、水文站网

单个水文测站观测到的水文信息只代表站址处的水文信息，而流域上的水文信息则必须在流域内的一些适当地点布站观测，这些测站在地理上的分布网称为站网。广义的站网是指测站及其管理机构所组成的信息采集与处理系统。测站设立的数目与当时当地的经济发展情况有关，如何以最少站数来控制广大地区水文要素的变化，与水文站布设位置是否恰当有着密切关系。研究水文站在地区上分布的科学性、合理性、最优化等问题，是水文站网规划的任务。其目标是以最小的代价、最高的效率，使水文站网具有最佳的整体功能。布站的原则是以经济、合理的测站数，采集流域中所要的水文信息，经过整理分析后，达到可以满足内插流域中任何地点水文要素特征值的需要，这也是水文站网的作用。

我国水文站网自 1956 年开始统一规划布站以来，经过多次调整，布局已比较合理，对国民经济发展起到了积极作用。但随着我国水利水电的发展，大规模人类活动的影响不断改变着天然河流的产汇流、蓄水和来水等条件，因此对水文站网要进行适当调整、补充。

三、收集水文信息的基本途径

按水文信息采集方式的不同，收集水文信息的基本途径可分为驻测、巡测、间测和水文调查，详见表 3-1。

表 3-1　　水文信息收集的基本途径

途　径	概　　念	缺　　点
驻测	在河流或流域内的固定点上对水文、水质要素所进行的观测，这是我国收集水文信息的最基本的方式。	用人多、站点不足、效益低等
巡测	观测人员以巡回流动的方式定期或不定期地对地区或流域内各观测点进行流量等水文要素的观测。	增加了漏测的可能性
间测	中小河流水文站有 10 年以上资料分析证明其历年水位流量关系稳定，或其变化在允许误差范围内，对其中一要素（如流量）停测一时期再施测的测停相间的测验方式。停测期间由另一要素（水位）的实测值来推算。	适用面窄
水文调查	为弥补水文基本站网定位观测的不足或其他特定目的，采用勘测、调查、考证等手段进行水文信息收集的工作。	准确度不如实测信息高

水文信息采集与处理的工作内容较多，本章只对降水、蒸发、水位、流量和泥沙五个基本测验项目的观测和资料整理方法作简要介绍。

第二节　降水与水面蒸发观测

一、降水观测

降水观测是水文要素观测的重要组成部分，可采用仪器观测、卫星云图估算和雷达探测。

（一）仪器观测

降水量的观测场地，应选在四周空旷、平坦的地方，避开局部地形、地物的影响。降水量观测仪器由传感、测量控制、显示与记录、数据传输和处理等部分组成。常用降水量观测仪器可分为直接计量（雨量器）、称重测量、液柱测量（主要为虹吸式、少数为浮子式）、翻斗测量等，其适用范围见表 3-2。

表 3-2　　常用降水量观测仪器及适用范围

名　　称		适　用　范　围
雨量器		适用于驻守观测
称重式自记雨量计		适用于驻守观测
虹吸式自记雨量计		适用于驻守观测
翻斗式自记雨量计	日记型	适用于驻守观测
	长期自记型	用于驻守和无人驻守观测，特别适用于边远偏僻地区无人驻守的雨量测量

1. 雨量器

雨量器是直接观测在某一时段内的液体和固体降水总量的仪器。它由承雨器、漏斗、储水瓶和量雨杯组成，其构造如图 3-2 所示。

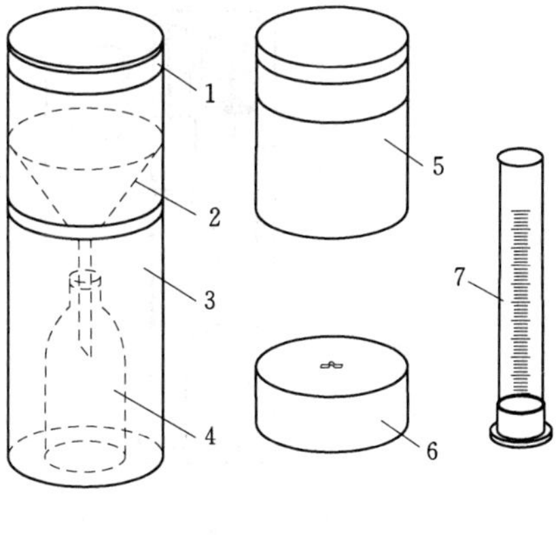

图 3-2　雨量器及雨量杯
1—承雨器；2—漏斗；3—雨量筒；4—储水瓶；5—承雪器；6—器盖；7—雨量杯

一般采用定时分段观测，通常以早上 8 时作为日分界点，观测段次及相应时间见表 3-3。一般在少雨季节，采用 1 段或 2 段制进行观测，遇暴雨时应随时增加观测段次；多雨季节应选用自记雨量计。观测降雨量时，取出雨量筒内的储水瓶，放入备用储水瓶，然后到室内用量雨杯测量并记录降雨量。若观测降雪或雹时，将漏斗和储水瓶取出，或换成承雪器，用外筒承接雪或雹，在规定的观测时间内用备用外筒替换，并将换下来的外筒加盖带回室内加温融化后测量并计算降水量和降水强度。

表 3-3　　降水量分段观测时间

段　次	观　测　时　间
1 段	8：00
2 段	20：00；8：00
4 段	14：00；20：00；2：00；8：00
8 段	11：00；14：00；17：00；20：00；23：00；2：00；5：00；8：00
12 段	10：00；12：00；14：00；16：00；18：00；20：00；22：00；24：00；2：00；4：00；6：00；8：00
24 段	从本日 9 时至次日 8 时，每小时观测一次

2. 虹吸式自记雨量计

虹吸式自记雨量计结构如图 3-3 所示。观测降雨时，雨水从承雨器进入浮子室，浮子随着注入雨水的增加而上升，同时带动浮子杆上的自记笔上升，在转动钟筒的自记纸上绘出一条随时间变化的降水量上升曲线。当雨量达到 10mm 时，浮子室内的水面升至虹吸管的顶端，浮子室内的水就通过虹吸管排至储水瓶，同时自记笔落至原点，以后再随着降雨量增加而上升，如此往返持续记录降雨过程。记录纸上的雨量曲线是累积曲线，纵坐标表示雨量，横坐标表示时间。这种曲线既表示了雨量的大小，又表示了降雨过程的变化情况。虹吸式自记雨量计的分辨率为 0.1mm，测量降雨强度的适用范围 0.01～4.0mm/min。

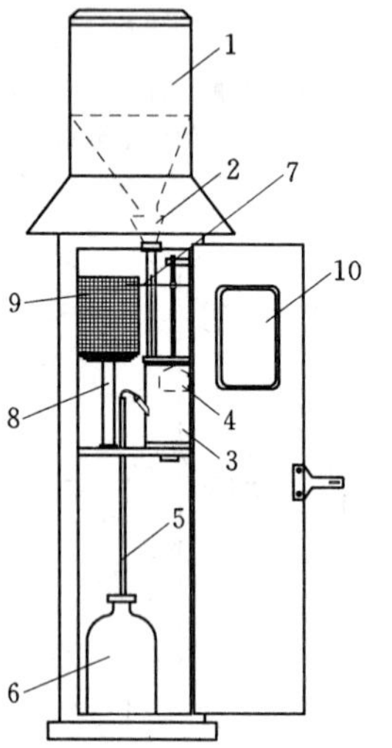

图 3-3 虹吸式自记雨量计

1—承雨器；2—小漏斗；3—浮子室；4—浮子瓶；5—虹吸管；6—储水瓶；7—记录笔；8—笔挡；9—自记钟；10—观测窗

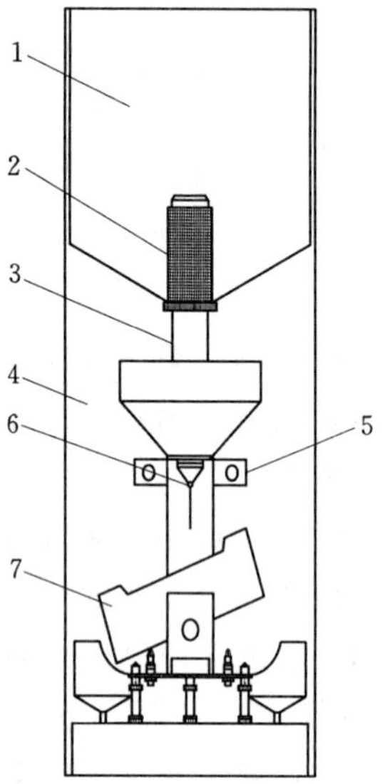

图 3-4 翻斗式自记雨量计

1—承雨器；2—防中网；3—漏斗；4—筒身；5—接线架；6—滴嘴；7—翻斗

3. 翻斗式自记雨量计

翻斗式自记雨量计由感应器及信号记录器组成，结构如图 3-4 所示。当雨水经承雨器进入对称小翻斗的一侧，且接满 0.1mm 的雨量时，使小翻斗向一侧倾倒，水即注入储水箱内。同时，另一侧处于进水状态。当小翻斗倾倒一次，即接通一次电路，向记录器输送一个脉冲信号，记录器控制自记笔将雨量记录下来。目前，自记式雨量计的记录系统可以将机械记录装置的运动变换成电讯号，用导线或无线电将信号传到控制中心的接收器，实现有线远传或无线遥测。翻斗式自记雨量计降雨强度适用范围为 4.0mm/min 以内。

4. 称重式自记雨量计

称重式自记雨量计可以连续记录雨杯上以及储积在其内降水的重量，这种仪器能记录下降水的全部重量，其优点是能够记录雪、冰雹及雨雪混合降水。

在水文年鉴中，一般都按站刊布逐日降水量。日降水量的计算，是从当日的 8 时统计至次日的 8 时，由各时段降水量相加而得。月报表中，还应统计出月降水量、降水日数，并注明一日最大降水量及其出现日期。此外，还刊布有年内各种历时的最大降水量的统计成果。在汛期降水量摘录表中，载有较详细的降水过程资料。

（二）卫星云图与雷达探测

用气象卫星资料估计降水的方法很多，目前投入应用的是用地球静止卫星拍摄到的短时间间隔云图资料，再用模型估算。这种方法可以引入人—机交互系统，自动进行数据采集、云图识别、降雨量计算、雨区移动预测等工作。

气象雷达或称气象监视雷达（WSR），根据雷达探测到的降水回波位置、移动方向、移动速度和变化趋势等资料，即可预报出探测范围内的降水、降水强度及开始和终止时刻。通过记录，还可以测定降雨的历时和变化过程，再配合地面雨量站的实时校正，雷达测雨的精度很高。与气象卫星云图相比，测雨雷达提供中尺度的降水信息，对于补充地面站的不足十分有效。

二、水面蒸发观测

我国水文和气象部门，目前采用的水面蒸发观测仪器有 E—601 型、口径为 80cm 带套盆的蒸发器、直径为 20cm 的蒸发皿以及水面面积为 $20m^2$ 和 $100m^2$ 的大型蒸发池。

E—601 型蒸发器口径为 60cm，埋在地表下并带套盆，这种仪器稳定性较好，是目前水文部门观测水面蒸发普遍采用的标准仪器。当冰期用 E—601 或 80cm 口径蒸发器观测有困难时，可用口径 20cm 蒸发皿观测。在专门研究水面蒸发的试验站，为了更接近自然水体，使用 $20m^2$ 或 $100m^2$ 的大型蒸发池进行水面蒸发观测。如用蒸发皿，时段的水量差就是蒸发量，如用 E—601 型，水面测针的时段读数差就是蒸发量（有降水时，要考虑降水量）。观测时每日蒸发量以 8 时为日分界。

水文年鉴中刊布的水面蒸发资料是蒸发器的观测值，使用时应注意蒸发器的型号。

第三节　水　位　观　测

水位是指河流、湖泊、水库、海洋等水体的自由水面离固定基面的高程，以 m 计。水位观测的作用一是直接为水利、水运、防洪、防涝提供具有单独使用价值的资料，如堤防、坝高、桥梁及涵洞、公路路面标高的确定；二是为推求其他水文数据而提供间接运用的资料，如流量计算，水资源计算，水文预报中的上、下游水位相关法等。

基面是水位和高程起算零点的一个固定基准面，目前全国统一采用黄海基面，但由于历史的原因，有些仍沿用以往使用的大沽基面、吴淞基面、珠江基面，也有使用假定基面、测站基面或冻结基面的。使用水位资料时一定要查清其基面。

一、水位观测的设备和方法

水位观测的常用设备有水尺和自记水位计两类。

1. 水尺

按水尺的构造形式不同，可分为直立式、倾斜式、矮桩式与悬锤式四种，按观测对象的不同，水尺可分为基本水尺和比降水尺。基本水尺水位观测是分段定时进行的，当水位变化缓慢时（日变幅在 0.12m 以内），每日 8 时和 20 时各观测一次（称 2 段制观测，8 时是基本时）；枯水期日变幅在 0.06m 以内，用 1 段制观测；日变幅在 0.12～0.24m 时，用 4 段制观测；依次 8 段、12 段制等。有峰谷出现时，应增加测次。比降水尺水位观测的目的是为了掌握比降变化，计算水面比降，分析河床糙率等，其观测时间及次数，视需要而定。一般水位观测中，水尺读数和水位值应准确至0.01m。

观测时，水面在水尺上的读数加上水尺零点的高程即为当时的水位值。可见水尺零点高程是一个重要的数据，要定期根据测站的校核水准点对各水尺的零点高程进行校核。

2. 自记水位计

自记水位计能将水位变化的连续过程自动记录下来，有的还能将所观测的数据以数字或图像的形式远传室内，不致遗漏任何突然的变化和转折，使水位观测工作趋于自动化和远传化。

二、水位观测数据整理

水位观测数据整理工作的内容包括日平均水位、月平均水位和年平均水位的计算。日平均水位计算方法有两种：若一日内水位变化缓慢（水位日变幅小于0.12m），或变化虽较大，但属等时距人工观测或自记水位计摘录时，可采用算术平均法；若一日内水位变化较大且为不等时距观测或摘录时，应采用面积包围法。它是将一日内的水位过程线所包围的面积，除以24小时而得。如图3-5所示，计算公式为

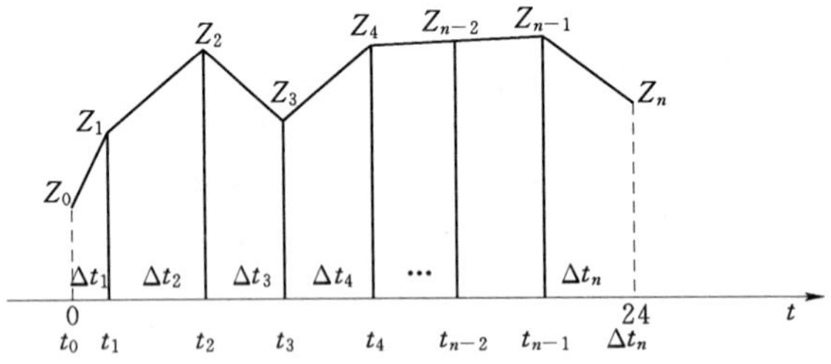

图3-5 面积包围法示意

$$\overline{Z}=\frac{1}{48}[Z_0\Delta t_1+Z_1(\Delta t_1+\Delta t_2)+\cdots+Z_{n-1}(\Delta t_{n-1}+\Delta t_n)+Z_n\Delta t_n] \qquad (3-1)$$

计算时如零时水位 Z_0 和24时水位 Z_{24} 无观测数据，则须通过直线内插的方法求出。

根据逐日平均水位可算出月平均水位和年平均水位及保证率水位。逐日平均水位表要求列出全年的逐日平均水位、各月与全年的平均水位和最高、最低水位及其发生日期。除此之外，水位数据的整理还包括绘制逐时、逐日平均水位过程线；编制洪水水位摘录表；进行水位资料的合理性检查，编写水位数据处理说明书等内容。

第四节 流量测验

流量是反映水资源和江河、湖泊、水库等水体水量变化的基本数据，也是河流最重要的水文特征值。流量测验的目的是用于研究、掌握江河流量变化的规律，为国民经济各部门服务。

一、流量测验方法分类

流量测验方法很多，按测流的工作原理，可分为下列几种类型：

（1）流速面积法。该法由测定流速和测量过水断面面积两部分内容组成，通过断面测量借以推算流量。流速面积法包括流速仪法（积点法、积深法）、航空法、比降面积法、积宽法、浮标法。

（2）水力学法。它通过量水建筑物和水工建筑物的有关水力要素，利用水力学公式计算流量。

（3）物理法。利用声、光、电、磁等物理学原理测定流量。有超声波法、电磁法和光学法。

（4）化学法。又称溶液法、稀释法、混合法。

（5）直接法。有容积法和重量法，适用于流量极小的情况。

实际测流时，根据具体情况，因时因地选用不同测流方法或几种测流方法配合使用。本节主要介绍流速仪法测流。

二、流速仪法测流

流速仪法是目前国内外使用最广泛的方法，也是最基本的测流方法，同时也是评定和衡量各种测流方法精度的标准。

（一）测流原理

由于河流过水断面形态、河床表面特性、河底纵坡、河道弯曲情况以及冰情等，都对断面内各点流速产生影响，因此在过水断面上，流速随水平及垂直方向的位置不同而变化。如图 3－6 所示，流速可表达为 $v=f(b,h)$（其中 v 为断面上某一点的流速，b 为该点至水边的水平距离，h 为该点至水面的垂直距离）。因此，通过全断面的流量 Q 为

$$Q=\int_0^A v\mathrm{d}A=\int_0^B\int_0^{h_b} f(b,h)\mathrm{d}h\mathrm{d}b \qquad (3-2)$$

式中：A 为河道断面面积；$\mathrm{d}A$ 为 A 内的单元面积（其宽为 $\mathrm{d}b$，高为 $\mathrm{d}h$）；v 为垂直于 $\mathrm{d}A$ 的流速；B 为水面宽度；h_b 为水边到水面宽为 b 处的水深。

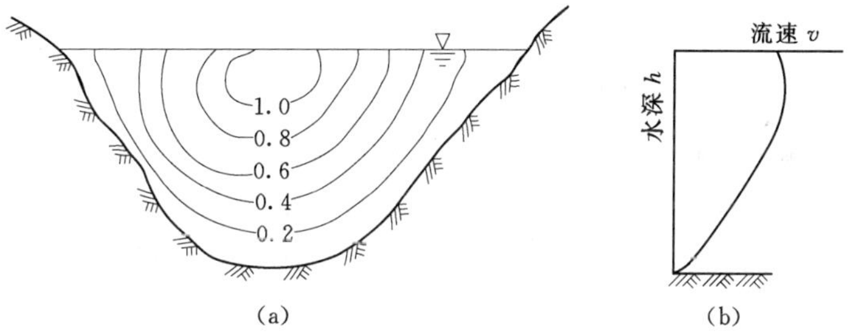

图 3－6　流速分布

（a）断面等流速线；（b）垂线流速分布

因为 $v=f(b,h)$ 的关系复杂，目前尚不能用数学公式表达，实际工作中把上述积分式变成有限差分的形式来推求流量。流速仪法测流，就是将水道断面划分为若干部分，用普通方法测算出各部分断面的面积，用流速仪施测流速并计算出各部分面积上的平均流速，两者的乘积称为部分流量，各部分流量之和为全断面的流量，即

$$Q=\sum_{i=1}^{n} q_i \qquad (3-3)$$

式中：q_i 为第 i 个部分流量；n 为断面部分的个数。

实际测流时，将断面分成有限个部分，因此所求流量只可能是实际流量的逼近值，而非真值；又因河道测流时间长，实测流量是一个时段平均值，而非瞬时值。测流工作的实质，就是横断面测量及流速测量两部分工作的组合。

（二）断面测量

断面测量包括测量水深、起点距和水位。其工作分水道断面测量和大断面测量两种。

1. 水道断面测量

水道断面是指自由水面线与河床之间的范围，在封冻期为冰底或冰花底与河床之间的范围。水道断面面积包括过水断面面积和死水面积。水道断面的测量，是在断面上布设一定数量的测深垂线，施测各条垂线的起点距和水深，并观测水位，用施测时的水位减去水深，即得各测深垂线处的河底高程，如图 3-7 所示。

（1）水深测量。测深垂线的位置，应根据断面情况布设在河床变化的转折处，并且主槽较密，滩地较稀。水深一般用测深杆、测深锤或测深铅鱼等直接测量。超声波测深仪也可间接测水深。利用超声波具有定向反射的特性，使超声波从发射到回收，根据声波在水中的传播速度和往返经过的时间计算水深。具有精度好、工效高、适应性强、劳动强度小，且不易受天气、潮汐和流速大小的限制等优点。

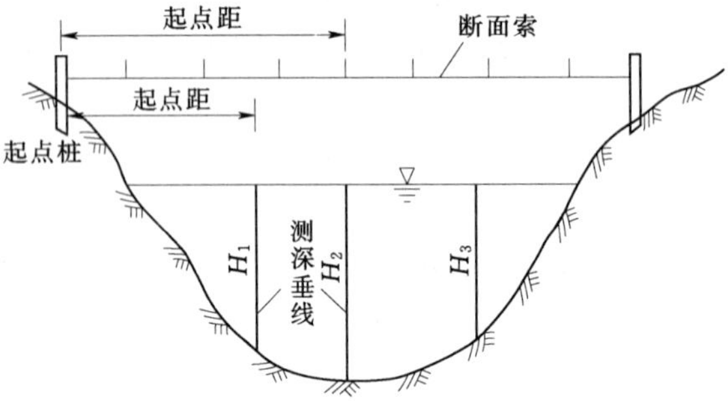

图 3-7　断面测量示意

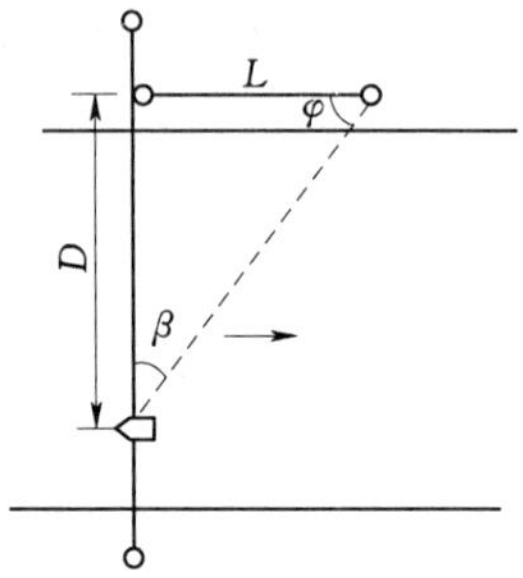

图 3-8　仪器测角交会法示意

（2）起点距的测定。起点距是指测验断面某一垂线至断面上固定起始点的水平距离。大断面和水道断面上各垂线的起点距，均以高水时基线上的断面桩（一般为左岸桩）作为起算零点。测定起点距的方法很多。中小河流可在断面上架设钢丝缆索，每隔适当距离做上标记，并事先测量好它们的位置，测量水深的同时，直接在断面索上读出起点距，称此法为断面索法。大河上常用仪器测角交会法，包括经纬仪交会法、平板仪交会法及六分仪交会法，基本原理是相同的。如以经纬仪测角交会法为例，将经纬仪安置在岸上基线终点处，见图 3-8，测出断面桩与测探垂线的水平夹角 φ，按式 $D=L\tan\varphi$ 来计算。目前最先进的是全球定位仪法（Global Position System，简称 GPS）。它是利用全球定位系统接收天空视场中的三颗人造定点卫星的特定信号来确定其在地球上所处位置的坐标，优点是使用和携带都很方便，定位快速、准确，且不受天气情况的干扰。

2. 大断面测量

河道的水道断面扩展至历年最高洪水位以上 0.5～1.0m 的断面称为大断面，它是用于研究测站断面的变化情况以及在测流不能施测断面时可供借用的断面。大断面测量包括水上、水下两部分。水上部分采用水准仪测量，水下部分为水道断面测量。由于测水深工作困难，水上地形测量较易，所以大断面测量宜在枯水季节进行，每年汛前或汛后施测一次；对于河床不稳定或断面变化显著的测站，还应在每次较大洪水后及时施测洪水位以下的过水断面面积，以便了解断面冲淤变化情况。

（三）流速仪测速

1. 流速仪

流速仪种类和型式很多，如图 3-9、图 3-10 所示。旋杯式流速仪结构简单，使用方便，但它的转轴垂直，容易漏水进沙，因此适用于含沙量较小的河流。旋桨式流速仪为水平转轴，结构精密，性能完善，可根据不同流速选用不同曲度的旋桨，测速范围较广，沙、水不易进入，能在水流条件复杂的多沙河流中使用。流速仪只能测得某点的流速。

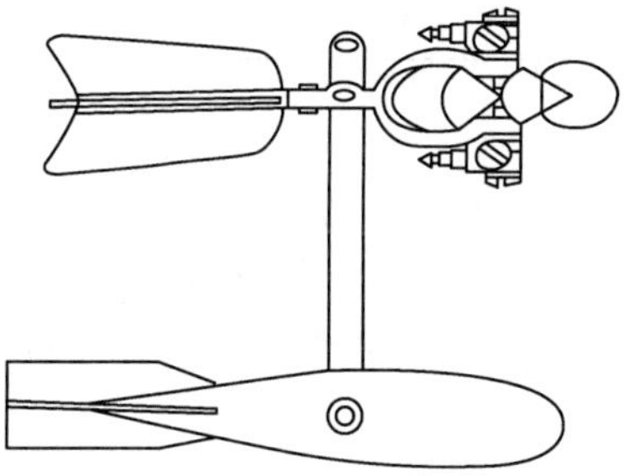

图 3-9 旋杯式流速仪

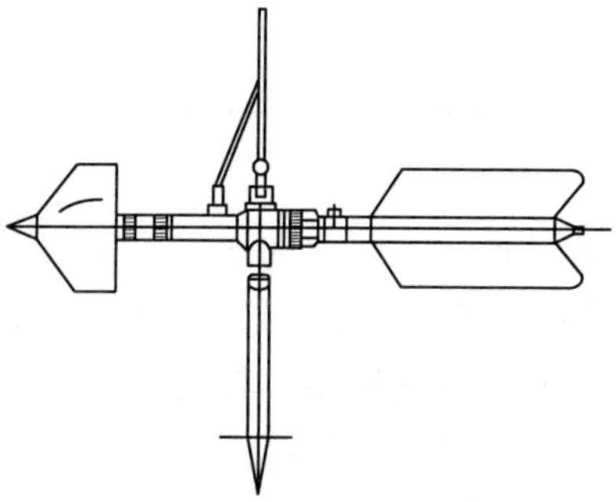

图 3-10 旋桨式流速仪

2. 流速测量

（1）测速方法的选择。

1）根据测速垂线数目、测点多少、繁易程度分为精测法、常测法和简测法。精测法多线多点，为精简测流提供依据。常测法用较少的垂线和测点数目测流，是正常情况下采用的方法。简测法是在特殊水情时，如抢测洪峰、溃坝洪水，在保障精度的前提下，用尽可能少（或少到一条都不能少的程度）的垂线和测点数目进行测流的方法。具体规定见表 3-4。

2）根据测速方法的不同分为积点法和积深法。最常用的积点法是指在断面的各条垂线上将流速仪放在不同水深处逐点测速，测速垂线上测速点的数目，根据流量精度的要求、水深及悬吊流速仪的方式等情况而定。测速点的数目越少，垂线流速误差越大。按测速点的不同，有十一点法、六点法、五点法、三点法、两点法和一点法。各测速点的位置，见表 3-5。积深法是将流速仪在垂线上均匀升降而测定流速。

（2）测速历时的确定。为了控制流速脉动对测速精度的影响，各测速点的测速历时可在 60～100s 之间选用，但在特殊水情或当受到测流所需总时间的限制时，则可选用少线少点、30s 的测流方案。

表 3-4 我国精测法、常测法最少测速垂线数目的规定

水面宽（m）	<5.0	5.0	50	100	300	1000	>1000
精测法	5	6	10	12～15	15～20	15～25	>25
常测法	3～5	5	6～8	7～9	8～13	8～13	>13

表 3-5　流速测点位置

测点数	畅流期	冰期
十一点	0.0、0.1h、0.2h、0.3h、0.4h、0.5h、0.6h、0.7h、0.8h、0.9h、1.0h	
六（七）点	0.0、0.2h、0.4h、0.6h、0.8h、(0.9h)、1.0h	0.0h 或冰底或冰花底 0.2h、0.4h、0.6h、0.8h、1.0h
五点	0.0、0.2h、0.4h、0.6h、0.8h、1.0h	
三点	0.2h、0.6h、0.8h	0.15h、0.5h、0.85h
二点	0.2h、0.8h	0.2h、0.8h
一点	0.6h 或 0.5h	0.5h

（四）流量计算

流量计算的方法有图解法、流速等值线法和分析法等。前两种方法在理论上比较严格，只适用于多线多点的测流资料且比较繁琐。这里主要介绍常用的分析方法，它对各种情况的测流资料均能适用，其基本思想是假定相邻测点之间、相邻测速垂线之间、相邻测深垂线之间的流速、面积均为直线变化。

1. 计算垂线平均流速

根据垂线上布置的测点情况，分别采用下列计算公式。

一点法　$$V_m = V_{0.6} \tag{3-4}$$

二点法　$$V_m = \frac{1}{2}(V_{0.2} + V_{0.8}) \tag{3-5}$$

三点法　$$V_m = \frac{1}{3}(V_{0.2} + V_{0.6} + V_{0.8})\text{，或 } V_m = \frac{1}{4}(V_{0.2} + 2V_{0.6} + V_{0.8}) \tag{3-6}$$

五点法　$$V_m = \frac{1}{10}(V_{0.0} + 3V_{0.2} + 3V_{0.6} + 2V_{0.8} + V_{1.0}) \tag{3-7}$$

六点法　$$V_m = \frac{1}{10}(V_{0.0} + 2V_{0.2} + 2V_{0.4} + 2V_{0.6} + 2V_{0.8} + V_{1.0}) \tag{3-8}$$

十一点法　$$V_m = \frac{1}{10}\left(\frac{1}{2}V_{0.0} + \sum_{i=1}^{9} V_{0.i} + \frac{1}{2}V_{1.0}\right) \tag{3-9}$$

式中：V_m 为垂线平均流速；$V_{0.0}$、$V_{0.2}$、$V_{0.4}$、$V_{0.6}$、$V_{0.8}$、$V_{1.0}$ 均为与脚标数值对应的相对水深处的测点流速。

2. 计算部分流量

（1）部分面积的计算。部分面积是根据测速垂线来划分的，因为断面上布设的测深垂线比测速垂线的数目多（如图 3-11 所示，测深垂线布设了 7 条，选择其中的第 2、3、4、5、7 条作为测速垂线），首先计算测深垂线间的部分面积。计算方法是距岸边第一条测深垂线与岸边构成三角形，按三角形面积计算（左右岸各一个，如图 3-1 中的 a_1、a_8 所示）；其余相邻两条测深垂线间的部分面积按梯形面积计算（图 3-11 中的 $a_2 \sim a_7$）。其次，以测速垂线划分部分，将各个部分内的测深垂线间的面积相加得出各个部分面积（如图 3-11 中 $A_1 = a_1 + a_2$；$A_5 = a_6 + a_7$）。若两条测速垂线（同时也是测深垂线）间无另外的测深垂线，则该部分面积就是这两条测深垂线间的面积（图 3-11 中 $A_2=a_3$；$A_3=a_4$；$A_4=a_5$；$A_6=a_7$）。

（2）部分平均流速计算。

1）岸边部分。由距岸第一条测速垂线所构成的岸边部分（左岸和右岸）

$$V_1=\alpha V_{m1} \quad (3-10)$$

$$V_{n+1}=\alpha V_{mn} \quad (3-11)$$

式中：α 为岸边流速系数，其值视岸边情况而定。斜坡岸边 $\alpha=0.67\sim0.75$，一般取 0.70，陡岸 $\alpha=0.80\sim0.90$，死水边 $\alpha=0.60$。

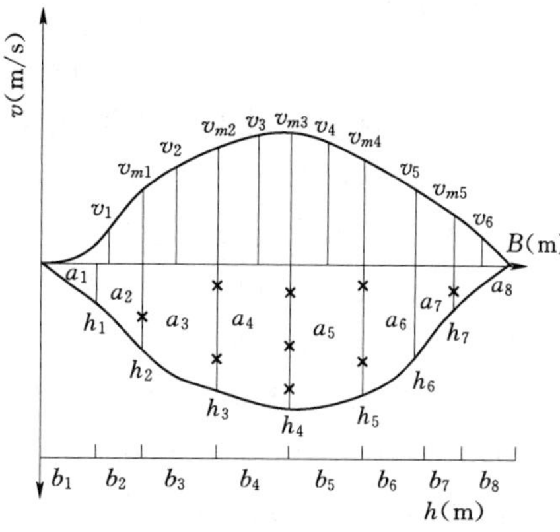

图 3-11　流量计算示意

2）中间部分。由相邻两条测速垂线与河底及水面所组成的部分，部分平均流速为相邻两垂线的平均值，即

$$V_i=\frac{1}{2}(V_{m_{i-1}}+V_{m_i}) \quad (3-12)$$

（3）部分流量的计算。部分平均流速与部分面积之积得到部分流量，即

$$q_i=V_iA_i \quad (3-13)$$

式中：q_i、V_i、A_i 分别为第 i 个部分的流量、平均流速和部分面积。

3. 断面流量及其他水力要素的计算

断面流量 Q 为断面各部分流量 q_i 的之和，即：
$$Q=\sum_{i=1}^{n}q_i \quad (3-14)$$

断面面积 A 为各部分面积 A_i 之和，即：
$$A=\sum_{i=1}^{n}A_i \quad (3-15)$$

断面平均流速为
$$V=\frac{Q}{A} \quad (3-16)$$

断面平均水深为
$$H=\frac{A}{B} \quad (3-17)$$

式中：B 为水面宽度，m。

三、浮标法测流

浮标法测流是一种简便的测流方法。在洪水较大或水面漂浮物较多，特别是在使用流速仪测流有困难的情况下，浮标法测流是一种切实可行的办法。浮标随水流漂移，其速度与水流速度之间有较密切的关系，故可利用浮标漂移速度（称浮标虚流速）与水道断面积来推算断面流量。

水面浮标常用木板、稻草等材料做成十字形、井字形、下坠石块，上插小旗以便观测。在夜间或雾天测流时，可用油浸棉花团点燃代替小旗以便识别。为了减少受风面积，保证精度，在满足观测的条件下，浮标尺寸应尽可能做得小些。测流时，先在上浮标断面沿断面均匀投放浮标，投放的浮标数目大致与流速仪测流时的测速垂线数目相当。如遇特大洪水，可只在中泓投放浮标或直接选用天然漂浮物作浮标。用秒表观测各浮标流经上、下浮标断面间的历时 T_i，用经纬仪测定各浮标流经中断面（测流断面）的起点距。然后将上、下浮标断面的距离 L 除以 T_i 得到各浮标的虚流速 v_f，并绘制浮标虚流速沿河宽的分布图，从虚流速分布图上内插出相应各测深垂线处的水面虚流速，计算两条测深垂线间的部分面积 A_i 和部分平均虚流速 v_{fi}，则部分虚流量为 $q_i=A_iv_{fi}$。全断面的虚流量为 $Q_f=\sum q_i$，则断面流量 Q 为断面虚流量乘以浮标系数 K_f，即 $Q=K_fQ_f$。K_f 值的确定有实验法、经验法、水位流量关系曲线法和水面流速系数法。在未取得浮标系数试验数据之前，可根据下列范围选用浮标系数：一般湿润地区可取 0.85～0.90；小河取 0.75～0.85；干旱地区大、中河流可取 0.80～0.85，小河取 0.70～0.80。

四、ADCP 河流流量测验

ADCP（Acoustic Dorppler Corrent Profiler）是一种利用声学多普勒原理测验水流速度剖面的仪器。通过跟踪颗粒物的运动（称为水跟踪）所测验的速度是水流相对于 ADCP（也即 ADCP 安装平台）的速度。当 ADCP 安装在固定平台上，水跟踪测验的流速即水流的绝对速度。当 ADCP 安装在船上（移动平台），在水跟踪测验的相对速度中扣除船速（平台的移动速度）后即得到水流的绝对速度。用 ADCP 进行河流流量测验是自 20 世纪 80 年代初开始发展和应用的新的流量测验方法。ADCP 流量测验方法的发明被认为是河流流量测验领域的一次革命。当装备有 ADCP 的测船从测流断面一侧航行至另一侧时，ADCP 即可测出河流流量。它比传统的河流流量测验效率提高几十倍，标志着河流流量测验的现代化。

第五节 泥沙测验与计算

泥沙影响河流的水情、河床的变迁及水库的淤积。系统地收集河流泥沙资料，为探明河流泥沙的来源、数量、特性和运动规律，同时为流域治理、河流开发和有关工程的规划设计与运行管理等提供基本资料。河流泥沙，按其运动方式可分为悬移质、推移质和河床质 3 类。悬移质是悬浮于水中的细颗粒泥沙，其运动与水流速度基本相同；推移质是受水流冲击而沿河底移动、滚动或跃动的粗颗粒泥沙；河床质则是组成河床的较粗颗粒泥沙，三者随水流条件的变化而相互转化。三者特性不同，测验及计算方法也各异。但全国现有推移质取样测站仅 20 多个，河床质根据需要才取，故本节仅介绍悬移质测验与计算方法。

一、悬移质测验

描述河流中悬移质数量多少的两个常用定量指标是含沙量和输沙率。单位体积浑水中所含干沙的重量称为含沙量，用 C_S 表示，kg/m^3。单位时间通过河流某断面的干沙重量称为输沙率，以 Q_S 表示，kg/s。输沙率是通过断面含沙量测验配合断面流量来推求的，其测验的目的主要是为了建立单沙与断沙的关系或悬移质输沙率与流量等水文要素的关系，以便由单沙和流量资料推求悬移质输沙率变化。

（一）含沙量的测验

含沙量测验一般需用采样器从水流中采取水样。如果水样是取自固定测点称为积点式采样；如取样时的取样瓶在测线上由上到下（或上、下往返）匀速运动，称为积深式采样，该水样代表测线的平均情况。

我国常用的有横式采样器和瓶式采样器，如图 3-12、图 3-13 所示。横式采样器为圆筒形，容积一般为 0.5～5L。取样前把仪器安装在悬杆上或下端悬吊着铅鱼的悬索上，使取样筒两边的盖子张开。取样时将仪器放至测点位置，器身与水流方向一致，水从筒中流过。操纵开关，借助两端弹簧拉力使筒盖关闭即可取得水样。瓶式采样器的容积一般为 0.5～2L，瓶口上安装有进水管和排气管，两管口的高差为静水头 ΔH，用不同管径的管嘴与 ΔH，可调节进口流速。取样时将其倾斜地装在悬杆或铅鱼上，进水管迎向水流方向，放至测点位置即可取样。

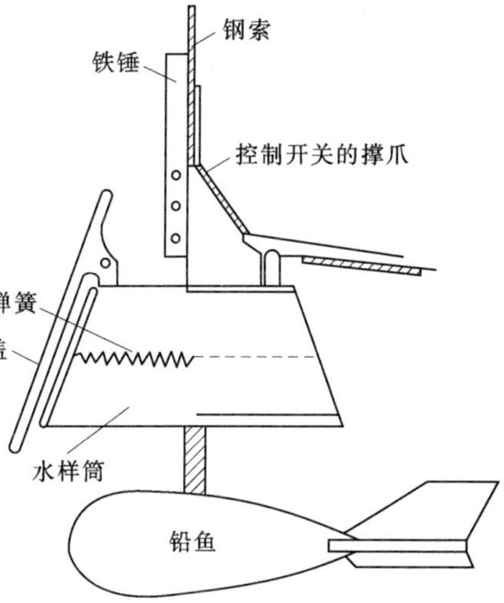

图 3-12　横式采样器

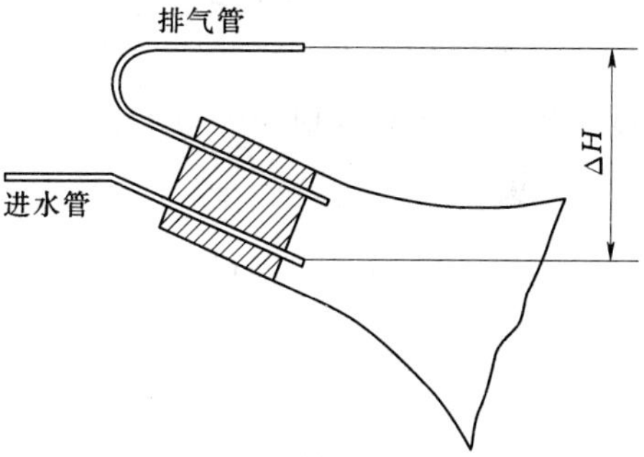

图 3-13　瓶式采样器

不论用何种方式取得水样，应在现场及时量取水样体积。在室内静置沉淀足够时间，吸出表层清水后加以处理，测出水样中干沙的重量，再除以水样体积，即得水样含沙量。常用的处理的方法有烘干法、过滤烘干法和置换法。烘干法精度较高，可用于低含沙量的情况。过滤烘干法产生误差的环节较多，适用于含沙量较大的情况。置换法可省去过滤、烘干等工作，简便快速，主要适用于含沙量较大的情况，低含沙量时，所需水样较多。

当含沙量较大时，也可以使用同位素测沙仪测量含沙量。该仪器主要由铅鱼、探头和晶体管计数器等部分组成。应用时，只要将仪器的探头放至测点，即可根据计数器显示的数字由工作曲线上查出测点的含沙量。它具有准确、及时、不取水样等突出的优点，但应经常对工作曲线进行校正。

（二）输沙率测验

输沙率测验是由含沙量与流量测验两部分工作组成，测流方法前已介绍。由于断面内各点含沙量不同，为了测出含沙量在断面上的变化情况，需在断面上布置适当数量的测沙垂线。一般测沙垂线数目不少于规范规定流速仪精测法测速垂线数的一半。当水位、含沙量变化急剧时，或累积相当资料并经过精简分析后，垂线数目可适当减少。但是，不论何种情况，一般对于河宽≥50m 的断面，测沙垂线的数目应不少于 5 条；河宽＜50m 的断面，测沙垂线应不少于 3 条。测沙垂线上测点的分布，视水深大小及要求的精度而不同，可有一点法、二点法、三点法、五点法等。

1. 计算垂线平均含沙量

根据测点的水样，得出各测点的含沙量之后，可用流速加权计算垂线平均含沙量。

一点法
$$C_{sm}=C_1C_{s0.6} \tag{3-18}$$

二点法
$$C_{sm}=\frac{C_{s0.2}V_{0.2}+C_{s0.8}V_{0.8}}{V_{0.2}+V_{0.8}} \tag{3-19}$$

三点法
$$C_{sm}=\frac{1}{3V_m}(C_{s0.2}V_{0.2}+C_{s0.6}V_{0.6}+C_{s0.8}V_{0.8}) \tag{3-20}$$

五点法
$$C_{sm}=\frac{1}{10V_m}(C_{s0.0}V_{0.0}+3C_{s0.2}V_{0.2}+3C_{s0.6}V_{0.6}+2C_{s0.8}V_{0.8}+C_{s1.0}V_{1.0}) \tag{3-21}$$

式中：C_{sm} 为垂线平均含沙量，kg/m^3；C_{sj} 为测点含沙量（脚标 j 为该点的相对水深），kg/m^3；C_1 为一点法的系数，由多点法的资料分析确定，无资料时可用 1.0；V_j 为测点流速（脚标 j 的含义同上），m/s；V_m 为垂线平均流速，m/s。

如果用积深法取得水样，其含沙量即为垂线平均含沙量。

2. 计算断面输沙率

根据各条垂线的平均含沙量 C_{smi}，配合测流计算的部分流量，即可算得断面输沙率 Q_s（t/s）为

$$Q_s=\frac{1}{1000}\{C_{sm1}q_1+C_{smn}q_n+\frac{1}{2}[(C_{sm1}+C_{sm2})q_2+\cdots+(C_{smn-1}+C_{smn})q_n]\} \tag{3-22}$$

式中：q_i 为第 i 根垂线与第 $i-1$ 根垂线间的部分流量，m^3/s；C_{smi} 为第 i 根垂线的平均含沙量，kg/m^3。

断面平均含沙量
$$C_s=\frac{Q_s}{Q}\times 1000 \tag{3-23}$$

式中：Q 为断面流量，m^3/s。

（三）单沙与断沙关系

上面求得的悬移质输沙率是测验当时的输沙情况，而工程上往往需要一定时段内的输沙总量及输沙过程。如果要用上述测验方法来求出输沙过程是很困难的。人们从不断的实践中发现，当断面比较稳定、主流摆动不大时，断面平均含沙量与断面上某一垂线平均（或某点）含沙量之间有稳定关系，这样就可以通过多次实测资料的分析，建立其相关关系。这种与断面平均含沙量有稳定关系的断面上有代表性的垂线或测点含沙量称为单位含沙量，简称单沙；相应地把断面平均含沙量简称为断沙。

单沙测验的位置可在各种水沙条件下，收集 30 次以上的精测输沙率之后，根据测站特性和单沙断沙关系分析确定。具体做法是，选择几次能代表各级水位和含沙量的实测输沙率资料，绘制各垂线（或点）平均含沙量与断面平均含沙量比值沿河宽的分布曲线，选择各测次的比值密集在 1.0 附近的垂线作为初选的代表垂线。然后利用全部输沙率资料，点绘代表垂线的平均含沙量与断面平均含沙量的关系，进行统计分析，如图 3－14 所示。如果点群偏离平均关系的相对误差不超过±10%，该垂线即可作为固定的单沙测验位置。一般应选择几个位置作方案比较，优化出误差最小、关系形式简单、测验方便的最佳位置。如果选不出一条合适的垂线，可采用某两条垂线的组合作为代表位置进行分析。如果各级水位下含沙量横向分布变化较大，可按不同水位分别确定单沙测验位置。

经常性的泥沙取样工作可只在选定的单沙测验位置上进行。这样便大大简化了测验工作。利用绘制的单沙断沙关系，由各次单沙实测资料推求相应的断沙和输沙率，可进一步计算日平均输沙率、年平均输沙率及年输沙量等。

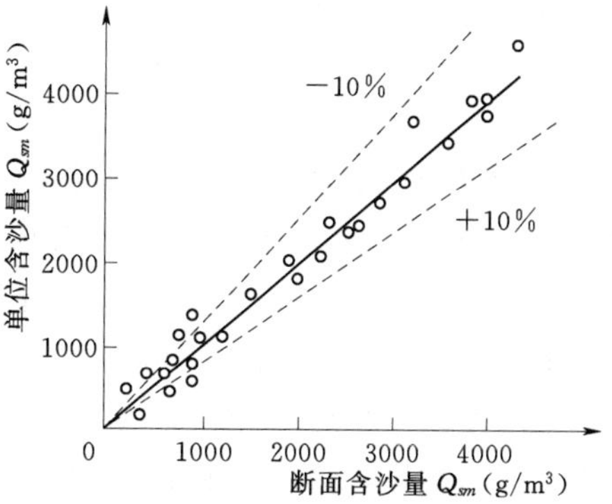

图 3-14 某站单沙与断沙关系

单沙的测次，平水期一般每日定时取样 1 次；含沙量变化小时可 5～10 日取样 1 次；含沙量有明显变化时可每日应取 2 次以上；对于较大洪峰过程，取样次数应不少于 7～10 次。

二、泥沙颗粒分析

泥沙颗粒分析是确定沙样中每一粒径组的干沙重占总沙重的百分数，包括测定泥沙粒径和各粒径组的泥沙重量，分别求出小于等于各级粒径的泥沙重量百分数，在半对数纸上即可绘出泥沙的颗粒级配曲线，如第十二章中的图 12-1 所示。

泥沙粒径是影响泥沙运动的重要因素，在研究泥沙运行规律、合理解决各类工程泥沙问题以及泥沙测验中有关分析计算问题时，都需要泥沙粒径和颗粒级配资料。

（一）泥沙颗粒分析方法

泥沙颗粒分析方法应根据泥沙粒径大小、取样多少进行选择。目前常用的有直接测定法和水分析法。

1. 直接测定法

（1）卵石粒径测量法（$D\geqslant 20$mm）。以 a、b、c 分别表示直接量测的卵石长、中、短轴的长度，则：

算术平均粒径为 $$D=\frac{1}{3}(a+b+c) \tag{3-24}$$

几何平均粒径 $$D=(abc)^{\frac{1}{3}} \tag{3-25}$$

等容粒径 $$D=\left(\frac{6V}{\pi}\right)^{\frac{1}{3}} \tag{3-26}$$

（2）筛分析法（$D=0.062\sim32$mm）。先取适量沙样烘干称重，根据沙样中最大粒径，准备好粗细筛数只（土壤筛），按大孔径在上、小孔径在下的顺序叠置，将沙样倒入筛的最上层，加盖后放在振筛机上振动。然后从最下层开始，依次称量各层筛的净沙重。根据称量结果，小于某粒径沙重百分数 P（%）可按下式计算

$$P=\frac{A}{W_g}\times100\% \tag{3-27}$$

式中：A 为小于某粒径沙重，g；W_g 为总沙重，g。

（3）显微镜法。在显微镜下直接测定粒径和级配。

（4）称重法。样品粒径大的颗粒，依大小排列称其最大颗粒及各组的粒径及重量，按等容粒径确定颗粒粒径的方法。

2. 水分析法

该法又称间接分析法，利用泥沙在静水中的沉降速度，采用有关的沉速公式，计算相

应于该沉速的球体直径。例如，粒径 $D=0.002\sim0.1$mm 的斯托克斯公式为

$$D=\sqrt{\frac{1800\mu}{\gamma_s-\gamma_w}\omega} \tag{3-28}$$

式中：$\omega=L/t$ 为泥沙在静水中的沉速，cm/s；D 为泥沙沉降粒径，mm；μ 为水的运动黏滞系数，cm^2/s；$\gamma_w=f(T)$ 为水的比重，g/cm^3；T 为试验时的水温，℃；γ_s 为泥沙比重，g/cm^3。其他粒径级的计算公式可查阅相关书籍。

水分析法有粒径计法、移液管法、消光法、比重法、离心沉降法等，其中粒径计法是最常用的方法。粒径计管是长约 103cm 的玻璃管，将它垂直安装在分析架上。在管顶用加沙器加入沙样，直接测定不同历时后通过粒径计管下沉的泥沙重量。由于下沉的距离 L 已知，由下沉历时 t 可求出相应沉速，沉速与粒径之间的关系可由前述公式确定。测出不同时段内下沉的泥沙重量，可推求出泥沙的颗粒级配情况。

（二）泥沙颗粒分析资料的计算

1. 悬移质垂线平均颗粒级配

悬移质泥沙颗粒分析如采用积深法、垂线混合法或一点法取样做颗粒分析时，其结果即为垂线平均颗粒级配。如沙样用积点法取得，则只能代表测点上的颗粒级配，此时应用输沙率加权法计算垂线平均颗粒级配。

$$P_m=\frac{\sum_{i=1}^{n}C_iC_{si}V_iP_i}{\sum_{i=1}^{n}C_iC_{si}V_i} \tag{3-29}$$

式中：P_m 为垂线平均小于等于某粒径的悬移质沙重的百分数，%；P_i 为垂线各测点小于等于某粒径悬移质沙重百分数，%；C_i 为垂线各测点流速的权重，与计算垂线均流速时相同；C_{si} 为垂线各测点含沙量，kg/m^3；V_i 为垂线各测点流速，m/s。

2. 悬移质断面平均颗粒级配

如果采用全断面混合法取样做颗粒分析，其成果即为断面平均颗粒级配。否则，要用输沙率加权法计算断面平均颗粒级配。

$$\overline{P}=\frac{(2Q_{s0}+Q_{s1})P_{m1}+(Q_{s1}+Q_{s2})P_{m2}+\cdots+[Q_{s(n-1)}+2Q_{sn}]P_{mn}}{2Q_s} \tag{3-30}$$

式中：$\overline{P}$为断面平均小于等于某粒径的悬移质沙重百分数，%；Q_{s0}、Q_{s1}、Q_{s2}、…、Q_{sn} 为以取样垂线分界的部分输沙率，kg/s；P_{mi} 为各取样垂线的垂线平均小于等于某粒径的悬移质沙重百分数，%；Q_s 为全断面输沙率，kg/s。

3. 断面平均粒径的计算

断面平均粒径根据断面平均颗粒级配曲线用各粒径组沙重百分数加权求得，计算公式如下

$$\overline{D}=\frac{\sum_{i=1}^{n}\Delta P_iD_i}{100} \tag{3-31}$$

$$D_i=\frac{1}{3}[D_{上}+D_{下}+\sqrt{D_{上}D_{下}}] \tag{3-32}$$

式中：$\overline{D}$为断面平均粒径，mm；ΔP_i 为某组沙重百分数，%；D_i 为某组平均粒径，mm；$D_{上}$、$D_{下}$ 为某组上限、下限粒径，mm。

第六节 水 文 信 息 处 理

水文信息处理就是对水文测站测得的原始数据按科学的方法和统一的技术标准与格式整理、分析、统计、提炼成为系统、完整、有一定精度的水文资料，供水文分析计算、科学研究和有关国民经济部门应用。水文信息的加工、处理过程称为水文信息处理或资料整编。水文信息处理的内容包括：收集校核原始信息；编制实测成果表；确定关系曲线，推求逐时、逐日值；编制逐日表及洪水水文要素摘录表；合理性检查；编制信息处理（整编）说明书。

一、流量数据处理的方法

目前对流量的测验不可能逐日逐时地连续进行，实测流量数据是一种不连续的原始数据，因而不能反映水流的完整变化过程和变化规律。流量数据处理就是利用少数实测数据，寻找水位流量关系，借以推求逐时流量，这样就能得到足够精度的、系统的、连续的流量资料，供有关部门使用。

流量数据处理的方法很多，大体可以归纳为两类：一类为常用的基本方法；另一类为辅助方法。基本方法以水位流量关系曲线法应用最广，辅助方法是在难于建立水位流量关系时，通过其他途径来间接推求流量，如流量过程线法、上下游测站水文要素相关法、降雨径流关系法等。

流量数据的处理主要包括定线和推流两个环节。定线就是根据实测的流量数据率定出与流量关系密切的水文要素之间的关系，推流就是用率定的关系和水文要素推求流量。

二、水位流量关系的确定

（一）稳定的水位流量关系

稳定的水位流量关系是指在一定条件下，水位和流量之间呈单值函数关系，简称单一关系。在普通方格纸上点绘的水位流量关系点据密集，分布成一带状，75%以上的中高水（流速仪测流）点据与平均关系线偏离不超过±5%，75%的低水点据（或浮标法测流点据）偏离不超过±8%（流量很小时适当放宽），且关系点没有明显的系统偏离，这时即可通过点群中心定一条单一线。点图时，可在同一张图纸上依次点绘水位流量、水位面积、水位流速关系曲线，并用同一水位下的面积与流速的乘积，校核水位流量关系曲线中的流量，使误差控制在±2%～±3%。以上三条曲线比例尺的选择，应使它们与横轴的夹角分别近似为45°、60°、60°，且互不相交。如图3-15所示。

（二）不稳定的水位流量关系

不稳定的水位流量关系是指由于受到多种因素的影响，水位流量关系不呈单值函数关系，可能形成一条以上甚至多条曲线，且曲线形状不一，变化复杂。

1. 断面冲淤影响

当断面受冲时，断面面积增大，同一水位的流量变大；当断面淤积时，断面面积减小，同一水位的流量变小，如图3-16所示。若冲淤时段有规律，水位流量关系能保持稳定状态，则可分别确定不同时段的水位流量关系，从各自相应时段的水位流量关系曲线上，由水位推求相应的流量，该方法称为临时曲线法。

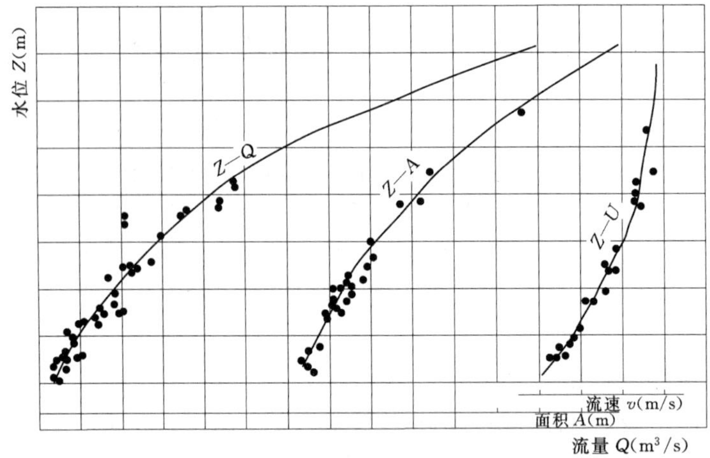

图 3-15　水位流量关系曲线

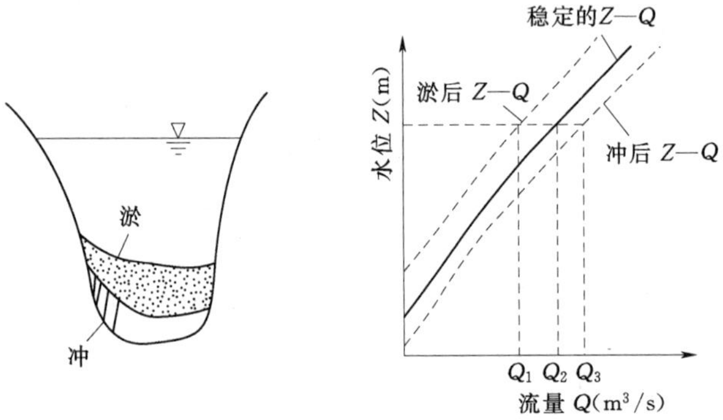

图 3-16　受冲淤影响的水位流量关系

2. 洪水涨落影响

由于洪水波附加比降的影响，使洪水过程的流速与同水位下的稳定流相比，涨水时流速增大，流量也增大；落水时，则相反，即涨水点偏右，落水点偏左，峰、谷点居中间，一次洪水过程的水位流量关系依时序形成一条逆时针方向的绳套曲线，如图 3-17 所示。受洪水涨落影响的水位流量关系可按涨落过程定线，然后由水位推求流量。

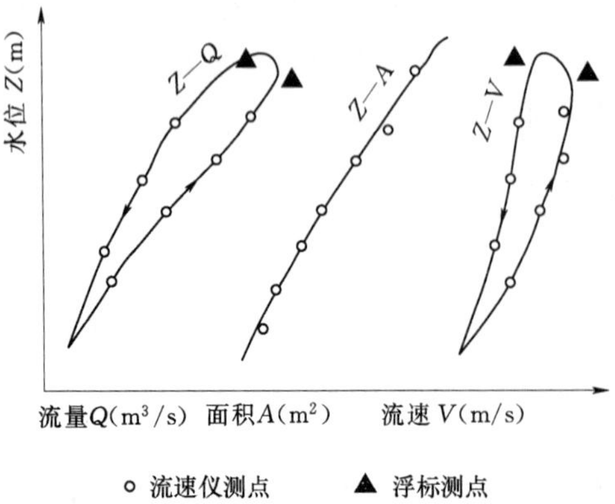

图 3-17　受洪水涨落影响的水位流量关系

3. 变动回水影响

由于受下游干支流涨水，或下游闸门关闭等影响，引起回水顶托，致使水位抬高，水面比降变小，与不受回水顶托影响比较，同水位下的流量变小。所以，其水位流量关系点据偏向稳定的水位流量关系曲线的左边，如图 3－18 所示。在受变动回水影响下，可用比降为参数确定一组水位流量关系曲线，由水位和比降推求流量。

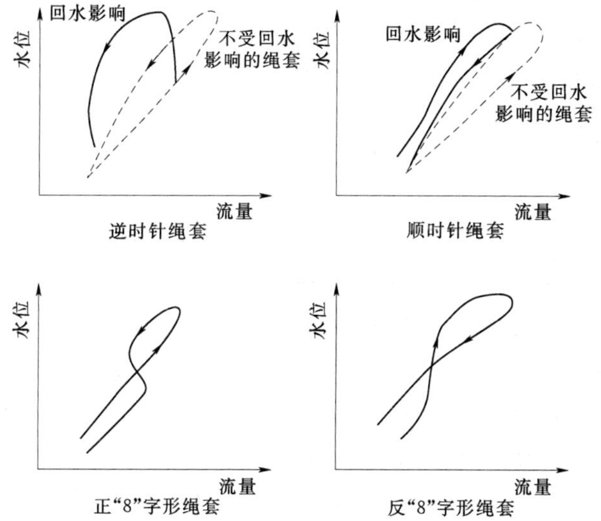

图 3－18　受变动回水影响的水位流量关系

4. 其他因素的影响

其他影响因素包括水生植物和结冰等。在水生植物生长期，过水面积减小，糙率增大，水位流量关系点据逐渐左移；在水生植物衰枯期，水位流量关系点据则逐渐右移。受结冰影响的水位流量关系点据的分布，总的趋势是偏在畅流期水位流量关系曲线的左边。

上述影响因素如果同时存在，称为受混合因素影响的水位流量关系。在混合因素的影响下，随着起主导作用的某种主要因素的变化，其水位流量关系的点据也随之变化。

表 3－6 给出了各种整编方法及其使用情况，这些方法归纳来分为两种类型。一类是水力因素型，其方法均可表示为 $Q=f(z,x)$ 的形式（x 为某一水力因素）。该方法的原理来自于水力学的推导，故理论性强，所要求的测点少，且适用于计算机作单值化处理。另一类是时序型，表示为 $Q=f(z,t)$（t 为时间）。该方法的原理是以水流的连续性为基础，因而要求测点多且准确，能控制流量的变化转折，适用范围较广，但有时间局限性。

表 3－6　　流量数据处理方法及其适用条件

方法	使用范围 \ 影响因素	稳定 $Z—Q$ 关系	不稳定 $Z—Q$ 关系					
			洪水涨落	变动回水	冲淤	水草	结冰	综合
水力因素型	单一曲线法	√					√	
	校正因数法		√					
	涨落比例法		√					
	特征河长法		√					
	落差法（定落差、等落差、正常落差法）			√				
	落差指数法		√	√				√

续表

方法		稳定 Z—Q 关系	不稳定 Z—Q 关系					
			洪水涨落	变动回水	冲淤	水草	结冰	综合
时序型	连时序法		√	√	√	√	√	√
	临时曲线法				√	√	√	
	改正水位法				√	√	√	√
	改正系数法					√	√	
	连 Q—t 过程线法			√	√		√	√

当满足时序型的要求条件时，可用连时序法。该法是按实测流量点据的时间顺序来连接水位流量关系曲线，故应用范围较广。连接时，应参照水位过程线的起伏变动情况定线，有时还应参照其他的辅助曲线（如落差过程线、冲淤过程线等）定线。受洪水涨落影响的水位流量关系用连时序法定线往往成逆时针绳套。绳套的顶部必须与洪峰水位相切，绳套的底部应与水位过程线中相应的低谷点相切。受断面冲淤或结冰影响时，还应参考连时序法绘出的水位面积关系变化趋势，帮助绘制水位流量关系曲线，如图 3-19 所示。

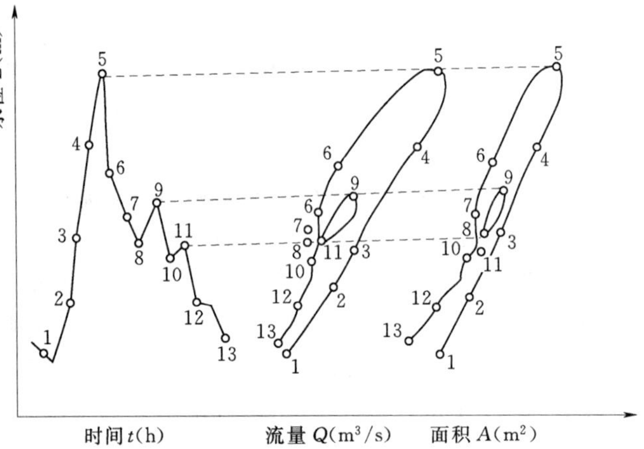

图 3-19 连时序法水位流量关系曲线

三、水位流量关系曲线的延长

水文测站安排测流时，应力求在整个水位变幅内均匀布置测次。但特高和特低水位持续时间短，由于施测条件限制或其他种种原因，致使最高水位或最低水位的流量缺测或漏测。为推求全年完整的流量过程，必须对水位流量关系作高水或低水延长。

高水延长的结果，对洪水期流量过程的主要部分（包括洪峰流量）有重大的影响。低水流量虽小，但如延长不当，相对误差可能较大且影响历时较长。因此延长均需慎重。高水部分的延长幅度一般不应超过当年实测流量所占水位变幅的 30%，低水部分延长的幅度一般不超过 10%。对稳定的水位流量关系进行高、低水延长有以下几种常用的方法。

（一）低水延长方法

低水延长一般是以断流水位作控制将水位流量关系曲线向断流水位方向所作的延长。

断流水位是指流量为零时的水位，其确定方法有：

（1）根据测站纵横断面资料确定。如测站下游有浅滩或石梁，则以其顶部高程作为断流水位；如测站下游相当长距离内河底平坦，可取基本水尺断面河底的最低点高程作为断流水位。

（2）分析法。如测站断面形状整齐，在延长部分的水位变幅内河宽无显著变化，则可采用分析法。此时假定水位流量关系的低水部分用下式表示

$$Q=K(Z-Z_0)^n \tag{3-33}$$

式中：Z_0 为断流水位，m；n、K 为指数和系数。

在水位流量曲线的中、低水弯曲部分，依次选取 a、b、c 三点，其相应的水位和流量分别为 Z_a、Z_b、Z_c 及 Q_a、Q_b、Q_c。假定 $Q_b^2=Q_aQ_c$，则代入式（3－33），可求得断流水位为

$$Z_0=\frac{Z_aZ_c-Z_b^2}{Z_a+Z_c-2Z_b} \tag{3-34}$$

根据求得的断流水位 Z_0，以坐标（Z_0，0）为控制点，将关系曲线向下顺势延长至当年最低水位即可。

（二）高水延长方法

1. 根据水位面积关系、水位流速关系延长

该方法适用于河床稳定，水位面积、水位流速关系点集中，曲线趋势明显的测站。其中，水位面积关系曲线可以根据实测大断面资料延长，水位流速关系曲线在高水时常趋近于一条与纵轴平行的直线，可顺趋势延长。于是，某一高水位下的流量，便可由该水位的断面面积和流速的乘积来确定。由此，便可延长水位流量关系曲线，如图 3－20 所示。

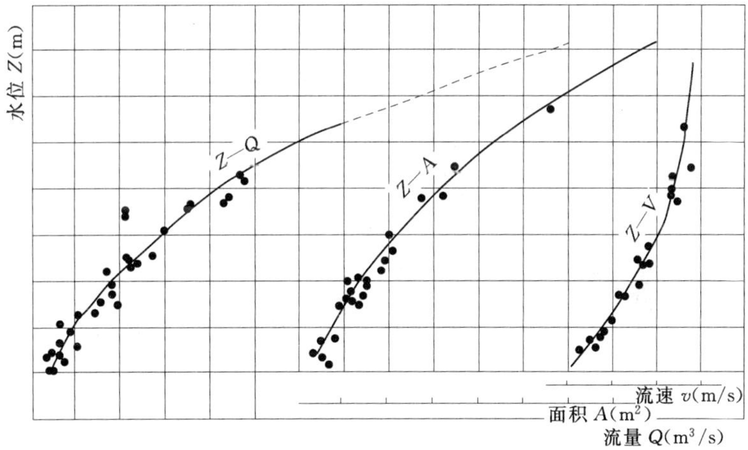

图 3－20　水位面积、水位流速关系曲线延长法

2. 用水力学公式延长

该法用水力学公式计算出需要延长部分的流速值辅助定线，这样可避免水位面积和水位流速关系高水延长中水位流速顺趋势延长的任意性。在延长水位流速曲线时，有以下几种方法。

（1）用曼宁公式延长。用曼宁公式 $V=\frac{1}{n}$（$R^{2/3}S^{1/2}$）计算流速时，水力半径 R 可根

据大断面资料求得，若糙率 n 和水面比降 S 均有资料时，直接由公式计算并延长。若 n 和 S 的资料二者缺一时，通过绘制水位糙率（$Z—n$）或水位水面比降（$Z—S$）关系曲线并延长之，再算出 V。若 n 和 S 均无资料时，可将曼宁公式改写成 $\frac{S^{1/2}}{n}=\frac{Q}{AR^{2/3}}$，则将 $\frac{S^{1/2}}{n}$ 看成一个未知数，根据实测的流量、面积、水力半径计算出 $\frac{S^{1/2}}{n}$，然后点绘 $Z—\frac{S^{1/2}}{n}$ 关系曲线，因高水部分 $\frac{S^{1/2}}{n}$ 接近于常数，故可根据曲线趋势来延长。

（2）用斯蒂文斯法延长。该方法适用于断面无明显冲淤、宽浅的河流。

由谢才公式导出流量为

$$Q=CA(RS)^{1/2} \tag{3-35}$$

式中：C 为谢才系数；其余符号同前。

若以断面平均水深 $\bar{h}$ 代替 R，则上式可改写为

$$Q=CA(\bar{h}S)^{1/2} \tag{3-36}$$

令 $K=CS^{1/2}$，高水时其值一般接近常数。故 $Q—A\bar{h}^{\frac{1}{2}}$ 近似呈线性关系，据此外延。应用该法时，首先根据实测大断面资料计算并点绘 $Z—A\bar{h}^{\frac{1}{2}}$ 的关系；根据实测水位流量资料计算并点绘 $Q—A\bar{h}^{\frac{1}{2}}$ 的关系，再按直线趋势外延，如图 3-21 所示；然后以不同高水位 Z 在 $Z—A\bar{h}^{1/2}$ 关系曲线上查出 $A\bar{h}^{1/2}$ 值，并用此值在 $Q\sim A\bar{h}^{1/2}$ 关系曲线上查出相应的 Q 值，根据对应的（Z，Q）点，便可实现水位流量关系曲线的高水延长。

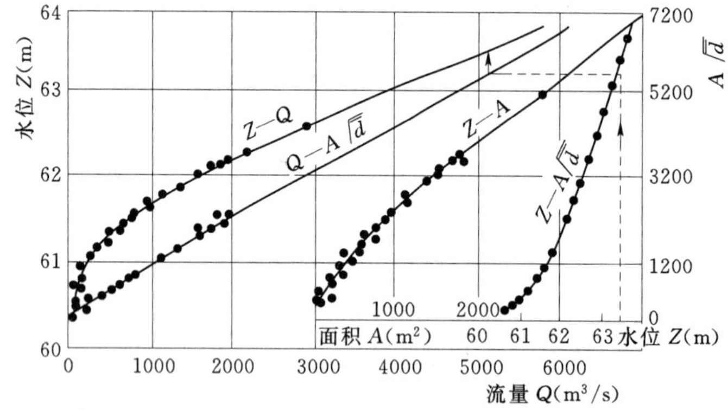

图 3-21 用斯蒂文斯（Stevens）法延长

四、水位流量关系的移用

规划设计中，常常遇到设计断面缺乏实测数据。这时就需要将邻近水文站的 $Z—Q$ 关系移用到设计断面。

当设计断面与水文站相距不远且两断面间的区间面积不大、河段内无明显的出流与入流的情况下，在设计断面设立临时水尺，与水文站同步观测水位。因两断面中、低水时同一时刻的流量大致相等，所以可用设计断面的水位与水文站断面同时刻水位所得的流量点绘关系曲线，再将高水部分进行延长，即得设计断面的 $Z—Q$ 关系曲线。

当设计断面距水文站较远，且区间入流、出流近乎为零，则必须采用水位变化中的位相相同水位来移用。

如果设计断面的水位观测数据不足，或等不及设立临时水尺进行观测后再推求其水位流量关系时，则用计算水面曲线的方法来移用。该方法是在设计断面和水文站之间选择若干个计算断面，假定若干个流量，分别从水文站基本水尺断面起计算水面曲线，从而求出各个计算流量相对应的设计断面水位。

当设计断面与水文站之间有出流或入流时，则主要依靠水力学的方法来推算设计断面的 Z—Q 关系。

五、日平均流量计算及合理性检查

当流量变化平稳时，可用日平均水位在水位流量关系线上推求日平均流量。当一日内流量变化较大时，则用逐时水位推求逐时流量，再按算术平均法或面积包围法求得日平均流量。据此计算逐月平均流量和年平均流量。

单站检查可用历年水位流量关系对照进行；综合检查以水量平衡为基础，对上、下游或干、支流上的测站与本站整编成果进行对照分析，以提高整编成果的可靠性。本站成果经检查确认无误后，才能作为正式资料提供使用。

六、悬移质输沙率资料处理

在整编悬移质输沙率资料时，应对实测资料进行分析，特别是单沙断沙关系的分析。经过分析，如果查明异点的原因是属于测验或计算方面的错误，可以适当改正或酌情处理。

如果一日内流量变化不大时，根据单沙断沙关系，便可由经常观测的单沙成果计算出逐日断面平均含沙量，再与相应的平均流量相乘，即得各日的平均输沙率。如果在洪水期，一日内流量、含沙量的变化都较大时，应先由各测次的单沙推出断沙，乘以相应的断面流量，得出各次的断面输沙率。根据日内输沙率过程求得日输沙总量，再除以一日的秒数，即可得日平均输沙率。将全年逐日平均输沙率之和除以全年的天数，即得年平均输沙率。

七、水文资料的刊布与收集

由国家水文站网按全国统一规定观测的信息进行处理（整编）后的资料，再由主管单位分流域、干支流及上下游，每年刊布一次，称为水文年鉴。水文年鉴中载有测站分布图，测站考证资料，各测站的水位、流量、泥沙、降水量、蒸发量等资料，它仅刊布各水文测站的基本资料。

另外，各省区水文部门编制的水文手册和水文图集，以及历史洪水调查、暴雨调查、历史枯水调查等资料，是在分析研究该地区所有水文站的资料基础上编制出来的。它载有该地区的各种水文特征值等值线图及计算各种径流特征值的经验公式。利用水文手册和水文图集便可以估算无水文观测数据地区的水文特征值。由于编制各种水文特征的等值线图及各径流特征的经验公式时，依据的小河资料少，当利用手册及图集估算小流域的径流特征值时，应根据实际情况作必要的修正。

当上述年鉴、手册、图集所载资料不能满足要求时，可向其他单位收集。例如，有关气象方面的资料，可向当地气象台站收集。

第七节 水 文 调 查

绝大多数水文测站都是1949年后设立的，多数河流定位观测所搜集的水文资料系列较短。因此，水文资料的积累，无论在资料的系列上或是测站的地区分布上，都还不能满足工程建设的需要。所以，必须通过水文调查来补充定位观测的不足，使水文资料更加系统、完整，更好地满足国民经济建设的需要。

水文调查的内容可分为：流域调查、水文专门调查、水文定位观测的补充调查及其他调查，本节主要介绍洪水、暴雨及枯水等水文要素的调查。

一、洪水调查

对历史洪水应有计划地组织进行；当年特大洪水，也应及时组织调查；对造成河道决口、水库溃坝等的灾害性洪水，力争在情况发生时或情况发生后较短时间内进行有关调查。

洪水调查工作中，应调查洪水痕迹、洪水发生的时间，测量洪水的痕迹高程等；了解调查河段的河槽情况；了解流域自然地理情况；测量调查河段的纵、横断面；必要时应在调查河段进行简易地形测量；最后对调查成果进行分析，推算洪水总量、洪峰流量、洪水过程及重现期，写出调查报告。

调查历史洪水的方法有文献考证和实地调查。文献记载多属描述性质，大多难以定量，但可以了解到在文献考证期内大洪水发生的年份、次数、量级及大小顺位，以便合理确定历史洪水的重现期。通过实地调查洪水痕迹，可以取得调查期内若干次历史大洪水的定量资料。

若调查的洪痕靠近某水文站，可先求水文站基本水尺断面处的洪水位高程，通过延长该站的水位流量关系曲线，推求洪峰流量。在调查河段无水文站的情况下，洪峰流量的估算可采用以下方法。

（一）比降法

1. 匀直河段洪峰流量计算

$$Q=\frac{AR^{2/3}S^{1/2}}{n}=KS^{1/2}\quad\left(K=\frac{AR^{2/3}}{n}\right)\tag{3-37}$$

式中：Q为洪峰流量，m^3/s；A为河段平均过水断面积，m^2；R为河段平均水力半径，m；S为水面比降，‰；n为糙率。

2. 非匀直河段洪峰流量计算

$$Q=KS_e^{1/2}\tag{3-38}$$

其中

$$S_e=\frac{h_f}{L}=\frac{h+\left(\frac{\overline{V}_{上}^2-\overline{V}_{下}^2}{2g}\right)}{L}\tag{3-39}$$

式中：S_e为能面比降；h_f为两断面间的摩阻损失；h为上、下两断面的水面落差，m；$\overline{V}_{上}$、$\overline{V}_{下}$分别为上、下两断面的平均流速，m/s；L为两断面间距，m；g为重力加速度，m/s^2。

3. 若考虑扩散及弯曲损失时洪峰流量推算

$$Q=K\sqrt{\frac{h+(1+\alpha)\left(\frac{\overline{V}_{上}^{2}-\overline{V}_{下}^{2}}{2g}\right)}{L}} \tag{3-40}$$

式中：α 为扩散、弯道损失系数，一般取 0.5；其余符号意义同前。

糙率 n 值的确定，可根据实测成果绘制的水位糙率曲线备查，或查糙率表，或参考附近水文站的糙率资料。对复式断面，可分别计算主槽和滩地的流量再相加。

（二）水面曲线法

当所调查的河段较长且洪痕较少、各河段河底坡降及断面变化、洪水水面比较曲折时，不宜采用比降法计算，可用水面曲线法推求洪峰流量，方法如下。

假定一个流量 Q，由所估定的各段河道糙率 n，自下游已知的洪水水面点起，向上游逐段推算水面线，然后检查该水面与各洪痕的符合程度。如大部分符合，表明所假定流量正确；否则，重新假设 Q 值，再推算水面线直至与大部分洪痕符合为止。

二、暴雨调查

在暴雨形成洪水的地区，洪水的大小与暴雨密切相关，暴雨调查资料对洪水调查成果起旁证作用。洪水过程线的绘制、洪水的地区组成，也需要组合面上暴雨资料进行分析。

暴雨调查的主要内容有：暴雨成因、暴雨量、暴雨起讫时间、暴雨变化过程及前期雨量情况、暴雨走向及当时主要风向风力变化等。

对于远期的历史暴雨，时隔已久，难以调查到确切的数量，只能作定性分析。对于近期的历史暴雨，一般通过群众对当时雨势的回忆或与近期发生的某次大暴雨对比，得出定性概念；也可通过群众对当时地面坑塘积水、露天水缸或其他器皿承接雨水的程度，分析估算降水量，并对一些雨量记录进行复核，对降雨的时、空分布做出估计。对于现代暴雨的调查，有时是为了了解暴雨地区分布情况，调查的条件较为有利，对雨量、雨势、降雨过程可以了解得更具体，还可参考附近雨量站记录，综合分析后估算出降雨量及其过程。

三、枯水调查

枯水调查主要是为了掌握江河最低水量的历史变化规律，避免在进行水文分析计算时因实测年限过短而对水文现象认识不足，造成损失。

历史枯水的调查工作必须在水位极枯或较枯的时候才能进行，不像洪水调查那样，随时都可以进行，但其方法与洪水调查方法基本相似，一般比历史洪水更为困难。河流沿岸的古代遗址、古代墓葬、古代建筑物、记载水情的碑刻题记等考古实物以及文献资料，都是进行历史水文调查的重要资料。如在四川涪陵长江江心岩石上，发现唐代刻的石鱼图案，并有历代刻记的江水枯落年份最低水位与石鱼距离的记载，经过测量整理，得到 1200 年间的长江枯水系列的宝贵资料。但通常情况，历史枯水调查都难以找出枯水痕迹，一般可根据当地较大旱灾的旱情、无雨天数、河水是否干涸断流、水深情况等来分析当时最枯流量、最低水位及发生时间。对当年枯水调查，可以结合抗旱灌溉用水调查进行。当河道断流时，应调查开始时间和延续天数；有流水时，可用简易测流法，估测最小流量。

四、水文遥感

水文遥感是遥感技术在水文学研究中的应用。在空中或远处利用传感器收集水体和周围环境的电磁波辐射，经过加工处理，使这种信息成为可识别的数据或影像，通过分析，显示水体分布，反映水文现象的时空变化。

近 20 多年来，遥感技术在水文水资源领域得到广泛应用并已成为收集水文信息的一种重要手段，尤其在水资源水文调查的应用，更为显著。概括起来，主要有以下几方面。

（1）洪涝灾害的监测。利用卫星影像绘制出洪水淹没范围，定其发展趋向，及时为抗洪救灾措施提供决策依据。

（2）改善水文预报。利用卫星云图可以监测流域上空暴雨云系的移动和发展，根据云图上雨云数量和特征可以提前估算河流洪水；把雷达测雨装置与水文预报系统连接起来，可以缩短水文预报作业时间，增长有效预见期；利用卫星对积雪深度和雪线位置变化情况的探测，可以做出春汛和融雪径流的中期预报。

（3）水资源调查。在多光谱卫星影像上，河流、湖泊和沼泽的分布、大小及形态显示清晰。利用不同时期的卫星照片，还可查明地表水体变化情况。另外还可分析饱和土壤面积、含水层分布以估算地下水储量。

（4）利用卫星数据收集系统，传递地面水文观测资料和估算无资料地区的径流。通过卫星数据收集系统把地面自动遥测站收集的水文气象资料传递到水文机构的数据处理中心，从而大大加快水文情报的传递。在无资料地区，建立描述雨洪径流的数学模型参数和遥感测得的流域自然地理特征参数之间的关系，则可对无资料地区的径流做出估计。

此外，遥感技术在研究河口、湖泊泥沙淤积和河道变迁，进行水体污染监测等方面都取得了成功的应用。

习　　题

1. 思考题。什么是水文测站？其观测项目有哪些？收集水文信息的基本途径有哪些？并指出其优缺点。日平均水位计算方法有几种？各在什么情况下适用？什么是流量？测量流量的方法有哪些？什么是输沙率？怎样施测推求断面输沙率、日输沙率、年输沙率？水位流量关系不稳定的原因何在？水位流量关系曲线的高低水延长有哪些方法？水文调查包括哪几个方面的内容？进行水文调查的目的是什么？

2. 某水文站每日 4 段制观测水位的记录见表 3－7，试用面积包围法推求 7 月 14 日的日平均水位。

表 3－7　　某水文站水位观测记录表

月．日	7.13	7.14				7.15	
时	20	2	8	14	20	2	8
水位（m）	48.10	49.10	50.20	49.80	49.40	49.10	48.90

3. 试根据图 3－22 中所给测流资料计算该站流量和断面平均流速。图中测线水深 $h_1=1.5$m，$h_2=1.0$m，$h_3=0.5$m，$V_{0.2}$、$V_{0.6}$、$V_{0.8}$ 分别表示测线在 0.2h、0.6h、0.8h 处得测点流速，$\alpha_{左}$、$\alpha_{右}$ 分别表示左右岸的岸边系数。

4. 已知某河流断面实测流速、泥沙资料如表 3－8 所示，试计算其断面输沙率和断面

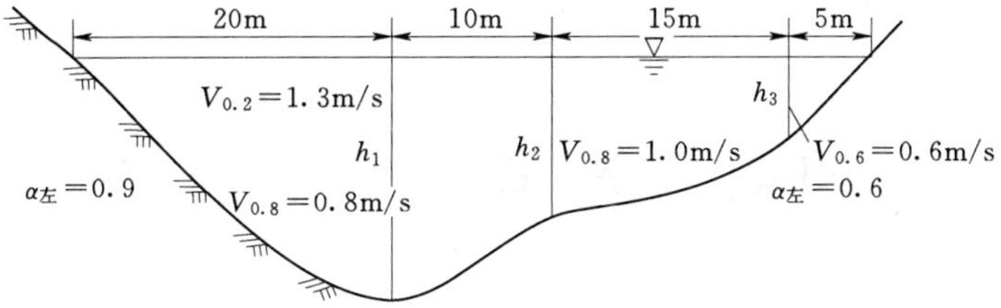

图 3－22　某河某站横断面及测流资料

平均含沙量。计算过程及结果填入表 3－8 相应的空格内。

表 3－8　　　　某河流断面实测流速、泥沙资料表

<table>
<tr><th>垂线号数</th><th>垂线水深（m）</th><th>相对位置</th><th>测点含沙量（kg/m³）</th><th>测点流速（m/s）</th><th>垂线平均流速</th><th>垂线平均含沙量（kg/m³）</th><th>流量相应部分（m³/s）</th><th>输沙率相应部分（kg/s）</th><th>断面输沙率（kg/s）</th><th>断面平均含沙量（kg/m³）</th></tr>
<tr><td rowspan="5">1</td><td rowspan="5">24.3</td><td>0.0</td><td>0.6056</td><td>1.01</td><td rowspan="5"></td><td rowspan="5"></td><td rowspan="3">1471</td><td rowspan="3"></td><td rowspan="15"></td><td rowspan="15"></td></tr>
<tr><td>0.2</td><td>0.6160</td><td>1.17</td></tr>
<tr><td>0.6</td><td>0.6751</td><td>1.83</td></tr>
<tr><td>0.8</td><td>0.6256</td><td>1.66</td><td rowspan="4">3014</td><td rowspan="4"></td></tr>
<tr><td>1.0</td><td>0.8975</td><td>1.22</td></tr>
<tr><td rowspan="5">2</td><td rowspan="5">30.0</td><td>0.0</td><td>0.5092</td><td>2.27</td><td rowspan="5"></td><td rowspan="5"></td></tr>
<tr><td>0.2</td><td>0.6333</td><td>2.37</td></tr>
<tr><td>0.6</td><td>0.6838</td><td>2.45</td><td rowspan="5">1670</td><td rowspan="5"></td></tr>
<tr><td>0.8</td><td>0.8045</td><td>2.30</td></tr>
<tr><td>1.0</td><td>0.8533</td><td>1.95</td></tr>
<tr><td rowspan="5">3</td><td rowspan="5">25.8</td><td>0.0</td><td>0.6693</td><td>1.44</td><td rowspan="5"></td><td rowspan="5"></td></tr>
<tr><td>0.2</td><td>0.7163</td><td>1.37</td></tr>
<tr><td>0.6</td><td>0.7284</td><td>1.05</td><td rowspan="3">1017</td><td rowspan="3"></td></tr>
<tr><td>0.8</td><td>0.7950</td><td>1.02</td></tr>
<tr><td>1.0</td><td>0.8418</td><td>0.67</td></tr>
</table>

5. 某河测站测流段比较稳定，测算得各级水位的断面平均流速和断面面积见表 3－9，试计算各断面流量，绘制该站的水位流量关系曲线，并延长至 5.5m 水位时的流量。

表 3－9　　　　某测站断面平均流速与断面面积关系表

水位（m）	平均流速（m/s）	断面面积（m²）	流量（m³/s）	水位（m）	平均流速（m/s）	断面面积（m²）	流量（m³/s）
0	0	0		3.5	1.9	356	
1.2	0.7	64		4.0	2.1	460	
2.0	1.2	136		4.2	2.1	514	
2.5	1.4	208		4.5	2.2	600	
3.10	1.8	300		5.0	2.3	730	

第四章　流 域 产 流 计 算

扣除损失之后形成径流的降水称为净雨，形成地面径流的降水称为地面净雨，形成地下径流的降水称为地下净雨。这些分布在流域上各处的净雨，将形成流域出口断面的径流过程，它们在数量上应该是相等的。习惯上，称净雨量为产流量，将降雨过程转化为净雨的过程称为产流过程。流域产流计算是指由流域上的面雨量推求净雨量及净雨过程的计算。

在实际计算中，一般不再细分各种损失雨量，通常作为一个整体来考虑。另外，目前限于水文科学的发展水平，流域产流计算一般都是假设流域降雨均匀为基础的，所以本章介绍的方法限于中小流域。对于大流域，要进行流域分块采用分布式水文模型计算，关于这方面的研究尚处在发展阶段。

在湿润地区，土壤包气带较薄，湿度较大，很容易被一次降雨蓄满，通常采用蓄满产流模式计算产流，既产生饱和地表径流，同时也产生地下径流。在干旱地区，土壤包气带较厚，一般很难产生地下径流，只有在降雨强度大于下渗能力时产生地表径流，通常采用超渗产流模式，或初损后损法计算产流量。以上是两种极端情况，而在半干旱半湿润地区，以上两种情况兼而有之。多数情况下，降雨径流经验相关法应用比较普遍。

第一节　流 域 产 流 要 素 计 算

流域产流计算工作开始时，一般需要先对影响流域产流的各要素分别做一定的整理分析，以便在定量上研究它们之间的因果关系和规律。

一、降雨资料分析计算

在产流计算中，需要计算与洪水对应的流域平均雨量、各时段雨量和降雨强度等。但必须注意，降雨场次的划分一定要与洪水场次的划分相对应。如图 4-1 所示，当把洪水划分为两次时，暴雨也要相应地划分为两次，且两两对应，即暴雨Ⅰ对应洪水Ⅰ，暴雨Ⅱ对应洪水Ⅱ。

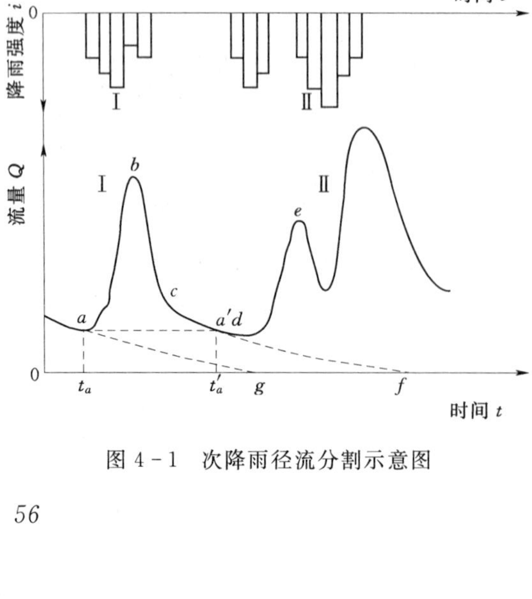

图 4-1　次降雨径流分割示意图

（一）流域平均雨量计算

雨量站观测的降水量只代表该站附近小范围内的降水情况，称为点降水量。在分析流域降雨径流关系时需要考虑全流域平均雨量。一个流域一般会有若干个雨量站，由各站的点雨量可以推求流域平均降雨量，其计算方法有以下几种。

1. 算术平均法

将流域内各站同期降水量的算术平均值作为流域平均降雨量，即

$$\overline{P} = \frac{1}{n}\sum_{i=1}^{n} P_i \tag{4-1}$$

式中：$\overline{P}$为流域平均降雨量，mm；P_i 为第 i 个雨量站的降雨量，mm；n 为测站数。

该方法计算简单，适用于流域内地形起伏较小，雨量站网密度较大且雨量站分布均匀的情况。

2. 泰森（Thiessen）多边形法

该方法又称垂直平分法或面积加权平均法。当流域内雨量站分布不均匀时，假定流域各处的降水量由距离最近的雨量站代表。具体做法是：在地图上标出各雨量站，就近连成若干个不嵌套的三角形并尽可能成锐角。在连三角形时，对本流域雨量起一定控制作用的邻近流域的雨量站也应包括进去，然后对每个三角形的各边作垂直平分线，这些垂直平分线和流域的边界构成 n 个多边形，每一个多边形内正好有一个雨量站。图 4－2 中虚线为三角网，实线为每个测站控制的多边形面积。在流域边界，如果多边形的一部分跨越边界，则只取本流域内的多边形面积。如果假设这样得到的每个多边形内的降雨量分布是均匀的，并可用其中雨量站的实测雨量来代表，则以多边形面积为权重来推求流域平均降雨量，可由下式计算

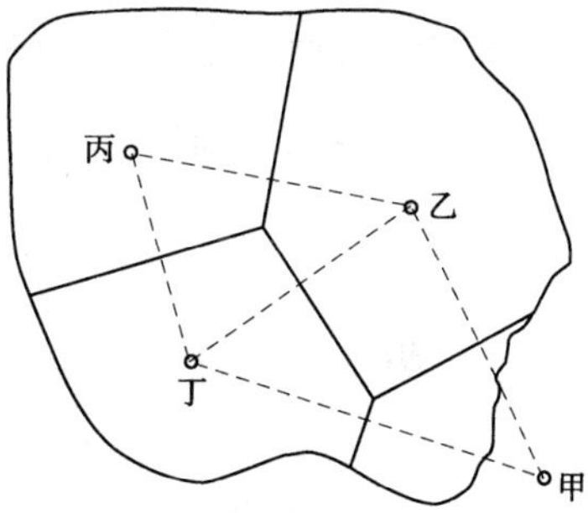

图 4－2　泰森（Thiessen）多边形示意图

$$\overline{P} = \frac{1}{F}\sum_{i=1}^{n} f_i P_i = \sum_{i=1}^{n} \frac{f_i}{F} P_i = \sum_{i=1}^{n} \alpha_i P_i \tag{4-2}$$

式中：f_i 为第 i 个雨量站所在多边形的部分面积，km^2；F 为总面积，km^2；n 为多边形数目；$\alpha_i = \frac{f_i}{F}$为各部分面积占总面积的比重，通常称为权重（定值）；$\frac{f_i}{F}P_i$ 称为权雨量。

【例题 1】 某流域设有甲、乙、丙、丁 4 个雨量站（图 4－2），流域面积 $F=112km^2$，各站实测一次降雨量及控制面积见表 4－1，试求该次降雨的流域平均降雨量。

表 4－1　　泰森多边形法计算流域平均降雨量

雨量站	控制面积（km^2）	权重	降雨量（mm）	权雨量（mm）
甲站	12	0.107	18.5	2.0
乙站	38	0.339	24.3	8.2
丙站	32	0.286	35.7	10.2
丁站	30	0.268	25.4	6.8
合计	112	1	103.9	27.2

解：由式（4-2）得，$\overline{P}=27.2\text{mm}$。

若站网稳定不变，此法比较简单。且当测站固定不变时，认为各雨量测站的权重都不变，显然没有反映出地形对降水的影响，因此，若流域内或测站间有高大山脉，用此法会带来误差。另外，若某个时期因个别雨量站缺测或缺报以及雨量站位置变动，将改变各站权重，给计算带来麻烦。

3. 等雨量线法

当流域上雨量站分布较密时，可根据各站同时段雨量绘制等雨量线（图 4-3），然后推算流域平均降雨量。

$$\overline{P}=\frac{1}{F}\sum_{i=1}^{n}\overline{P}_i f_i=\sum_{i=1}^{n}\alpha_i\overline{P}_i \tag{4-3}$$

式中：$\overline{P}_i$ 为相邻两条等雨量线之间的平均雨量，mm；f_i 相邻两条等雨量线之间的部分面积，km^2；$\alpha_i=\dfrac{f_i}{F}$为各部分面积占总面积的比重（因各场降雨不同而不同）；n 为部分面积数。

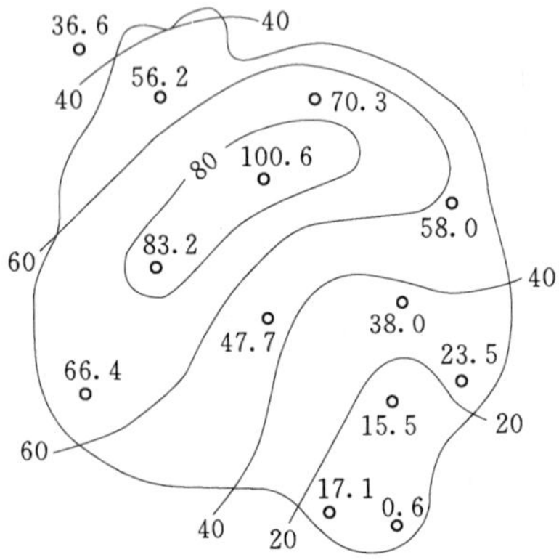

图 4-3　等雨量线示意图

（等值线单位：mm）

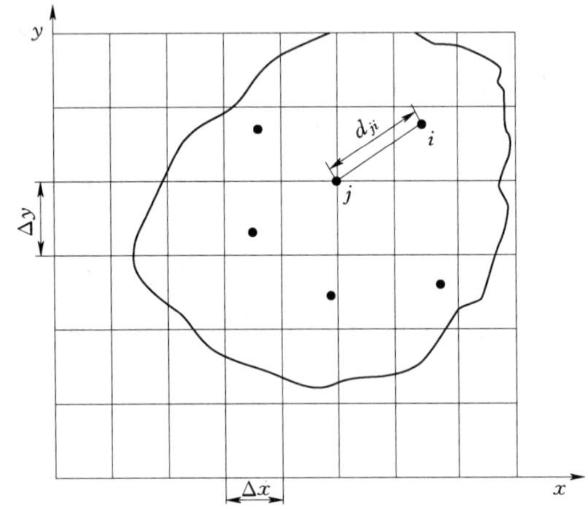

图 4-4　距离平方倒数法示意图

等雨量线法在理论上是比较完善的，能了解降水量在空间上的分布情况，便于分析洪水的组成。有经验的工作人员绘制等雨量线图时，还能对流域特性给予适当的考虑，故精度较高。但要求站点较多，且每次降雨都必须绘制等雨量线图，并量算面积和计算权重，工作量大。

4. 距离平方倒数法

该方法是 20 世纪 60 年代末提出的，并为美国气象局系统首先采用。其作法是将流域划分成许多网格，每个网格均为一个长宽分别为 Δx 和 Δy 的矩形，见图 4-4。网格格点处的雨量用其周围雨量站按距离平方的倒数插值求得

$$P_j=\frac{\sum_{i=1}^{m}(P_i/d_i^2)}{\sum_{i=1}^{m}(1/d_i^2)} \tag{4-4}$$

式中：P_j 为第 j 个格点的雨量，mm；P_i 为第 j 个格点周围邻近的第 i 个雨量站的雨量，mm；d_i 为第 j 个格点到其周围邻近的第 i 个雨量站的距离，m 或 km；m 为第 j 个格点周围邻近的雨量站的数目。

由于格点数目足够多，而且分布均匀，可按算术平均法计算流域平均雨量。该方法改进了站与站之间的雨量呈线性变化的假设，计算过程虽复杂，但便于计算机处理。此外，如果发现雨量不与距离平方成反比关系，也容易改成其他幂次。

（二）降雨过程的图示法

1. 降雨量累积过程线和降雨强度过程线

从降雨开始至某时刻的降雨量与该时刻之间的关系称为降雨量累积过程线，如图 4-5 中 b 线所示。降雨强度与相应时间之间的关系称为降雨强度过程线，如图 4-5 中 a 线所示。根据这些定义，可知降雨量累积过程线的割线斜率即为时段平均降雨强度，而其切线的斜率就是瞬时降雨强度。反之，时段平均降雨强度过程线对时段求和或瞬时降雨强度过程线对时间积分即为降雨累积过程线。

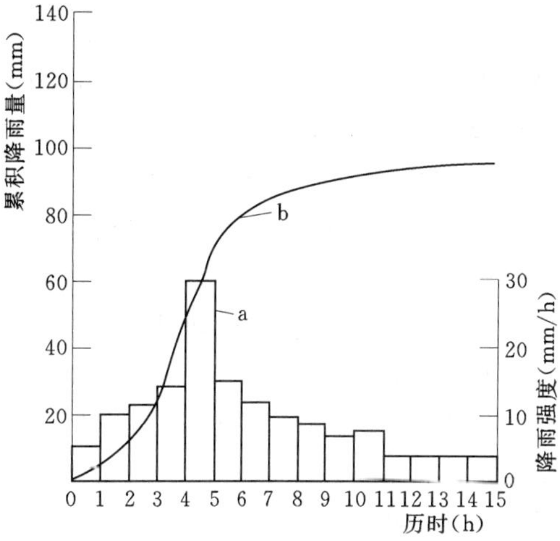

图 4-5 某站一次降雨量过程线及累积降雨量曲线

a—降雨强度过程线；b—累积降雨量曲线

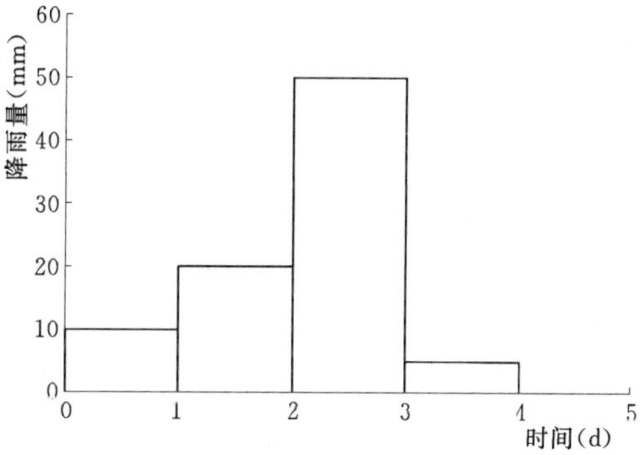

图 4-6 时段降雨量柱状

2. 时段降雨量柱状图

时段降雨量与相应时段之间的关系图称为时段降雨量柱状图，因其图形如若干个柱子排列而得名，如图 4-6 所示。

3. 等雨量线

对于面积较大的区域或流域，为了表示次、日、月、年降雨量的平面分布状况，可绘制等雨量线图。其作法与地形等高线图相似，首先将流域内各站雨量标注在各自的测站位置上，然后按降雨量相同的原则连成光滑线，这样的光滑连接线称为等雨量线，如图 4-3 所示。绘制等雨量线的精度与雨量站网密度和雨量站的代表性有关，一般雨量站网密度大，雨量站代表性好，则绘制成的等雨量线的精度就较高。

二、径流资料分析计算

（一）地下径流标准退水曲线

洪水的退水流量来自流域蓄水的消退。天然状况下，地面蓄水（如湖泊、河网等）消退较快，地下蓄水消退缓慢，形成很不相同的退水过程。图 4-7 是对多次洪水消退过程综合的流域退水曲线。上面的虚线簇反映地面蓄水的消退，各场洪水很不一致；下包线 $Q_g—t$ 反映地下蓄水的消退，甚为稳定，称地下径流标准退水曲线。其绘制方法是：首先以相同的比例尺，在方格纸上绘出各场洪水的退水流量过程线；其次用一张透明纸先描绘出其中一条最低的退水过程线，然后移到另一场洪水的退水段，在保持时间坐标轴重合条件下左右移动透明纸，使方格纸上的退水过程线在后部与透明纸上的相重合，并把它也描绘在透明纸上，如此逐一描绘，就形成了图 4-7 的地下径流标准退水曲线。其可用下式描述

$$Q_t = Q_0 e^{-t/K_g} \tag{4-5}$$

式中：Q_t 为 t 时刻地下水流量，m^3/s；Q_0 为初始地下水流量，m^3/s；K_g 地下水退水参数。

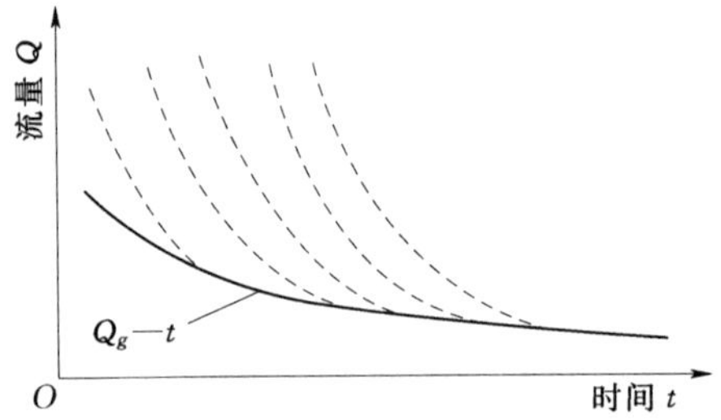

图 4-7　地下径流标准退水曲线示意

（二）洪水场次的划分及次洪量的计算

多数情况下，与次降雨所对应的径流过程不仅包括本次降雨形成的地面和地下径流，而且还包括前期降雨所形成的地下径流，如图 4-1 中虚线 ag 以下的水量，它表示如果没有降雨Ⅰ时，河中仍有持续的径流，称基流；另外，本次洪水尚未退完又遇降雨时，还会有后期洪水混入，如图 4-1 中第二场洪水Ⅱ。在计算一次降雨洪水时，应把这些非本次降雨产生的径流都划分出去，称洪水场次划分。由图 4-1 可知，如果能求得退水段曲线 ag 和 $ca'df$，便能求得降雨Ⅰ所形成的洪水总量 W_R，即由 $abca'df$ 线与 agf 线所包的面积。划分方法是：将透明纸上的标准退水曲线横坐标与径流过程线的横坐标重合，然后左右移动使退水曲线与 a 点相交，再用大头针沿退水曲线扎透若干点，最后在径流过程线上描出这些点得到 ag 线，就可将降雨Ⅰ以前的地下径流分割出去了。以同样的方法可得到 df 线，这样就可以把降雨Ⅱ产生的径流过程分割出去了。

实际上，f 和 g 两点会滞后很长时间，故 W_R 不宜按由 $abca'df$ 线与 agf 线所包的面积直接去求。实用的方法是，近似认为前期降雨所形成的在 a 点以后的地下径流过程线 ag 与 a' 点（与 a 点同流量）以后的 $a'df$ 线趋势一致，即 ag 线向后平移至 t'_a 便可与 $a'df$ 线相重合。因此 W_R 可改用下面的办法计算：过起涨点 a 做一水平线，交本次洪水的退水过程线于 a' 点，则 $t_a abca't'_a$ 线与时间轴包围面积所代表的水量就等于 W_R。W_R 除以流域面积 F，即为本次降雨形成的总径流深 R，它包括地面径流和地下径流

$$R = \frac{3.6\Delta t \sum_{i=1}^{n} Q_i}{F} \tag{4-6}$$

式中：R 为径流深，mm；Δt 为时段长度，h；Q_i 为第 i 时段末的流量值，m^3/s；F 为流域面积，km^2。

在上述计算中，只有起涨点 a 比较低，即 a 点的流量全为地下径流，才可能使 a 点和 a' 点有相同的退水过程。否则，若 a 点过高，则流量中可能包含有地面径流成分，使 a 点和 a' 点以后的退水过程线不一致。若遇这种情况，如图 4-1 所示中的第三个峰，则不宜单独作为一场洪水，应与前面的第二个峰一起作为第二场洪水Ⅱ。

（三）地面地下径流的分割

地面径流和地下径流汇流特性不同，求得某场降雨形成的径流总量后，还需划分地面径流和地下径流。常用的方法如下。

（1）水平分割法。如图 4-8 所示，从实测流量过程线的起涨点 a 做一水平线交洪水过程退水段于 c 点，ac 线即可认为是该次洪水的地面地下径流分割线，它的上面部分为地面径流，下面部分为地下径流。这种方法简单易行，但只适用于地下径流所占比重小、洪水持续历时短的流域。而对地下径流所占比重大，洪水持续历时长的流域，斜线分割法较为合理。

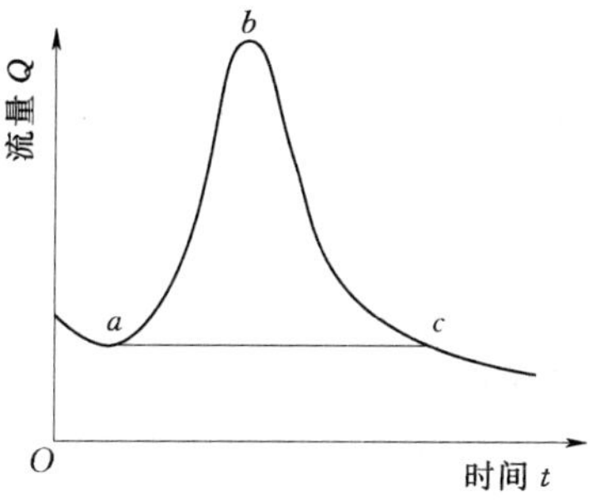

图 4-8　水平分割法

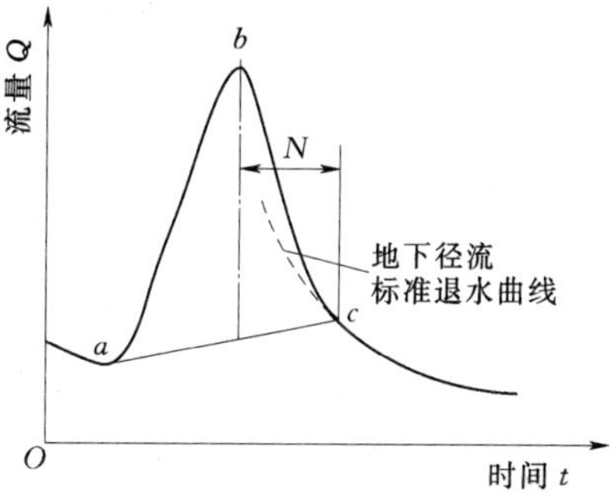

图 4-9　斜线分割法

（2）斜线分割法。如图 4-9 所示，从实测流量过程线的起涨点 a 到地面径流终止点 c 连一斜线 ac 近似作为洪水期间地下径流的实际涨水过程，该线即为地面地下径流分割线，它的上面部分为地面径流，下面部分为地下径流。c 点常用流域地下径流标准退水曲线确定，即将绘在透明纸上的标准退水曲线蒙在被分割洪水的退水段上（两图的比例尺要一致）。使横坐标重合，然后左右移动，当透明纸上的退水曲线与洪水退水段的尾部吻合后，则两线前方的分叉点 c 就是地面径流终止点。

（3）经验公式法。斜线分割法用地下径流标准退水曲线来确定地面径流的终止点，为了避免人为分析误差，也可按下述经验公式来确定地面径流终止点。

$$N=0.84F^{0.2} \tag{4-7}$$

式中：N 为洪峰出现时刻至地面径流终止点的日数；F 为流域面积，km^2。

有了地面地下径流分割线后，如图 4-8 和图 4-9 所示，ac 线以上 $abca$ 所包围的面积即本次洪水的地面径流量 W_s。W_s 除以流域面积 F，即为本次降雨形成的地面径流深 R_s，R_s 仍用式（4-6）计算。从总径流深 R 中减去 R_s，就得到本次降雨形成的地下径流深 R_g。

三、流域前期影响雨量分析

降雨开始时流域的干湿程度，对本次降雨产生的径流量影响极大，它是产流计算中的重要因素之一，常用流域蓄水量或其定量指标——前期影响雨量表示。

（一）前期影响雨量的计算

前期影响雨量 P_a 也可称为土壤蓄水量或土壤含水量，它是通过人们的感性认识进行模拟获得的一种土壤湿度指标。由于雨前土壤蓄水量与前期各次降雨量有关，例如前期降雨与本次降雨的时隔越近，则影响越大，反之则越小。因此，可以假定一个小于 1 的影响系数 K，称为折减系数。如果用 K 的 n 次方来表示这种影响程度，那么前期影响雨量可以用下式模拟计算

$$P_{a,t}=KP_{t-1}+K^2P_{t-2}+\cdots+K^nP_{t-n} \tag{4-8}$$

式中：$P_{a,t}$为本降雨开始时的蓄水量，即 t 日初的前期影响雨量，mm；P_{t-1}、P_{t-2}、…、P_{t-n}分别为本次降雨前 1 天、前 2 天、……、前 n 天的降雨量，mm；n 值一般取 10～15 天，最多取 30 天；式（4－8）也可写成以下形式

$$P_{a,t}=K(P_{t-1}+KP_{t-2}+\cdots+K^{n-1}P_{t-n})=K(P_{t-1}+P_{a,t-1}) \tag{4-9}$$

如果第 $t-1$ 天的降雨产生径流量为 R_{t-1}，则式（4－9）原则上应修改成

$$P_{a,t}=K(P_{t-1}+P_{a,t-1}-R_{t-1}) \tag{4-10}$$

但在实际应用中，由于 R_{t-1}不易求得，故一般用式（4－9）再考虑使算出的 P_a 不超过最大流域蓄水容量 I_m，即

当 $P_{a,t}>I_m$ 时，$$P_{a,t}=I_m \tag{4-11}$$

利用式（4－9）及式（4－11）通过逐日计算，求得每日的值，一直算到降雨开始前。当 $P_{a,t}$值大于最大影响雨量值 I_m 时，则取 I_m 作为该日的 $P_{a,t}$值。最大影响雨量 I_m 的意义是流域上的土壤蓄水量应该有一个上限，计算出的蓄水量不应大于最大蓄水量 I_m，所以计算 $P_{a,t}$时要用 I_m 作控制。由式（4－8）可知，离本日越往前的 P_a 对本日的 P_a 影响越小，因此，一般可以用以下方法确定初始 P_a 值：如前期很长一段时间无雨，可令 $P_a=0$；而在一次大雨后，可认为 $P_a=I_m$。

【例题 2】 某流域根据过去资料分析，得知 $K=0.9$，$I_m=100$mm。1997 年 5 月 10 日发生一次大雨，根据表 4－2，求该流域上 5 月 10 日雨前的影响雨量 $P_{a,t}$。

解：利用式（4－9）及式（4－11），从 4 月 30 日逐日递推计算得 $P_a=77.8$mm。

表 4－2　某流域 5 月 10 日雨前 P_a 计算表

时期	4月						5月									
	25	26	27	28	29	30	1	2	3	4	5	6	7	8	9	10
雨量（mm）	0	0	0	0	0	0.5	124.3	0	6.7	0	19.5	30.7	6.6	0	0	63.0
P_a（mm）						0	0.45	100.0	90.0	87.0	78.7	88.0	100.0	95.9	86.3	77.8
备注	4 月 30 日以前很久无雨，可假设该日的 $P_a=0$															

（二）流域最大蓄水量 I_m 的确定

流域最大蓄水量也称流域最大含水量或流域蓄水容量，是个相对值。其意义是：在流域土壤水分充分蒸发以后，需要通过降雨补充而达到田间持水量时的一个最大值，在同一

流域上通常作为一个稳定值，但在不同流域上取值是不同的。如果在整个流域上，久旱之后有大雨，雨后土层的需水量刚好完全得到满足，即恰好达到田间持水量，同时没有多余的水渗漏到深层地下水中，也没有地表径流产生，则本次降雨量将全部损失，达到最大损失量。在这种情况下，降雨量扣除雨期蒸发量后，就应理解为 I_m。但是在实际工作中，很难分析判断哪场雨恰好属于这种情况。通常的做法是：选取前期十分干旱的几次暴雨洪水资料，降雨量要相当大，能够保证全流域蓄满并产流，通过水量平衡分析，长久无雨时可认为 $P_a \approx 0$，利用水量平衡方程 $R=P-I_m-E$ 反求 I_m，即

$$I_m = P - R - E \tag{4-12}$$

式中：P 为降雨量，mm；E 为雨期蒸发量，mm。

再取各次暴雨洪水计算的平均值或最大值作为 I_m。根据我国经验，在湿润地区 I_m 值约在 80～120mm 之间。这样求出来的流域最大蓄水量，除包括土层的最大蓄水量外，还包括最大植物截留量和流域最大填洼量。一般后两项数量较小，故并入了流域土壤的最大蓄水量中，不做单独分析计算。

（三）折减系数 K 的确定

通常是按流域蒸发能力确定前期雨量的折减系数 K 值。流域蒸发量的大小与气象因素和土壤湿度有关。当土壤含水量为最大值 I_m 时，其流域蒸发为充分供水条件下的蒸发，蒸发率达到最大值，用 E_m 表示，称为流域蒸发能力，mm/d。蒸发能力仅与气象因子有关，是随当日的气象条件变化的，即各日取值不同，$E_m = E_m(t)$。若 t 日这一天的 $P_{a,t}$ 达到 I_m 值时，则流域实际蒸发量 $E(t)=E_m(t)$。当流域 $P_{a,t}<I_m$，即属于不充分供水时的蒸发，流域的实际蒸发量 $E(t)<E_m(t)$，即 $E(t)/E_m(t)<1$。比值 $E(t)/E_m(t)$ 随土壤含水量的减小而减小，当 $E(t)=E_m(t)$ 时，$E(t)/E_m(t)$ 等于 1。

当土壤含水量为 $P_{a,t}$ 时，如果无雨，则 $E(t) = P_{a,t} - KP_{a,t}$，由此得

$$E(t) = (1-K)P_{a,t} \tag{4-13}$$

那么，当土壤含水量为最大值 I_m 时，则蒸发量为蒸发能力

$$E_m = (1-K)I_m \tag{4-14}$$

由此得

$$K = 1 - \frac{E_m}{I_m} \tag{4-15}$$

根据试验研究，E_m 值与口径为 80cm 套盆式蒸发器同气象条件下水面蒸发量相近，因此，E_m 可用该蒸发器的观测值近似。如有其他仪器观测的水面蒸发资料，要进行折算。如口径为 20cm 小型蒸发皿的观测值，要换算成口径 80cm 套盆式蒸发器的水面蒸发量作为蒸发能力，折算系数的取值范围在 0.7～0.9 之间，与区域气象条件有关。蒸发能力随着地区、季节、天气的晴雨等条件变化。所以在同一地区，应按不同的月份和天气的阴、晴，采用不同的数值。目前，一般按晴天或雨天采用各月份的多年平均值，从而可以得到各月晴天的 K 值和雨天的 K 值。

【例题 3】 某流域 $I_m = 100$mm，6、7 两月的平均蒸发能力分别为 5.6mm/d 和 6.8mm/d。试计算 6、7 两月的折算系数 K。

解： 根据式（4-15），6、7 两月的 K 值分别为

$$K_6 = 1 - 5.6/100 = 0.944$$
$$K_7 = 1 - 6.8/100 = 0.932$$

第二节　降雨径流经验相关法

降雨径流经验相关法是以实测资料为基础，将径流量与影响径流的主要因素建立的经验相关图。由于各流域的具体条件不同，相关图中考虑影响因素的多少也不同。比如影响径流的因素有降雨量 P、降雨开始时的流域蓄水量 W 或前期影响雨量 P_a、降雨历时或降雨强度等。按照所考虑的因素个数不同分为三变量（P—P_a—R）降雨径流相关图和多变量降雨径流相关图。三变量相关图，在湿润、半湿润地区使用效果较好。在干旱、半干旱区，影响产流的因素较为复杂，常使用多变量相关图。这些图反映了这些流域的产流规律，因此，当我们已知流域降雨、降雨前流域蓄水量等因素时，可由该图查出相应的产流量。这种推求径流量的方法简单，又有一定的精度，所以实际工作中应用较为广泛。降雨径流相关图大体可分为两大类：一种是按地面径流深和其他因素点绘的相关图，称为降雨地面径流相关图，这种类型的相关图是基于超渗产流模式建立的，国外的降雨径流相关图多为此种；再一种是按总径流深与其他因素间的关系点绘的相关图，称为降雨总径流相关图，这种类型的相关图是基于蓄满产流模式建立的。两种降雨径流相关图在称呼上一般不加区别，应用时应注意区分。本节重点讲解基于蓄满产流模式建立的三变量降雨径流相关图。

一、三变量经验相关图法

除了降雨外，影响产流的主要因素是土壤湿度，即土壤含水量的大小。目前，通常采用流域前期影响雨量 P_a 反映土壤含水量大小，建立降雨量—前期影响雨量—径流量三者之间（P—P_a—R）的经验相关图，也可以采用第三节的方法计算流域蓄水量 W，建立 P—W—R 三变量相关图，以下主要介绍（P—P_a—R）三变量的经验相关图。

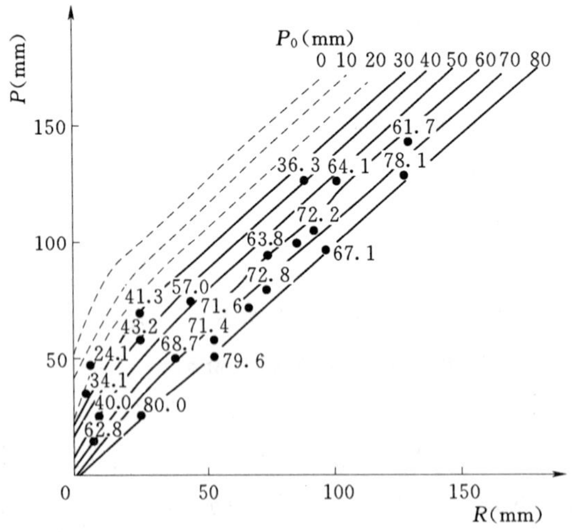

图 4-10　P—P_a—R 相关图

（一）相关图的建立

按照前述介绍的方法整理计算流域的各次降雨的 P_a、P、R 资料后，以 P_a 为参数，就可以制作 P—P_a—R 三变量相关图了，如图 4-10 所示。

制作方法是：根据流域历年实测的降雨量、蒸发量及洪水资料，通过分析、计算，求得各次洪水的面雨量 P、总径流深 R 及雨前影响雨量 P_a，以次降雨量 P 为纵坐标，以相应的径流深 R 为横坐标，便可按对应的 P、R 资料，在图上描绘出一个点，并把雨前的 P_a 值标注在点旁，如图中各点上的数字。然后按点群分布趋势并照顾多数点据，

绘出以 P_a 为参数的等值线，这就是流域以 P_a 为参数的三变量降雨径流相关图。

三变量相关图应符合以下规律：①P 相同时，P_a 越大，降雨损失越小，R 就越大，故 P_a 等值线的数值自左向右逐渐增大；②P_a 相同时，P 越大，降雨量损失相对就越小，dR/dP 也愈大，$P—R$ 关系线的坡度随 P 增大而减缓，趋于一个定值，使曲线变为直线，但直线坡度也不应小于 45°，这是因为降雨总是有损失。在湿润地区，随降雨量的增大，降雨径流相关图的上段表现为一组平行等距离直线，这一点有利于曲线外延。相关图作好后，还应从总体上进行评定，看其是否达到一定的精度要求。如果达到了要求，则该图即可用于以后的产流计算。

有时会遇到降雨径流资料不多，相关点据较少，做出等值线相关图有困难，也可以做成如图 4－11 所示的 $P+P_a—R$ 的简化形式的相关图，因只绘一条相关线，点据少也可定线。

对于没有实测降雨径流资料的地区，可利用地形、土壤、植被、气候等条件相似的邻近地区的降雨径流相关图来估算降雨的产流量。

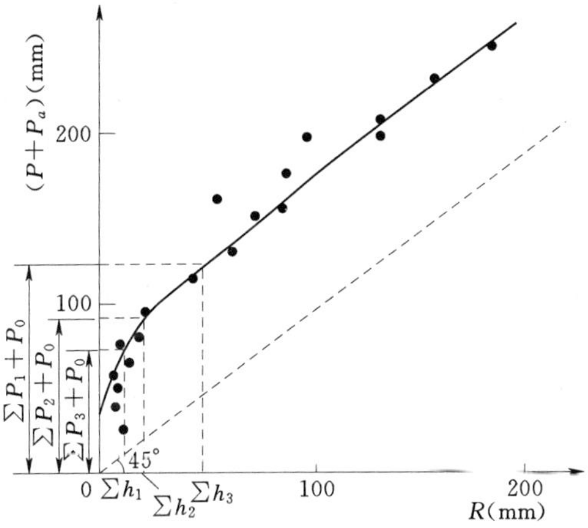

图 4－11　$P+P_a—R$ 相关图

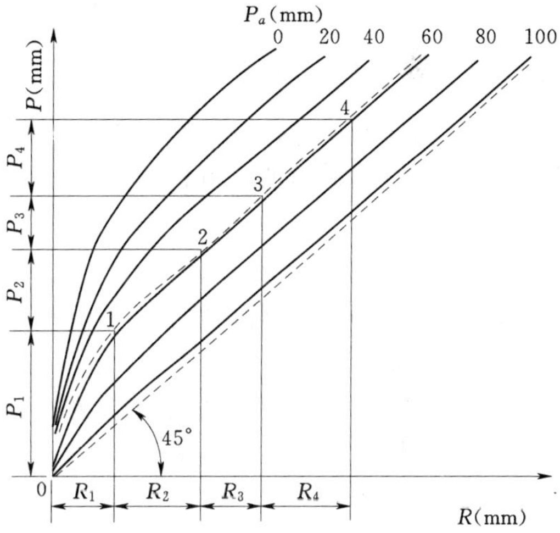

图 4－12　推求净雨（径流）及过程示意图

（二）降雨径流相关图的应用

当观测并计算出各时段的面雨量后，再计算出降雨开始的流域含水量 P_a，便可以从图上查算出各时段的面净雨量。例如，一次降雨按 Δt 分成了许多时段，时段雨量分别为 P_1、P_2、P_3、…，待求的时段净雨量分别为 R_1、R_2、R_3、…。由已知的 P_a 值，在相关图上（必要时需要内插 P_a 等值线）由 P_1 查得 R_1，由 P_1+P_2 查得 R_1+R_2，由 $P_1+P_2+P_3$ 查得 $R_1+R_2+R_3$，…依次类推。当逐时段累加的净雨量查出以后，就可以计算出各时段的净雨深，分别为：$R_1=R_1, R_2=(R_1+R_2)-R_1, R_3=(R_1+R_2+R_3)-(R_1+R_2)$，如图 4－12 所示。这样，就可以将暴雨的各时段净雨推算出来。

（三）净雨量的划分及流域稳定下渗率 f_c 的确定

1. 净雨的划分

在湿润半湿润地区，应用降雨径流相关图推求的径流量中通常包括地面径流与地下径流两种成分。由于地面径流和地下径流的汇流特性不同，采用的汇流计算方法也不同。为此，在计算的时段净雨中，也要相应地划分成地面净雨 R_s 和地下净雨 R_g。

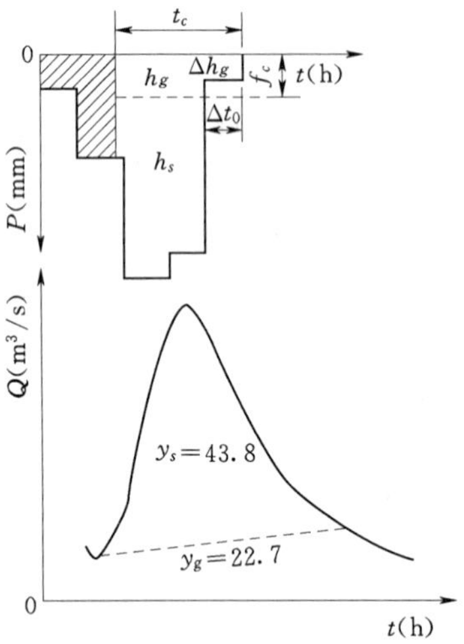

图 4-13 试算 f_c 示意图

如果流域蓄水量达到 I_m 后（在降雨径流相关曲线的直线段），当降雨强度 i 小于稳定下渗率 f_c 时，降雨全部形成地下径流 R_g；当 i 大于 f_c 时，大于 f_c 的降雨则形成地面径流，即 $R_s=\Delta t(i-f_c)$，而地下径流 $R_g=\Delta t f_c$。f_c 相当于"筛子"作用，所以，当流域蓄满后将时段总降雨量划分成 R_s 和 R_g 的关键在于确定 f_c。f_c 受流域土壤、地质、植被等综合因素的影响，如果流域自然条件无显著变化，一般认为 f_c 是稳定的，可通过对实测雨洪资料的分析确定 f_c 值。

2. 稳定下渗率 f_c 的确定

确定 f_c 可以采用粗略的试算法，如图 4-13 所示，如果不计雨期蒸发（当雨期很短时）公式如下

$$f_c=\frac{R_g-\Delta h_g}{t_c-\Delta t_0} \tag{4-16}$$

式中：R_g 为流域蓄满后产生的总地下径流量，mm；Δh_g 为蓄满后 $i<f_c$ 时产生的地下径流，mm；t_c 为蓄满后的净雨总历时，h；Δt_0 为 $i<f_c$ 时的净雨历时，h。以下结合算例说明试算步骤。

【例题 4】 试算法求 f_c。

解：(1) 根据实测降雨资料，计算时段 Δt 取 6 小时，求出各时段流域平均雨量，列于表 4-3 中的（2）栏。

(2) 根据本次降雨形成的实测洪水过程，采用斜线分割法分别求出地面径流、地下径流和总径流为 R_s=43.8mm、R_g=22.7mm、R=66.5mm。本次降雨量为 79.5mm，损失量为 13.0mm。

(3) 推求各时段净雨和相应的净雨历时 t_c。根据降雨过程，简单地由后向前累加，直到等于实测径流深 R 为止，这部分降雨全部成为净雨，前面余下的雨量作为损失量。也可从前面开始扣除损失量，后面的余额为净雨量。计算结果列表 4-3 中的第（3）栏，第（4）栏为净雨历时，其中，4 月 16 日 14～20 时的净雨历时按比例法算出，即，（6h×5.8mm）/14.6mm≈2.4h。

(4) 按式（4-16），首先不计 Δt_0、Δh_g，用已知的 R_g=22.7mm，t_c=20.4h 估算 f_c 为 1.11mm/h。对比第（5）栏净雨强度，发现 4 月 17 日 8～14 时的 i 小于估算的 f_c，所以应扣除这一时段的 Δt_0 和 Δh_g，重新进行试算。即，f_c=(22.7－3.2)/(20.4－6.0)=1.35(mm/h)，经检查对比，符合要求。故本次分析洪水的 f_c 为 1.35mm/h。

(5) 经多次雨洪资料分析，可得多个 f_c 值。一般取平均值作为采用的 f_c 值。

(6) 径流成分划分。如表 4-3 中的第（7）、（8）栏所示，当时段 $f_c t_c \geq R$ 时，则下渗量就等于 R 值，该时段的净雨全部成为地下净雨；当 $f_c t_c < R$ 时，时段地下净雨为 $f_c t_c$，地面净雨量为 $R-f_c t_c$。

表 4-3　　f_c 及 R_s、R_g 计算表

日　期 (月．日　时)	降雨量 P (mm)	净雨量 R (mm)	净雨历时 t_c (h)	净雨强度 i (mm/h)	稳渗率 f_c (mm/h)	地下净雨 R_g (mm)	地面净雨 R_s (mm)
(1)	(2)	(3)	(4)	(5)	(6)	(7)	(8)
4.16　8							
4.16　14	4.2	0	0	0	0	0	0
4.16　20	14.6	5.8	2.4	2.4	1.35	3.3	2.5
4.17　2	31.6	31.6	6.0	5.3	1.35	8.1	23.5
4.17　8	25.9	25.9	6.0	4.3	1.35	8.1	17.8
4.17　14	3.2	3.2	6.0	0.5	1.35	3.2	0
合计	79.5	66.5	20.4			22.7	43.8

由以上计算 f_c 的过程可看出，本方法扣损是有误差的。原因是在第（3）栏净雨的推算中，把整个流域看成是同步蓄满产流了。实际上，蓄满产流是不同步，先蓄满的地方先产流，后蓄满的地方后产流，也就是说，即使在第一个时段（8～14 时）也可能有净雨产生。所以，这个试算方法对于单点来说是正确的，对全流域来说是不合理的，但是本方法计算简便，也有一定实用性。

二、多变量降雨径流相关图

在干旱半干旱地区，降雨强度也通常是影响产流的重要因素，此时应在以 P_a 为参数的降雨径流相关图基础上，再增加降雨强度或降雨历时、降雨发生月份等有关参数，制成更多变量的多象限合轴相关图。图 4-14 是考虑了降雨历时的降雨径流相关图（$P—P_a—T—R_s$）。限于篇幅不再详述。在干旱半干旱地区，通常只有地面径流，一般不考虑径流成分的划分。

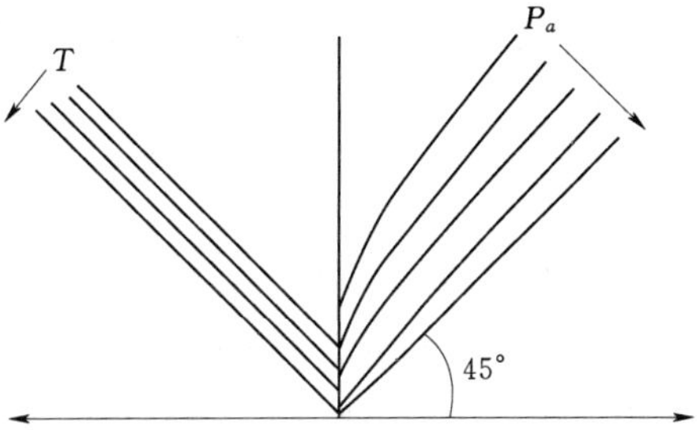

图 4-14　某流域 $P—P_a—T—R$ 四变量相关图

第三节　蓄满产流模型计算法

在湿润地区，一般是以蓄满产流为主导型的产流模式。蓄满产流情况下也可采用数学模型法计算净雨量，产流计算时，流域含水量也是以蓄水容量 W_m（本节采用 W_m 以示与相关图法 I_m 的区别）为控制。所谓蓄满是指土壤包气带含水量达到田间持水量，当土壤包气带蓄满时产流，未蓄满不产流。

一、基本概念

蓄满产流对于流域中某点而言，蓄满前的降雨不产流，净雨量为零；蓄满后才产流，产流量（总净雨量）可用下面的水量平衡方程计算

$$R'=P-E-(W'_m-W'_0) \tag{4-17}$$

式中：P、E 为某点的降雨量和雨期蒸散发量，mm；R'为某点有效降雨（$P-E$）产生的

总净雨深，mm；W'_m为某点的蓄水容量，mm；W'_0为某点降雨开始时的实际蓄水量，mm。

式（4－17）是针对流域某一点的净雨计算方程，而对于一个流域，下垫面状况包括地表植被、包气带的厚薄、土质、土壤结构等在空间上分布不均匀，导致在一场降雨前流域土壤缺水量的空间分布也不均匀。由于在其他条件相同情况下，缺水量小的地方降雨后容易蓄满而先产流，造成一个流域产流过程在空间分布上的不均匀，在全流域产流前，存在部分区域蓄满先产流的现象，一般用流域蓄水容量曲线表征流域土壤缺水量分布的不均匀性。因此，要计算流域上一次降雨的产流量时，必须考虑流域蓄水分布情况（用流域蓄水容量分布曲线表示），并与式（4－17）联合求解，才能求得流域的总净雨深R。

如前所述，流域各点都有自己的蓄水容量W'_m，将全流域各点的W'_m自小至大排列，计算出小于或等于某一W'_m的流域各点面积之和F_R占全流域面积F的比重$\alpha=F_R/F$，则可绘出如图4－15（a）的$W'_m \sim \alpha$曲线，这就是流域蓄水容量分布曲线，简称流域蓄水容量曲线。图中W'_{mm}为流域中最大的点蓄水容量。由蓄满产流的概念可知，α实质上是产流面积占全流域面积的相对值。由于流域蓄水容量在流域内的实际分布是很复杂的，要想用直接测定的办法来建立蓄水容量曲线是困难的。通常的做法是通过实测的降雨径流资料来选配线型，间接确定蓄水容量曲线。在我国，流域蓄水容量曲线通常采用以下两种线型

抛物线型
$$\alpha=1-\left(1-\frac{W'_m}{W'_{mm}}\right)^b \tag{4-18}$$

指数型
$$\alpha=1-e^{-kW'_m} \tag{4-19}$$

以上两式中，b和k为经验指数，反映流域各处蓄水容量W'_m在面上分布的不均匀性。根据在我国的应用情况，抛物线型适合于南方湿润地区和北方部分地区，指数线型在东北地区较为适用。因此，本节主要介绍广泛使用的b次抛物线型蓄水容量面积分配曲线。

二、产流量计算

如果采用蓄水容量曲线为抛物线型，见式（4－18），式中由于W'_{mm}不便分析，通常利用蓄水容量曲线的意义，寻求它与流域蓄水容量W_m的关系，以便利用W_m计算W'_{mm}。根据流域蓄水容量（也可称为流域平均蓄水容量）W_m的物理含义，即流域蓄水容量W_m是流域蓄水容量曲线与横坐标包围的面积，其值可表达为

$$W_m=\int_0^{W'_{mm}}(1-\alpha)\mathrm{d}W'_m=\int_0^{W'_{mm}}\left(1-\frac{W'_m}{W'_{mm}}\right)^b\mathrm{d}W'_m=\frac{W'_{mm}}{b+1} \tag{4-20}$$

如果已知流域的W_m和b，就可以计算出W'_{mm}。通常W_m取决于流域的气候和植被等地区分区性因素，其值一般为80～150mm，并具有一定的地带性规律。b值主要取决于流域地形、地质、土壤等非分区性因素，根据经验其值一般为0.2～0.4。

假设降雨开始时，流域的初始蓄水量为W_0，其对应的流域含水量已经达到蓄水容量的面积为α_a，相应于α_a的最大点蓄水容量为A，即A为在流域蓄水容量面积分配曲线上与W_0相对应的纵标值，如图4－15（a）所示，W_0与A的关系为

$$W_0=\int_0^{A}(1-\alpha)\mathrm{d}W'_m=\int_0^{A}\left(1-\frac{W'_m}{W'_{mm}}\right)^b\mathrm{d}W'_m=\frac{W'_{mm}}{b+1}\left[1-\left(1-\frac{A}{W'_{mm}}\right)^{b+1}\right] \tag{4-21}$$

将式（4－20）代入式（4－21），整理后得

$$A=W'_{mm}\left[1-\left(1-\frac{W_0}{W_m}\right)^{\frac{1}{b+1}}\right] \tag{4-22}$$

已知参数 W_m 和 b，有了 A 后就可以计算产流量 R。

如果流域降雨量为 P，当 $P-E+A<W'_{mm}$ 时，流域为部分面积产流，如图 4－15 所示，由有效降雨量（$P-E$）减去降雨损失量 ΔW 得出产流量

$$R=(P-E)-\Delta W=(P-E)-\int_{A}^{P-E+A}(1-\alpha)\mathrm{d}W'_m$$

$$=(P-E)-(W_m-W_0)+W_m\left(1-\frac{P-E+A}{W'_{mm}}\right)^{b+1} \tag{4-23}$$

如果 $P-E+A\geqslant W'_{mm}$ 时，流域为全流域产流，有效降雨扣除损失量（W_m-W_0）后的水量即为产流量

$$R=(P-E)-(W_m-W_0) \tag{4-24}$$

综上所述，蓄满产流模型的产流计算公式归纳为

$$R=\begin{cases}(P-E)-(W_m-W_0)+W_m\left(1-\dfrac{P-E+A}{W'_{mm}}\right)^{b+1} & P-E+A<W'_{mm}\\(P-E)-(W_m-W_0) & P-E+A\geqslant W'_{mm}\end{cases} \tag{4-25}$$

$$A=W'_{mm}\left[1-\left(1-\frac{W_0}{W_m}\right)^{\frac{1}{b+1}}\right] \tag{4-26}$$

$$W'_{mm}=(b+1)W_m \tag{4-27}$$

从式（4－27）可看出，三个参数中只要知道其中两个，便可确定第三个。实用上，W'_{mm} 较难得到，一般是优选确定 W_m 和 b。

根据式（4－25）～式（4－27），设定不同的 W_0 值，就可计算出不同雨量下的净雨量 R，这样就可建立起 P—W_0—R 三者之间的函数关系图，如图 4－15（b）所示。抛物线型蓄水容量面积分配曲线及降雨径流关系，如图 4－15 所示。在应用中，当计算出每次雨前的 W_0 后，查 P—W_0—R 关系图，见图 4－15（b），即可获得该场降雨的径流量（净雨量），很是方便。

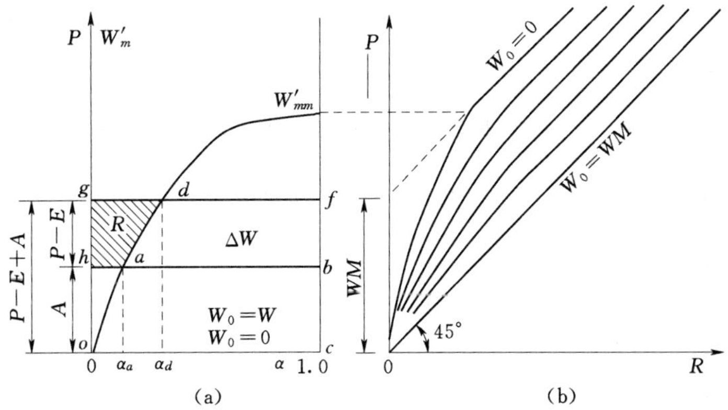

图 4－15　抛物线型蓄水容量面积分配曲线及降雨径流关系示意图

三、流域蓄水量 W 的计算

在蓄满产流模型计算中，需要确定出降雨开始时的流域蓄水量 W，才能算出各时段的净雨量 R。时段末的蓄水量也就是下时段初的蓄水量，可以通过水量平衡法反推 W，即

$$W_{t+\Delta t}=W_t+P_{\Delta t}-E_{\Delta t}-R_{\Delta t} \tag{4-28}$$

式中：W_t 为时段 Δt 初的流域蓄水量，mm；$W_{t+\Delta t}$为时段末流域蓄水量，mm；$P_{\Delta t}$、$E_{\Delta t}$、$R_{\Delta t}$分别为时段降雨量、时段蒸发量及时段净雨量，mm。

如果取 Δt 为一天，对于无雨日，则式（4-28）可写成

$$W_{t+1}=W_t-E_t \tag{4-29}$$

对于有雨而不产流日，则式（4-28）可写成

$$W_{t+1}=W_t+P_t-E_t \tag{4-30}$$

以上各式是用实测逐日降雨、径流、蒸发资料反推逐日 W（其中，E_t 可用蒸发模型计算），可提前若干天，一直算到降雨开始为止。目前通常采用以下三种模型计算 E_t。

（1）一层模型：假定流域的蒸散发量与蓄水量成正比，即：$E_t=E_m\dfrac{W_t}{W_m}$。式中：E_m 为时段内流域蒸散发能力，mm。

（2）二层模型：将流域蓄水容量 W_m 分为上下两层，上层为 WU_m，下层为 WL_m，$W_m=WU_m+WL_m$。而实际蓄水量 W_t 也分为上下两层，上层为 WU_t，下层为 WL_t，$W_t=WU_t+WL_t$。当有雨时，先补充上层，上层满足后再补充下层。蒸发时，则先消耗上层再消耗下层。上层蒸发按蒸散发能力进行，下层的蒸散发量假定与该层的蓄水量成正比，即：

当 $P_{\Delta t}+WU_t\geqslant E_{m\Delta t}$时，上层蒸发量 $EU_{\Delta t}=E_{m\Delta t}$；下层蒸发量 $EL_{\Delta t}=0$；总蒸发量为 $E_{\Delta t}=EU_{\Delta t}+EL_{\Delta t}$。

当 $P_{\Delta t}+WU_t<E_{m\Delta t}$时，上层蒸发量 $EU_{\Delta t}=P_{\Delta t}+WU_t$，下层蒸发量 $EL_{\Delta t}=(E_{m\Delta t}-EU_{\Delta t})\dfrac{WL_t}{WL_m}$，总蒸发量为 $E_{\Delta t}=EU_{\Delta t}+EL_{\Delta t}$。

（3）三层模型：将流域蓄水容量 W_m 分为三层，上层为 WU_m，下层为 WL_m，深层为 WD_m，$W_m=WU_m+WL_m+WD_m$。而实际蓄水量 W_t 也分为三层，上层为 WU_t，下层为 WL_t，深层为 WD_t，$W_t=WU_t+WL_t+WD_t$。

当 $EL_{\Delta t}\geqslant C(E_{m\Delta t}-EU_{\Delta t})$时，即$\dfrac{WL_t}{WL_m}\geqslant C$时，用二层模型计算。

当 $EL_{\Delta t}<C(E_{m\Delta t}-EU_{\Delta t})$ 时，即$\dfrac{WL_t}{WL_m}<C$时，下层蒸发量为 $EL_{\Delta t}=C(E_{m\Delta t}-EU_{\Delta t})$，深层蒸发量为 $ED_{\Delta t}=0$。

当 $EL_{\Delta t}<C(E_{m\Delta t}-EU_{\Delta t})$且 $WL_t<C(E_{m\Delta t}-EU_{\Delta t})$ 时，下层蒸发量为 $EL_{\Delta t}=WL_t$，深层蒸发量为 $ED_{\Delta t}=C(E_{m\Delta t}-EU_{\Delta t})-EL_{\Delta t}$。

总蒸散发量为 $E_{\Delta t}=EU_{\Delta t}+EL_{\Delta t}+ED_{\Delta t}$。

以上计算式中的 C 值是与深层蒸发有关的系数，根据经验，在北方半湿润地区可取值 0.09～0.12，南方湿润地区可取值 0.15～0.20，也可用实测资料优选确定。

四、产流过程计算

产流计算公式、土壤含水量递推公式以及流域蒸发公式，构成了蓄满产流模型的主体。如果已知逐时段降雨量 P_i、蒸发量 E_i 和次降雨开始时的流域蓄水量 W_0，应用式（4-25）～式（4-27）可逐时段计算流域产流量 R_i 和流域蓄水增量 ΔW_i。

第一个时段，$i=1$，已知流域初始蓄水量 W_0，用式（4-26）计算 A_1，再用式（4-25）可计算出 R_1，则 $\Delta W_1=P_1-E_1-R_1$，则下一个时段初流域蓄水量 $W_1=W_0+\Delta W_1$。

第二个时段，$i=2$，已知流域该时段初始蓄水量 W_1，用式（4-26）计算 A_2，再用式（4-25）可计算出 R_2，则 $\Delta W_2=P_2-E_2-R_2$，则下一个时段初流域蓄水量 $W_2=W_1+\Delta W_2$。

……

以此类推，可计算出一次降雨过程中各时段的产流量。

【例题 5】 湿润地区某流域，试用蓄满产流模型计算该流域某次降雨过程对应的产流量。

解： 已知流域参数为：$W_m=100$mm，$b=0.3$，流域初始蓄水量 $W_0=80.0$mm，逐日降雨量与蒸发量见表 4-4，逐日产流量计算过程见表 4-4。

表 4-4　蓄满产流模型产流量计算示例

时间（月．日）	面雨量 P（mm）	流域蒸发 E（mm）	有效降雨（$P-E$）（mm）	A（mm）	流域蓄水量 W（mm）	产流量 R（mm）
7.1	10.2	5.2	5.0	92.3	80.0	1.6
7.2	7.8	6.6	1.2	97.3	83.4	0.4
7.3		5.6	−5.6	98.5	84.2	
7.4		4.5	−4.5	90.2	78.6	
7.5	27.0	4.0	23.0	84.0	74.1	7.6
7.6	81.0	3.8	77.2	107.0	89.5	66.7
7.7	60.3	4.2	56.1	130	100.0	56.1
Σ	186.3	33.9	152.4			132.4

校核：$\sum(P-E)=\sum P-\sum E=186.3-33.9=152.4$；

$\sum R=\sum(P-E)-(W_2-W_1)=152.4-(100.0-80.0)=132.4$

五、产流量的水源划分

1. 地面地下净雨的划分

蓄满产流模型计算所得的产流量是逐时段的总净雨量，需要划分成地面净雨和地下净雨。根据蓄满产流的概念，只需求得稳定下渗率 f_c 便可将总净雨划分为地面、地下两部分。只有当包气带达到蓄满时产流，此时的下渗率称为稳定下渗率 f_c，即地下径流率。当雨强大于稳定下渗率 f_c 时，则产生地面径流，径流率为（$i-f_c$）。但是蓄满饱和，也可能发生在局部，为了克服前节中式（4-16）计算 f_c 的缺陷，考虑到全流域产流的不同步性，采用以下方法试算 f_c 比较合理。

设时段内的降雨量为 $P_{\Delta t}$，蒸散发量为 $E_{\Delta t}$，产流面积为 F_R，因为只在产流面积上才发生稳定下渗，所以时段内所产生的地下净雨量为 $R_{g\Delta t}=\frac{F_R}{F}f_c\Delta t$。

由于时段内产生的总净雨量为 $R_{\Delta t}=\frac{F_R}{F}(P_{\Delta t}-E_{\Delta t})$，所以 $\frac{F_R}{F}=\frac{R_{\Delta t}}{P_{\Delta t}-E_{\Delta t}}$，即产流面积等于径流系数。根据以上情况：

（1）当 $P_{\Delta t}-E_{\Delta t}>f_c\Delta t$ 时，既产生地面净雨，同时也产生地下净雨：

$$R_{g\Delta t}=\frac{R_{\Delta t}}{P_{\Delta t}-E_{\Delta t}}f_c\Delta t \tag{4-31}$$

地面净雨等于总净雨减地下净雨：

$$R_{s\Delta t}=R_{\Delta t}-R_{g\Delta t} \tag{4-32}$$

（2）当 $P_{\Delta t}-E_{\Delta t}\leqslant f_c\Delta t$ 时，不产生地面净雨，$P_{\Delta t}-E_{\Delta t}$ 全部下渗成为地下净雨，在产流面积上形成的总净雨仅为地下净雨：

$$R_{g\Delta t}=R_{\Delta t} \tag{4-33}$$

在一场降雨过程中，地下总净雨量等于各时段之和，即

$$R_g=\sum R_{g\Delta t}=\sum_{P_{\Delta t}-E_{\Delta t}>f_c\Delta t}\frac{R_{\Delta t}}{P_{\Delta t}-E_{\Delta t}}f_c\Delta t+\sum_{P_{\Delta t}-E_{\Delta t}\leqslant f_c\Delta t}R_{\Delta t} \tag{4-34}$$

因此，有了流域的 f_c，就可以用式（4－31）、式（4－32）和式（4－33）将时段的总净雨划分为地面净雨和地下净雨两部分。

【例题 6】 某流域一次降雨过程，逐时段流域平均 $P-E$ 见表 4－5。求得各时段净雨深也列于表 4－5 中。已分析得本流域稳定下渗率 $f_c=0.4$mm/h，试划分地面、地下净雨。

解： 首先根据公式 $\alpha=R/(P-E)$ 计算每个时段的径流系数，计算结果见表中第（5）栏。然后根据（$P-E$）的值与 $f_c\Delta t$ 的值的大小，利用公式计算每个时段的地下净雨量，结果见表第（6）栏。时段的总净雨量减去对应的时段地下净雨量即为时段地面净雨量，结果见表第（7）栏。

表 4－5　　某流域地面、地下净雨计算表

时段序号	降雨历时 (h)	$P-E$ (mm)	R (mm)	$\alpha=\frac{R}{P-E}$	按 $f_c=0.4$mm/h 划分地面、地下净雨	
					地下净雨 R_g（mm）	地面净雨 R_s（mm）
(1)	(2)	(3)	(4)	(5)	(6)	(7)
1	6	12.6	7.9	0.627	1.50	6.40
2	6	17.4	11.7	0.672	1.61	10.09
3	6	16.9	16.7	0.988	2.37	14.33
4	6	3.3	3.3	1.000	2.40	0.90
5	6	1.4	1.4	1.000	1.40	0
$\sum$			41.0		9.29	31.71
校核：$\sum R=\sum R_g+\sum R_s=9.29+31.71=41.0$						

2. 稳定下渗率 f_c 的确定

稳定下渗率 f_c 可以根据流域的实测雨洪资料，按式（4－34）反复试算求得。方法

是：从实测洪水过程线中分割出一次降雨过程所形成的地下径流总量$\sum R_g$，并计算出相应的产流过程 $R—t$，配合蒸散发过程，采用试算法求解，具体详见以下算例。

【例题 7】 某流域一次降雨过程，见表 4-6 第（2）、（3）栏，该次降雨形成的总净雨量 $R=118.1$mm，求得的地下净雨 $R_g=38.5$mm，相应的降雨、蒸散发过程及产流计算所得的时段总净雨量、时段末的产流面积比列于表 4-6 中。试根据实测洪水径流过程，推求本次降雨流域的 f_c。

解： 先假设 $f_c=2.0$mm/h 试算，按式（4-34）计算 $R_g=\sum R_{g\Delta t}=6.3+3.7+12.0+12.0+12.0+1.1=47.1$（mm），不等于已知的 38.5mm，见表中的第（8）栏。所以，要重新假设 $f_c=1.6$mm/h 进行试算 $R_g=\sum R_{g\Delta t}=5.0+3.7+9.6+9.6+9.6+1.1=38.6$（mm），与已知的 38.5mm 基本相等，见第（9）栏。因此，本次洪水的 $f_c=1.6$mm/h，即为所求。

表 4-6　某流域稳定下渗率的分析计算

时段数	降雨历时 (h)	$P_{\Delta t}-E_{\Delta t}$ (mm)	$R_{\Delta t}$ (mm)	$\frac{R_{\Delta t}}{P_{\Delta t}-E_{\Delta t}}$ (mm)	$f_c\Delta t$ (mm)		$R_{g\Delta t}$ (mm)	
					$f_c=2.0$	$f_c=1.6$	$f_c=2.0$	$f_c=1.6$
(1)	(2)	(3)	(4)	(5)	(6)	(7)	(8)	(9)
1	6	14.5	7.6	0.524	12.0	9.6	6.3	5.0
2	4	4.6	3.7	0.804	8.0	6.4	3.7	3.7
3	6	44.4	44.4	1.0	12.0	9.6	12.0	9.6
4	6	46.5	46.5	1.0	12.0	9.6	12.0	9.6
5	6	14.8	14.8	1.0	12.0	9.6	12.0	9.6
6	1	1.1	1.1	1.0	2.0	1.6	1.1	1.1
Σ	29	125.9	118.1				47.1	38.6

应当指出，在实际工作中，会遇到由各场洪水求得的稳定下渗率 f_c 变化较大的情况，这主要是流域降雨很不均匀和各地降雨过程不一致所造成的，因此对各场洪水计算的 f_c，综合分析后再确定流域的 f_c 值。若能考虑这一点，则可使流域的 f_c 比较稳定。例如广东省枫树坝水库，集水面积 5150km^2，f_c 的变化范围 1.0～1.5mm/h，取多数情况，可将 f_c 定为 1.2mm/h。

第四节　初 损 后 损 法

在干旱半干旱地区，地下水埋藏很深，流域的包气带很厚。由于包气带缺水量大，在降雨下渗过程中，整个包气带不易达到田间持水量，所以不产生地下径流，并且只有在降雨强度大于下渗强度的情况下才产生地面径流，这种产流方式称为超渗产流。如果这种产流方式始终贯穿于整个降雨过程，那么，在一般情况下只形成地表径流。超渗产流方式下，进行产流计算常用的方法有初损后损法和下渗曲线法，本节先介绍初损后损法。

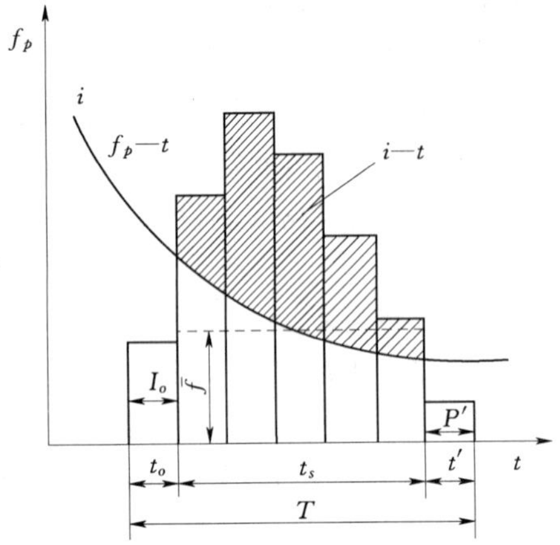

图 4-16　初损后损法示意

在一次降雨过程中，雨量的损失过程随时间变化，总的趋势是在降雨初期的损失强度大，以后逐渐减小而趋于稳定。因此，可将一次降雨的损失过程分为初期损失和后期损失（产生地面径流以后的损失，简称后损）两个阶段。如图4-16所示，从降雨开始到出现超渗产流，这一段称作初损阶段，这一阶段由于土壤相对干燥，下渗强度 f_p 很大，如果雨强 i 小于下渗强度，则降雨全部入渗，下渗量称为初损量，用 I_0 表示，历时记为 t_0。产流以后的降雨期为后损阶段，该阶段随着降雨的进行，流域土壤含水量不断增大，损失能力比初损阶段有所下降。实际上，后损也是经过由大而小以至稳定的过程，但在实际处理中，常把后损率概化为一个平均损失值，并以平均下渗率$\bar{f}$（图中 t_s 内的水平虚线）表示，如图 4-16 所示。当时段内 $i>\bar{f}$时，按$\bar{f}$入渗，净雨量为 $P_i-\bar{f}\Delta t_i$；反之，$i\leqslant\bar{f}$时，按 i 入渗，如图中的 P'全损失了，净雨等于零。根据水量平衡原理，一场降雨所形成的净雨深可用下式计算

$$R=P-I_0-\bar{f}t_s-P' \tag{4-35}$$

式中：R 为净雨量，mm；P 为降雨量，mm；I_0 为初损量，mm，包括初期下渗、植物截留、填洼等；t_s 为后损阶段的超渗历时，h；$\bar{f}$为 t_s 内的平均下渗能力，称平均后损率，mm/h；P'为后损阶段非超渗历时 t'内的雨量，mm。

各场暴雨的 I_0 及$\bar{f}$并不相同，对于洪水预报及设计洪水计算，应通过实测暴雨洪水资料分析他们的变化规律，然后依预报及设计的具体情况，结合分析的这些规律，确定相应的 I_0 及$\bar{f}$，再进一步由降雨过程推算净雨过程。

一、初损量 I_0 的确定

（一）由实测资料分析各场洪水的初损 I_0

流域较小时，降雨各处基本一致，汇流时间短，出口断面的洪水过程线 Q—t 的起涨点大体反映了产流开始的时刻。因而在累积降雨过程线$\sum P$—t 上，起涨点前雨量的累积值作为初损，如图 4-17 所示。对于较大的流域，流域各处至出口断面的汇流时间差别较大，根据雨量站位置按各自的汇流时间来确定各自的产流开始时间，取各雨量站产流开始之前累积雨量的平均值，作为该次降雨的初损。

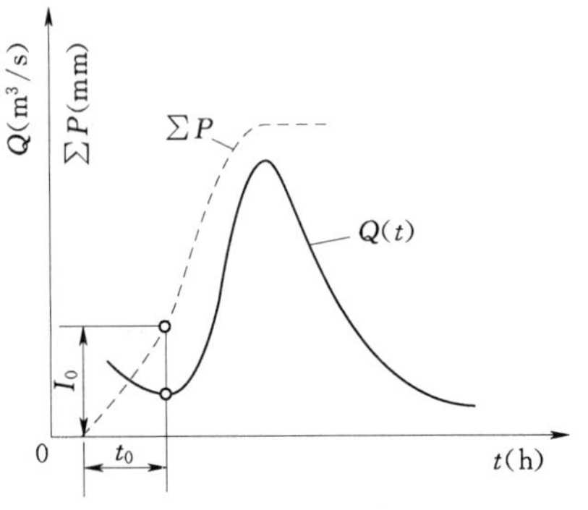

图 4-17　确定初损量示意

（二）综合分析 I_0 的变化规律及应用

资料分析表明，初损值 I_0 的大小与雨前土壤蓄水量 W_0（或前期影响雨量 P_a）、初损历时 t_0 内的平均雨强$\bar{i}_0$ 及季节（季节可以用月份 M 表示，这是考虑到 I_0 受植被和土地利用等随季节变化的影响）有

关。W_0 大，I_0 小；反之则大。$\bar{i}_0$ 大，容易超渗，I_0 就小；反之就大。因此，可以根据流域的具体情况由各次实测降雨径流资料分析出的 W_0、$\bar{i}_0$ 值及月份，选择适当的影响因素，建立它们与 I_0 之间的相关关系，用于产流计算。如果用一个影响因素建立的关系不密切时，也可用两个影响因子。图 4－18 就是以月份 M 为参数的 W_0—M—I_0 三变量相关图，利用此图于一次具体的降雨时，W_0、M 等为已知，因此在 I_0 的关系图上直接查出该次降雨的初损值 I_0。图 4－19 是以初损期平均雨强 $\bar{i}_0$ 为参数的 W_0—$\bar{i}_0$—I_0 关系曲线，对于一次具体的降雨，W_0 是已知的，$\bar{i}_0$ 因为与初损 I_0 的历时有关，需要结合降雨情况试算确定。试算方法是：首先假定一个初损 I_0，以实测的降雨过程求出初损历时 t_0，算出初损阶段平均雨强 $\bar{i}_0$，然后由此 $\bar{i}_0$ 与已知的 W_0 查 W_0—$\bar{i}_0$—I_0 关系曲线，若查得 I_0 与假定的 I_0 一致，则 I_0 即为要求的初损值，否则重新试算。

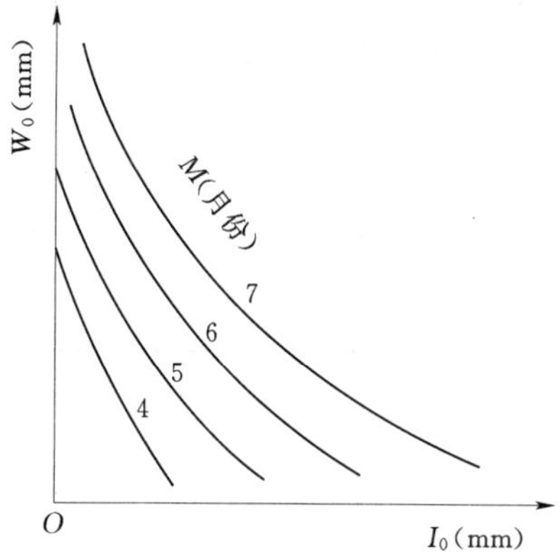

图 4－18　W_0—M—I_0 关系曲线

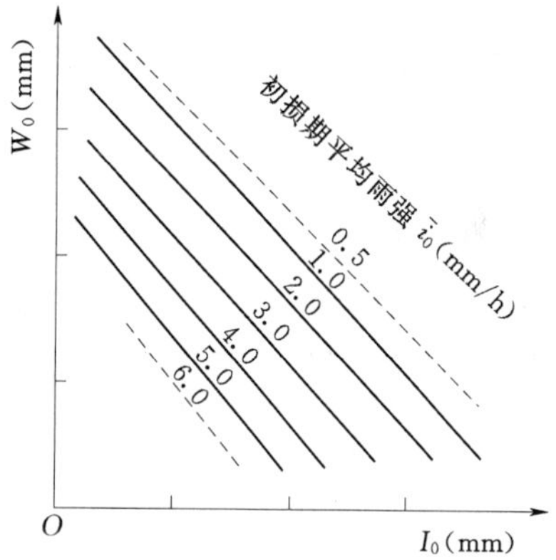

图 4－19　W_0—$\bar{i}_0$—I_0 关系曲线

二、平均后损率 $\bar{f}$ 的确定

（一）由实测资料分析各场洪水的 $\bar{f}$

初损量确定以后，平均后损率 $\bar{f}$ 可用下式进行试算

$$\bar{f}=\frac{P-R-P'-I_0}{t_s}=\frac{P-R-I_0-P'}{t-t_0-t'} \tag{4-36}$$

式中：t 为降雨总历时，h；其他符号意义同前。在该式中，降雨总历时 t 减去初损历时 t_0，再减去后损阶段非超渗历时 t' 就等于后损阶段超渗历时 t_s。

对某一实测的暴雨洪水，P、R 及 I_0 是已知的，可通过试算法确定 $\bar{f}$，具体作法是：先假定一个 $\bar{f}$，根据式（4－36）计算 R，如计算结果和实测结果相符，则假定的 $\bar{f}$ 就为该场暴雨的平均后损率；否则，重新假定，直到相符为止。如果各次洪水分析出的 $\bar{f}$ 变化不大，为简单计，也可取其平均值作为流域采用值。

（二）综合分析 $\bar{f}$ 变化规律及应用

如果通过多次雨洪资料分析得出的 $\bar{f}$ 变化较大，也可建立 $\bar{f}$ 与其影响因素之间的相关关系。实践表明，影响 $\bar{f}$ 的主要因子有前期影响雨量 P_a（或雨前土壤蓄水量 W_0）、净雨历时 t_s 及超渗期的总雨量 P_{t_s} 等。P_a 大，后期下渗能力较小，因此 $\bar{f}$ 小；反之则大。后期净雨历时 t_s 大，入渗水量增多，下渗能力下降，$\bar{f}$ 减小；反之则大。超渗期（产流期）P_{t_s}

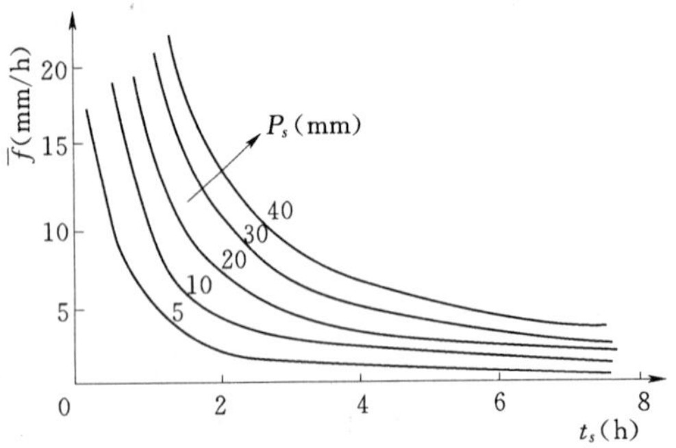

图 4-20　青海省湟水部分流域$\overline{f}$—P_{t_s}—t_s 关系曲线

大，雨强就大，会导致$\overline{f}$增大；反之减小。在分析了各场洪水的这些影响因素的基础上，可选择对$\overline{f}$影响较大的主要因子，以图表（图 4-20）或经验公式的形式建立它们之间的相关关系，用于产流计算。

【例题 8】 某流域一场实测降雨过程如表 4-7 第（1）、（2）栏。根据本次降雨形成的实测洪水过程求得地面径流为 $R=43.8\text{mm}$，查相关图得 $I_0=13.0\text{mm}$，试算求$\overline{f}$。

解： 首先从总雨量中扣除径流量和初损量 $P-R-I_0=79.5-43.8-13.0=22.7$（mm）。然后算出表中的第（3）～（6）各栏。

（1）假设 $P'=0$，$t'=0$，代入式（4-36），则$\overline{f}=\dfrac{P-R-I_0}{t-t_0}=\dfrac{22.7}{20.4}=1.11$（mm/h），经检查发现后期 17 日 8～14 时的雨强值小于 1.11mm/h，所以应扣除这一时段的 P'及 t'。

表 4-7　　试算法求$\overline{f}$

日　时	降雨量 P (mm)	初损量 I_0 (mm)	$P-I_0$ (mm)	净雨历时 t_s (h)	后期雨强 i (mm)	$\overline{f}$ (mm/h)	$\overline{f}t_s$ (mm)	径流量 R (mm)
(1)	(2)	(3)	(4)	(5)	(6)	(7)	(8)	(9)
16　8								
14	4.2	4.2	0					
20	14.6	8.8	5.8	2.4*	2.4	1.35	3.2	2.6
17　2	31.6		31.6	6	5.3	1.35	8.1	23.5
8	25.9		25.9	6	4.3	1.35	8.1	17.8
14	3.2		3.2	(6)	0.53	(0.53)		
合计	79.5		66.5	14.4				43.9

*　按比例法算出的净雨历时。

（2）扣除 $P'=3.2\text{mm}$，$t'=6\text{h}$，再计算$\overline{f}=\dfrac{22.7-3.2}{20.4-6}=1.35\text{mm/h}$，然后再检查，符合要求。故本次雨洪的$\overline{f}$等于 1.35mm/h。

三、推求地面净雨过程

如果已知$\overline{f}$和 I_0，就可对已知的降雨过程推求地面净雨过程和净雨量。

【例题 9】 一场降雨过程列入表 4-8 中的第（2）栏，降雨开始时的 $P_a=15.4\text{mm}$，经查流域的 P_a—I_0 相关图，得初损量 $I_0=31.0\text{mm}$，流域的平均后损率$\overline{f}=1.5\text{mm/h}$，试求净雨过程。

解：已知初损量和平均后损率，用初损后损法计算地面净雨过程的关键是确定产流时刻。累积降雨量达到初损量 31.0mm 时即是产流时刻。由降雨过程可知，第一、二两个时段（3～9 时）的雨量之和为 1.2＋17.8＝19.0mm，小于初损量，因此该两个时段的降雨全部损失了，剩下的初损量为 31.0－19.0＝12.0mm。因第 3 时段的 9～10 时的降雨量采用比例法计算为 12.0mm 也应作为初损量全部损失了，初损历时 $t_0=7$h。第 3 时段从 10 点开始产流，故第 3 时段的后损量为 2×1.5＝3.0mm。因为最后时段的（21～24 时）平均降雨强度小于$\bar{f}$，所以其后损量就等于该时段的降雨量。各时段净雨量等于时段雨量减去时段损失量，最后求得的净雨量（即径流深）为 29.4mm，其净雨过程见表第（6）栏。

表 4-8　　初损后损法推求净雨量

时段（时）	P (mm)	I_0 (mm)	t_s (h)	$\bar{f}t$ (mm)	$R(t)$ (mm)
(1)	(2)	(3)	(4)	(5)	(6)
3～6	1.2	1.2	0		
6～9	17.8	17.8	0		
9～12	36.0	12.0	2	3.0	21.0
12～15	8.8		3	4.5	4.3
15～18	5.4		3	4.5	0.9
18～21	7.7		3	4.5	3.2
21～24	1.9			1.9 (P')	0
合计	78.8	31.0	11	18.4	29. 4

第五节　下渗曲线法

超渗产流方式只产生地面径流，判断一场降雨是否产生地面径流的标准就是实际雨强是否超过地面下渗能力。因此，用实测降雨强度过程 $i(t)-t$ 与下渗曲线 $f_p(t)-t$ 进行比较：当降雨强度超过下渗能力时就产生地面径流，这样就可以求得一场降雨的地面净雨量及净雨过程，如图 4-21 中阴影部分。这种产流计算方法称为下渗曲线法，适用于流域面积较小，包气带厚度较大而且较均匀的情况。显然，这种产流方式的关键是确定流域下渗的变化规律，而流域的下渗规律用下渗曲线来表示。

一、下渗曲线的推求

流域的下渗曲线是从土壤完全干燥开始，在充分供水条件下的流域下渗能力过程，即下渗强度与下渗历时之间的关系曲线，如图 4-21 中的 $f_p(t)-t$ 曲线。在实际降雨径流过程中，流域初始土壤含水量一般不等于 0，降雨强度并非持续大于下渗强度，不能直接采用流域下渗曲线推求各时段的实际下渗率。如果将下渗曲线转换为下渗能力与土壤含水量之间的关系曲线（f_p-W），就可以通过土壤含水量推求各时

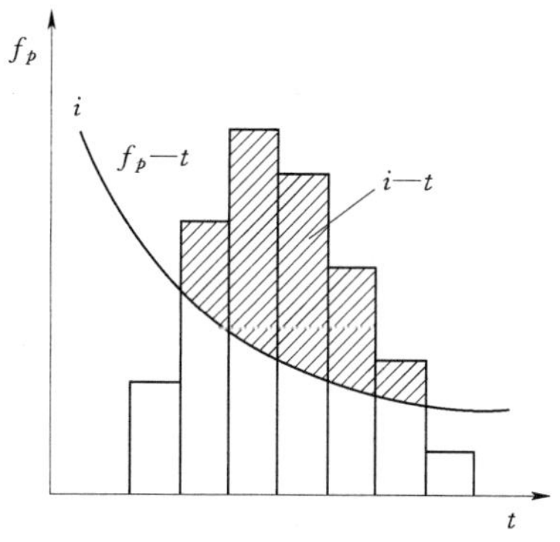

图 4-21　下渗曲线法

段的下渗强度了。

流域下渗曲线的确定，目前常用的有水文分析法及下渗模型法两种途径。水文分析法是根据实测的降雨过程和流量过程，求得下渗曲线。下渗模型法是应用下渗公式中 $f_p—t$ 的函数关系，再结合水文资料推求下渗曲线。下面以常用的霍顿公式为例，说明下渗曲线的推求问题。

霍顿下渗曲线公式为：$f_p(t)=f_c+(f_0-f_c)e^{-\beta t}$。对霍顿公式积分得累积下渗量

$$F_p(t)=\int_0^t f_p dt=\int_0^t [f_c+(f_0-f_c)e^{-\beta t}]dt=f_c t+\frac{1}{\beta}(f_0-f_c)-\frac{1}{\beta}(f_0-f_c)e^{-\beta t} \tag{4-37}$$

累积下渗量完全被土壤包气带吸收，即损失量。所以，$F_p(t)$ 也就是 t 时刻的流域土壤含水量 W_t。

当初始土壤含水量 W_0 不变，则 f_0 及 f_c 为常数。令$\frac{1}{\beta}(f_0-f_c)=a$，$f_c=b$，则

$$F_p=a+bt-ae^{-\beta} \tag{4-38}$$

根据水量平衡原理，每次雨洪后的流域土壤蓄水量为 $F_p=W_0+P-R-E$（如果降雨历时不长，也可以忽略雨期蒸发量 E），相应的下渗历时 t 必是式（4－38）上的一点，如图 4－22 所示。因此，根据多次降雨径流资料可以得出 $F_p—t$ 的经验关系曲线，然后拟合成式（4－38）形式的经验方程式，经验方程式（4－38）的微分曲线就是下渗曲线。

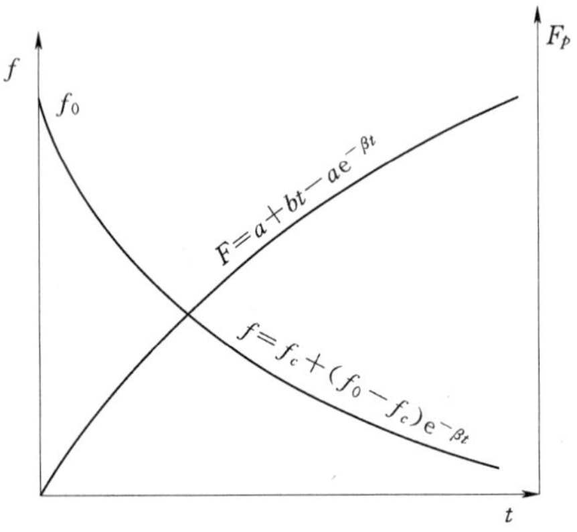

图 4－22　下渗能力曲线与累积下渗曲线

【例题 10】　试利用表 4－9 中大凌河上窝堡水文站的降雨径流资料推求下渗能力曲线。

解： 根据表中 F_p 和 t 点绘 $F_p—t$ 关系曲线后，拟合的曲线方程为 $F_p(t)=52.4+2t-52.4e^{-0.25t}$，然后对 t 求导，得流域平均下渗曲线方程为 $f_p(t)=2.0+13.0e^{-0.25t}$。

表 4－9　　推求下渗能力曲线计算表

日期（年.月.日）	P (mm)	R_s (mm)	W_0 (mm)	t (h)	F_p (mm)	日期（年.月.日）	P (mm)	R_s (mm)	W_0 (mm)	t (h)	F_p (mm)
(1)	(2)	(3)	(4)	(5)	(6)	(1)	(2)	(3)	(4)	(5)	(6)
1956.7.25	27.8	10.0	19.7	5	37.5	1959.8.7	45.4	5.8	9.2	12	48.8
1956.8.4	111.0	40.0	5.0	15	76.0	1959.8.8	48.8	11.5	24.2	12	61.5
1957.8.9	23.4	2.7	10.0	3	30.7	1960.9.3	23.6	1.2	11.0	4	33.4
1959.6.1	23.4	2.5	9.5	3	30.4	1961.7.1	41.6	3.3	16.0	8	54.3
1959.6.4	86.6	17.8	10.9	21	79.7	1961.7.2	35.0	0.5	19.0	9	53.5
1959.7.3	11.8	1.4	14.6	3	25.0	1962.7.2	68.5	2.6	8.1	15	74.0
1959.8.5	14.4	1.4	12.9	3	25.9	1962.7.25	184.0	68.2	26.9	45	142.7

图 4-22 中的 $f_p(t)$—t 和 $F_p(t)$—t 曲线也可以转换成 f_p—F_p 的关系曲线，如图 4-23 所示。由于累积下渗量 F_p 就是该时刻的土壤蓄水量 W，所以 f_p—F_p 关系曲线实际上就是代表了 f_p—W 曲线，该曲线反映了流域土壤含水量对下渗能力的影响。

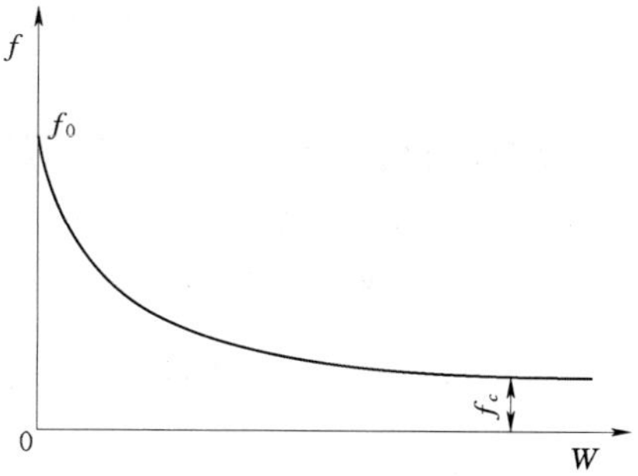

图 4-23 f_p—F_p（或 W）关系

二、应用累积下渗曲线推求地面净雨过程

将降雨过程划分为不同的计算时段，时段长可以不等，根据雨强变化情况将较为稳定的时段作为计算时段。当计算时段较短时，应用 f_p—W 曲线逐时段进行地面净雨的计算，其步骤如下。

（1）以降雨开始时（第一时段初）的流域土壤含水量 W_0，查图 4-23 的 f_p—W（W 与 F 意义相同）曲线，得本次降雨的起始（第一时段初）下渗率 f_{p0}。因为时段不长，可以近似代表时段平均下渗率。

（2）将第一时段的平均雨强 $\bar{i}_1$ 与 f_{p0} 进行比较，求第一时段的产流量 R_{s1}、下渗量 I_1 及时段末的流域土壤含水量 W_1。

1）当 $\bar{i}_1 \leqslant f_{p0}$ 时，本时段不产流（无净雨）。时段的降雨量全部下渗，下渗水量为 $I_1 = \bar{i}_1 \Delta t_1$，时段末流域土壤含水量由原来的 W_0 增加到 $W_1 = W_0 + I_1$。

2）当 $\bar{i}_1 > f_{p0}$ 时，本时段产生地面径流。则产流量为 $R_{s1} = (\bar{i}_1 - f_{p0})\Delta t_1$，下渗水量为 $I_1 = f_{p0}\Delta t_1$，时段末流域土壤含水量由原来的 W_0 增加到 $W_1 = W_0 + I_1$。

（3）进入第二时段的计算。第一时段末的下渗率和土壤含水量就是第二时段初的数值。其余步骤同上。

上述计算可列表进行，为保证这种算法的精度，计算时段不宜取得太大，原则上越小越好，同时也可忽略蒸散发对计算的影响，示例见表 4-10。

表 4-10　应用 f_p—W 曲线推求地面净雨量计算表

日 时：分	P（mm）	W（mm）	I（mm）	f_p（mm/min）	R_s（mm）
11 16：8	0	0			
9	0.3	0.3	0.3		
10	0.3	0.6	0.3	2.60	0
11	0.3	0.9	0.3	2.54	0
12	0.3	1.2	0.3	2.50	0
13	1.0	2.2	1.0	2.47	0
14	1.0	3.2	1.0	2.34	0
15	1.9	5.1	1.9	2.25	0
16	1.9	7.0	1.9	2.03	0
17	1.9	8.86	1.86	1.86	0.04
18	1.9	10.52	1.66	1.66	0.24
19	3.3	12.08	1.56	1.56	1.74
20	3.3	13.51	1.43	1.43	1.87
21	3.4	14.86	1.35	1.35	2.05
⋮	⋮	⋮	⋮	⋮	⋮

如果计算时段较大，要提高计算精度，应采用试算法，结合下面的例题说明其计算过程。

【例题 11】 某流域一场降雨的降雨量为 81.0mm，各时段雨量如表 4-11 所示。降雨开始时土壤含水量 $W_0=51.4$mm，试根据流域的 f_p—W 关系曲线，推求产流量。

解：（1）根据降雨开始时的土壤含水量 W_0 查 f_p—W 曲线，得降雨开始时的下渗能力 f_{p0}，假设第一时段末的下渗能力 f'_{p1}。计算第一时段平均下渗能力 $\overline{f}_{p1}=\frac{1}{2}(f_{p0}+f'_{p1})$。

（2）将第一时段的平均雨强 $\overline{i}_1$ 与 $\overline{f}_{p1}$ 进行比较。如果 $\overline{f}_{p1}\geqslant\overline{i}_1$，不产流，雨量全部渗入土壤，成为土壤含水量的增加量 $I_1=\overline{i}_1\Delta t$。如果 $\overline{f}_{p1}<\overline{i}_1$，则超渗产流，产流量为 $(\overline{i}_1-\overline{f}_{p1})\Delta t$，下渗量为 $I_1=\overline{f}_{p1}\Delta t$。

（3）计算第一时段末的土壤含水量。$W_1=W_0+I_1-E_1$（E_1 为第一时段的蒸发量），由 W_1 查 f_p—W 曲线得 f_{p1}，如果 f_{p1} 与假定的 f'_{p1} 之差的绝对值小于给定的精度，则试算成功，否则，需要重新假定 f'_{p1} 后再计算，直至 f_{p1} 与假定的 f'_{p1} 之差的绝对值小于给定的精度。然后再转入第二时段的试算。这时，f_{p1} 就作为第二时段初的下渗能力，重复以上步骤。计算结果见表 4-11。

表 4-11　应用下渗曲线推求净雨量

时　间 （时：分）	Δt (min)	P (mm)	$\overline{i}$ (mm/min)	W (mm)	I (mm)	f_p (mm/min)	R_s (mm)
(1)	(2)	(3)	(4)	(5)	(6)	(7)	(9)
10：23				51.4		0.190	
10：50	27	8.8	0.326	56.2	4.8	0.168	4.0
12：00	70	4.6	0.066	60.8	4.6	0.154	0.0
13：00	60	4.8	0.080	65.6	4.8	0.144	0.0
14：00	60	10.5	0.175	73.9	8.3	0.132	2.2
15：00	60	17.1	0.285	81.8	7.9	0.130	9.2
16：00	60	19.6	0.327	89.6	7.8	0.130	11.8
17：00	60	11.2	0.187	97.4	7.8	0.130	3.4
20：00	180	4.4	0.024	101.8	4.1	0.130	0.0

三、图解法

图解法是直接应用累积下渗曲线 $F_p(t)$—t 在图上确定超渗产流的地面径流量。具体图解步骤如图 4-24 所示。

（1）绘制流域累积下渗曲线 $F_p(t)$—t。

（2）根据降雨开始时的流域土壤含水量 W_0，在 $F_p(t)$—t 曲线上找出对应点 A。

（3）自 A 点开始绘制降雨量累积曲线 $\sum P$—t，如图 4-24 中 $ABCD$ 所示。

（4）$F_p(t)$—t 和 $\sum P$—t 曲线的坡度分别表示下渗能力 f_p 和降雨强度 i，当降雨量累积曲线的坡度大于累积下渗曲线的坡度时，即产生径流，反之，不产生径流，只增加土壤含水量值，相应的改变下渗能力值。例如，在图 4-24 中的 AB 段，$i<f_p$ 不产流，这个时段的降雨量 $P=i\Delta t$ 全部下渗补充给土壤增加了含水量。将 BC 段平行移到 $B'C'$，该段 $i>f_p$ 产流，从 C' 点到 $F_p(t)$— t 曲线的垂直距离 $C'C''$ 即为产流量。再将 CD 段平移到 $C''D'$，该时段 $i<f_p$ 不产流。如此逐时段比较，就可求得一场降雨的超渗地面径流量及其时程分配。采用这种方法，每个计算时段也可以不同。

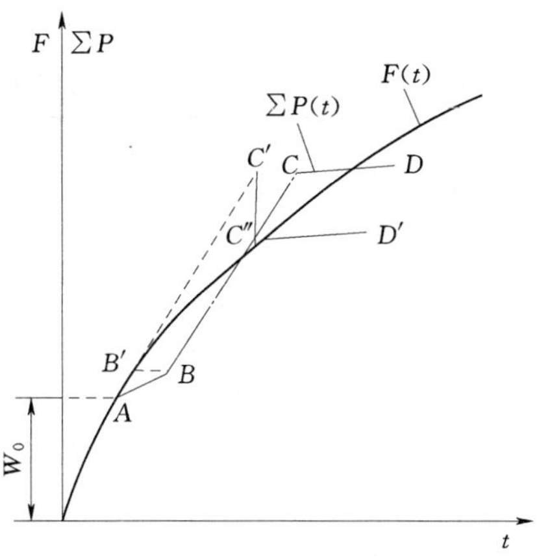

图 4-24　图解法推求地面净雨示意

采用下渗曲线法进行产流计算时，应当注意到降雨强度时空分布的不均匀性对产流的影响，且流域不同地点的下渗特点也是存在差别的。因此，为了提高计算精度，降雨时段长度不宜大，常以 min 计，流域应按雨量站分布状况划分为较小的单元区域进行产流计算。

习　　题

1. 思考题。(1) 如何由流域上雨量站的实测降雨资料计算流域平均降雨过程？(2) 在进行流域产流分析计算时，为什么还要将总净雨过程分为地面、地下净雨过程？(3) 简述蓄满产流模型法如何划分地面、地下净雨过程。(4) 目前常用分割基流的方法有哪些？简述其优缺点？(5) 什么是前期影响雨量？简述其计算方法与步骤。(6) 何谓超渗产流，何谓蓄满产流，它们的主要区别是什么？(7) 简述如何绘制流域降雨径流相关图（P—P_a—R）。(8) 用初损后损法计算地面净雨时，需确定初损量 I_0，试问：影响 I_0 的主要因素有哪些？(9) 蓄满产流模型中稳定下渗率 f_c 与初损后损法中的平均后损率 $\overline{f}$，在概念上有什么区别？计算方法上有何异同？

2. 某流域最大土壤含水量 $I_m=100$mm，6 月份流域日蒸发能力为 $E_m=5.0$mm/d。试根据表 4-12 所列数据计算 6 月 21～23 日的各日前期影响雨量 P_a 值。

表 4-12　　　某流域 6 月 18 日～23 日雨量过程

时　间（月．日）	降雨量 P（mm）	前期影响雨量 P_a（mm）	备　注
6.18	78.2		经 18、19 日大雨，6 月 20 日 $P_a=I_m$
6.19	35.6		
6.20	10.1	100	
6.21	1.2		
6.22			
6.23			

3. 已知某流域一次降雨过程，已求得各时段产流量如表 4-13 所示。已分析得本流

域稳定下渗率 $f_c=0.6\text{mm/h}$，试划分地面、地下净雨。

表 4-13　　某流域 4 月份的一次降雨及径流资料

时间（日　时）	17　8～17　14	17　14～17　20	17　20～18　2	18　2～18　8	18　8～18　14
降雨量 P	4.2	14.6	31.6	25.9	3.2
净雨深 R	2.0	10.5	29.1	25.9	3.2

4. 已知某流域面积 $F=1800\text{km}^2$，某次暴雨洪水资料如表 4-14 所示，采用斜线分割法（地面径流终止点为 9 日 20 时）割除基流，用初损后损法扣损，试求该流域的平均后损率 $\overline{f}$，并确定各时段的净雨及损失。

表 4-14　　某流域一次暴雨洪水资料

时间（日　时）	6　20	7　2	7　8	7　14	7　20	8　2	8　8	8　14	8　20	9　2	9　8	9　14	9　20
实测流量 Q（m^3/s）	144	133	1593	1481	962	700	422	309	264	237	202	166	156
降雨量（mm）		15.6	68.2	4.2									

5. 某流域下渗曲线及一次降雨过程资料列于表 4-15 与表 4-16 中。已知降雨开始时流域蓄水量为 15.9mm，若雨期蒸散发可忽略不计，试推求该次降雨的地面产流量。

表 4-15　　某小流域下渗曲线表

时间（min）	0	4.7	11.7	22.1	37.7	59.3	84.5
f_p（mm/min）	2.60	1.70	1.14	0.77	0.51	0.40	0.40

表 4-16　　某小流域一次降雨过程

时间（min）	P（mm）	时间（min）	P（mm）	时间（min）	P（mm）	时间（min）	P（mm）
36～37	2.0	40～41	0.9	44～45	0.7	48～49	1.5
37～38	2.6	41～42	0.7	45～46	1.4	49～50	1.1
38～39	2.0	42～43	0.8	46～47	1.3		
39～40	1.2	43～44	1.8	47～48	1.3		

第五章 流域汇流计算

通过产流计算的净雨是散布在流域各处的，各处的净雨向流域出口断面汇集的过程称为流域汇流过程，由净雨过程推求流域出口断面径流过程的计算称为流域汇流计算。通常，对地面和地下净雨要分别推求出地面径流过程和地下径流过程，两者同时刻叠加后求出一场降雨的总径流过程。

净雨在向流域出口断面汇集的过程中，相继发生坡地汇流与河道汇流两个阶段，随着降雨的继续又同时交互发生。在流域汇流计算中，当流域面积不是很大而且降雨较为均匀时，通常把坡地汇流和河道汇流作为一个整体来处理，当在较大流域的局部区域发生降雨时（如上游），先计算出局部流域的径流过程，再通过河道洪水演算求得下游河道断面的径流过程。

第一节 等流时线法汇流原理

流域内各处的地面净雨流到出口断面所经历的时间称为汇流时间 τ，流域上汇流时间的最大值 τ_m 称为流域汇流时间，即流域内最远点的净雨流到出口断面的时间。流域上汇流时间 τ 相等点的连线称为等流时线，两条相邻等流时线之间的面积称为等流时面积，如图 5-1 所示。

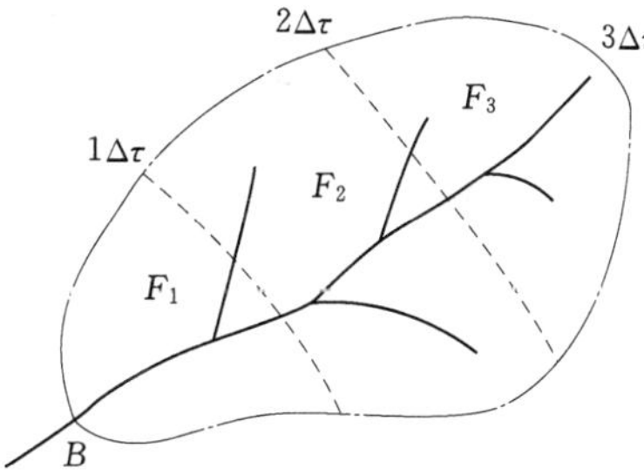

图 5-1 等流时线汇流示意

根据图 5-1，分析流域上在不同净雨情况下所形成的出口断面径流过程。图中将流域汇流时间 τ_m 按计算时段 $\Delta t=\Delta\tau$ 划分为两条等流时线、3 块等流时面积，即 $\tau_m=3\Delta t$（$3\Delta\tau$）。

1. 地面净雨历时 T_S 等于一个时段（$T_S=\Delta t$）

假设在图 5-1 所示的流域上有一均匀的地面净雨，净雨历时 $T_S=\Delta t$，净雨量为 R_S。净雨在流域出口断面形成的地面径流过程如下：

净雨刚开始 $t=0$ 时，尚未形成径流，故此时出口断面的流量为 0，即 $Q_0=0$。

第一时段末 $t=1\Delta t$，最初降落在 $1\Delta t$ 线上的净雨一边向下流动，一边沿途不断地汇集面积 F_1 上持续的降雨，当它到达出口断面时（$t=1\Delta t$）正好汇集了 F_1 上沿途产生的地面净雨。因此第一时段末流域出口的流量为 $Q_1=KR_SF_1/\Delta t=Ki_sF_1$（式中：$K$ 为流量换算系数，当 F 单位为 km^2、Δt 单位为 h、R_S 单位为 mm、i_s 单位为 mm/h、Q 单位为 m^3/s 时，$K=0.278$）。

第二时段末 $t=2\Delta t$，最初降落在 $2\Delta t$ 线上的净雨，一面向下流动，一面沿途不断地汇集 F_2 上持续的降雨，当它到达 $1\Delta t$ 线的位置时净雨停止，这时汇集的流量为

$KR_SF_2/\Delta t$，以后因整个流域上净雨停止，所以再向下运动时将不再汇集雨水，该流量经过 $1\Delta t$ 后，即 $t=2\Delta t$ 时流到出口断面，故第二时段末流域出口的流量为 $Q_2=KR_SF_2/\Delta t=Ki_sF_2$。

第三时段末 $t=3\Delta t$，与上面相同的道理，出口断面处的流量为 $Q_3=KR_SF_3/\Delta t=Ki_sF_3$。

第四时段末 $t=4\Delta t$，最末时刻（$t=\Delta t$）降落在流域最远点的净雨正好经过 $3\Delta t$，即在 $4\Delta t$ 时刻流出断面，故此时出口断面的流量为 0，即 $Q_4=0$。

将上述分析结果绘出地面径流过程线 Q—t，如图 5-2（a）所示。Q_2 为洪峰流量，它是部分流域面积 F_2，即最大等流时面积上的净雨汇集形成的，称为部分面积汇流造峰，简称部分汇流造峰。

2. 地面净雨历时大于一个时段（$T_S\geqslant 2\Delta t$）

假设图 5-1 所示的流域上有另外一次净雨，历时等于 3 个时段，即 $T_S=3\Delta t$，各时段的地面净雨量分别为 R_{S1}、R_{S2}、R_{S3}，这些净雨将分别在流域出口断面形成径流过程，可用上面相同的方法求得，如表 5-1 中的第（3）、（4）、（5）栏所列。因 R_{S1}、R_{S2}、R_{S3} 相继错后一个时段，所以在流域出口断面各自形成的径流过程也依次推迟一个时段。最后将同时刻的流量叠加，就得到这场总净雨 R（$R_{S1}+R_{S2}+R_{S3}$）在流域出口断面形成的总径流过程，见第（6）栏。

将上述分析结果绘出地面径流过程线，如图 5-1（b）所示。表中第（6）栏第三时段末的 Q_3 为洪峰流量，是全流域面积 F（$F_1+F_2+F_3$）上不同时段净雨同时汇集到出口断面所形成的，称为全部面积汇流造峰，简称全面汇流造峰。

表 5-1　利用等流时线计算地面径流过程

时间 t (Δt)	地面净雨 R_S (mm)	各时段净雨产生的地面径流过程			全部净雨形成的地面径流过程 Q_S (m^3/s)
		R_{S1}	R_{S2}	R_{S3}	
(1)	(2)	(3)	(4)	(5)	(6)
0		0			$Q_0=0$
1	R_{S1}	Ki_1F_1	0		$Q_1=Ki_1F_1$
2	R_{S2}	Ki_1F_2	Ki_2F_1	0	$Q_2=Ki_1F_2+Ki_2F_1$
3	R_{S3}	Ki_1F_3	Ki_2F_2	Ki_3F_1	$Q_3=Ki_1F_3+Ki_2F_2+Ki_3F_1$
4		0	Ki_2F_3	Ki_3F_2	$Q_4=Ki_2F_3+Ki_3F_2$
5			0	Ki_3F_3	$Q_5=Ki_3F_3$
6				0	$Q_6=0$

根据以上分析可以归纳出以下几个结论：

（1）一个时段净雨形成的地面径流过程，等于该净雨强度与各块等流时面积依次相乘，即 $Q_i=Ki_sF_i$。

（2）多时段净雨形成的总地面径流过程，等于它们各自形成的地面径流过程同时刻相叠加。

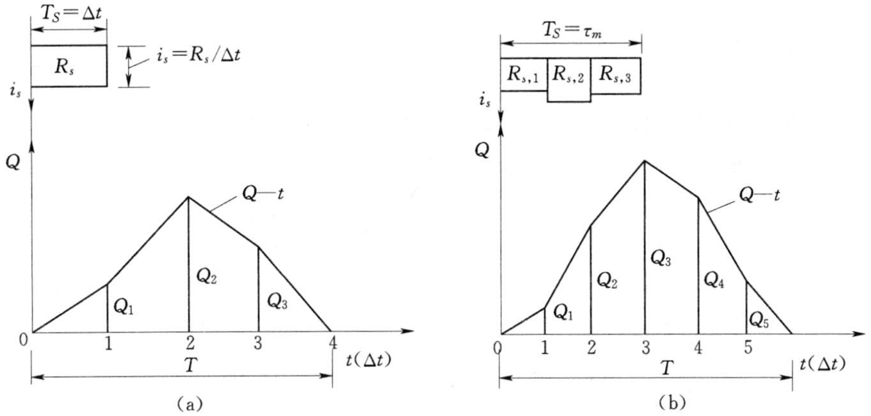

图 5-2　不同净雨形成的地面径流流量过程

(a) $T_S=\Delta t<\tau_m$；(b) $T_S=3\Delta t=\tau_m$

(3) 当净雨历时 $T_S<\tau_m$，为部分汇流造峰；当净雨历时 $T_S\geqslant\tau_m$，为全面汇流造峰。

(4) 地面径流总历时等于净雨历时与流域汇流时间之和，即：$T=T_S+\tau_m$。

等流时线法既是各种流域汇流理论研究的基础，也是在小流域上研究计算洪峰流量的理论基础，即推理公式（详见第十一章第七节）。

第二节　汇　流　曲　线

目前，汇流计算方法都是以线性汇流系统为依据，然后再进行非线性处理。为此，有必要了解一下线性汇流系统与汇流曲线的概念。

一、线性时不变汇流系统

1. 汇流系统

通过某种关系将输入与输出联系起来的结构装置或过程都可称为系统，它主要有三部分构成，即系统输入 $I(t)$、系统输出 $O(t)$ 与系统作用 Ω。系统输出是系统对输入的响应，所以也称为系统响应，系统作用就是将系统输入转化为系统输出，系统的基本结构如图 5-3 (a) 所示。

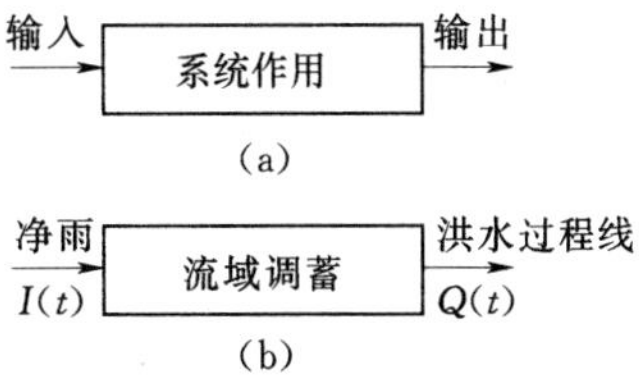

图 5-3　系统与流域汇流系统示意

(a) 系统；(b) 流域汇流系统

水文学上也把汇流这种水文过程作为系统，称为汇流系统。例如河段汇流就是一个系统，河段的调蓄作用即为系统作用，系统的输入就是上断面入流的洪水过程，系统的输出就是下断面出流的洪水过程；再如，流域汇流也是一种系统，其输入为净雨过程，输出为流域出口断面的径流过程，系统作用为流域的调蓄作用。如图 5-3 (b) 所示，流域出口断面的洪水过程线 $Q(t)$ 即为流域汇流系统对净雨过程（输入）的响应，称为流域响应。

系统输入 $I(t)$、输出 $O(t)$ 及系统作用 Ω 三者之间的关系可表示为 $O(t)=\Omega[I(t)]$，系统作用 Ω 表示某种运算关系，也称为运算符，反映输入与输出之间的某种特定关系。

2. 线性汇流系统

当汇流系统既满足叠加性又满足倍比性时，称为线性汇流系统，否则就是非线性汇流系统。

(1) 叠加性。所谓叠加性是指 n 个输入之和产生的总输出（总响应）等于每个输入产生输出的代数和，即各输入产生的输出之间互不干扰。用数学形式表示为

$$\Omega\left[\sum_{i=1}^{n} I_i(t)\right] = \sum_{i=1}^{n}\Omega[I_i(t)] = \sum_{i=1}^{n} O_i(t) \tag{5-1}$$

(2) 倍比性。所谓倍比性是指一个输入的 n 倍施加于系统，产生的输出等于一个输入产生输出的 n 倍。用数学形式描述为

$$\Omega[nI(t)] = n\Omega[I(t)] = nO(t) \tag{5-2}$$

3. 线性时不变汇流系统

在线性汇流系统中，如果系统运算 Ω 中所有参数均不随时间变化（为常数），则称为线性时不变汇流系统。如果其中的参数至少有一个是随时间变化的，称为线性时变汇流系统。在汇流计算中，大多情况下假定汇流系统是线性时不变汇流系统，简称线性汇流系统。

二、汇流曲线

当线性汇流系统的输入为简单入流时，则系统产生的输出（响应）称为汇流曲线，相应地，简单入流可以用简单函数来描述，如单位函数、单位矩形函数、单位瞬时脉冲函数。

1. S 曲线

当线性汇流系统的输入为单位入流时，则系统产生的输出为 S 曲线，以 $S(t)$ 表示，m^3/s。所谓单位入流是指始终维持一个单位强度的入流（如 1 个流量），单位入流用单位函数表示，即

$$H(t) = \begin{cases} 0, & (t<0) \\ 1, & (t\geqslant 0) \end{cases} \tag{5-3}$$

其函数图形如图 5-4 所示。

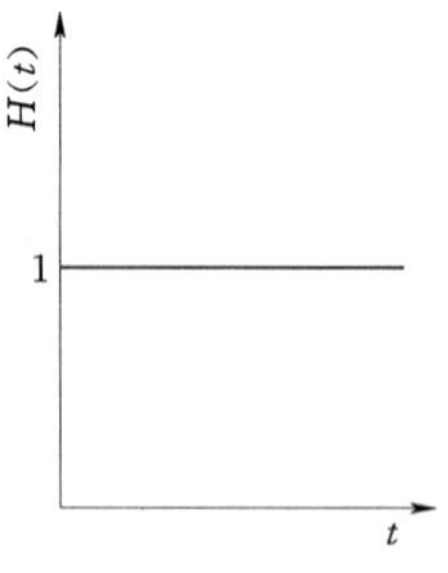

图 5-4　单位函数图形

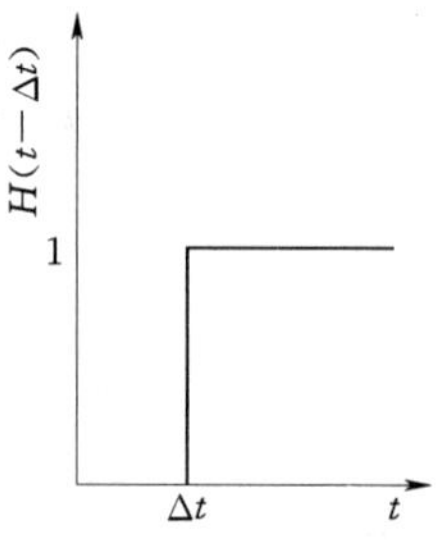

图 5-5　延迟单位函数图形

如果单位入流不是从 $t=0$ 开始，而是延迟到 $t=\Delta t$ 开始，则称为延迟单位入流，延迟单位入流用延迟单位函数表示，即

$$H(t-\Delta t) = \begin{cases} 0, & (t<\Delta t) \\ 1, & (t\geqslant \Delta t) \end{cases} \tag{5-4}$$

延迟单位函数的图形，如图 5-5 所示。延迟单位入流产生的输出称为延迟的 S 曲线，以 $S(t-\Delta t)$ 表示，m^3/s。

2. 基本单位线

当线性汇流系统的输入为单位矩形入流时，则系统产生的输出为基本单位线（也称为时段单位线），以 $u(\Delta t, t)$ 表示，m^3/s。所谓单位矩形入流是指在一个有限时段 Δt 内维持一个单位强度的入流（1 个流量），单位矩形入流用单位矩形函数表示，即

$$I_{\Delta t}(t)=\begin{cases}0, & (t<0)\\ 1, & (0\leqslant t\leqslant \Delta t)\\ 0, & (t>\Delta t)\end{cases} \tag{5-5}$$

其函数图形，如图 5-6 所示。

如果单位矩形入流不是从 $t=0$ 开始，而是延迟到 $t=\Delta t$ 开始，则称为延迟单位矩形入流，延迟单位矩形入流用延迟单位矩形函数表示

$$I_{\Delta t}(t-\Delta t)=\begin{cases}0, & (t<\Delta t)\\ 1, & (\Delta t\leqslant t\leqslant 2\Delta t)\\ 0, & (t>2\Delta t)\end{cases} \tag{5-6}$$

延迟单位矩形函数图形，如图 5-7 所示。延迟单位矩形入流产生的输出称为延迟的基本单位线，以 $u(\Delta t, t-\Delta t)$ 表示，m^3/s。

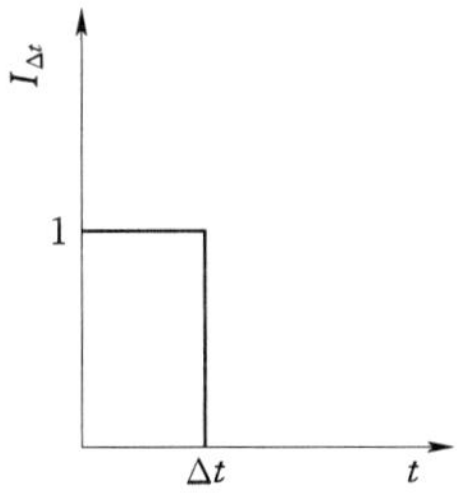

图 5-6　单位矩形函数图形

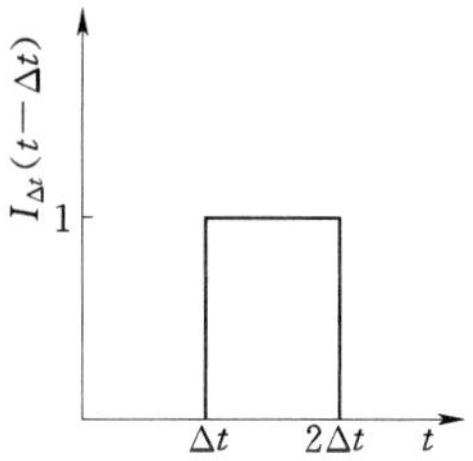

图 5-7　延迟单位矩形函数图形

不难理解，单位矩形函数与单位函数之间的关系为

$$I_{\Delta t}(t)=H(t)-H(t-\Delta t) \tag{5-7}$$

同理，式（5-7）也适用于延迟单位矩形函数，即

$$I_{\Delta t}(t-\Delta t)=H(t-\Delta t)-H(t-2\Delta t) \tag{5-8}$$

对于延迟多个时段的单位矩形函数，可依次类推，分别写出它们的数学表达式。

3. 瞬时单位线

当线性汇流系统的输入为单位瞬时脉冲入流时，则系统产生的输出为瞬时单位线，以 $u(t)$ 表示，m^3/s^2。所谓单位瞬时脉冲入流是指强度极大（$\rightarrow\infty$）、历时极短（$\rightarrow 0$）、但总量为 1 个单位的入流，相当于一个“加流量”，m^3/s^2（这里用“加流量”是引用了物理

学中加速度的概念)。

单位瞬时脉冲入流用单位瞬时脉冲函数表示，也称为 $\delta(t)$ 函数，即

$$\delta(t)=\begin{cases}0, & (t\neq 0)\\ \infty, & (t\rightarrow 0)\end{cases}, \quad \text{且满足} \int_0^{\infty}\delta(t)\mathrm{d}t=1 \tag{5-9}$$

其函数图形如图 5-8 所示。

如果单位瞬时脉冲入流不是从 $t=0$ 开始，而是延迟到 $t=\Delta t$ 开始，则称为延迟单位瞬时脉冲入流，用延迟 $\delta(t)$ 函数表示，即

$$\delta(t-\Delta t)=\begin{cases}0, & (t\neq \Delta t)\\ \infty, & (t\rightarrow \Delta t)\end{cases}, \quad \text{且满足} \int_{\Delta t}^{\infty}\delta(t)\mathrm{d}t=1 \tag{5-10}$$

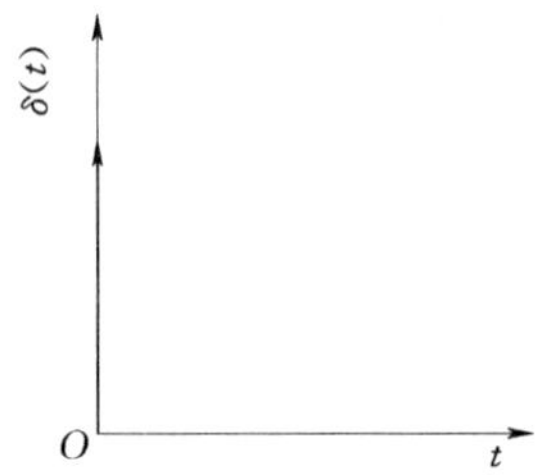

图 5-8 $\delta(t)$ 函数图形

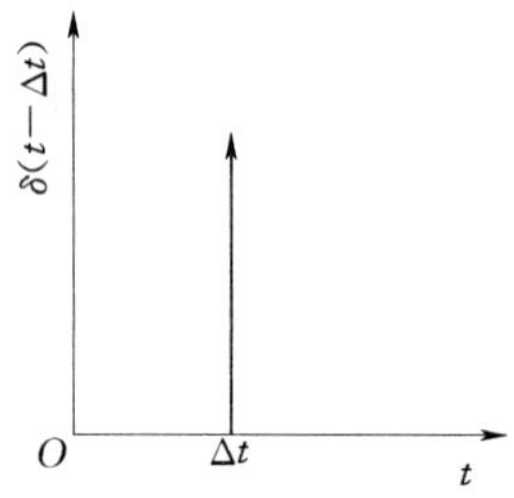

图 5-9 延迟 $\delta(t)$ 函数图形

延迟 $\delta(t)$ 函数如图 5-9 所示。延迟单位瞬时脉冲入流产生的输出称为延迟的瞬时单位线，以 $u(t-\Delta t)$ 表示，m^3/s^2。

在以后有关章节学习中，根据具体问题将分别给出 S 曲线、基本单位线与瞬时单位线的数学表达式。

三、汇流曲线之间的关系

1. S 曲线与瞬时单位线的关系

可以证明单位函数与 $\delta(t)$ 函数具有如下关系 $\delta(t)=\dfrac{\mathrm{d}H(t)}{\mathrm{d}t}$。因此不难理解，以下关系也是成立的 $H(t)=\int_0^t\delta(t)\mathrm{d}t$，称为简单输入之间的关系。

对于线性汇流系统，简单输入之间的关系也同样适用于系统的输出，即汇流曲线之间的关系为

$$u(t)=\frac{\mathrm{d}S(t)}{\mathrm{d}t} \tag{5-11}$$

或

$$S(t)=\int_0^t u(t)\mathrm{d}t \tag{5-12}$$

根据瞬时单位线的定义和水量平衡原理，瞬时单位线具有以下性质：$\int_0^{\infty}u(t)\mathrm{d}t=1m^3/s$。

2. 基本单位线与 S 曲线的关系

对于线性汇流系统，根据单位矩形函数与单位函数之间的关系式 (5-7)，容易得出

基本单位线与 S 曲线之间的关系，即：

$$u(\Delta t,t)=S(t)-S(t-\Delta t) \tag{5-13}$$

同理，以上关系也适用于延迟的基本单位线与延迟的 S 曲线，根据式（5－8）得

$$u(\Delta t,t-\Delta t)=S(t-\Delta t)-S(t-2\Delta t) \tag{5-14}$$

对于延迟多个时段的情形，依次类推，可以分别写出它们之间的关系式。

因为瞬时单位线不能直接用于汇流计算，而是按式（5－12）将它转换成 S 曲线或按式（5－13）转换成基本单位线后才能使用。在工程水文中通常将流域和河道的汇流问题都近似作为线性汇流系统，只是针对实际问题再做一些非线性处理。在流域汇流计算中，习惯上将式（5－13）再转换成时段内 10mm 地面净雨的实用单位线进行计算，详见第五节间接法推求单位线。

第三节　地面净雨汇流计算

目前，地面净雨（径流）的汇流计算广泛采用单位线法。

一、单位线的概念

在单位时段 Δt 内、流域上分布均匀的单位地面净雨（一般采用 10mm），在流域出口断面形成的地表径流过程线称为单位线，也称为实用单位线，用符号 $q(\Delta t,\ t)$ 表示，m^3/s。单位时段 Δt 常采用 3h、6h、12h 等为计算时段，单位线如图 5－10 所示。单位线的实质就是线性流域汇流系统的输入为单位矩形入流产生的输出，这个单位矩形入流在 Δt 时段内的流量不是 $1m^3/s$，而是 $\frac{10F}{3.6\Delta t}$ m^3/s。

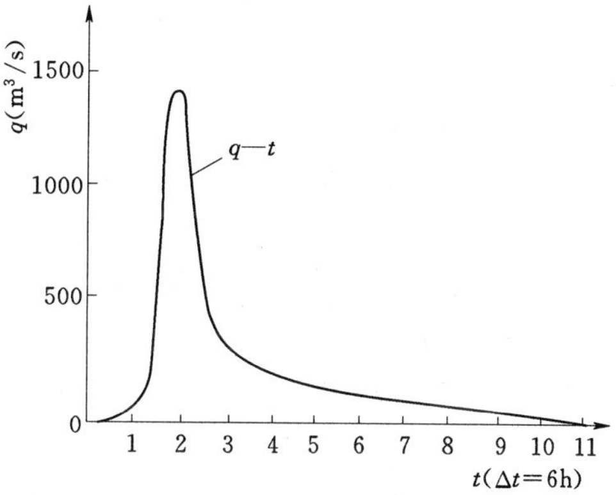

图 5－10　单位线示意图

根据单位线的概念和水量平衡原理，关系式 $\frac{3.6\Delta t\sum q(\Delta t,t)_i}{F}=10(\text{mm})$ 是成立的，因此

$$F=\frac{3.6\Delta t\sum q(\Delta t,t)_i}{10} \tag{5-15}$$

式中：$\sum q(\Delta t,t)_i$ 为单位线的纵坐标之和，m^3/s；F 为流域面积，km^2；Δt 为计算时段，h。

使用式（3－15）既可检验推求的单位线是否正确，又可根据单位线推求流域面积。不同的流域，都应分析并使用自己的单位线，不可相互混用。

单位线的推求有直接法和间接法，由于这两种方法内容较多，篇幅较长，将分别在后面两节中介绍，本节首先介绍如何使用单位线进行地面净雨的汇流计算，即推流

问题。

二、两个基本假定

由于线性汇流系统的两个基本性质不完全符合实际水文现象，所以在水文学上又称之为两个基本假定，利用这两个基本假定既可推求单位线，又可用单位线进行汇流计算。

1. 倍比假定

在同一流域上，如果同一时段 Δt 内地面净雨分别为 h_1、h_2，则它们形成的地面径流总历时、涨洪历时与退洪历时完全相同，而相应位相的流量大小与净雨量成正比，即 $Q_a/Q_b=h_1/h_2$，如图 5-11 所示。

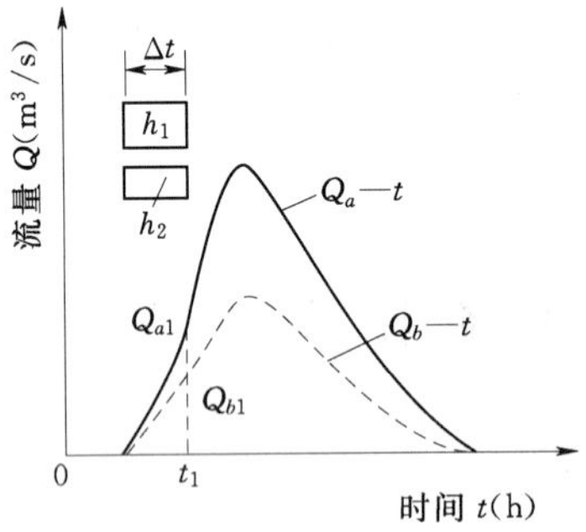

图 5-11 倍比假定示意

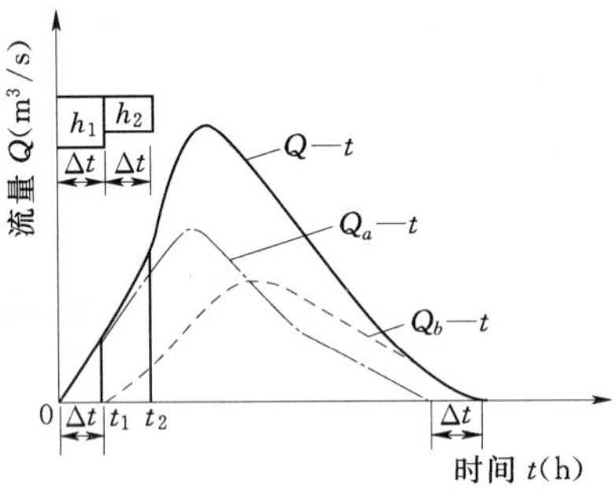

图 5-12 叠加假定示意

2. 叠加假定

在同一流域上，如果两个时段的地面净雨分别为 h_1、h_2，则它们形成的地面径流过程分别为 $Q_a—t$ 与 $Q_b—t$，且互不干扰。两个时段净雨形成的总径流过程 $Q—t$ 是由 $Q_a—t$ 与 $Q_b—t$ 同时刻的流量叠加而得，如图 5-12 所示。因为净雨 h_2 错后 h_1 一个时段，所以 $Q_b—t$ 也错后 $Q_a—t$ 一个时段，各位相点（如起涨、洪峰、终止等）也恰好都错开一个 Δt，两者形状相似。

三、单位线的应用

单位线的应用就是地面径流的汇流计算方法。以下通过例题具体说明如何根据两个基本假定，应用单位线进行汇流计算推求流域出口断面地表径流过程。

【例题 1】 某流域各时段地面净雨量列入表 5-2 中第（2）栏，第（3）栏是本流域使用的单位线，试推求流域出口断面的地面径流过程。

解： 首先，根据倍比假定，以 $h/10$ 乘单位线各时刻的纵标值，便得到各时段净雨所形成的地面径流过程。例如，第一时段净雨为 15.0mm，则用 15.0/10 分别乘以单位线各时刻的纵标值，得第（4）栏的 15.0mm 净雨产生的地面径流过程。同理，第（5）栏是用 93.6/10 乘以单位线各时刻的纵标值求得，但要注意 93.6 mm 的净雨是在第二时段产生的，所以第（5）栏各计算值都要往后推迟一个时段。其余第（6）、（7）栏类推。

其次，运用叠加假定，由各时段净雨计算出的地面径流过程，再同时刻的流量相加得到流域总地面径流过程，见第（8）栏。

最后，要对第（8）栏的计算结果进行验算是否有误。第（8）栏的合计数为 $4657m^3/s$，折算成径流深 $\frac{\sum Q\times\Delta t\times 3.6}{F}=\frac{4657\times 6\times 3.6}{441}=228.1(mm)$，等于总净雨量，说明计算是

正确的。

表 5-2　　单位线法推求地面径流过程线（$F=441km^2$）

时间 (h)	地面净雨 h (mm)	实用单位线 q (m^3/s)	15.0mm 净雨的径流过程 (m^3/s)	93.6mm 净雨的径流过程 (m^3/s)	76.7mm 净雨的径流过程 (m^3/s)	42.8mm 净雨的径流过程 (m^3/s)	总径流过程 $Q(t)$ (m^3/s)
(1)	(2)	(3)	(4)	(5)	(6)	(7)	(8)
0		0	0				0
6	15.0	5.6	8	0			8
12	93.6	24.7	37	52	0		89
18	76.7	78.3	117	231	43	0	391
24	42.8	30.0	45	733	190	24	992
30		20.0	30	281	601	106	1018
36		13.5	20	187	230	335	772
42		9.0	14	126	153	128	421
48		6.1	9	84	104	86	283
54		4.5	7	57	69	58	191
60		3.4	5	42	47	39	133
66		2.7	4	32	34	26	96
72		2.1	3	25	26	19	73
78		1.6	2	20	21	15	58
84		1.2	2	15	16	12	45
90		0.8	1	11	12	9	33
96		0.5	1	7	9	7	24
102		0.2	0	5	6	5	16
108		0		2	4	3	9
114				0	2	2	4
120					0	1	1
126						0	0
合计	228.1	204.2					4657

第四节　直接法推求单位线

根据以往的实测雨洪资料直接推求单位线的方法称为直接法。该法是 1932 年由舍尔曼（L. K. Shernan）提出的，所以用直接法求得的单位线也称为舍尔曼单位线，人们也常常称为经验单位线。

一、单位线的推求

根据流域实测雨洪资料，运用两个基本假定推求单位线，计算步骤大体如下：

（1）选择历时较短、孤立、分布较均匀的暴雨及相应的孤立洪水过程线，作为分析对象。如果很难选到恰好一个或二个时段降雨及相应的孤立洪水过程线，则从复合暴雨径流过程线中分解出相应于一个或二个时段暴雨所形成的洪水过程线。

（2）推求各时段地面净雨历时，净雨历时要小于流域汇流时间，以接近涨洪历时的1/3～1/4为宜。

（3）在实测洪水过程线上，割除地下径流，求得地面径流深，使地面径流深等于地面净雨深。如不相等，应修正地下径流的分割，直至两者相等为止。

（4）由地面径流过程线与时段地面净雨量，应用两个基本假定分析计算单位线，并检验单位线的径流深是否等于10mm。倘若不等，则要修正。

（5）根据数次暴雨洪水资料，分析得出几条单位线，再求出一条平均的单位线作为使用的依据。实际应用中，还可根据暴雨时空分布情况，选用不同的单位线。

1. 缩放法

如果恰好选取一个时段，在这个时段内流域上分布均匀的净雨 h 形成了一个孤立的地面洪水过程线，利用单位线的倍比假定，对该地面洪水过程线按倍比值 $10/h$ 乘洪水过程线的纵标值进行缩放，即可得到所推求的单位线。

2. 公式计算法

如果流域上某次洪水由几个时段的净雨复合形成，则用公式法逐一推求单位线各时段数值。根据表5-2，设地面洪水过程线上各时段末的值分别为 Q_1、Q_2、Q_3、…，相应各时段末的单位线值分别为 q_1、q_2、q_3、…、0，各时段净雨量分别为 h_1、h_2、h_3、…，则根据两个基本假定可得：$Q_1=\frac{h_1}{10}q_1$，$Q_2=\frac{h_1}{10}q_2+\frac{h_2}{10}q_1$，$Q_3=\frac{h_1}{10}q_3+\frac{h_2}{10}q_2+\frac{h_3}{10}q_1$，…。

从以上各式中解出各时段末的单位线值分别为：

$$q_1=Q_1\frac{10}{h_1}, q_2=\left(Q_2-\frac{h_2}{10}q_1\right)\frac{10}{h_1}, q_3=\left(Q_3-\frac{h_2}{10}q_2-\frac{h_3}{10}q_1\right)\frac{10}{h_1}, \cdots, 0$$

推求单位线时，要注意以下几点：①净雨时段最好不要超过三个，否则就应用下面的试错优选法；②当分析出的单位线绘在普通坐标上出现锯齿状不光滑现象时，要徒手修匀，并验算修匀后的单位线应折合为10mm的净雨深；③按从前向后的顺序推求时，如果发生跳动、发散现象，可以改为按从后向前的顺序推求；④单位线的初始值和末值均为0，即：0、q_1、q_2、q_3、…、0。⑤单位线时段数要满足要求，即等于实测洪水过程时段数减去净雨时段数再加1，即：$M=N-L+1$（式中：M 为单位线的时段数；N 为地面径流的时段数；L 为地面净雨时段数）。

【例题2】 某流域面积为 441km^2，计算时段为6小时，地面净雨过程列入表5-3中第（3）栏，流域出口断面的地面径流过程列入表中第（2）栏，试推求单位线。

解：（1）将第2栏流量合计值换算为地面径流深：

$h=W/F=\frac{965\times6\times3600}{441\times1000^2}\times1000=47.3$（mm）等于净雨量，符合要求。

（2）用公式初步计算求得的单位线列入第（4）栏。再由第（4）栏单位线纵标值绘在普通坐标纸上，修匀成光滑曲线，结果列入第（5）栏。

（3）根据修正后的单位线之和 $204.2\text{m}^3/\text{s}$，见第（5）栏，折合成流域上的径流深 R

正好等于 10mm，即：$R=\frac{\sum q\Delta t}{F}=\frac{204.2\times6\times3600}{441\times1000^2}\times1000=10.0$（mm），验算结果正确。

（4）地面径流时段数 N 为 19，净雨时段数 L 为 2，根据 $M=N-L+1$ 计算的单位线时段数 M 为 18，由第（6）栏可见，计算是正确的。

表 5－3　　公式法推求单位线（$F=441km^2$）

日期 日	日期 时	地面径流过程 Q (m^3/s)	净雨过程 h (mm)	单位线计算值 q (m^3/s)	单位线修正值 q (m^3/s)	时段数 ($\Delta t=6h$)
(1)		(2)	(3)	(4)	(5)	(6)
23	7	0		0	0	0
	13	21	37.0	5.6	5.6	1
	19	97	10.3	24.7	24.7	2
24	1	315		78.3	78.3	3
	7	181		27.2	30.0	4
	13	108		21.7	20.0	5
	19	71		13.2	13.5	6
25	1	47		9.0	9.0	7
	7	32		6.1	6.1	8
	13	25		5.1	4.5	9
	19	19		3.8	3.4	10
26	1	14		2.7	2.7	11
	7	11		2.2	2.1	12
	13	8		1.6	1.6	13
	19	6		1.2	1.2	14
27	1	4		0.8	0.8	15
	7	3		0.6	0.5	16
	13	2		0.4	0.2	17
	19	1		0.2	0	18
28	1	0		0	0	19
合计		965	47.3	204.4	204.2	

3. 分析法

分析法适用于两个时段净雨推求单位线，根据两个基本假定，以下结合例题 3 说明计算步骤。

【例题 3】 某流域面积为 $5253km^2$，2003 年 7 月 21 日有一次降雨过程，见表 5－4 第（6）栏，第（3）栏是实测洪水径流过程，试分析推求 $\Delta t=6$ 小时的单位线。

解：（1）求地面径流深。用该流域的标准退水曲线求得该次洪水的地面径流终止点为 24 日 6 时，按斜线分割法求出地下径流过程，列于表第（4）栏。第（3）栏减第（4）栏得第（5）栏地面径流过程。于是可求出地面径流深为：

$$R_s=\frac{\Delta t\sum Q_i}{F}=\frac{6\times3600\times4452}{5253\times1000^2}\times1000=18.3(\text{mm})$$

（2）求地面净雨过程。流域前期影响雨量 P_a 为 59.2mm，用该流域的降雨地面径流相关图，查得两个时段的地面净雨深分别为 12.7mm 和 6.1mm，其总和为 18.8mm，比实测的地面径流深 18.3mm 略大，故应进行修正。用 18.3/18.8 的比值分别乘以 12.7mm 和 6.1mm，结果列于表第（7）栏，总和正好等于实测值 R_s＝18.3mm。

（3）推求单位线。联合使用倍比假定和叠加假定，将总地面径流分解为 12.4mm 和 5.9mm 分别产生的地面径流过程。第二时段净雨比第一时段净雨晚 6 小时，所以第二时段产生的径流也比第一时段晚 6 小时，因此第一时段净雨产生的径流从 21 日 6 时开始记为 0，第二时段净雨产生的径流从 21 日 12 时开始记为 0，见表中的第（8）、（9）栏。

首先应用叠加假定。21 日 12 时的总流量是由第一时段净雨产生的 12 时流量与第二时段净雨产生的 12 时流量叠加而成（同时刻流量相加），故第一时段净雨产生的 12 时流量应等于总流量减去第二时段净雨产生的 12 时流量，即：第一时段净雨产生的 12 时的流量为 29－0＝29（m^3/s），填入第（8）栏。

再应用倍比假定。第一时段净雨产生的 21 日 12 时流量与第二时段净雨产生的 21 日 18 时流量之比（相应流量之比）应等于两个时段净雨量之比，第二时段净雨产生的 18 时流量记为 x，则 $29/x=12.4/5.9$，得第二时段净雨产生的 18 时流量 $x=14\text{m}^3/\text{s}$，填入第（9）栏。

依次类推，反复应用叠加与倍比假定，就可求出两时段净雨产生的各时刻流量值。

（4）根据推求单位线的缩放法，利用第（8）栏或第（9）栏可直接计算出单位线，结果见第（10）栏。

（5）检查与修正单位线。由于两个基本假定不完全符合实际情况等原因，计算出的单位线有时出现不合理的现象，例如计算的单位线径流深不等于 10mm，或单位线的数值出现大小跳动（第 10 栏便是如此），或单位线的时段数不满足要求等。若出现上述不合理现象时，则需绘出单位线的图形进行修正，使其成为光滑的铃形曲线，并且要满足单位线定义和时段数的要求。

（6）还应进行一次单位线的还原计算，检验应用单位线推算的总径流过程是否与实测值基本相符。本例中，对第（10）栏的单位线计算值进行了检验和修正后，满足各项要求，最后结果见表 5－4 第（11）栏。

表 5－4　　分析法推求单位线计算（$F=5253\text{km}^2$）

时间 日　时	时段数	实测径流 Q （m^3/s）	地下径流 （m^3/s）	地面径流 （m^3/s）	流域降雨 （mm）	地面净雨 （mm）	各时段净雨形成地面径流（m^3/s） 12.4mm	 5.9mm	计算单位线 （m^3/s）	修正单位线 （m^3/s）
（1）	（2）	（3）	（4）	（5）	（6）	（7）	（8）	（9）	（10）	（11）
21　6	0	80	80	0			0		0	0
12	1	110	81	29	32.2	12.4	29	0	23	23
18	2	1860	82	1778	15.7	5.9	1764	14	1423	1423

续表

时间 日 时	时段数	实测径流 Q (m³/s)	地下径流 (m³/s)	地面径流 (m³/s)	流域降雨 (mm)	地面净雨 (mm)	各时段净雨形成地面径流 (m³/s) 12.4mm	5.9mm	计算单位线 (m³/s)	修正单位线 (m³/s)
24	3	1120	83	1037			198	839	160	338
22 6	4	682	84	598			504	94	407	215
12	5	464	85	379			139	40	112	157
18	6	335	86	249			183	66	148	110
24	7	258	87	171			84	87	68	78
23 6	8	194	88	106			66	40	53	50
12	9	148	89	59			28	31	23	25
18	10	122	90	32			19	13	15	13
24	11	105	91	14			5	9	4	0
24 6	12	92	92	0			0	2	0	
合计				4452	47.9	18.3			2436，合10.0mm	2432，合10.0mm

4. 试错优选法

试错优选法是先假定一条单位线，按倍比假定计算各时段净雨的地面径流过程，然后再按叠加原理将各时段净雨形成的地面径流过程叠加，得到总的地面径流过程，若能与实测的地面径流过程相吻合，则假设的单位线即为所求。否则，对原假设单位线进行调整，重新试算，直至吻合为止。该法应用电子计算机编成程序计算非常方便，当然，要事先确定优选标准或目标函数，使误差最小。

二、单位线时段转换

流域上 10mm 的地面净雨，如果时段不同则雨强就不同，它形成的径流过程也就不同，也就是说单位线的形状不同，如图5-13所示。因此，为满足不同时段汇流计算的需要，要将某种时段求出的单位线转换成另一种时段的单位线，单位线的时段转换借助于 S 曲线来实现。

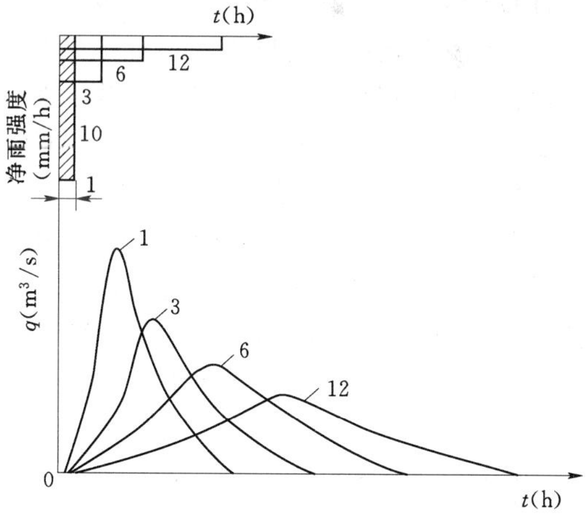

图 5-13 不同时段单位线的形状比较

根据 S 曲线的定义，当线性汇流系统的输入为单位入流时，则系统产生的输出为 S 曲线。在这里，单位入流特指流域上输入强度持续为 $\frac{10}{\Delta t_0}$ (mm/h) 的净雨，如果折合成流量则为$\frac{10F}{3.6\Delta t_0}$($m^3/s$)，这与第二节叙述的 S 曲线虽有所差别，但意义相同，如图 5-14 所示。

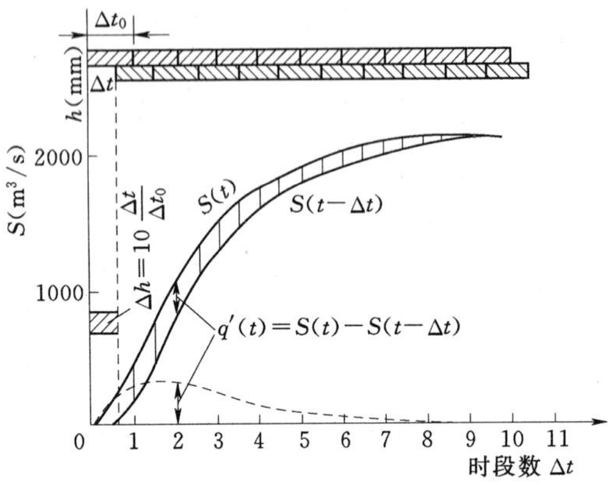

图 5-14　单位线时段转换示意

由单位线的概念可知，S 曲线就是单位线各时段末坐标值的累加曲线，因此 S 曲线可由单位线的纵标值逐时段累加求得，即 $S(t)=\sum_{i=0}^{m}q_i(\Delta t_0,t)$。显然，将 $S(t)$ 曲线向右平移 Δt 后可得到另一条 $S(t-\Delta t)$ 曲线，它表示时间错后 Δt、流域上输入强度持续为$\frac{10}{\Delta t_0}$（mm/h）的净雨产生的输出。根据式（5-13），$q'(\Delta t,t)=S(t)-S(t-\Delta t)$ 就是在时段 Δt 内，净雨量为$\left(\frac{10}{\Delta t_0}\right)\Delta t$ 的矩形入流产生的输出，即时段单位线。根据线性汇流系统的倍比性则有：$\frac{q(\Delta t,t)}{q'(\Delta t,t)}=\frac{q(\Delta t,t)}{S(t)-S(t-\Delta t)}=\frac{10}{(10/\Delta t_0)\Delta t}$，所以时段为 Δt 的 10mm 单位线为

$$q(\Delta t,t)=\frac{\Delta t_0}{\Delta t}[S(t)-S(t-\Delta t)] \tag{5-16}$$

式中：$q(\Delta t,\ t)$ 为所求时段 Δt 的单位线，m^3/s；Δt_0 为原时段单位线的时段长，h。

【例题 4】 某流域面积 $F=341km^2$，已知时段为 6 小时的单位线，见表 5-5 中第（2）栏。试分别转换成时段为 3 小时和 9 小时的单位线。

解：（1）根据表 5-5 第（2）栏累加值与第（1）栏的对应时序绘出 $S(t)$ 曲线。由 $S(t)$ 曲线图查出第（3）栏各时序的 $S(t)$ 曲线值，列入第（4）栏。第（5）和第（8）栏分别为后移 3 小时和 9 小时的 S 曲线。第（7）栏 3 小时单位线由第（6）栏按式（5-16）计算，即乘 6 除 3，第（10）栏 9 小时单位线由第（9）栏按式（5-16）计算，即乘 6 除 9。

（2）单位线时段转换以后，还要进行验算，检查是否有误。例如本例转换的 9 小时单位线各值之和为 105.3m^3/s，根据单位线定义再计算水深为 10mm；转换的 3 小时单位线各值之和为 316m^3/s，折合水深也为 10mm，说明均是正确的。

表 5-5　　**单位线的不同时段转换计算**　　单位：m^3/s

时段数（Δt=6h）	6 小时单位线	时序（h）	$S(t)$	$S(t-3)$	$S(t)-S(t-3)$	3 小时单位线	$S(t-9)$	$S(t)-S(t-9)$	9 小时单位线
(1)	(2)	(3)	(4)	(5)	(6)	(7)	(8)	(9)	(10)
0	0	0	0		0	0		0	0
		3	1	0	1	2			
1	2	6	2	1	1	2			

续表

时段数（Δt=6h）	6小时单位线	时序（h）	$S(t)$	$S(t-3)$	$S(t)-S(t-3)$	3小时单位线	$S(t-9)$	$S(t)-S(t-9)$	9小时单位线
		9	8	2	6	12	0	8	5.3
2	15	12	17	8	9	18	1		
		15	31	17	14	28	2		
3	35	18	52	31	21	42	8	44	29.3
		21	74	52	22	44	17		
4	41	24	93	74	19	38	31		
		27	107	93	14	28	52	55	36.7
5	25	30	118	107	11	22	74		
		33	126	118	8	16	93		
6	15	36	133	126	7	14	107	26	17.3
		39	138	133	5	10	118		
7	9	42	142	138	4	8	126		
		45	145	142	3	6	133	12	8.0
8	6	48	148	145	3	6	138		
		51	150	148	2	4	142		
9	4	54	152	150	2	4	145	7	4.7
		57	154	152	2	4	148		
10	3	60	155	154	1	2	150		
		63	156	155	1	2	152	4	2.7
11	2	66	157	156	1	2	154		
		69	158	157	1	2	155		
12	1	72	158	158	0	0	156	2	1.3
		75	158	158			157		
13	0	78	158	158			158		
			158	158			158	0	0
合计	158					316			105.3

三、直接法存在的问题及处理

单位线是通过实测雨洪资料，并根据二个基本假定直接推求的，而实测地面径流过程则是流域上各处地面净雨通过流域汇流形成的最后结果。因此，直接法推求的单位线也必然反映了在净雨汇流中的一切影响因素，如汇流速度及其变化、河网调蓄作用等，这是直接法的主要优点，所以这种经验单位线在地面净雨的汇流计算中得到广泛应用，效果较好。但是由于推求单位线的两个基本假定不完全符合实际水文现象，因此，这种经验单位线也存在一些问题，主要表现在以下方面。

1. 降雨强度的影响

理论和实践都表明，其他条件相同时，降雨强度越大，流域汇流速度越快，所以采用大雨强洪水求出的单位线峰值较高，峰现时间提前；反之则情况相反，如图 5 - 15 所示。针对这一问题的处理方法是，分析出不同降雨强度的单位线，并研究单位线与雨强的关系，推求洪水时，选用雨强相近的单位线。

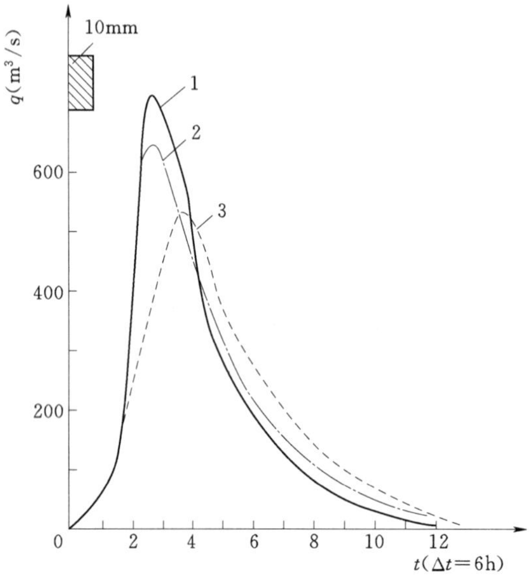

图 5 - 15 雨强对单位线的影响

1—雨强≥50mm/d；2—35mm/d≤雨强＜50mm/d；3—雨强＜35mm/d

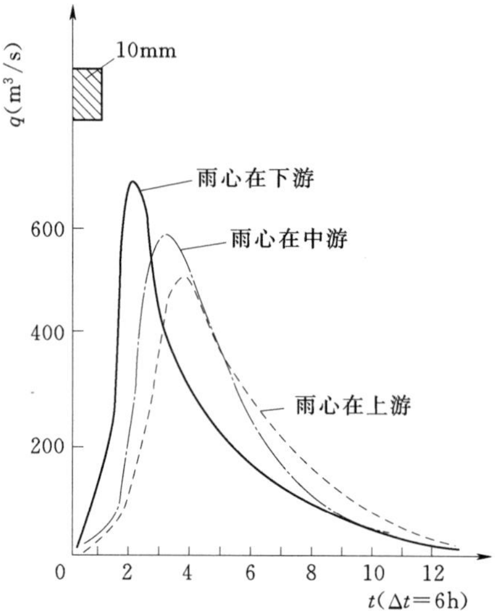

图 5 - 16 暴雨中心对单位线的影响

2. 降雨地区分布不均的影响

有时虽然降雨在流域上的平均强度相同，但是当暴雨中心靠近下游时，汇流途径短，河网对净雨的调蓄作用小，从而使单位线的峰值偏高，峰现时间提前；反之则情况相反，如图 5 - 16 所示。针对这种情况，应当分析出各种暴雨中心所在不同位置的单位线，推求洪水时，根据暴雨中心的位置选用相应的单位线。

3. 流域面积的影响

若暴雨洪水条件与单位线的基本假定相差太远，就不宜直接使用。例如，流域面积太大，暴雨在地区上的分布极不均匀，此时则应划分为单元小流域进行处理，分别推算洪水，然后通过洪水演算或洪水叠加，再求得整个流域的地面径流过程。

第五节 间接法推求单位线

所谓间接法是指由瞬时单位线通过一系列转化而求得的单位线，人们也常常把用这种方法求得单位线称为瞬时单位线法。虽然间接法不直接用雨洪资料分析单位线，但仍然需要通过雨洪资料分析确定瞬时单位线的参数。该方法是 1945 年由克拉克（C. O. Clark）

首先提出的，1957 年纳希（J. E. Nash）进一步导出了瞬时单位线的数学公式，并运用矩法确定公式参数，然后转换成实用单位线，所以用间接法求得的单位线也称为纳希单位线。

所谓瞬时单位线，正如第二节所述，是指把流域看作线性时不变汇流系统，当系统输入单位瞬时脉冲地面净雨时所产生的输出。换言之，当流域上输入单位瞬时脉冲地面净雨时所形成的流域出口断面的径流过程称为瞬时单位线，用 $u(t)$ 或 $u(0, t)$ 表示，单位为 m^3/s^2。单位瞬时脉冲地面净雨用 $\delta(t)$ 函数表示，特指流域上分布均匀、时段无穷小、强度无穷大、总量为一个单位的净雨，其含义相当于流域上输入 1 个单位的"加流量"，即 $1m^3/s^2$，如果换算成净雨深，则单位瞬时脉冲地面净雨量为$\frac{1}{1000F}$，单位是 mm/s^2。

这种方法的优点，一是能用函数表达，其中的参数便于地区综合，解决无资料地区的汇流计算问题；二是便于转换成任意时段的实用单位线，所以在我国应用很广。

一、瞬时单位线的推求

纳希设想，流域上输入分布均匀的地面净雨后，经过 n 个相同线性水库的调节后，在流域出口断面形成地面径流过程线，如图 5-17 所示。

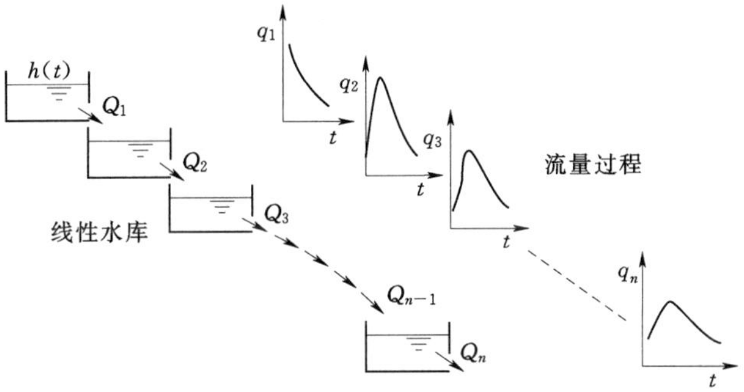

图 5-17　纳希汇流模型示意

设串联水库的蓄量 W_i 与出流量 Q_i 之间为线性关系，即：$W_i = K_i Q_i$，称为蓄泄方程。式中：K_i 为蓄泄系数，$i=1, 2, \cdots, n$；n 为线性水库的个数。

对于第一个线性水库，用流量表示的净雨过程 $h(t)$ 作为输入，出流过程 $Q_1(t)$ 或 Q_1 作为输出，则水量平衡方程为：$h - Q_1 = \frac{dW_1}{dt}$，将该水量平衡方程与水库的蓄泄方程 $W_1 = K_1 Q_1$ 联立求解，并以微分算符 D 表示 d/dt，得：$Q_1 = \frac{1}{1+K_1 D} h$。

对第二个线性水库，第一个线性水库的出流 Q_1 就是输入，用 Q_2 表示输出。根据第二个线性水库的水量平衡方程和蓄泄方程，得：

$$Q_2 = \frac{1}{1+K_2 D} Q_1 = \frac{1}{1+K_2 D} \times \frac{1}{1+K_1 D} h$$

继续推演，不难得到经过 n 个线性水库调蓄后，最后的输出（流域出口断面的流量过程）应为

$$Q(t)=Q_n(t)=\frac{1}{1+K_1D}\times\frac{1}{1+K_2D}\times\frac{1}{1+K_3D}\times\cdots\times\frac{1}{1+K_nD}h(t)$$

又假设 n 个线性水库的调蓄作用是相同的，即 $K_1=K_2=K_3=\cdots=K_n=K$，故

$$Q(t)=\frac{1}{(1+KD)^n}h(t) \tag{5-17}$$

根据瞬时单位线的定义，在式（5－17）中，当 $h(t)=\delta(t)$ 时，则 $Q(t)$ 就是瞬时单位线。通过拉普拉斯（Laplace）积分变换和逆变换，可求出瞬时单位线表达式为

$$u(0,t)=\frac{1}{K\Gamma(n)}\left(\frac{t}{K}\right)^{n-1}e^{-t/k} \tag{5-18}$$

式中：$\Gamma(n)$ 为 n 的伽玛函数，当 n 为整数时，$\Gamma(n)=(n-1)!$；e 为自然对数的底。

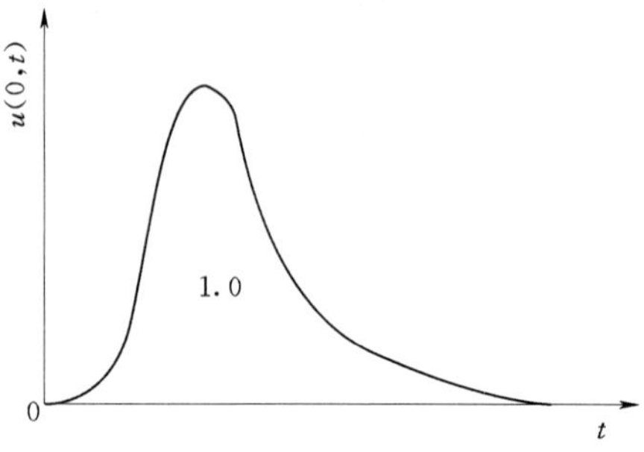

图 5－18　瞬时单位线示意

式（5－18）中有两个参数 n、K，如果求出这两个参数就可以得到瞬时单位线具体表达式，如图 5－18 所示。

对式（5－18）求一阶导数，并使其等于 0，可求出瞬时单位线的峰现时间 $t_m=K(n-1)$；再代入式（5－18）可求得瞬时单位线的峰值 $u(t)_m=\frac{1}{K\Gamma(n)}\left(\frac{n-1}{e}\right)^{n-1}$。

瞬时单位线与时间坐标轴所包围的面积应等于 1，即 $\int_0^\infty u(0,t)dt=1.0\ (m^3/s)$。

二、参数 *n*、*K* 的计算

纳希提出利用矩法确定参数 n、K 值。净雨过程 $h(t)$、瞬时单位线 $u(0,t)$ 和地表径流过程 $Q(t)$ 三者之间的关系如图 5－19 所示。可以证明，它们之间的一阶原点矩和二阶中心矩有如下关系：

$$M_u^{(1)}=M_Q^{(1)}-M_h^{(1)} \tag{5-19}$$

$$N_u^{(2)}=N_Q^{(2)}-N_h^{(2)} \tag{5-20}$$

式中：$M_u^{(1)}$、$M_Q^{(1)}$、$M_h^{(1)}$ 分别为瞬时单位线 $u(0,t)$、地面径流过程 $Q(t)$ 与净雨过程 $h(t)$ 的一阶原点矩；$N_u^{(2)}$、$N_Q^{(2)}$、$N_h^{(2)}$ 分别为 $u(0,t)$、$Q(t)$ 与 $h(t)$ 的二阶中心矩。

瞬时单位线的一阶原点矩及二阶中心矩与参数 n、K 存在如下关系：

$$M_u^{(1)}=nK \tag{5-21}$$

$$N_u^{(2)}=nK^2 \tag{5-22}$$

由于二阶中心矩的计算较原点矩繁杂，故利用数学上已经得到证明的原点矩与中心矩的关系（二阶中心矩等于二阶原点矩减一阶原点矩的平方），最后可得出 n、K 的计算公

式如下：

$$K=\frac{M_Q^{(2)}-M_h^{(2)}}{M_Q^{(1)}-M_h^{(1)}}-(M_Q^{(1)}+M_h^{(1)}) \tag{5-23}$$

$$n=\frac{M_Q^{(1)}-M_h^{(1)}}{K} \tag{5-24}$$

式中：$M_Q^{(2)}$、$M_h^{(2)}$为地面径流过程 $Q(t)$ 与净雨过程 $h(t)$ 的二阶原点矩。

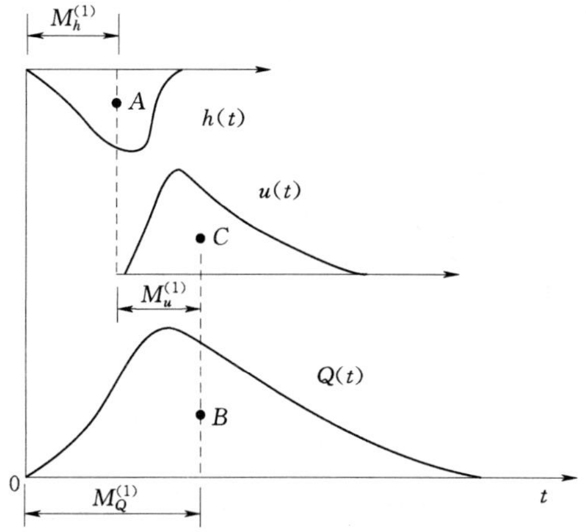

图 5-19　地面径流过程、净雨过程与瞬时单位线之间的矩关系

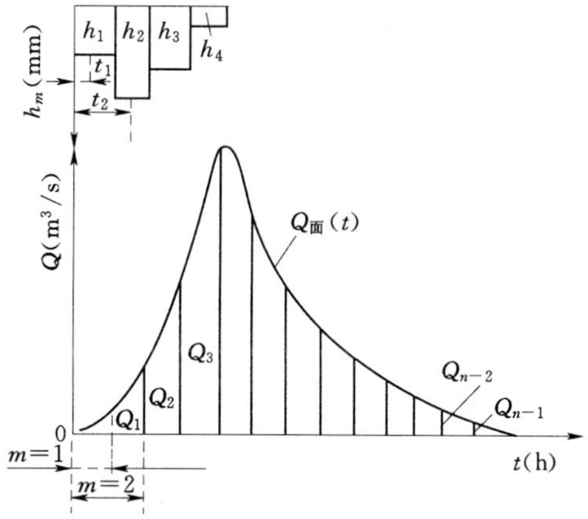

图 5-20　计算原点矩示意

如图 5-20 所示，由实测地面净雨过程和地面径流过程计算各阶原点矩的公式如下：

$$M_h^{(1)}=\frac{\sum h_i t_i}{\sum h_i} \tag{5-25}$$

$$M_h^{(2)}=\frac{\sum h_i t_i^2}{\sum h_i} \tag{5-26}$$

$$M_Q^{(1)}=\frac{\sum Q_i m_i}{\sum Q_i}\Delta t \tag{5-27}$$

$$M_Q^{(2)}=\frac{\sum Q_i m_i^2}{\sum Q_i}(\Delta t)^2 \tag{5-28}$$

式中：$t_i=(m_i-1/2)\Delta t$，$m_i=1,2,\cdots,n-1$。将上式分别代入式（5-23）及式（5-24）即可求出 K、n。

计算时，一般要选择流域上分布均匀、强度大的暴雨所形成的孤立洪水过程线进行分析。利用矩法算出的 K、n 往往不是最终结果，还要利用 K、n 确定的瞬时单位线转换成实用单位线后，再进行洪水还原计算，若计算的洪水与实测洪水过程线吻合不好时，还要对 K 或 n 值进行修正。

K、n 综合反映了流域的调蓄特性。流域不同，K、n 值也不同，同一流域，这两个数值比较稳定，如果不太稳定，可取若干次的暴雨洪水资料进行分析，最后优选出 K、n 值。K、n 值对瞬时单位线的影响，如图 5－21 所示。

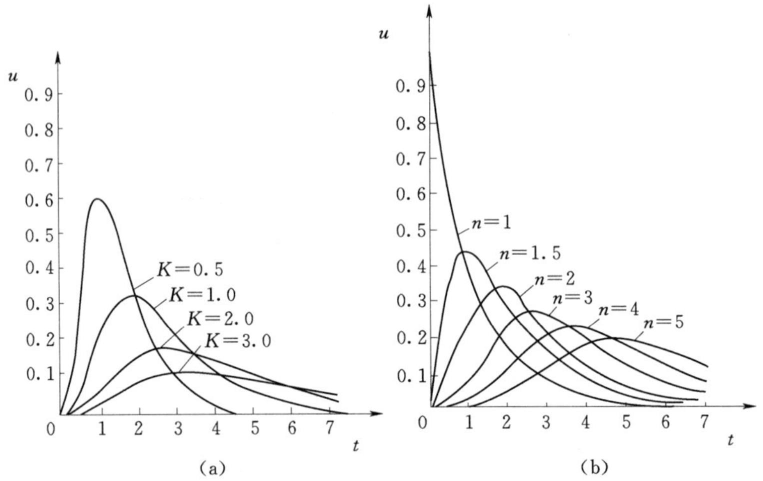

图 5－21　参数 n、K 对瞬时单位线形状的影响

【例题 5】 某流域面积 $F=349\text{km}^2$，一场分布均匀、强度较大暴雨产生的地面净雨过程如表 5－6 中第（2）栏。根据流域出口断面实测洪水过程，经过径流分割得到孤立地面洪水过程线，列入表 5－7 中第（2）栏。试根据地面净雨过程和地面洪水过程，计算瞬时单位线参数 K、n。

解：（1）计算本次降雨产生的地面径流量，如以径流深表示则应等于净雨量，以此验证径流成分分割的正确性。

（2）计算净雨过程和径流过程的一阶、二阶原点矩。净雨过程和径流过程可以采用不同的时段，见表 5－6 及表 5－7。

表 5－6　　地面净雨过程原点矩计算

时间（月．日　时）	地面净雨 h（mm）	t_i（h）	h_it_i（mm·h）	$h_i(t_i)^2$（mm·h²）	备　注
（1）	（2）	（3）	（4）	（5）	
8.7　20					
23	11.9	1.5	17.85	26.78	
8　2	23.8	4.5	107.10	481.95	$M_h^{(1)}=\frac{\sum h_it_i}{\sum h_i}=\frac{1159.80}{138.6}=8.37\text{h}$
5	50.9	7.5	381.75	2863.13	$M_h^{(2)}=\frac{\sum h_i(t_i)^2}{\sum h_i}=\frac{12024.47}{138.6}=86.76\text{h}^2$
8	31.2	10.5	327.60	3439.80	
11	10.4	13.5	140.40	1895.40	
14	5.9	16.5	97.35	1606.28	
17	4.5	19.5	87.75	1711.13	
合计	138.6		1159.80	12024.47	

表 5-7　　地面径流过程原点矩计算

时间（月.日　时）	Q (m^2/s)	m_i	$Q_i m_i$ (m^2/s)	$Q_i m_i^2$ (m^2/s)	备　注
(1)	(2)	(3)	(4)	(5)	
8.7　20	0				
23	69	1	69	69	
8　2	269	2	538	1076	
5	624	3	1872	5616	
8	909	4	3636	14544	
11	781	5	3905	19525	
14	536	6	3216	19296	
17	392	7	2744	19208	
20	291	8	2328	18624	$M_Q^{(1)}=\frac{\sum Q_i m_i}{\sum Q_i}\Delta t=\frac{24784}{4479}\times 3=16.60h$
23	200	9	1800	16200	
9　2	143	10	1430	14300	$M_Q^{(2)}=\frac{\sum Q_i m_i^2}{\sum Q_i}(\Delta t)^2=\frac{168720}{4479}\times 3^2=339.02h^2$
5	102	11	1122	12342	
8	71	12	852	10224	
11	47	13	611	7943	
14	26	14	364	5096	
17	11	15	165	2475	
20	5	16	80	1280	
23	2	17	34	578	
10　2	1	18	18	324	
5	0				
合　计	4479		24784	168720	

(3) 参数计算。根据以上两表备注栏中的计算结果，分别代式（5-23）及式（5-24）得

$$K=\frac{M_Q^{(2)}-M_h^{(2)}}{M_Q^{(1)}-M_h^{(1)}}-(M_Q^{(1)}+M_h^{(1)})=\frac{339.02-86.76}{16.60-8.37}-(16.60+8.37)=5.68(h)$$

$$n=\frac{M_Q^{(1)}-M_h^{(1)}}{K}=\frac{16.60-8.37}{5.68}=1.45$$

三、实用单位线的推求

1. 将瞬时单位线转换成 S 曲线

在汇流计算中，通常将瞬时单位线转换成时段为 Δt、净雨量为 10mm 的实用单位线。先根据式（5-12）求出 S 曲线：

$$S(t)=\int_0^t u(t)\mathrm{d}t=\frac{1}{\Gamma(n)}\int_0^{t/K}\left(\frac{t}{K}\right)^{n-1}e^{-t/K}\mathrm{d}\left(\frac{t}{K}\right) \tag{5-29}$$

S 曲线的单位是 m^3/s。当 $t \to \infty$ 时，则 $S \to 1$，即：$S(t)_{max} = \int_0^{\infty} u(t)dt = 1\ (m^3/s)$。

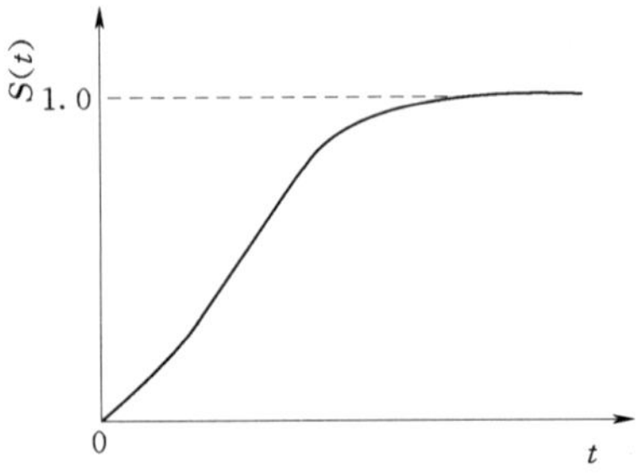

图 5－22　S 曲线

当 n、K 已知时，可用式（5－29）积分求得 S 曲线，曲线形状如图 5－22 所示。由于积分式（5－29）比较麻烦，现已制成以 n、t/K 为参数的 S 曲线查用表，见附录 1。

2. 将 S 曲线转换成基本单位线

如果将 $t=0$ 为起点的 $S(t)$ 曲线向后平移一个时段 Δt，得到另外一条延迟的 S 曲线 $S(t-\Delta t)$，如图 5－23 所示。由式（5－13）可知，两条 S 曲线的纵标差（两条 S 曲线相减）就是基本单位线各时段末的值，即 $u(\Delta t,t)=S(t)-S(t-\Delta t)$，如图 5－23 所示中的 $u(\Delta t, t)_1$、$u(\Delta t, t)_2$、…。将这些 $u(\Delta t, t)_i$ 重新绘一条曲线就是时段为 Δt 的基本单位线，如图 5－24 所示。

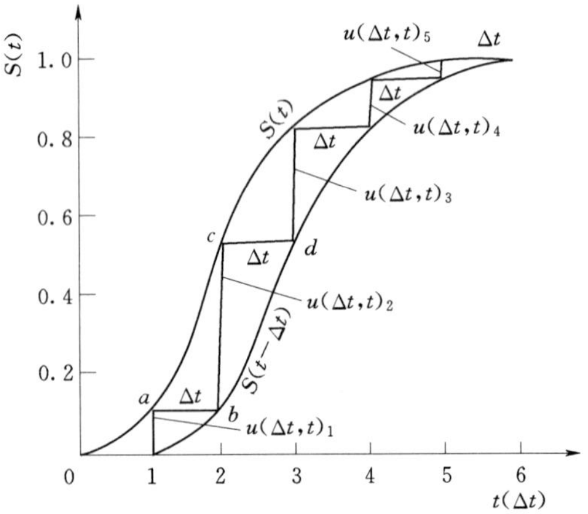

图 5－23　由 S 曲线转换基本单位线

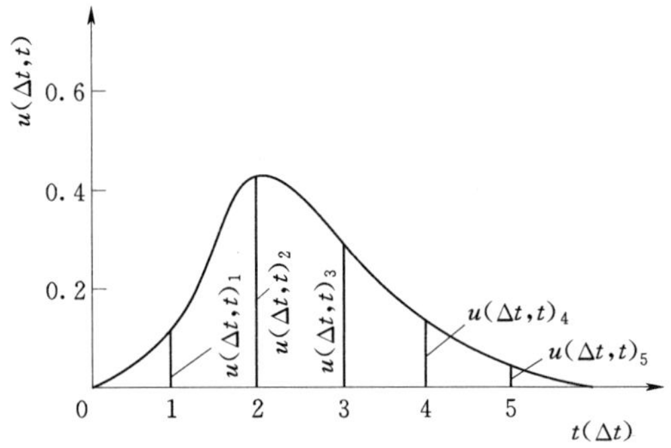

图 5－24　基本单位线

从图 5－23 可以看出，$u(\Delta t, t)_i$ 的累积值应等于 1，即：$\sum u(\Delta t,t)_i=1(m^3/s)$。不难理解，基本单位线所包围的面积的总水量是：$3600\Delta t\sum u(\Delta t,t)_i=3600\Delta t(m^3)$。

过去乃至目前的教科书上都认为基本单位线是无因次的，这显然不妥。实际上，基本单位线的物理意义与实用单位线一样，也具有流量的因次。

3. 将基本单位线转换成实用单位线

有了基本单位线，原则上就可以进行流域地面净雨的汇流计算了。因为基本单位线的水文学意义是“在 Δt 时段流域上持续输入一个单位强度地面净雨所形成的出流过程”，而一个单位强度地面净雨是指 $1m^3/s$（折算成流域平均水深为 $\frac{1}{1000F}$，mm/s；Δt 时段内的净雨量为 $\frac{3.6\Delta t}{F}$，mm），如果 Δt 时段内的地面净雨量为 h（折算成流量为 $\frac{hF}{3.6\Delta t}$，m^3/s），根据倍比假定，则在 Δt 时段内，地面净雨 h 形成的流域出流过程就是基本单位线的 $\frac{hF}{3.6\Delta t}$ 倍，即基本单位线与 $\frac{hF}{3.6\Delta t}$ 的乘积。然后根据叠加假定，将各时段地面净雨形成的出流过程同时刻相加，就得出一次降雨形成的流域出口地面径流过程了。

习惯上，都是将基本单位线转换成10mm净雨单位线后，再进行流域汇流计算。由于基本单位线是流域上在Δt时段内输入$1m^3/s$所形成的出流过程，而实用单位线是流域上在Δt时段内输入10mm净雨所形成的出流过程，又因10mm净雨换算成流量应该等于$10F/3.6\Delta t$，所以，根据线性汇流系统的倍比性质，10mm净雨单位线就应该是基本单位线的$10F/3.6\Delta t$倍。由此，可得到10mm净雨单位线的计算公式

$$q(\Delta t,t)_i=\frac{10F}{3.6\Delta t}u(\Delta t,t)_i=2.78\frac{F}{\Delta t}u(\Delta t,t)_i \qquad (5-30)$$

式中：F为流域面积，km^2；Δt为时段长，h。

【例题6】 根据例5得出的参数，求3小时的实用单位线。

解： 取$n\approx1.5$，$K=5.68$，利用n、t/K查附表1，通过内插计算得$S(t)$值，如表5-8中的第（3）栏所示。第（4）栏为错后3小时的S曲线，（3）与（4）两栏相减得第（5）栏的基本单位线，再按式（5-30）计算3小时的实用单位线，结果见第（6）栏。

最后根据第（6）栏的合计值进行验算：$\frac{\sum q(t)\Delta t\times3600}{F\times10^6}\times1000=\frac{323\times3\times3.6}{349}=10(mm)$，可知计算过程是正确的。

表5-8　　　由瞬时单位线推求实用单位线（$\Delta t=3h$）

时间t (h)	$\frac{t}{k}$	$S(t)$ (m^3/s)	$S(t-3)$ (m^3/s)	$u(3,t)$ (m^3/s)	$q(3,t)$ (m^3/s)
(1)	(2)	(3)	(4)	(5)	(6)
0	0	0		0	0
3	0.528	0.209	0	0.209	67.5
6	1.056	0.450	0.209	0.241	77.8
9	1.585	0.634	0.450	0.184	59.4
12	2.113	0.761	0.634	0.127	41.0
15	2.641	0.847	0.761	0.086	27.8
18	3.169	0.904	0.847	0.057	18.4
21	3.697	0.940	0.904	0.036	11.7
24	4.225	0.963	0.940	0.023	7.5
27	4.754	0.977	0.963	0.014	4.5
30	5.282	0.986	0.977	0.009	2.9
33	5.810	0.991	0.986	0.005	1.6
36	6.338	0.994	0.991	0.003	1.0
39	6.866	0.997	0.994	0.003	1.0
42	7.394	0.998	0.997	0.001	0.3
45	7.923	0.999	0.998	0.001	0.3
48	8.451	1.000	0.999	0.001	0.3
51	8.979	1.000	1.000	0	0
合计				1.000	323

四、瞬时单位线的非线性处理与地区综合

1. 瞬时单位线的非线性处理

在同一流域上，由每次暴雨洪水分析出的瞬时单位线参数 n、K 并不完全一致，它们随净雨强度和暴雨分布而变化。由图 5－21 可知，n、K 值不同，瞬时单位线也不同，称这种现象为瞬时单位线的非线性。为了克服这种影响以便更合理地推求洪水过程，一般要考虑处理。目前，采取处理的办法很多，一般都是在分析 n、K 的基础上寻求它们与净雨强度的关系，以下介绍一种比较常用的处理方法。

（1）降雨强度问题。经验表明，一个流域的 n 值比较稳定，可取为常数。瞬时单位线的一阶原点矩 $M_u^{(1)}$，简记为 $m_1(m_1=nK)$ 与平均净雨强度 $\bar{i}_s$ 关系比较密切，一般具有以下关系：

$$m_1=a(\bar{i}_s)^{-\lambda} \tag{5-31}$$

式中：m_1 为瞬时单位线 $u(t)$ 的一阶原点矩，即 $m_1=\dfrac{\sum u_i(t)}{\sum u_i(t)}t_i$；$\bar{i}_s$ 为平均净雨强度，mm/h；a 与 λ 为反映流域特征的系数和非线性指数，对固定的流域可取常数，根据实测资料分析确定。

流域上有了具体的 m_1 与净雨强度的关系式后，由产流计算得到的地面平均净雨强度便可求出 m_1 值，再算出 $K=m_1/n$。

许多经验表明，当 $\bar{i}_s$ 超过某一临界值 $\bar{i}_{s,临}$ 后，m_1 也趋于稳定，基本上不再随净雨强度的增加而减小。

（2）暴雨分布问题。可考虑暴雨中心位置的不同，分析出不同的瞬时单位线参数，应用时可对 n、K 的取值进行分类选取。

2. 瞬时单位线的地区综合

在不同的流域上，参数 n、K 也不同。所谓瞬时单位线的地区综合就是建立参数 n、K 与流域特征（如流域面积 F、河流长度 L、河道坡度 J 等）及暴雨特征（如净雨强度）之间的某些经验关系，其目的就是为了解决无资料地区的中、小流域地面净雨的汇流计算问题。有了这些关系，只要知道流域特征和暴雨特征便可求得参数 n、K，进而求得实用单位线，推求地面洪水径流过程，所以这种方法也称为综合（瞬时）单位线法（详见第十一章第六节）。

第六节　地下净雨汇流计算

在湿润地区的一次洪水过程中，地下净雨的比重一般可达总径流的 20%～30%，甚至更多。地下净雨的汇流计算也可采用单位线法，但地下净雨的汇流远较地面净雨慢，地下径流过程较为平缓，因此，地下径流过程的推求一般采用较为简化的方法，如概化三角形法、地下线性水库演算法。

一、概化三角形法

如果地下净雨比重不大，可将地下径流过程概化成三角形，如图 5－25 所示，其底宽 T_g 为地面径流过程线底宽的 n 倍（n 可取 2～3）。

概化三角形法主要是确定地下径流过程的峰值流量、峰现时刻及地下径流总历时。地下径流总量为 $W_g=1000R_gF$，又根据三角形面积计算公式 $W_g=\frac{1}{2}Q_{gm}T_g$ 得

$$Q_{gm}=\frac{2W_g}{T_g}=\frac{2000R_gF}{T_g} \qquad (5-32)$$

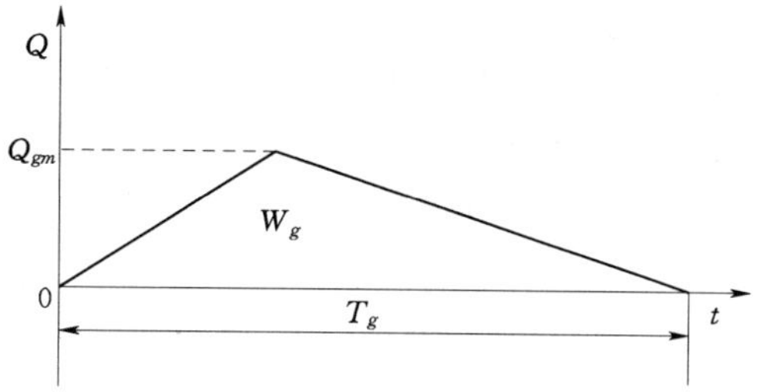

图 5-25　概化三角形法示意

式中：W_g 为一次降雨产生的地下径流量，m^3；R_g 为地下净雨量，mm；Q_{gm} 为地下径流过程的峰值，m^3/s；T_g 地下径流历时，s；F 为流域面积，km^2。

因为事先已经计算出了地面洪水过程线，则地面洪水历时 T_s 是已知的。一般情况下，将地下径流的峰值设置在地面洪水过程线的终止点 T_s 处。如果取 $T_g=2T_s$，则地下径流过程线为等腰三角形。

二、线性水库演算法

该法是把地下径流的蓄泄过程视为一个线性水库，地下水的蓄量与出流量为线性关系，即满足蓄泄方程

$$W_g=3600K_gQ_g \qquad (5-33)$$

式中：Q_g 为地下径流的出流流量，m^3/s；W_g 为地下水蓄量，m^3；K_g 为地下水蓄水常数，h。

下渗的地下净雨量为线性水库的入流量，经地下水库调节后的出流过程就是流域出口断面的地下径流过程。因此，可写出水量平衡方程

$$I_g-Q_g=\frac{dW_g}{dt} \qquad (5-34)$$

式中：I_g 为地下径流入流率，即降雨对地下水的补给强度，m^3/s。如果取计算时段为 Δt (h)，将水量平衡方程写为差分形式，并将蓄泄方程代入得：$\bar{I}_g-\frac{Q_{g1}+Q_{g2}}{2}=3600K_g\times\frac{Q_{g2}-Q_{g1}}{3600\Delta t}$，从中解出 Q_{g2}

$$Q_{g2}=\frac{\Delta t}{K_g+0.5\Delta t}\bar{I}_g+\frac{K_g-0.5\Delta t}{K_g+0.5\Delta t}Q_{g1} \qquad (5-35)$$

式中：Q_{g1}、Q_{g2} 分别为时段初、末地下出流量，m^3/s；$\bar{I}_g$ 为时段内由降雨产生的地下径流率，即 $\bar{I}_g=\frac{1000F}{3600\Delta t}R_{gi}=\frac{0.278F}{\Delta t}R_{gi}$，将其代入式（5-35）得

$$Q_{g2}=\frac{0.278F}{K_g+0.5\Delta t}R_{gi}+\frac{K_g-0.5\Delta t}{K_g+0.5\Delta t}Q_{g1} \qquad (5-36)$$

式中：F 为流域面积，km^2；R_{gi} 为时段内的地下净雨量，mm（$i=1, 2, \cdots, n$，n 为净雨时段数）。

地下水的蓄水常数 K_g 可根据实测雨洪的退水资料推算。根据式（5-36）进行逐时段计算，就可求出地下径流过程。

【例题 7】 某流域处于湿润地区，符合蓄满产流方式。流域面积 $F=5290\text{km}^2$。根据多次雨洪退水过程分析，得 $K_g=228\text{h}$。1985 年 4 月该流域发生一场洪水，起涨流量 $50\text{m}^3/\text{s}$，见表 5-9 第（5）栏第 1 个数值，计算时段 $\Delta t=6\text{h}$。通过产流计算，求得该次降雨产生的地下净雨过程 $R_{gi}(t)$ 如表 5-9 第（2）栏所列。试计算该次洪水的地下径流过程。

解： 将 $F=5290\text{km}^2$，$K_g=228\text{h}$，$\Delta t=6\text{h}$ 代入式（5-36），得该流域地下径流的具体演算式为：$Q_{g2}=\dfrac{0.278\times5290}{228+0.5\times6}R_{gi}+\dfrac{228-0.5\times6}{228+0.5\times6}Q_{g1}=6.366R_{gi}+0.974Q_{g1}$，取第一时段起始流量 $Q_{g1}=50\text{m}^3/\text{s}$，逐时段进行连续演算，计算结果见表 5-9 中的第（5）栏。

表 5-9　　地下净雨汇流计算

时　间 （月．日　时）	R_{gi}（t） （mm）	$6.366R_{gi}$ （m^3/s）	$0.974Q_{g1}$ （m^3/s）	Q_{g2} （m^3/s）
（1）	（2）	（3）	（4）	（5）
4.16　14				50
4.16　20	3.3	21	49	70
4.17　2	8.1	52	68	120
4.17　8	8.1	52	117	169
4.17　14	3.2	20	165	185
4.17　20			180	180
4.18　2			175	175
⋮			⋮	⋮

习　　题

1. 思考题：什么是线性汇流系统？什么是倍比性和叠加性？什么是汇流曲线？什么是 S 曲线、基本单位线和瞬时单位线？S 曲线与瞬时单位线是什么关系？S 曲线与基本单位线是什么关系？什么是实用单位线？如何直接推求单位线？参数 n、K 对瞬时单位线有什么影响？

2. 已知某流域的 6 小时单位线，如表 5-10 所示，试推求 3 小时单位线，并求流域面积。

表 5-10　　某流域的 6 小时单位线

时段数（$\Delta t=6\text{h}$）	0	1	2	3	4	5	6	7	8	9	0
单位线（m^3/s）	0	430	630	400	270	180	118	70	40	16	0

3. 某流域面积为 880km^2，已知一次实测的洪水过程及与该次洪水对应的两个时段地面净雨，计算时段 $\Delta t=3\text{h}$；另一次净雨过程，计算时段为 $\Delta t=3\text{h}$，如表 5-11 所示。试推求：（1）用分析法计算本次洪水的 3 小时单位线；（2）将 3 小时单位线转化成 6 小时单

位线；（3）根据另一次净雨过程推求流域出口断面的地面径流过程。

表 5－11　　某流域的雨洪资料

时段数	0	1	2	3	4	5	6	7	8	9	10	11	12	13	14
地面净雨 R_s（mm）		14.5	9.3												
实测径流 Q_s（m^3/s）	18	76	240	366	296	243	218	172	144	118	98	78	70	62	52
地下径流 Q_g（m^3/s）	18	19	20	20	21	21	22	23	24	24	25	25	25	26	26

时段数	15	16	17	18	19	20
地面净雨 R_s（mm）						
实测径流 Q_s（m^3/s）	40	36	33	31	30	28
地下径流 Q_g（m^3/s）	26	26	27	27	28	28

另一次净雨过程

时段数（Δt=6h）	1	2	3	4
地面净雨量 R_s（mm）	15.3	21.8	0.0	4.8

4. 利用习题 3 中的资料，（1）推求瞬时单位线参数 n、K 并转化成 6 小时单位线；（2）推求另一次净雨产生的地面径流过程。

5. 已知净雨强度为 10mm/h 的持续降雨形成的流量过程（即 S 曲线），如表 5－12 所示，试推求 $\Delta t=2$h 的单位线，并求流域面积。

表 5－12　　雨强为 10mm/h 的持续降雨形成的流量过程

时间（h）	0	1	2	3	4	5	6	7	8	9
S 曲线（m^3/s）	0	16	226	301	341	361	371	376	376	376

第六章　河道汇流计算

河道汇流计算也称河道洪水演算，其主要内容就是由已知河段的上断面洪水过程，推算下断面的洪水过程。因为河道洪水演算在洪水设计与短期洪水预报中发挥着重要作用，所以将这部分内容作为一章介绍。河道洪水演算主要有两类方法：一类是水力学方法，即以圣维南方程组为依据的演算；另一类是水文学方法，即以水量平衡方程和槽蓄方程联立求解为依据的演算。

第一节　河道洪水波

一、基本概念

在无雨条件下，河道中的水流呈稳定流状态，当流域发生暴雨时，大量的地表径流汇入河道，河道流量急剧增大，使得原来的水体因受到干扰而形成洪水，洪水从上游向下游运动，这就是洪水波。由于突然注入一定水量而在河道内增加的流量称为波流量，波流量从上游向下游移动就产生了洪水波运动。少数情况下，河道洪水波则是由上游闸坝放水或偶发溃坝而形成。

洪水波的几何要素包括波体、波高、波峰和波长。洪水波的运动要素有附加比降、相应流量和波速。洪水波的波长比波高大数千倍乃至数万倍，所以洪水波向下游运动属于缓变不稳定流。

1. 圣维南方程组

当无旁侧入流时，洪水波运动可以用圣维南方程组来描述：

$$\frac{\partial Q}{\partial x}+\frac{\partial A}{\partial t}=0 \tag{6-1}$$

$$\frac{1}{g}\frac{\partial V}{\partial t}+\frac{V}{g}\frac{\partial V}{\partial x}+\frac{\partial y}{\partial x}+s_f-s_0=0 \tag{6-2}$$

式（6-1）称为连续方程。其中，Q 为河道断面流量，m^3/s；A 为过水断面面积，m^2；x 为沿水流方向的坐标（河长），m。

式（6-2）称为动力方程。其中，s_0 为河底比降，称为重力项；y 为水深，m；V 为断面平均流速，m/s；$s_f=\frac{V^2}{C^2R}$为摩擦阻力，称为摩阻项（其中 C 为谢才系数，$m^{1/2}/s$；R 为水力半径，m）；$\frac{1}{g}\frac{\partial V}{\partial t}$是由时间加速度引起的惯性项，称为局地惯性项；$\frac{V}{g}\frac{\partial V}{\partial x}$是由空间加速度引起的惯性项，称为空间惯性项；$\frac{1}{g}\frac{\partial V}{\partial t}+\frac{V}{g}\frac{\partial V}{\partial x}$两项之和统称为惯性项；$\frac{\partial y}{\partial x}$为附加比降（波前为负，波后为正）；$s_0-\frac{\partial y}{\partial x}$为水面比降。

2. 洪水波的坦化与变形

根据谢才公式可知：洪水波在运动过程中，由于附加比降的存在，波前比降大于波后比降，因而波前运动速度大于波后，所以波长不断增加，波高不断降低，这一现象称作洪水波的展开变形（或坦化变形）。又由于洪水波各处的水深不同，波峰处最深，运动速度也最快，因此波峰位置不断前移，波前逐渐变短而比降变陡，波后逐渐拉长而比降变缓，这一现象称作洪水波的扭曲变形。扭曲变形的最终结果是波峰破碎，最终导致洪水波的消失，如图 6－1 所示。

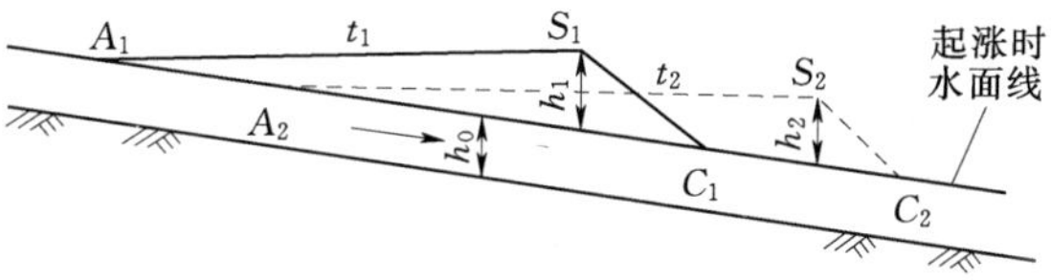

图 6－1　河道洪水波的传播与变形

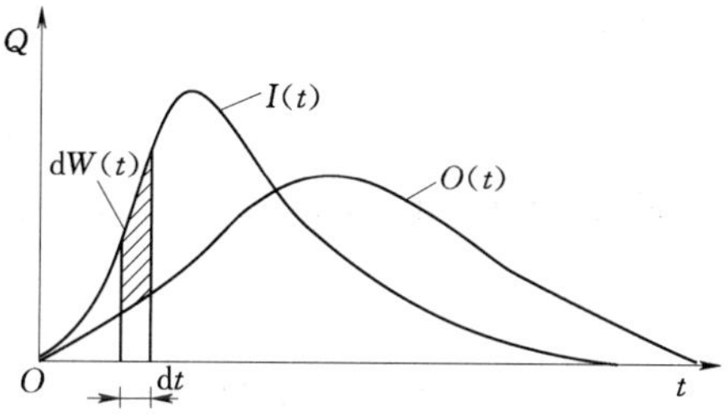

图 6－2　河段对洪水的调蓄作用

对于孤立单一洪水波而言，可以证明在任意断面处洪水波特征值出现的顺序是：最大比降→最大流速→最大流量→最高水位。

3. 河段对洪水的调蓄作用

根据通用水量平衡方程 $I(t)-O(t)=\frac{dW}{dt}$，如图 6－2 所示，河段对洪水的调蓄作用为：

（1）当上断面入流大于下断面出流时，即 $I(t)>O(t)$，$\frac{dW}{dt}>0$，河段槽蓄量增加，一部分洪量暂蓄在河槽中。

（2）当上断面入流小于下断面出流时，即 $I(t)<O(t)$，$\frac{dW}{dt}<0$，河段槽蓄量减少，暂蓄的水量会逐步泄出河槽。

（3）当上断面入流等于下断面出流时，即 $I(t)=O(t)$，$\frac{dW}{dt}=0$，河段的槽蓄量达到了最大，槽蓄量的最大值出现在下断面峰值流量与上断面退水段的相交时刻。

二、洪水波的分类

根据圣维南动力方程各项作用力的对比关系和数量级的大小，如果忽略某些次要项，可以将洪水波分为五类：①如果忽略惯性项和附加比降项称为运动波；②如果忽略惯性项称为扩散波；③如果忽略摩阻项和河底比降（重力）项称为惯性波；④如果忽略局地惯性项，称为对流运动波；⑤如果任何一项都不可忽略称为动力波。

目前，对运动波与扩散波的研究比较成熟，并得到了实际应用，以下主要阐述这两类洪水波。

三、运动波

山区河底比降 s_0 较大，洪水波近似于运动波。惯性项和附加比降项很小可忽略不计，

动力方程可简化为 $s_f = s_0$。

由谢才公式 $V = C\sqrt{Rs_f}$ 结合 $Q = AV$，摩阻比降 $s_f = \frac{Q^2}{A^2C^2R}$，从而可得到：

$$Q = AC\sqrt{Rs_0} = K\sqrt{s_0} \tag{6-3}$$

式中：$K = AC\sqrt{R}$ 为流量模数，即当 $s_0 = 1$ 时的流量，m^3/s。

由于流量模数 K 是断面形状或水深的函数，表明对于特定断面，水位与流量呈单值关系，即 $Q = f(h)$ 或 $Q = f(A)$。从而有 $\partial A/\partial t = (\mathrm{d}A/\mathrm{d}Q)(\partial Q/\partial t)$，代入连续方程式（6-1），则有

$$\frac{\mathrm{d}A}{\mathrm{d}Q}\frac{\partial Q}{\partial t} + \frac{\partial Q}{\partial x} = 0$$

设 $C_k = \mathrm{d}Q/\mathrm{d}A$（波速），上式就变为：

$$\frac{\partial Q}{\partial t} + C_k\frac{\partial Q}{\partial x} = 0 \tag{6-4}$$

式（6-4）是关于流量 Q 的运动波方程，它是仅含一个未知函数的一阶偏微分方程，依据偏微分方程特征原理，它等价于以下常微分方程组

$$C_k = \frac{\mathrm{d}x}{\mathrm{d}t} = \frac{\mathrm{d}Q}{\mathrm{d}A} \tag{6-5}$$

$$\frac{\mathrm{d}Q}{\mathrm{d}t} = 0 \tag{6-6}$$

式（6-5）是运动波的特征线方程，表明运动波总是向下游传播，且波速为 C_k。式（6-6）是运动波的特征方程，表明洪水波在沿特征线方向运动时，任一相应流量都不发生变化，这意味着运动波没有坦化现象。洪水波是否有变形，则取决于波速 C_k 是不是常数，由于波速随水深和流量而变化，通常水深沿流程也是变化的，因而波速不是常数，所以运动波一般存在扭曲变形，即波前越来越陡，如图6-3所示。

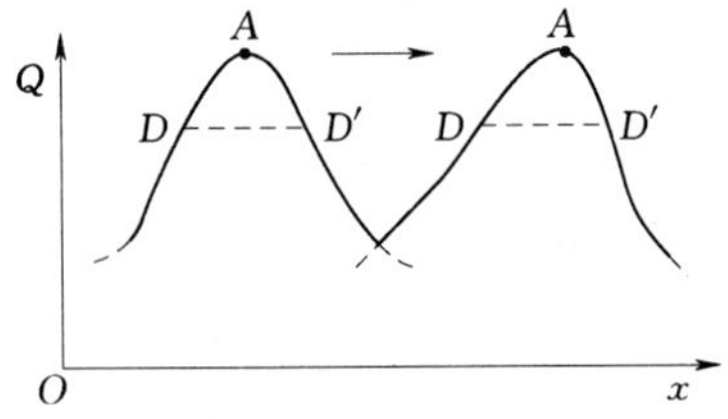

图 6-3　运动波的传播与变形

四、扩散波

对于河底比降 s_0 较小的河段，附加比降 $\partial y/\partial x$ 的作用不能忽略，两者之和仍比惯性项大的多时，可只忽略惯性项。扩散波的动力方程可简化为

$$Q = K\sqrt{s_0 - \frac{\partial y}{\partial x}} \text{ 或 } Q = Q_0\sqrt{1 - \frac{1}{s_0}\frac{\partial y}{\partial x}} \tag{6-7}$$

式中：$Q_0 = K\sqrt{s_0}$ 为稳定流流量，m^3/s；其余符号意义同前。

若河槽为宽浅矩形，则 $R \approx y$，$A \approx By$，则式（6-7）可写为

$$\frac{\partial y}{\partial x} = s_0 - \frac{Q^2}{C^2A^2R} = s_0 - \frac{Q^2}{C^2B^2y^3} \tag{6-8}$$

将式（6-8）对 t 求导得

$$\frac{\partial}{\partial t}\left(\frac{\partial y}{\partial x}\right) = \frac{3Q^2}{C^2B^2y^4}\frac{\partial y}{\partial t} - \frac{2Q}{C^2B^2y^3}\frac{\partial Q}{\partial t} \tag{6-9}$$

将 $A=By$ 代入连续方程得

$$\frac{\partial y}{\partial t}=-\frac{1}{B}\frac{\partial Q}{\partial x} \tag{6-10}$$

再进一步对 x 求导数

$$\frac{\partial}{\partial x}\left(\frac{\partial y}{\partial t}\right)=-\frac{1}{B}\frac{\partial^2 Q}{\partial x^2} \tag{6-11}$$

式（6-9）和式（6-11）合并可得到

$$\frac{3Q^2}{C^2B^2y^4}\frac{\partial y}{\partial t}-\frac{2Q}{C^2B^2y^3}\frac{\partial Q}{\partial t}=-\frac{1}{B}\frac{\partial^2 Q}{\partial x^2} \tag{6-12}$$

将式（6-10）代入式（6-12），整理后又可得到如下公式

$$\frac{\partial Q}{\partial t}+C_k\frac{\partial Q}{\partial x}=\mu\frac{\partial^2 Q}{\partial x^2} \tag{6-13}$$

上式即为关于流量 Q 的扩散波方程。其中，$\mu=\frac{C^2By^3}{2Q}=\frac{Q_0}{2s_0B}$ 称为扩散系数或衰减系数；$C_k=\frac{3}{2}\frac{Q}{By}=\frac{3}{2}V$ 称为波速。式中：V 为断面平均流速，m/s；s_0 为水面比降；B 为水面宽，m。依据微分方程特征原理，式（6-13）等价于以下常微分方程组

$$\frac{\mathrm{d}x}{\mathrm{d}t}=C_k \tag{6-14}$$

$$\frac{\mathrm{d}Q}{\mathrm{d}t}=\mu\frac{\partial^2 Q}{\partial x^2} \tag{6-15}$$

式（6-14）是扩散波特征线方程，表示扩散波以波速 C_k 向下游传播。式（6-15）是扩散波特征方程，因为 $\mathrm{d}Q/\mathrm{d}t\neq 0$，表明洪水波沿特征线方向运动时，相应流量会产生变化，而变化程度取决于 μ 和 $\partial^2 Q/\partial x^2$ 两个因素。当 $\mu=0$ 时，式（6-13）即为运动波方程，也就是说运动波是扩散波的一个特例。上述 C_k 和 μ 仅适用于宽浅矩形河道条件，这时扩散波与运动波的波速相同。

将式（6-15）中的 $\mathrm{d}Q/\mathrm{d}t$ 用差分形式表示，并注意 $\Delta t=L_s/C_p$，可导出特定河段洪峰衰减值计算式

$$\Delta Q_p\approx\mu_p\frac{L_s}{C_p}\frac{\partial^2 Q}{\partial x^2}\bigg|_p \tag{6-16}$$

式中：ΔQ_p 为洪峰衰减值，m^3/s；μ_p 为洪峰衰减系数，m^2/s；L_s 为河段长度，m；C_p 为洪峰波速，m/s；$\frac{\partial^2 Q}{\partial x^2}\Big|_p$ 为洪峰处流量对距离的二阶导数。

因为 $\frac{\partial^2 Q}{\partial x^2}\Big|_p\approx-\frac{1}{C_p^2}\frac{\mathrm{d}^2 Q}{\mathrm{d}t^2}\Big|_p$，其中 $\frac{\mathrm{d}^2 Q}{\mathrm{d}t^2}\Big|_p$ 是上断面入流过程线在洪峰处的二阶导数（在洪峰处 $\frac{\mathrm{d}^2 Q}{\mathrm{d}t^2}<0$，所以加负号），其近似计算表达式为：$\frac{\mathrm{d}^2 Q}{\mathrm{d}t^2}\Big|_p\approx\frac{Q_{p+1}+Q_{p-1}-2Q_p}{(\Delta t)^2}$（式中：$Q_p$ 为 t 时刻洪峰流量，m^3/s；Q_{p+1}、Q_{p-1} 分别为洪峰前后一个时段的流量，即 $t+\Delta t$ 和 $t-\Delta t$ 时刻的流量，m^3/s；Δt 为计算时段，s。）

依据上述近似，可求得长度为 L_s 的河段洪峰衰减值计算式：

$$\Delta Q_p \approx -\frac{\mu_p L_s}{C_p^3 (\Delta t)^2}(Q_{p+1}+Q_{p-1}-2Q_p) \tag{6-17}$$

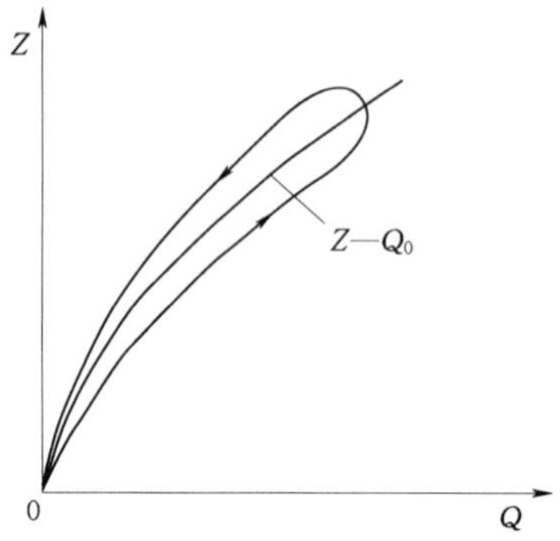

图 6-4 扩散波的水位流量关系

由于$\partial y/\partial x$随洪水涨落而变化，涨洪时$\partial y/\partial x<0$，落洪时$\partial y/\partial x>0$，又根据式（6-7）可知，涨洪时$\sqrt{1-\frac{1}{s_0}\frac{\partial y}{\partial x}}>1$，故$Q>Q_0$；落洪时$\sqrt{1-\frac{1}{s_0}\frac{\partial y}{\partial x}}<1$，故$Q<Q_0$。上述表明在此条件下的水位流量关系不是单值函数，同一水位时将有两个流量与之对应。亦即一次洪水过程中，若按时间顺序连接，水位流量关系是一条逆时针方向的绳套曲线，如图 6-4 所示。而绳套的大小取决于$\partial y/\partial x$与s_0的比值，一般而言，$\partial y/\partial x$与s_0比值越大，绳套越大。

第二节 特 征 河 长

一、基本概念

为了建立河段槽蓄量与下断面流量成为单一关系的槽蓄方程，20 世纪 50 年代末前苏联加里宁和米留柯夫提出了特征河长的概念。

在稳定流条件下，河段各断面的流量相等，槽蓄量与流量必然成单一关系。而在洪水波条件下，各断面的流量是不同的，槽蓄量与流量的关系要复杂得多。如果假定水面线是直线，当河段的中断面水位保持不变时，根据谢才公式分析：①涨洪时，由于水面比降增加而增加流量，并且中断面以下各断面的增量是相同的；同时由于水位降低而减少流量，离中断面越远，各断面的减量就越大。然而，在中断面以下总可以找到一个增量与减量相等的断面，两者相互抵消，从而使下断面保持稳定流时的流量不变，这样的河段就是特征河长。②落洪时，由于水面比降减小而减少流量，并且在中断面以下各断面减量也是相同的；同时由于水位增加而增加流量，离中断面越远，各断面的增量就越大。然而，在中断面以下也可找到一个增量与减量相等的断面，两者相互抵消，从而使下断面保持稳定流时的流量不变，这样的河段就是特征河长。

根据以上分析，特征河长可定义为：假定水面线是直线，如果在河段的下断面，不管是涨洪还是落洪，由水面比降变化引起的流量变化正好与由水位变化引起的流量变化相抵消，从而使下断面保持稳定流时的流量不变，这样的河段长就称为特征河长。根据定义不难理解，特征河长的槽蓄量与下断面流量成单一关系，即：$W=f(Q_下)$，如图 6-5（a）所示。

如果断面不在特征河长的下断面，将会出现以下两种情况。①如果下断面处在特征河长之外，涨洪时由比降增加的流量总是小于由水位减小的流量，两者不能相抵消，从而使下断面流量小于原稳定流量；落洪时由比降减少的流量小于由水位增加的流量，两者不能相抵消，从而使下断面流量大于原稳定流量。由于中断面水位保持不变，槽蓄量也不变，这时的槽蓄关系为逆时针绳套关系，如图 6-5（b）所示。②如果下断面处在特征河长之内，涨洪时由比降增加的流量大于由水位减少的流量，两者不能相抵消，从而使下断面流量大于原稳定流量；落洪时，由比降减少的流量大于由水位增加的流量，两者不能相抵消，从而使下断面流量小于原稳定流量。由于中断面水位保持不变，槽蓄量也不变，这时的槽蓄关系为顺时针绳套关系，如图 6－5（c）所示。

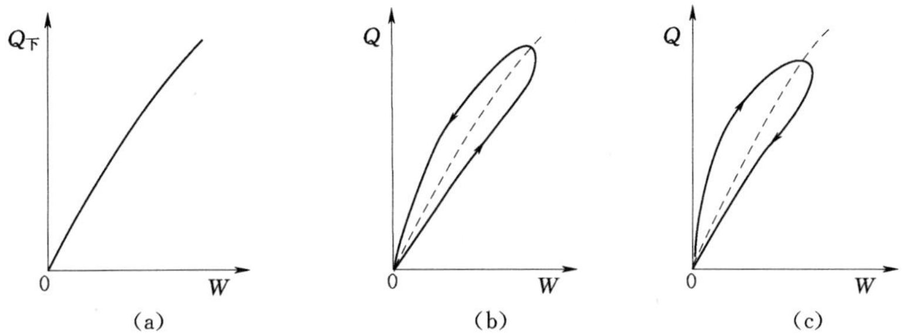

图 6－5 河段槽蓄关系

（a）下断面在特征河长处；（b）下断面在特征河长之外；（c）下断面在特征河长之内

二、计算公式

在洪水波条件下，任意断面的流量是水位和水面比降的函数，即 $Q=Q(z, s)$。由于特征河长下断面流量不变，其全微分应等于 0，即 $dQ=\frac{\partial Q}{\partial z}dz+\frac{\partial Q}{\partial s}ds=0$。又由于在特征河长下断面处，$dz=-\frac{1}{2}l ds$，所以 $l=2\frac{\partial Q}{\partial s}\Big/\frac{\partial Q}{\partial z}$。

又因为在稳定流情况下，$Q_0=K\sqrt{s_0}$，对其微分 $\frac{\partial Q_0}{\partial s_0}=\frac{K}{2\sqrt{s_0}}=\frac{Q_0}{2s_0}$，以这种稳定流关系代替非稳定流关系，得特征河长的计算公式

$$l=\frac{Q_0}{s_0}\left(\frac{\partial z}{\partial Q}\right)_0 \tag{6-18}$$

式中：l 为特征河长，m；Q_0 为稳定流流量，m^3/s；s_0 为稳定流的水面比降（或河底比降）；$\left(\frac{\partial z}{\partial Q}\right)_0$ 为稳定流时的水位—流量关系的斜率，s/m^2。

在缺乏水位—流量关系的情况下，对于宽浅矩形河道还可利用以下公式计算特征河长。

（1）如果河道水力特性满足曼宁公式

$$l=\frac{3\overline{h}}{5s_0} \tag{6-19}$$

（2）如果河道水力特性满足谢才公式

$$l=\frac{2\overline{h}}{3s_0} \tag{6-20}$$

以上两式中的 $\overline{h}$ 为平均水深，m。实践证明，式（6－19）及式（6－20）都比式(6－18)的计算值偏小，尤其是式（6－19）偏小更多。为此还可以采用下面的半经验半理论公式

$$l=\frac{2h_m}{3s_0} \tag{6-21}$$

式中：h_m 为河流水位与断流水位之间的最大水深，m。

在计算特征河长时，如果使用的资料是断面值，那么特征河长应该从计算断面往上游方向量取。如果使用的资料是河段平均值，那么计算的特征河长就是河段平均值。

特征河长是反映河道水力特性的综合参数，而河道水力特性也决定了洪水波运动的特点，所以特征河长与河道洪水波也有密切关系。

对于宽浅矩形河道，由于$\frac{\partial z}{\partial Q}=\frac{\partial y}{\partial Q}=\frac{1}{B}\frac{\partial A}{\partial Q}=\frac{1}{BC_k}$，将其代入式（6－18）得

$$l=\frac{Q_0}{s_0BC_k} \tag{6-22}$$

再结合扩散系数的表达式，特征河长又可表示为

$$l=\frac{2\mu}{C_k} \tag{6-23}$$

式（6－23）表达了扩散系数、洪水波波速与特征河长之间的关系。

【例题 1】 使用资料见表 6－1，分别利用式（6－18）和式（6－21）计算永定河雁翅至三家店河段的特征河长，并进行两式的比较。

解：用实测水位与断流水位之差计算断面最大水深。计算断流水位时，假定水位流量关系为：$Q=K(H-H_0)^n$（式中：Q 为稳定流流量，m^3/s；H 为实测水位，m；H_0 为断流水位，m；K 为系数；n 为指数）。然后，在水位—流量关系曲线的中低水位顺次取三点（H_1，Q_1）、（H_2，Q_2）、（H_3，Q_3），并且三点的流量满足以下关系式：$Q_2=\sqrt{Q_1Q_3}$。由此可导出断流水位的计算公式为 $H_0=\frac{H_1H_3-H_2^2}{H_1+H_3-2H_2}$。

利用该式分别求得两站断流水位：雁翅站 H_0＝270.94m，三家店站 H_0＝102.85m。

表 6－1　利用式（6－18）计算特征河长（河段长度 L＝ 53km）

Q (m^3/s)	雁翅水位 H (m)	三家店位 H (m)	ΔH (m)	i_0 (‰)	雁翅 $\Delta H/\Delta Q$	三家店 $\Delta H/\Delta Q$	雁翅 l (m)	三家店 l (m)	河段平均 l (km)
250	272.08	103.58	168.50	0.3179	0.0025	0.0025	196.6	196.6	0.20
400	272.42	103.85	168.53	0.3180	0.0022	0.0019	276.6	238.9	0.26
600	272.81	104.22	168.59	0.3181	0.0019	0.0017	358.4	320.7	0.34
700	272.99	104.38	168.61	0.3181	0.0018	0.0016	396.1	352.1	0.38

根据表 6－1 中两站的水位 H 及求出的断流水位 H_0，就可以求出不同流量下的最大水深，然后取两站平均值作为河段的平均最大水深。同时利用表 6－1 中的水面比降 i_0 近似代替河底比降，代入式（6－21）进行计算，结果见表 6－2。比较表 6－1 与表 6－2 可以看出，两种公式的计算结果完全一致，所以，利用式（6－21）与式（6－18）计算的特征河长具有相同的精度。

表 6-2　　利用式（6-21）计算特征河长（河段长度 $L=53$km）

Q (m^3/s)	雁翅最大水深 h_m (m)	三家店最大水深 h_m (m)	河段平均最大水深 h_m (m)	河段平均比降 i_0 (%)	特征河长 l (m)
250	1.14	0.73	0.94	0.3179	0.20
400	1.46	1.00	1.23	0.3180	0.26
600	1.87	1.37	1.62	0.3181	0.34
700	2.05	1.53	1.79	0.3181	0.38

第三节　线性运动波演算法

一、基本演算式

当运动波方程式（6-4）中的波速 C_k 为常数时，称为线性运动波，其通解为

$$Q(0,t)=Q(x,t+\tau) \tag{6-24}$$

式中：τ 为运动波在河段 x 上的传播时间。

式（6-24）表明，上断面洪水过程为 $Q(0,t)$，而下断面洪水过程为 $Q(x,t+\tau)$，两者形状相同，仅仅是延迟了时间 τ，如图 6-6 所示，因此，它难以反映天然河道中的洪水坦化变形。

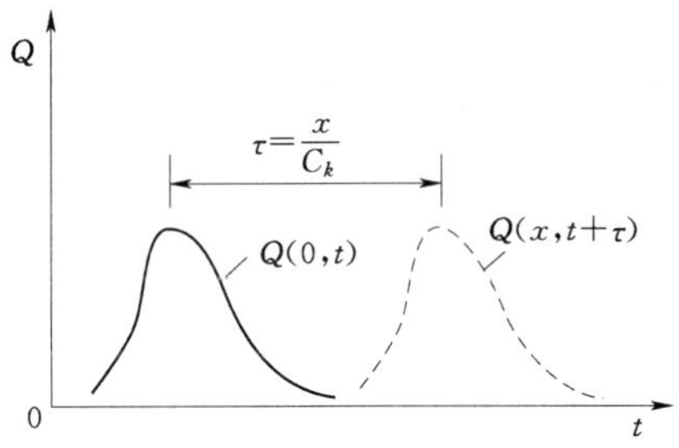

图 6-6　线性运动波传播

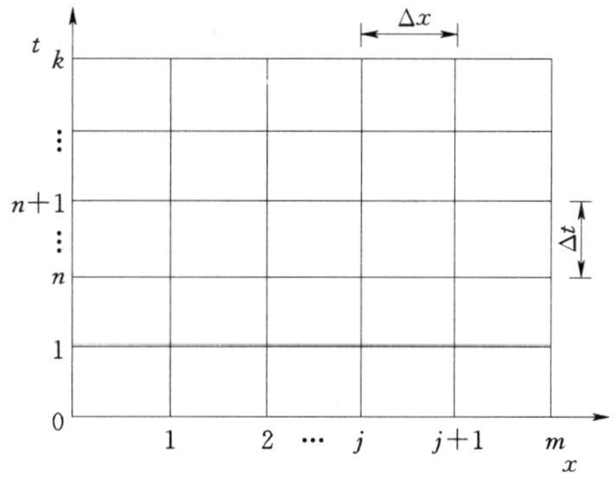

图 6-7　康吉差分格式

若利用某种差分形式对式（6-4）进行近似，就可以利用运动波的数值计算来模拟洪水波的扩散或坦化现象。差分格式较多，常用的是康吉（Cunge）差分格式，如图 6-7 所示。

其差分式表达为

$$\frac{\partial Q}{\partial t}\approx\frac{X(Q_j^{n+1}-Q_j^n)+(1-X)(Q_{j+1}^{n+1}-Q_{j+1}^n)}{\Delta t} \tag{6-25(a)}$$

$$\frac{\partial Q}{\partial x}\approx\frac{Y(Q_{j+1}^{n+1}-Q_j^{n+1})+(1-Y)(Q_{j+1}^n-Q_j^n)}{\Delta x} \tag{6-25(b)}$$

式中：Q 为流量，其上标表示时间，下标表示位置；X 为用于平均 n 和 $n+1$ 点时间导数的权重系数，$0\leqslant X\leqslant1$；Y 为用于平均 j 和 $j+1$ 点空间导数的权重系数，$0\leqslant Y\leqslant1$；Δx

为空间步长；Δt 为时间步长。将式（6－25）两式代入式（6－4），得运动波的差分方程

$$L_nQ\equiv\frac{1}{C_k}\frac{X(Q_j^{n+1}-Q_j^n)+(1-X)(Q_{j+1}^{n+1}-Q_{j+1}^n)}{\Delta t}+\frac{Y(Q_{j+1}^{n+1}-Q_j^{n+1})+(1-Y)(Q_{j+1}^n-Q_j^n)}{\Delta x}=0 \tag{6-26}$$

式中：L_n 表示 Q 的差分算子；L_nQ 表示 Q 的差分方程。

可以证明，上述差分方程就是扩散波方程式（6－13）的二阶近似，此时扩散系数 μ 应满足：

$$\mu=C_k\Delta x\left[\left(\frac{1}{2}-X\right)+\frac{C_k\Delta t}{\Delta x}\left(\frac{1}{2}-Y\right)\right] \tag{6-27}$$

虽然线性运动波方程不能描述具有衰减现象的洪水波，而当差分方程式（6－26）满足式（6－27）时，可以近似达到描述衰减和坦化现象的目的。

如果令 $Y=1/2$，式（6－27）变为

$$\mu=C_k\Delta x\left(\frac{1}{2}-X\right) \tag{6-28}$$

于是，差分方程又可写为

$$\frac{1}{C_k}\frac{X(Q_j^{n+1}-Q_j^n)+(1-X)(Q_{j+1}^{n+1}-Q_{j+1}^n)}{\Delta t}+\frac{0.5(Q_{j+1}^{n+1}-Q_j^{n+1})+0.5(Q_{j+1}^n-Q_j^n)}{\Delta x}=0 \tag{6-29}$$

再令 $K=\Delta x/C_k$，并从式（6－29）中解出 Q_{j+1}^{n+1}：

$$Q_{j+1}^{n+1}=C_0Q_j^{n+1}+C_1Q_j^n+C_2Q_{j+1}^n \tag{6-30}$$

其中：

$$C_0=\frac{0.5\Delta t-KX}{K(1-X)+0.5\Delta t},\ C_1=\frac{0.5\Delta t+KX}{K(1-X)+0.5\Delta t},\ C_2=\frac{K(1-X)-0.5\Delta t}{K(1-X)+0.5\Delta t} \tag{6-31}$$

式中：C_0、C_1、C_2 称为演算系数（无因次），并且容易证明 $C_0+C_1+C_2=1$。

式（6－30）表明，下断面 $n+1$ 时刻流量由三部分构成：一是上断面 $n+1$ 时刻流量乘以 C_0；二是上断面 n 时刻流量乘以 C_1；三是下断面 n 时刻流量乘以 C_2。

式（6－30）与式（6－31）构成了Cunge线性运动波演算的基本公式，为了使公式能推求具有衰减特性的洪水波运动，参数 X 必须满足式（6－28）。

由式（6－28）可推导出 X 的表达式

$$X=\frac{1}{2}-\frac{\mu}{C_k\Delta x} \tag{6-32}$$

由式（6－32）可知，X 与洪水波波速 C_k、扩散系数 μ 以及河段长度等因素有关。因 μ 总为正值，所以 $X\leqslant 0.5$。特别是当 $\mu=0$ 时，$X=0.5$，这时扩散波方程就变成了运动波方程。

由式（6－32）结合式（6－23），可以导出 X 与特征河长的关系为

$$X=\frac{1}{2}-\frac{l}{2\Delta x}=\frac{1}{2}\left(1-\frac{l}{\Delta x}\right) \tag{6-33}$$

上述差分计算属于显示格式，依据数值分析理论，要使显示格式稳定，必须满足克朗（Crount）条件：即 $C_k\Delta t\leqslant\Delta x$。它要求时间步长 Δt 和空间步长 Δx 要在恰当范围内，以

保持流量的线性变化。Δt 和 Δx 既不能太长也不能太短；若 Δt 太长，对于陡涨陡落的洪水在 Δt 内流量就不能保持线性变化；若 Δx 太长，在距离 Δx 内就不能满足流量沿程线性变化；若 Δx 和 Δt 太短，则计算量过大。

二、康吉线性连续演算

原则上按照式（6－30）就可以进行汇流计算了。但是，实际河段往往比较长，不满足公式的使用条件，这时就要将演算河段按要求的条件划分成若干个子河段进行计算。

1. 子河段的划分

将实际演算河段 L 划分为若干个子河段 Δx 时，一般按上断面入流洪水过程的变化特点，先选定时间步长 Δt，再按 $\Delta x=C_k\Delta t$ 确定子河段数目，$j=L/\Delta x$。

2. 入流过程的处理

差分方程是微分方程的离散形式，故需要对入流过程离散化处理，才能进行连续演算。在此，首先需要引入单位脉冲序列和延迟单位脉冲序列的概念。在数学上，具有下述性质的函数称为单位脉冲序列：

$$\delta(n)=\begin{cases}1, & (n=0)\\ 0, & (n\neq 0)\end{cases} \tag{6-34}$$

式中：n 为时间，仅取离散值（整数）。

具有下述性质的函数称为延迟单位脉冲序列：

$$\delta(n-s)=\begin{cases}1, & (n=s)\\ 0, & (n\neq s)\end{cases} \tag{6-35}$$

式中：$s=1$，2，3，…为延迟时间，也仅取离散值（整数）。一场实际洪水可以离散化成如图 6－8 所示的形式，采用单位脉冲序列或延迟单位脉冲序列函数表达这种离散化的上断面入流洪水为

$$I(n)=I(0)\delta(n)+I(1)\delta(n-1)+I(2)\delta(n-2)+I(3)\delta(n-3)+\cdots \tag{6-36}$$

3. 汇流系数

当河段上断面入流为单位脉冲序列时，在下断面所形成的出流过程称为汇流系数，以 $P(n)$ 表示，如图 6－9 所示。汇流系数也是一系列离散数据，且应满足：

$$\sum P(n)=1 \tag{6-37}$$

对于延迟单位脉冲序列，对应的是延迟汇流系数，即 $\delta(n-s)\rightarrow P(n-s)$。

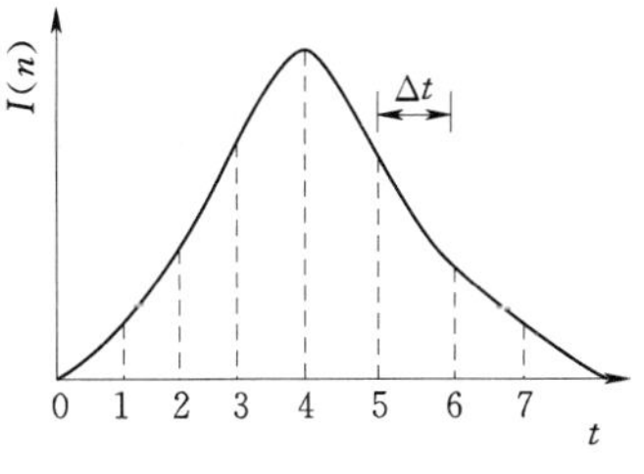

图 6－8　入流过程的离散化

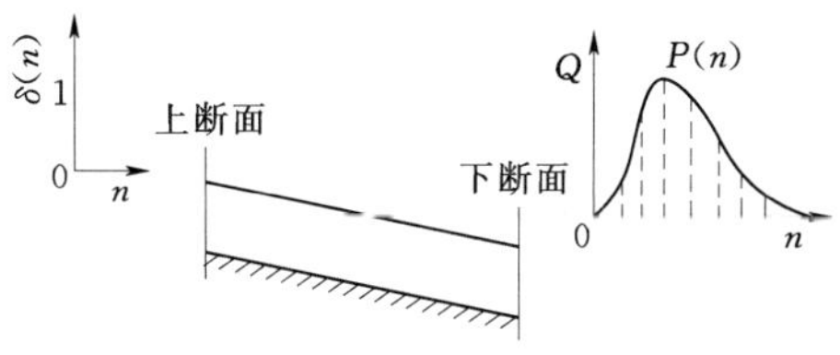

图 6－9　汇流系数示意图

依据线性汇流系统的两个基本性质，式（6－36）所表达的上断面入流洪水所形成的

下断面出流洪水计算式为

$$Q(n)=I(0)P(n)+I(1)P(n-1)+I(2)P(n-2)+I(3)P(n-3)+\cdots \quad (6-38)$$

式中：$Q(n)$ 为下断面的出流洪水序列；$P(n)$ 为汇流系数。

汇流系数 $P(n)$ 按以下原理求出：假设每一子河段的演算系数 C_0、C_1 和 C_2 都相等，且初始时刻沿河各断面流量为 0。当河段上断面仅 $t=0$ 时刻输入单位脉冲序列时，可由式（6－30）求得第一子河段下断面出流序列，即汇流系数：

$$P_1(0)=C_0$$
$$P_1(1)=C_1+C_0C_2$$
$$P_1(2)=C_2(C_1+C_0C_2)$$
$$P_1(3)=C_2^2(C_1+C_0C_2)$$
$$\vdots$$
$$P_1(n)=C_2^{n-1}(C_1+C_0C_2)(\text{式中}:n=0,1,2,\cdots)$$

因第一子河段出流序列，就是第二子河段的入流序列，再次应用式（6－30）求得第二子河段的汇流系数：

$$P_2(0)=C_0^2$$
$$P_2(1)=2C_0(C_1+C_0C_2)$$
$$P_2(2)=2C_0C_2(C_1+C_0C_2)+(C_1+C_0C_2)^2$$
$$P_2(3)=2C_0C_2^2(C_1+C_0C_2)+2C_2(C_1+C_0C_2)^2$$
$$\vdots$$
$$P_2(n)=2C_0C_2^{n-1}(C_1+C_0C_2)+(n-1)C_2^{n-2}(C_1+C_0C_2)^2(\text{式中}:n=0,2,3,\cdots)$$

依此类推，可得出第 j 个河段的汇流系数。

根据以上计算原理，当已知 C_0、C_1、C_2 及子河段数时，河海大学赵人俊教授于 1962 年制作了河道汇流系数表可供查用。有了汇流系数，就可用式（6－38）由上断面离散化的洪水过程推求下断面离散化的洪水过程了。

【例题 2】 某演算河段长度 $L=158$km，1974 年 10 月上断面有一次入流洪水，见表 6－4 第（2）栏。已知洪水波波速 $C_k=1.83$m/s，特征河长 $l=38$km。求下断面的洪水过程。

解：（1）为了保证时段内入流洪水呈线性变化，取 $\Delta t=6$h，$K=\Delta t=6$h。

（2）子河段长 $\Delta x=\Delta tC_k=6\times3600\times1.83=39.5$(km)，子河段数 $j=L/\Delta x=158/39.5=4$。

（3）计算子河段的 X 值。$X=(1-l/\Delta x)/2=(1-38/39.5)/2\approx0$。

（4）计算演算系数。将以上各值代入式（6－31），得 $C_0=0.333$，$C_1=0.333$，$C_2=0.333$，验证：$C_0+C_1+C_2=1$。

（5）计算汇流系数。根据演算系数和河段数 4，由以上原理可以算出汇流系数（或查专用表），整个河段的汇流系数如表 6－3 所示。

表 6－3　　某河段汇流系数

时段	0	1	2	3	4	5	6	7	8	9	10	11	12
$P_4(n)$	0.012	0.066	0.155	0.214	0.203	0.151	0.095	0.054	0.028	0.013	0.005	0.002	0.001

（6）由汇流系数再按式（6－38）计算下断面的出流过程，见表 6－4。

表 6－4　　某河段洪水演算

日时	I (m^3/s)	P_4 (n)	$I\times P_4(n)$																		$Q_{计算}$ (m^3/s)	$Q_{实测}$ (m^3/s)
			2560	7080	11600	14100	16600	18000	19400	19700	20000	19400	18800	17700	15200	13000	10800	10090	9380	…		
(1)	(2)	(3)	(4)																		(5)	(6)
2　14	0		0																		0	0
20	2560	0.012	31																		31	
3　2	7080	0.066	169	85																⋮	254	
8	11600	0.155	397	467	139																1003	1400
14	14100	0.214	548	1097	766	169															2580	
20	16600	0.203	520	1515	1798	931	199														4963	7160
4　2	18000	0.151	387	1437	2482	2186	1096	216													7804	
8	19400	0.095	243	1069	2355	3017	2573	1188	233												10678	11900
14	19700	0.054	138	673	1752	2862	3552	2790	1280	236											13283	
20	20000	0.028	72	382	1102	2129	3370	3852	3007	1300	240										15454	15300
5　2	19400	0.013	33	198	626	1340	2507	3654	4152	3054	1320	233									17117	
8	18800	0.005	13	92	325	761	1577	2718	3938	4216	3100	1280	226								18246	18000
14	17700	0.002	5	35	151	395	896	1710	2929	3999	4280	3007	1241	212							18860	
20	15200	0.001	3	14	58	183	465	972	1843	2975	4060	4152	2914	1168	182						18989	18900
6　2	13000			7	23	71	216	504	1048	1872	3020	3938	4023	2744	1003	156					18625	
8	10800				12	28	83	234	543	1064	1900	2929	3816	3788	2356	858	130				17741	17800
14	10090					14	33	90	252	552	1080	1843	2839	3593	3253	2015	713	121			16398	
20	9380						17	36	97	256	560	1048	1786	2673	3086	2782	1674	666	113		10792	15800
7　2	7190							18	39	99	260	543	1015	1682	2295	2639	2311	1564	619		13084	
8	5000								19	39	100	252	526	956	1444	1963	2192	2159	1454		11106	13400
⋮	⋮																				⋮	⋮

第四节　线性扩散波演算法

当扩散波方程中的波速 C_k 和扩散系数 μ 均为常数、且河段下断面不受回水影响时，洪水波运动属于线性扩散波，称扩散波方程 $\frac{\partial Q}{\partial t}=\mu\frac{\partial^2 Q}{\partial x^2}-C_k\frac{\partial Q}{\partial x}$ 为线性扩散波方程。

一、定解问题的构成

假设一种最简单的情况：①原河道在洪水波来临之前无水，即 $Q(x,0)=0$ 为初始条件；②在河道无穷远处，仍然无水，即 $Q(\infty,t)=0$ 为下边界条件。上断面的输入 $I(t)$ 为上边界条件，线性扩散波构成的定解问题如下

$$\begin{cases}\dfrac{\partial Q}{\partial t}=\mu\dfrac{\partial^2 Q}{\partial x^2}-C_k\dfrac{\partial Q}{\partial x} & \text{泛定方程}(x\geqslant 0,t\geqslant 0) \quad [6-39(a)]\\ Q(x,0)=0 & \text{(初始条件)} \quad [6-39(b)]\\ Q(0,t)=I(t) & \text{(上边界条件)} \quad [6-39(c)]\\ Q(\infty,t)=0 & \text{(下边界条件)} \quad [6-39(d)]\end{cases}$$

二、基本解

当上断面输入 $I(t)$ 为用简单函数表示的简单入流时，线性扩散波方程的解称为基本解，即线性扩散波演算法的汇流曲线，有以下三种情况。

1. 当 $I(t)=H(t)$ 时，基本解为 S 曲线

在式［6－39（c）］中，当上边界条件为单位入流时，对方程组式（6－39）经拉普拉斯（Laplace）积分变换，可得 S 曲线

$$S(x,t)=\frac{1}{2}\left\{\left[1-\operatorname{erf}\left(\frac{x}{2\sqrt{\mu t}}-\frac{C_k}{2}\sqrt{\frac{t}{\mu}}\right)\right]+e^{\frac{C_k x}{\mu}}\left[1-\operatorname{erf}\left(\frac{x}{2\sqrt{\mu t}}+\frac{C_k}{2}\sqrt{\frac{t}{\mu}}\right)\right]\right\} \tag{6-40}$$

式中：erf（＊）为误差函数，表达式为，$\operatorname{erf}(x)=\dfrac{2}{\sqrt{\pi}}\displaystyle\int_0^x e^{-x^2}dx$，其数值有专用表可查。

2. 当 $I(t)=I_{\Delta t}(t)$ 时，基本解为基本单位线

当上边界条件为单位矩形入流时，其基本解为基本单位线 $u(x,\Delta t,t)$。根据式（5－7）所表达的关系 $I_{\Delta t}(t)=H(t)-H(t-\Delta t)$，对于线性汇流系统，很容易得到基本单位线的表达式

$$u(x,\Delta t,t)=S(x,t)-S(x,t-\Delta t) \tag{6-41}$$

3. 当 $I(t)=\delta(t)$ 时，基本解为瞬时单位线

当上边界条件为单位瞬时脉冲入流时，其基本解为瞬时单位线 $u(x,t)$。对方程组（6－39）经拉普拉斯积分变换，可得瞬时单位线

$$u(x,t)=\frac{1}{\sqrt{4\pi\mu}}\frac{x}{t^{3/2}}\exp\left[-\frac{(C_k t-x)^2}{4\mu t}\right] \tag{6-42}$$

以上各式中，x 为下断面离开上断面的距离，即河段长。根据以上各式，由 $u(x,t)$ 求 $S(x,t)$，再由 $S(x,t)$ 求 $u(x,\Delta t,t)$，也可直接由式（6－40）求 S 曲线，再求 $u(x,\Delta t,t)$。

三、汇流计算

1. 入流洪水的近似处理

若把上断面一个复杂的实际入流洪水过程按 Δt 分成许多个底宽相等的矩形条块，如图 6－10 所示，则不难借助于单位矩形函数写出这个复杂入流洪水的近似表达式：

$$I(t)\approx\frac{I_1}{2}I_{\Delta t}(t)+\frac{I_1+I_2}{2}I_{\Delta t}(t-\Delta t)+\frac{I_2+I_3}{2}I_{\Delta t}(t-2\Delta t)+\frac{I_3+I_4}{2}I_{\Delta t}(t-3\Delta t)+\cdots$$

$$\approx\overline{I}_0I_{\Delta t}(t)+\overline{I}_1I_{\Delta t}(t-\Delta t)+\overline{I}_2I_{\Delta t}(t-2\Delta t)+\overline{I}_3I_{\Delta t}(t-3\Delta t)+\cdots \tag{6-43}$$

据单位矩形函数与单位函数之关系，上式又可改写为

$$I(t)\approx\overline{I}_0[H(t)-H(t-\Delta t)]+\overline{I}_1[H(t-\Delta t)-H(t-2\Delta t)]+\overline{I}_2[H(t-2\Delta t)-H(t-3\Delta t)]+\cdots$$

$$=\Delta\overline{I}_0H(t)+\Delta\overline{I}_1H(t-\Delta t)+\Delta\overline{I}_2H(t-2\Delta t)+\Delta\overline{I}_3H(t-3\Delta t)+\cdots \tag{6-44}$$

式中：I_1、I_2、I_3、…分别为上断面入流洪水的离散值；$I_{\Delta t}(t)$、$I_{\Delta t}(t-\Delta t)$、$I_{\Delta t}(t-2\Delta t)$、…分别为单位矩形函数和延迟的单位矩形函数；$\overline{I}_0$、$\overline{I}_1$、$\overline{I}_2$、$\overline{I}_3$、…分别为上断面入流洪水的时段平均值；$H(t)$、$H(t-\Delta t)$、$H(t-2\Delta t)$、$H(t-3\Delta t)$、…分别单位函数和延迟的单位函数；$\Delta\overline{I}_0$、$\Delta\overline{I}_1$、$\Delta\overline{I}_2$、$\Delta\overline{I}_3$、…分别为上断面入流洪水后一时段平均值与前一时段平均值之差，即时段增量（涨洪时为正，落洪时为负）。

从式（6－43）和式（6－44）可以看出，任何一个复杂的入流洪水都可以用若干个单位矩形函数和单位函数近似表达，近似的精度显然取决于划分矩形条块时所采用的时段 Δt 的大小。Δt 越小，近似的精度就越高，但计算工作量就越大。

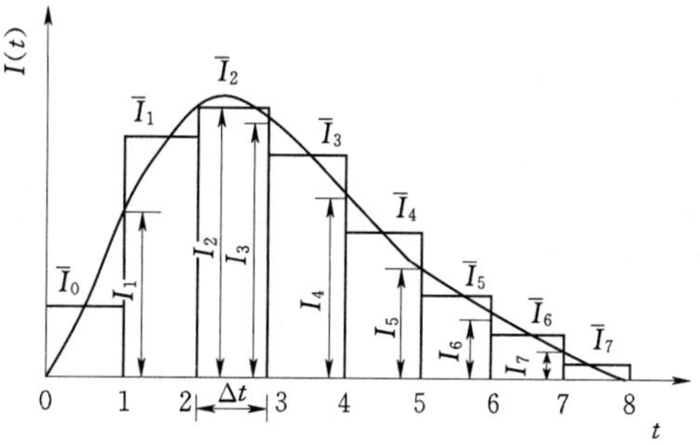

图 6－10　河段上断面洪水入流过程的近似处理

2. 下断面出流洪水的计算

当把演算河段作为线性汇流系统时，上断面输入的是单位入流或单位矩形入流，在下断面输出的就是汇流曲线，根据线性汇流系统的两个基本性质，求出了 S 曲线或基本单位线后，就可以求出下断面的出流洪水过程了。

当上断面入流洪水用式（6－43）表示时，下断面的出流洪水计算式为

$$Q(x,t)=\overline{I}_0u(x,\Delta t,t)+\overline{I}_1u(x,\Delta t,t-\Delta t)+\overline{I}_2u(x,\Delta t,t-2\Delta t)+\overline{I}_3u(x,\Delta t,t-3\Delta t)+\cdots \tag{6-45}$$

当上断面入流洪水用式（6－44）表示时，下断面的出流洪水计算式为

$$Q(x,t)=\Delta\overline{I}_0S(x,t)+\Delta\overline{I}_1S(x,t-\Delta t)+\Delta\overline{I}_2S(x,t-2\Delta t)+\Delta\overline{I}_3S(x,t-3\Delta t)+\cdots \tag{6-46}$$

3. 参数确定

线性扩散波方程中包含两个参数，即波速 C_k 和扩散系数 μ。对于宽浅矩形河道，如果河道水力条件满足谢才公式，可用下式计算波速

$$C_k=\frac{3V}{2} \tag{6-47}$$

如果河道水力条件满足曼宁公式，可用下式计算波速

$$C_k=\frac{5V}{3} \tag{6-48}$$

波速 C_k 也可按下式计算：$C_k=\dfrac{x}{\tau_m}$　　(6-49)

式中：V 为断面平均流速，m/s；x 为河段长，m；τ_m 为洪峰在河段的传播时间，s。

【例题 3】 长江上游金沙江龙街至巧家河段长 247km，河槽近似宽浅矩形，平均河底坡度为 0.00112。试根据龙街 1967 年 6 月一次洪水过程，利用线性扩散波演算法推算巧家断面的洪水过程。

解：（1）本次洪水涨落陡峻，为保证计算精度，取计算时段 $\Delta t=3$h。

（2）根据龙街和巧家两水文站的有关资料计算河段水力要素，如表 6-5 所列（表中 y 为平均水深，n 为糙率，H 为水位，B 为水面宽，V 为断面平均流速，s_0 为河底平均比降，A 为过水断面面积）。然后按式（6-48）计算参数 C_k 和 $\mu=\dfrac{Q}{2s_0B}$，见表 6-6。经试算，本次洪水选用相应于洪峰流量时的参数值较为合适，即流量最大时的 $C_k=5.92$m/s，$\mu=19456\text{m}^2/\text{s}$。

表 6-5　龙街—巧家河段水力要素及 C_k、μ 计算

Q	龙街			巧家			河段						C_k	μ
	H	B	V	H	B	V	s_0	B	V	A	y	n		
2000	928.00	194	1.70	652.80	266	1.70	0.00111	230	1.70	1176	5.1	0.0584	2.83	3848
4000	931.35	219	2.40	655.00	294	2.90	0.00112	257	2.65	1509	5.9	0.0415	4.42	6815
6000	933.85	238	2.80	656.75	305	3.20	0.00112	272	3.00	2000	7.3	0.0423	5.00	8635
8000	935.95	256	3.10	658.25	315	3.30	0.00112	286	3.20	2500	8.7	0.0446	5.33	12198
10000	937.80	268	3.30	659.90	320	3.40	0.00112	294	3.35	2985	10.2	0.0474	5.58	14804
12000	939.50	277	3.50	661.50	326	3.40	0.00112	302	3.45	3478	11.5	0.0498	5.75	17326
14000	941.00	288	3.60	663.10	337	3.50	0.00112	313	3.55	3944	12.6	0.0515	5.92	19456

（3）计算 S 曲线。为便于按式（6-40）计算 S 曲线，可先对该式作简单的变量代换。令 $a=\dfrac{x}{2\sqrt{\mu t}}$，$b=\dfrac{C_k}{2}\sqrt{\dfrac{t}{\mu}}$，则式（6-40）变为 $S(a,b)=\dfrac{1}{2}[1-\text{erf}(a-b)]+\dfrac{1}{2}e^{4ab}\times[1-\text{erf}(a+b)]$。将 $x=247$km，$C_k=5.92$m/s，$\mu=19456\text{m}^2/\text{s}$ 代入上式得 $a=885.4/\sqrt{t}$，$b=0.02122\sqrt{t}$。列表计算 S 曲线，见表 6-6。

表 6-6　龙街—巧家河段 S 曲线计算

时段数	t (h)	t (s)	$\sqrt{t}$	a	b	$a-b$	$a+b$	erf$(a-b)$	erf$(a+b)$	1−erf$(a-b)$	1−erf$(a+b)$	$S(t)$
0	0	0	0	∞	0	∞	∞	1.000	1.000	0	0	0
1	3	10800	104	8.51	2.21	6.30	10.72	1.000	1.000	0	0	0
2	6	21600	147	6.02	3.12	2.90	9.14	1.000	1.000	0	0	0
3	9	32400	180	4.92	3.82	1.10	8.74	0.847	1.000	0.153	0	0.077

续表

时段数	t (h)	t (s)	$\sqrt{t}$	a	b	$a-b$	$a+b$	erf($a-b$)	erf($a+b$)	1−erf($a-b$)	1−erf($a+b$)	$S(t)$
4	12	43200	208	4.26	4.41	−0.15	8.67	−0.168	1.000	1.168	0	0.584
5	15	54000	232	3.82	4.92	−1.10	8.74	−0.880	1.000	1.880	0	0.940
6	18	64800	255	3.47	5.41	−1.94	8.88	−0.994	1.000	1.994	0	0.997
7	21	75600	275	3.22	5.84	−2.62	9.06	−1.000	1.000	2.000	0	1.000
8	24	86400	294	3.01	6.24	−3.23	9.25	−1.000	1.000	2.000	0	1.000
9	27	97200	312	2.84	6.62	−3.78	9.46	−1.000	1.000	2.000	0	1.000
10	30	108000	329	2.69	6.98	−4.29	9.67	−1.000	1.000	2.000	0	1.000
11	33	118800	344	2.57	7.30	−4.73	9.87	−1.000	1.000	2.000	0	1.000
12	36	129600	360	2.46	7.64	−5.18	10.10	−1.000	1.000	2.000	0	1.000
13	39	140400	375	2.36	7.96	−5.60	10.32	−1.000	1.000	2.000	0	1.000
14	42	151200	389	2.28	8.25	−5.97	10.53	−1.000	1.000	2.000	0	1.000

（4）计算基本单位线。利用求得的 S 曲线，就可按式（6－41）计算 $\Delta t=3\text{h}$ 的基本单位线，如表 6－7 所示。

表 6－7　　龙街—巧家河段 $\Delta t=3$ 小时基本单位线计算

时段数	0	1	2	3	4	5	6	7	8	9
$S(t)$	0	0	0	0.077	0.584	0.940	0.997	1.000	1.000	1.000
$S(t-\Delta t)$		0	0	0	0.077	0.584	0.940	0.997	1.000	1.000
$u(\Delta t,t)$	0	0	0	0.077	0.507	0.356	0.057	0.003	0	0

按式（6－45）求巧家断面的洪水过程，如表 6－8 所示。河道原稳定流流量为 $Q_0=2490\ \text{m}^3/\text{s}$，见表中第（7）栏，表中第（2）栏为洪水入流过程（为明晰起见，将原稳定流分割出去，然后在演算结果中再加上即可）。第（6）栏为洪水波演算结果，（6）、（7）两栏相加得计算的巧家断面的洪水过程，列入第（8）栏，第（9）栏为实测值，两者基本接近。

按式（6－46）求巧家断面的洪水过程，如表 6－9 所示，计算过程与表 6－8 基本相同。

第五节　线性特征河长连续演算法

将演算河段按照特征河长划分为 n 个单元段，依特征河长概念，则每个单元河段的槽蓄量与其下断面的出流量都应为单值关系。假定每个单元河段的这种关系均属线性，于是可将演算河段看作由 n 个线性水库串联而成的线性汇流系统，见第五章图 5－17 所示。

如果开始时刻全河段的流量均为 0，当第一河段的上断面为单位瞬时脉冲入流时，即

表 6-8　　用时段单位线进行洪水演算计算（龙街—巧家河段）

日时		I (m³/s)	$\bar{I}$ (m³/s)	u (3,t)	$\bar{I}u(3,t)$											$\sum Q$ (m³/s)	Q_0 (m³/s)	$Q_{计算}$ (m³/s)	$Q_{实测}$ (m³/s)
					2165	7520	11060	10560	8580	6360	4180	2895	2510	2150	…				
(1)		(2)	(3)	(4)	(5)											(6)	(7)	(8)	(9)
18	17	0		0												0	2490	2490	2410
	20	4330	2165	0												0	2490	2490	2410
	23	10710	7520	0	0										⋮	0	2490	2490	2490
19	2	11410	11060	0.077	167	0										167	2490	2657	2490
	5	9710	10560	0.507	1098	579	0									1677	2490	4167	2490
	8	7450	8580	0.356	771	3813	852	0							⋮	5436	2490	7926	5950
	11	5270	6360	0.057	123	2677	5607	813	0							9220	2490	11710	10300
	14	3090	4180	0.003	6	429	3937	5354	661	0						10387	2490	12877	11400
	17	2700	2895	0	0	23	630	3759	4350	490	0					9252	2490	11742	11200
	20	2320	2510			0	33	602	3054	3225	322	0				7236	2490	9726	9750
	23	1980	2150				0	32	489	2265	2120	223	0			5129	2490	7619	8300
20	2	1640	1810					0	26	363	1488	1468	193	0		3538	2490	6028	6760
⋮	⋮	⋮	⋮						0	19	238	1031	1272	166		2726	2490	5216	5670
										0	13	165	890	1090		⋮	⋮	⋮	⋮

可导出（详见第五章第五节）瞬时单位线表达式，它与式（5-18）在形式上完全相同，即

$$u(x,t)=\frac{1}{K\Gamma(n)}\left(\frac{t}{K}\right)^{n-1}\mathrm{e}^{-t/K} \tag{6-50}$$

式中：K 为线性水库的调蓄系数，即洪水波在特征河长内的传播时间，s；n 为特征河长的个数，即线性水库的个数；e 为自然对数底；x 为演算河段长度，m；其他符号意义同前。

根据式（5-12）及式（6-50）求出 S 曲线，它与式（5-29）也完全相同，即

$$S(t)=\int_0^t u(x,t)\mathrm{d}t=1-\mathrm{e}^{-t/K}\sum_{i=0}^{n-1}\frac{1}{i!}\left(\frac{t}{K}\right)^i \tag{6-51}$$

有了 S 曲线（查附表 1）就可以利用式（6-46）进行汇流计算了。如果将 S 曲线按式（5-13）再转换为基本单位线，就可利用式（6-45）进行河段汇流计算了。

瞬时单位线中的 K 值用下式计算

$$K=\frac{l}{C_k} \tag{6-52}$$

式中：$C_k=\frac{5}{3}V$；V 为断面平均流速，可用稳定流的谢才公式或曼宁公式计算，m/s。

表 6-9　　用 S 曲线进行洪水演算计算（龙街—巧家河段）

日时	I (m^3/s)	$\bar{I}$ (m^3/s)	$\Delta\bar{I}$	$S(t)$	$\Delta\bar{I}S(t)$											ΣQ (m^3/s)	Q_0 (m^3/s)	$Q_{计算}$ (m^3/s)	$Q_{实测}$ (m^3/s)
					2165	5355	3540	−500	−1980	−2220	−2180	−1285	−385	−360	…				
(1)	(2)	(3)	(4)	(5)	(6)											(7)	(8)	(9)	(10)
18 17	0			0												0	2490	2490	2410
20	4330	2165	2165	0												0	2490	2490	2410
23	10710	7520	5355	0	0										⋮	0	2490	2490	2490
19 2	11410	11060	3540	0.077	167	0									⋮	167	2490	2657	2490
5	9710	10560	−500	0.584	1264	412	0									1676	2490	4166	2490
8	7450	8580	−1980	0.940	2035	3127	273	0								5435	2490	7925	5950
11	5270	6360	−2220	0.997	2159	5035	2067	−39	0							9222	2490	11712	10300
14	3090	4180	−2180	1.000	2165	5339	3328	−292	−152	0						10388	2490	12878	11400
17	2700	2895	−1285	1.000	2165	5355	3529	−470	−1156	−171	0					9252	2490	11742	11200
20	2320	2510	−385	1.000	2165	5355	3540	−499	−1861	−1296	−168	0				7236	2490	9726	9750
23	1980	2150	−360	1.000	2165	5355	3540	−500	−1974	−2086	−1273	−99	0			5129	2490	7619	8300
20 2	1640	1810	−340	1.000	2165	5355	3540	−500	−1980	−2213	−2049	−750	−30	0		3538	2490	6028	6760
⋮ ⋮	⋮	⋮	⋮	⋮	2165	5355	3540	−500	−1980	−2220	−2173	−1208	−225	−28		2726	2490	5126	5670
					⋮	⋮	⋮	⋮	⋮	⋮	⋮	⋮	⋮	⋮		⋮	⋮	⋮	⋮

【例题 4】 某河段长为 112km，河底比降 $i_0=0.0004$，特征河长 $l=9.4$km，波速 $C_k=2.82$m/s，1968 年 8 月上断面的一次洪水过程，如表 6-12 第（2）栏。取计算时段 $\Delta t=3$h，试根据式（6-45）计算下断面的出流洪水。

解：（1）计算子河段数。$n=L/l=112/9.4=12$。

（2）计算调蓄系数。$K=l/C_k=9400/2.82=3333.3\text{s}=0.924\text{h}$。

（3）计算 S 曲线，见表 6-10。

（4）计算基本单位线。先用表 6-10 中第 2 行的 t 值与第 3 行的 S 值作图，在图上每隔 3h 摘数，得到一组 S 曲线值，见表 6-11 第 2 行。第 3 行是延迟的 $S(t-\Delta t)$ 曲线，第 4 行是由 $u(\Delta t,t)=S(t)-S(t-\Delta t)$ 计算的基本单位线 $u(3,t)$。

（5）汇流计算。利用式（6-45）计算下断面的洪水过程，见表 6-12。

表 6-10　　S 曲线

$m=t/K$	0	1	2	3	4	5	6	7	8	9	10	11
$t=mK(h)$	0	0.924	1.85	2.77	3.69	4.62	5.53	6.46	7.38	8.31	9.24	10.15
$S(t)$	0	0	0	0	0.001	0.005	0.02	0.053	0.112	0.197	0.303	0.421
$m=t/K$	12	13	14	15	16	17	18	19	20	21	22	23
$t=mK(h)$	11.08	12.00	11.92	13.85	14.75	15.69	16.62	17.55	18.45	19.39	20.30	21.22
$S(t)$	0.538	0.656	0.74	0.815	0.873	0.915	0.945	0.965	0.979	0.982	0.992	0.996

表 6－11　　　　**基本单位线计算**

t	0	3	6	9	12	15	18	21	24	27
$S(t)$	0	0	0.035	0.277	0.656	0.888	0.974	0.996	1.000	1.000
$S(t-\Delta t)$		0	0	0.035	0.277	0.656	0.888	0.974	0.996	1.000
$u(3,t)$	0	0	0.035	0.242	0.379	0.232	0.086	0.022	0.004	0

表 6－12　　　　**汇　流　计　算**

日　时	I (m^3/s)	$\bar{I}$ (m^3/s)	$u(3,t)$	$\bar{I}u(3,t)$							$Q_{计算}$ (m^3/s)	$Q_{实测}$ (m^3/s)
				0.035	0.242	0.379	0.232	0.086	0.022	0.004		
(1)	(2)	(3)	(4)	(5)							(6)	(7)
17　8	1950		0									
11	2200	2080	0									
14	2470	2330	0.035	70	(500)	(790)	(480)	(180)	(50)	(10)	2080	2080
17	3340	2910	0.242	80	500	(790)	(480)	(180)	(50)	(10)	2090	2050
20	6350	4840	0.379	100	560	790	(480)	(180)	(50)	(10)	2170	2150
23	7150	6750	0.232	170	700	880	480	(180)	(50)	(10)	2470	2350
18　2	6580	6870	0.086	240	1170	1100	540	180	(50)	(10)	3290	3450
5	5710	6140	0.022	240	1630	1830	680	200	50	(10)	4640	5710
8	4520	5270	0.004	220	1670	2560	1120	250	50	10	5880	6650
11	4300	4560		180	1490	2600	1570	420	60	10	6330	6400
14	3980	4150		160	1280	2330	1590	580	110	10	6060	5900
17	3700	3840		140	1100	2000	1430	590	150	20	5480	5250
20	3450	3570		130	1000	1730	1220	530	150	30	4790	4710
23	3200	3330		120	930	1570	1060	450	130	30	4290	4350
19　2	3000	3100		120	870	1460	960	390	120	20	3840	4000
5	2750	2870		110	810	1350	890	360	100	20	2640	3700
8	2550	2650		100	750	1260	830	330	90	20	3380	3400
11	2400	2480		90	690	1180	770	310	80	20	3140	3200
14	2300	2350		90	640	1090	720	290	80	20	2930	2980
17	2180	2240		80	600	1000	670	270	70	10	2700	2780
20	2100	2140		80	570	940	610	250	70	10	2530	2570
23	2000	2050		70	540	890	580	230	60	10	2380	2400
20　2	1970	1980		70	520	850	540	210	60	10	2260	2320
5	1900	1940		70	500	810	520	200	50	10	2160	2310
⋮	⋮	⋮		⋮	⋮	⋮	⋮	⋮	⋮	⋮	⋮	⋮

第六节　马斯京根演算法

该方法是 GT 麦克锡于 1938 年提出的，最早在美国马斯京根河上使用，因此称为马斯京根法。

一、基本原理

当洪水波经过河段时，由于附加比降的影响，洪水涨、落时的槽蓄量由两部分组成：①柱蓄，即同一下断面水位的稳定流水面线以下蓄量；②楔蓄，即稳定流水面线与实际水面线之间的蓄量，如图 6－11 所示的阴影部分。

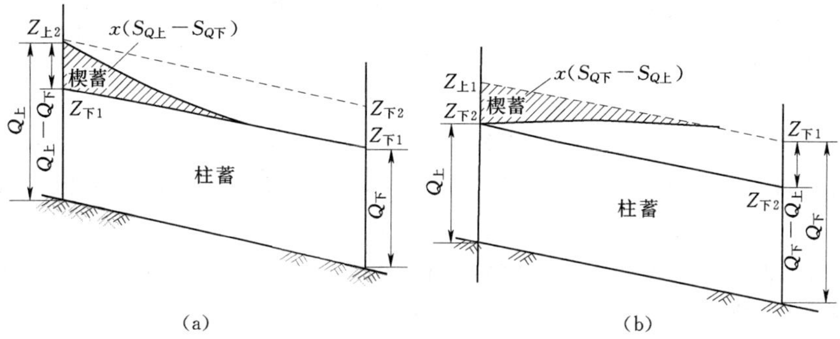

图 6－11　河段槽蓄量示意图

(a) 涨水；(b) 落水

为了建立槽蓄方程，令 x 为流量比重因素，$S_{Q上}$、$S_{Q下}$ 分别为上、下断面在稳定流情况下的槽蓄量，S 为河段的总蓄量（包括柱蓄和楔蓄两部分）。于是可以建立如下的蓄量关系。

(1) 涨水情况下，$S=S_{Q下}+x(S_{Q上}-S_{Q下})$。

(2) 落水情况下，$S=S_{Q下}-x(S_{Q下}-S_{Q上})$。

无论是涨水还是落水，以上两式是相同的，均可表达成：

$$S= x S_{Q上}+(1-x)S_{Q下} \tag{6-53}$$

在稳定流情况下，河段槽蓄量与流量存在线性关系，即：$S_{Q上}=KQ_上$ 及 $S_{Q下}=KQ_下$，将其代入式 (6－53)，得马斯京根蓄泄方程：

$$S= K[xQ_上+(1-x)Q_下] \qquad (6\quad 54)$$

令

$$Q_示= xQ_上+(1-x)Q_下 \tag{6-55}$$

则得槽蓄方程：

$$S=KQ_示 \tag{6-56}$$

式中：$Q_示$ 称为示储流量，m^3/s；K 为稳定流情况下的河段传播时间，s。

二、演算公式

河段水量平衡方程为

$$\frac{\Delta t}{2}(Q_{上,1}+Q_{上,2})-\frac{\Delta t}{2}(Q_{下,1}+Q_{下,2})=S_2-S_1 \tag{6-57}$$

式中：$Q_{上,1}$、$Q_{上,2}$分别为上断面时段初、末的流量，m^3/s；$Q_{下,1}$、$Q_{下,2}$分别为下断面时段初、末的流量，m^3/s；Δt 为计算时段，s。

联立求解式 (6－56) 与式 (6－57) 得

$$Q_{下,2}=C_0Q_{上,2}+C_1Q_{上,1}+C_2Q_{下,1} \tag{6-58}$$

其中：$C_0=\dfrac{0.5\Delta t-KX}{K(1-X)+0.5\Delta t}$，$C_1=\dfrac{0.5\Delta t+KX}{K(1-X)+0.5\Delta t}$，$C_2=\dfrac{K(1-X)-0.5\Delta t}{K(1-X)+0.5\Delta t}$称为演算

系数，三者之和等于 1。

从式（6－58）可以看出，马斯京根演算法与康吉差分演算法的计算公式完全相同。这说明，马斯京根演算法虽是一种经验方法，但有一定理论依据，康吉演算法对马斯京根演算法从理论的角度进行了解释。

对某一河段而言，只要确定了 K、Δt 和 x 值，C_0、C_1、C_2 就可以求得，从而由上断面的入流洪水过程和初始条件，通过逐时段演算即可求得下断面的出流洪水过程。

应用马斯京根演算法的关键是如何确定合适的 K、x 值，目前一般由实测资料通过试算求出。也就是对某一次具体洪水，假定不同的 x 值计算 $Q_{示}$，并做出 S 与 $Q_{示}$ 的关系曲线，其中能使两者成为单一直线的 x 即为所求，而该直线的斜率即为 K 值。取多次洪水进行分析计算，可以确定出 K、x 值了。

【例题 5】 根据某河段一次实测洪水资料，见表 6－13，计算 K、x 值，并用马斯京根法进行河段洪水演算。

解：（1）根据河段和资料情况取 $\Delta t=6\text{h}$。

表 6－13　　马斯京根法 S 与 $Q_{示}$ 关系计算表

日	时	$Q_上$ (m^3/s)	$Q_下$ (m^3/s)	$Q_上+q$ (m^3/s)	$Q_上+q-Q_下$ (m^3/s)	ΔS (m^3/s)	S (m^3/s)	$Q_{示}$ (m^3/s)	
								$x=0.4$	$x=0.5$
(1)		(2)	(3)	(4)	(5)	(6)	(7)	(8)	(9)
20	8	2050		2110					
	14	2860		2950					
	20	4300	2100	4430	2330	2030	0	2980	3090
21	2	4820	3250	4970	1720	970	2030	3870	3960
	8	4700	4620	4840	220	－100	3000	4650	4660
	14	4350	4900	4480	－420	－620	2900	4680	4650
	20	3750	4680	3870	－820	－890	2280	4310	4260
22	2	3200	4260	3300	－960	－940	1390	3840	3780
	8	2700	3700	2780	－960	－870	450	3300	3250
	14	2400	3300	2470	－830	－740	－420	2940	2890
	20	2200	2920	2270	－650	－550	－1160	2630	2600
23	2	2050	2550	2110	－440		－1710	2350	2330
	8		2210						
	14		2100						
合计		39380	40590						

（2）表中的（1）至（3）栏为实测值。由于有少量的区间入流，使上断面的入流总量 39380（m^3/s）6h 比下断面的出流总量 40590（m^3/s）6h 少了 1210（m^3/s）6h，为了保持水量平衡，近似按比例将此水量分配到入流过程中，得到第（4）栏。

（3）按照水量平衡方程式（6－57），分别计算各时段的槽蓄增量，列于第（6）栏。累加第（6）栏得槽蓄量 S，列于第（7）栏。

（4）分别假定 x 等于 0.4 和 0.45，按式（6－55）计算 $Q_{示}$，列于表中的第（8）、（9）栏。

（5）按第（7）、（8）两栏的对应值，点绘 $x=0.4$ 的 S 与 $Q_{示}$ 关系线，如图 6－12 所示的虚线，结果两者是绳套关系。再点绘第（7）、（9）两栏 $x=0.45$ 的 S 与 $Q_{示}$ 关系线，发现两者基本合拢成单一直线，见图 6－12 中的点划线。故选 $x=0.45$ 即为所求。求直线的斜率 $K=\Delta S/\Delta Q_{示}=4200/2100=12$（h）。

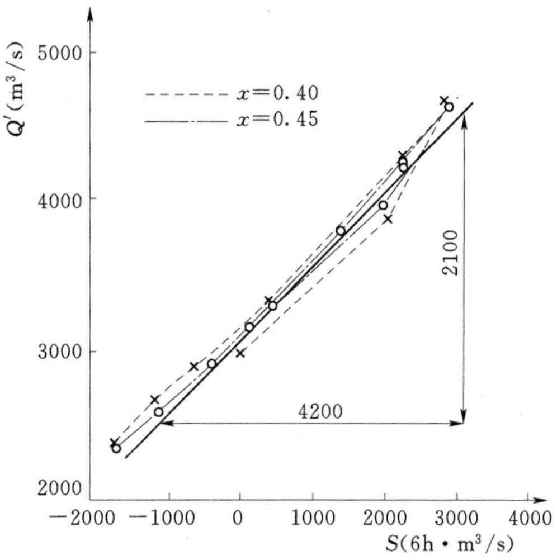

图 6－12　S 与 $Q_{示}$ 关系曲线

按上述步骤分别求出几次洪水的 x、K 值，如果各次洪水的值比较接近，则取平均值作为本河段使用值。如果变化较大，则需要进一步分析其变化规律，以便演算时依实际情况选用。

根据确定的 x、K 值和 Δt，求出演算系数 $C_0=-0.251$、$C_1=0.876$、$C_2=0.375$，三者之和等于 1。再代入式（6－58）求得演算方程为：$Q_{下,2}=-0.251Q_{上,2}+0.876Q_{上,1}+0.375Q_{下,1}$。

再取这次洪水为例，由上断面的入流过程推求下断面的出流过程，见表 6－14 第（6）栏。计算值与第（7）栏实测值相比，峰现时间一致，峰值偏小 5.3%。

表 6－14　　**马斯京根法汇流计算**

日	时	$Q_{上}$ (m³/s)	$C_0Q_{上,2}$ (m³/s)	$C_1Q_{上,1}$ (m³/s)	$C_2Q_{下,1}$ (m³/s)	$Q_{下,2}$ (m³/s)	$Q_{实测}$ (m³/s)
(1)	(2)	(3)	(4)	(5)	(6)	(7)	
20	8	2050				2050	2050
	14	2860	−720	1800	770	1850	2000
	20	4300	−1080	2500	690	2110	2100
21	2	4820	−1210	3760	790	3340	3250
	8	4700	−1180	4220	1250	4290	4620
	14	4350	−1090	4120	1610	4640	4900
	20	3750	−940	3810	1740	4610	4680
22	2	3200	−800	3280	1730	4210	4260
	8	2700	−680	2800	1580	3700	3700
	⋮	⋮	⋮	⋮	⋮	⋮	⋮

三、有关几个问题的讨论

1. K 值的综合

从计算 $K=\Delta S/\Delta Q_{示}$ 可知，K 具有时间因次，它基本上反映了河道稳定流的传播时间。理论和实践证明，K 随 Q 的增大而减小，因此当各次洪水分析的 K 值变化较大时，可建立 K 与 Q 的关系。应用时，根据不同的 Q 选不同的 K 值。

2. x 的综合

流量比重因素 x 主要反映楔蓄在河槽调蓄作用中的影响。对于一定的河段，x 在洪水涨落过程中基本稳定，但也有随流量增加而减小的趋势。天然河道的 x，一般是从上游向下游逐渐减小，介于 0.2～0.45 之间，特殊情况下也有小于 0 的。实用中，当发现 x 随流量变化较大时，也可建立 x—Q 关系线，对不同的流量取不同的 x 值。

3. Δt 的选取与连续演算

Δt 的选取涉及演算的精度。为使摘录的洪水值能比较真实地反映洪水的变化过程，首先 Δt 不能取得太长，以保证流量过程线在 Δt 内近于线性；其次，为了计算中不漏掉洪峰，选取 Δt 时最好等于河段的传播时间 T。这样，上游在时段初出现的洪峰，Δt 后就正好出现在下断面，而不会卡在河段中。但有时为了照顾前面的要求，也可取 Δt 等于 1/2 或 1/3 的 T，这样计算洪峰的精度就差了一些，但能保证不漏掉洪峰。若使两者都兼顾到，则可把河段划分成许多子河段，使 Δt 等于子河段的传播时间，然后进行连续演算，推算出下断面的流量过程，连续演算方法完全类似康吉线性运动波连续演算法。

4. 预见期问题

马斯京根法演算公式中，需要已知上断面时段末的流量 $Q_{上,2}$ 才能推算 $Q_{下,2}$，因此该方法没有预见期。如果取 $\Delta t=2Kx$，使系数 $C_0=0$，即：$Q_{下,2}=C_1Q_{上,1}+C_2Q_{下,1}$，就可以有一个 Δt 的预见期了。再有，如果上断面的入流能通过降雨径流预报等方法预报出来，用该方法推算下断面的出流就可以得到一定的预见期。因此，该法在水文预报中得到了广泛的应用。

5. 非线性问题

前面介绍的马斯京根法属于线性方法，其特点是两个基本方程式均为线性，两个参数 K 和 x 均为常数，这在许多情况下与实际不符，如考虑 K 和 x 不为常数，则成为非线性的马斯京根法。关于非线性马斯京根法的处理有多种，例如非线性马斯京根法的槽蓄方程可表示为：$W=K[xI+(1-x)O]^m$。其中，m 为反映非线性槽蓄关系的指数。此时，马斯京根法就有三个参数 K、x、m 需要估计，估计的方法显然不可以用试算法，但可以采用最小二乘法、遗传算法、混沌模拟退火算法等。

习 题

1. 思考题。什么是洪水波？洪水波分为哪几类？定义各是什么？什么是特征河长？马斯京根演算法的基本原理是什么？马斯京根演算法与康吉连续演算法的关系是什么？

2. 依据表 6-15 提供的资料，分别利用式（6-18）和式（6-21）计算沅陵至王家河河段的特征河长，并比较结果。

表 6-15

Q (m^3/s)	沅陵水位 H (m)	王家河水位 H (m)	s_0
3000	90.78	47.16	0.0389
7000	93.06	50.10	0.0384
11000	94.81	52.35	0.0379
15000	96.38	54.30	0.0379
19000	97.85	56.18	0.0372

3. 某河段一次实测洪水资料如表 6-16 所示，试计算 x、K 值，并用马斯京根法进行河段洪水演算。

表 6-16

时间	日	1	1	2	2	3	3	4	4	5	5	6	6	7	7	8	8	9	9
	时	0	12	0	12	0	12	0	12	0	12	0	12	0	12	0	12	0	12
$Q_上$ (m^3/s)		75	370	1620	2210	2290	1830	1220	830	610	480	390	330	300	260	230	200	180	220
$Q_下$ (m^3/s)		75	80	440	1680	2150	2280	1680	1270	880	680	550	450	400	340	290	250	160	200
$q_区$ (m^3/s)		0	37	73	110	73	37	0											

第七章　水　文　预　报

水文预报就是根据已知的信息对未来一定时期内的水文状态做出定性或定量的预测，从预见期来说，水文预报有短期和中长期预报；从预报内容来说，有洪水预报、枯水或旱情预报、径流量预报、沙情预报、水质预报及冰情预报等。而洪水预报是水文预报的重点内容，分为流域暴雨洪水预报、河段洪水预报和施工洪水预报等。流域暴雨洪水预报及径流量预报可参考第四、第五章。河段洪水预报的流量演算法可参考第六章，本章主要介绍河段洪水预报的相应水位（流量）法与合成流量法、中长期水文预报（简介）以及洪水预报精度，其他水文预报内容可参见《水文预报》书籍。

第一节　相应水位（流量）法

相应水位（流量）法适用于大江大河的中下游河段。当区间入流量相对于上游断面的来水量较小时，河道上下游断面的水位（流量）过程线相似性较好，此时，上下游断面同位相的水文要素（如水位、流量）之间存在着一定的变化规律，可建立相关关系进行河道洪水预报。因此，相应水位（流量）法的实质是相关法。

一、基本原理

根据河道洪水运动和变形规律，利用上、下游站之间相应水位（流量）的相关关系，由上游站实测水位（流量）来预报下游断面未来水位（流量）的方法，称为相应水位（流量）法。

洪水波轮廓线上的每一个点都占据一定的相对位置，这就是洪水波位相的概念。例如波峰占据轮廓线上最高点，故波峰就是一个位相，因此可以用位相来标明洪水波上某一点所占据的位置。相应水位是指同一场洪水过程在河道上、下游两个断面形成的两个水位过程线上，相同位相的一对点所对应的两个水位。同样地，相应流量是指同一场洪水过程在河道上、下游两个断面形成的两个流量过程线上，相同位相的一对点所对应的两个流量。

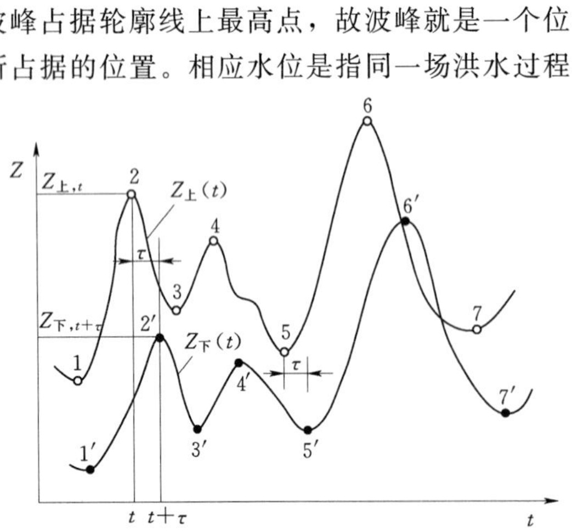

图 7-1　某河道的上、下游站洪水过程线

图 7-1 是一场实测洪水在河道上、下游两个断面形成的两个水位过程线。图中起涨点 1 和 1′、洪峰点 2 和 2′，谷点 3 和 3′等都是相应水位点。当洪水波沿河道从上游向下游传播并在上、下游两个不同断面形成两个水位过程线时，不同相应水位

点之间的传播时间是不同的，设某一对相应水位点之间的传播时间为 τ，则这对相应水位点可表示为（$Z_{上,t}$，$Z_{下,t+\tau}$）。设河段长为 L，上游站 t 时刻流量为 $Q_{上,t}$，经过时间 τ 在 $t+\tau$ 时刻到达下游站，相应流量为 $Q_{下,t+\tau}$。

若河段无旁侧入流，则两个相应流量间的关系为

$$Q_{下,t+\tau}=Q_{上,t}-\Delta Q_L \tag{7-1}$$

式中：ΔQ_L 为河段洪水波的展开量，与水位、流量和附加比降有关。

若河段有旁侧入流量 q 汇入，则式（7－1）可写成：

$$Q_{下,t+\tau}=Q_{上,t}-\Delta Q_L+q \tag{7-2}$$

洪水波上不同位相点的传播速度称为波速 c，它与传播时间 τ 及河段长 L 之间的关系为

$$\tau=\frac{L}{c} \tag{7-3}$$

对棱柱形的河槽，波速 c 与断面平均流速 V 之间的关系为

$$c=\eta V \tag{7-4}$$

由式（7－3）与式（7－4）可得

$$\tau=\frac{L}{\eta V} \tag{7-5}$$

式中：η 是河槽断面形状系数（或称波速系数），其取值见表 7－1。

表 7－1　断面形状系数 η 值表

断面形状	流速计算公式	
	$V=\frac{1}{n}R^{2/3}S^{1/2}$	$V=c\sqrt{RS}$
矩形	1.67	1.50
抛物线形	1.44	1.33
三角形	1.33	1.25

注　n 为粗糙系数；R 为水力半径，m；S 为河道比降。

按式（7－2）和式（7－5）原理建立的相应流量预报方案，表示了洪水波任一位相流量经河段传播后在数值上和传播速度上的定量关系。洪水波的展开主要反映在相应水位（流量）关系中，洪水波扭曲导致水面比降改变而引起的 c 值变化，主要体现在传播时间关系中。

对于棱柱形河道的固定河段，若不计 q 项，按式（7－2）和式（7－5）建立预报方案时，主要的影响因素是水位和比降，因此如何更好地反映比降影响是建立相应水位（流量）预报方案的一个重要问题。如果河段有较大的区间入流，尤其区间入流与上游来水量不同步时，更应细致分析由内因和外因引起的洪水波的变化，否则会影响预报方案的合理性和可靠性，影响预报的精度。

二、洪峰水位（流量）预报

1. 无参数的洪峰水位（流量）预报

在断面冲淤变化不大、无回水顶托、区间来水量较小的无支流河段，洪水波变形主要受自身因素的影响，上、下游断面相应洪水过程线和峰、谷点的对应性较好。如图 7－1

所示，摘取相应的峰、谷、涨落洪段反曲点的水位和发生时间，即可制作相应水位关系曲线和传播时间关系曲线，如图 7-2 所示。

相应流量和传播时间关系式分别为

$$Q_{下,t+\tau}=f(Q_{上,t}) \tag{7-6}$$

$$\tau=g(Q_{上,t}) \tag{7-7}$$

相应水位和传播时间关系式分别为

$$Z_{下,t+\tau}=f(Z_{上,t}) \tag{7-8}$$

$$\tau=g(Z_{上,t}) \tag{7-9}$$

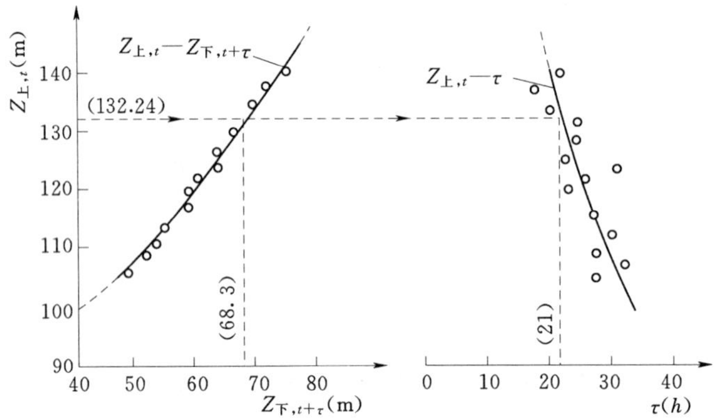

图 7-2　相应水位关系和传播时间关系

2. 有参数的洪峰水位（流量）预报方案

在河流中下游地区，因河底比降较小，往往由于附加比降不同或涨水前的槽蓄量不同而使相同上游水位（流量）的展开量各异，在上、下游断面相应水位（流量）关系曲线上表现的点据分散。此时，需加入参数反映水面比降和槽蓄量对相应关系的影响。常用的参数是下游同时水位 $Z_{下,t}$ 和涨率 $\Delta Z/\Delta t$。

若河段内水面线呈直线，$Z_{下,t}$ 可反映 t 时刻的河段水面比降和河槽底水（指本次洪水起涨时刻的槽蓄量），见图 7-3。洪峰水位预报方案为

$$Z_{下,t+\tau}=f(Z_{上,t},Z_{下,t}) \tag{7-10(a)}$$

$$\tau=f(Z_{上,t},Z_{下,t}) \tag{7-10(b)}$$

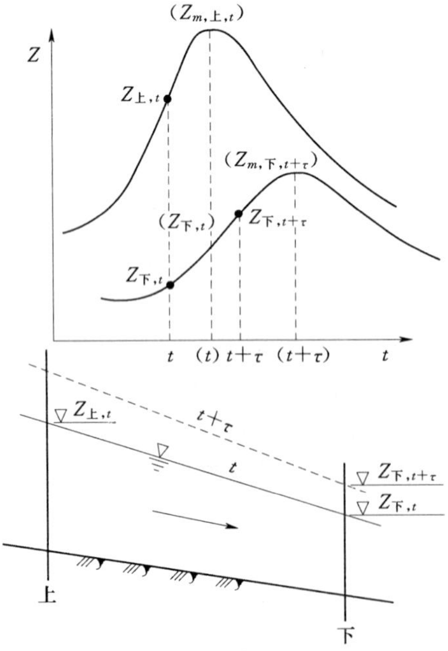

图 7-3　下游同时水位示意

相应水位（流量）预报主要是根据大量实测的水位、流量过程资料，建立河段上、下游断面相应水位（流量）经验相关曲线和传播时间曲线，其中可加入反映河段洪水波运动变化特性的要素作参数，使经验点据的分布具有良好的规

律。预报方案示例如图 7-4 所示，作业预报时，根据已出现的上游水位（流量）和参数，按图中的箭头方向查得 $Z_{下,t+\tau}$和 τ 值，预报 τ 时刻后下游断面将会出现的水位（流量）。

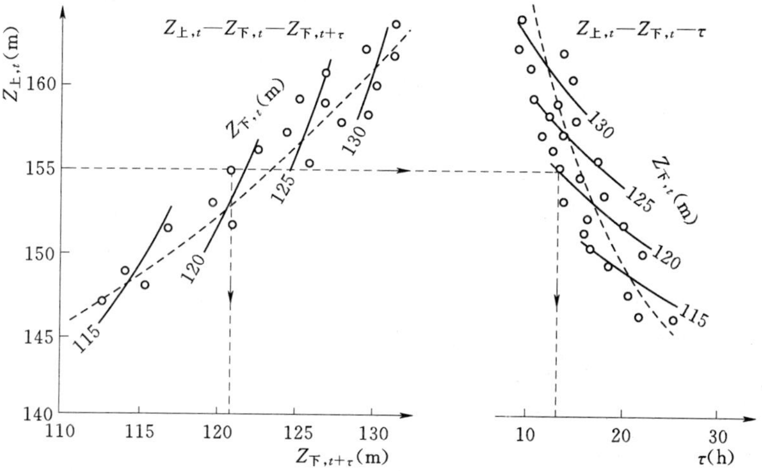

图 7-4　以下游同时水位为参数的相应水位及传播时间关系曲线

t 时刻以前的区间入流量抬高了 $Z_{下,t}$值，即 $Z_{下,t}$值中包含了 $q_{区,t}$的影响。在多数情况下，若 t 时刻前后区间入流量变化有较好持续性，则 $Z_{下,t}$可较好地反映区间入流对 $Z_{下,t+\tau}$值的影响，式（7-10）所表示的关系可获得较好的效果。如果 t 时刻前后的区间入流差异大，或下游断面受到冲淤变化或回水影响，$Z_{下,t}$不能反映河段洪水波运动的变化规律，则按式（7-10）建立的上、下游断面洪峰水位预报方案点据散乱，效果不好。

当洪水波波型陡、水面比降大、河段内水面线不呈直线时，$Z_{下,t}$不能反映水面比降。此时，常用涨差 ΔZ 或涨率 $\Delta Z/\Delta t$ 作参数。图 7-5 是以上游断面一次洪水的总涨差为参

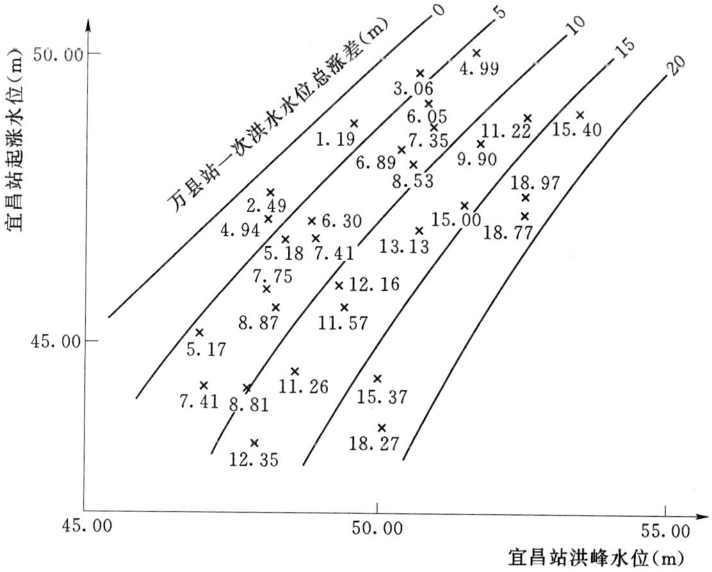

图 7-5　以上游断面一次洪水的总涨差为参数的洪峰水位预报

数的洪峰水位预报曲线，这在洪水涨落率大的无支流长河段常会取得较好的效果。

一般采用的预报关系式为

$$\sum \Delta Z_{下} = f(\sum \Delta Z_{上}) \tag{7-11}$$

$$\sum \Delta Z_{下} = f(\sum \Delta Z_{上}, Z_{下,t}) \tag{7-12}$$

式中：$\sum \Delta Z_{上}$ 为上游站一次洪水的水位总涨差，m；$\sum \Delta Z_{下}$ 为下游站一次洪水的水位总涨差，m。

在有支流的河段上，常取支流（一般取影响较大的一、二条支流）的相应水位（流量）为参数，其关系式一般为

$$Z_{下,t+\tau} = f(Z_{上,t}, Z_{上i,t\pm\Delta\tau_i}) \tag{7-13}$$

式中：$Z_{上,t}$ 为干流上游站洪峰水位，m；$Z_{下,t+\tau}$ 为干流下游站洪峰水位，m；$Z_{上i,t\pm\Delta\tau_i}$ 为某一支流站（上游）水位，m；$\Delta\tau_i$ 为干流上游站与某一支流河段洪水的传播时间差，h。

图 7－6 为上式的一个实例（$\Delta\tau_i = 0$）。

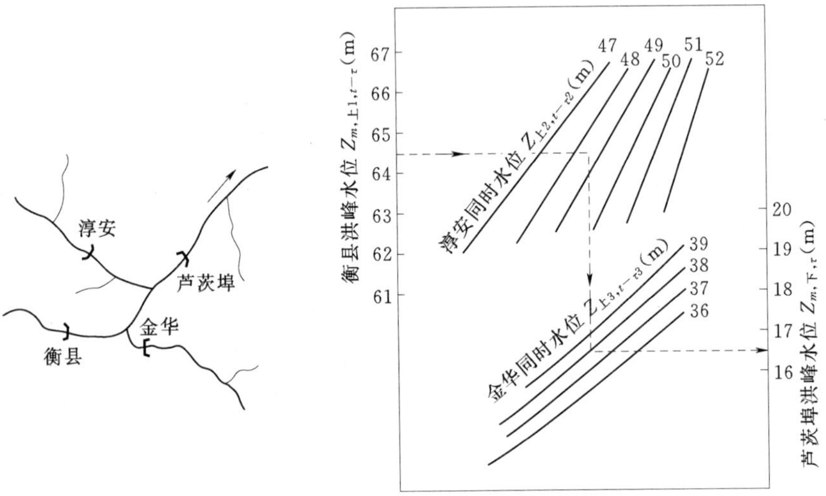

图 7－6　以支流相应水位为参数的相应水位关系

如果干、支流洪水之间干扰大，相应水位关系很难有明显的规律，此时宜用合成流量法预报，详见本章第二节。

如果区间降水量大，用相应水位（流量）法时，其预报精度受到区间降雨量的影响，这时可采用区间雨量作参数建立相应水位关系。由于受降雨量大小、主雨区的位置、雨型、雨量分布等因素的影响，这类预报曲线图上的点据常常较散乱，规律性不好。为此，也可另作区间降雨径流预报方案，根据区间雨量推求区间入流过程 $q(t)$，再按式（7－2）并结合相应水位（流量）关系曲线预报下游站的洪峰水位（流量）。

三、水位（流量）过程预报

水位（流量）过程预报所采用的方法以及常用的参数基本上和洪峰水位（流量）预报方法相同。但从实测洪水过程线上摘取资料（除峰、谷、转折点外）比较困难，因此常采用以下的方法。

1. 洪水波展开法

假定洪水波展开量与洪水的涨水变幅成比例，则将上、下游站洪水的总涨差作对应等分，上、下游站的对应等分点水位即视作相应水位，如图 7－7 中的 1 与 1′，2 与 2′，…，其时间差即为 τ。据此摘取的相应水位与传播时间即可建立预报曲线。

2. τ 为常数的方法

为了简便和减少因传播时间曲线精度带来的影响，在实际预报工作中，常用河段平均传播时间 $\bar{\tau}$ 来摘取上、下游站相应水位，所建立的预报方案一般形式为

$$Z_{下,t+\bar{\tau}}=f(Z_{上,t},Z_{下,t}) \tag{7-14}$$

用 $\bar{\tau}$ 建立的相应水位关系曲线见图 7－8。

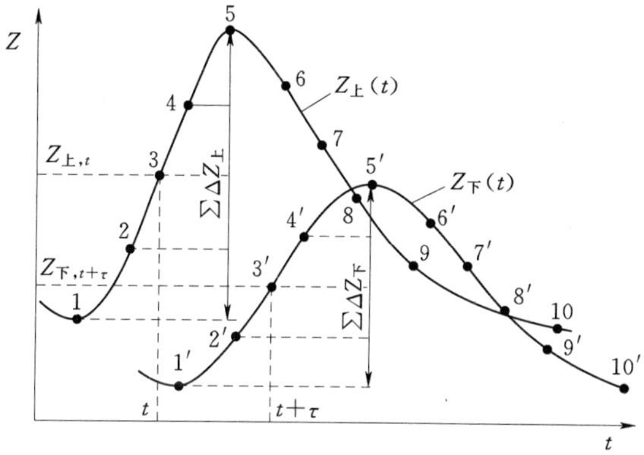

图 7－7 洪水波展开法示意图

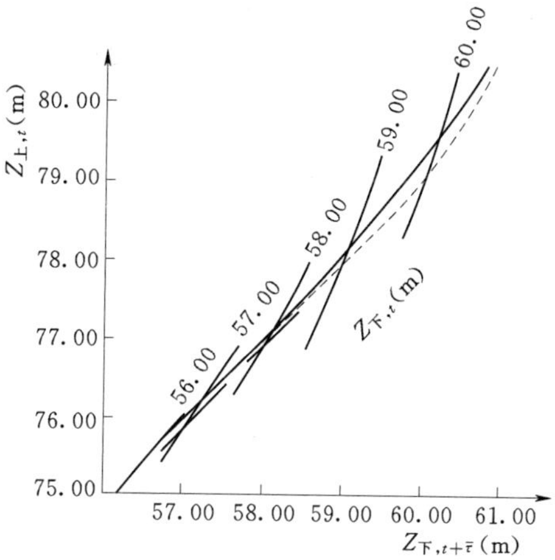

图 7－8 用 $\bar{\tau}$ 建立的相应水位关系曲线

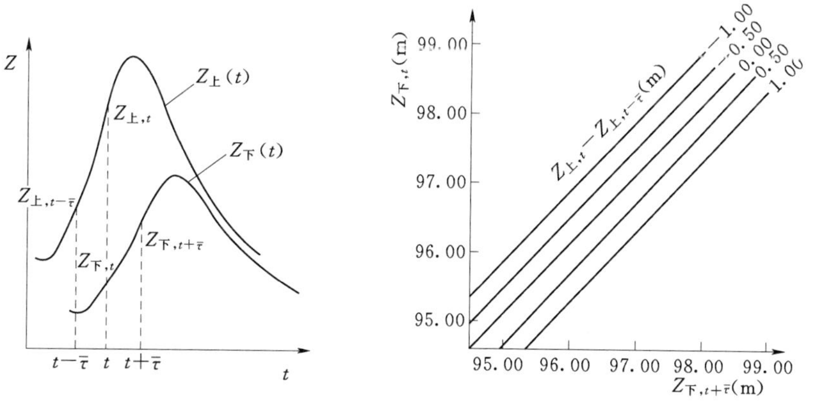

图 7－9 时段涨差法预报曲线

也可以用时段水位涨差为参数建立预报方案，其关系式为

$$Z_{下,t+\bar{\tau}}=f(\Delta Z_{上,t},Z_{下,t}) \tag{7-15}$$

时段涨差法的水位预报曲线见图 7－9。若用上游站流量的时段差为参数，可建立如图 7－10 所示的预报方案。

四、现时校正法

在大江大河的中下游，洪水过程变化缓慢，利用洪水波运动的这种特性，在制作相应水位关系时，根据点据定平均线，不加参数。在作业预报时，先按平均线得预报值，再参照前一时段下游站的实测值偏离平均线的差值以及现时河段水情变化趋势，修正按平均线所作的预报值，如图 7－11 及图 7－12 所示。

现时校正法的基本思想是认为相邻时段的预报误差存在着相关性，因此可用前一时段的预报误差来校正本次预报值。在河段来水情况比较简单时，用上、下站单一的相应水位关系结合现时校正进行预报。如果情况复杂，不仅要考虑引入适当的参数建立复杂的相应水位关系，还要分析造成误差的原因和它的增减变化，再合理地校正。现时校正法不是一种独立的洪水预报方法，它是为了提高洪水预报精度而对某一洪水预报方案的预报值进行校正，它要与相应水位法建立的预报方案结合起来才能使用。

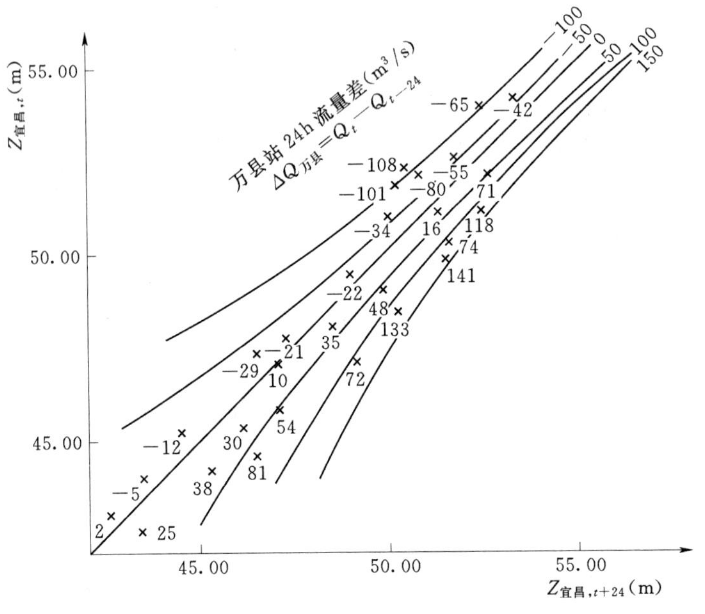

图 7－10　以上游站流量时段涨差为参数的预报曲线

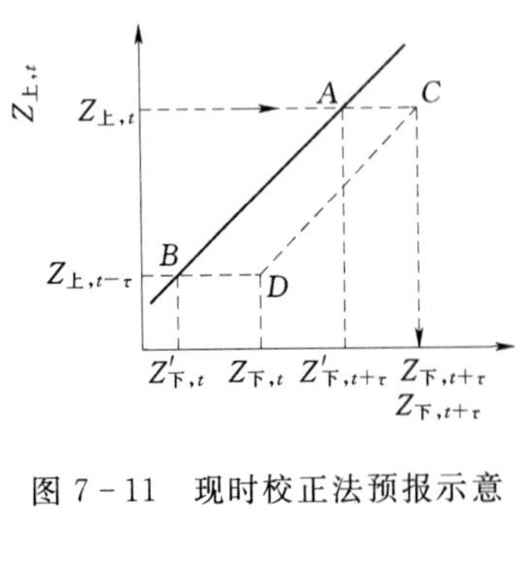

图 7－11　现时校正法预报示意

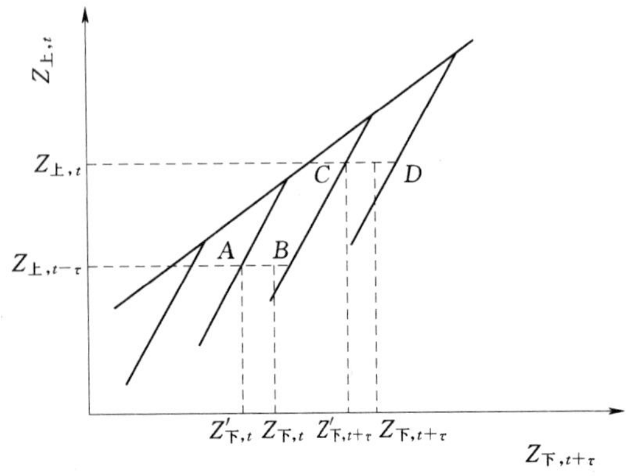

图 7－12　现时校正法应用示意

第二节　合 成 流 量 法

在有支流汇入的河段，若支流来水量大时，干、支流洪水之间干扰不可忽略，若仍采用相应水位（流量）法常难取得满意结果，此时可采用合成流量法制定预报方案。

由河段的相应流量概念和洪水波运动的变形可知，下游站的相应流量为

$$O_t = \sum_{i=1}^{n}[(1+\alpha_i)I_{i,t-\tau_i} - \Delta O_i] \tag{7-16}$$

式中：α_i 为上游各干、支流的区间来水系数；τ_i 为上游各干、支流断面到下游断面的洪水传播时间，h；$I_{i,t-\tau_i}$ 为上游各干、支流断面相应流量，m^3/s；ΔO_i 为上游各干、支流传播流量的变形量，m^3/s；n 为上游干、支流测站数目。

若令各 α_i 相等，ΔO_i 是 I_i 的函数，则上式成为

$$O_t = f(\sum_{i=1}^{n} I_{i,t-\tau_i}) \tag{7-17}$$

式中：$\sum_{i=1}^{n} I_{i,t-\tau_i}$ 是同时到达下游断面的上游各干、支流站相应流量之和，称为合成流量。以式（7-17）为依据建立预报方案称为合成流量法。合成流量法的预见期取决于上游各干、支站中传播时间最短的一个。一般情况下，上游各站中以干流站的流量为最大，从预报精度的要求出发，常常用它的传播时间作为预报方案的预见期。图 7-13 是长江上游干流寸滩站、支流乌江武隆站至长江干流清溪场站的有支流河段预报曲线。

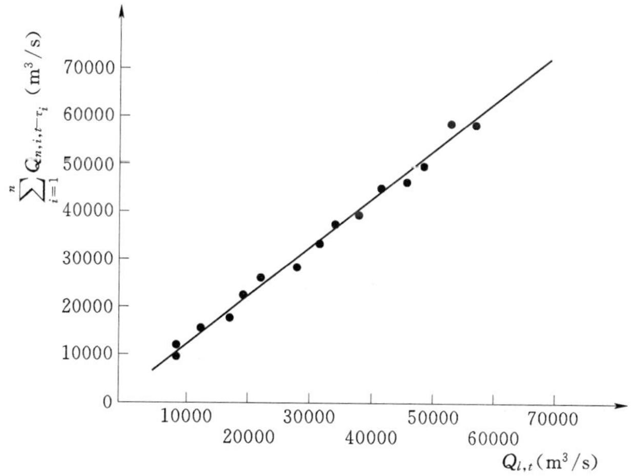

图 7-13　寸滩、武隆（支流）—清溪场合成流量法预报

合成流量法的关键是各 τ_i 值的确定。由于上游来水量大小不同，干、支流涨水不同步，使干、支流洪水波相遇后相互干扰，部分水量被滞留于河槽中，直到总退水时才下泄到下游河道，因而下游站的洪水过程线常显平坦，同上游各站相应流量叠加的过程线不同，这在比降小、河槽宽的平原河流上尤为明显。若用上、下游各站流量过程线的特征点（如峰、谷、转折点等）确定各 τ_i 值就不正确。实际工作中常用两种方法求 τ_i 值：一是按

上、下游站实测流速资料分析计算波速 c_i，则 $\tau_i=L_i/c_i$；二是试错法，假定各 τ_i 值，计算 $\sum_{i=1}^{n}I_{i,t-\tau_i}$ 值，点绘式（7-17）的关系曲线，若点据较密集，所假定的各 τ_i 值即为所求，否则，重新假定各 τ_i 值，直到满足要求为止。上述两种方法都可按流量大小分级定出各 τ_i 值。

第三节　中长期水文预报简介

中长期预报是指预见期较长的预报，一般来说，是指降雨尚未发生、甚至降雨的天气系统尚未形成之前就做出的预测。中长期预报的预见期一般长达数天甚至一年，预报方法不很成熟，目前尚处在探索阶段，主要有以下 3 种方法。

（1）天气学方法。降水是由一定的天气环流形势和天气过程决定的，因此，根据大气环流的历史演变规律，充分利用大气环流资料，寻找前期环流与水文要素之间的关系，由前期大气环流形势预报未来水文要素。

（2）统计学方法。统计学方法就是根据历史资料，运用数理统计方法分析水文要素的统计规律，或分析水文要素与相关因子的统计关系，然后应用这些规律或关系做出预报。主要有以下两种途径：①多因子分析法。把各影响因子作为随机变量，通过统计分析建立这些因子与预报要素之间的统计关系，如一元或多元线性回归分析法、判别分析法、聚类分析法、历史演变法等。②时间序列分析法。把水文要素的历史变化作为离散的平稳随机序列处理，根据它们的变化规律做出外推预测，如线性自回归方法、自回归滑动平均方法及非线性自回归方法等。

（3）天体因素方法。研究表明，地球自转速度、海温、火山爆发、臭氧层的变化、行星运动位置及太阳活动等都对大气运动有一定影响，分析这些因素与水文过程的对应关系也可以对后期的水文要素可能发生的变化做出预测。

一般而言，水文要素值的多年变幅越大，预报误差也越大。

第四节　洪水预报精度评定

由于影响水文要素的因素较多，情况比较复杂，预报的水文特征值与实际的水文特征值总有一定的差别，称这种差别为预报误差。预报误差的大小反映了预报精度。很明显，精度不高的预报作用不大；精度太差的预报，反而会带来损失和危害。因此，在发布水文预报时，对预报精度必须进行评定。

精度评定的目的在于应用预报方案时，了解方案的可靠性以及预报值的精确程度，达到心中有数，以便对预报方案是否可用做出判断；同时通过精度评定，分析存在问题并改进，促进水文预报技术和理论的发展和提高。

洪水预报精度评定包括预报方案精度评定、作业预报的精度等级评定和预报时效等级评定等。评定的项目主要有洪峰流量（水位）、峰现时间、洪量（径流量）和洪水过程等。

洪量（径流量）预报有不同的实现形式，在降雨径流预报中直接预报次洪水的径流量；在预报水库入流量过程时，也就预报了入库洪量；在预报河道洪水流量过程时，也就预报了洪水总量。洪水过程预报是指以固定时段长 Δt 采样，将洪水的变化过程预报出来，过程预报的特点是一次发布多种预见期（Δt，$2\Delta t$，$3\Delta t$，…）的洪水要素预报。由于一次洪水过程预报包括多个不同预见期的水文要素预报，而预见期愈长预报误差一般也愈大，因此，评定过程的预报精度时，其精度都需要与对应的预见期联系起来，一般预报精度评定只对预见期内的预报结果有效，超过洪水预见期的预报结果不作精度评定。

评定和检验都应采取统一的许可误差和有效性标准。评定是对编制方案的全部点据，按其偏离程度确定方案的有效性；然后，用没有参加方案编制的预留系列（资料）对方案进行检验。2000 年水利部颁布的《水文情报预报规范 SL 250—2000》采用以下误差评定方法。

一、误差指标

洪水预报误差指标采用绝对误差、相对误差及确定性系数 3 种。

（1）绝对误差。水文要素的预报值减去实测值为预报误差，其绝对值为绝对误差。多个绝对误差值的平均值表示多次预报的平均误差水平。

（2）相对误差。预报误差除以实测值为相对误差，以百分数表示。多个相对误差绝对值的平均值表示多次预报的平均相对误差水平。

（3）确定性系数。洪水预报过程与实测过程之间的吻合程度可用确定性系数 DC 作为指标。

$$DC = 1 - \frac{\sum_{i=1}^{n}(y_{ci} - y_{0i})^2}{\sum_{i=1}^{n}(y_{0i} - \overline{y})^2} \tag{7-18}$$

式中：y_{ci} 为预报值；y_{0i} 为实测值；$\overline{y}$ 为实测值的均值；n 为实测点数目。

二、许可误差

许可误差是依据预报精度的使用要求和实际预报技术水平等综合确定的误差允许范围。由于洪水预报方法和预报要素的不同，对许可误差的规定亦不同。

（1）洪峰预报许可误差。降雨径流预报以实测洪峰流量的 20%作为许可误差；河道流量（水位）预报以预见期内实测变幅的 20%作为许可误差。当流量许可误差小于实测值的 5%时，取流量实测值的 5%，当水位许可误差小于实测洪峰流量的 5%所相应的水位变幅值或小于 0.10m 时，则以该值作为许可误差。

（2）峰现时间预报许可误差。峰现时间以预报根据时间至实测洪峰出现时间之间时距的 30%作为许可误差，当许可误差小于 3h 或一个计算时段长，则以 3h 或一个计算时段长作为许可误差。

（3）径流深预报许可误差。径流深预报以实测值的 20%作为许可误差，当该值大于 20mm 时，取 20mm；当小于 3mm 时，取 3mm。

（4）过程预报许可误差。过程预报许可误差有以下几项规定。

1）取预见期内实测变幅的 20%作为许可误差，当该流量小于实测值的 5%，水位许可误差小于以相应流量的 5%对应的水位幅度值或小于 0.10m 时，则以该值作为许可误差。

2）预见期内最大变幅的许可误差采用变幅均方差 σ_{Δ}，变幅为零的许可误差采用 $0.03\sigma_{\Delta}$，其余变幅的许可误差按上述两值用直线内插法求出。

当计算的水位许可误差 $\sigma_{\Delta}>1.00\text{m}$ 时，取 1.00m；计算的 $0.3\sigma_{\Delta}<0.10\text{m}$ 时，取 0.10m。算出流量许可误差 $0.3\sigma_{\Delta}$ 小于实测流量的 5%时，以该值作为许可误差。

变幅均方差用下式计算

$$\sigma_{\Delta}=\sqrt{\frac{\sum_{i=1}^{n}(\Delta_i-\overline{\Delta})^2}{n}} \tag{7-19}$$

式中：σ_{Δ} 为预见期内预报要素变幅的均方差；$\Delta_i=y_{t+\Delta t}-y_t$ 为预报要素值在预见期内的变幅；$\overline{\Delta}$ 为变幅的均值；n 为编制方案用的点据数。

三、预报项目的精度评定

（1）合格预报。一次预报的误差小于许可误差时，为合格预报。合格预报次数与总次数之比的百分数为合格率，表示多次预报总体的精度水平。合格率按下式计算

$$QR=\frac{n}{m}\times100\% \tag{7-20}$$

式中：QR 为合格率（取 1 位小数）；n 为合格预报次数；m 为预报总次数。

（2）预报项目精度等级。预报项目的精度按合格率或确定性系数的大小分为 3 个等级，见表 7-2。

表 7-2　预报项目精度等级表

精　度　等　级	甲	乙	丙
合格率（%）	$QR\geqslant85.0$	$85.0>QR\geqslant70.0$	$70.0>QR\geqslant60.0$
确定性系数	$DC\geqslant0.90$	$0.90>DC\geqslant0.70$	$0.70>DC\geqslant0.50$

四、预报方案的精度评定

（1）预报方案包含多个预报项目。当一个预报方案包含多个预报项目时，预报方案的合格率为各预报项目合格率的算术平均值。其精度等级仍按表 7-2 的规定确定。

（2）主要项目合格率低于各预报项目合格率的算术平均值。当主要项目的合格率低于各预报项目合格率的算术平均值时，以主要项目的合格率等级作为预报方案的精度等级。

五、作业预报的精度评定

（1）作业预报精度评定方法。作业预报精度评定方法与预报方案精度评定方法相同。用预报误差与许可误差之比的百分数作为作业预报精度分级指标，划分的精度等级见表 7-3。

表 7-3　作业预报精度等级表

精度等级	优　秀	良　好	合　格	不 合 格
分级指标（%）	分级指标≤25.0	25.0<分级指标≤50.0	50.0<分级指标≤100.0	分级指标>100.0

（2）洪峰预报时效性评定。洪峰预报时效采用时效性系数，即

$$CET=\frac{EPF}{TPF} \tag{7-21}$$

式中：CET 为时效性系数；EPF 为有效预见期，指发布预报时间至本站洪峰出现的时距，h；TPF 为理论预见期，指主要降雨停止或预报依据要素出现至本站洪峰出现的时距，h。洪峰预报时效等级见表 7-4。

表 7-4　　洪峰预报时效等级表

时效等级	甲（迅速）	乙（及时）	丙（合格）
时效性系数	$CET \geq 0.95$	$0.95 > CET \geq 0.85$	$0.85 > CET \geq 0.70$

当 $CET > 1.00$ 时，为超前预报，它是在洪峰预报依据要素尚未出现时发布的洪峰预报。

精度评定后，洪水预报方案精度达到甲、乙两个等级者，可用于正式发布预报；方案精度达到丙级者，可用于参考性预报；丙级以下者，只能用于参考性预报。

习　　题

某河段 2005 年的上、下游站几次相应洪峰水位及传播时间摘录资料如表 7-5 所示。当已知该河段 8 月 10 日 8 时上游站的洪峰水位为 26.00m 时，求下游站的洪峰水位及出现时间。

表 7-5　　某河段上下游站相应洪峰水位及传播时间摘录

上游站洪峰水位				下游站洪峰水位				传播时间 τ (h)
时　间			水位 $Z_上$ (m)	时　间			水位 $Z_下$ (m)	
月	日	时：分		月	日	时：分		
5	28	17：30	22.28	5	29	4：00	8.74	10.50
6	2	1：30	27.38	6	2	8：00	10.10	6.50
6	7	7：30	24.27	6	7	16：00	9.22	9.00
6	16	14：15	23.33	6	16	22：00	8.98	7.75
6	22	0：00	25.16	6	22	6：00	9.35	6.00
6	28	16：45	22.59	6	29	2：00	8.72	9.25
7	14	11：15	23.11	7	14	9：00	8.89	7.75

第八章 水文频率分析计算

水文现象既有必然性的一面，也有偶然性的一面。对于水文现象的必然性，可以通过物理成因分析，将描述现象的数学物理方程列出并求解，即可预测以后任意时刻的状态，水文学中称这种必然性为确定性。对于水文现象的偶然性，表面上看起来好像是无规律可循，但是通过观察并取得了大量的水文信息之后，还是可以找出规律的，即具有统计规律性。例如对河流某一断面而言，年最大洪峰流量、年时段最大洪量和年径流量等。偶然现象由于受到许多因素的影响，每年都不相同，所以是一种随机现象。但多年长期观测的结果却表明，它们的平均值是一个相对稳定的数值，特大或特小值出现的机会都较小，而中等值出现的机会较大。随机现象的这种规律需要从大量的随机现象中统计出来，所以称为统计规律。

研究随机现象统计规律的学科称为概率论，而由随机现象的一部分试验资料去研究总体现象的数字特征和规律的学科称为数理统计。概率论与数理统计是密切相联的，数理统计学必须以概率论为基础，概率论往往把由数理统计所揭示的事实提高到理论认识。由于水文现象具有一定的随机性，而且这种随机性规律需要由大量资料统计出来，因此，用数理统计方法来分析研究这些现象可以认为是符合实际的，也是合理的。数理统计学与水文学的有机结合称为水文统计学。

运用数理统计学的方法研究水文现象的随机性，不仅是合理的，而且也是必要的。例如，设计水库大坝、堤防等水利工程，都需要知道未来洪水大小与发生的可能性等，这些都要求对未来长期的洪水情势作出预估。由于影响因素众多，在目前的科学技术水平下，还不能对某些水文特征值或水文情势作出长期的定量预报，甚至定性预报的可靠性也不很大，因此，只能基于统计规律，运用数理统计学的方法对未来水文情势作出概率预估，以满足工程规划设计的需要。

本节主要讨论水文频率分析计算，重点是水文变量分布（统计）参数的估计。由于在数理统计课程中大多都学过相关分析，所以不再介绍相关分析内容。

第一节 随机变量及其概率分布

一、概率与频率

1. 事件

事件是概率论中最基本的概念之一。所谓事件是指在一定的条件组合下，随机试验的结果。事件可以是数量性质的，如某河流断面处的年最大洪峰流量；也可以是属性性质的，如天气的阴、晴。自然界中的事件可以分为以下三种类型。

（1）必然事件。必然事件是指在一定的条件组合下，不可避免要发生的事件。例如，在洪水通过河流断面时，流量增加、水位上升是必然事件，必然事件发生的概率 $P=1$。

（2）不可能事件。不可能事件是指在一定的条件组合下，肯定不会发生的事件。例如，若在河流上游无人为蓄水阻水、且当洪水来临时，发生断流是不可能事件，不可能事件发生的概率 $P=0$。

（3）随机事件。随机事件是指在一定的条件组合下，可能发生也可能不发生的事件。随机事件通常简称为事件，例如，在流域自然地理条件保持不变的情况下，某河流断面出现年最大洪峰流量可能大于某一个数值，亦可能小于某一个数值，事先既不知道也不能确定，因而它是随机事件，随机事件发生的概率为 $0<P<1$。

必然事件与不可能事件本来没有随机性，但为了阐述问题的方便，总是把它们看成是随机事件的一种特例。

2. 概率与频率

（1）概率。在等可能的条件下，随机事件在试验的结果中可能出现也可能不出现，但其出现（或不出现）的可能性大小有所不同。为了比较随机事件出现的可能性大小，必须要有个数量标准，这个数量标准就是随机事件的概率。随机事件的概率可由下式表示：

$$P(A)=\frac{k}{n} \tag{8-1}$$

式中：$P(A)$ 为在一定的条件组合下，随机事件 A 出现的概率；k 为随机事件 A 出现的结果数；n 为在试验中所有可能出现的结果数。

概率计算式（8-1），只适用于古典型随机事件或古典概型事件。所谓古典概型是指试验的所有可能结果都是等可能的，而且试验的可能结果总数是有限的。事实上，水文现象（事件）一般是不能归结为古典概型事件的。

（2）频率。如果事件 A 在 n 次试验中出现了 m 次，则称

$$W(A)=\frac{m}{n} \tag{8-2}$$

为事件 A 在 n 次试验中出现的频率。

当试验次数 n 不大时，事件 A 出现的频率是很不稳定的，具有明显的随机性。当试验次数无限增大时，事件 A 出现的频率就会稳定在某一个数值附近，与概率之差会达到任意小的程度，即频率趋于概率。频率和概率之间的这种有机联系，给解决实际问题带来很大的方便。当事件（实际问题）不能归结为古典概型时，就可以通过多次试验把事件的频率作为事件概率的近似估计。数学上将这种近似估计而得的概率称为统计概率或经验概率，对于水文现象，我们都是以事件的频率作为概率的近似值。

二、随机变量

若随机事件的试验结果用 X 来表示，则 X 随试验结果的不同而取得不同的数值。在一次试验中，究竟会出现哪一个数值，虽然事先无法知道，但取得哪一个数值却具有一定的概率，我们将这种随试验结果而发生变化的变量 X 称为随机变量。如某随机变量 X，它的各种可能取值为 x ，若有 n 个值，则 $X=x_1$，$X=x_2$，…，$X=x_n$。水文学中习惯将 x_1，x_2，…，x_n 称为系列。随机变量有以下两种类型。

1. 离散型随机变量

若随机变量仅能取得有限个、或可列无穷多个离散数值，则称此随机变量为离散型随

机变量。例如掷一颗骰子，出现的点数只能取得 1、2、3、4、5、6 共六种可能值，而不能取得相邻两数间的任何中间值，也不能取得小于 1 或大于 6 的任何其他值。

2. 连续型随机变量

在一个有限区间内，若随机变量可以取得任何数值，则称此随机变量为连续型随机变量。水文特征值一般都属于连续型随机变量，例如某站年径流量，它的取值范围是大于 0 的任意数，也可以说在大于 0 的区间内任何值都有可能出现。

三、随机变量的概率分布

随机变量虽然可以取得所有可能取值中的任何一个，但它的这种取值是有一定概率大小的，就是说取得每一数值的可能性有所不同，即它的取值与取值概率相对应。一般将这种对应关系称为随机变量的概率分布。

由于连续型随机变量的所有可能取值充满某一区间，有无限多个，另外，连续型随机变量与离散型随机变量还有一个重要区别，离散型随机变量可以有取得个别值的概率，而连续型随机变量取得任何个别值的概率为零，因此，也就无法研究连续型随机变量取个别值的概率，而只能研究某个区间的概率。例如，某河流洪峰流量为 $1000m^3/s$ 发生的概率为 0，而发生大于等于 $1000m^3/s$ 的概率为 5%。

由于以上原因，在分析水文特征值的概率分布时，都是采用超过概率，用 $P(X\geqslant x)$ 表示。超过概率 $P(X\geqslant x)$ 与不及概率 $P(X<x)$ 的关系为

$$P(X\geqslant x)=1-P(X<x) \tag{8-3}$$

显然，随机变量 $X\geqslant x$ 的概率 $P(X\geqslant x)$，随 x 取值的不同而不同，所以 $P(X\geqslant x)$ 是 x 的函数，这个函数就称为随机变量 X 的分布函数，记为 $F(x)$，即

$$F(x)=P(X\geqslant x) \tag{8-4}$$

式（8-4）表示随机变量 X 大于等于某一取值 x 的概率，其几何图形如图 8-1（a）所示。图中纵坐标表示变量 x，横坐标表示概率分布函数值 $F(x)$，该图形在数理统计学中称为随机变量的累积频率曲线，在水文学中称为频率分布曲线，简称分布曲线。

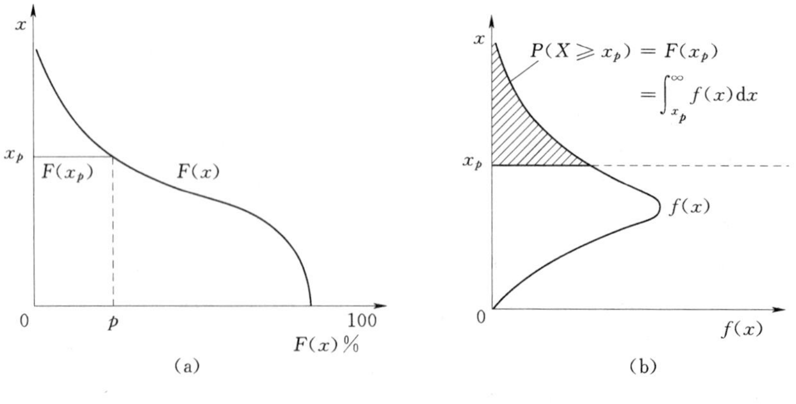

图 8-1　随机变量的概率分布函数和概率密度函数

（a）概率分布函数；（b）概率密度函数

在图 8-1（a）中，当 $x=x_p$ 时，由该分布曲线上查得 $F(x)=P(X\geqslant x_p)=P$，表明

随机变量 X 大于等于 x_p 的可能性是 $P(\%)$。

如果已知随机变量 X 的概率密度函数 $f(x)$，如图 8-1（b）所示，便可通过积分求出 $F(x)$，即

$$F(x) = P(X \geqslant x) = \int_{x}^{\infty} f(x)\mathrm{d}x \tag{8-5}$$

在数理统计中，通常采用不及概率，即

$$F(x) = P(X < x) = \int_{-\infty}^{x} f(x)\mathrm{d}x \tag{8-6}$$

四、随机变量的统计参数

虽然随机变量的概率分布函数或分布曲线比较完整地描述了随机现象，然而在许多实际问题中，随机变量的分布函数是不知道的，也是不易确定的。另外，有时不一定都需要用函数形式来表达随机变量的概率分布，而仅需要知道个别代表性的数值，能说明随机变量的主要特征就可以了，这种代表性数值在统计学上称为随机变量的数字特征。例如，某地的年降水量是随机变量，各年取值不同，有一定的概率分布，但有时只要求了解该地年降水量的大致情况，如多年平均降水量。这种能说明随机变量统计规律的某些数字特征，称为随机变量的统计参数。

水文现象的统计参数能反映其基本的统计规律，而且用几个简明的数字来概括水文现象的基本特性时，既具体又明确。统计参数有总体统计参数与样本统计参数之分，所谓总体是指随机变量所有取值的全体，样本则是从总体中任意抽取的一部分，而样本中所包括的项数则称为样本容量。水文现象的总体是无限的，它是指从古到今乃至未来漫长岁月中的所有水文系列。显然，水文随机变量的总体是无限而且是未知的，这就需要在总体未知的情况下，靠有限的样本（已经观测到的资料系列）去估计总体的统计参数或总体的分布规律。做出这种估计的一个重要途径就是由样本的统计参数来估计总体的统计参数，通常称为参数估计。显然，样本容量越大，对总体的代表越好，对总体参数的估计越可靠。常用以下几种统计参数：

1. 均值

设水文特征值（随机变量）的观测样本为 x_1，x_2，…，x_n，共有 n 项，其均值为

$$\overline{x} = \frac{x_1 + x_2 + \cdots + x_n}{n} = \frac{1}{n}\sum_{i=1}^{n} x_i \tag{8-7}$$

均值表示系列的平均情况，它表明整体水平的高低。例如，甲河年最大洪峰流量的多年平均值为 $Q_{甲}=2000\mathrm{m}^3/\mathrm{s}$，乙河为 $Q_{乙}=200\mathrm{m}^3/\mathrm{s}$，则说明在甲河比在乙河上发生的洪水大。所以均值不仅是分布函数中的一个重要参数，而且是水文现象的一个重要特征值。

上式两边同除以 $\overline{x}$，则得 $\frac{1}{n}\sum\limits_{i=1}^{n}\frac{x_i}{\overline{x}} = 1$，令 $K_i=\frac{x_i}{\overline{x}}$，称为模比系数，由此可得

$$\frac{K_1 + K_2 + \cdots + K_n}{n} = \frac{1}{n}\sum_{i=1}^{n} K_i = 1 \tag{8-8}$$

即模比系数的均值等于 1。模比系数也是随机变量，所以，如果用模比系数 K 表示水文变量时，在分布函数中可以减少一个参数（均值）。

2. 均方差

均值只能反映系列平均水平的高低，不能反映系列的离散程度。例如有两个系列，系列一：5，10，15；系列二：1，10，19，这两个系列的均值相同，都等于10，但其离散程度不同，系列一变化于5～15之间，系列二变化于1～19之间。

考查系列的离散程度是以均值为中心进行衡量的，用离差进行计算。设$\overline{x}$代表均值，则离差为（$x-\overline{x}$）。随机变量的取值有些是大于$\overline{x}$的，有些是小于$\overline{x}$的，故离差有正有负，其平均值近似为零，所以离差平均值对说明系列的离散程度是无效的。为了使离差的正值和负值不相互抵消，取（$x-\overline{x}$）平方的平均值，然后开方取正值，作为离散程度的量化标准，称为均方差，也称标准差。即

$$\sigma=\sqrt{\frac{\sum_{i=1}^{n}(x_i-\overline{x})^2}{n}} \tag{8-9}$$

σ与系列x具有相同的单位。不难看出，如果系列中各项值x_i与$\overline{x}$相差较大，则σ大，表明系列较分散；如果x_i与$\overline{x}$相差较小，则σ小，系列就比较集中。上述两个系列的均方差分别为$\sigma_1=4.08$、$\sigma_2=7.35$，显然系列一比系列二的离散程度小。

3. 变差系数（离势系数）

对于两个系列，如果它们的均值不同，用均方差来比较它们的离散程度就不合适了。例如有两个系列（系列一：5，10，15；均值$\overline{x}_1=10$。系列二：995，1000，1005；均值$\overline{x}_2=1000$），按式（8-9）计算它们的均方差σ都等于4.08，说明这两个系列的绝对离散程度是相同的。但两系列的均值一个是10，另一个是1000，其相对离散程度有很大差别。系列一中的最大值和最小值与均值之差都是5，这相当于均值的5/10；而系列二中的最大值和最小值与均值之差虽然也都是5，但只相当于均值的5/1000。所以，两系列的均值不同，相对离散程度也是不同的。

为了克服用均方差衡量系列离散程度的缺点，采用均方差与均值之比来衡量系列的相对离散程度，称为变差系数（又称离差系数或离势系数）。变差系数无因次，常用C_v表示：

$$C_v=\frac{\sigma}{\overline{x}}=\frac{1}{\overline{x}}\sqrt{\frac{\sum_{i=1}^{n}(x_i-\overline{x})^2}{n}}=\sqrt{\frac{\sum_{i=1}^{n}(K_i-1)^2}{n}} \tag{8-10}$$

从上式可以看出，变差系数C_v可以理解为变量x换算成模比系数K以后的均方差。

在上述两系列中，系列一的$C_v=0.408$，系列二的$C_v=0.00408$，这说明系列一比系列二变化剧烈，离散程度大。

4. 偏态系数

在统计学中常采用偏态系数C_s衡量系列对称程度，表示系列在均值两边分布的对称情况，公式如下：

$$C_S=\frac{\sum_{i=1}^{n}(x_i-\overline{x})^3}{n\sigma^3}=\frac{\sum_{i=1}^{n}(K_i-1)^3}{nC_v^3} \tag{8-11}$$

偏态系数 C_s 也无因次。当系列的数据在$\overline{x}$两边对称分布时，则 $C_s=0$，随机变量大于均值与小于均值出现的机会相等，即均值所对应的频率为 50%，称为正态。当系列在$\overline{x}$两边不对称时，$C_s\neq 0$，若正离差的立方占优势，$C_s>0$，称正偏态，表明随机变量大于均值比小于均值出现的机会小，亦即均值所对应的频率<50%；若负离差的立方占优势时，$C_s<0$，称负偏态，负偏的情况与正偏正好相反，均值所对应的频率>50%。

关于随机变量对称性分布的概念，如果从总体分布密度曲线来看就会更加清楚，如图 8-2 所示。曲线下的面积如以均值$\overline{x}$为界，对 $C_s=0$，左边等于右边；对 $C_s>0$，左边大于右边；对 $C_s<0$，左边则小于右边。

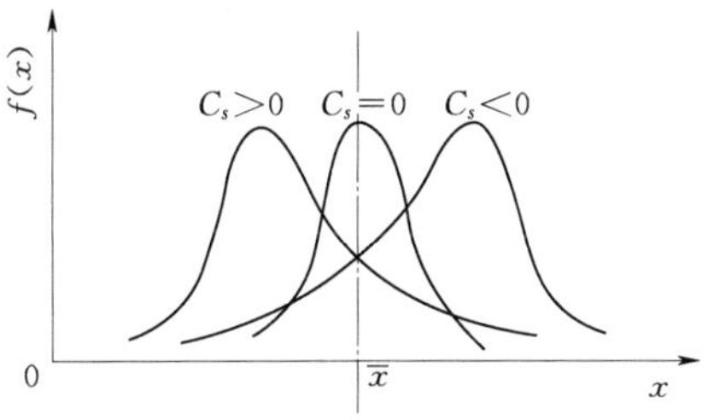

图 8-2　C_s 对密度曲线的影响

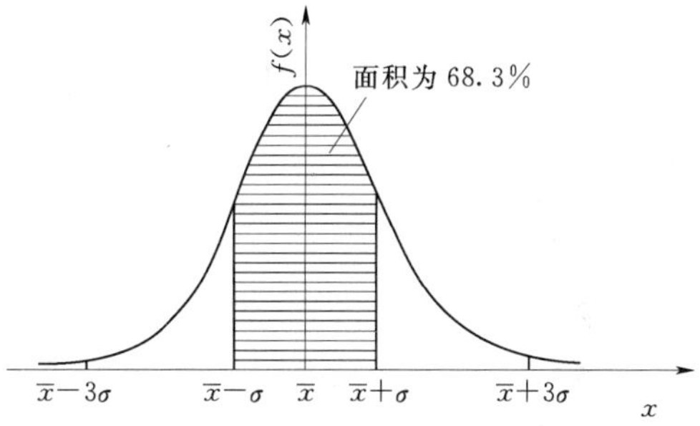

图 8-3　正态分布密度函数曲线

五、随机变量的正态分布

当 $C_s=0$ 时，随机变量的分布是对称的，在统计学中称为正态分布。自然界中的许多随机变量，如测量误差、抽样误差等，都服从或近似服从正态分布。正态分布的密度函数为

$$f(x)=\frac{1}{\sigma\sqrt{2\pi}}e^{-\frac{(x-\overline{x})^2}{2\sigma^2}}\ (-\infty<x<+\infty) \tag{8-12}$$

上式中只包含两个参数，即均值$\overline{x}$和均方差 σ。因此，若随机变量服从正态分布，只要求出它的$\overline{x}$和 σ，则其分布函数便完全确定了，图 8-3 为正态分布的密度函数曲线。

从图 8-3 可以看出，正态分布的密度函数曲线有四个特点：①单峰；②在均值两侧对称，即 $C_s=0$；③曲线的两端趋于±∞，并以 x 轴为渐近线；④密度函数曲线在$\overline{x}\pm\sigma$处出现拐点。可以证明以下关系是成立的：

$$P_\sigma=\frac{1}{\sqrt{2\pi}\sigma}\int_{\overline{x}-\sigma}^{\overline{x}+\sigma}e^{-\frac{(x-\overline{x})^2}{2\sigma^2}}\,dx=0.683$$

$$P_{3\sigma}=\frac{1}{\sqrt{2\pi}\sigma}\int_{\overline{x}-3\sigma}^{\overline{x}+3\sigma}e^{-\frac{(x-\overline{x})^2}{2\sigma^2}}\,dx=0.997$$

以上两式表明，在$\overline{x}\pm\sigma$区间的面积占全面积的 68.3%，在$\overline{x}\pm 3\sigma$区间的面积占全面积的 99.7%。由概率性质可知，正态分布密度曲线与 x 轴所围成的全部面积等于 1。

当$\overline{x}=0$时，则称为标准正态分布，其密度函数为

$$f(x)=\frac{1}{\sigma\sqrt{2\pi}}e^{-\frac{x^2}{2\sigma^2}} \tag{8-13}$$

正态分布曲线在普通格纸上是一条规则的 S 形曲线，曲线在 $P=50\%$两侧的方向虽然

相反，但形状完全一样，通常将它设计成“频率格纸”在水文分析计算中应用。频率格纸横坐标的划分就是将标准正态分布曲线拉成一条直线的原理设计的。这种频率格纸的纵坐标仍是普通分格，但横坐标的分格是不相等的，中间分格较密，越往两端分格越稀，其间距是以 $P=50\%$为中心两边对称，这种频率格纸也称海森频率格纸，见附录 2。

第二节　水文频率分布曲线

水文特征值是随机变量，它服从一定的频率分布，用实测样本资料绘制的频率曲线称为经验频率曲线，选用数学方程式表示的频率曲线称为理论频率曲线。理论频率曲线（分布函数）函数型式的选择主要取决于它与大多数水文资料所确定的经验频率点据的配合情况。

一、经验频率曲线

1. 经验频率计算公式

设水文特征值系列（也称为样本）共有 n 项，按由大到小的顺序排列：$x_1 \geqslant x_2 \geqslant x_3 \geqslant \cdots \geqslant x_m \geqslant \cdots \geqslant x_n$。在系列中，大于等于 x_1 的次数为 1，频率为 $1/n$；大于等于 x_2 的次数为 2，频率为 $2/n$；…；大于等于 x_m 的次数为 m，频率为 m/n，…；大于等于 x_n 的次数为 n，频率为 1（n/n）。因此，系列一般项的经验频率可按下式计算

$$P=\frac{m}{n}\times 100\% \tag{8-14}$$

式中：P 为大于等于 x_m 的经验频率；m 为 x_m 的序号，即大于等于 x_m 的次数；n 为样本容量，即资料系列的总项数。

如果 n 项实测资料就是随机变量的总体，上式是正确的。但是，水文资料的观测年数有限，通过样本来反映总体分布时，式（8-14）就有不合理之处了。例如，当 $m=n$ 时，最末项 x_n 的频率为 $P=100\%$，这意味着样本的末项 x_n 就是总体的最小值，样本之外不会出现比 x_n 更小的值，这显然不符合实际情况。因为随着观测年数的增多，总会有更小的数值出现，因此，有必要选用符合实际的计算公式。

在水文频率分析计算中，我国广泛采用的是数学期望公式，即

$$P=\frac{m}{n+1}\times 100\% \tag{8-15}$$

2. 经验频率曲线的绘制及存在的问题

（1）曲线绘制。现以某站具有 10 年的年最大洪峰流量资料为例（表 8-1），说明经验频率曲线的绘制和使用步骤如下。

①将实测年最大洪峰流量系列填入表 8-1 中第（2）栏；②将第（2）栏的数据按大小递减次序重新排序，填入第（4）栏；③按数学期望公式（8-15）分别计算经验频率，填入第（5）栏；④以第（4）栏为纵坐标，以第（5）栏为横坐标，在频率格纸上点绘经验频率的点据，然后通过目估，过点群中间徒手连成一条光滑曲线，即为该站的年最大洪峰流量经验频率曲线，如图 8-4 所示；⑤根据工程设计标准指定的频率 P，在曲线上查出与 P 相对应 $Q_{m,p}$，即为所求的设计洪峰流量。

表 8-1　某站年最大洪峰流量经验频率计算表

年 份	年最大洪峰流量 Q_m (m^3/s)	序 号	年最大洪峰流量 Q_m (m^3/s)（由大到小排列）	经验频率 P $\left(P=\frac{m}{n+1}\times100\%\right)$
(1)	(2)	(3)	(4)	(5)
1961	720	1	2650	9.1
1962	1080	2	2060	18.2
1963	1030	3	1440	27.3
1964	1250	4	1420	36.4
1965	1440	5	1370	45.5
1966	1420	6	1250	54.5
1967	1120	7	1120	63.6
1968	2060	8	1080	72.7
1969	1370	9	1030	81.8
1970	2650	10	720	90.9

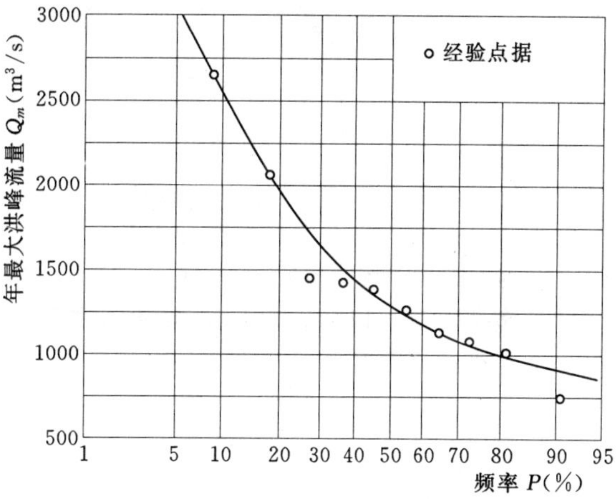

图 8-4　某站年最大洪峰流量的经验频率曲线

经验频率曲线完全是根据实测资料点绘的，绘制在频率格纸的目的是将频率曲线展直一些，便于定线也便于外延。如果将经验频率点据绘在普通方格纸上，频率曲线是一条下凹、弯曲度很大的曲线，它的两端特别陡峭。当实测资料较长或设计标准要求较低时，经验频率曲线尚能解决一些实际问题。但是，洪水设计中往往要推求稀遇频率的洪水，如 $P=1\%$、0.1%，甚至 0.01%。而目前实测资料一般不过几十年，计算的经验频率点据只有几十个，即使利用历史特大值，设计中需要查用的数据往往在经验频率曲线上端的外延部分，由于缺乏实测点据控制，外延时就感到没有把握。所以，就要求将频率曲线变直一些，直线外延总比曲线外延可靠一些。

根据频率格纸设计原理可知，如果所研究的水文变量服从正态分布，就可以使经验频率曲线变成直线。然而，水文变量一般不是正态分布，所以使用频率格纸后仍不会是一条直线，但是可以将曲线的弯曲程度大大加以改善。所以，在频率计算时，一般都是把频率点绘在频率格纸上，如图 8-4 所示。根据频率格纸绘制的频率曲线查设计值就方便多了。

(2) 存在的问题与对策。利用频率格纸对外延问题虽然有所改善，但仍有相当多的主观成分，定线时会因人而异，设计数据的可靠程度受到一定影响。另外，水文要素和分布参数有一定的地区规律性，利用经验频率曲线很难直接把这种规律性进行地区综合，没有这种地区规律性的综合，就不能解决无实测资料流域的水文计算问题。为了解决这些问题，人们就想到利用数学公式去配合经验频率曲线，这种用数学公式表达的频率曲线就是所谓的“理论频率曲线”。因此，使用理论频率曲线可以较好地解决定线、外延及地区综合问题。

二、理论频率曲线

寻求与经验频率曲线配合最好的数学公式，即频率分布线型，一直是水文频率分析计算争论性很强的问题。水文特征值作为随机变量进行统计学的处理已经得到人们的认可，但是它究竟服从何种分布，目前还没有充足的论证，而只能以某种理论线型近似代替。理论线型并不是从水文现象的物理成因推求出来的，而是根据与经验频率点据配合最好的原则，从已知的随机变量分布函数中挑选出来的。迄今为止，国内外采用的理论分布线型已有10余种，根据以往的资料配合情况和工程实践来看，比较符合我国实际水文现象的是皮尔逊—Ⅲ型分布曲线，简称为P—Ⅲ型分布。

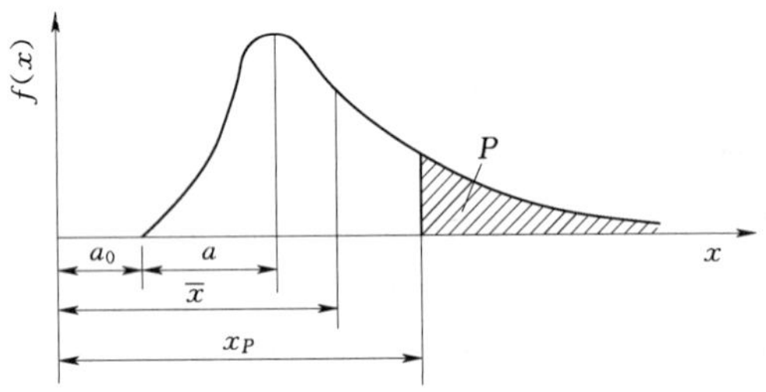

图8-5　P—Ⅲ型概率密度曲线

P—Ⅲ型分布的概率密度曲线是一条一端有限、另一端无限、单峰、正偏态曲线，统计学上称为伽玛分布，如图8-5所示，其概率密度函数为

$$f(x)=\frac{\beta^{\alpha}}{\Gamma(\alpha)}(x-a_0)^{\alpha-1}e^{-\beta(x-a_0)} \tag{8-16}$$

式中：$\Gamma(\alpha)$ 为 α 的伽玛函数；α、β、a_0 为三个参数，函数图形见图8-5。

当三个参数确定以后，密度函数就随之确定了。可以证明，α、β、a_0 与随机变量总体分布的三个统计参数 $\overline{x}$、C_v、C_s 具有下列关系

$$\alpha=\frac{4}{C_s^2}、\beta=\frac{2}{\overline{x}C_vC_s}\text{ 及 }a_0=\overline{x}\left(1-\frac{2C_v}{C_s}\right) \tag{8-17}$$

工程上，一般是需要求出指定频率 P 所对应的随机变量取值 x_p，即求出的 x_p 要满足下式

$$P=P(x\geqslant x_p)=\frac{\beta^{\alpha}}{\Gamma(\alpha)}\int_{x_p}^{\infty}(x-a_0)^{\alpha-1}e^{-\beta(x-a_0)}dx \tag{8-18}$$

从上式可以看出，x_p 取决于频率 P 及 α、β 和 a_0 三个参数，并且当 α、β 和 a_0 三个参数为已知时，则 x_p 只与 P 有关了。而 α、β 和 a_0 与分布参数 $\overline{x}$、C_v、C_s 有关，因此只要三个分布参数已知，x_p 仅与 P 有关，也就是说可以由 P 来计算唯一的 x_p 值。但是，直接积分式（8-18）进行计算非常繁杂，实际做法是通过变量转换来解决。

令

$$\Phi=\frac{x-\overline{x}}{\overline{x}C_v} \tag{8-19}$$

式中：Φ 为离均系数，可以证明其均值为零，均方差为1。

根据式（8-19），则 $x=\overline{x}(1+C_v\Phi)$，$dx=\overline{x}C_vd\Phi$，代入式（8-18）得：

$$P(\Phi \geqslant \Phi_p) = \int_{\Phi_p}^{\infty} f(\Phi, C_s) \mathrm{d}\Phi \tag{8-20}$$

因为$\overline{x}$和 C_v 两个参数都包含在 Φ 中，上式的被积函数只含有一个待定参数 C_s。所以，只要假定一个 C_s 值，便可通过积分式（8-20）求出 P 与 Φ_p 之间的关系。如果给定若干 C_s 值，可以做出 Φ_p 和 P 的对应数值表，见附录 3。在水文频率分析计算时，由已知的 P、C_s 值，查附录 3 得 Φ_p 值，再取不同的 P 值得出不同 Φ_p 值，然后根据已知的$\overline{x}$、C_v 值，利用式（8-21）即可求出与各种频率 P 相对应的 x_p 值。于是，根据 P 和 x_p 值就可以绘制理论频率曲线了。在指定的频率下，根据式（8-19）可得到以下重要的计算公式

$$x_p = \overline{x}(1 + C_v \Phi_p) \tag{8-21}$$

如果三个统计参数已确定，就可以用式（8-21）计算水文设计值。

【例题 1】 已知某河流设计断面的年最大洪峰流量系列的平均值为 1000m³/s，$C_v = 0.5$，$C_s = 1.5$，求 $P = 1\%$的洪峰流量的设计值。

解： 由 $C_s = 1.50$ 及 $P = 1\%$查附录 3 得 $\Phi_p = 3.33$。$P = 1\%$的年最大洪峰流量设计值为：

$$Q_{m,p=1\%} = \overline{Q}_m(1 + \Phi_p C_v) = 1000(1 + 3.33 \times 0.5) = 2665(\mathrm{m^3/s})$$

如果令 $K_p = (1 + C_v \Phi_p)$，式（8-21）就改写为

$$x_p = K_p \overline{x} \tag{8-22}$$

式中：$K_p = x_p / \overline{x}$为指定频率下的模比系数。

当 C_s 等于 C_v 的倍数时，也已制成 P—Ⅲ型分布模比系数 K_p 查用表，见附录 4。在进行频率计算时，由已知的 C_v 及 C_s/C_v 比值，可以从附录 4 中查出与各种频率 P 相对应的 K_p 值，然后再利用式（8-22）计算出各种频率的 x_p 值，也可以绘制理论频率曲线了。

三、频率与重现期的关系

工程上常用重现期代表频率。所谓重现期就是指某随机变量的取值在长时期内平均多少年出现一次，又称“多少年一遇”，用 T 表示。

（1）当研究暴雨或洪水时，一般 $P < 50\%$，则

$$T = \frac{1}{P} \tag{8-23}$$

式中：T 以年计；P 以小数或百分数计。

例如，当设计频率采用 $P = 1\%$时，代入上式得 $T = 100$ 年，则设计洪水就称为百年一遇。

（2）当研究枯水问题时，一般 $P > 50\%$，则

$$T = \frac{1}{1 - P} \tag{8-24}$$

例如，对于 $P = 80\%$的枯水年，由上式算得 $T = 5$ 年，称此为 5 年一遇的枯水，表示小于等于该枯水大概平均 5 年遇上一次。

由于洪水的发生一般并无固定的周期，具有很强的随机性，频率只是多年中的平均出现机会。例如 $P = 1\%$，表示洪水平均每年发生的概率为 1%。重现期也是指在多年中，

平均多少年可以出现一次。例如百年一遇的洪水，是指大于等于这样的洪水在长时期内平均 100 年发生一次，而不能理解为恰好每隔 100 年遇上一次。对于某具体的 100 年来说，超过这样的洪水可能出现几次，也可能一次都不出现。

第三节 皮尔逊—Ⅲ型分布参数估计

水文特征值作为随机变量，其频率分布线型确定后，就需要用统计参数来描述这种分布。由于我们并不知道水文变量的总体，这就需要用有限的样本资料去估计总体分布中的参数，称为参数估计。目前参数估计的方法很多，例如矩法、三点法、权函数法和概率权重矩法等，它们各有优缺点，本节只介绍常用的 2 种方法，即矩法和三点法。由于 P—Ⅲ型频率分布比较适用于我国，应用较为广泛，因此本节的参数估计方法只针对 P—Ⅲ型分布。

一、矩法

因为式（8－7）、式（8－10）及式（8－11）中均有矩计算，通常称为矩法公式。矩法公式适用于估计总体分布的统计参数，它们与样本的同名参数不一定相等。然而，总是希望由样本计算出来的统计参数与总体分布参数更为接近些，因此需将上述公式加以修正，这就是所谓的无偏估计公式，或渐近无偏估计公式。

若$\hat{\theta}$为未知参数 θ 的估计量，且数学期望 $E(\hat{\theta})=\theta$，则称$\hat{\theta}$为 θ 的无偏估计量。

若$\hat{\theta}_n$ 为未知参数 θ 的估计量，且$\hat{\theta}_n$ 与样本容量有关。当 $n\to\infty$时，$\hat{\theta}_n\to\theta$，则称$\hat{\theta}_n$ 为 θ 的渐近无偏估计量。

根据上述定义，可将式（8－7）、式（8－10）及式（8－11）作出如下修正：

$$\overline{x}=\frac{1}{n}\sum_{i=1}^{n}x_i \tag{8-25}$$

$$C_v=\sqrt{\frac{\sum_{i=1}^{n}(K_i-1)^2}{n-1}} \tag{8-26}$$

$$C_s\approx\frac{\sum_{i=1}^{n}(K_i-1)^3}{(n-3)C_v^3} \tag{8-27}$$

以上三式称为无偏估计式。实际上，后两个公式估计出的 C_v 和 C_s 并不是精确的无偏估计公式，仍然是有偏的（渐近无偏）。

必须指出，并不是说用上述无偏估计公式算出来的参数就能代表总体分布参数，而是说用很多个同容量的样本资料，由上述三式计算出来的统计参数的均值，可望等于总体分布参数。在现行水文频率分析计算中，当用矩法估计参数时，都是用式（8－25）及式（8－26）初步估计出均值和变差系数，由于 C_s 的计算误差太大，一般不用公式直接计算，而是假定 C_s 为 C_v 的某一倍数再适线确定。

二、三点法

当资料系列较长时，按无偏估计公式计算$\overline{x}$、C_v 的工作量较大，而三点法就比较简便。因为P—Ⅲ型分布中包含有$\overline{x}$、C_v、C_s三个参数，如果水文变量服从该分布，并且待求的分布曲线已由经验频率点据初步绘出，就可以从该曲线上任取三个点，其坐标为(x_{p_1}, P_1)、(x_{p_2}, P_2)及(x_{p_3}, P_3)，再把这3个点的数值代入式（8-21）中得到3个方程，联立求解3个方程，便可求出三个参数，这就是三点法估计参数的基本思路，具体步骤如下。

先按经验频率点据绘出经验频率曲线，在此曲线上读取三点，并假定这三点就在待求的P—Ⅲ型分布曲线上，将三点数据代入式（8-21），建立三个联立方程如下

$$x_{p_1}=\overline{x}+\sigma\Phi(P_1, C_s)、x_{p_2}=\overline{x}+\sigma\Phi(P_2, C_s)及x_{p_3}=\overline{x}+\sigma\Phi(P_3, C_s)$$

消去均方差σ，得
$$\frac{x_{p1}+x_{p3}-2x_{p2}}{x_{p1}-x_{p3}}=\frac{\Phi(P_1,C_s)+\Phi(P_3,C_s)-2\Phi(P_2,C_s)}{\Phi(P_1,C_s)-\Phi(P_3,C_s)}$$

令$S=\dfrac{x_{p1}+x_{p3}-2x_{p2}}{x_{p1}-x_{p3}}$，称为偏度系数。当$P_1$、$P_2$、$P_3$已定时，$x_{p_1}$、$x_{p_2}$及$x_{p_3}$也已定，$S$为已知。又由于$S$与$C_s$有关，即$S=M(C_s)$，所以已将$S$与$C_s$的函数关系制成表格，见附录5。求得$S$后，查附录5得到$C_s$值。三点法中的$P_2$一般取50%，$P_1$和$P_3$则对称取值，即$P_3=1-P_1$。若系列项数$n$在20左右，可取$P=5\%-50\%-95\%$；若$n$在30左右，则可取$P=3\%-50\%-97\%$。再由以下两式算出$\sigma$和$\overline{x}$：

$$\sigma=\frac{x_{p_1}-x_{p_3}}{\Phi(P_1,C_s)-\Phi(P_3,C_s)} \tag{8-28}$$

$$\overline{x}=x_{p_2}-\sigma\Phi(P_2,C_s)=x_{50\%}-\sigma\Phi_{50\%} \tag{8-29}$$

其中，$\Phi(P_1,C_s)-\Phi(P_3,C_s)$及$\Phi_{50\%}$只与$C_s$有关，其关系也已制成表，见附录6。由前面确定的$C_s$就可确定$\Phi(P_1,C_s)-\Phi(P_3,C_s)$及$\Phi_{50\%}$值，从而可计算出$\sigma$、$\overline{x}$。最后，由$\sigma$和$\overline{x}$便可计算$C_v$值，即$C_v=\dfrac{\sigma}{\overline{x}}$。

三点法虽然简单，但却有弱点，就是难以得到三个点的精确位置。三点坐标一般在目估的经验频率曲线上选取，结果因人而异，也有一定的任意性。

三、抽样误差

作为随机变量，水文特征值的总体有无限多个，而实测资料系列往往仅是一个有限的样本，可看作是随机抽样获取的。由随机抽取的样本来估计总体分布参数总有一定的误差，这种误差与计算误差不同，它是由随机抽样引起的，所以称为抽样误差。以下以矩法的样本均值为例，说明抽样误差的概念和估算方法。

假设从随机变量的总体中随意抽取k个容量相同的样本，分别算出各个样本的均值$\overline{x}_1$，$\overline{x}_2$，$\overline{x}_3$，…，$\overline{x}_k$，这些均值对总体均值$\overline{x}_总$的抽样误差为$\Delta\overline{x}_i=\overline{x}_i-\overline{x}_总$（$i=1, 2, \cdots, k$）。抽样误差$\Delta\overline{x}_i$有大有小，有正有负，而且出现机会不同，即每一数值都有一定的概率，也就是说它也是随机变量，因而样本均值$\overline{x}_i$也是随机变量，因为它们相差一个常数$\overline{x}_总$。既然$\Delta\overline{x}$是随机变量，也就有其分布，我们称之为抽样分布。由误差理论可知，抽样分布近似服从正态分布，因此，$\overline{x}$的抽样分布与$\Delta\overline{x}$的分布相同，也近似服从正态分布。

当样本个数k很多时，可以证明均值抽样分布的数学期望就是总体的均值$\overline{x}_总$。因此，可以用抽样分布中的均方差$\sigma_{\overline{x}}$作为度量抽样误差的指标，$\sigma_{\overline{x}}$大表示抽样误差大，$\sigma_{\overline{x}}$小表示

抽样误差小。为区别起见，把这个均方差 $\sigma_{\overline{x}}$ 称为样本均值的均方误。

由正态分布的性质可知：$P(\overline{x}_{总}-\sigma_{\overline{x}}\leqslant\overline{x}\leqslant\overline{x}_{总}+\sigma_{\overline{x}})=68.3\%$

$P(\overline{x}_{总}-3\sigma_{\overline{x}}\leqslant\overline{x}\leqslant\overline{x}_{总}+3\sigma_{\overline{x}})=99.7\%$

也就是说，如果随机抽取一个样本，以此样本的均值作为总体均值的估计值，则误差不超过 $\sigma_{\overline{x}}$ 的可能性有 68.3%，误差不超过 $3\sigma_{\overline{x}}$ 的可能性有 99.7%。

以上结论也同样适用于其他样本参数。如 σ、C_v 和 C_s 的抽样误差也分别用 σ_σ、σ_{Cv} 和 σ_{C_s} 来度量，则它们分别表示 σ、C_v 和 C_s 的抽样均方误。由统计学理论可推导出各参数的均方误公式，它们都与总体分布函数形式有关。

当总体为 P—Ⅲ型分布、且用矩法公式估计时，样本参数的均方误公式如下

$$\sigma_{\overline{x}}=\frac{\sigma}{\sqrt{n}} \tag{8-30}$$

$$\sigma_\sigma=\frac{\sigma}{\sqrt{2n}}\sqrt{1+\frac{3}{4}C_s^2} \tag{8-31}$$

$$\sigma_{C_v}=\frac{C_v}{\sqrt{2n}}\sqrt{1+2C_v^2+\frac{3}{4}C_s^2-2C_vC_s} \tag{8-32}$$

$$\sigma_{C_s}=\sqrt{\frac{6}{n}\left(1+\frac{3}{2}C_s^2+\frac{5}{16}C_s^4\right)} \tag{8-33}$$

上述误差公式，只是许多容量相同样本误差平均情况的计算值，至于某个具体样本的实际误差可能小于该值，也可能大于该值，并不是用公式所能计算的，具体样本的实际误差与样本对总体的代表性有关。表 8-2 列出了 P—Ⅲ型分布当 $C_s=2C_v$ 时各统计参数的抽样误差。从表中可以看出，样本均值 $\overline{x}$ 和变差系数 C_v 的均方误相对较小，而偏态系数 C_s 的均方误则很大。例如，当 $n=100$ 时，C_s 的相对误差在 40%～126%之间，当 $n=10$ 时，则 C_s 的相对误差在 126%以上，超出了 C_s 本身的数值。在水文设计中，一般资料系列都少于 100 年，由资料直接根据矩法公式计算 C_s 的相对误差太大，难以满足实际要求。因此，实际工作中，一般不直接使用矩法估算的参数，而是广泛采用适线法。

表 8-2　样本统计参数的均方误（相对误差，%）

参数	$\overline{x}$				C_v				C_s			
C_v \ n	100	50	25	10	100	50	25	10	100	50	25	10
0.1	1	1	2	3	7	10	14	22	126	178	252	390
0.3	3	4	6	10	7	10	15	23	51	72	102	162
0.5	5	7	10	16	8	11	16	25	41	58	82	130
0.7	7	10	14	22	9	12	17	27	40	56	80	126
1.0	10	14	20	23	10	14	20	32	42	60	85	134

第四节　适线法估计参数

目前推求符合一定频率的水文特征值，均采用适线法（也称配线法），适线法的实质

就是正确地估计出总体的三个分布参数$\overline{x}$、C_v 及 C_s。因为有了这三个参数，符合一定频率的水文设计值也就确定了。

一、目估适线法

目估适线法是以经验频率点据为基础，给它们选配一条符合较好的理论频率曲线，并以此来估计水文特征值的总体分布参数并确定设计值。目估适线法能综合体现水文专家或适线人员的经验和科学判断，可以看作是一种考虑多种因素影响的综合寻优的方法，但常常因人而异，选配的曲线有一定的差别。该法具体步骤如下。

(1) 将实测资料系列由大到小排列，计算各项的经验频率，点绘在频率格纸上。

(2) 假定一组参数$\overline{x}$、C_v 和 C_s。为了避免盲目性，可用矩法或三点法初步估计三个参数，作为第一次$\overline{x}$、C_v 和 C_s 的假定值。当采用矩法计算时，因 C_s 的抽样误差太大，一般是根据经验假定 C_s 为 C_v 的某一倍数。如，当 $C_v<0.5$ 时，一般取 $C_s=(3\sim4)C_v$；当 $0.5<C_v\leqslant1.0$ 时，$C_s=(2.5\sim3.5)C_v$；$C_v>1.0$ 时，$C_s=(2\sim3)C_v$。

(3) 根据假定的$\overline{x}$、C_v 和 C_s，查附录 3 得 Φ_p，或附录 4 得 K_p，再用式（8-21）或式（8-22）计算 x_p 值。以 x_p 为纵坐标、P 为横坐标点绘在有经验频率点据的同一频率格纸上，即可得到理论频率曲线；然后，观察其与经验频率点据的配合情况，若不理想，则调整假定的参数（主要调整 C_v 以及 C_s）再次进行计算、点图、观察。这样反复几次配线，最终可以获得配合较理想的理论频率曲线，作为采用曲线。相应于该曲线的统计参数可认为是对总体参数的最佳估计值，也就是最终采用的分布参数。

(4) 根据确定采用的统计参数，查图或计算求出指定频率的设计值。

要注意的是，当 $P<50\%$时，适线时应尽量照顾中上部的经验点据，尤其是为首的几个特大值要慎重对待，既不要机械地通过，也不可无视特大值的作用；当 $P>50\%$时，适线时要尽量照顾中下部的点据。

二、优化适线法

优化适线法是在一定的适线准则下（即目标函数），求解与经验频率点据拟合最优的分布参数。随着计算机的普及，带有一定准则的计算机优化适线法也常为许多设计单位使用，优化适线法按不同的适线准则分为三种：离差平方和最小准则（OLS）、离差绝对值和最小准则（ABS）、相对离差平方和最小准则（WLS）。

以离差平方和最小准则为例：离差平方和最小准则的适线法又称最小二乘估计法。对频率曲线统计参数的最小二乘估计就是使经验频率点据和同频率的理论频率曲线纵坐标之差的平方和达到最小。对于 P—Ⅲ型曲线，使目标函数 $S(Q)=\sum_{i=1}^{n}[x_i-f(P_i,Q)]^2(i=1,2,\cdots,n)$ 取得极小值，即 $S(\hat{Q})=\min S(Q)$。式中：Q 为参数（$\overline{x}$、C_v、C_s）；$\hat{Q}$ 为参数 Q 的最小二乘估计；P_i 为频率；n 为系列长度。$f(P_i, Q)$ 为理论频率曲线纵坐标，一般可写成$f(P_i, Q)=\overline{x}(1+C_v\Phi_p)$；$\Phi_p$ 为离均系数，是频率 P_i 和 C_s 的函数。

在参数优选时，一般采用两参数优选，即认为按矩法计算的均值误差较小，可作为最佳估计值，不再优选，因而只须优选 C_v 和 C_s。欲使 $S(Q)$ 为最小，可将 S 对 Q 求偏导数，并使之等于 0，即：$\frac{\partial S(\hat{Q})}{\partial Q}=0$。采用优选搜索的方法求解上述正规方程组，即设若

干个 C_s 分别计算 S 值，再得相应的 C_v 值，如果算出的 S 值尚未达到最小（指事先拟定的精度指标），则需继续搜索，直到取得最小值为止。

当使用计算机进行优化配线时，按照适线准则，虽然能使误差最小，但不能考虑各经验频率点据的资料精度。

三、分布参数对频率曲线的影响

为了克服在适线中调整参数的盲目性，需要了解分布参数对频率曲线的影响，以便有针对性地调整参数。

1. 均值 $\overline{x}$ 的影响

当另外两个参数 C_v 和 C_s 不变时，由于均值 $\overline{x}$ 的不同，可以使频率曲线发生很大的变化。设 $C_v=0.5$、$C_s=1.0$，将 $\overline{x}$ 分别为 50、75、100 的三条 P—Ⅲ型频率曲线绘于同一图中，如图 8-6 所示。从图中可以看出下列两条规律：①C_v 和 C_s 相同时，由于均值不同，频率曲线的位置也不同，均值大的频率曲线位于均值小的频率曲线之上；②均值大的频率曲线比均值小的频率曲线陡。

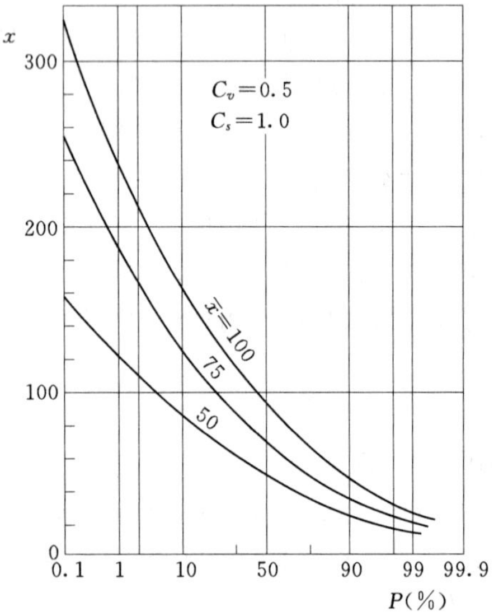

图 8-6　$\overline{x}$ 值对频率曲线的影响

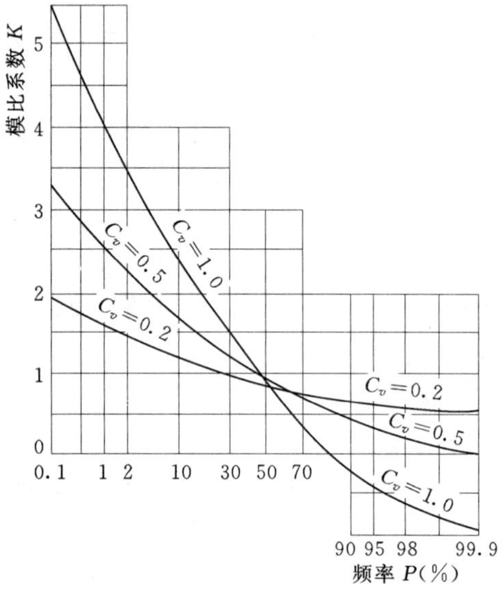

图 8-7　C_v 值对频率曲线的影响（$C_s=1.0$）

2. 变差系数 C_v 的影响

为了消除均值的影响，以模比系数 K 为变量绘制频率曲线，如图 8-7 所示。图中 $C_s=1.0$。当 $C_v=0$ 时，说明随机变量的取值都等于均值，故频率曲线为 $K=1$ 的一条水平线。C_v 越大，说明随机变量相对于均值越离散，因而，频率曲线越偏离 $K=1$ 的水平线。随着 C_v 的增大，频率曲线的偏离程度也随之增大，显得越来越陡。

3. 偏态系数 C_s 的影响

图 8-8 为 $C_v=0.1$ 时，各种不同的 C_s 值对频率曲线的影响。从图中可以看出，正偏情况下，C_s 越大时，均值（即图中 $K=1$）对应的频率越小，频率曲线的中部越向左偏，且上段越陡，下段越平缓。

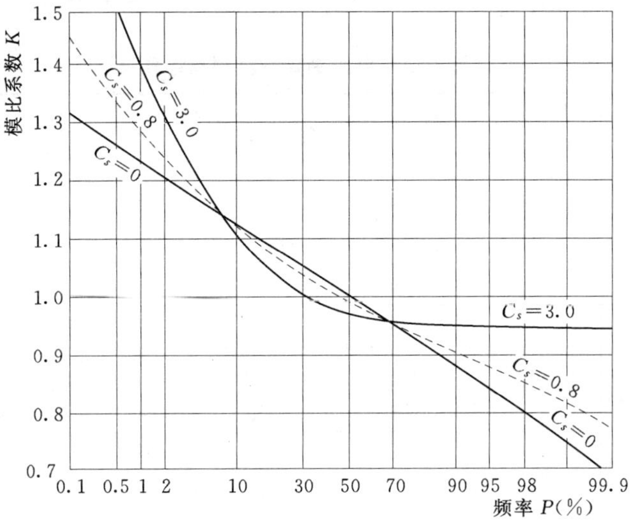

图 8-8　C_s 值对频率曲线的影响（$C_v=0.1$）

【例题 2】 已知某河流断面有实测 21 年的年最大洪峰流量资料系列，列于表 8—3 中的第（1）、（2）栏。根据该资料，试用矩法初步估计参数进行适线，推求百年一遇的洪峰流量。

解：（1）点绘经验频率曲线。将原始资料按由大到小顺序排列，列入第（4）栏；用式（8-15）计算经验频率，列入第（8）栏，并将第（4）栏与第（8）栏的对应数值点绘于频率格纸上，见图 8-9。

（2）按无偏估计公式计算统计参数。$\overline{Q}=\frac{1}{n}\sum_{i=1}^{n}Q_i=\frac{26170}{21}=1246(\mathrm{m^3/s})$，$C_v=\sqrt{\frac{\sum_{i=1}^{n}(K_i-1)^2}{n-1}}=\sqrt{\frac{4.2423}{21-1}}=0.46$，其中，$K_i=\frac{Q_i}{\overline{Q}}$为各项的模比系数，列于第（5）栏。

（3）适线。$\overline{Q}=1246\mathrm{m^3/s}$，取 $C_v=0.5$，并假定 $C_s=2C_v=1.0$，查附录 4，得出不同频率 P 的 K_p 值，列入表 8-4 第（2）栏，乘以$\overline{Q}$得相应的 Q_p 值，列入表 8-4 第（3）栏。依据表 8-4 中第（1）、（3）两栏的对应数值点绘理论频率曲线，发现理论频率曲线的中段与经验频率点据配合较好，但上部偏于经验频率点据的下方，而尾部又偏于经验频率点据的上方。所以，应调整参数重新适线。

（4）调整参数。由第一次适线结果表明，需要增大 C_v 值。现取 $C_v=0.6$，$C_s=2C_v=1.2$，再查附录 4，得不同 P 的 K_p 值，并计算各 Q_p 值，列于表 8-4 第（4）、（5）栏，将（1）、（5）两栏的数据再次点绘理论频率曲线并与经验频率点据比较，发现头部配合较好，但尾部比经验频率点据偏低较多。再次调整参数，第三次适线。在第二次适线的基础上，为了与经验频率点据配合最好，要使尾部抬高一些，需要增大 C_s 值。因此，取 $C_v=0.6$，$C_s=2.5C_v=1.5$，查附录 4 再重复上述计算，再次点绘理论频率曲线，发现与经验频率点据配合较好，即作为采用的理论频率曲线，如图 8-9 所示。

（5）推求洪峰流量设计值。用 $P=1\%$ 查图 8-9，或计算得 $Q_p=3738m^3/s$。

表 8-3　某河流断面年最大洪峰流量频率计算表

年份	洪峰流量 Q_i (m^3/s)	序号	大到小排列 Q_i (m^3/s)	模比系数 K_i	K_i-1	$(K_i-1)^2$	$P=\frac{m}{n+1}$ (%)
(1)	(2)	(3)	(4)	(5)	(6)	(7)	(8)
1945	1540	1	2750	2.20	1.20	1.44	4.6
1946	980	2	2390	1.92	0.92	0.846	9.0
1947	1090	3	1860	1.49	0.49	0.240	13.6
1948	1050	4	1740	1.40	0.40	0.160	18.2
1949	1860	5	1540	1.24	0.24	0.0576	22.7
1950	1140	6	1520	1.22	0.22	0.0484	27.3
1951	790	7	1270	1.02	0.02	0.0004	31.8
1952	2750	8	1260	1.01	0.01	0.0001	36.4
1953	762	9	1210	0.971	−0.029	0.0008	40.9
1954	2390	10	1200	0.963	−0.037	0.0014	45.4
1955	1210	11	1140	0.915	−0.085	0.0072	50.0
1956	1270	12	1090	0.875	−0.125	0.0156	54.6
1957	1200	13	1050	0.843	−0.157	0.0246	59.1
1958	1740	14	1050	0.843	−0.157	0.0246	63.6
1959	883	15	980	0.786	−0.214	0.0458	68.2
1960	1260	16	883	0.708	−0.292	0.0853	72.7
1961	408	17	794	0.637	−0.363	0.1318	77.3
1962	1050	18	790	0.634	−0.366	0.1340	81.8
1963	1520	19	762	0.611	−0.389	0.1513	86.4
1964	483	20	483	0.388	−0.612	0.3745	90.9
1965	794	21	408	0.327	−0.673	0.4529	95.4
总计	26170		26170	21.001	+3.500 −3.499	4.2423	

表 8-4　三次适线计算表

频率 P (%)	第一次配线 $\overline{Q}=1246$，$C_v=0.5$ $C_s=2C_v=1.0$		第二次配线 $\overline{Q}=1246$，$C_v=0.6$ $C_s=2C_v=1.2$		第三次配线 $\overline{Q}=1246$，$C_v=0.6$ $C_s=2.5C_v=1.5$	
	K_p	Q_p	K_p	Q_p	K_p	Q_p
(1)	(2)	(3)	(4)	(5)	(6)	(7)
1	2.51	3127	2.89	3601	3.00	3736
5	1.94	2417	2.15	2674	2.17	2704

续表

频率 P (%)	第一次配线		第二次配线		第三次配线	
	$\overline{Q}=1246$，$C_v=0.5$ $C_s=2C_v=1.0$		$\overline{Q}=1246$，$C_v=0.6$ $C_s=2C_v=1.2$		$\overline{Q}=1246$，$C_v=0.6$ $C_s=2.5C_v=1.5$	
	K_p	Q_p	K_p	Q_p	K_p	Q_p
10	1.67	2081	1.80	2248	1.80	2240
20	1.38	1719	1.44	1792	1.41	1762
50	0.92	1146	0.88	1096	0.86	1067
75	0.64	791	0.56	693	0.56	700
90	0.44	542	0.35	431	0.39	483
95	0.34	424	0.25	312	0.32	401
99	0.21	255	0.13	162	0.24	304

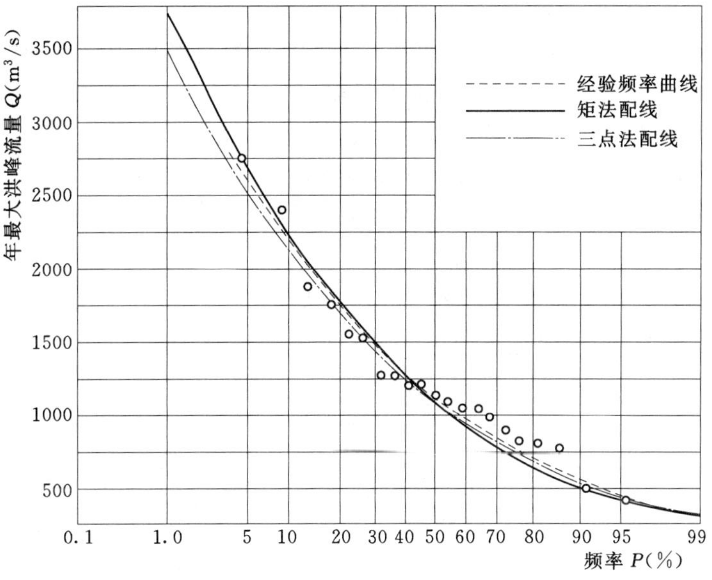

图 8-9　年最大洪峰流量频率适线

【例题 3】 采用上例中的资料系列，按三点法初选参数并进行适线，推求设计值。

解：(1) 将表 8-3 中的第 (4)、(8) 栏数据点绘于频率格纸上，目估定出一条经验频率曲线，见图 8-9 中的虚线。

(2) 从经验频率曲线上取三点，$Q_{5\%}=2600\text{m}^3/\text{s}$，$Q_{50\%}=1100\text{m}^3/\text{s}$，$Q_{95\%}=408\text{m}^3/\text{s}$。

求出：$S=\dfrac{Q_{5\%}+Q_{95\%}-2Q_{50\%}}{Q_{5\%}-Q_{95\%}}=\dfrac{2600+408-2\times1100}{2600-408}=0.369$

当 $S=0.369$ 时，查附录 5 得 $C_s=1.31$。当 $C_s=1.31$ 时，再查附录 6 得 $\Phi_{50\%}=-0.209$，$\Phi_{5\%}-\Phi_{95\%}=3.146$，代入式 (8-28) 计算均方差，$\sigma=\dfrac{Q_{5\%}-Q_{95\%}}{\Phi_{5\%}-\Phi_{95\%}}=\dfrac{2600-408}{3.146}=696.8$。代入式 (8-29) 计算均值 $\overline{Q}=Q_{50\%}-\sigma\Phi_{50\%}=1100-696.8\times(-0.209)=1246(\text{m}^3/\text{s})$。最

后计算变差系数 $C_v=\frac{\sigma}{\overline{Q}}=\frac{696.8}{1246}=0.56$。

(3) 取 $\overline{Q}=1246m^3/s$，$C_v=0.55$，$C_s=2.5C_v=1.375$ 进行适线，如图 8—9 所示。由于该线与经验频率点据配合较好，故取作最后的成果。用 $P=1\%$ 查图（或计算），得对应的洪峰流量设计值为 $3500m^3/s$，该结果与上例略有差别。假如配合不理想，则需调整参数重新适线，直到配合理想为止，具体步骤与算法与例题 2 相同。

习　　题

1. 思考题。(1) 为什么要使用频率格纸？(2) 为什么要采用理论频率曲线？(3) 三个统计参数对分布曲线有什么影响？(4) 总体分布参数与样本统计参数有何不同？(5) 中水年（$P=50\%$）的设计值与均值是否相等？在什么条件下两者相等？(6) 如何用适线法进行参数估计？

2. 某河流断面设计洪水频率为 1%，设计年径流保证率为 90%，试分别计算其重现期。

3. 某站年雨量资料系列符合 P—Ⅲ型分布，经频率计算已求得系列的统计参数分别为 $\overline{p}=900mm$，$C_v=0.2$，$C_s=0.6$，试推求百年一遇（$P=1\%$）的年雨量。

4. 设有一组数据，300、200、185、165、150，试用无偏估计公式计算均值、变差系数及偏态系数，并指出该系列是正偏、负偏还是正态分布？

5. 某水库洪水设计频率为 2%，试计算该水库连续 20 年都安全的概率有多大？风险率有多大？

6. 根据某水文站 30 年的年平均流量资料如表 8-5 所示，试计算其经验频率、均值、变差系数，并用适线法推求保证率为 85%的设计年径流量。

表 8-5　　某水文站历年年平均流量资料

年　份	1965	1966	1967	1968	1969	1970	1971	1972	1973	1974	1975	1976	1977	1978	1979
流量 (m^3/s)	1676	601	562	697	407	2259	402	777	614	490	990	597	214	196	929
年　份	1980	1981	1982	1983	1984	1985	1986	1987	1988	1989	1990	1991	1992	1993	1994
流量 (m^3/s)	1828	343	413	493	372	214	1117	761	980	1029	1463	540	1077	571	1995

第九章　设计年径流分析计算

第一节　年径流分析与设计保证率

在一个年度内，通过河流某一断面的水量称为该断面以上流域的年径流量，年径流量可以用年径流总量、年平均流量、年径流深及年径流模数等特征值来表示。年径流量的多年平均值叫做多年平均年径流量，它是反映河川径流蕴藏量的一个重要水文特征值。

在水文年鉴中，年径流量是以日历年统计的，而在水文计算中，通常是按水文年度或水利年度进行统计计算。水文年度的起止日期是根据水文现象的循环变化规律来划分的，在我国南方，水文年度从一年的雨季来临河水上涨开始，到次年的汛期来临前结束；对于北方春汛河流，则以融雪情况来划分水文年度。水利年度是以水库蓄泄周期来划分的。

一、年径流分析

1. 年径流的变化特性

通过对信息的采集和处理，可以得到实测年径流量。将实测值按年代顺序点绘，便得到年径流量过程线图，通过对许多站年径流过程线图的观察和分析，可以看出年径流变化的一些特性。

（1）年径流具有大致以年为周期的丰枯交替变化的规律，但各年丰、枯季有长有短，发生时间有早有迟，水量也有大有小，基本上年年不同，从不重复，具有偶然性质。

（2）年径流的年际间变化很大，年平均流量接近多年平均流量的年份称为中水年（或平水年），远大于多年平均流量的年份称为丰水年，远小于多年平均流量的年份称为枯水年。有些河流丰水年径流量可达平水年的 2～3 倍，枯水年径流量仅为平水年的 1/10～1/5。我国一些主要河流实测最丰年的年平均流量与最枯年的年平均流量的变幅见表 9-1。为了便于相互比较，表中采用最丰年模比系数 $K_丰$ 和最枯年模比系数 $K_枯$ 表示。

$$K_丰=\frac{Q_丰}{\overline{Q}} \qquad K_枯=\frac{Q_枯}{\overline{Q}} \tag{9-1}$$

式中：$\overline{Q}$为多年平均流量，m^3/s。

表 9-1　　我国部分河流最丰水年与最枯水年的年径流模比系数对照表

河名	测站	流域面积 F (km^2)	资料年数 n (年)	多年平均流量$\overline{Q}$ (m^3/s)	最丰水年模比系数 $K_丰$	最枯水年模比系数 $K_枯$
松花江	哈尔滨	390526	78	1190	2.252	0.325
滦河	滦县	44100	41	148	2.736	0.343
黄河	陕县	687869	40	1350	1.548	0.470
	三门峡	688421	21	1280	1.695	0.566

续表

河名	测站	流域面积 F (km²)	资料年数 n (年)	多年平均流量 $\overline{Q}$ (m³/s)	最丰水年模比系数 $K_{丰}$	最枯水年模比系数 $K_{枯}$
淮河	蚌埠	121330	39	788	5.563	0.108
长江	宜昌	1005501	100	14300	1.273	0.741
	汉口	1488036	113	23400	1.329	0.615
嘉陵江	北碚	157900	39	2110	1.479	0.540
湘江	湘潭	81638	30	2040	1.475	0.436
汉江	黄家港	95217	38	1230	2.041	0.362
赣江	外洲	80948	30	2090	1.622	0.359
闽江	竹岐	54500	42	1750	1.526	0.486

年径流的年际变化还可以用变差系数来表示。我国年径流量的变差系数 C_v 的地区分布大致如下：江淮丘陵和秦岭一线以南，C_v 在 0.5 以下，其中两湖盆地以南一般在 0.3～0.4 之间，湖北西部山区、贵州大部和广西北部一般在 0.3 以下；云南中部四川盆地，C_v 一般超过 0.5；淮河流域大部分地区 C_v 在 0.6～0.8 之间；华北平原可超过 1.0，部分河流达 1.4 以上，是我国年径流 C_v 值最大的地区；东北地区山地 C_v 较小，一般在 0.5 以下，而松辽平原、三江平原则较大，在 0.8 以上；黄河流域（除甘肃北部、宁夏及内蒙古境内）C_v 一般均在 0.6 以下；内陆河流域，天山西段、祁连山区 C_v 最小，在 0.2 左右，天山东段、阿尔泰山在 0.3～0.5 之间；内蒙古高原西部一般大于 1.0。

（3）年径流量在多年变化中有丰水年组和枯水年组交替出现的现象。例如黄河陕县站曾出现过连续 11 年（1922～1932 年）的枯水年组，而 1935～1949 年则基本上是丰水年组。松花江哈尔滨站 1898～1928 年基本上是枯水年组，这一段的平均年径流量比正常年份少 40%，以后出现连续 7 年（1960～1966 年）的丰水年组，这段的平均年径流量比多年平均值多 32%。浙江新安江水电站在建成后也出现过连续 13 年（1956～1968 年）的枯水年组，影响了电站的正常运行。

2. 年径流的影响因素

了解影响年径流量的因素，对年径流量的分析与计算具有重要的意义，尤其当径流资料短缺时，更为重要。当具有短期实测径流资料时，常常需要利用年径流量与影响因素之间的相关关系，来插补、展延径流量资料。同时通过进行年径流量影响因素的研究，也可对计算成果作分析论证。

研究影响年径流量的因素，可从流域水量平衡方程着手。以年为时段的流域水量平衡方程式为 $R=P-E-\Delta u-\Delta w$，由式可见，年径流深 R 取决于年降水量 P、年蒸发量 E、时段始末的流域蓄水变化量 Δu 和流域之间的交换水量 Δw 四项因素。前两项属于气候因素，后两项属于下垫面因素以及人类活动因素。当流域完全闭合时，$\Delta w=0$，影响因素只有 P、E 和 Δu 三项。

（1）气候因素。在气候因素中，年降水量与年蒸发量对年径流量的影响程度随地理位置的不同而有差异。在湿润地区，降水量较多，其中大部分形成了径流，年径流系数较大，年降水量与年径流量之间具有较密切的关系，说明年降水量对年径流量起着决定性作用，而流域蒸发的作用就相对较小。在干旱地区，降水量较少，且极大部分消耗于蒸发，年径流系数很小，年降水量与年径流量的关系不很密切，年降水量和年蒸发量都对年径流量起作用。以冰雪补给为主的河流，其年径流量的大小主要取决于前一年的降雪量和当年的气温。

（2）下垫面因素。流域的下垫面因素包括地形、植被、土壤、地质、湖泊、沼泽、流域大小等。这些因素主要从两方面影响年径流量，一是通过流域蓄水变化量 Δu 影响年径流量的变化；二是通过对气候因素的影响间接地对年径流量发生作用。

如地形主要通过对降水、蒸发、气温等气候因素的影响间接地对年径流量发生作用。地形对降水的影响，主要表现在山地对气流的抬升和阻滞作用，使迎风坡降水量增大。增大的程度主要随水汽含量和抬升速度而定。地形对蒸发也有影响，一般气温随地面高程的增加而降低，因而使蒸发量减少。所以，高程的增加通过对降水和蒸发的影响，将使年径流量随高程的增加而增大。

又如湖泊对年径流量的影响，一方面表现为湖泊增加了流域内的水面面积，由于水面蒸发往往大于陆面蒸发，因而增加了蒸发量，从而使年径流量减少；另一方面，湖泊的存在增加了流域的调蓄作用，巨大的湖泊不仅会调节径流的年内变化，还可调节径流的年际变化，从而影响 Δu 值。

再如流域大小对年径流的影响，主要表现为对流域蓄水量的调节作用而影响年径流量的变化。一般随着流域面积的增大，流域的地面与地下蓄水能力相应加大。

（3）人类活动因素。人类活动对年径流量既有直接影响也有间接影响。如将本流域的水量跨流域引到另一个流域，直接减少本流域的年径流量；如为通过增加流域储水量和流域蒸发量来减少流域的年径流量；如修水库、塘堰、旱地改水田、坡地改梯田、植树造林等，都将使流域蒸发量加大，从而使年径流量减少，是其间接影响。

二、设计保证率

1. 保证率

保证率是指工程投入运用的多年期间里，用水部门能保持正常供水不受破坏的几率。就其性质来说，保证率也就是频率。由于河川径流的多变性，若在各种来水年份都要保证各用水部门的正常用水，就要兴建很大的水库，这就会造成技术上的困难和经济上的不合理。例如，为了某特枯水年份的正常用水，可能需要增加较大的库容才能实现，投资会成倍增长，而仅是在很稀遇的枯水年才增加效益。因此，一般并不要求在全部运行时期都保证正常用水，而允许一定程度的断水或供水不足，称破坏。针对这个问题，需要研究各个用水部门允许减少供水的可能性和合理范围，定出工程在多年运行期间正常用水得到保证的程度，这个正常用水保证的程度称为保证率。保证率通常有年保证率和历时保证率两种表达方式。

（1）年保证率。年保证率是指多年期间工程正常工作年数占运行总年数的百分比，即

$$p_{年}=\frac{正常工作年数}{运行总年数+1}\times100\%=\frac{运行总年数-破坏年数}{运行总年数+1}\times100\% \tag{9-2}$$

上式中的破坏年数包括不能维持正常供水的任何年份，不论在该年内缺水时间的长短和缺水量的多少。

（2）历时保证率。历时保证率是指多年期间工程正常工作历时占运行总历时的百分比，即

$$p_{历}=\frac{正常工作历时}{运行总历时+1}\times 100\% \tag{9-3}$$

上式中的历时可以是日、旬或月，一般来说，历时保证率大于年保证率。

采用年保证率还是历时保证率，要根据用水部门性质、水库调节性能是否有设计要求等因素确定。对于调节性能差的水电站或航运用水等部门，一般用历时保证率；而调节性能较好的水电站、灌溉用水等部门，一般采用年保证率。

2. 设计保证率

设计保证率是根据工程需要或用水需求而选用的保证率，它是水利水电工程设计的重要依据，其选用是一个十分复杂的技术经济问题。若设计保证率选得高，则用水部门正常得到保证的程度就高，取得的效益大，但所需要的库容也大，工程费用就高。这就需要对不同保证率情况下的投资与效益以及供水破坏对国民经济有关部门的影响，进行全面的技术、经济分析和比较，确定有利的保证率。但是，由于涉及因素非常复杂，计算十分困难，因此目前对设计保证率的选择并不是根据计算，而是根据本地区的条件，考虑到技术、经济、政治及对人民生活的影响，参照国家行业标准中的规定来选取，通常是在行业标准中选取几个方案加以比较。

居民生活用水设计保证率较高，一般取95%～99%，其他用水部门如下。

（1）水电站的设计保证率。水电站的设计保证率一般是考虑水电站的规模（如装机容量）和在电力系统中的比重来决定。此外，还参考系统中的用户组成与负荷特性、河川径流特性、水库调节性能等因素进行选择，具体可参照表9－2提供的范围分析选择。

表9－2　　　　水电站设计保证率（%）

电力系统中水电站容量比重	<25	25～50	>50
水电站设计保证率	80～90	90～95	95～98

（2）灌溉设计保证率。一般考虑灌区土地和水资源情况、农作物种类、气象和水文条件、水库调节性能等因素，可根据具体条件参照表9－3选取灌溉设计保证率。一般来说，南方灌溉设计保证率比北方高，大型灌区比中小型灌区高，自流灌溉比提水灌溉高。

在小型灌区和农田基本建设中还常采用“抗旱天数”作为设计标准。抗旱天数是指依靠灌溉设施供水可以抗御多少天无雨保丰收，是习惯用的一种灌溉设计标准。规范规定“采用抗旱天数作为灌溉设计标准的地区，旱作物和单季稻灌区抗旱天数可为30～50天，双季稻灌区抗旱天数可为50～70天，有条件的地区应予以提高”。

表 9-3　　灌溉设计保证率（%）

地区条件	作物种类	年设计保证率	地区条件	作物种类	年设计保证率
(1) 缺水地区	旱作物为主	50～75	(2) 丰水地区	旱作物为主	70～80
	以水稻为主	70～80		以水稻为主	75～95

(3) 航运设计保证率。航运设计保证率是指通航水位的保证程度，一般用历时保证率表示。对于季节性通航河道来说，它指的是通航季节内的历时保证率。一般是按航道等级，结合其他因素由航运部门提供，设计时可参考表 9-4 选取。

表 9-4　　航运设计保证率（%）

航道等级	一、二级	三、四级	五、六级
设计保证率	97～99	95～97	90～95

三、设计年径流分析计算的目的和任务

设计年径流量是指相应于某一设计保证率的年径流量。在水利工程的规划设计阶段，要分析工程规模、来水、用水、保证率四者之间的关系，经过技术经济比较来确定工程规模。在工程设计中，设计保证率根据前面所述的各用水部门的设计标准来确定；工程的规模，要依据来水与用水的平衡分析，由水利计算来确定；有关灌溉、发电等用水量的计算将在有关专业课中介绍；来水问题（包括来水量的大小和来水量的时间变化）由水文计算来解决。本章的主要任务就是研究年径流的年际变化及年内的分配规律，预估未来工程运用期间的径流变化情况，为合理确定工程规模和效益提供正确的水文依据，即来水资料。

水利工程调节性能的差异和采用的水利计算方法的不同，要求水文计算提供的来水（年径流）资料也有所不同。对于无调节性能的引水工程，要求提供历年（或代表年）的逐日流量过程资料；对于有调节性能的蓄水工程，则要求提供历年（或代表年）的逐月（旬）流量过程资料或各种时段径流量的频率曲线，供水利计算应用。

在实际工作中，经常遇到各种不同的水文资料情况，即具有长期（资料充分）、短期（资料不足）和缺乏实测径流资料等三种情况。因此，本章将分别介绍以上三种不同情况下的设计年径流量及年内分配的分析计算方法。

第二节　资料充分时设计年径流分析计算

在水利工程规划设计阶段，为了确定工程规模，要求水文计算提供未来工程运行期间的径流过程。水利工程的使用年限一般长达几十甚至上百年，要通过成因分析的途径确切地预报未来长期的径流过程是十分困难的。因此，目前都是用当地过去的长期径流变化过程来代表未来的径流变化情况。此法的基本依据是，工程所在地点在某一年的年径流变化过程虽然将来不可能重现，但是长时期的变化情势应该是基本稳定的。这是因为径流是气候的产物，而气候情况在几百年期间基本上是稳定的。所谓基本稳定不能理解为各年的天气情况不变，而是说各种气候因素虽然在年际间不断变化着，但是这种变化只是在平均水平上下摆动，并没有增大或减小的明显趋势。

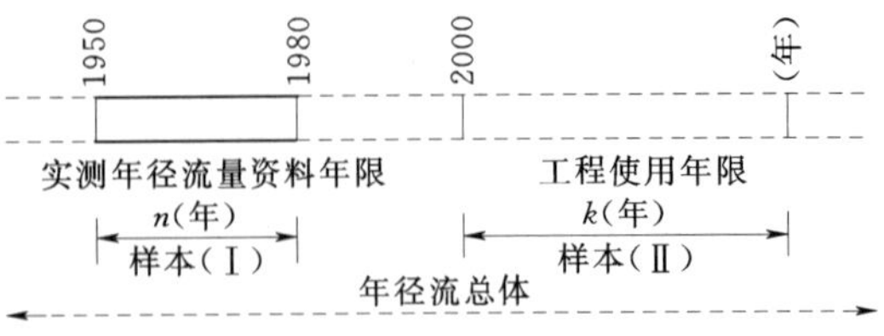

图 9-1　年径流量的总体和样本示意

另外，还可以用数理统计方法研究年径流变化的统计规律。可以认为年径流量是简单的独立随机变量，年径流量系列可作为随机系列。把 n 年实测年径流量系列（样本容量为 n）作为总体的随机样本，如图 9-1 所示。因为样本来自总体，它能够反映总体分布规律。而未来工程运行期间的年径流量系列也是总体的一部分，所以由以往 n 年实测年径流系列求得的样本分布 $F_n(x)$ 推断总体分布 $F(x)$，以此来代替未来的工程运行期间（k 年）年径流量的分布规律是合理的。但是，这样由实测样本的统计特征推断总体的统计特征，不可避免地存在着抽样误差。抽样误差的大小，取决于 n 年系列的代表性高低。按上述途径推求设计年径流量的精度，关键在于对年径流系列的可靠性、一致性、代表性的论证，并应考虑抽样误差问题。

所谓资料充分是指设计代表站断面或参证流域断面有实测径流系列，其长度不小于规范规定的年数，即不应小于 30 年。在水利工程规划设计阶段，当实测径流资料充分时，通过水文分析计算提供来水资料，按设计要求，可有三种类型：①设计长期年的年、月径流系列；②实际代表年的年、月径流量；③设计代表年的年、月径流量。本节分别介绍三类设计来水资料的分析计算方法。

实测径流资料充分时的设计年径流计算一般有三个步骤：首先，应对实测径流资料进行审查；其次，运用数理统计方法推求设计年径流量；最后，用代表年法推求径流年内分配过程。

一、资料审查

水文资料是水文分析计算的依据，它直接影响着年径流的设计精度，因此对所使用的资料必须慎重地进行审查。资料审查包括对实测年径流量系列进行可靠性、一致性和代表性的审查与分析。

1. 可靠性审查

可靠性审查是对原始资料可靠程度的鉴定。径流资料是通过测验和整编获得的，因此可靠性应从测验方法、测验成果、整编方法和整编成果着手审查。一般可从以下几个方面进行。

（1）审查流量观测和计算的方法与精度。如高水测流时，浮标系数采用的过高、过低，均会导致汛期流量偏大或偏小。

（2）审查水位资料。检查基准面和水准点、水尺零点高程的变化情况，并分析水位过程线形状，从而了解当时观测质量，分析有无不合理现象。

（3）审查水位流量关系曲线。检查水位流量关系曲线的绘制及延长方法，并分析历年水位流量关系曲线受河道变迁引起的变化情况。

（4）审查上下游站的水量平衡。根据水量平衡原理，上下游站的水量应该平衡，即下游站的径流量应等于上游站径流量加区间径流量。通过水量平衡的检查可衡量径流资料的精度。

新中国成立前的水文资料质量较差，应予以重点审查。

2. 一致性审查

（1）一致性审查的必要性。进行设计年径流计算时，需要的年径流系列必须是具有同一成因条件的统计系列，即要求统计系列具有一致性。不同成因的资料不得作为一个统计系列。年径流系列的一致性是建立在气候条件和下垫面条件基本稳定基础上的，如影响年径流量的因素长期没有显著的变化，则说明其成因是一致的，否则，资料的一致性便受到了破坏。一般认为气候条件的变化极其缓慢，可以认为气候条件是基本稳定的。但是下垫面条件可能由于人类活动而迅速变化，从而使径流情势发生渐近性变化，破坏了径流形成的一致性条件。为此，需要对实测资料系列进行一致性修正。如在测流断面上游修建了水库或引水工程，则工程建成后下游水文站实测资料的一致性就遭到破坏，引用该水文站的资料时，必须进行合理的修正，还原到修建工程前的同一基础上。消除径流形成条件不一致的影响后，再进行分析计算。这种一致性修正，称为“还原计算”。例如永定河官厅站多年平均还原水量占天然水量的20%，枯水年的还原水量竟高达50%以上，不能忽视。径流系列的还原计算，一般以水量平衡原理为依据。

（2）径流还原计算。人类活动影响年径流量的主要因素有：灌溉用水、工业用水、水库蓄水、水库损失水量和跨流域引水、分洪水量等。

$$W_{天然}=W_{实测}+W_{灌溉}+W_{工业}\pm W_{水库}+W_{损失}\pm W_{引}\pm W_{分洪} \tag{9-4}$$

式中：$W_{天然}$为还原后的天然水量；$W_{实测}$为水文站实测的水量；$W_{灌溉}$为灌溉净用水量；$W_{工业}$为工业净用水量；$W_{水库}$为水库蓄水量（蓄水增加为正，蓄水减少为负）；$W_{损失}$为水库的蒸发及渗漏损失水量；$W_{引}$为跨流域引水量（调出水为正，引入水为负）；$W_{分洪}$为分洪水量（出为正，进为负）。

3. 代表性审查

如前所述，水文计算成果的精度取决于样本对总体的代表性，代表性越高，抽样误差越小。因此，资料代表性审查对衡量频率计算成果的精度具有重要意义。所谓代表性就是指所抽取样本的分布能否代表总体的分布。而随机变量的统计参数决定了它的统计规律，因此，样本系列的代表性可通过对二者统计参数的比较来判断。但是，对于水文变量来说，总体是未知的，样本统计参数的代表性不能就其本身获得检验，通常是通过与更长系列的参证变量统计参数作比较来衡量。

（1）长系列参证变量的比较分析。如设计站有$n=30$年（1970～1999年）的年径流量系列，为了检验这一系列的代表性，可选择与设计变量有成因联系、且比设计变量更长系列的参证变量（如，选取同一气候区内、下垫面条件相似的邻近流域某测站$N=50$年的年径流系列）来进行比较。经分析设计变量和参证变量的时序变化具有较好的同步性，因此认为选择该参证变量是合适的。首先，计算参证变量的长系列N年（1950～1999年）的统计参数：$N=50$，均值$\overline{R}_{50}=210$mm，变差系数$C_{v50}=0.3$；然后，计算参证变量短系列n年（与设计变量同期1970～1999年观测系列）的统计参数：$n=30$，均值$\overline{R}_{30}=218$mm，变差系数$C_{v30}=0.3$。长短系列统计参数甚为接近，就可以认为参证变量的n年（1970～1999年）短系列在长系列N年中具有代表性。又因为设计变量和参证变量具有同步性，从而认为与参证变量有成因联系的设计站n年（1970～1999年）的年径流量系列也具有代表性。

显然，应用上述方法评价系列的代表性，应具有下列两个条件：①设计变量与参证变量的时序变化具有同步性；②参证变量的长系列本身具有较高的代表性。

如果经过审查发现长短系列的统计参数相差较大，说明短系列的代表性不好，此时应设法对系列进行插补延长以提高其代表性。如选不到恰当的参证变量时，还可以采用下面的方法进行系列的代表性分析。

（2）周期性分析。n 年径流系列中每年的径流值都在其均值的上下跳动，并有丰、枯水年组交替出现的现象。对于 n 年径流系列，如果包括了丰水段、平水段和枯水段，且丰、枯水段又大致对称分布，则代表性较好，否则代表性较差。一般地说，径流系列越长，代表性越好，但也不尽然。如果系列中丰水段数多于枯水段数，则年径流可能偏丰，反之可能偏枯。若减少其中一个丰水段或枯水段，其代表性可能更好，对此必须做认真、细致的分析。

例如，长江宜昌站 1878～1985 年共 108 年系列中，年径流丰枯交替出现，大致有 5 个丰枯水循环周期，每个循环周期 13～31 年不等，平均 20 年左右，每个循环周期年平均流量在 14200～14900m^3/s 之间，变幅为多年平均值的 1.5%，变差系数变化在 0.106～0.112 之间，说明宜昌站 106 年径流系列具有较好的代表性。

解放以前的资料，观测精度相对较差。20 世纪 50 年代初期，由于资料短缺，曾大量使用这类观测成果。但随着观测期的不断增长，有时不用这些资料，代表性可能更好。这类问题需慎重对待，必须经充分论证后决定取舍。

一个较长的水文周期，往往需要几十年甚至几百年的时间，而一般水文站，目前尚无如此长的径流系列。在条件许可时，可以在水文相似区内，进行综合性年径流或年降水的周期分析，并结合历史旱涝分析做出合理的判断。

二、长系列操作法设计年、月径流系列的推求

通过对实测长系列径流资料的审查分析，并按水利年度进行划分，这样就获得一份可靠的、经过对人类活动影响进行修正后的、有一定代表性的年、月径流资料，然后从这个长系列中选出代表段。代表段中应包括丰、平、枯水年，并且有一个或几个完整的调节周期；代表段的年径流量均值、变差系数应与长系列相近，即这个代表段在长系列中具有代表性。用这个代表段的年、月径流量过程来代表未来工程运行期间的年、月径流量变化。这个代表段就是水利计算所要求的所谓“设计年、月径流系列”。通常以列表形式给出，见表 9-5。

表 9-5　　某站逐月平均流量表

年份	月平均流量（m^3/s）												年平均流量 $\overline{Q}$（m^3/s）
	3	4	5	6	7	8	9	10	11	12	1	2	
1958～1959	16.5	22.0	43.0	17.0	4.63	2.46	4.02	4.84	1.98	2.47	1.87	21.6	11.9
1959～1960	7.25	8.69	16.3	26.1	7.15	7.50	6.81	1.86	2.67	2.73	4.20	2.03	7.78
1960～1961	8.21	19.5	26.4	24.6	7.35	9.62	3.20	2.07	1.98	1.90	2.35	13.2	10.0
1961～1962	14.7	17.7	19.8	30.4	5.20	4.87	9.10	3.46	3.42	2.92	2.48	1.62	9.64

续表

年　份	月平均流量（m³/s）											年平均流量$\overline{Q}$（m³/s）
	3	4	5	6	7	8	9	10	11	12	1	2	
1962～1963	12.9	15.7	41.6	50.7	19.4	10.4	7.48	2.97	5.30	2.67	1.79	1.80	14.4
1963～1964	3.20	4.98	7.15	16.2	5.55	2.28	2.13	1.27	2.18	1.54	6.45	3.87	4.73
1964～1965	9.91	12.5	12.9	34.6	6.90	5.55	2.00	3.27	1.62	1.17	0.99	3.06	7.87
1965～1966	3.90	26.6	15.2	13.6	6.12	13.4	4.27	10.5	8.21	9.03	8.35	8.48	10.4
1966～1967	9.52	29.0	13.5	25.4	24.4	3.58	2.67	2.23	1.93	2.76	1.41	5.30	10.2
1967～1968	13.0	17.9	33.2	43.0	10.5	3.58	1.67	1.57	1.82	1.42	1.21	2.36	10.9
1968～1969	9.45	15.6	15.5	37.8	42.7	6.55	3.52	2.54	1.84	2.68	4.25	9.00	12.6
1969～1970	12.2	11.5	33.9	25.0	12.7	7.30	3.65	4.96	3.18	2.35	3.88	3.57	10.3
1970～1971	16.3	24.8	41.0	30.7	24.2	8.30	6.50	8.75	4.52	7.96	4.10	3.80	15.1
1971～1972	5.08	6.10	24.3	22.8	3.40	3.45	4.92	2.79	1.76	1.30	2.23	8.76	7.24
1972～1973	3.28	11.7	37.1	16.4	10.2	19.2	5.75	4.41	4.53	5.59	8.47	8.89	11.3
1973～1974	15.4	38.5	41.6	57.4	31.7	5.86	3.56	4.55	2.59	1.63	1.76	5.21	17.7
1974～1975	3.28	5.48	11.8	17.1	14.4	14.3	3.84	3.69	4.67	5.16	6.26	11.1	8.42
1975～1976	22.4	37.1	58.0	23.9	10.6	12.4	6.26	8.51	7.30	7.54	3.12	5.56	16.9

注　“﹏﹏”为供水期。

有了设计年、月径流系列和历年逐月的用水过程，通过兴利调节计算求得相应的兴利库容 V_P。这种推求兴利库容的方法，在水利计算中称为长系列操作法。

长系列操作法推求年调节或多年调节水库的兴利库容，保证率概念明确，成果精度较高，但对水文资料的要求也较高，必须提供长期年、月径流资料及相应的用水系列，而中小型工程难以具备以上条件。同时，在规划设计阶段需要进行多方案比较，计算工作量较大。因此，在规划设计年调节的中小型水库工程时，也广泛采用下述较为简单的代表年法。

三、代表年法年径流量设计及年内分配计算

代表年法是先计算设计年来水量和设计年用水量，通过选择典型年，计算其来、用水过程，然后对代表年进行调节计算，就可确定出年调节水库的兴利库容。根据对典型年来、用水量是否作缩放，代表年法又可分为设计代表年法和实际代表年法。

（一）设计代表年法

设计代表年法的计算步骤：①根据审查分析的长期实测径流量资料，按工程要求确定计算时段，对各种时段径流量进行频率计算，求出指定频率的各种时段的设计值。②在实测径流资料中，按一定的原则选取各种代表年。对水电工程一般选丰水年（$P\leqslant25\%$）、平水年（$P=50\%$）和枯水年（$P\geqslant75\%$）三个代表年；对灌溉工程只选枯水年为代表年。③求时段的设计径流量与代表年的径流量的比值，对代表年的径流过程按此比值进行缩放，即得设计的年径流过程。

1. 设计时段径流量的计算

（1）计算时段的确定。计算时段是按工程要求考虑的。设计灌溉工程时，一般取灌溉期作为计算时段，也可取灌溉期内主要需水期为计算时段。如某双季稻灌区灌溉期为 4～10 月，而主要需水期为 7～9 月，可以取 7 个月和 3 个月两种计算时段来统计时段径流量。设计水电工程时，因为枯水期水量和年水量决定着发电效益，采取枯水期或年作为计算时段。

(2) 频率计算。当确定计算时段后，就可以根据历年逐月径流资料，统计时段径流量。如计算时段为年，则按水利年度统计年、月径流量。水利年度是通过工程运行特性来划分的，因此起讫时间可能每年不同，一般按多年平均情况，以每年某月 1 日为固定起点。将实测年、月径流量按水利年度排列后，计算每一年度的年平均径流量，并按大小次序排列，即构成年径流量计算系列。如计算时段为枯水期 4 个月，则根据历年逐月径流量资料，统计历年最枯 4 个月的水量，不固定起讫时间，也可以不受水利年度分界的限制。同样，把历年最枯 4 个月的水量按大小次序排列，即构成计算系列。

有了年径流量系列或时段径流量系列，即可用适线法推求指定频率的设计年径流量或指定频率的设计时段径流量。配线时要考虑全部经验频率点据。如点据与曲线拟合不佳时，应侧重考虑中、下部点据，适当照顾上部点据。在年径流频率计算中，C_s/C_v 值按具体配线情况而定，一般可采用 2～3。

(3) 成果合理性分析。对上述计算成果必须进行合理分析后方可应用。成果分析主要是对配线所得均值、C_v、C_s 进行合理性审查，一般是借助于水量平衡原理和径流的地理分布规律来进行。

1) 多年平均值的检查。影响多年平均年径流量的因素是分区性的气候因素，而气候因素具有地理分布规律，所以多年平均年径流量也具有地理分布规律，将设计站与上下游和邻近流域站的多年平均年径流深进行比较，便可判断成果是否合理。若发现不合理现象，应查明原因，做进一步的分析论证。各地区绘制的多年平均年径流深等值线图，为这种检查提供了很大方便，要注意加以利用。

2) 变差系数 C_v 的检查。反映径流年际变化的 C_v 值也具有一定的地理分布规律。我国许多省区都绘有年径流 C_v 等值线图，可据此检查年径流 C_v 值的合理性。要注意这些年径流量 C_v 等值线图，一般是根据大中流域的资料绘制的，流域面积大则调蓄能力强，不同区域的来水互相补偿，年径流量的 C_v 值较小，而小流域则相反。把这种 C_v 等值线图用于小流域时，有可能得出偏小的结果，要特别注意这一点。

3) 偏态系数 C_s 的检查。根据水文计算的经验，C_s/C_v 值在地区上也具有一定的分区性，一些省区也绘制有 C_s/C_v 分区图，可作为检查 C_s 是否合理的依据。但是，年径流量 C_s 值的变化规律以及影响其变化的物理原因至今还研究不足，尚无公认的检查方法。

2. 设计径流量的年内分配计算

根据工程要求，求得设计频率的设计时段径流量后，还须进一步确定逐月分配过程，一般称为设计年内分配。因为河川径流在一年内的分配是很不均匀的，洪枯水期流量有时相差十分悬殊。年径流量不同的年份，年内分配固然不同，即使年径流量相同的年份，年内分配也不相同。由于年内分配不同对所需的兴利库容影响很大，因此，合理确定设计年径流量的年内分配是一项很重要的工作。目前常用的方法是选择代表年，然后进行缩放，求得所需的设计径流量的年内分配。

（1）代表年的选择。代表年应从测验精度较高的实测年份中挑选，可按下述两条原则进行：①水量相近；即选择代表年的年径流量与设计年径流量要相近。这是因为两者水量相近，两者年内分配的形成条件不致相差太大，用代表年的径流分配情况去代表设计情况的可能性也较大。②对工程不利，即选择对工程较不利的代表年。这是因为实测年径流量与设计年径流量接近的年份可能不止一年，为了安全起见，在其中选用水量在年内的分配对工程较为不利的年份作为代表年。所谓对工程不利，就是根据这种代表年的径流分配情况，计算的工程效益较低或工程规模较大。一般来说，对灌溉工程，选取灌溉需水季节径流比较枯的年份；对水电工程，则应选取枯水期较长、且枯水期径流量又较枯的年份。

（2）设计年径流量的年内分配计算。按上述原则选定代表年后，将设计年径流量按代表年的月径流过程进行分配，常用的有以下两种方法，可根据工程的性质和要求选用。

1）同倍比缩放法。同倍比缩放法是将设计年径流量的年内各月采用同一缩放倍数分配。常见的有按年水量控制和按供水期控制的两种同倍比放大法。缩放比为设计年水量$Q_{年,P}$与代表年的年水量$Q_{年,D}$的比值或用设计供水期水量$Q_{供,P}$与代表年供水期水量$Q_{供,D}$的比值。即

$$K_{年}=\frac{Q_{年,P}}{Q_{年,D}}\quad 或\quad K_{供}=\frac{Q_{供,P}}{Q_{供,D}}\tag{9-5}$$

设计年径流量的年内分配，用下式计算求得

$$Q_{i,P}=K_{年}Q_{i,D}\quad 或\quad Q_{i,P}=K_{供}Q_{i,D}\tag{9-6}$$

式中：$Q_{i,P}$为设计年中的第i月平均流量；$Q_{i,D}$为代表年中的第i月平均流量；其他同上。

【例题1】 某水库具有18年的年、月径流资料，见表9-5，用按年水量控制缩放方法求设计保证率$P=90\%$的设计枯水年的年内分配过程。

解：（1）进行年、月径流量资料的审查分析，认为18年实测系列具有较好的可靠性、一致性和代表性。

（2）将表9-5中的年平均径流量组成统计系列，经频率计算的结果如下：均值$\overline{Q}=11\text{m}^3/\text{s}$，变差系数$C_v=0.32$，偏态系数$C_s=2C_v=0.64$，查附录4得$K_p=0.62$，$P=90\%$的设计枯水年平均流量为$Q_{p=90\%}=K_p\overline{Q}=0.62\times11=6.82$（$\text{m}^3/\text{s}$）。

（3）代表年的选择。与$P=90\%$的设计值$Q_{p=90\%}=6.82\text{m}^3/\text{s}$相近的年份有1971～1972年（$Q=7.24\text{m}^3/\text{s}$）、1964～1965年（$Q=7.87\text{m}^3/\text{s}$）、1959～1960年（$Q=7.78\text{m}^3/\text{s}$）、1963～1964年（$Q=4.73\text{m}^3/\text{s}$）4年，考虑分配不利，即枯水期水量较枯，选取1964～1965年作为枯水代表年，1971～1972年作比较用。

（4）以年水量控制法求缩放比$K_{年}$。

$$K_{年}=\frac{6.82}{7.87}=0.866\ （1964～1965年代表年）$$

$$K_{年}=\frac{6.82}{7.24}=0.942\ （1971～1972年代表年）$$

（5）设计年径流分配计算。以缩放倍比$K_{年}$乘以代表年的逐月径流得设计年径流年内

分配，结果见表 9－6。

表 9－6　　某站以年水量控制同倍比缩放的设计枯水年年、月径流量表　　流量单位：m^3/s

项　目	月平均流量												年平均流量
	3	4	5	6	7	8	9	10	11	12	1	2	
枯水代表年(1964～1965 年)	9.91	12.5	12.9	34.6	6.90	5.55	2.00	3.27	1.62	1.17	0.99	3.06	7.87
$P=90\%$的设计枯水年	8.59	10.8	11.2	29.9	5.97	4.82	1.73	2.83	1.40	1.02	0.86	2.67	6.82
枯水代表年(1971～1972 年)	5.08	6.10	24.3	22.8	3.40	3.45	4.92	2.79	1.76	1.30	2.23	8.76	7.24
$P=90\%$的设计枯水年	4.80	5.76	22.8	21.5	3.20	3.25	4.63	2.63	1.66	1.22	2.10	8.25	6.82

若计算时段不是年，而是某一时段 T（如最枯 3 个月或灌溉期），则以设计时段径流量 $Q_{T,P}$与代表年时段径流量 $Q_{T,D}$之比值 K_T，乘代表年的逐月平均流量，求得设计年径流过程。

同倍比缩放法简单易行，计算出来的年径流过程仍保持原代表年的径流分配形式，因此，用同倍比法缩放求得的设计年月径流过程，代表年的分配情况对其影响很大。从而使兴利调节计算求得的库容值，由于选用不同代表年而差别较大，因此选代表年时须慎重。其次，该法在计算时段的确定上比较困难，而且当用水流量不同时，计算时段随之而变，代表年的选择也将不同，实际工作中颇为不便。另外，用该方法求出的设计年径流过程，只是计算时段（年或某一时段）的径流量符合设计频率的要求，而其他时段的径流量值则未必符合设计径流量值，但有时需要几个时段的和全年的径流量同时满足设计频率，则采用下面的同频率缩放法。

2）同频率缩放法。同频率缩放法的基本思想是使所求的设计年内分配的各个时段径流量的频率都能符合设计频率，可采用各时段不同倍比缩放代表年的逐月径流，以获得同频率的年内分配。具体步骤如下：①根据要求选定几个时段，如最小 3 个月、最小 6 个月、全年三个时段。②做各个时段的水量频率曲线，并求得设计频率的各个时段径流量。③在代表年的逐月径流过程上，统计连续最小 3 个月的流量 $Q_{3,D}$、连续最小 6 个月的流量 $Q_{6,D}$和全年流量 $Q_{12,D}$，并要求长时段的水量包含短时段的水量在内，如 $Q_{6,D}$应包含 $Q_{3,D}$，否则应另选代表年。④求各时段的缩放比 K。⑤设计年径流量的年内分配，用各自的缩放比乘以对应的代表年的各月流量即可得。

$$K_3=\frac{Q_{3,P}}{Q_{3,D}} \tag{9-7 (a)}$$

$$K_{6-3}=\frac{Q_{6,P}-Q_{3,P}}{Q_{6,D}-Q_{3,D}} \tag{9-7 (b)}$$

$$K_{12-6}=\frac{Q_{12,P}-Q_{6,P}}{Q_{12,D}-Q_{6,D}} \tag{9-7 (c)}$$

对有些涉水工程，例如仅具日调节能力的水电站，月径流过程不能满足计算要求，而需要日径流过程。这时，可类似地按照推求月径流过程的方法推求日径流过程，不同之处只是前者设计代表年的径流过程以月平均流量表示，后者以日平均流量表示而已。

【例题 2】 某水库具有 18 年的年、月径流资料，见表 9－5。设计保证率 $P=90\%$的最小 3 个月、最小 5 个月及全年的设计径流量见表 9-7。求设计保证率 $P=90\%$ 的设计枯水年的年内分配过程。

表 9-7　某水库各时段径流量频率计算成果 ($P=90\%$)

时　段	均值 ($m^3/s\cdot$月)	C_v	C_s/C_v	Q_P ($m^3/s\cdot$月)
12 个月（全年）	131	0.32	2.0	81.8
最小 5 个月	18.0	0.47	2.0	8.45
最小 3 个月	9.10	0.50	2.0	4.00

解：(1) 按主要控制时段的水量相近选代表年。选取 1964～1965 年和 1971～1972 年作为枯水代表年。

(2) 求各时段缩放比 K。1964～1965 代表年：$K_3=\dfrac{Q_{3,P}}{Q_{3,D}}=\dfrac{4.00}{3.78}=1.06$，$K_{5-3}=\dfrac{Q_{5,P}-Q_{3,P}}{Q_{5,D}-Q_{3,D}}=\dfrac{8.45-4.00}{9.05-3.78}=0.844$，$K_{12-5}=\dfrac{Q_{12,P}-Q_{5,P}}{Q_{12,D}-Q_{5,D}}=\dfrac{81.8-8.45}{94.5-9.05}=0.858$。

式中：$Q_{3,P}$、$Q_{3,D}$ 分别为设计和代表年最小 3 个月的月平均流量之和；其他符号意义类同。

同理可算出 1971～1972 代表年的缩放比分别为 $K_3=0.756$，$K_{5-3}=0.577$，$K_{12-5}=0.993$。

(3) 计算设计枯水年年内分配。用各自的缩放比乘以对应代表年的各月流量而得，计算结果见表 9-8。

表 9-8　某站同频率缩放法 $P=90\%$ 设计枯水年年内分配计算　　流量单位：m^3/s

项　目	月平均流量												合计
	3	4	5	6	7	8	9	10	11	12	1	2	
枯水代表年(1964～1965 年)	9.91	12.5	12.9	34.6	6.90	5.55	2.00	3.27	1.62	1.17	0.99	3.06	94.5
缩放倍比 K	0.858						0.844		1.06			0.858	
$P=90\%$ 的设计枯水年	8.50	10.7	11.3	29.7	5.92	4.76	1.69	2.76	1.71	1.24	1.05	2.62	81.8
枯水代表年(1971～1972 年)	5.08	6.10	24.3	22.8	3.40	3.45	4.92	2.79	1.76	1.30	2.23	8.76	86.9
缩放倍比 K	0.993						0.577		0.756			0.993	
$P=90\%$ 的设计枯水年	5.04	6.05	24.1	22.6	3.37	3.42	2.84	1.61	1.33	0.98	1.69	8.70	81.8

从上述例题可以看出，同频率缩放法由于分段采用不同 K 值进行缩放，求得的设计年内分配受代表年的影响相对较小，这样通过调节计算求得的库容值，不同代表年相差较小。但是所求的设计年内分配有可能不同于原代表年的分配情况，这时应对设计年内分配作成因分析，探求其分配是否符合一般规律。实际工作中为了使设计年内分配不过多地改变代表年的分配形状，计算时段一般不宜取得过多，一般选取 2～3 个时段。

（二）实际代表年法

设计代表年法常用于水电工程，而较少用于灌溉工程。这是因为灌溉用水与气象因素有关，作物需水量的大小取决于当年的蒸发资料，灌溉水量的多少，取决于当年的降水情况。如用设计代表年法，设计来水过程可按代表年缩放，与该设计年相配合的灌溉用水量如何求？即对蒸发量和降水量要不要缩放？用什么倍比缩放？这些问题较难处理。所以灌溉工程一般不用设计代表年，而用实际代表年。下面介绍两种选择实际代表年的方法。

（1）在规划灌溉工程时，应对当地历史上发生过的旱情、灾情进行调查及分析，确定干旱年的干旱程度，明确其排序位置：最干旱年、次干旱年、再次干旱年……也就是说，确定各干旱年相应的经验频率，然后根据情况选定其中某一干旱年作为代表年，就称为实际代表年。根据这一年的年、月径流（来水）和用水资料规划设计工程的规模。实际代表年法概念清楚、比较直观、简单。

（2）通过灌溉用水量计算，求出每年的灌溉定额，做出其频率曲线，然后根据灌溉设计保证率 P 查频率曲线得设计灌溉定额，取灌溉定额与之相应的年份作为实际代表年。有时为简便计，小型灌区也可按灌溉期（或主要需水期）的降水资料作频率分析，然后根据灌溉设计保证率查得相应的年份作为实际代表年。

第三节　资料不足时设计年径流计算

在规划设计中小型水利水电工程时，往往遇到在设计站仅有短期实测径流资料的情况，即资料不足，缺乏代表性，如果直接根据这种短系列资料进行计算，求得的成果可能误差很大。所以，为了降低抽样误差，保证成果的可靠性，必须设法将短系列年、月径流资料进行展延，使之具有代表性。在展延资料时，主要是利用相关分析法，即建立设计站年、月径流量与参证变量之间的相关关系，然后利用参证变量长期的实测资料展延设计站的年、月径流系列。选择参证变量时应具备以下几个条件：

（1）参证变量与设计变量在成因上有密切联系，这样才能保证相关关系有足够的精度。

（2）参证变量与设计变量之间有一段足够长的同期观测资料，以便建立相关关系。

（3）参证变量应具有长期的实测资料，系列本身有较高的代表性。除用以建立相关关系的同期资料外，还要有用来展延设计站缺测年份的年、月径流资料。

根据上述条件，结合具体资料情况，可以选用不同的参证变量来展延设计站的年、月径流系列，不同的年份可用不同的参证变量来展延，当同一年份可用两种以上参证变量来展延时，从中选用精度高者的成果。在实际工作中，通常是以流域降雨资料或上、下游站、邻近流域站的径流资料作为参证变量。有条件时，也可用本站的水位资料，通过已建立的水位流量关系来展延年、月径流系列。下面主要介绍利用径流资料和降雨资料展延系列的方法。

一、相关分析法展延系列

（一）利用水位资料展延设计站年径流量系列

有些测站建站时只测水位资料，后来增加了流量测验。可根据本站的水位流量关系将水位资料转换成流量资料。但要注意测流断面冲淤变化的影响。

有些测站有些年份水位缺测，而上下游或邻近流域有水位资料，可通过水位相关插补水位资料，再根据本站水位流量关系转换成流量资料。顺便指出，用水位插补流量，一般需首先插补逐日流量，再计算设计时段径流量。

（二）利用径流资料展延系列

1. 利用年径流资料展延设计站年径流量系列

当设计站上游或下游站具有长期径流资料时，可选作参证站。如设计站与参证站所控制的流域面积相差不多时，一般可获得良好的结果。如果自然地理条件和气候条件在地区上变化很大时，则两站年径流量的相关关系可能不好，这时应引入反映区间径流量的参数（或区间降雨量），以改善相关关系。

当上、下游站无长期资料时，经过分析可以选用自然地理条件相似的邻近流域的年径流量作为参证变量。其依据是影响年径流量的主要因素是降雨和蒸发，它们在地区上具有同期性，因而各站年径流量之间也具有相同的变化趋势，可以建立相关关系。

参证变量选定之后，就可用参证变量与设计变量的同期观测值按相关图解法或相关分析法建立两变量的相关关系，然后用参证变量的长系列将设计变量延长到一定长度。

【例题 3】 某河拟在 B 处修建水库，B 站流域面积为 1200km²，具有 1966～1976 年实测资料，初步审查认为此 11 年系列代表性较差，需加以展延。

解： B 站上游 A 站，其流域面积 920km²，具有 1962～1981 年较长系列，可作为 B 站插补展延的参证站。A、B 两站各年实测年平均流量值，如表 9－9 所列。

表 9－9　　A、B 两站年平均径流量资料表　　单位：m³/s

年　份	A 站	B 站	年　份	A 站	B 站
1962	8.73	(13.60)	1972	8.13	12.70
1963	16.50	(25.70)	1973	10.20	15.90
1964	17.60	(27.40)	1974	25.90	40.40
1965	10.64	(15.80)	1975	7.46	12.00
1966	10.10	15.40	1976	2.36	3.76
1967	8.19	12.50	1977	8.93	(13.90)
1968	15.00	25.00	1978	7.07	(11.00)
1969	4.67	7.00	1979	5.65	(8.82)
1970	6.61	10.30	1980	6.26	(9.77)
1971	7.74	12.10	1981	8.93	(13.90)

注　表中括号内的数字是用相关法求得的。

用两站同期实测资料点绘相关图，如图 9－2 所示，相关关系良好，定出相关直线，B 站缺测的 1962～1965 年及 1977～1981 年可由 A 站的资料展延，见表 9－9。

2. 利用月径流量展延设计站年、月径流量系列

当设计站实测年径流系列太短，难以建立年径流量相关关系，或规划设计要求提供设计年、月径流系列时，可以考虑建立月径流相关关系来延长设计变量。例如某设计站与参证站有 8 年同期实测径流资料，因点据太少，无法定出年径流相关关系，如用两站的月径流资料进行相关分析，则有 96 个同期实测资料的相关点据，就容易定出相关线。但是必须指出，由于影响月径流量的因素比影响年径流量的因素复杂得多，月径流量的相关关系

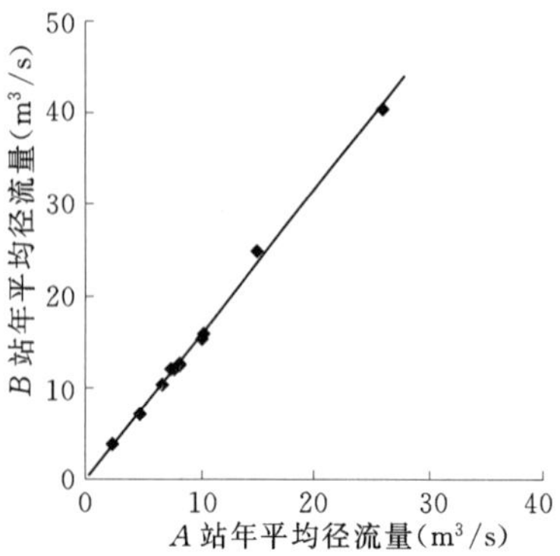

图 9-2　A 与 B 站年平均径流量相关图

没有年径流量间的相关关系密切。因此用月径流量相关来展延系列时，要对成果作合理性分析。

（三）利用降雨资料展延系列

当设计站附近没有长期系列的实测径流资料的参证站时，可以考虑用流域内或邻近地区的降雨量资料展延径流系列。

1. 利用年降雨量资料展延设计站年径流量系列

我国多雨带及湿润带年降雨量是年径流量的主要影响因素，具有较好的同步性，因而两者相关关系好，如设计流域内的雨量站多且流域平均年降水量系列较年径流量系列长时，可建立年降水量与年径流量的相关关系，利用年降水量延长年径流系列。在点绘流域平均年降雨量与同期年径流量相关图时，为了便于比较，通常采用同一单位，即用年径流深表示。在干旱地区，年降雨量中的很大部分耗于蒸发，年径流系数很小，年径流量与年降雨量相关关系并不密切，难以利用其相关关系展延年径流系列。

2. 利用月降雨资料展延设计站月径流量系列

当设计站实测年径流量系列太短，不足以建立年降雨径流相关关系，或规划设计要求提供设计年、月径流系列时，可以考虑建立月降雨量与月径流量相关关系。月降雨量与月径流量之间的相关关系较差，相关点据一般比较散乱，应查明原因，予以改正。其原因及改正方法是：

（1）枯季月份降雨量不大，月径流量主要受蒸发量和流域蓄水量变化的影响，月降雨量与月径流量在成因上的联系较差，相关点据必然散乱。在这种情况下，可分别建立非枯季月降雨径流相关图和枯季上月与本月径流量相关图，两图联合运行，便可进行年、月径流系列的展延。

（2）月降雨量与月径流量在时间上不对应，月末降雨所产生的径流大部分在下月形成，而在做月降雨量与月径流量统计时，月末降雨与它所产生的径流被统计于不同的月份，因而使相关点据散乱。在这种情况下，可用改正降雨或改正径流的方法，使降雨量和它所产生的径流量相互对应。

二、相关法展延系列时必须注意的问题

（1）偏差较大的点据问题。相关图的点据是确定相关线的基础，点据必须如实标明。个别偏差较大的点据也不能轻易删减或变动，应分析其偏差原因，经分析、核实确需修正，或决定剔除不参加定线时，都应作详细说明。

（2）平行观测项数的多寡问题。要求设计变量和参证变量平行观测项数不得太少，一般应在 12～15 项以上。如果平行观测项数过少，或观测时期气候条件反常，或其中个别年份有特殊的偏高，若连成相关线，势必歪曲两变量之间本来的关系，利用这种不能反映真实情况的相关关系来展延系列，将会带来系统误差。

（3）辗转相关问题。如果一条河流或不同的河流仅有一个测站的资料年限较长，上、下游几个站均需借助这一个测站的资料进行插补展延，有时迫不得已用辗转相关。对于这种辗转插补展延的方法必须注意成果的精度。如图 9－3 所示，从长沙插补衡阳，衡阳插补祁阳，祁阳插补零陵，其各关系尚称密切。但若以长沙直接与零陵相关，则关系就不甚密切了，如图中第四象限所示。实际上，由长沙辗转插补零陵，是将两个系列数值的差异分散在各个中间关系中，表面上似乎第一、二、三象限的相关点据都很密切，但长沙和零陵的直接关系并不算好，对于零陵插补成果的精度是较差的。这种辗转相关隐匿了实际上积累的巨大误差，给人以虚假现象，最终成为假相关。因此，最好不用辗转相关展延系列。若实在要用时，需十分谨慎，对展延的成果应作合理性的分析。

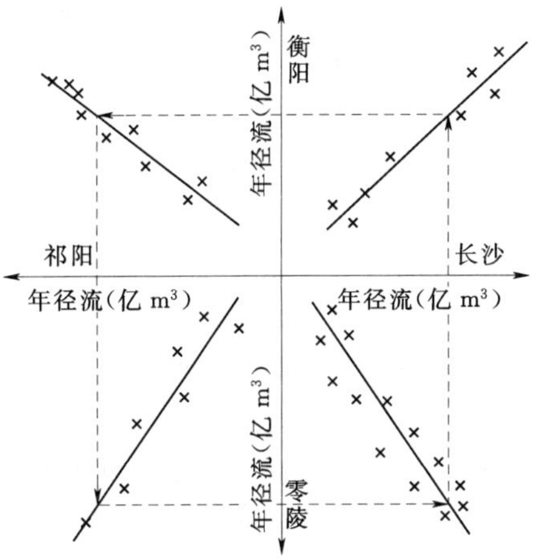

图 9－3　年径流量合轴相关图

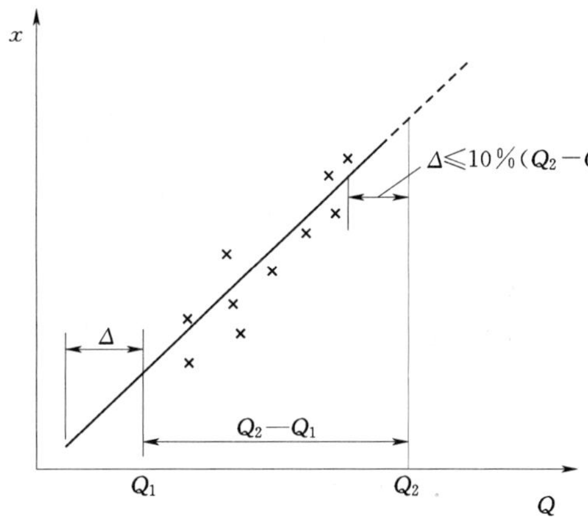

图 9－4　相关关系外延幅度示意图

（4）外延幅度问题。①利用实测资料建立的相关关系，只能反映在实测资料范围内的定量关系。若超出该范围插补展延资料，其误差将随外延的幅度加大而加大。因此，关系线外延不能超出实测资料范围外太远，一般要求外延幅度小于 10%，如图 9－4 所示。②相关线反映的是平均情况下的定量关系。由相关线求得的插补展延值是平均值，而实际值则可大可小。对于展延后的系列，变化幅度将比实际情况为小，使整个系列计算的变差系数偏小，最终影响成果的精度。因此，插补的项数以不超过实测值的一半为好。

三、设计年径流计算

经展延获得较长期年、月径流量资料后，即可进行频率计算及年内分配计算，其方法与实测径流资料充分时的情况相同。

第四节　资料缺乏时设计年径流计算

在规划设计面广量大的中小型水利水电工程时，经常会遇到完全没有资料，或者资料系列太短，无法展延的情况。在这种情况下，设计年径流量的计算只能采用间接的方法。目前常用参数等值线法和水文比拟法估算年径流量分布的三个统计参数（即均值$\overline{Q}$、变差系数 C_v 和偏态系数 C_s），然后就可以计算出设计年径流量，进而推求设计年内分配。

一、参数等值线图法

大多数的水文变量及其特征值都具有渐变的地理变化规律，因而可以制作等值线图或分区图。这样，对于无资料的流域，便可采用地理插值的方法求得各水文变量值或其特征值，从而解决无资料流域的水文计算问题，称这样的方法为参数等值线图法。

（一）多年平均径流深的估算

水文特征值（如年径流深、年降雨量、时段降雨量等）的等值线图是表示这些水文特征值的地理分布规律的。当影响这些水文特征值的因素主要是分区性因素（气候条件）时，则该特征值随地理坐标的不同而发生连续均匀的变化，利用这种特性就可以在地图上作出它的等值线图。反之，有些水文特征值（如洪峰流量等）的影响因素主要是非分区性因素（下垫面条件），则特征值就不随地理坐标的不同而连续变化，无法做出等值线图。对于同时受到分区性和非分区性两种因素影响的特征值，如果设法消除非分区性因素的影响，则能提高等值线图的精度。

闭合流域多年平均年径流的主要影响因素是降水和蒸发（气候因素），而降水量和蒸发量具有地理分布规律，所以多年平均年径流量也具有地理分布规律，因此可以绘制多年平均年径流量等值线图，并用它来推求缺乏实测径流资料地区的多年平均年径流量。为了消除流域面积这一非分区性因素的影响，其等值线图常用径流深来绘制。

河流任一断面的径流量是由该断面以上流域面各点的净雨汇集而成，而不是这个断面处的数值。因此，在绘制等值线图时，不能将多年平均年径流深点绘在这一断面处，而应点绘在流域形心处。当多年平均年径流量在流域上缓和变化时，例如大致呈线性变化，则流域形心处的数值与流域平均值十分接近。但在山区流域，径流量有随高程增加而增大的趋势，所以多年平均年径流量值应点绘在流域平均高程处。

将各中等流域的多年平均年径流深标记在各流域的形心（或平均高程）处，并考虑到各种自然地理因素（特别气候、地形的特点）勾绘等值线图，最后加以校核调整，构成适当比例尺的图形。全国各省（区）编制的水文手册或水文图集都绘有本省（区）的多年平均年径流深等值线图供查用。

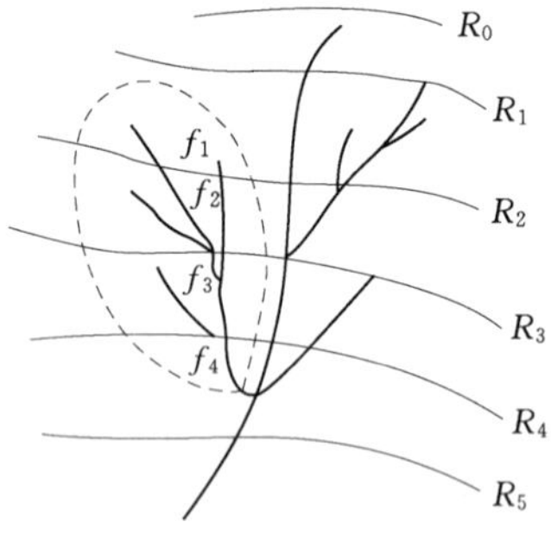

图 9-5　用等值线图推求多年平均年径流深示意

应用等值线图推求无实测径流资料流域的多年平均年径流深时，首先在图上描出设计断面以上的流域范围；其次定出该流域的形心。当流域面积较小、流域内等值线分布均匀的情况下，流域的多年平均年径流深可以由通过流域形心的等值线直接确定，或者根据形心附近的两条等值线按比例内插求得。如果流域面积较大，或等值线分布不均匀时，可用等值线间的面积加权计算流域平均年径流深。如图 9-5 所示，流域多年平均年径流深可由下式求得

$$\overline{R}_{设}=\frac{0.5(R_1+R_2)f_1+0.5(R_2+R_3)f_2+0.5(R_3+R_4)f_3+0.5(R_4+R_5)f_4}{F} \tag{9-8}$$

式中：$\overline{R}_{设}$为设计流域多年平均年径流深，mm；f_i 为两相邻等值线间的部分面积，km^2；F 为全流域面积，km^2；R_i 为等值线所代表的多年平均年径流深，mm。

同一张等值线图应用于大小不同的流域，其精度是不同的，大流域一般均有长期实测的径流资料，实际上很少使用等值线图来求多年平均年径流深。对于中等流域，多年平均

径流深等值线图有很大的实用意义，其精度一般也较高。对于小流域，等值线图的误差可能很大。这是由于绘制等值线图时主要依据的是中等流域的资料，小流域实测径流资料是很缺乏的。还由于小流域下垫面因素起主要作用，如流域内河槽下切深度不大，不能获取全部地下水，可出现枯季长时期断流现象等，其多年平均径流深较同一地区中等流域为小，因此，使用等值线图时应根据流域实际情况适当加以修正。

（二）年径流量变差系数的估算

年径流量的 C_v 值，主要取决于气候因素的变化及其自然地理因素对径流的调节程度。由于气候因素具有渐变的地区分布规律，受其影响的 C_v 值也具有地区分布规律，因此可以绘制年径流量 C_v 等值线图。

年径流量 C_v 等值线图的绘制和使用方法与多年平均年径流深等值线图相似。但应当指出，C_v 等值线图的精度一般较低，特别是用于估算小流域的 C_v 值时，误差可能较大（一般偏小）。其主要原因是绘图时大多数所依据的是中等流域的资料，而中等流域地下水补给量一般较小流域多，因而中等流域年径流量 C_v 值常较小流域的小。

（三）年径流量偏态系数的估算

缺乏资料地区年径流量的偏态系数 C_s 值，通常采用 $C_s=2C_v$。根据各地区的具体情况，也可采用大于或小于 $2C_v$ 的数值。例如，对于湖泊较多的流域，因 C_v 偏小，可采用 $C_s>2C_v$。各省（区）的水文手册中有的绘出了 C_s/C_v 的分区图，可供缺乏资料的地区参考使用。

（四）设计年径流量及其年内分配的计算

求得年径流量的三个统计参数后，即可推求指定频率的设计年径流量。如果水文手册或水文图集中绘有现成的相应于指定频率的年径流深等值线图，则可直接在这些等值线图上查得设计年径流量。年内分配计算一般直接移用参证流域代表年的月径流分配百分比，乘以设计年径流量即得设计年径流量的年内分配。各省（区）水文手册配合参数等值线图，都按气候及自然地理条件给出了分区的代表年分配过程，以备查用。

二、水文比拟法

所谓水文比拟法，就是将参证流域的水文资料移置到设计流域上的一种方法。此法认为气候和自然地理条件类似的流域，其径流情况也具有共性，因此可以考虑水文资料的移用。显而易见，使用此法的关键在于恰当地选择参证流域。选择参证流域时应遵循以下几个原则：

（1）参证流域应具有长期实测径流资料，且代表性好。

（2）参证流域与设计流域必须属同一气候区，且下垫面条件相似。

（3）参证流域与设计流域面积不宜相差太大，最好不超过15%。

（一）多年平均径流深的估算

1. 直接移置径流深

最简单的情况是直接把参证流域的多年平均年径流深移用过来，作为设计流域的多年平均年径流深 $\overline{R}_{设}$，即

$$\overline{R}_{设}=\overline{R}_{参} \tag{9-9}$$

这种直接移置的条件是：①两个流域的年降雨量要基本相等；②两个流域的自然地理

情况要基本相近；③两个流域的面积不能相差过大。

2. 考虑雨量修正移置

当设计流域与参证流域的自然地理情况相近，但降雨量情况有较大差别时，就不能直接移置径流深，而需作雨量修正。方法是假定两流域的径流系数相等，即

$$\frac{\overline{R}_{设}}{\overline{P}_{设}}=\frac{\overline{R}_{参}}{\overline{P}_{参}} \tag{9-10}$$

则

$$\overline{R}_{设}=\frac{\overline{P}_{设}}{\overline{P}_{参}}\overline{R}_{参} \tag{9-11}$$

式中：$\overline{R}_{设}$、$\overline{R}_{参}$分别为设计流域、参证流域的多年平均年径流深，mm；$\overline{P}_{设}$、$\overline{P}_{参}$分别设计流域、参证流域的多年平均年降水量，可从水文手册中查得，mm。

3. 移置参证流域的年降雨径流相关图

首先，根据参证流域的降雨和径流资料作出年降雨径流相关图，并移置到设计流域。再由设计流域的年降雨量查图得设计流域的年径流深。这样做不是简单移用参证流域的径流系数，而是移用参证流域多年的降雨径流关系，消除个别资料的偶然因素影响，可望得到较上述两个方法更为符合实际的成果。

（二）年径流量变差系数的估算

一般情况下，若设计流域和参证流域的特征大致相似时，可直接采用参证流域的年径流量变差系数。即

$$C_{vR设}=C_{vR参} \tag{9-12}$$

如果考虑影响径流的因素有差异时，可采用以下公式进行修正

$$C_{vR设}=\frac{C_{vp设}}{C_{vP参}}C_{vR参} \tag{9-13}$$

式中：$C_{vP设}$、$C_{vP参}$分别为设计流域、参证流域年降雨量的变差系数，可从水文手册中查得；$C_{vR参}$为参证流域年径流深的变差系数，可从水文手册中查得。

（三）年径流量偏态系数的估算

年径流量的偏态系数 C_s 一般通过 C_s 与 C_v 的比值定出。可以将参证流域 C_s 与 C_v 的比值直接移用或作适当的修正。在实际工作中，常采用 $C_s=2C_v$。

（四）设计年径流量及其年内分配的计算

在求得设计年径流深均值、变差系数及偏态系数后，即可求出指定频率（设计保证率）的设计年径流深 R_P，将 R_P 乘以流域面积，即可得出设计年径流量 W_P。年内各月径流量分配，可直接移置参证站各种代表年的月径流量分配比例，然后乘以设计年径流量即得设计年径流量的年内分配。一般各地区水文手册亦有按气候及地理条件分区的丰、平、枯各种典型年的年内各月分配比例，以备查用。

【例题 4】 拟在某河流 B 断面处筑坝，该断面以上控制流域面积 190km²，已知该河流 B 断面上游 10km 处 A 断面可作为参证站。A 断面处控制面积 176km²，多年平均流量为 4.4m³/s，$C_v=0.40$，$C_s=0.80$，枯水代表年的年内分配比如表 9-10 所示。试用水文比拟法推求 B 断面处 $P=90\%$的设计年径流量及其年内分配。

表 9-10　　参证站 $P=90\%$ 枯水代表年年内分配比

年　份	月平均流量												全年总量
	3	4	5	6	7	8	9	10	11	12	1	2	
枯水代表年分配比（%）	18.7	15.6	28.6	30.7	3.8	0.3	0.2	0.1	0.2	0.3	0.2	1.3	100

解：（1）参证站多年平均径流深：$\overline{R}_A=\dfrac{\overline{Q}T}{1000F_A}=\dfrac{4.4\times3600\times24\times365}{1000\times176}=788$（mm）。

（2）用水文比拟法求得设计站多年平均径流深（直接移置径流深）：

$$\overline{R}_B=\overline{R}_A=788\text{mm},\text{换算得}\overline{Q}_B=4.75\text{m}^3/\text{s}$$

设计站的年径流量变差系数和偏态系数直接采用参证站的成果。即 $C_v=0.40$，$C_s=2C_v=0.80$，查 P—Ⅲ型曲线模比系数 K_P 表，并求得 $P=90\%$的设计年径流量：

$$Q_{P=90\%}=K_P\overline{Q}_B=0.53\times4.75=2.52\ (\text{m}^3/\text{s})$$

（3）直接移用参证站 $P=90\%$ 枯水代表年年内分配比，然后乘以设计年径流量 $Q_{P=90\%}$（还要乘一年的月数 12）即得设计年内分配，见表 9-11。

表 9-11　　设计年径流量 $P=90\%$ 枯水年年内分配计算表　　单位：m^3/s

年　份	月平均流量												全年
	3	4	5	6	7	8	9	10	11	12	1	2	
枯水代表年分配比（%）	18.7	15.6	28.6	30.7	3.8	0.3	0.2	0.1	0.2	0.3	0.2	1.3	100
$P=90\%$设计年月径流量	5.65	4.72	8.65	9.28	1.15	0.09	0.06	0.03	0.06	0.09	0.06	0.40	2.52

第五节　几个相关问题

一、设计水平年的选择

各用水部门的需水量随着国民经济的发展而逐年增长；而水利工程从规划到建成，再从投入运行到正常运行，往往需要长达十几年或更长的时间。因此，必须通过论证，合理选定未来的某一年份作为设计水平年，对该年各用水部门的用水量做出预测，并以此作为确定水利工程规模的依据。

水利工程的设计水平年，应根据其重要程度和工程寿命确定。一般的水利工程，可采用“设计水平年”和“远景水平年”两种需水水平。设计水平年作为水利工程的设计依据，并按远景水平年进行校核。对于特别重要的工程规模的确定，则应考虑的更长远一些。水电工程一般采用第一台机组投入后的 5～10 年作为设计水平年。所选设计水平年应与国民经济五年计划分界年份相一致。

综合利用水利枢纽应先论证、拟定各需水部门的设计水平年。对于以发电为主的综合利用枢纽，设计水平年的选择应根据地区的水力资源比重、水库调节性能及水电站的规模等情况综合分析确定。例如对于水力资源不丰富、水电比重小的地区，当设计水电站的规模较大，调节性能较高时，考虑到远景系统调峰的需要，设计水平年应适当选得远一些。承担灌溉任务的水利枢纽，在考虑其设计水平年时，必须结合灌区规划考虑其近期水平及灌区达到最终规模的需水水平。对于航运和给水部门的设计水平年的确定，主要是考虑航运最终发展的客运、货运规模和船只的吨位、城市人口发展和工矿企业的最终生产能力等因素。确定综合利用工程规模应以主要需水部门的设计水平年为依据，并考虑其他需水部门在该水平年的需水要求，然后再结合远景水平年来确定，适当考虑各需水部门的远景需水要求。

二、设计代表年（期）的选择

在年调节水库兴利调节计算中，若有长系列的来水和用水资料，则按长系列水文资料进行径流调节计算，可得出较精确的结果，但工作量太大。在方案比较阶段，不一定要求很精确的计算，只要能比较出各方案的优劣即可。所以可采用简化的方法，即从水文资料中挑选出一些代表年，不需要缩放。一般有以下几种情况。

1. 设计枯水年

在长系列资料中选取年水量的频率与设计保证率一致的年份作为设计枯水年。对年调节水库来说，对该年进行调节计算，所得成果就能反映符合设计保证率的兴利情况。

2. 设计中水年

在长系列资料中选取年水量的频率为50%、且年内分配接近多年平均情况的年份作为设计中水年。对这样的年份进行调节计算，所得成果就能反映一般来水条件下的兴利情况。

3. 设计丰水年

在长系列资料中选取频率为$1-P$、且径流年内分配接近于较丰水年份平均情况的年份作为设计丰水年。以此年的调节计算结果就可反映出丰水条件下的兴利情况。

设计代表年的选择，视计算要求和简化程度的不同，通常可采用下列方法之一：

（1）水量选年法。以设计枯水年为例，根据历年径流资料，分别绘制年水量（或枯季水量）频率曲线，在曲线上查得与设计保证率$P_{设}$相应的年水量（或枯季水量）。从实测径流系列中选出与$P_{设}$年水量接近的年份推出设计枯水年年内分配情况。一般地讲，枯水期水量的多少与供水期正常供水的情况关系更为密切。类似地，对设计中水年和丰水年，则可分别以多年平均水量（或$P=50\%$）和（$1-P_{设}$）相应的年水量选择年内分配。

（2）调节流量选年法。因为供水期起始日期除与径流年内分配有关外，还与有效库容的大小有关，因此，按每年固定划分的枯水期径流频率曲线选择设计枯水年可能不确切。按水库供水期的调节流量选择设计枯水年，可以更准确地反映设计保证率。当水库兴利库容为已知时，采用径流调节简化算法对年径流系列可求得各年的供水期调节流量，经统计计算求得与各年调节流量相应的经验频率值，绘出调节流量与经验频率的关系曲线。据此曲线即可选出频率相当于设计保证率$P_{设}$的年份作为设计枯水年，相应的调节流量即为设计调节流量。

4. 设计代表期

设计代表期是指一个长达若干年的代表性时期，可用该时期径流资料进行径流调节计算的成果来近似地反映长系列径流调节计算的结果。与设计代表年类似，设计代表期也是径流调节的一种简化法，它适用于多年调节水库。设计枯水年组及中水代表期是常采用的两种代表期。因为多年调节水库的调节周期为若干年，为了得到符合设计保证率的整个调节周期的兴利情况，就应选取包括若干年的设计代表期来进行调节计算。

（1）设计枯水年组。先计算出长系列资料中设计保证率条件下正常工作允许破坏的年数，由保证率概念 $P_{设}=(n-T_{破})/(n+1)$ 得破坏年数为

$$T_{破}=n-P_{设}(n+1) \tag{9-14}$$

式中：$T_{破}$ 为允许破坏的年数；n 为资料系列年数。

算出 $T_{破}$ 以后，在实测资料（系列）中选出最严重的连续多年枯水年组，从该年组末开始逆时序扣除允许破坏年数 $T_{破}$，余下的即为所选的设计枯水年组系列。若除最严重的枯水年组外，还有其他年遭到破坏，如还有一年被破坏，则应从 $T_{破}$ 中扣除，即在原枯水年组中扣除破坏年数应为 $T_{破}-1$，余下的年份即为所选取的设计枯水系列。

用设计枯水年组进行多年调节水库的调节计算可近似地反映兴利库容、调节流量与供水保证率之间的关系。

（2）中水代表期。采用中水代表期进行径流调节计算的目的是推求水库的多年平均效益指标。选择中水年组时应考虑以下条件：①代表期应有丰、中、枯水年，至少有一个完整的调节周期；②代表期的平均流量与长系列径流资料的多年平均流量相近；③代表期的年径流变差系数 C_v 与长系列的变差系数 C_v 相近。

三、枯水径流分析计算

对于一个水文年度，河流的枯水径流是指地面径流减少，河流的水源主要靠地下水补给。一旦当流域地下蓄水耗尽或地下水位降低到不能再补给河道时，河道内会出现断流现象，这就会引起严重的干旱缺水。因此，枯水径流与工农业供水和城市生活供水等关系甚为密切，必须予以足够的重视。

水资源供需矛盾的尖锐，给大量供水工程和环境保护工程的规划设计提出了更高的要求。为使规划设计的成果更加合理，必然要求对枯水径流做出科学的分析和计算。在许多情况下，就年径流总量而言，水资源是丰富的，但汛期的洪水径流难以全部利用，工程规模、供水方式等主要受制于供水期或枯水期的河川径流。因此，在工程规划设计时，一般需要着重研究各种时段的最小流量。例如对调节性能较高的水库工程，需要重点研究水库供水期或枯水期的设计径流量；而对于没有调节能力的工程，如为满足工农业用水需要在天然河道修建的抽水站，要确定取水口高程及保证流量，选择水泵容量和型号等，都需要确定全年或指定供水期内取水口断面处设计最小瞬时流量或最小时段（旬、连续几日或日）平均流量。对于枯水径流的分析，通常采用下面几种方式：① 年或供水期的最小流量频率计算；② 用等值线法或水文比拟法估算；③ 绘制日平均流量历时曲线。

（一）具有实测径流资料时的设计枯水径流计算

常规枯水流量频率分析的统计时段小于 12 个月，也称为年内持续水文干旱事件，其频率分析方法与一般频率分析方法相同。统计时段是根据工程的要求而定，一般按年最小流量或 1d、3d、5d、15d、30d 等平均最小流量或径流量进行统计得到枯水流量系列。我国仍采用 P—Ⅲ型分布，通常采用不足概率，即 $P(X\leqslant x)$，不足概率的枯水流量频率曲线见图 9-6。如系列很长，也可用经验点据拟合成光滑频率曲线。

我国幅员辽阔，枯水流量的情况各不相同。西北地区的中小河流经常会出现干涸现象，即使大河，如黄河流域也曾出现断流现象。对于枯水流量系列中包含零值时的频率分

析，我国水文工作者作了许多研究，提出了一些实用的方法，如金光炎提出的频率比例法。

设 n 年枯水流量系列中有 k 年为非零系列，将其视作独立随机的连序系列，进行频率分析得到频率曲线。然后通过下式将部分系列的设计频率转换成全部系列的频率，即

$$P_{设}=\frac{kP_{非}}{n} \tag{9-15}$$

式中：$P_{设}$ 为全系列的设计频率；$P_{非}$ 为非零系列相应的频率。

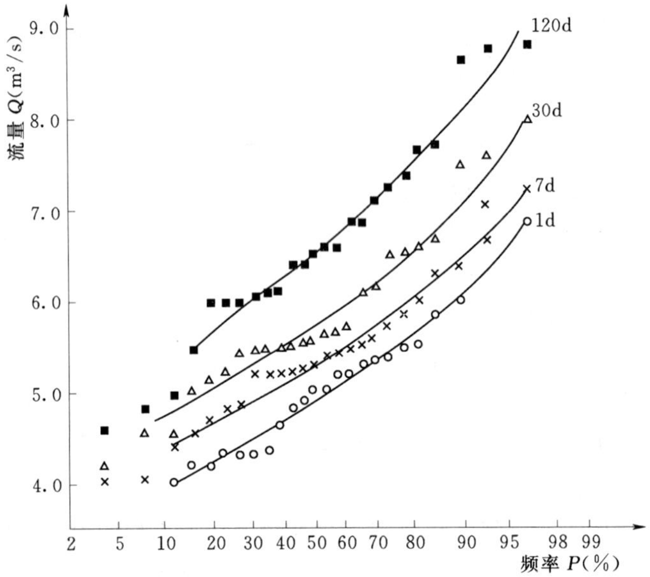

图 9-6　某水文站枯水流量频率曲线

（二）缺乏实测径流资料时设计枯水径流的估算

当工程拟建处断面缺乏实测径流资料时，此时通常采用等值线图法或水文比拟法估算枯水径流量。

1. 等值线图法

由枯水径流量的影响因素分析可知，非分区性因素对枯水径流的影响是比较大的，但随着流域面积的增大，分区性因素对枯水径流的影响会逐渐显著，所以就可以绘制出大中流域的年枯水径流流量（如年最小流量、年最小日平均流量、连续最小几日的平均流量）模数的均值、C_v 等值线图及 C_s 分区图。由此就可求得设计流域年枯水流量的统计参数，从而近似估算出设计枯水流量。

由于非分区性因素对枯水径流的影响较大，所以年枯水流量模数统计参数等值线图的精度远较年径流等值线图低，特别是对较小河流，可能有很大的误差，使用时应仔细、认真地分析考证。

2. 水文比拟法

在枯水径流的分析中，要正确使用水文比拟法，必须具备水文地质的分区资料，以便

选择水文地质条件相近的流域作为参证流域。选定参证流域后，即可将参证流域的枯水径流特征值移用于设计流域。同时，还需通过野外查勘，观测设计站的枯水流量，并与参证站同时实测的枯水流量进行对比，以便合理确定设计站的设计最小流量。

当参证站与设计站同在一条河的上下游时，可以采用与年径流量一样的面积比方法修正枯水流量。

四、流量历时曲线

对于径流式电站、引水工程或水库下游有航运要求时，需要知道流量（或水位）超过或低于某一数值持续的天数有多少。例如，设计引水渠道，需要知道河流中来水量一年内出现大于设计值的流量有多少天，即有多少天取水能得到保证；航运需要知道一年中低于最低通航水位的断航历时等。解决这类问题就需要绘制日平均流量历时曲线。

日平均流量历时曲线是反映流量年内分配的一种统计特性曲线，只表示年内大于或小于某一流量出现的持续历时，它不反映各流量出现的具体时间，如图 9-7 所示。在规划设计无调蓄能力的水利水电工程时，常要求提供这种形式的来水资料。

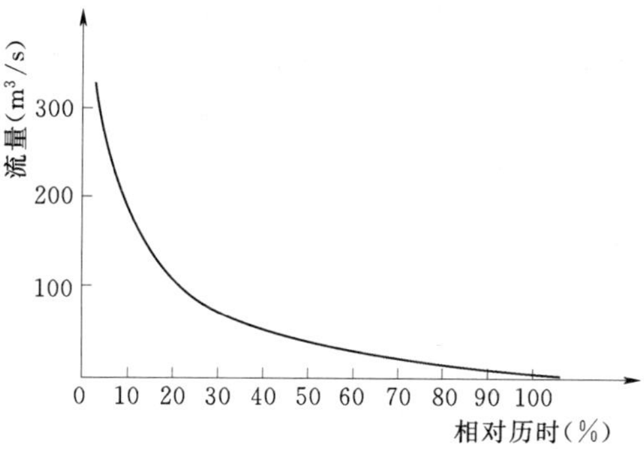

图 9-7　日平均流量历时曲线

绘制以年为时段的日平均流量历时曲线时，由于一年的日数很多，一般是将流量分组进行历时的统计，组距不一定要求相等。

(1) 综合日流量历时曲线。将所有各年的日平均流量资料进行综合统计，曲线的纵坐标为日平均流量，横坐标为所有各年的历时日数或相对历时（占所有各年的百分数），得综合日流量历时曲线。这种历时曲线能真实地反映流量在多年期间的历时情况，是工程上主要采用的曲线。

(2) 平均日流量历时曲线。平均日流量历时曲线是根据多年实测流量资料，点绘各年日流量历时曲线，然后在各年的历时曲线上，查出同一历时的流量，并取平均值绘制而成的，因而是一种虚拟的曲线。由于流量取平均的结果，这条曲线的上端比综合历时曲线要低，而它的下端又比综合历时曲线要高，曲线中间绝大部分（10%～90%的范围）大致与综合历时曲线重合。

(3) 代表年日流量历时曲线。根据某一年份的实测日平均流量资料绘制而成。在工程设计中，常需要各种代表年（丰水年、平水年、枯水年）的日平均流量历时曲线。绘制这条曲线时，代表年的选择按前述原则来进行。

习　题

1. 思考题。(1) 日历年度、水文年度、水利年度的含义各是什么？(2) 水文分析计算之前，要对水文资料进行哪几方面的审查？为什么要进行还原计算？(3) 什么叫设计保证率？灌溉水库的设计保证率如何选定？(4) 简述具有长期实测资料情况下，用设计代表年法推求设计年径流量及其年内分配的方法步骤。(5) 实测径流资料不足时，设计年径流量计算的关键是什么？应用水文比拟法的关键是什么？(6) 月降雨与月径流关系点据散乱的主要原因是什么？建立二者相关关系时需要做怎样的处理？(7) 为什么年径流的 C_v 值可以绘制等值线图？从图上查出小流域的 C_v 值一般较其实际值偏大还是偏小？为什么？(8) 缺乏实测资料时，怎样推求设计年径流量？

2. 某水库位于无资料地区，设计流域的位置如图 9-8 所示，流域面积为 284km²。已知多年平均年径流深［图 9-8 (a)］及相对应的 C_v 等值线图［图 9-8 (b)］，并根据流域所在分区，查得设计流域丰、平、枯三个代表年的年内分配百分比，如表 9-12 所示。丰水年设计频率 $P=10\%$，中水年设计频率 $P=50\%$，枯水年设计频率 $P=90\%$。采用 $C_s=2C_v$。求坝址处的丰、平、枯三个代表年的设计年径流量及其年内分配。

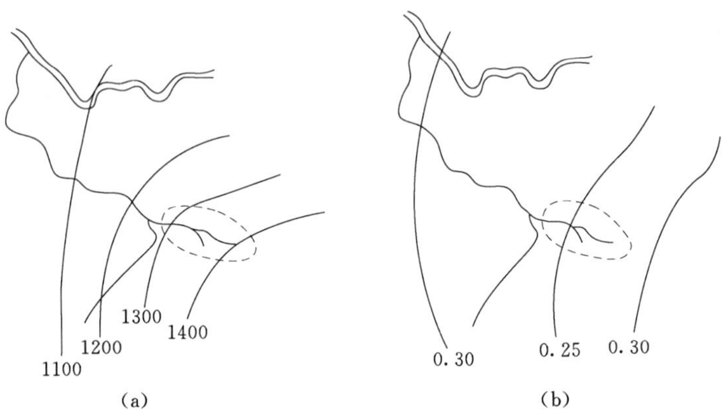

图 9-8

(a) 多年平均年径流深等值线图；(b) 年径流量变差系数 C_v 等值线图

表 9-12　　设计年径流量丰、平、枯三个代表年的年内分配百分比

类别	月份												全年
	3	4	5	6	7	8	9	10	11	12	1	2	
丰水代表年分配比 (%)	11.0	18.3	28.6	11.8	5.2	6.1	3.2	4.2	3.6	3.7	1.6	2.7	100
平水代表年分配比 (%)	9.8	9.3	27.3	20.2	10.2	5.9	2.9	4.0	2.6	1.9	3.1	2.8	100
枯水代表年分配比 (%)	10.5	13.2	13.7	36.6	7.3	5.9	2.1	3.5	1.7	1.2	1.0	3.3	100

3. 某水利工程的设计站，有 1954～1971 年的实测年径流资料。其下游有一参证站，有 1939～1971 年的年径流系列资料，如表 9-13 所示，其中 1953～1954 年、1957～1958 年和 1959～1960 年，分别被选定为 $P=50\%$、$P=75\%$和 $P=95\%$的代表年，其年内的逐月径流分配如表 9-14 所示。试求：(1) 根据参证站系列，将设计站的年径流系列延长至 1939～1971 年。(2) 根据延长前后的设计站年径流系列，分别绘制年径流频率曲线，并分析比较二者有何区别。(3) 根据设计站代表年的逐月径流分配，计算设计站 $P=50\%$、$P=75\%$和 $P=95\%$的年径流量逐月径流分配过程。

表 9-13　　设计站与参证站的年径流系列　　单位：m^3/s

年　份	参证站	设计站	年　份	参证站	设计站	年　份	参证站	设计站
1939	778		1950	878		1961	1050	752
1940	1060		1951	996		1962	782	569
1941	644		1952	703		1963	1130	813
1942	780		1953	788		1964	1160	775
1943	1029		1954	945	761	1965	676	547
1944	872		1955	1023	800	1966	1230	878
1945	932		1956	587	424	1967	1510	1040
1946	1246		1957	664	552	1968	1080	735
1947	933		1958	947	714	1969	727	519
1948	847		1959	702	444	1970	649	473
1949	1177		1960	859	643	1971	870	715

表 9-14　　设计站代表年、月径流分配　　单位：m^3/s

年　份	月　份												全年
	7	8	9	10	11	12	1	2	3	4	5	6	
1953～1954	827	920	1780	1030	547	275	213	207	243	303	363	714	619
1957～1958	1136	1010	919	742	394	200	162	152	198	260	489	965	552
1959～1960	1110	1020	787	399	282	180	124	135	195	232	265	594	444

第十章　直接法推求设计洪水

第一节　概　　述

一、设计洪水的概念

流域内暴雨或大规模的融雪产生大量的地面径流，在短期内迅速汇入河槽，使河道中流量骤增，水位猛涨，水流呈波状下泄，这种径流称为洪水。洪水通过河道任一断面都有一个过程，如图 10-1 所示。

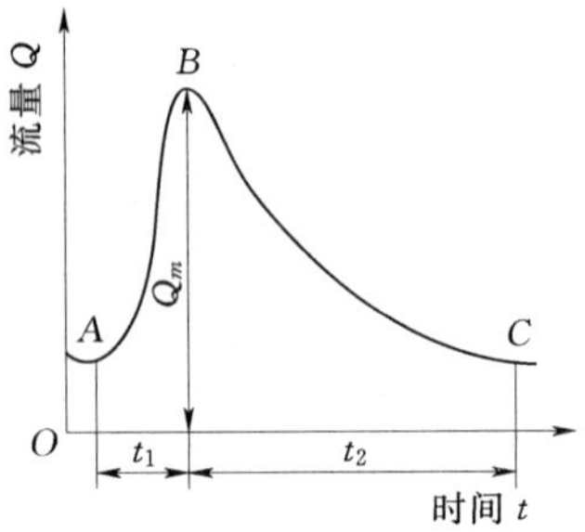

图 10-1　洪水过程示意

ABC 曲线为河道某一断面洪水过程线 $Q—t$ 示意图，A 点为洪水起涨点，B 点为洪峰点，对应的纵坐标值为洪峰流量 Q_m，C 点为落洪点。AB 为涨洪段，相应的历时 t_1 为涨洪历时，BC 为落洪段，相应的历时 t_2 为落洪历时，$T=t_1+t_2$ 为洪水总历时。曲线与 A、C 两点之间的时间横轴所包围的面积为洪水的总水量，称为洪量 W_T。洪峰流量 Q_m、洪量 W_T 和洪水过程线 $Q—t$ 通常称为洪水三要素。图 10-1 是一次单式（单峰）洪水，由于降雨过程的不同，实际中可能发生复式（双峰）洪水或多峰洪水。

洪水常淹没堤岸滩涂，甚至漫堤泛滥成洪灾。为防止和减轻洪灾的危害，需要修建各种水利工程控制洪水。这些水利工程的规模和它们自身的安全，则取决于未来运行期间可能遇到的洪水情势。但限于科技发展水平，目前尚难以准确给出未来若干年内的洪水情势。因此，在设计水工建筑物时，必须选择某一标准的洪水作为设计依据，使工程遇到不超过这种标准的洪水时不会遭到破坏。工程规划设计中所依据的一定标准的洪水，即为设计洪水。这种洪水是一种“模式洪水”，不是未来在实际中一定发生的洪水，但它经过论证在设计区域内是可能发生的洪水。

二、洪水设计标准

在确定设计洪水时，若此洪水定的过大则会使工程造价增加而不经济，但工程却偏于安全；若洪水定的过小，虽然工程造价降低，但遭受大洪水破坏的风险增大。如何选择较为合适的洪水作为设计水工建筑物的依据，涉及一个标准问题，称为设计标准。设计标准既关系到防洪保护区人民生命和经济建设的安全，也关系到工程投资的经济效益，必须根据国家有关部门制定的规范慎重对待。经过多年的工程实践，我国于 1994 年颁发了统一的 GB 50201—94《防洪标准》作为强制性的国家标准，其中明确了两种防洪标准的概念。一是水工建筑物自身的防洪标准；二是与防洪对象保护要求有关的防洪区的防洪安全标准。后者是依据防护对象的重要性分级设定的，例如确定城市防洪标准时，根据城市社会经济地位的重要性划分成不同的等级，不同等级的城市采用不同的标准，其他保护对象防洪标准的确定也是如此，见表 10－1。

表 10－1 防护对象的等级和防洪标准

等级	城市重要性	非农业人口（万人）	农田面积（万亩）	工矿企业区	防洪标准（重现期：a）
Ⅰ	特别重要	≥150	>500	特别重要	≥200
Ⅱ	重要	50～150	100～500	重要	100～200
Ⅲ	中等	20～50	30～100	中等	50～100
Ⅳ	一般	≤20	<30	一般	20～50

水工建筑物自身的防洪标准首先根据工程规模、效益和在国民经济中的重要性，将水利水电枢纽工程分为五等，见表 10－2。然后根据所属枢纽工程的等别、作用和重要性将水利水电枢纽工程的水工建筑物分为五级，见表 10－3。设计时根据建筑物级别选定不同重现期作为防洪标准。这样，把洪水作为随机现象，以概率形式估算未来的设计值，同时以不同重现期来处理安全和经济的关系。

表 10－2 水利水电工程枢纽的等别

工程等别	水库		防洪		治涝	灌溉	供水	水电站
	工程规模	总库容（10^8m^3）	城镇及工矿企业的重要性	保护农田（万亩）	治涝面积（万亩）	灌溉面积（万亩）	城镇及工矿企业的重要性	装机容量（10^4kW）
Ⅰ	大（1）型	≥10	特别重要	≥500	≥200	≥150	特别重要	≥120
Ⅱ	大（2）型	1.0～10	重要	100～500	60～200	50～150	重要	30～120
Ⅲ	中型	0.10～1.0	中等	30～100	15～60	5～50	中等	5～30
Ⅳ	小（1）型	0.01～0.10	一般	5～30	3～15	0.5～5	一般	1～5
Ⅴ	小（2）型	0.001～0.01		≤5	≤3	≤0.5		≤1

表 10－3 水工建筑物的级别

工程等别	永久性水工建筑物级别		临时性水工建筑物级别
	主要建筑物	次要建筑物	
Ⅰ	1	3	4
Ⅱ	2	3	4
Ⅲ	3	4	5
Ⅳ	4	5	5
Ⅴ	5	5	

水利水电工程建筑物防洪标准分为正常运用和非常运用两种。按正常运用标准计算出的洪水称为设计洪水，用它来决定工程的设计洪水位、设计泄洪流量等，宣泄正常运用洪水时，泄洪设施应保证安全和正常运行。当河流发生比设计洪水更大的洪水时，选定一个非常运用洪水标准进行计算，算出的洪水称为非常运用洪水或校核洪水。宣泄非常运用洪

水时，泄洪设施应保证满足泄量的要求，可允许消能设施和次要建筑物部分破坏，但不应影响枢纽工程主要建筑物的安全或发生河流改道等重大灾害性后果。水工建筑物的防洪标准见表 10－4。

表 10－4　　　　水库工程水工建筑物的防洪标准

水工建筑级别	防洪标准（重现期：a）				
	山区、丘陵区			平原区、滨海区	
	设计标准	校核标准		设计标准	校核标准
		混凝土坝、浆砌石坝及其他水工建筑物	土坝、堆石坝		
1	500～1000	2000～5000	可能最大洪水或 5000～10000	100～300	1000～2000
2	100～500	1000～2000	2000～5000	50～100	300～1000
3	50～100	500～1000	1000～2000	20～50	100～300
4	30～50	200～500	300～1000	10～20	50～100
5	20～30	100～200	200～300	10	20～50

根据计算符合某一标准洪水的途径不同，大体上分为两类：一是以洪水（或暴雨）发生频率（或重现期）表示设计洪水和校核洪水的标准，即重现期标准，为多数国家大中型水利工程普遍采用；二是以气象学上的可能最大降水（Probable Maximum Precipitation，PMP）推算可能最大洪水（Probable Maximum Flood，PMF），作为洪水的最高标准，即“PMF 标准”，适用于重要大中型水利工程。

设计洪水是指在水利水电工程规划、设计中所依据的符合选定标准的洪水，包括设计洪峰流量、不同时段设计洪量及设计洪水过程线三个要素。合理分析计算设计洪水，是水利水电工程规划设计首先要解决的问题。

另外，水库重要建筑物的防洪标准一般要高于下游防护对象的防洪标准。因为没有上游水库的安全，就谈不上对下游防护对象的安全，一旦大坝失事，对下游将造成甚为严重的后果。当防护对象非常重要时，防护对象的防洪标准也可与上游水库重要建筑物的防洪标准相同。

三、设计洪水分析计算的基本方法

依据收集与掌握资料的情况和工程设计的具体要求，设计洪水的计算方法分为以下四种类型。

（1）由洪水资料推求设计洪水。应用此法推求设计洪水时，要求具有长期洪水流量（或洪水位）资料，且应进行历史洪水的调查考证，然后运用频率分析方法计算设计洪水；若此种资料系列较短，经过插补展延后再应用频率分析法计算。在本书中将此法称为直接法，本章将详细讲解此法。

（2）由暴雨资料推求设计洪水。当缺乏实测洪水流量资料而具有长期实测雨量资料时，可依据径流形成原理，由设计暴雨推求设计净雨，再由设计净雨推求设计洪水。在本书中将此法称为间接法，详见第十一章。

(3) 地区综合经验公式法推求设计洪水。当设计流域（主要是小流域）缺乏降雨径流资料时，运用地区综合法，通过对气候和下垫面因素相似地区实测与调查的洪水资料进行归纳综合，建立洪峰流量或洪水总量与主要影响因素之间的相关关系。由于这种关系的建立不是基于洪水的物理成因，因而获得的公式称为经验公式。

(4) 由 PMP 推求设计洪水。由 PMP 推求出的 PMF 也是一种设计洪水。

第二节 设计洪峰流量及设计洪量的推求

前已述及，设计洪水的推求就是设计洪水三要素的推求，即设计洪峰流量、设计洪量及设计洪水过程线的推求。本节主要学习设计洪峰流量及设计洪量的推求。根据工程断面处水文站长期的流量资料，通过频率计算推求符合设计标准的洪峰流量及不同时段的洪量。由于是直接根据工程断面处水文站的洪水流量资料来推求，所以，该方法又称为直接法推求设计洪水。《水利水电工程设计洪水计算规范》(SL 252—2000) 指出，对于大中型工程应尽可能采用流量资料计算设计洪水。

一、资料审查

在应用资料进行计算之前，首先要对原始水文资料进行审查，洪水资料必须可靠，具有必要的精度，而且具备频率分析所必须的某些统计特性，例如洪水系列中各项洪水相互独立，且服从同一分布等。资料审查的内容与年径流量资料审查相似，即审查资料的可靠性、一致性和代表性。

1. 可靠性审查

审查洪水资料可靠性的目的是减少观测和整编中的误差和改正其错误，重点应审查对设计洪水计算成果影响较大的大洪水年份，以及观测、整编质量较差的年份，特别是战争年代及政治动乱时期的观测记录。审查的主要内容是测站的变迁，水尺零点高程的变化等；测流断面的冲淤情况，上游附近河段的决口、溃堤及改道等洪灾事件等；对调查的历时洪水，应多方面分析论证洪峰流量、洪量及重现期的可靠性，并注意不要遗漏考证期内的大洪水；对重要的大洪水资料，还得经过实地勘测和取证。

审查的方法可参照水文资料整理方法和要求进行。一般可作历年水位流量关系曲线的对照检查（特别是高水外延部分），审查点据离差情况及定线的合理性；通过上下游、干支流各断面的水量平衡及洪水流量、水位过程线的对照，流域的暴雨过程和洪水过程的对照等，进行合理性检查。如发现问题，应会同原整编单位作进一步审查，必要时作适当的修正。

2. 一致性审查

洪水资料的一致性审查主要是审查在调查或观测期中，洪水形成条件是否相同。形成条件不同的洪水，其洪水统计规律也不同，就不能将这些洪水资料放在一起作为一个样本系列进行频率计算。当使用的洪水资料受人类活动（如修建水工建筑物、整治河道等）的影响有明显变化时，应进行还原计算，使洪水资料换算到天然状态的条件下。

3. 代表性审查

洪水资料的代表性审查，主要是审查洪水资料构成的样本系列是否能够代表总体的统计特性。但洪水的总体无法获得，所以一般认为，资料年限越长，并能包括大、中、小等各种洪水年份，则代表性越好。

洪水资料代表性审查的方法有两种：一种是周期性分析，即通过实测资料与历史洪水调查及文献考证资料进行对比分析，看其是否包含大、中、小洪水年份及特大洪水年份。另一种方法是与上下游站或邻近流域水文站的长系列参证资料进行对比分析。由于上、下游站或邻近流域水文站的参证资料与本站洪水资料具有同步性，若参证系列资料年限较长，且这段时期代表性较好，则可以判断本站同期的洪水资料也具有较好的代表性（详见第九章第二节中的审查方法）。如果发现代表性不好，可采取历史洪水调查、考证历史文献和对洪水系列进行插补延长等方法，这是提高洪水系列代表性的有效途径。

根据《水利水电工程设计洪水计算规范》（SL 252—2000）中的规定，结合我国现有水文观测资料情况，坝址或其上下游具有 30 年以上实测洪水，并有历史洪水调查和考证资料时，可用频率分析计算法推求设计洪水。

二、选样

选样是指从每年的全部洪水过程中选取相应的特征值，组成用于频率计算的样本系列。由于河流上一年内要发生多次洪水，每次洪水具有不同历时的流量变化过程，如何从历年洪水系列资料中选取表征洪水特征值的样本，是洪水频率计算的首要问题。

选样的原则：①样本容量应与实测年限相一致；②独立选取每年中的最大值。从资料中逐年选取一个最大洪峰流量和固定时段的最大洪量，分别组成洪峰流量系列和不同时段的洪量系列。确定固定时段时，习惯上取 1d、3d、5d、7d、15d 等。大流域、调洪能力大的工程，时段可以取得长一些；小流域、调洪能力小的工程，可以取得短一些，如 1h、3h、6h、12h、24h 等。

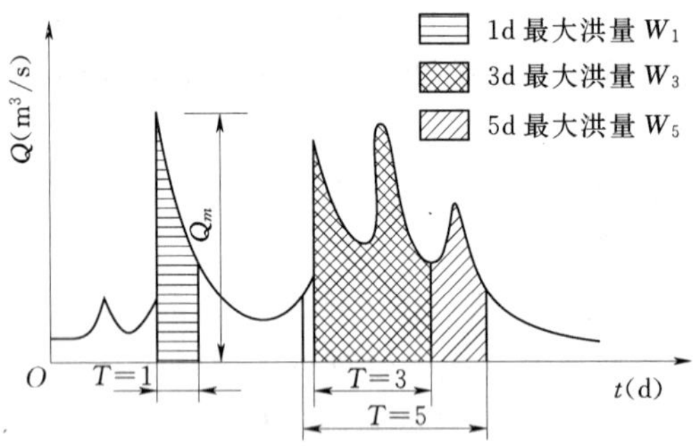

图 10－2　年最大值法选样示意

对于洪峰流量，每年选一个最大的瞬时洪峰流量就可以组成洪峰流量样本系列。对于不同时段的洪量，采取独立选取年最大值的方法。若有 n 年资料，对各选定的时段分别选出 n 个最大洪量，组成不同时段的洪量样本系列。同一年内所选取的固定时段洪量，可发生在同一次洪水中，也可发生在不同次洪水中，关键要独立的选取其最大值。例如，图 10－2 中最大 1d 洪量与 3d、5d 洪量不属于同一次洪水。

选样时要注意，统计时段不固定起止时间，如最大 1d，是指滑动选取连续 24h 的年最大值。

三、资料的插补展延

如实测洪水系列较短或实测期内有缺测年份，应对洪水资料进行插补延长，以便扩大样本的容量，提高其代表性，保证设计精度。插补展延方法一般有以下几种。

1. 根据上下游站的洪水特征值进行相关分析插补展延

当设计断面处实测资料年限不够长或资料有缺失时，可根据上、下游站或邻近相似河流测站的资料进行相关分析。若相关关系不好，应设法提高其相关性，如以区间测站相应流量为参数进行复相关分析。当相关关系较为密切时，便可以用来插补或展延系列。

当设计断面处没有实测资料，而其上、下游站具有实测流量资料时，若设计站与上、下游参证站流域面积相差不超过3%，且区间无分洪、滞洪设施时，可将上游或下游参证站的洪峰流量数值直接移用到设计断面。若两站面积相差不超过15%，且流域自然地理条件比较一致，流域内暴雨分布比较均匀，可按下式将参证站实测流量资料换算至设计断面处：

$$Q_m=\left(\frac{F}{F'}\right)^n Q'_m \tag{10-1}$$

式中：Q_m、Q'_m为设计站、参证站洪峰流量，m^3/s；F、F'分别为设计站、参证站流域面积，km^2；n为指数，对大、中型河流，n值一般在0.5～0.7之间，对$F<100km^2$的小流域，$n\geqslant 0.7$，也可根据实测洪水资料分析确定。

如果没有区间洪水加入，必要时也可通过河道洪水演算法（见第六章），将上、下游站的洪水演算到设计断面后再选样计算。

2. 利用本站峰量关系进行插补展延

通常根据调查到的历史洪峰或由相关法求得缺测年份的洪峰，利用峰量关系可以推求相应的洪水总量。也可以先由流域暴雨径流关系推求出洪量，再插补其相应的洪峰。

对于面积较小的流域，暴雨分布较均匀，汇流时间也较短，峰量关系常呈单一关系。但对于面积较大的流域，峰量关系一般要受到降雨历时、暴雨分布和峰型影响，峰量之间的关系不够密切，这时可视具体情况，引进适当的参数，以改善其相关关系。常用的参数有峰型（单峰或复峰）、暴雨中心位置、降雨历时等。

3. 利用暴雨径流关系插补展延

流域一般都具有较长期的雨量资料，这时可利用洪峰流量缺测年份的最大暴雨资料，通过产、汇流分析求出洪水流量过程线，详见第四章、第五章进而计算并选取其洪峰流量和洪量。简化的办法是建立某一定时段的流域平均暴雨量与洪峰、洪量的相关关系，然后由暴雨资料插补洪水资料。

4. 根据相邻河流的洪水特征值进行插补展延

若有与设计流域自然地理特征相似、暴雨洪水成因一致的邻近流域，如果资料表明该流域同次洪水的各特征值与设计流域的洪水特征值之间确实存在良好的相关关系，也可用来插补展延。

四、特大洪水的处理

所谓特大洪水是指历史上曾经发生过的或观测到的、且比一般洪水大得多的稀遇洪水。我国实测流量资料系列一般不长，通过插补延长的系列也有限，如只根据实测资料来推求设计频率的洪水，难免有较大的抽样误差。当出现一次新的大洪水以后，重新计算的设计洪水数值就会发生变动，所得计算成果很不稳定。如果在频率计算中能够正确利用特大洪水资料，合理处理特大洪水，就相当于将洪水样本由实测年限n延长到调查考证年限N，从而增加了样本的代表性，提高计算成果的稳定性。

通过实地调查或文献考证，常可获得一些历史特大洪水。例如，华北某河在1955年进行规划时，根据 20 年的流量资料求得千年一遇洪峰流量 Q_m 为 $7500m^3/s$，之后又通过实测、调查到一些特大洪水，重新计算的洪峰流量逐渐趋于稳定，如表 10－5 所示。

表 10－5　　华北某河设计洪峰流量计算结果比较

$Q_{mP=0.1\%}$ (m^3/s)	备　注
7500	1955 年规划计算结果
25900	加入 1956 年实测特大洪水 $Q=13100m^3/s$ 后的计算结果
22600	调查考证后加入若干年历史特大洪水资料后的计算结果
23300	加入 1963 年实测特大洪水 $Q=12000m^3/s$ 后的计算结果

处理特大洪水的关键是确定它的重现期，以便计算其经验频率。洪水系列（洪峰或洪量）有两种情况：一是系列中没有特大洪水，在频率计算时，各项数值直接按大小次序统一排位，各项之间没有空位，序数 m 是连序的，称为连序系列，如图 10－3（a）所示；二是系列中有特大洪水，特大洪水值的重现期 N 必然大于实测系列年数 n，而在 $(N-n)$ 年内有许多年的洪水数值无法查得，它们之间存在一些空位，由大到小是不连序的，称为不连序系列，如图 10－3（b）所示。

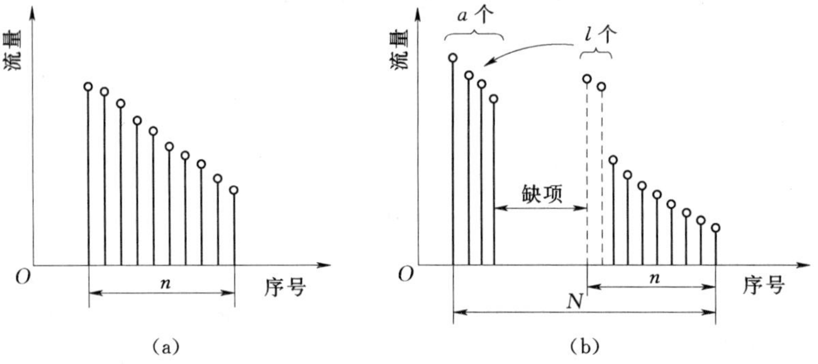

图 10－3　连序系列和不连序系列示意

（a）连序系列；（b）不连序系列

连序系列中各项经验频率的计算方法已在第八章中论述，不予重复。不连序系列的经验频率，有以下两种估算方法：

（1）独立样本法。把实测系列与特大值系列都看作是从总体中独立抽出的两个随机连序样本，各项洪水可分别在各个系列中进行排位，实测系列的经验频率仍按连序系列经验频率公式计算，即

$$P_m=\frac{m}{n+1} \tag{10-2}$$

特大洪水系列的经验频率计算公式为

$$P_M=\frac{M}{N+1} \tag{10-3}$$

式中：P_m 为实测系列第 m 项的经验频率；m 为实测系列由大至小排列的序号；n 为实测系列的年数；P_M 为特大洪水第 M 序号的经验频率；M 为特大洪水由大至小排列的序号；

N 为自最远的调查考证年份至今的年数。

当实测系列内含有特大洪水时，此特大洪水亦应在实测系列中占序号。例如，实测资料为 40 年，其中有一个特大洪水，则一般洪水最大项应排在第二位，其经验频率为 $P_2=2/(40+1)$。

(2) 统一样本法。将实测系列与特大值系列共同组成一个不连序系列，作为代表总体的一个样本，不连序系列各项可在历史调查期 N 年内统一排位。

假设在历史调查期 N 年中有 a 项特大洪水，其中有 l 项发生在 n 年实测系列之内，N 年中的 a 项特大洪水的经验频率仍用式（10－3）计算。实测系列中其余的（$n-l$）项，则均匀分布在 $1-P_{Ma}$ 频率范围内，P_{Ma} 为特大洪水第末项 $M=a$ 的经验频率，即

$$P_{Ma}=\frac{a}{N+1} \tag{10-4}$$

实测系列第 m 项的经验频率计算公式为

$$P_m=P_{Ma}+(1-P_{Ma})\frac{m}{n-l+1} \tag{10-5}$$

式中：$m=1，2，\cdots，n-l$。

上述第一种方法比较简单，但是在使用式（10－2）和式（10－3）点绘频率点据时，会出现重叠现象，而且在假定不连序系列是两个相互独立的连序样本条件下，没有对式（10－2）作严格的推导。当调查考证期 N 年中为首的数项历史洪水确系连序而无错漏，为避免历史洪水的经验频率与实测系列的经验频率点据的重叠现象，采用第二种方法较为合适。以上两种计算方法所得的经验频率是很接近的。

【例题 1】 某站自 1935～1972 年的 38 年中，有 5 年因故缺测，实有洪水资料 33 年。其中 1949 年为最大，经考证应作为特大值处理。另外，查明自 1903 年以来的 70 年间，为首的三次大洪水，其大小排位依次为 1921 年、1949 年、1903 年，并能判断不会遗漏掉比 1903 年更大的洪水。同时，还调查到在 1903 年以前，还有三次大于 1921 年的特大洪水，其序位为 1867 年、1852 年、1832 年，但因年代久远，小于 1921 年的洪水则无法查清。试按上述两种方法估算各项经验频率。

解： 为分析方便，根据上述情况列出年代图，如图 10－4 所示。实测洪水 $n=33$，调查期分作两个时期：其一是 1832～1972 年，记为 $N_2=141$ 年，在此期间能够进行排位的

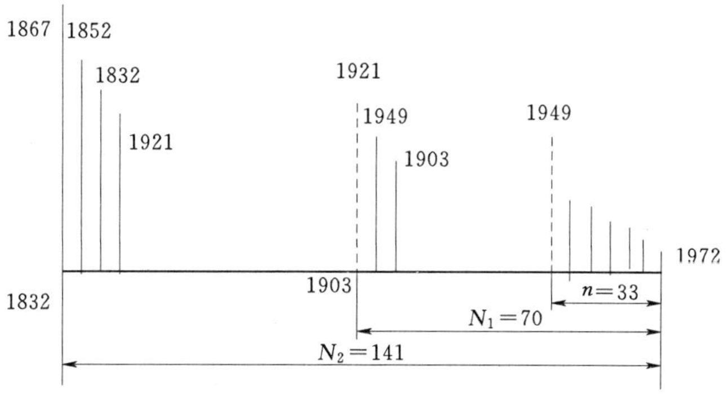

图 10－4　洪水排序示意

有 1832 年、1852 年、1867 年和 1921 年洪水，顺序为 1867 年、1852 年、1832 年、1921 年，而 1949 年、1903 年则不能在这一调查期中排位。其二是 1903～1972 年，记为 $N_1=$ 70 年，其中仅有 1903 年、1921 年、1949 年的洪水能在 N_1 中排位，它们的大小顺序为 1921 年、1949 年、1903 年，频率计算见表 10－6。

表 10－6　　洪水系列经验频率计算表

时期	系列年数		洪水序位		洪水年份	经验频率 P	
	n（实测）	N（调查）	m	M		独立样本法	统一样本法
调查期 N_2		141（1832～1972 年）		1	1867	$p_{M,2-1}=\frac{1}{141+1}=0.0071$	同独立样本法
				2	1852	$p_{M,2-2}=\frac{2}{142}=0.0141$	
				3	1832	$p_{M,2-3}=\frac{3}{142}=0.0211$	
				4	1921	$p_{M,2-4}=\frac{4}{142}=0.0282$	
调查期 N_1		70（1903～1972 年）		1	1921	已抽到上栏一起排位	
				2	1949	$p_{M,1-2}=\frac{2}{70+1}=0.0282$	$p_{M,1-2}=0.0282+(1-0.0282)\times\frac{1}{70-1+1}=0.0419$
				3	1903	$p_{M,1-3}=\frac{3}{71}=0.0423$	$p_{M,1-3}=0.0282+(1-0.0282)\times\frac{2}{70}=0.0559$
实测期 n	33（1935～1972 年，内缺 5 年）		1		1949	已抽到上栏一起排位	
			2		1940	$p_{m,2}=\frac{2}{33+1}=0.0588$	$p_{m,2}=0.0559+(1-0.0559)\times\frac{1}{33-1+1}=0.0845$
			⋮		⋮	⋮	
			33		1968	$p_{m,33}=\frac{33}{34}=0.969$	$p_{m,33}=0.0559+(1-0.0559)\times\frac{32}{33}=0.9713$

五、频率曲线线型选择

样本系列各项的经验频率确定之后，就可以在频率格纸上确定经验频率点据的位置并绘制经验频率曲线了。点绘时，可以用不同的符号分别表示实测、插补和调查的洪水点据，历史洪水的若干个点据应标明其发生年份。

我国自 60 年代以来，一直采用 P—Ⅲ型曲线作为洪水频率计算的依据。在规范 SL 252—2000 中规定“频率曲线线型一般应采用皮尔逊—Ⅲ型。特殊情况，经分析论证后也可采用其他线型”。例如，当偏态系数 C_s 较大而又需要计算小频率设计洪水时，即使调整参数，也很难得出满意的适线成果，对于这种特殊情况，经分析研究，也可采用其他线型。

六、频率曲线参数估计

在洪水频率计算中，我国规范统一规定采用适线法估计参数。如果用目估适线法，初定参数时可用矩法估计，也可用三点法计算。由于矩法简单最为常用，当用矩法初估参数时，对于不连序系列，假定 $n-l$ 年系列的均值和均方差与除去特大洪水后的 $N-a$ 年系列的相等，即$\overline{x}_{N-a}=\overline{x}_{n-l}$，$\sigma_{N-a}=\sigma_{n-l}$，可以导出均值与变差系数的计算公式

$$\overline{x}=\frac{1}{N}\left[\sum_{j=1}^{a}x_j+\frac{N-a}{n-l}\sum_{i=l+1}^{n}x_i\right] \tag{10-6}$$

$$C_v=\frac{1}{\overline{x}}\sqrt{\frac{1}{N-1}\left[\sum_{j=1}^{a}(x_j-\overline{x})^2+\frac{N-a}{n-l}\sum_{i=l+1}^{n}(x_i-\overline{x})^2\right]} \tag{10-7}$$

式中：x_j 为特大洪水，$j=1,\ 2,\ \cdots,\ a$；x_i 为一般洪水，$i=l+1,\ l+2,\ \cdots,\ n$；其余符号意义同前。

偏态系数 C_s 属于高阶矩，用矩法算出的误差较大，故一般不用矩法计算 C_s，而是参考附近地区资料选定一个 C_s/C_v 值。对于 $C_v<0.5$ 的地区，可试用 $C_s/C_v=3\sim4$ 进行适线；对于 $0.5<C_v<1.0$ 的地区，可试用 $C_s/C_v=2.5\sim3.5$ 进行适线；对于 $C_v>1.0$ 的地区，可试用 $C_s/C_v=2\sim3$ 进行适线。

目估适线的原则是尽量照顾点群的趋势，使曲线通过点群中心，当经验点据与理论曲线不能全面拟合时，可侧重考虑上中部分的较大洪水点据，对调查考证期内为首的几次特大洪水，要作具体分析。一般说来，年代愈久的历史特大洪水加入系列进行适线，对合理选定参数的作用越大，但这些资料本身的误差可能较大。因此，在适线时不宜机械地通过特大洪水点据，否则使曲线对其他点群偏离过大，但也不宜脱离大洪水点据过远。

七、设计洪峰流量、洪量的推求

根据初估的参数，通过适线求出洪峰流量和不同时段洪量的频率曲线，并确定了三个参数，然后在频率曲线上查得相应于设计频率的洪峰流量和不同时段的洪量，也可用公式直接计算设计值。关于适线法的步骤已在第八章作了具体介绍，但未涉及特大洪水处理问题，在此举例如下。

【例题 2】 某坝址断面处有 1949～1978 年共 30a 的洪峰流量资料。1979 年进行设计时，经调查考证获得两次历史洪水资料，其一是 1788 年 $Q_m=9200\text{m}^3/\text{s}$，是 1788 年以来的最大值；其二是 1909 年 $Q_m=6710\text{m}^3/\text{s}$，是 1909 年以来的第二位。实测系列中 1954 年洪水是 1909 年以来的第一位，$Q_m=7400\text{m}^3/\text{s}$，1788～1909 年间的其他洪水情况未能查清。根据以上资料推求千年一遇的设计洪峰流量。

解：(1) 计算经验频率并点绘经验频率曲线。从 1909 年以来，在 N_1 为 70 年的调查考证期中，已查清没有遗漏比 1954 年更大的洪水。故 1954 年、1909 年洪水在 70 年中分别排第 1 位、第 2 位。1788 年为 $N_2=191$ 年的调查考证期中的第 1 位，由于 1788～1909 年间其他洪水情况没有查清，所以 1909 年以后的洪水不能放在 191 年中一起排序。用独立样本法式（10－3）计算特大洪水的经验频率，计算成果分别列入表 10－7 中第（6）列和第（8）列。用式（10－2）计算一般洪水的经验频率，计算成果列入第（10）列。根据表 10－7 计算成果，点绘经验频率曲线，见图 10－5 中的②线。

表 10-7　　洪峰流量经验频率计算表

按时间次序排列		按大小排序		$N_2=191$		$N_1=70$		$n=30$	
年　份	流　量 (m^3/s)	年　份	流　量 (m^3/s)	序　号	频　率 (%)	序　号	频　率 (%)	序　号	频　率 (%)
(1)	(2)	(3)	(4)	(5)	(6)	(7)	(8)	(9)	(10)
1788	9200	1788	9200	1	0.52				
1909	6710	1954	7400			1	1.4		
1954	7400	1909	6710			2	2.8		
1949	3128	1954	7400					（已抽出）	
1950	1190	1955	4230					2	6.4
1951	4190	1951	4190					3	9.6
1952	3860	1953	4030					4	12.9
1953	4030	1952	3860					5	16.1
⋮	⋮	⋮	⋮					⋮	⋮
1974	2000	1977	1540					26	83.9
1975	2720	1972	1490					27	87.1
1976	2350	1978	1360					28	90.3
1977	1540	1966	1240					29	93.4
1978	1360	1950	1190					30	96.8

（2）矩法初估参数。用式（10-6）计算年最大洪峰流量的均值$\overline{Q}_m=2835m^3/s$。用式（10-7）计算年最大洪峰流量的变差系数 $C_v=0.497$。

（3）适线并推求指定频率的设计值。根据初估的统计参数，取$\overline{Q}_m=2840m^3/s$，$C_v=0.5$，试用 $C_s=3.5C_v$，查附录 4 绘制理论频率曲线，经检验理论频率曲线与经验频率曲线拟合较好，本例一次适线成功，如图 10-5 中的②线。从理论频率曲线上查得千年一遇的设计洪峰流量为 $10735m^3/s$。

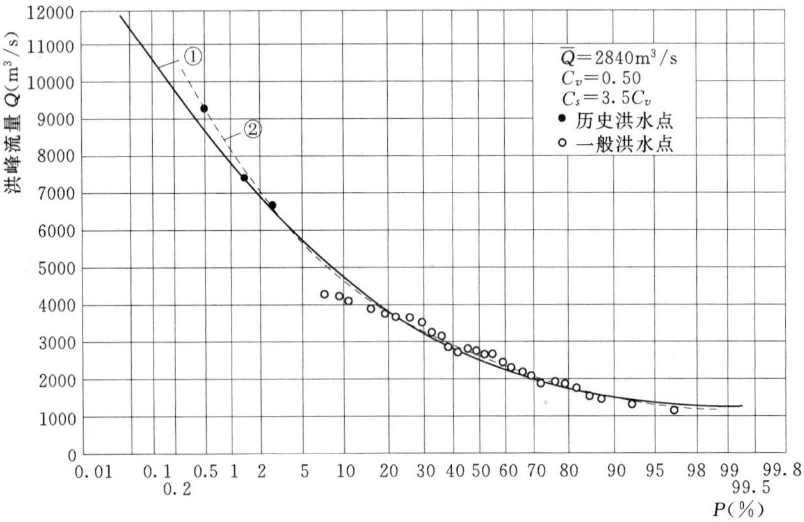

图 10-5　洪峰流量频率计算与适线

八、成果合理性检查与安全修正

在计算和适线过程中，不可避免地存在各种误差，为了防止各种原因带来的误差，需要对计算成果进行对比分析，以便尽可能地提高计算成果的精度。必要时，为了安全还要对校核洪水设计值进行修正。

1. 成果合理性检查

（1）本站计算成果间的分析对比。根据本站频率计算成果，检查洪峰流量、不同时段洪量的统计参数与历时之间的关系。通常，随着历时的增加，洪量的均值也增大，而时段平均流量的均值则减小。C_v、C_s 通常也随历时的增长而减小，但对于连续暴雨次数较多的河流和调蓄作用大的河流，随着历时的增长，C_v、C_s 反而加大。另外，还可以将各种历时的洪量频率曲线进行对比分析，要求不同历时的频率曲线在使用范围内不应相交，并保持合理的间距。

（2）与上、下游站及邻近地区各河流洪水频率计算成果进行分析对比。如气候、地形条件相似，则洪峰、洪量的均值应自上游向下游递增，其流量模数则由上游向下游递减。如将上、下游站、干支流站同历时最大洪量的频率曲线绘在一起，下游站、干流站的频率曲线应高于上游站和支流站，曲线间距的变化也有一定的规律。

（3）与暴雨频率分析成果进行比较。洪水的径流深应小于相应天数的暴雨深，而洪水的 C_v 值应大于相应暴雨量的 C_v 值。

通过上述方法对计算成果进行合理性分析后，如发现明显的不合理之处，应分析原因，对计算成果加以修正。

2. 安全修正

将洪水特征值系列看作一个随机抽取的样本，用样本估算总体分布参数，总是存在抽样误差。统计参数既然有抽样误差，计算的设计值 x_p 同样也存在抽样误差。由于抽样误差的存在，在计算非常运用条件下的校核洪水时，为了避免由于资料系列缺乏足够代表性，使推算出来的洪峰流量或洪量偏小，应在设计值中加入一个安全修正值，以策安全。若以 σ_{x_p} 表示设计洪峰或洪量的抽样误差，则安全修正值 Δx_p 应与 σ_{x_p} 成比例，即 $\Delta x_p = a\sigma_{x_p}$（式中：$a$ 为可靠性系数，规范没有明确规定，一般取值在 0.7～1.0，当水工建筑物超载能力大，或者失事后果不太严重时，a 值可取得小些，反之应取得大些）。对 P—Ⅲ型分布，洪峰或洪量设计值的抽样误差为 $\sigma_{x_p} = \frac{\overline{x}C_v}{\sqrt{n}}B$（式中：$B$ 称为"诺模"系数，为 C_s 和 P 的函数，已制成"诺模图"可供查用，如图 10－6 所示；n 为样本容量）。

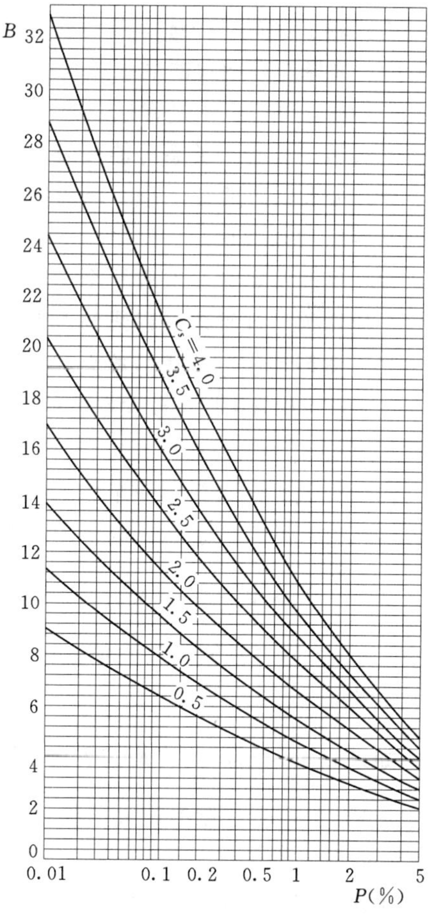

图 10－6　诺模系数 B 值查用图

《水利水电工程设计洪水计算规范（SL 252—

2000)》中规定“对大型工程或重要的中型工程，用频率分析计算的校核标准洪水，经综合分析检查后，如成果有偏小的可能，应加安全修正值，修正值一般不超过计算值的20%。”

第三节　设计洪水过程线的推求

除了计算设计洪峰流量和不同时段的设计洪量外，还需要推求设计洪水过程线，以此作为确定水工建筑物规模和尺寸的依据。设计洪水过程线是指相应于某一设计标准（设计频率）的洪水过程线。但是，洪水过程是一种随机过程，洪水过程线的形状千变万化，目前尚无完善的方法直接从洪水过程线的统计规律求出指定频率的洪水过程线。工程设计中常采用典型洪水过程线放大的方法来推求。通过对典型洪水过程的放大，使放大后的洪峰流量和不同时段的洪量分别等于相应的设计值，即认为所得的洪水过程线为指定频率下的设计洪水过程线。

在实测的洪水中，如何选择典型洪水过程线，以及选择出典型洪水过程线后，如何对其进行放大，是接下来需要解决的问题。

一、典型洪水过程线的选择

从实测洪水资料中选择典型洪水过程应遵循以下原则：

(1) 选择峰高量大的洪水过程线，因为其洪水特征值接近于设计值，放大后变形小。

(2) 要求典型洪水过程线具有一定的代表性，即它的发生季节、地区组成、峰型特征、洪水历时、峰量关系等能代表本流域大洪水的特性。

(3) 从水库防洪安全考虑，选择对工程防洪较不利的洪水，如峰高量大、峰型集中、主峰靠后的洪水过程。

按上述原则可初步选取几个典型洪水过程线，可以分别进行放大，并经调洪计算，取偏安全的作为设计洪水过程线的典型。

二、典型洪水过程线的放大方法

工程设计中常采用的放大方法有两种：一种是同倍比放大法，另一种是同频率放大法。

1. 同倍比放大法

同倍比放大法是按同一个放大倍数对典型洪水过程线的纵坐标值进行放大，从而求得设计洪水过程线。它适用于防洪主要由峰或某时段洪量控制的工程。

如果由峰控制，则放大倍数为

$$K_Q=\frac{Q_{mP}}{Q_{mD}} \tag{10-8}$$

式中：K_Q 为以峰控制的放大倍数；Q_{mP} 为设计洪峰流量，m^3/s；Q_{mD} 为典型洪水的洪峰流量，m^3/s。

如果以量控制，则放大倍数为

$$K_{W_t}=\frac{W_{tP}}{W_{tD}} \tag{10-9}$$

式中：K_{W_t} 为以量控制的放大倍数；W_{tP} 为控制时段 t 的设计洪量；W_{tD} 为典型洪水在控制时段 t 的最大洪量。

采用同倍比放大法比较简便，适用于峰量关系较好的河流以及防洪安全主要由洪峰或某时段洪量控制的水工建筑物。放大后的洪水与典型洪水过程形状相似，但不能满足峰和量同时符合设计标准。若放大后的洪峰或某时段洪量超过或低于设计值很多，且对调洪结果影响较大时，应另选典型。

2. 同频率放大法

同频率放大法是采用不同的放大倍数分别对典型洪水过程的峰和量进行放大。放大后的设计洪水过程线的峰和不同时段的洪量均分别等于设计值，即放大后的峰和量能同时符合设计频率。设计洪水过程线较少受到所选典型洪水过程线的影响，适用于峰量均对水工建筑物防洪安全起控制作用的工程。目前，大中型水库规划设计中均采用此法。

当控制时段为 1d、3d、7d 时，放大倍数按下列公式计算

洪峰流量放大倍数：
$$R_{Q_m}=\frac{Q_{mP}}{Q_{mD}} \tag{10-10}$$

最大 1d 洪量放大倍数：
$$R_1=\frac{W_{1P}}{W_{1D}} \tag{10-11}$$

最大 3d 洪量中除最大 1d 外，其余两天的放大倍数：
$$R_{3-1}=\frac{W_{3P}-W_{1P}}{W_{3D}-W_{1D}} \tag{10-12}$$

最大 7d 洪量中除最大 3d 外，其余 4d 的放大倍数：
$$R_{7-3}=\frac{W_{7P}-W_{3P}}{W_{7D}-W_{3D}} \tag{10-13}$$

以上说明，最大 1d 洪量包括在最大 3d 洪量之中，同理，最大 3d 洪量包括在最大 7d 洪量之中，放大后得出的洪水过程线的洪峰和不同时段的洪量，恰好等于设计值。时段的划分视洪水过程线的长度而定，但不宜太多，一般以 3 段或 4 段为宜。由于各时段放大倍比不相等，放大后的过程线在时段分界处出现不连续现象，此时可徒手修匀，修匀后仍应保持洪峰和各时段洪量等于设计值。如放大倍数相差较大，要分析原因，采取措施，消除不合理的现象。

【例题 3】 某水库设计标准 $P=1\%$ 的洪峰和 1d、3d、7d 洪量以及典型洪水过程线的洪峰和 1d、3d、7d 洪量列于表 10-8。试用同频率放大法，推求 $P=1\%$ 的设计洪水过程线。

表 10-8　　某水库洪峰流量、洪量统计表

项　目	洪峰流量 (m^3/s)	洪量[(m^3/s)·h]		
		1d	3d	7d
$P=1\%$的设计值	3530	42600	72400	117600
典型过程线数值	1620	20290	31250	57620
起讫日期	21 日 9 时 40 分	21 日 8 时至 22 日 8 时	19 日 21 时至 22 日 21 时	16 日 7 时至 23 日 7 时

解： 首先，计算洪峰流量和各时段洪量的放大倍比：

$$R_{Q_m}=\frac{3530}{1620}=2.18$$

$$R_1=\frac{42600}{20290}=2.10$$

$$R_{3-1}=\frac{72400-42600}{31250-20290}=2.72$$

$$R_{7-3}=\frac{117600-72400}{57620-31250}=1.71$$

其次，将典型洪水过程线的洪峰和不同时段的洪量乘以相应的放大倍数得放大后的设计洪水过程线，如图 10－7 所示。由于各时段放大倍数不同，时段分界处出现不连续现象，可徒手修匀，见图 10－7 的虚线即为所求的设计洪水过程线。

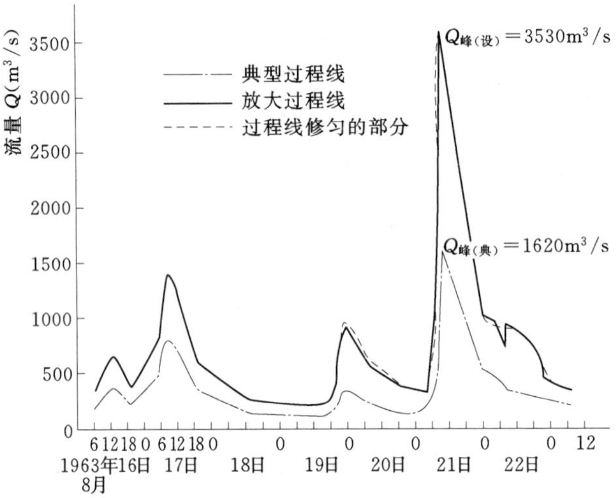

图 10－7　同频率放大法推求洪水过程线

第四节　分期设计洪水与地区组成

一、分期设计洪水

为满足水库的调度运用和施工期防洪要求，需要在年内划分若干时期，计算分期设计洪水。所谓分期设计洪水是指年内不同季节或时期，如丰水期、平水期、枯水期或其他指定时期的设计洪水。例如，为合理拟定水库调度方案，按不同时期确定水库的防洪限制水位，就需要推求分期设计洪水。又如，水利工程在不同施工阶段抵御洪水的能力不同，也需要计算分期设计洪水，作为确定围堰、导流建筑物尺寸和编制施工进度的依据。

1. 洪水季节性变化规律分析和分期

划定分期洪水时，应对设计流域的洪水季节性变化规律进行分析，并结合工程的要求来考虑。分析时要了解天气成因在季节上的差异，年内不同时期洪水峰量数值及特性（如均值、变差系数）的变化，全年最大洪水出现在各个季节的情况，以及不同季节洪水过程的形状等。同时，可根据本流域的资料，将历年各次洪水以洪峰发生日期或某一定历时最大洪量的中间日期为横坐标，以相应洪水的峰、量数值为纵坐标，点绘洪水年内分布图，并描绘平顺的外包线，如图 10－8 所示，如有调查的特大洪水，亦应点绘于图上。

在天气成因分析和上述实测资料统计基础上，并考虑工程设计的要求，划定分期洪水的时段。分期的一般原则为：尽可能根据不同成因的洪水，把全年划分为若干分期。分期的起

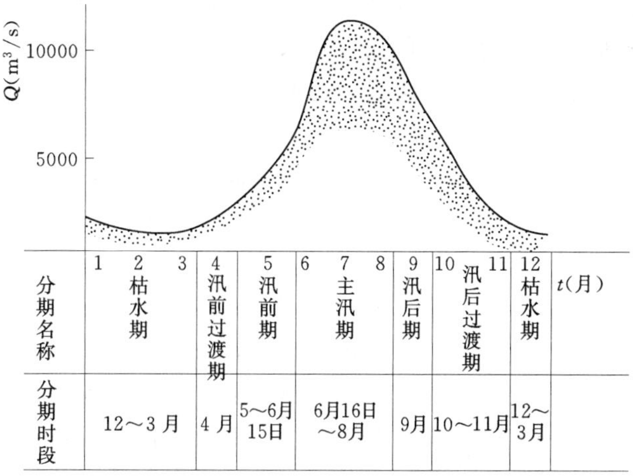

图 10-8　某站洪水年内分布图及分期

讫日期应根据流域洪水的季节变化规律，并考虑设计需要确定。分期不宜太短，一般以不短于1个月为宜。由于洪水出现的偶然性，各年分期洪水的最大值不一定正好在所定的分期内，可能往前或往后错开几天。因此，在分期内用年最大值法选样时，有跨期和不跨期两种选样方法。跨期选样时，为了反映每个分期的洪水特征，跨期选样不宜超过5～10d。

2. 分期设计洪水的计算方法

（1）分期划定后，分期洪水一般在规定时段内，按年最大值法选样。当一次洪水过程位于两个分期时，视其洪峰流量或时段洪量的主要部分位于何期，就作为该期的样本，不作重复选择，这种选取方法称为不跨期选样。

（2）分期特大洪水的经验频率计算，应根据调查考证资料，结合实测系列分析，重新论证，合理调整。分期洪水的统计参数计算和适线方法与全年最大洪水计算方法相同。对施工洪水，由于设计标准较低，当具有较长资料时，一般可由经验频率曲线查取设计值。

（3）分期设计洪水过程线仍可按本章第三节方法进行计算。但是，施工初期围堰往往以抗御洪峰为主，一般只要求设计洪峰流量；大坝合龙后，则以某个时段的设计洪量为主要控制，故要求设计洪峰和一定时段的设计洪量。如进行调洪，则需要设计洪水过程线。中小型工程的施工设计洪水，一般只需要分期设计洪峰。

（4）将各分期洪水的峰、量频率曲线与全年最大洪水的峰、量频率曲线画在同一张频率格纸上，检查其相互关系是否合理。如果它们在设计频率范围内发生交叉现象，即稀遇频率的分期洪水大于同频率的全年最大洪水，应根据资料情况和洪水的季节性变化规律予以调整。一般来说，由于全年最大洪水在资料系列的代表性、历史洪水的调查考证等方面，均较分期洪水研究更为充分，其成果相对较可靠。调整时一般应以分期历时较长的洪水频率曲线为准。

二、设计洪水地区组成

在研究流域开发方案、计算工程对下游的防洪作用及进行梯级水库或水库群联合调洪计算时，需要解决设计洪水地区组成的问题，即在设计断面洪量已定的情况下，研究设计断面以上干支流控制断面及其区间的来水各占多少。为了分析研究不同地区组成对防洪后果的影响，通常需要拟定若干个以不同地区来水为主的计算方案，并经调洪计算，从中选定可能发生而又能满足工程设计要求的设计洪水。

图 10－9 是一个典型的洪水地区组成问题概化图，即上游是单个水库工程 A，下游有防洪目标（以 B 为代表断面），A 和 B 之间是无工程控制的区间 C。当 B 断面的防洪要求已定时，如何进行水库 A 的防洪设计以满足断面 B 的防洪要求；或者当水库 A 的调洪规则已定时，如何考虑水库对下游 B 的防洪效果；这时都需要研究以 B 为设计断面，上游断面 A 及区间 C 两部分洪水组成的计算问题。对于由多级水库及防洪对象构成的防洪系统，其设计洪水组成问题的性质是类似的，只是组成单元增多，计算更为复杂。

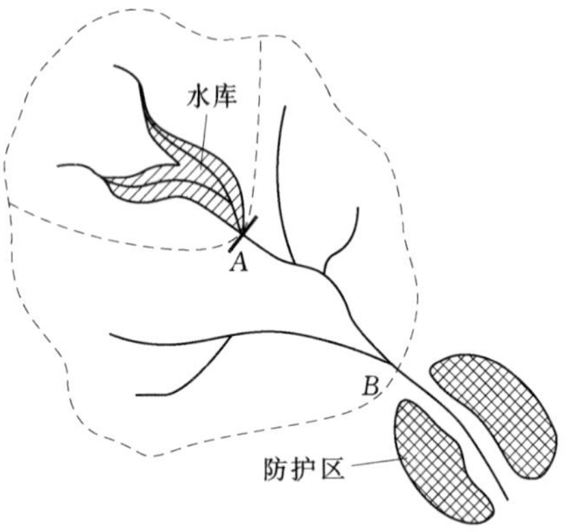

图 10－9　典型洪水地区组成示意

设计洪水地区组成的计算常用典型年法和同频率地区组成法。

1. 典型年法

典型年法是从实测资料中选择几次有代表性、对防洪不利的大洪水作为典型，以设计断面的设计洪量作为控制，对典型洪水按同倍比方法放大，按典型洪水的各区洪量组成的比例计算各区相应的设计洪量。

本方法简单、直观，是工程设计中常用的一种方法，尤其适用于分区较多、组成比较复杂的情况，但此法因全流域各分区的洪水均采用同一个倍比放大，可能会使某个局部地区的洪水放大后其频率小于设计频率。

2. 同频率地区组成法

同频率地区组成法是根据防洪要求，指定某一分区出现与下游设计断面同频率的洪量，其余各分区的相应洪量按水量平衡原理分配。

当下游断面发生设计频率为 P 的洪水 $W_{下P}$，上游断面也发生频率为 P 的洪水 $W_{上P}$ 时，区间相应的洪水 $W_{区}$ 为

$$W_{区}=W_{下P}-W_{上P} \tag{10-14}$$

当下游断面发生设计频率 P 的洪水 $W_{下P}$，区间也发生频率为 P 的洪水 $W_{区P}$ 时，上游断面相应的洪水 $W_{上}$ 为

$$W_{上}=W_{下P}-W_{区P} \tag{10-15}$$

必须指出，同频率地区组成法适用于某分区洪水与下游设计断面的洪水相关关系比较好的情况。同时，由于河网调节的影响，一般不能用同频率地区组成法来推求设计洪峰流量的地区组成。

第五节　入 库 设 计 洪 水

一、入库洪水的概念

水库防洪设计通常都是以坝址设计洪水为依据。但水库建成后，洪水是从水库周边汇入

水库，而不单是坝址断面的洪水，因此，以坝址洪水作为水库防洪设计的依据显然不合理。从水库周边和水库库面同时汇入水库的洪水称为入库洪水，用入库洪水作为设计依据更符合建库后的实际情况，特别是对坝址洪水与入库洪水差别较大的湖泊型水库更为必要。

入库洪水由三部分组成：①水库回水末端干支流河道断面的洪水；②干支流河道断面以下到水库周边的区间陆面所产生的洪水；③水库库面的降水量，如图 10-10 所示。

入库洪水与坝址洪水有一定的差别，主要表现在：

（1）库区产流条件改变，使入库洪水的洪量增大。水库建成后，水库回水淹没区由原来的陆面变成水面，产流条件相应发生了变化。在洪水期间库面由陆地产流变为水库水面直接承纳降水，由原来的陆面蒸发损失变成水面蒸发损失。

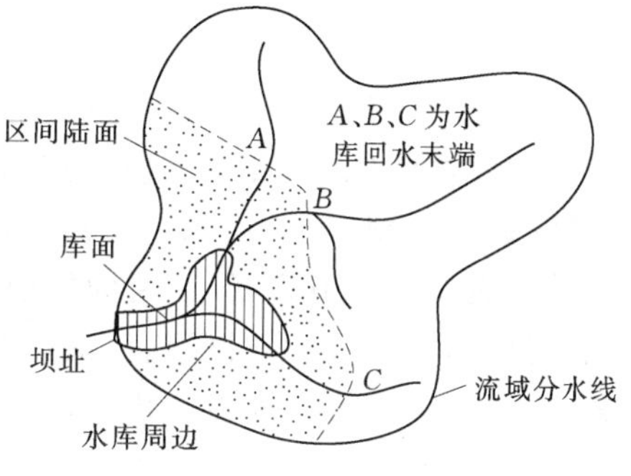

图 10-10　入库洪水示意

（2）流域汇流时间缩短，入库洪峰流量出现时间提前，涨水段的洪量增大。建库后，洪水由干支流的回水末端和水库周边入库，洪水在库区的传播时间比原河道的传播时间缩短，洪峰出现的时间相应提前，而库面降水集中于涨水段，涨水时段的洪量增大。

（3）河道被回水淹没成为库区。原河槽调蓄能力丧失，再加上干支流和区间陆面洪水常易遭遇，使得入库洪水的洪峰增高，峰形更尖瘦。

二、入库洪水的分析计算方法

水库的入库洪水不能直接测得，一般是根据水库特点、资料条件，采用不同的方法分析计算。依据资料不同，可分为由流量资料推求和由暴雨资料推求入库洪水两种类型。由暴雨推求入库洪水的方法与由暴雨推求坝址洪水基本相同。由流量资料推求入库洪水又可分为：

（1）流量叠加法。分别推算干支流和区间等各部分的洪水，然后把洪水演进到入库断面处，再同时刻叠加，即得入库洪水。这种方法概念明确，适用性较广，只要坝址以上干支流有实测资料，区间洪水估计得当，一般计算成果较满意。

（2）洪水反演法。当汇入水库周边的支流较少，坝址处有实测水位流量资料，干支流入库点有部分实测资料时，可根据坝址洪水资料用洪水反演算法（如马斯京根法）推求入库洪水。这种方法对资料的要求较少，计算也比较简便。

（3）槽蓄曲线法。当干支流缺乏实测洪水资料，但库区有较完整的地形资料时，可利用河道平面图和纵横断面图，根据不同流量的水面线（实测、调查或推算得来）绘制库区河段的槽蓄曲线，采用联解槽蓄曲线与水量平衡方程的方法，由坝址洪水推求入库洪水。本方法计算成果的可靠程度与槽蓄曲线的精度有关。

（4）水量平衡法。水库建成后，可用坝前水库水位、库容曲线和出库流量等资料用水量平衡法推算入库洪水。计算式为

$$\overline{I}=\overline{Q}+\frac{\Delta V_{损}}{\Delta t}+\frac{\Delta V}{\Delta t} \tag{10-16}$$

式中：$\overline{I}$ 为时段平均入库流量，m^3/s；$\overline{Q}$为时段平均出库流量，m^3/s；$\Delta V_{损}$ 为水库损失水量，m^3；$\Delta V=V_2-V_1$，为时段始末水库蓄水量变化值，m^3；Δt 为计算时段，s。

平均出库流量包括溢洪道流量、泄洪洞流量及发电流量等，也可采用坝下游实测流量资料作为出库流量。水库损失水量包括水库的水面蒸发和枢纽、库区渗漏损失等。一般情况下，在洪水期间，此项数值不大，可忽略不计。因此，式（10－16）可写成

$$\overline{I}=\overline{Q}+\frac{V_2-V_1}{\Delta t} \tag{10-17}$$

水库蓄水量变化值，一般可用时段始末的坝前水位和静库容曲线确定，如动库容较大，对推算洪水有显著影响，宜改用动库容曲线推算。

【例题4】 根据表10－9，用式（10－17）计算某水库1970年7月的一次入库洪水。

解： 表10－9中第（2）栏为坝前水位，查库容曲线得第（3）栏，第（7）栏为实测出库洪水，入库洪水时段均值的计算成果见表10－9第（9）栏。由表中的第（1）栏和第（9）栏的数值，可点绘出时段平均入库流量过程线 $\overline{Q}_{入}-t$，此过程线为一柱状图。柱状图有跳动现象，甚至出现负值，这是由于方法本身存在一定的近似性。另外，由于坝前水位以及出库流量的观测都会有误差所引起的。对此，可进行修匀求得入库洪水过程柱状图，修匀时要保持水量平衡。如果进一步修成一条光滑的曲线，可得到瞬时入库洪水过程线。

表10－9　　某水库1970年7月一次洪水入库流量推算表

时间 （日　时）		Z (m)	V (10^6m^3)	ΔV (10^6m^3)	Δt (s)	$\Delta V/\Delta t$ (m^3/s)	$Q_{出}$ (m^3/s)	$\overline{Q}_{出}$ (m^3/s)	$\overline{Q}_{入}$ (m^3/s)
(1)		(2)	(3)	(4)	(5)	(6)	(7)	(8)	(9)
11	8	103.12	740.68				79.1		
	20	103.09	738.76	−1.92	43200	−44.4	78.2	79	35
12	8	103.05	736.20	−2.56	43200	−59	77.3	78	19
	20	103.16	743.24	7.04	43200	163	73.3	75	238
13	2	103.33	754.18	10.94	21600	506	78.4	76	582
	8	104.28	819.04	64.86	21600	3003	78.4	78	3081
	14	104.76	851.68	32.64	21600	1500	78.4	78	1589
	20	104.94	863.92	12.24	21600	567	78.4	78	645
14	2	105.07	872.83	8.91	21600	413	79.2	79	492
	8	105.12	876.28	3.45	21600	160	79.2	79	239
	14	105.18	880.42	4.14	21600	192	404.2	242	434
	20	105.11	875.59	−4.83	21600	−224	459.2	432	208
15	2	105.01	868.69	−6.90	21600	−319	437.6	448	129
	8	104.94	863.92	−4.77	21600	−221	627.6	533	213
	14	104.76	851.68	−12.24	21600	−567	443.6	536	−81
	20	104.67	845.56	−6.12	21600	−283	392.0		

三、入库设计洪水计算方法

按我国现行规范的规定，水利水电工程一般采用坝址设计洪水。但是，对具有水库的

工程，当建库后产汇流条件有明显改变，采用坝址设计洪水对调洪影响较大时，应以入库设计洪水作为设计依据，入库设计洪水计算方法有以下两类：

（1）频率计算法。

当库区具有长期入库洪水系列及历史入库洪水资料时，可用频率计算法推求各种标准的入库设计洪水。入库洪水系列可根据资料情况的不同来选取：当水库回水末端附近的干流和主要支流有长期洪水资料时，可用流量叠加法推求历年入库洪水；当坝址洪水系列较长，而入库干支流资料缺乏时，可将一部分年份或整个坝址系列用马斯京根法或槽蓄曲线法转换为入库洪水系列。若只推算部分年份的入库洪水时，可先根据推算的成果，建立入库洪水与坝址洪水的关系，根据上述关系将未推算的其余年份转换为入库洪水，与推算的年份共同组成入库洪水系列。

（2）由坝址设计洪水反推入库设计洪水。

由于资料条件的限制不能推算出入库洪水系列时，可先计算坝址各种标准的设计洪水，再用马斯京根法或槽蓄曲线法，将已计算的坝址设计洪水反演算入库设计洪水。但根据实测资料分析的汇流参数或槽蓄曲线应用于稀遇的设计洪水时，应注意分析外延的合理性。

至于入库设计洪水过程线的推求，可选择某坝址实测洪水过程线作为典型，用前述方法推算该典型年的入库洪水过程，然后用坝址洪水设计值的倍比求得入库设计洪水过程线。

第六节　古洪水研究及其应用

一、现行频率计算方法存在的问题

现行频率计算方法使用的实测资料有限，一方面，即使加入历史特大洪水，频率计算结果仍未必十分可靠。对于特大历史洪水，以文献考证所得的最远年限作为依据，至于考证期以前是否出现过更大洪水不得而知，这就给确定历史特大洪水的重现期和排序带来困难。另一方面，重要水库防洪工程的校核标准都需要极为稀遇（例如千年甚至万年一遇）的设计洪水作为保坝洪水，但实测及历史洪水资料远远不能满足推算这样稀遇洪水的要求。尽管我国历史悠久，史志碑刻甚丰，洪水调查遍及全国，而利用这些资料作为依据在外延洪水频率曲线时，推求洪水设计值仍感到不可靠，有时定线也很困难。

考证期一般是根据老人的记忆、传说、碑记、史志、档案等定出的，一般不过几百年。除了难以获得更为稀遇的洪水及其频率外，最大的问题是如果把已有洪水的考证期追溯得更远一些，则式（10－3）中的 N 值将要变动，甚至有时变动很大。对于重现期 N 值的变动，就影响到样本系列的代表性（即样本系列的长度发生变化），从而关系到频率计算成果。简单地说，即使在样本中加入了历史洪水或对特大洪水进行了处理，一方面历史洪水的频率和特征值大小不易准确核定，另一方面调查考证的重现期也很有限，所以，选配或外延的洪水频率曲线仍然可以说是不可靠的。

由此看来，用频率计算方法推求设计洪水的根本问题是资料过短、代表性不足、难以得到令人信服的稀遇洪水设计值，即使推求出来也感到不把握。解决这个问题的关键，是如何寻求更多更久远的大洪水资料，以期减少外延的幅度，或者说把曲线的外延变为内插就会更好。

二、古洪水研究

古洪水（paleoflood）是指洪水发生的时间要比历史调查、考证到的洪水更为久远的古代洪水，其量级与前述的特大洪水相比还要大的多。目前，古洪水研究成果，可以提供全新世（距今 11000 年）的洪水资料，是弥补现行频率计算的缺陷、提高洪水设计精度的新途径。

过去曾以河边树木年轮或洪水在树木上遗留的痕迹来考证洪水，后来又利用考古成果来论证洪水。但千年古树不易找到，文化古物不能确切说明洪水大小和具体年代，不能作为定量依据，只能作为一种旁证。因此，古洪水研究主要从以下几方面入手。

1. 古洪水留存的物证

在河流洪水时期，往往漂流着由流域上游带来的孢子、花粉、枯枝落叶、根茎等有机物，由于洪水在洪峰时有短暂的平流时刻，然后逐渐退水，洪峰水位上的漂流物因退水而停留并沉积于平流时所在的某些洞穴、凹壁、支沟回水末端等处，其后又为崩坍的泥土或沉积物所掩埋，得以长久保存下来，这就成为洪水平流（洪峰）沉积物。

平流沉积物在野外最明显的特征是，具有微薄的水平层理或波状沉积层理，并有向河岸方向或支沟上游方向逐渐尖灭的现象。对沉积环境和顶面高程加以分析，特别是对未经扰动、污染、位置较高的洞穴中的沉积物、洪痕、刷痕、支沟回水末端的楔形沉积尖灭点处进行分析，可望求得古洪水的水位。利用放射性同位素对沉积物样品鉴定分析，可以求出发生这种沉积洪水的年代。因此，洪水平流沉积物不但是古代洪水的物证，而且还能提供古洪水的水位（流量）和发生年代，这是水文学中未曾利用的洪水信息，也是一个新的洪水资料库，其中很久远年代的特大洪水资料可为洪水设计扩展了资料长度，解决频率曲线外延问题，对于洪水频率分析十分有利。

在野外查勘取样时，应事先沿河段峡谷基岩平直段选取沉积样品。这种峡谷段洪水涨落明显，易于沉积大洪水中的有机物。基岩断面抗蚀能力强，断面变动小，有利于用水位换算流量。调查时还应注意泛滥性河漫滩上可能发生沉积的部位。在地形有利的条件下，可开挖剖面发现多层沉积单元或多处沉积而得到多次洪水沉积物。

除了在现场观察判断沉积物是当地的水流沉积还是来自客流洪水沉积物以外，还应在实验室作物理结构分析。在客流洪水沉积物的泥沙中，往往以汇水范围内坚硬抗磨颗粒为主，矿物含量较当地基岩风化物的组合复杂得多。客流洪水沉积物中泥沙粒径较均匀，一般分选系数小于 1.5。粒级组成分布呈单峰型，颗粒磨圆度较高，以次圆及圆形为多。

2. 古洪水沉积物的年代分析

可利用古洪水沉积物求得洪水的发生年代，确定距今年数。能指示年代的矿物残屑、考古物品、树木年轮、热释光测年物（如陶瓷、砖瓦、石英等）均可用于测年。

放射性碳 14 是古洪水研究常用的测年方法。测年物质是埋藏于沉积物中的有机物。它来源于：①移积炭或木质；②本地炭；③洪水移积的枯枝落叶；④埋藏树木。所谓移积（测年物）是指搬运而沉积。移积物有的来自当年的孢子花粉、枯枝落叶，多保存于洪水沉积层顶部，这是主要的平流沉积物，其有效放射性同位素测出的年代与洪水事件发生的年代相差不到1年。如果移积物由沉积处以外的老堆积物搬运而来，则其测年数只能是洪水发生年代的一个上限。

在河段各处采集到的样品进行年代测定后，可根据其矿物成分、粒度、结构特征、风化情况（颜色、硬度等）综合判断是否属于同次洪水。如是同次洪水，可定出各次洪水的水面比降，进行洪峰流量计算。在平直河段中各次洪的比降大体平行，这也有助于判断是否属于同次洪水。洪水在河段某处，如果未达到"门槛"（地形阻碍）高度则不发生沉积，但可能在另处沉积。所以，应利用多处沉积物高程，取各最高程点连成同次洪水比降，这是非常有意义的综合判断，不但可以修匀各次洪水比降，而且还可以求得一段时期的洪水系列。

通过古洪水研究，可以取得几千年甚至上万年前的洪水资料。但为了保持洪水资料在统计学上的一致性，一般认为仅宜采用晚全新世（距今2500～3000年）的洪水资料。这一时期的气候温凉偏干，年降水量少于早全新世和中全新世，但多发生暴雨洪水，与现代气候条件比较相近。如果能够求得晚全新世内的各次大洪水，则考证期自然就扩展到两、三千年了。

三、古洪水特征值的确定

调查到了古洪水的水位和比降，就可利用水力学公式或稳定的水位流量关系推求古洪水流量。但无论是用公式还是水位流量关系推算，都要利用当时的断面而不是现今的断面，为了提高古洪水流量计算精度，这是必须注意研究的。例如长江三峡三斗坪断面，以花岗岩为基底，河床最底部的卵砂和粉细砂有冲淤变化，1979年实测断面最低点为3.5m（吴淞基面），1870年最大洪水位为83.32m（吴淞基面），相应的过水断面为37530m^2，假若断面淤高10m，其相应的淤积面积为538m^2，也只占1870年洪水相应过水断面的1.4%。即使淤至23.3m，也只相差4.4%。研究认为，当历史洪水或古洪水发生时，河槽满蓄，冲淤10余米，一般情况下过水断面相差是很小的。

通过调查确定了洪水平流期的比降和河段的行洪断面后，可用洪水调查式（3-37）、式（3-38）估算洪峰流量，而洪量可以通过实测的峰量关系外推进行估算。

四、古洪水研究成果的应用

1. 频率计算

有了几次古洪水，然后连同历史洪水和实测洪水组成一个不连续系列，可按统一处理法，分别计算其频率。

（1）古洪水频率：

$$P_i=\frac{i}{N+1} \tag{10-18}$$

式中：N为古洪水为首项的考证期，a；i为古洪水的排位序号，$i=1, 2, \cdots, a$。

（2）历史洪水频率（包括调查考证和实测）：

$$P_{a+j}=P_a+(1-P_a)\frac{j}{N'+1} \tag{10-19}$$

式中：N'为首项历史洪水的考证期，a；j为历史洪水在考证期N'内的排位序号，$j=1, 2, \cdots, b$。

(3) 一般实测洪水的频率：

$$P_{a+b+m}=P_{a+b}+(1-P_{a+b})\frac{m}{n+1} \tag{10-20}$$

式中：n 为实测洪水系列长度，a；m 为在 n 年内的排位序号，$m=1，2，\cdots，n$。

古洪水重现期与流量的测算结果均有一定误差。古洪水测年约有一二百年的误差，但古洪水的考证期是几千年，只要不影响排位，其具体年份并不很重要。不过，水位（或转化为流量）受影响较大，因此古洪水水位的确定应力求精确。有了古洪水后，其分布线型是值得研究的。根据近年来对长江、黄河、淮河有古洪水资料的频率分析，在 2500～3000 年的晚全新世时期内，P—Ⅲ型分布仍是可取的。有了古洪水研究成果，千年一遇的设计洪水则由外延变为内插。就统计学的一致性来说，晚全新世只有 2500～3000 年，还不足以求得万年一遇的设计洪水，然而，可以通过适线外延就感到有些把握了。古洪水研究成果有物证，应用于频率计算后，成果稳定，不致因人而异，这就为设计洪水探索了一条新途径。

2. 应用举例

长江三峡有实测洪水资料 114 年（1877～1990 年），历史特大洪水有 8 次，最远追溯到约 1500 年，其中 1870 年最大峰值为 $Q_m=105000\text{m}^3/\text{s}$，在上世纪 50 年代考证到 1520 年，重现期定为 439 年。到了 70 代又调查到宋绍兴 23 年（1153 年）的题记资料，重现期则改为 830，后来又经考证，1870 年特大洪水的重现期增加到 2500 年。当然，没有考证依据时，也不能随意增加重现期。

长江三峡坝址断面控制流域面积为 100 万 km^2，年径流量为 $45\times10^{10}\ \text{m}^3$，但现行频率分析计算方法（P—Ⅲ型适线）效果不好。而经过古洪水研究，确定 1870 年特大洪水的重现期为 2500 年以后，频率曲线有较好的改善，如图 10-11 所示。从图可以看出，如果推求千年一遇的洪水则由外延变为内插，但仍不能内插万年一遇的洪水。

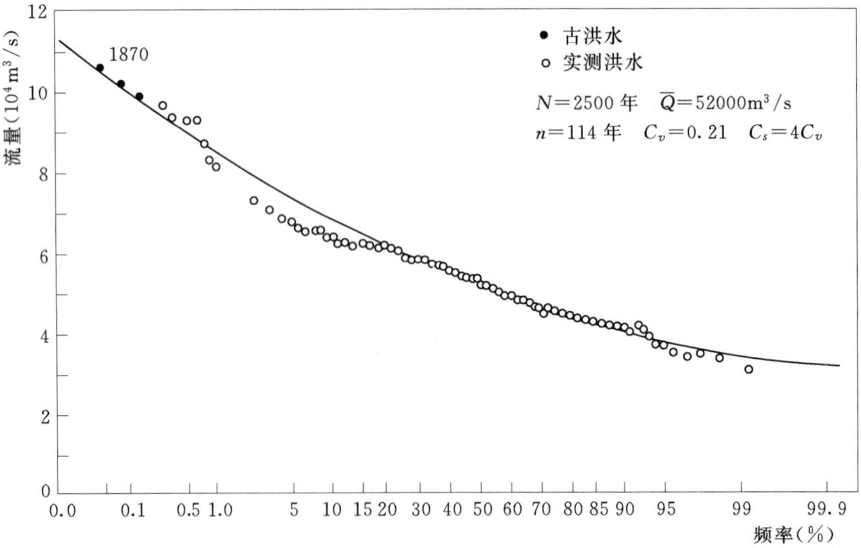

图 10-11　长江三峡工程断面处考虑古洪水后的经验频率适线结果

习　题

1. 思考题。(1) 什么是设计洪水？设计洪水有哪三要素？(2) 如何确定水利水电枢纽工程水工建筑物的防洪设计标准？(3) 什么是特大洪水？特大洪水如何获得？如何进行特大洪水的处理？(4) 怎样选择典型洪水？如何利用典型洪水得到设计洪水？(5) 何谓洪水的地区组成？其常用的计算方法有哪些？(6) 古洪水研究在洪水设计中起到什么作用？

2. 已知某水库坝址断面处有32a的洪水实测资料，洪峰流量资料见表10-10。根据洪水历史调查知1910年和1924年曾发生过特大洪水，推算洪峰流量为8150m^3/s和6990m^3/s。试求200年一遇的设计洪峰流量。

表10-10　　某水库坝址断面处实测洪峰流量

年　份	洪峰流量 (m^3/s)	年　份	洪峰流量 (m^3/s)	年　份	洪峰流量 (m^3/s)	年　份	洪峰流量 (m^3/s)
1952	1722	1960	860	1968	1460	1976	1560
1953	1560	1961	1540	1969	1700	1977	2670
1954	3440	1962	2540	1970	2460	1978	480
1955	310	1963	3200	1971	1980	1979	2450
1956	2210	1964	1880	1972	2650	1980	2970
1957	1860	1965	2350	1973	900	1981	2300
1958	2200	1966	650	1974	1200	1982	1600
1959	5350	1967	1340	1975	890	1983	1100

第十一章　间接法推求设计洪水

在实际工作中，还常用暴雨资料间接推求设计洪水，称为间接法。原因是：①在中小流域上兴建水利工程，经常遇到洪水资料不足或代表性差的情况，又难以使用相关法来插补延长，然而暴雨资料较多，因此，需用暴雨资料推求设计洪水；②由于人类活动的影响，使径流形成条件发生显著的改变，破坏了洪水资料系列的一致性，因此，可以通过暴雨资料，用人类活动后新的径流形成条件推求设计洪水；③为了用多种方法推算设计洪水，以论证设计成果的合理性，即使是洪水资料充足的情况下，也要用暴雨资料推求设计洪水；④无资料地区小流域的洪水设计，一般都是根据暴雨资料推求的；⑤可能最大降水/洪水也是用暴雨资料推求的。

按照暴雨洪水的形成过程，推求设计洪水可分三步进行。

（1）推求设计暴雨，用频率分析法求不同历时指定频率的设计雨量及暴雨过程。

（2）推求设计净雨，用产流计算方法将设计暴雨扣除损失就是设计净雨。

（3）推求设计洪水，用单位线法（或地区概化的洪水模型）对设计净雨进行汇流计算求得流域出口断面的设计洪水过程。

由设计暴雨推求设计洪水的基本假定是暴雨与洪水同频率。关于设计暴雨，一些研究成果表明，对于较大的洪水，大体上可以认为某一频率的暴雨将形成同一频率的洪水。因此，推求设计暴雨就是推求与设计洪水同频率的暴雨。若设计暴雨为可能最大暴雨，则设计洪水就是相应地可能最大洪水。本章主要介绍不同降雨资料情况下设计暴雨、可能最大暴雨和小流域设计洪水的计算方法。

第一节　直接法推求设计面雨量

设计断面以上流域的设计面雨量，一般有两种计算方法：一是当设计流域雨量站较多、分布较均匀、各站又有长期的同期资料、能求出比较可靠的各种时段的流域平均面雨量时，就可直接选取每年指定统计时段的最大面雨量，进行频率计算求得设计面雨量，称为直接法。二是当设计流域内雨量站稀少，或观测系列甚短，或同期观测资料很少甚至没有，无法直接求得设计面雨量，需要先求流域中心附近代表站的设计点雨量，然后通过暴雨点面关系，求出相应的设计面雨量，称为间接法。

一、暴雨资料的收集、审查和统计选样

1. 暴雨资料的收集

暴雨资料主要通过水文、气象部门刊印的水文年鉴、气象月报收集；也可在主管部门的网站查阅；也可收集特大暴雨图集和特大暴雨的调查资料。强度特大的暴雨中心点雨量，往往不易观测到，因此必须结合调查收集暴雨中心范围和历史上特大暴雨资料，了解

当时雨情，尽可能估计出调查地点的暴雨量。

2. 暴雨资料的审查

我国暴雨资料按其观测方法及观测次数的不同，分为日雨量资料、自记雨量资料和分段雨量资料三种。日雨量资料一般是指当天 8 时到次日 8 时所记录的雨量。自记雨量资料是以分钟为单位记录的降雨量过程。分段雨量资料一般以 1h、3h、6h、12h 等不同时间间隔观测记录的雨量。要对暴雨资料进行可靠性、一致性和代表性审查。

（1）暴雨资料的可靠性审查，重点是特大或特小雨量观测记录是否真实，有无错记或漏测情况，必要时可结合实际调查予以纠正，检查自记雨量资料有无仪器故障的影响，并与相应定时段雨量观测记录比较，尽可能审定其准确性。

（2）暴雨资料的代表性审查，可通过与邻近地区长系列雨量或其他水文资料，以及本流域或邻近流域实际大洪水资料进行对比分析，注意所选用暴雨资料系列是否有偏丰或偏枯等情况。

（3）暴雨资料的一致性审查，对于按年最大值选样的情况，理应加以考虑，但实际上有困难。对于求分期设计暴雨时，要注意暴雨资料的一致性，不同类型暴雨特性是不一样的，如我国南方地区的梅雨与台风雨，宜分别考虑。

3. 暴雨资料的统计选样

（1）选定设计时段 T。选取设计时段一般要考虑以下两个问题：一是设计时段的长短与当地暴雨特性、流域大小、水库调蓄能力等有关；二是选取 2～3 个控制时段为宜。

（2）选样方法。在收集流域内和附近雨量站资料并进行分析审查的基础上，先根据当地雨量站的分布情况，选定推求流域平均面雨量的计算方法（见第四章第一节），计算每年各次大暴雨的逐日面雨量。然后按不同统计时段和独立选样的原则，统计逐年不同时段的年最大面雨量。

对于大、中流域的暴雨统计时段，一般取 1d、3d、7d、15d 等，其中 1d、3d、7d 是一次暴雨的核心部分，也是直接形成设计洪水的部分；而统计更长时段的雨量则是为了分析暴雨核心部分起始时刻流域的蓄水状况。例如，某流域有 3 个雨量站，分布均匀，可按算术平均法计算面雨量：最大 1d 面雨量 $x_{1日}$＝129.9mm（7 月 4 日），最大 3d 面雨量 $x_{3日}$＝166.5mm（8 月 22～24 日），最大 7d 面雨量 $x_{7日}$＝234.0mm（7 月 1～7 日），由此看出 1d、3d、7d 的最大面雨量选自两场暴雨。

统计时段不固定起止时间，如最大 3d 是指在连续 72h 内滑动选取最大值。

4. 面雨量资料的插补展延

在统计各年的面雨量资料时，经常遇到设计流域早期（如 50 年代以前及 50 年代初期）雨量站稀少，近期雨量站较多、密度大。一般来说，以多站雨量资料求得的流域平均雨量精度要比少站雨量资料求得的为高。所以，为提高面雨量资料的精度，需设法插补展延较短系列的多站面雨量资料。一般可利用近期的多站平均雨量 $x_{多}$ 与同期少站平均雨量 $x_{少}$ 建立关系。若相关关系好，可展延多站平均雨量作为流域面雨量。若少站平均雨量采用的是流域内或附近均匀分布的两三个雨量站资料，则多站平均雨量与少站平均雨量的相关关系一般较好，这是因为两者具有相似的影响因素。如果同期观测资料较短、相关点据较少，在建立相关关系时，可利用一年多次选样法，增添一些相关点据，更好地确定相关线。

二、特大暴雨的处理

暴雨资料系列的代表性与系列中是否含有特大暴雨有直接关系。一般暴雨变幅不是很大，若不出现特大暴雨，统计参数 $\overline{x}$、C_v 往往偏小。若在短期资料系列中，一旦出现一个罕见特大暴雨，就可使频率计算成果完全改观。例如，福建长汀县四都站，根据 1972 年以前的最大 1 日雨量系列计算，其均值 $\overline{x}_{1日}=102\text{mm}$，$C_v=0.35$，$C_s=3.5C_v$，频率曲线如图 11-1 中的 1 线，据此求得万年一遇最大 1 日雨量为 332mm。而四都站 1973 年出现一次特大暴雨，实测最大 1 日雨量达 332mm，恰好相当于万年一遇的数值，在四都站年最大 1 日雨量的经验频率分布图上，1973 年的雨量点据高悬于其他点据之上（因特大值未作处理，适线后得出图 11-1 中的 3 线），C_v 值高达 1.10，与周围各站的 C_v 相差悬殊。以上情况说明原参数值偏小，而 1973 年暴雨参加计算后，参数值又明显偏高，由此可见特大值对统计参数 $\overline{x}$、C_v 影响很大。如果能够利用其他资料信息，正确估计出特大值的重现期，可以提高系列代表性，起到展延系列、提高计算精度的作用。

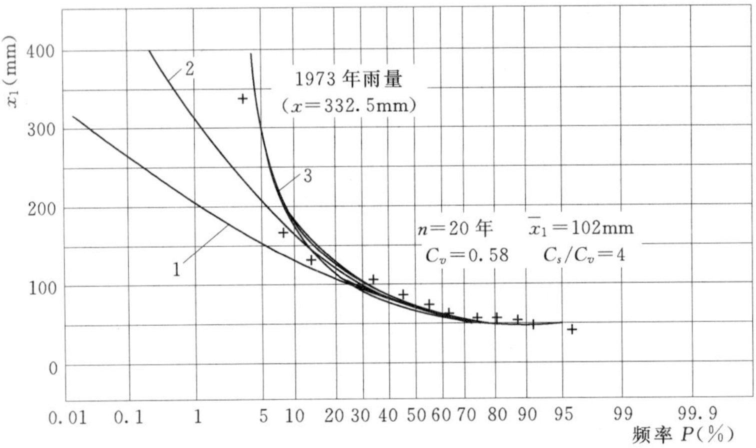

图 11-1　福建四都站最大 1 日雨量频率曲线

判断大暴雨是否属于特大值，一般可从经验频率点据偏离频率曲线的程度、模比系数 K 的大小、暴雨量级在地区上是否很突出以及论证暴雨的重现期等方面进行分析判断。近 50 年来，我国各地区出现过的特大暴雨，如河北的“63.8”暴雨、河南的“75.8”暴雨、内蒙古的“77.8”暴雨等，均可作特大值处理。此外，国内外暴雨最大值历史记录，也可供判断暴雨时参考。

如果本流域没有特大暴雨，则可进行暴雨调查，或移用邻近流域已发生过的特大暴雨资料。移用时要进行暴雨天气资料的统计分析，当表明形成暴雨的气象因素基本一致，且地形影响又不足以改变天气系统的性质时，才能把邻近流域的特大暴雨移用到设计流域，并在数量上加以修正。移用时，若两地气候、地形条件略有差异时，可按两地暴雨参数（如均值、C_v 或 σ 值）的差别进行修正，修正方法有：

（1）假定 A、B 两地区的 C_v 值相等，根据均值比修正，公式如下：

$$P_{MB}=P_{MA}(\overline{P}_B/\overline{P}_A) \tag{11-1}$$

（2）假定两地区的 C_s 值相等，可按下式修正：

$$P_{MB}=\overline{P}_B+\frac{\sigma_B}{\sigma_A}(P_{MA}-\overline{P}_A) \tag{11-2}$$

式中：P_{MA}、P_{MB} 分别为 A、B 两地的特大暴雨量；$\overline{P}_A$、$\overline{P}_B$、σ_A、σ_B 分别为 A、B 两地暴雨系列的均值和均方差。

特大值处理的关键是确定重现期。由于历史暴雨无法直接考证，特大暴雨的重现期只能通过小河洪水调查，并结合当地历史文献中有关灾情资料的记载分析估计。当流域面积较小时，一般可近似地假定流域内各站雨量平均值的重现期与相应洪水的重现期相等。此外，还须在地区上与其他各站的大暴雨记录比较。例如，经调查初步认为本站某次历史暴雨资料的重现期为 100 年，而通过面上的了解，本地区不少站均已出现过同样量级的暴雨，而且这样大的雨量在附近长系列站的频率曲线上只相当于 50 年一遇的暴雨，则可认为该次暴雨作为百年一遇的特大值进行处理是不妥的。再如，图 11－1 中四都站 1973 年特大暴雨的重现期，通过洪水调查了解到 1915 年洪水是 120 多年以来最大的，而 1973 年洪水是第二大，据此估计 1973 年暴雨的重现期大致在 60～70 年左右，这样经处理后再适线，如图 11－1 中的 2 线，计算成果与邻近地区具有长期资料系列的测站就比较协调。

对特大暴雨的重现期必须作深入细致的分析论证，若没有充分的依据，就不宜作特大值处理。若误将一般大暴雨作为特大值处理，会使频率计算成果偏低，将影响工程安全。

三、面雨量频率计算

频率计算的实质就是对三个统计参数的确切估计，这种估计一般采用适线法，面雨量频率计算时，一般采用 P—Ⅲ型适线。根据我国暴雨特性及实践经验，我国暴雨的 C_s/C_v 值，一般地区为 3.5 左右；在 $C_v>0.6$ 的地区，约为 3.0；$C_v<0.45$ 的地区，约为 4.0。以上比值，可供适线时参考。

在频率计算时，最好将不同历时的面雨量频率曲线绘在同一张频率格纸上，并注明相应的统计参数加以比较。

四、设计成果的合理性检查

计算成果可从以下各方面进行检查，分析比较其是否合理，然后再确定设计面暴雨量。

（1）对本流域，要求各时段的频率曲线在实用范围内不相交。如出现交叉现象，应对其中突出的曲线和参数进行复核和调整。各种频率的面雨量都必须随统计时段增大而增大，暴雨均值也是随历时增加而增加。对于变差系数 C_v，分析表明它随历时的变化可概化为单峰铃形曲线，即当历时较短时，C_v 较小，随历时的增加 C_v 亦增大；当历时增加到一定程度时，C_v 出现最大值；然后随着历时的继续增加，C_v 又有逐渐减小的趋势。

（2）在面上应结合气候、地形条件将本流域的分析成果与邻近地区的统计参数进行比较，作地区上的协调。如在最大 1h、6h、24h 雨量的 C_v 值之间做比较，往往沿海地区 C_{v24} 最大（如山东、上海、广东）；内地的黑龙江、河南中部等地 C_{v6} 最大；干旱地区基本上 C_{v1} 最大，有些地方实际上最大 C_v 出现的历时只有 30min 或更短。

（3）各种历时的设计面雨量应与邻近地区的特大暴雨记录相比较，检查设计值是否安全可靠。对于稀遇频率的设计值，还应与全省、全国甚至世界的实测大暴雨记录相比较，以检查其合理性。

第二节　间接法推求设计面雨量

当设计流域雨量站稀少，或观测系列甚短，或同期观测资料很少甚至没有，无法直接求得设计面雨量时，只好用间接方法计算。即先求流域中心或附近代表站的设计点雨量，然后通过暴雨点面关系求相应的设计面雨量。

一、设计点雨量的计算

1. 点雨量资料较充分时

（1）选择点雨量代表站。点雨量代表站一般选择流域中心或附近具有长系列的雨量站。若长系列站不在流域中心或其附近，这时可先求出流域内各长系列站的设计点雨量，然后绘制设计点雨量等值线图，再用地理插值法推求流域中心的设计点雨量。

（2）选样方法。一般采用固定时段、独立选取年最大值法。

（3）特大暴雨移置。如样本系列中缺少大暴雨资料，或系列的代表性不足，频率计算成果的稳定性差，应尽可能延长系列。可将气象一致区内的暴雨移置于设计地点，同时要估计特大暴雨的重现期，以便合理计算其经验频率。频率计算方法与特大洪水处理相似。

（4）点暴雨资料的插补展延。由于暴雨的局地性，点暴雨资料一般不宜采用相关法插补。可考虑采用以下方法：①当距离较近时，可直接借用邻站某些年份的资料；②一般年份，当相邻各测站雨量相差不大时，可采用邻近各站的平均值插补；③大水年份，当邻近测站较多时，可绘制次暴雨或年最大值等值线图进行插补；④大水年份缺测，当用其他方法插补较困难，而邻近地区已出现特大暴雨，且从气象条件分析有可能发生在本地区时，可移用该特大暴雨资料；⑤如与洪水的峰量关系较好，可建立暴雨和洪水峰或量的相关关系，插补大水年份缺测的暴雨资料。

绘制暴雨等值线图时，应考虑暴雨特性与地形的关系。利用插值推求流域中心设计点雨量时，亦应尽可能考虑地区暴雨特性，在直线内插的基础上可以做适当调整。

（5）点雨量频率计算。点雨量的频率计算方法与直接法相同。

（6）成果合理性分析。点雨量频率计算成果的合理性分析，原则上与第一节中面雨量成果分析相同。除应把各统计历时的频率曲线绘在同一张图上检查并将统计参数、设计值与邻近站的成果协调外，还需借助水文手册中的点暴雨参数等值线图、邻近地区发生的特大暴雨记录以及世界点最大暴雨记录进行分析。图 11－2 为各种历时点暴雨量 X_t 的世界实测最高记录及其外包线，可供对比分析时查用。

2. 点雨量资料缺乏时

当流域中心或附近缺乏具有较长资料系列的代表站时，设计点雨量的推求可利用暴雨等值线图或参数的分区综合成果。

气候是影响暴雨的主要因素。气候条件呈现一定的地带性变化规律，因此暴雨特性及统计参数也呈现地理变化趋势。目前全国和各省均编制了不同时段（1d、3d、7d 及 1h、6h、24h 等）的暴雨均值及 C_v 等值线图和 C_s/C_v 的分区表，并载入暴雨洪水图集或水文手册中，这为无资料地区计算设计点雨量提供了方便。

在使用等值线图推求设计点雨量时，需先在某指定时段的暴雨均值和 C_v 等值线图上

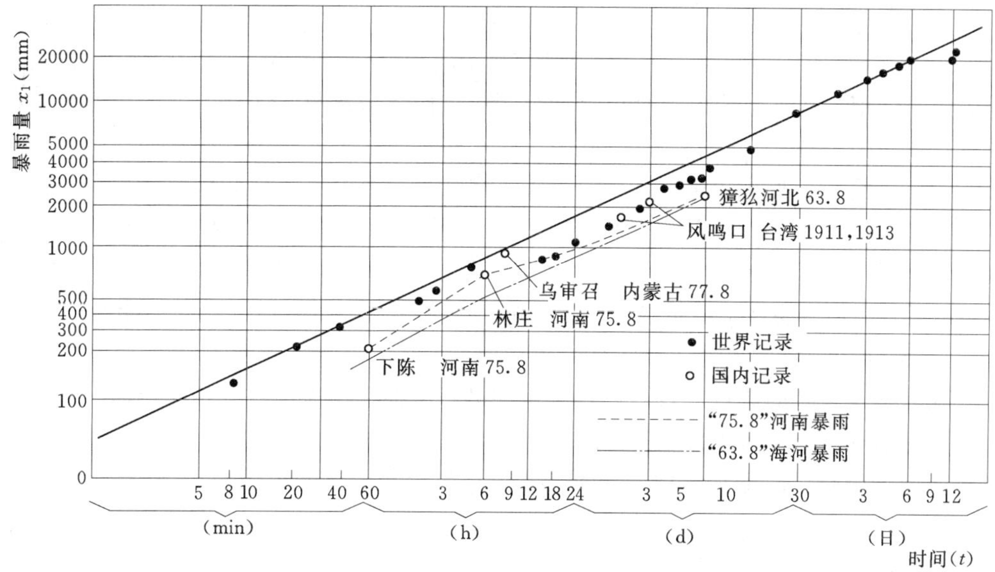

图 11-2 国内外实测最大点暴雨与历时关系

(外包线方程式 $X_t = 389t^{0.4869}$，t 以 h 计)

分别圈出设计流域的分水线，并定出流域中心位置，然后读出流域中心点的均值和 C_v 值。暴雨的 C_s 通常采用 $3.5C_v$，也可根据图集提供的数据选定。有了 3 个统计参数，即可求得设计频率的该时段点雨量。

由于等值线图往往只反映大地形对暴雨的影响，不能反映局部地形的影响，因此在一般资料较少而地形又复杂的山区，应用暴雨等值线图时要特别注意。应尽可能搜集近期的一些暴雨实测资料与由等值线图查出的数据进行分析比较，必要时做一些修正。

此外，各省暴雨洪水图集或水文手册中，还有经分区综合分析后所得的“各种历时暴雨地区综合统计参数”成果，可供无资料情况下推求设计点雨量应用。只要按设计流域所在分区，查得指定时段的点雨量统计参数，就可求得设计点雨量。但一般来说，利用暴雨等值线图或参数的分区综合成果所推求的设计点雨量，精度不高。

二、设计面雨量的计算

当流域面积很小时，可直接把流域中心的设计点雨量作为流域的设计面雨量。对于较大流域，必须研究点雨量与面雨量之间的关系，进而将设计点雨量转化为设计面雨量。求得流域中心设计点雨量后，要用“点面关系”折算成设计面雨量。

$$x_{面,P} = \alpha x_{点,P} \tag{11-3}$$

式中：α 称为点面折减系数。在实际计算中，α 又有以下两种区别和用法。

1. 定点定面关系

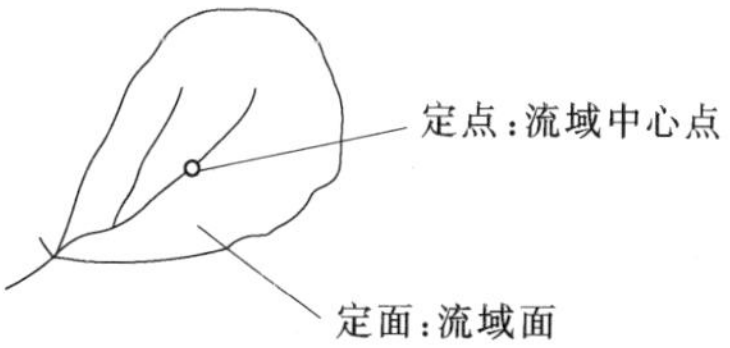

图 11-3 定点、定面示意

定点指流域中心点或附近有长系列点雨量资料的雨量站，定面是把流域作为固定面，建立固定点和固定面雨量之间的关系，称定点定面关系，如图 11-3 所示。对于一次暴雨某时段的固定点雨量，就有一个相应的面雨量。在定点定面条件下，点面折减系数为

$$\alpha = x_F / x_0 \tag{11-4}$$

式中：x_F、x_0 分别为某种时段固定面和固定点的暴雨量。有了若干次某时段暴雨量，则可有若干个 α 值，取其平均值作为设计计算用的点面折减系数。同样的方法，可求得各种时段的点面折减系数。

在设计情况下，理应用设计频率的 α 值。但由于暴雨资料不多，作 α 的频率分析有困难，因而近似地用大暴雨的 α 平均值，这样算出的设计面雨量与实际要求是有一定出入的。如果邻近地区有较长系列的资料，则可用邻近地区固定点和固定流域的或地区综合的同频率点面折减系数，但应注意流域面积、地形条件、暴雨特性等要与设计流域基本接近。

2. 动点动面关系

在缺乏暴雨资料的流域上，可以用暴雨的动点动面点面关系代替定点定面关系。这种关系是按照各次暴雨等值线图计算求得的，因各次暴雨的中心点雨量和暴雨分布都不尽相同，所以称为动点动面关系，如图 11-4 所示。动点动面关系的分析方法为：在一个水文分区内选择若干次大暴雨资料，绘出各场暴雨各种历时的暴雨等雨深线图，作出各场暴雨的点面关系，取各场暴雨点面关系的平均线作为该区综合的点面关系线。

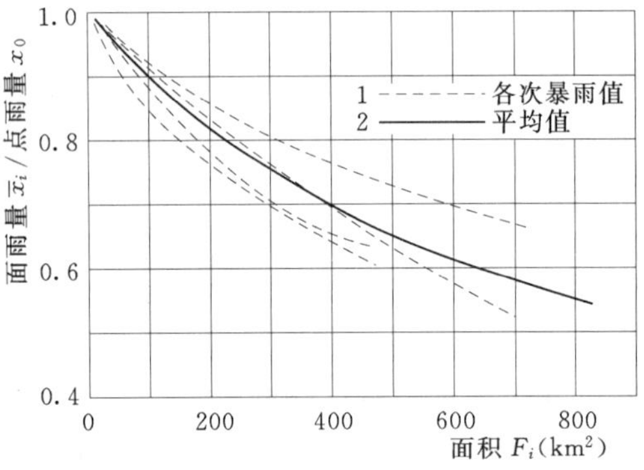

图 11-4　某地区 3d 暴雨动点动面关系

该法包含了三个假定：①假定设计暴雨的中心一定发生在流域中心；②假定设计暴雨的点面关系符合平均的点面关系；③假定流域周界与设计暴雨的某一等雨深线相重合。

在设计面雨量时，应优先使用定点定面关系，同时由于大中流域点面雨量关系一般都很微弱，所以通过点面关系间接推求设计面雨量的偶然误差必然较大，因此，在有条件的地区应尽可能采用直接法设计面雨量。

第三节　设计暴雨时空分配计算

设计暴雨的时空分配计算包括典型暴雨的选择、放大、设计暴雨的地区分布。

一、设计暴雨时程分配计算

设计暴雨的时程分配计算一般采用典型暴雨放大法，包括同倍比放大和同频率放大两种方法，采用较多的是典型暴雨同频率控制放大法。

1. 典型暴雨的选择原则

典型暴雨的选择原则可概括为“可能（代表性）”和“不利”。展开来说，在选取典型暴雨时，一要考虑所选暴雨的分配过程应是在设计条件下比较容易发生的；二要考虑是对工程不利的。

所谓比较容易发生，首先是从量上来考虑，典型暴雨的量级接近设计雨量；其次是所选典型的雨峰个数、主雨峰位置和实际降雨时数是大暴雨中常见的情况，即这种雨型在大暴雨中出现的次数较多。

所谓对工程不利，主要是指两个方面：一是指雨量比较集中，例如 7 天暴雨集中在 3 天，3 天暴雨集中在 1 天等；二是指主雨峰比较靠后，这样的降雨分配过程所形成的洪峰较大而且出现较迟，对水库安全是不利的。

2. 选择典型暴雨的方法

（1）从设计流域年最大降雨过程中选择。

（2）资料不足时，可以选用流域内或附近的点雨量过程。

（3）无资料时，可查水文手册或各省暴雨径流图表，选用地区综合后概化的典型暴雨过程。

3. 设计暴雨的时程分配

选定了典型暴雨后，一般采用同频率控制进行分段缩放，方法与第九、十章中的同频率缩放典型年径流过程和典型洪水过程线相类似。不同时段控制放大时，控制时段划分不宜过细，一般以 1 日、3 日、7 日的雨量做控制。对暴雨核心部分 24h 的时程分配，时段的划分要视流域大小及汇流计算所用的时段而定，一般取 1h、3h、6h、12h、24h 作控制。

【例题 1】 某流域百年一遇各种时段设计雨量如表 11－1 所示，设计暴雨时程分配计算见表 11－2，最大 24h 设计暴雨的时程分配计算见表 11－3。

表 11－1　　各时段设计面雨量

时　段（日）	1	3	7
设计面雨量 x_{tp}（mm）	303	394	485

表 11－2　　设计暴雨时程分配计算（同频率法）

雨量及分配比 ＼ 日程		1	2	3	4	5	6	7
x_{1p} 303mm	典型分配比						100%	
	设计雨量（mm）						303	
$x_{3p}-x_{1p}$ 91mm	典型分配比					40%		60%
	设计雨量（mm）					36		55
$x_{7p}-x_{3p}$ 91mm	典型分配比	30%	33%	37%	0%			
	设计雨量（mm）	27	30	34	0			
设计暴雨过程（mm）		27	30	34	0	36	303	55

表 11－3　　设计面雨量最大 1 日的时程分配（同倍比法）

项　目	设计暴雨的时段（2h）雨量过程												24h
时段序号	1	2	3	4	5	6	7	8	9	10	11	12	全日雨量
典型分配（%）	2.9	3.4	3.9	5.2	10.5	44.1	8.7	6.1	5.0	4.0	3.3	2.9	100
设计暴雨（mm）	8.8	10.3	11.7	15.8	31.8	133.6	26.4	18.5	15.2	12.1	10.0	8.8	303

二、设计暴雨的地区分布计算

水库或梯级水库承担下游防洪任务时，需要拟定流域上各分区的洪水过程，因此需要给出设计暴雨在流域上的分布，计算方法与第十章中设计洪水的地区组成相似。如图10-9所示，在推求防洪断面B以上流域的设计暴雨时，必须分成两部分，一部分来自防洪水库A以上流域的暴雨，另一部分来自AB区间上的暴雨。实际工作中，一般先对已有实测大暴雨资料的地区组成进行分析，了解暴雨中心经常出现的位置，并统计A库以上和区间暴雨所占的比重等，作为选择设计暴雨地区分布的依据，再从工程的安全与经济考虑，选定一种可能出现且偏于不利的暴雨面分布形式，进行模拟放大。

1. 典型暴雨图法

从实际资料中选择一个暴雨量大的暴雨等值线图为典型，并移置于流域上。为安全计，常把暴雨中心置放在AB区间，这样做使区间暴雨所占比例最大，对防洪断面B更为不利。然后量取防洪断面B以上流域范围内的典型暴雨等值线图，分别求出水库A以上流域的典型面雨量（x_A）和区间AB的典型面雨量（x_{AB}），然后乘以各自的面积求得水库A以上流域的总水量（$W_A=x_AF_A$）和区间AB的总水量（$W_{AB}=x_{AB}F_{AB}$），再求得它们所占的相对比例。将设计暴雨量（$W_{Bp}=x_{Bp}F_B$）按它们各自所占的比例进行分配，即得设计暴雨在水库A以上和区间AB上的面分布。最后通过设计暴雨时程分配计算，得出两部分的设计暴雨过程。

2. 同频率控制法

对防洪断面B以上流域的面雨量和区间AB上的面雨量分别进行频率计算，求得各自的设计面雨量x_{Bp}、x_{ABp}。按同频率原则考虑，采取防洪断面B以上流域发生指定频率p的设计面暴雨时，区间AB面积上也发生同频率暴雨，水库A以上流域则为相应雨量，其频率不定，即

$$x_A=\frac{x_{BP}F_B-x_{AB_p}F_{AB}}{F_A} \tag{11-5}$$

三、分期设计暴雨的计算

如果由暴雨资料推求分期设计洪水，则需要计算分期设计暴雨。主要步骤如下：

1. 对全汛期进行分期

除为安排施工进度要求暴雨分期较短外，一般分期时段都比较长，一个分期内暴雨的气象条件、暴雨成因及暴雨特性比较一致，分期之间则有明显差别，彼此相互独立。分期的数量以2、3个为宜。因此，可采用成因分析与暴雨特征季节性变化统计相结合的方法，确定分期。

2. 对分期暴雨进行频率计算

按年最大值法进行分期选样，同时要考虑各分期的特大暴雨，再采用配线法推求分期的理论频率曲线和各个分期不同时段的设计暴雨量。最后从分期暴雨的时空变化规律、分期设计暴雨的组合应不小于年最大值法选样（不分期）推求的设计暴雨等方面，对计算成果进行合理性分析。

3. 推算分期设计暴雨过程

一般均采用同频率控制放大法，根据推求出的分期内各时段设计暴雨放大该分期的典

型暴雨就可得出该分期设计暴雨过程。

第四节　由设计暴雨推求设计洪水

求得设计面暴雨后，进行流域产、汇流计算就可求得相应的设计洪水过程。有关产、汇流分析计算内容已在前面章节阐明，本节主要介绍在设计条件下计算中应注意的问题。

一、产汇流方案的拟定

1. 拟定产流计算方案

产流计算方法有多种，设计流域到底应选择哪一种，应根据本流域的特点、资料情况、过去的经验和设计上的要求等进行考虑。设计暴雨属于稀遇的大暴雨，往往比实测暴雨大得多，因此，应用降雨径流经验相关图法或初损后损法时，将有一个向设计条件外延的问题。此时，应结合产流机制和本地区的实测特大雨洪资料进行分析，将产流方案外延到设计条件下，然后再由设计暴雨推求设计净雨。

湿润地区的产流方案常采用（$P+P_a$）与 R 形式的相关图，其关系线上部的斜率为 1，外延起来比较方便。干旱地区多采用初损后损法，就需要对有关参数的相关图，如第四章的图 4－18、图 4－20 等所示，在外延时必须考虑设计暴雨的雨强因素影响。

2. 确定设计前期影响雨量 P_a 或前期流域蓄水量 W

在进行产流计算时，应获得设计暴雨开始时的土壤湿度参数 P_a 或 W 值，常用有以下几种方法。

（1）折算法。因 P_a 取值在 $0 \sim W_m$ 之间，设计情况下可按下式计算

$$P_{a,P}=KW_m \tag{11-6}$$

式中：K 为系数，设计标准较高的湿润地区 $K=1.0$；设计标准较低的干旱地区 $K=0$；一般 $K=0.5 \sim 0.8$。

（2）扩展设计暴雨过程法。加长暴雨资料的统计历时，使之包括降雨前期历时在内。例如根据设计暴雨的需要只统计 7d 暴雨就够了，但是由于要计算设计 7d 暴雨的 $P_{a,P}$ 值，统计历时就得往前延长数 10d（一般采用 30d），以便得出一个长达数 10d、扩展了的暴雨系列。除对 7d 暴雨系列进行频率计算求得历时为 7d 的设计雨量外，还对扩展的暴雨系列进行频率计算，得出扩展长历时的设计雨量，然后选择典型，按同频率放大法分两段（7d 设计暴雨段及前期降雨段）对长历时设计雨量进行分配，以 7d 设计暴雨以前的逐日雨量计算 $P_{a,P}$，如图 11－5 所示。

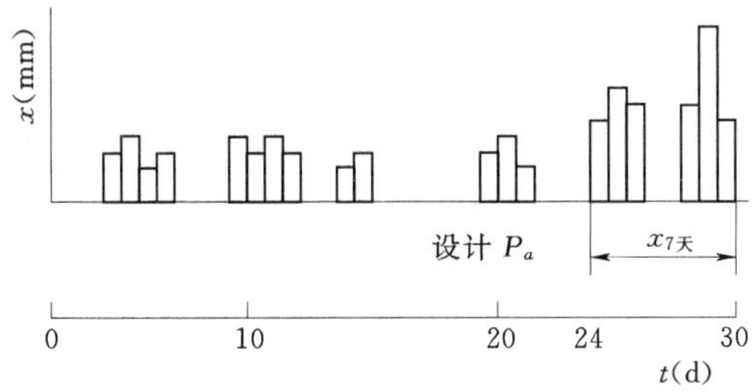

图 11－5　30d 设计暴雨过程

当然 30d 设计暴雨开始时的 P_a 值（即初始值）如何确定仍然是个问题，不过初始 P_a 值的假定不同，对后面的设计 P_a 值影响甚微，因为初始 P_a 值要经过 23d 的演算，才到设计暴雨核心。30d 设计暴雨的初始值，一般可取 $P_a=\frac{1}{2}W_m$ 或 $P_a=W_m$。

(3) 同频率法。对于某统计历时，在从实测暴雨资料中摘录年最大值 x 时，还同时计算 x 的前期影响雨量 P_a，并求出 $(x+P_a)$，于是就有 x 和 $(x+P_a)$ 两个系列。通过频率计算，由前者求得设计暴雨量 x_P，由后者求得同频率的 $(x+P_a)_P$，如图 11-6 所示。则设计暴雨相应的 $P_{a,P}$ 为

$$P_{a,p}=(x+P_a)_p-x_p \tag{11-7}$$

当 $P_{ap}>W_m$ 时，则取 $P_{ap}=W_m$。

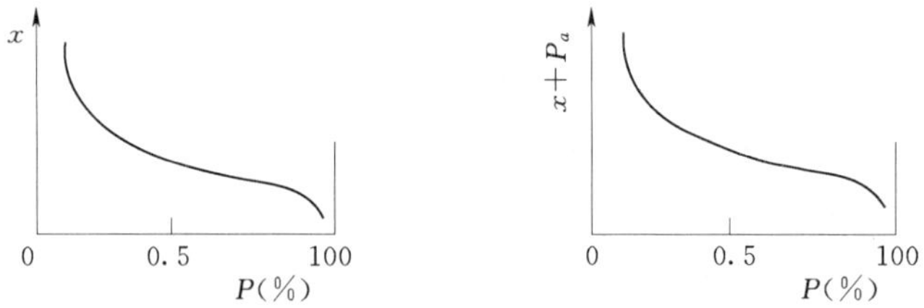

图 11-6　同频率法计算 $P_{a,P}$ 示意图

上述三种方法中，扩展暴雨过程法用得较多。同频率法在理论上是合理的，但在实用上也存在一些问题，它需要由两条频率曲线的外延部分求差，其误差往往很大，常会出现一些不合理现象，例如设计 P_a 大于 W_m 或小于零。对以蓄满产流为主的湿润地区，同频率法和扩展设计暴雨法都比较好，但计算工作量都很大。W_m 折算法最简便，经验性强，有不少单位使用。

根据设计的 $P_{a,P}$ 和拟定好的产流计算方案，像由实际暴雨推求净雨一样，便可将设计暴雨过程转化为设计净雨过程。

3. 确定汇流方案

目前采用的流域汇流方案都属于线性汇流方法。在实测暴雨范围内应用这些方案作汇流计算时，其误差一般可控制在容许范围内，当用于罕见的设计暴雨时，线性假定有可能导致相当大的误差。虽然有些人提出了不少的非线性计算方法，但由于受到资料条件所限，这些方案都还未得到充分认证，不为世人所普遍接受。

在设计时，要注意汇流方案在特大暴雨条件下的适用性，尽量选用实测大洪水资料分析出的单位线，以期与设计条件相近，避免外延过多而扩大误差。如用一般常遇洪水分析出的单位线来推算设计洪水与由特大洪水资料分析的单位线推流，成果可能相差很大，其差值可达 20%左右。如果当地缺乏大洪水资料，只好参照有关非线性处理的方法作适当修正，这时需要十分慎重和多方认证分析。

4. 产汇流方案的移用

如果设计流域缺乏实测降雨径流资料，无法直接分析产、汇流方案，就得解决移用问题。产流方案一般采用分区综合法，如山东省水文手册上就有适用于不同地区的 14 条降雨径流相关线，供各个分区查用，汇流方案一般采用单位线的地区综合成果。

二、由设计净雨推求设计洪水

将设计净雨转化为设计洪水的步骤是：

(1) 拟定地面净雨汇流计算方案（单位线法），由设计地面净雨过程计算地面径流

过程。

（2）选定地下净雨汇流计算方案，由设计地下净雨计算地下径流过程。

（3）将计算的地面径流过程与地下径流过程同时刻相叠加，即得设计洪水过程线。

【例题 2】 某流域面积 $F=3360km^2$，为解决下游灌溉、防洪问题，拟在流域出口处建一大型水库，为此需要推求该处百年一遇设计洪水。该流域只具有 5 年的实测洪水资料，但具有 10 个雨量站 40 多年降雨记录，并有特大暴雨。根据资料情况，不可能用直接法推求设计洪水，现实可行的途径是采用间接法推求设计洪水。

解：（1）推求设计暴雨。该流域雨量资料充分，直接按面雨量系列计算 1 日和 3 日设计面雨量，然后以 1993 年暴雨典型按同频率控制放大，得 3 日设计暴雨过程，结果列于表11－4 第（2）行。

表 11－4　　某流域设计暴雨及设计净雨过程计算表

时段（$\Delta h=12h$）	（1）	1	2	3	4	5	6	合计
设计暴雨 P_i（mm）	（2）	10.0	15.0	55.0	0	80.0	40.0	200.0
$\sum P+P_a$（mm）	（3）	90.0	105.0	160.0	160.0	240.0	280.0	
累积净雨（mm）	（4）	4.0	13.0	50.0	50.0	110.0	140.0	
设计净雨 R_s（mm）	（5）	4.0	9.0	37.0	0	60.0	30.0	140.0

（2）推求设计净雨。①由 5 年同期观测的降雨径流资料，分析得出该流域降雨与地面径流的相关图，如图 11－7 所示；还得出流域蓄水容量 $W_m=100mm$，流域蓄水量日消退系数 $K=0.95$。②$P_{a,1\%}$ 的设计用经验法确定。根据当地经验 $K=0.8$，故百年一遇设计暴雨的 $P_{a1\%}=100\times0.8=80mm$。③ 根据 $(P+P_a)—R_S$ 相关图和设计暴雨的 $P_{a1\%}$ 值计算设计净雨，结果见表 11－4 中的第（5）行。

（3）推求设计洪水过程线。①根据 5 年同期降雨径流资料分析，得到 9 次大暴雨的单位线。按照设计净雨的大小及暴雨中心位置，从中选定用以推求设计洪水的单位线，列于表 11－5 中的第（3）栏。②根据选定的单位线，求得各时段地面净雨产生的地面径流过程，列于（4）～（8）栏。再把同时刻的流量相加，求得总地面径流过程，填入第（9）栏。③根据过去实测洪水分析，基流所占比重不大，平均流量为 $80m^3/s$，以此作为设计的地下径流过程，列于表中的第（10）栏。④将总地面径流过程第（9）栏和地下径流过程第（10）栏，同时刻相加求得设计洪水过程线列于第（11）栏，设计洪水过程线如图 11－8 所示。

表 11－5　　某流域百年一遇设计洪水计算表

时段数（$\Delta t=12h$）	净雨（mm）	单位线（m^3/s）	各时段净雨得地面径流过程（m^3/s）					总地面径流过程 Q_S（m^3/s）	地下径流过程 Q_g（m^3/s）	设计洪水 Q（m^3/s）
			4.0mm	9.0mm	37mm	60mm	30mm			
（1）	（2）	（3）	（4）	（5）	（6）	（7）	（8）	（9）	（10）	（11）
0		0	0					0	80	80
1	4.0	50	20	0				20	80	100

续表

时段数 ($\Delta t=12h$)	净雨 (mm)	单位线 (m^3/s)	各时段净雨得地面径流过程 (m^3/s)					总地面径流过程 Q_S (m^3/s)	地下径流过程 Q_g (m^3/s)	设计洪水 Q (m^3/s)
			4.0mm	9.0mm	37mm	60mm	30mm			
2	9.0	200	80	45	0			125	80	205
3	37.0	154	62	180	185			427	80	507
4	0	121	48	139	740	0		927	80	1007
5	60.0	90	36	109	570	300	0	1015	80	1095
6	30.0	61	24	81	448	1200	150	1903	80	1983
7		40	16	55	333	924	600	1928	80	2008
8		25	10	36	226	726	462	1460	80	1540
9		16	6	23	148	540	363	1080	80	1160
10		9	4	14	93	366	270	747	80	827
11		6	2	8	59	240	183	492	80	572
12		4	2	5	33	150	120	310	80	390
13		2	1	3	22	96	75	197	80	277
14		0	0	2	15	54	48	119	80	199
15				0	7	36	27	70	80	150
16					0	24	18	42	80	122
17						12	12	24	80	104
18						0	6	6	80	86
19							0	0	80	80
合计	140.0	788						10892		

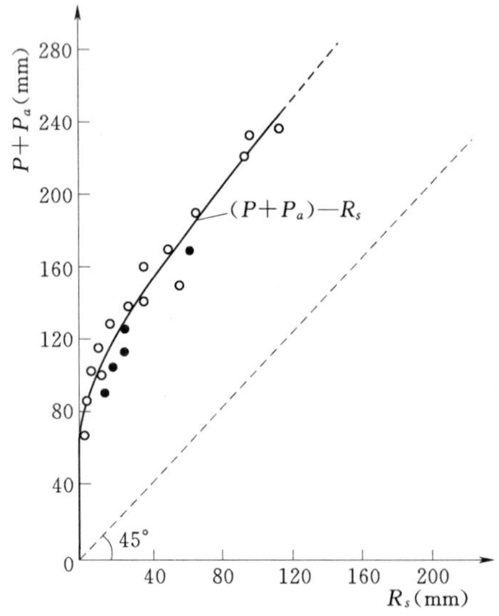

图 11-7　某流域降雨地面径流相关图

三、现行计算方法存在的问题

（1）设计暴雨与设计洪水同频率问题。设计暴雨定义为符合指定设计标准的暴雨量及时空分配，但是要给出某一标准的时空分布却是相当困难的。洪水大小不仅与暴雨的量级有关，还与暴雨的时空分配、前期影响雨量、下垫面条件等密切相关。一般来说，在暴雨量相同情况下，雨强越大，暴雨走向与河流一致且前期影响雨量较大时，则洪水峰值及短时段洪量较大。实践表明，相同标准的设计暴雨推求出的设计洪水往往千差万别，使得设计洪水标准就失去了意义，即设计暴雨与设计洪水不是同频率，这是间接法推求设计洪水自身所具有的缺陷。

（2）产汇流方案的移用与外延问题。对于无

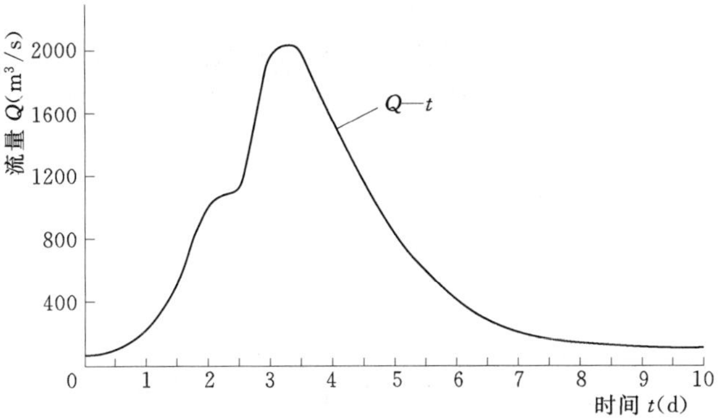

图 11－8　某站百年一遇设计洪水过程线

实测洪水资料的流域，产汇流方案只能通过综合的方法而间接获得，综合的产汇流方案是由邻近流域的大量实测资料总结而来，由于各流域下垫面条件、植被、人类活动等一系列因素的不同，使得产汇流方案的移用有较大的任意性。另外，产汇流方案所能适用的范围应在实测资料范围之内，由于设计暴雨量较大，超出方案适用范围，外延任意性较大，可靠性较差。同时与产流关系较大的 P_a 值、各种损失的扣除亦无法得到验证，只能采用一般假定的方式进行，可靠程度不足以令人信服。

(3) 特大暴雨的处理问题。历史特大暴雨及历史大洪水在设计洪水中能有效地降低抽样误差，使频率曲线的上段外延有根据。但调查历史特大暴雨的量级及重现期的精确确定是一个难以解决的问题，在我国历史文献记载中，也仅仅对灾情、雨情有一些定性的描述。因此，在频率计算中达不到降低抽样误差的理想要求。

针对以上问题，特别是不合理的假定暴雨洪水同频率问题，近年来随着降雨资料的进一步累积和产汇流计算方法的成熟，可以将每年的暴雨通过产汇流方案转换成洪水，再利用推算的各年洪水，按直接法推求设计洪水，这样会有效地避免设计暴雨与设计洪水的频率转换问题。这种思路至少还有以下两个方面的特点：①不存在产汇流方案的外延问题，由于全部采用实际发生的暴雨进行计算，推流的范围均在产汇流方案适用范围之内，使得由暴雨推求洪水更为准确；②提高了精度，土壤前期含水量采用实际年计算，每年的参数均由实测资料计算而得，避免了设计条件下参数假定的任意性。

第五节　可能最大暴雨的估算

规范规定“失事后对下游将造成较大灾害的大型水库、重要的中型水库以及特别重要的小型水库，当采用土石坝时，应以可能最大洪水作为校核标准”，相应于可能最大洪水的降水量就是可能最大暴雨，我国在“75.8”大暴雨之后，开始在全国范围内推行计算可能最大暴雨。在现代气候条件下，一个地区或一个特定流域在一定时段内应有可能最大雨量，称为可能最大降水（Probable Maximum Precipitation），我国常称为可能最大暴雨，简称为 PMP。

因为洪水是暴雨的产物，暴雨又是一个地区空气水汽含量及上升运动的产物，同时维持水汽输送的天气系统的生命也是有限的，因而一个地区一定历时的暴雨也应有上限，如果求出这个上限，并计算出相应的洪水作为校核标准的洪水，则可保证水利工程的安全。可能最大暴雨所形成的洪水称为可能最大洪水（Probable Maximum Flood），简称为 PMF。

但是，由于目前能掌握的气象水文资料有限，计算方法也不完善，所以估算的可能最大暴雨并不是真正的上限，仅仅是近似值。

一、基本气象知识

1. 气温的绝热变化

气块在运动过程中如果与外界没有热量交换，气块内的温度变化称为绝热变化。根据计算，干空气绝热上升或者下降 100m 时，其温度降低或者升高约 1℃，称为干空气绝热变化直减率 r_d，即 r_d=1℃ /100m，可用二维坐标的绝热线图表示，如图 11-9 所示。干空气或未饱和湿空气作垂直运动时的温度变化是遵循 r_d 线的。而饱和湿空气上升不断有水汽凝结放出潜热，显然饱和湿空气绝热直减率 r_m 略小于 r_d，而且不是常数。当饱和湿空气绝热上升时，最初有较多的水汽凝结，释放的潜热较多，此时 r_m 比 r_d 小得多，此后水汽凝结越来越少，放出的潜热也越少，r_m 就渐渐接近 r_d，此时 r_m 的切线平行于 r_d 线。

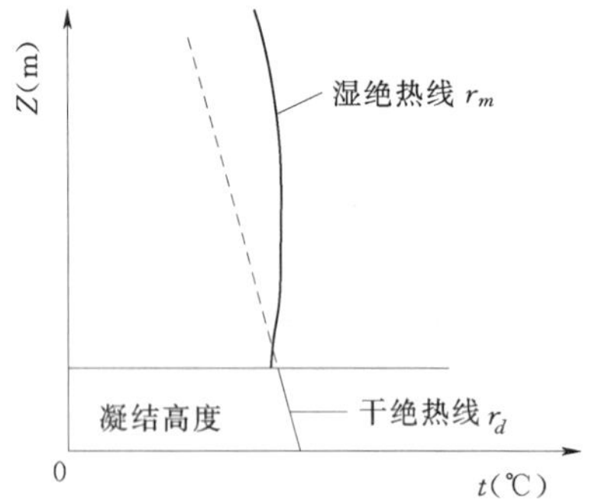

图 11-9　绝热线图

若凝结物留在气块中，并随气块一起作垂直运动称为湿绝热过程（可逆）；若凝结物有一部分或全部作为降水脱离气块而降落到地面称为假绝热过程（不可逆）。这个概念对于估算 PMP 是很重要的。在可能最大暴雨计算中，往往假定大暴雨期间自地面至高空各层全部呈饱和状态，即各层的温度 t 均等于该层的露点 t_d，那么，不论气团是湿绝热过程或是饱和假绝热过程，露点的垂直分布将遵循湿绝热线。也就是说，只要知道地面（1000hPa）的露点值，就可以求出不同高度的露点值。

2. 可降水量

可降水量是 PMP 计算中常用的湿度单位，它是大气中水汽含量的一种特殊表示方法。所谓可降水量是假定整层空气全部饱和，自地面至高空（约 12000m）的水汽全部凝结后的水量，以 W 表示，mm。它的含义是，如果气柱内的饱和水汽全部凝结降落在地面上所形成的水层深。

只要知道地面露点，就可以用数值积分的方法求出地面至某一高度的可降水量，按照这个道理，已制成可降水量查算表（见附录 7）。通常是制成以海平面 $Z_0=0$（或 $P_0=$ 1000hPa）的露点 $t_{d,0}$ 为参数、自海平面至某一高度 Z（或气压 P）之间的可降水量 W_0^z 查算表。如果已知海平面（1000hPa）的露点温度，从表内查出不同高度的饱和假绝热大气中的可降水量 W。

可降水量的计算方法，一是根据探空的比湿资料计算从地面到大气顶界的可降水量，由于探空站稀少而且观测年限较短，很多情况下雨区没有实测高空湿度资料，该法难以应用。二是根据地面露点查算，假定暴雨期间在对流层内的整层空气呈饱和状态，即各层气温均等于该层的露点 t_d，也就是说大气温度是按湿绝热线分布的，每一个地面露点值便对应于一条湿绝热线，如图 11-10 所示。因此水汽含量（可降水量）是地面露点的单值函数。地面高程 Z_0 至水汽顶界 Z_m 之间可降水量 W 的计算步骤如下。

（1）将实际地面露点 $t_{d,z}$ 换算为海平面（1000hPa）露点 $t_{d,0}$。方法是在图 11-10 上由 Z 和 $t_{d,z}$ 找到 B 点，自 B 点平行于最靠近的湿绝热线下降至 $Z=0$ 处（横轴 C 点），其温度就是海平面的露点 $t_{d,0}$。

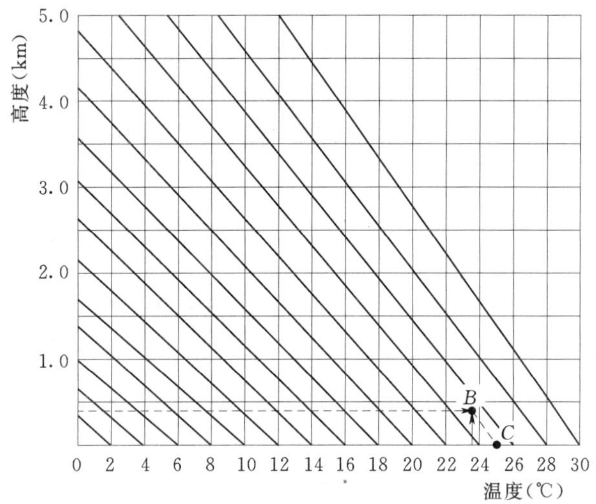

图 11-10　假绝热温度垂直分布

（2）按附录 7 查海平面至 12000m 的可降水量 $W_{(0\sim ZM)}$，再按附录 7 查海平面至实际地面的可降水量 $W_{(0\sim z)}$。

（3）地面以上大气的可降水量为 $W_{(Z\sim ZM)}=W_{(0\sim ZM)}-W_{(0\sim Z)}$。

【例题 3】　某测站地面高程 $Z=400$m，地面露点 $t_d=23.6$℃，求地面至水汽顶界的可降水量 $W_{(Z\sim ZM)}$。

解：（1）由 $Z=400$m、地面露点 $t_d=23.6$℃，在图 11-10 上查得海平面（1000hPa）的露点 $t_{d,0}=25$℃；（2）查附录 7 得 $W_{(0\sim ZM)}=81$mm；再查附录 7 得 $W_{(0\sim 400\text{m})}=9$ mm；（3）该站可降水量 $W_{(Z\sim ZM)}=81-9=72$（mm）。

3. 代表露点和可能最大露点的选定

（1）典型暴雨地面代表露点 $t_{d,r}$ 的选定。

前面已经讲过，可以由地面露点反映饱和假绝热空气柱的可降水量，所以一场暴雨的可降水量，可以由某一（或某些）地点、在特定时间的地面露点来反映，这个地面露点称为暴雨的代表露点。它所对应的可降水量就反映了暴雨暖湿气团输入雨区的水汽量。选定代表露点的方法是：①在大雨区边缘水汽入流方向一侧，选取几个测站作为暴雨期间的代表站。②选取每个测站的包括雨量最大 24h 及以前 24h（共 48h）时段内持续 12h 最高地面露点作为该站的代表露点。这样选取的理由有二，一是水汽需要持续一定历时才会对暴雨产生显著的影响；二是可以避免由于偶然误差和局部因素所造成的短历时露点波动的影响。③取各站代表露点平均值作为该场暴雨的地面代表露点。

我国各地水汽主要来源于西太平洋和孟加拉湾，所以必须用该两地海面实测最高水温作为暴雨代表露点的控制值。我国绝大多数暴雨的露点介于23℃～26℃之间。

（2）可能最大露点 $t_{d,m}$ 的选定。

在PMP计算中，经常要用到可能最大地面露点，其确定方法有：①历史最大露点法。当计算地区露点资料足够长（一般大于30年），则分月选取历年中最大的持续12h地面代表露点，进而求得全年的可能最大露点。②频率计算法。当计算地区露点资料较短（一般小于30年），则分月进行频率计算，一般取 $p=2\%$ 的露点值 $t_{d,p=2\%}$ 作为该站某月的可能最大露点值，再选取各月中的最大者作为全年的可能最大露点 $t_{d,m}$。③按地理分布确定。我国各省区都已绘制了可能最大露点等值钱图，在图中可查出设计地点的可能最大露点值。我国可降水量的近似物理上限值东部最大，W_m 达93mm；越深入内陆 W_m 值越小，最小值出现于青藏高原，在20mm以下。

二、可能最大降水（暴雨）估算

多年来，推求PMP的传统方法是放大实测暴雨。这种方法包括：①当地暴雨放大法，是将当地实测特大暴雨极大化（水汽放大、水汽效率放大、水汽风速放大等）；②暴雨移置放大法，是将极大化的暴雨移植到设计地区，移置对象多为罕见特大暴雨；③暴雨组合放大法，面积大于1万 km^2 并且设计时段超过5天的大流域，半数以上采用暴雨组合法；④暴雨时面深概化法，将这些极大化暴雨的时面深关系加以外包，作为PMP的估值。近年来，各地都制做有可能最大暴雨图集，利用图集估算PMP是一种非常简便的方法，以下仅介绍当地暴雨放大法和可能最大暴雨图集法。

（一）当地暴雨放大法

用当地实测特大暴雨作为模型放大时，可以将形成暴雨的因子归为两大类，即水汽含量辐合（可降水量 W 和除了水汽以外的其他因子组合）及垂直运动（有时称为效率 η），由于效率不易直接计算，通常以雨湿比（P/W）作为反映效率的指标，雨湿比不仅与台风、低涡、冷峰等天气系统有关，而且受距海远近、地形等因素的影响。所以，用当地暴雨放大法又分别有以下三种情况。

1. 水汽放大

当暴雨已是高效时，假定可降水量与实际暴雨量呈线性关系，水汽放大公式为

$$P_m=\frac{W_m}{W}P \tag{11-8}$$

式中：W、W_m 分别为实测典型大暴雨的可降水量和最大可降水量，可分别由典型暴雨的代表性露点和可能最大露点计算；P、P_m 分别为实测典型暴雨量及可能最大暴雨量。

【例题4】 某暴雨为高效暴雨，暴雨落区的地面高程为1040m，暴雨面平均雨量为100.2mm，其水汽入流方向的障碍高程为750mm，入流代表站平均代表露点为24.7℃（已订正至1000hPa海平面），代表站平均历史最大露点为27.2℃。试计算该地区的可能最大暴雨。

解： 因暴雨落区的平均地面高程高于入流障碍高程，所以可降水量的计算应从落区的平均高程1040m算至12000m的大气上界。查附表7，分别得暴雨代表露点24.7℃对应的

可降水为 $W_{(1040-12000)}=W_{(0-12000)}-W_{(0\sim1040)}=78.9-21.3=57.6$（mm）及历史最大露点为 27.2℃对应的可降水为 $W_{m(1040-12000)}=W_{(0\sim12000)}-W_{(0\sim1040)}=97.8-24.2=73.6$（mm）。因此，可能最大暴雨为 $P_m=\frac{W_m}{W}P=\frac{73.6}{57.6}\times100.2=128.3$（mm）。

2. 水汽效率放大

在缺乏高效暴雨的情况下，推求 PMP 时必须对水汽和效率因子进行联合放大。当暴雨还达不到高效时

$$P_m=\frac{\eta_m W_m}{\eta W}P=\frac{\eta_m}{\eta}\frac{W_m}{W}P \tag{11-9}$$

式中：η_m、η 分别为可能最大暴雨效率及典型暴雨效率，$\eta=i/W$，1/h；i 为降雨强度，mm/h。

典型暴雨效率 η 的估算，用典型暴雨的 P、W、T 进行计算，即 $\eta=\frac{P}{WT}$。

可能最大降水效率 η_m 的估算，可采用以下几种方法。①由实测暴雨计算：在设计流域暴雨资料系列较长的情况下，可以选若干场稀遇典型暴雨，计算不同历时 T 的效率值 η，绘制 η—T 关系线，取其外包线作为 η_m—T 线。在图上查用需要的 η_m 值。②移用邻近地区高效暴雨的 η 值：若设计流域缺乏时空分布严重的特大暴雨，则可经气象分析为主的综合论证，移用邻近流域的特大暴雨 η。③由历史洪水反推：根据本流域历史特大洪水，反推设计流域一定时段内的面雨量，估计其 W 值，再推算 η，将此 η 作为 η_m。④综合时面深关系线法：利用设计流域和邻近地区的大暴雨资料，作出综合的效率、面积、历时关系外包线。由此图取用效率放大本流域暴雨。

3. 水汽风速联合放大

如果风速 V 或入流指标（V W）与相应的流域平均雨量 P 有正相关趋势，且暴雨期间入流风向和风速较为稳定的流域，可以考虑采用水汽风速联合放大法。水汽风速联合放大公式如下

$$P_m=\frac{V_m}{V}\frac{W_m}{W}P \tag{11-10}$$

式中：V_m、V 为最大风速及典型暴雨的风速，m/s。

各场次典型暴雨合成风速和风向由式 $\overline{V}=\sqrt{V_s^2\pm V_w^2}$（式中：$V_s$、$V_w$ 为南风和西风风速，m/s）计算得到。

（二）可能最大暴雨图集法

表示区域内一定历时、一定面积 PMP 地理变化的等值线图称为 PMP 等值线图。我国各省区一般都绘制了 24h 点 PMP 等值线图，这种等值线图是利用前述推求 PMP 的方法，计算选定地点的 PMP 值，再经过时面深分析及地区综合等修匀勾绘而成，这种方法适用于无资料的小流域。有了 24h 的点 PMP 等值线图，就可以查出设计流域中心 24h 的点 PMP，然后利用地区综合的不同面积上、各种历时面雨量与可能最大 24h 点雨量之间的关系，推求其他历时和其他面积的 PMP 值。图 11－11 是某水文分区的一张 T—F—K 关系图，也称为 PMP 的时面深关系图（图中 $K=\frac{P_{t,F,m}}{P_{24,0,m}}$ 为各种历时的点面折算系数，$P_{t,F,m}$ 为各种历时 T、流域面积 F 上的可能最大面雨量，$P_{24,0,m}$ 为可能最大 24h 的点雨量）。有了时面深关系图，再结合

各地区综合的可能最大暴雨的时程分配雨型，就可求得可能最大暴雨了。

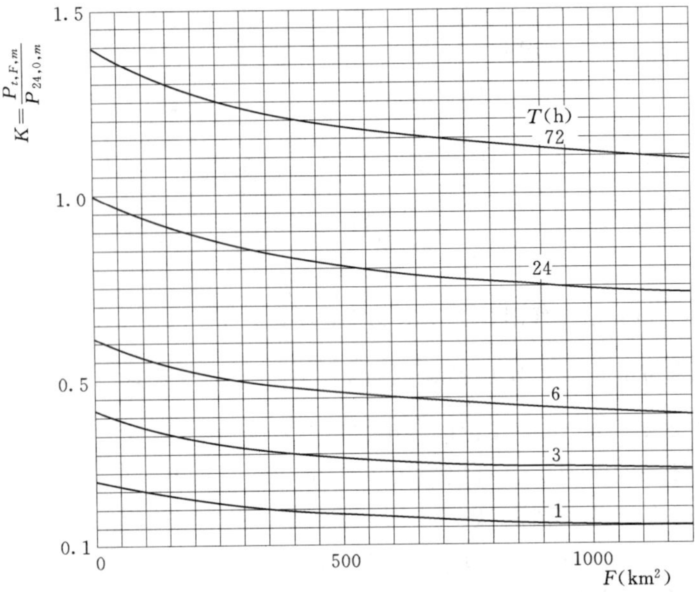

图 11-11　某省某水文分区 PMP 的 T—F—K 关系

例如，某流域面积 $F=120\text{km}^2$，通过查可能最大 24h 点暴雨等值线图，得到流域中心点的可能最大 24h 暴雨量为 800mm。由面积 F，再查该地区的 PMP 时面深（$T-F-K$）关系图（图 11-11），就可得到各种历时的折算系数 K 值：1h 为 0.19，3h 为 0.36，6h 为 0.55，12h 为 0.74，24h 为 0.92。然后用 K 值乘以可能最大 24h 的点雨量 800mm，就可得到各种历时的可能最大面雨量设计值 $P_{m,T}$ 分别为 152mm、288mm、440mm、592mm 及 736mm。最后再由概化雨型计算出可能最大 24h 的暴雨时间分配过程。

三、可能最大洪水的推求

由可能最大暴雨推求可能最大洪水的方法与第四节内容基本相同。

1. 产流汇计算

由于 PMP 的强度很大，在降雨开始后很快就会产流，因此，PMP 比典型暴雨一般要提前产流，PMP 净雨历时一般较长，净雨总量显著增大，而雨量的损失则相对较小。如果流域内有大洪水资料，可直接应用由这些资料分析出来的单位线，无需再作非线性改正。如果本流域没有大洪水资料，可通过综合分析，用邻近地区的大洪水资料。否则，必须考虑非线性改正。

2. 成果的合理性分析

可能最大洪水的成果应同时具有可能性和极大性，也应进行合理性分析。根据以下几方面综合考虑评定可能最大洪水成果的合理性：①从计算过程的各个环节上进行检查，如方法及相应的参数定量合适与否；②与本流域历史洪水资料对照，可能最大洪水不应小于历史上发生过的大洪水；③与邻近流域或相似流域可能最大洪水成果进行比较，看是否符合地区性分布规律；④与其他途径或方法计算的成果进行比较；⑤与国外面积接近的相似流域的最大洪水记录进行比较。

第六节　小流域设计洪水过程线的推求

小流域的界定并无明确限制，通常指集水面积不超过数百平方公里的小河小溪。小流域设计洪水计算方法广泛应用于中、小型水利工程中，如修建农田水利工程的小水库、撇洪沟，渠系上的交叉建筑物（如涵洞、泄洪闸），铁路、公路上的小桥涵，城市和工矿区的防洪工程等，都必须进行洪水的设计。小流域设计洪水计算与大中流域相比有许多特点。

（1）绝大多数小流域都缺乏实测洪水资料，甚至降雨资料也没有。

（2）小流域分布广、数量多。因此，所拟定的计算方法，在保持一定精度的前提下，力求简便，一般借助水文手册即可完成，广大基层水文工作者易于掌握和应用。

（3）小流域面积小，自然地理条件趋于单一，拟定计算方法时，允许作适当的简化，例如假定短历时的设计暴雨时空分布均匀。

（4）小型工程一般对洪水的调节能力较小，工程规模主要受洪峰流量控制，因而对设计洪峰流量的要求高于对设计洪水过程线的要求，有时甚至不需要设计洪水过程线。

小流域设计洪水的计算思路都是以暴雨形成洪水的理论为基础，计算方法在逐步充实和发展，由简单到复杂，由计算洪峰流量到计算洪水过程。

一、小流域设计暴雨的计算

小流域设计暴雨与其所形成的洪水也假定具有相同频率。因小流域缺少实测暴雨系列，多采用以下方法推求设计暴雨：①根据各省水文手册（包括有关的水文图集，如《暴雨径流查算图表》）中绘制的暴雨参数等值线图，查算出统计历时的流域中心设计雨量，如24h设计暴雨量等；②将统计历时的设计雨量，通过暴雨公式转化为任一历时的设计雨量；③按分区概化雨型或移用的暴雨典型按同频率控制放大，求得设计暴雨过程。

1. 选定历时设计雨量的计算

小流域汇流时间短，成峰暴雨历时也短，通常小于24h。当计算选定历时（如24h）的设计雨量时，先由各省水文手册查取设计流域中心的统计参数（均值、C_v及C_s/C_v），再求该历时的设计频率点雨量。例如，湖北省1985年印发的《暴雨径流查算图表》中，就提供了最大7d、3d、24h、6h、1h等多种历时最大雨量的均值和变差系数等值线图，C_s/C_v值全省统一用3.5。如果不考虑暴雨在小流域面上分布的不均匀性，可以用流域中心的点雨量代替面雨量。

以前自记雨量记录资料很少，多为1d的雨量记录，如果使用的是最大1d的统计参数等值线图，最大1d（固定起止时间）通常小于最大24h（不固定起止时间）的均值，所以有时要加以修正，即$\overline{x}_{24}=a\,\overline{x}_{日}$（$a$的取值一般在1.1～1.2之间）。

2. 任一历时设计点雨量的计算

（1）暴雨公式。确定了特定历时的设计暴雨后，有时还需要给出任一历时的设计平均雨强或雨量。通常用暴雨公式将固定时段的设计暴雨量转化为所需历时的设计暴雨量。

在一定频率条件下，时段平均降雨强度$\overline{i}_T$与时段T的关系，称为短历时暴雨公式。

资料分析表明，暴雨公式具有以下形式

$$\bar{i}_{Tp}=\frac{S_p}{T^n} \tag{11-11}$$

式中：T 为暴雨历时，h；$\bar{i}_{Tp}$ 为历时 T、频率 P 的平均降雨强度，mm/h；S_p 为 $T=1\text{h}$ 的平均降雨强度，mm/h，也称“雨力”，它与设计频率 P 有关；n 为暴雨衰减指数。

暴雨衰减指数 n 与历时长短有关，还随地区而变化。根据自记雨量资料分析，大多数地区的 n 值在 $T=1\text{h}$ 处发生变化，即：当 $T<1\text{h}$ 时，$n=n_1$；当 $1\text{h}\leqslant T\leqslant 24\text{h}$ 时，$n=n_2$。

（2）暴雨参数确定。暴雨参数可通过暴雨资料用图解分析法确定。对式（11-11）两边取对数，在双对数坐标纸上 $\bar{i}_{Tp}$ 与 T 为直线关系，参数 n 为直线的斜率，$t=1\text{h}$ 的纵坐标就是 S_p，如图 11-12 所示。由图可见，在 $t=1\text{h}$ 处出现明显的转折点。

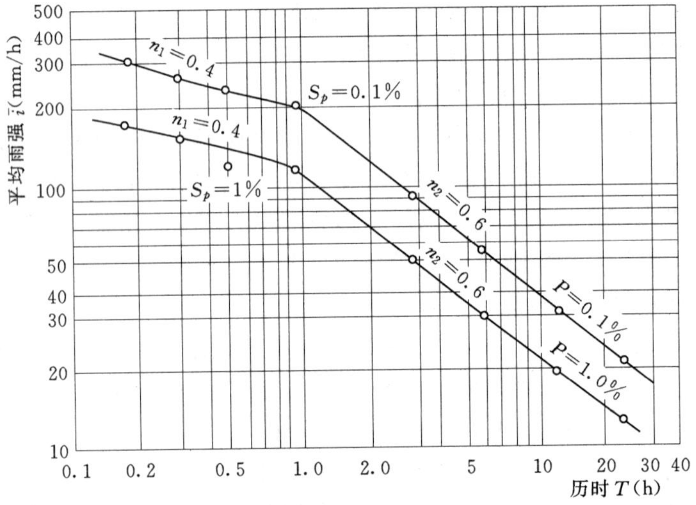

图 11-12　暴雨强度—频率—历时曲线

图 11-12 上的点据是根据分区内有长系列雨量站资料经分析计算而得到的。首先计算不同历时暴雨量系列的频率曲线，获取不同历时各种频率的 x_{Tp}，将其除以历时 T，得到 $\bar{i}_{Tp}$，然后以 $\bar{i}_{Tp}$ 为纵坐标、以 T 为横坐标，即可点绘出以频率 P 为参数的 $\bar{i}_{Tp}$—P—T 的关系。

暴雨衰减指数 n 对各历时雨量的转换成果影响较大，如有实测暴雨资料分析出能代表本流域暴雨特性的 n 值最好。因小流域多无实测量雨资料，需要利用 n 值反映地区暴雨特征，所以，将本地区由实测资料分析出的 n（包括 n_1、n_2）值进行地区综合，绘制 n 值分区图，供无资料流域使用。一般水文手册中均有 n 值分区图。

雨力 S_p 与设计频率 P 有关，可由设计的 24h 雨量推求。因为任一历时 T 的设计雨量为

$$x_{TP}=\bar{i}_{Tp}T=S_pT^{1-n} \tag{11-12}$$

当 $T=24\text{h}$ 时，$x_{Tp}=x_{24p}$，$n=n_2$，代入上式，得

$$S_p=x_{24p}\times 24^{n_2-1} \tag{11-13}$$

如果水文手册中已有 S_p 等值线图，也可直接查用。有了 S_p 和 n（n_1 或 n_2）值，会很容易地求得任一历时的、符合指定频率的平均降雨强度 $\bar{i}_{Tp}$ 和雨量 x_{Tp}。

(3) 任一历时设计雨量的计算。用 24h 雨量 x_{24p} 转换为任一历时 T 的雨量 x_{xp} 时，可以先求 S_p，再由 S_p 转换为任一历时的雨量。

由式（11-13）代入式（11-12）得

$$\text{当 } 1\text{h}\leqslant T\leqslant 24\text{h 时}，x_{Tp}=S_pT^{(1-n_2)}=x_{24,p}\times 24^{(n_2-1)}\times T^{(1-n_2)}=x_{24p}\times\left(\frac{T}{24}\right)^{1-n_2} \tag{11-14}$$

$$\text{当 } T<1\text{h 时}，x_{T,p}=S_pT^{(1-n_1)}=x_{24,p}\times 24^{(n_2-1)}\times T^{(1-n_1)}=x_{24p}\times\frac{T^{1-n_1}}{24^{1-n_2}} \tag{11-15}$$

上述以 1h 处分为两段直线是概括大部分地区的情况，未必与各地的暴雨资料拟合很好。如有些地区采用多段折线，也可以分段给出各自不同的转换公式，不必限于上述形式。

3. 设计面雨量计算

按上述方法求得设计流域中心点的各种历时点暴雨量，当需要转换成流域平均暴雨量时，各省的水文手册中，刊有不同历时暴雨的点面关系图或点面关系表，可供查用。

4. 设计面雨量的时程分配计算

当推求小流域设计洪水过程线时，需要计算设计暴雨过程，这时常采用各省分区概化分配雨型来推求。

【例题 5】 鱼龙溪流域位于某省第二水文分区，拟在此建一桥涵，需要推求 $p=1\%$ 的设计洪水过程线。为此，首先要推求 $P=1\%$ 的设计暴雨过程。

解：(1) 计算 1h、6h、24h 流域设计雨量。根据该流域中心点位置，查该省水文手册得各种历时暴雨的统计参数 $\bar{x}_T$、C_v、C_s/C_v，列于表 11-6 中。由 C_v、C_s/C_v 及 p 查 P—Ⅲ型 Φ_p 值表，得各种历时暴雨的 Φ_p，代入式 $x_{Tp}=(1+\Phi_pC_v)\bar{x}_T$，算得 1h、6h、24h 的设计点雨量分别为 95.6mm、176.8mm、291.0mm。

表 11-6　鱼龙溪流域中心点各种历时暴雨的统计参数

历　时 T (h)	雨量均值 $\bar{x}_T$ (mm)	C_v	C_s/C_v
1	40	0.42	3.5
6	68	0.47	3.5
24	100	0.54	3.5

该流域面积为 451.4km²，查水文手册得各种历时的点面折减系数为 $a_1=0.684$，$a_6=0.754$，$a_{24}=0.814$。折算后各种历时的设计面雨量为：1h 设计面雨量 $x_{1p}=0.684\times95.6=65.4$（mm）；6h 设计面雨量 $x_{6p}=0.754\times176.8=133.3$（mm）；24h 设计面雨量 $x_{24p}=0.814\times291=236.9$（mm）。

(2) 计算 3h 设计面雨量。查水文手册得 $n_2=0.6$，根据式（11-14）求得设计 3h 面雨量 $x_{3p}=101.2$mm。

(3) 计算设计暴雨过程。将上面所得各种历时的设计面雨量 x_{1p}、x_{3p}、x_{6p}、x_{24p}，按该水文分区的概化雨型（表 11－7）进行分配，得表 11－7 所示的设计暴雨过程。

表 11－7　　　鱼龙溪 $P=1\%$的设计面暴雨过程

时　段 ($\Delta t=1$h)	典型暴雨分配百分比（%）				设计暴雨（mm） ($P=1\%$)
	占 x_1	占（x_3-x_1）	占（x_6-x_3）	占（$x_{24}-x_6$）	
1				0	0
2				0	0
3				0	0
4				4	4.1
5				5	5.2
6				5	5.2
7				7	7.3
8		38			13.6
9	100				65.4
10		62			22.2
11			52		16.7
12			33		10.6
13			15		4.8
14				12	12.4
15				17	17.6
16				9	9.3
17				12	12.4
18				5	5.2
19				5	5.2
20				9	9.3
21				5	5.2
22				5	5.2
23				0	0
24				0	0
合计	100	100	100	100	236.9

二、小流域设计净雨计算

由暴雨推求洪水过程线，一般分为产流和汇流两个阶段。为了与设计洪水计算方法相适应，下面着重介绍利用损失参数 μ 值的地区综合规律计算小流域设计净雨的方法。

损失参数 μ 是指产流历时 t_c 内的平均损失强度。图 11－13 表示 μ 与降雨过程的关系，

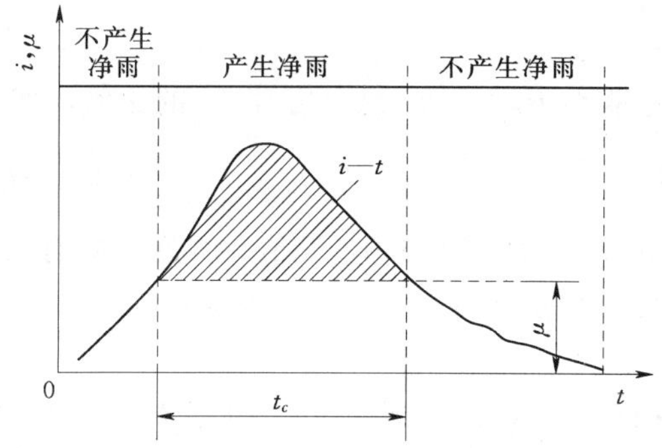

图 11-13 降雨过程与平均损失强度关系

从图可以看出，$i \leqslant \mu$ 时，降雨全部耗于损失，不产生净雨；$i > \mu$ 时，损失按 μ 值进行，超渗部分，图中阴影部分即为净雨量。由此可见，当设计暴雨和 μ 值确定后，便可求出任一历时的净雨量及平均净雨强度。

为了便于小流域设计洪水计算，各省水文部门在分析大量暴雨洪水资料之后，均提出了确定 μ 值的简便方法。有的部门建立单站 μ 值与前期影响雨量 P_a 的关系，有的选用平均降雨强度 $\bar{i}$ 与一次降雨平均损失率 $\bar{f}$ 建立关系以及 μ 与 $\bar{f}$ 建立关系，从而运用这些 μ 值作地区综合，可以得出各地区在设计时应取的 μ 值。具体数值可参阅各地区的水文手册。如果水文手册中提供有降雨径流相关图，也可以查图求设计净雨过程。

三、小流域设计洪水过程线的推求

1. 概化过程线法

一些中小型水库能对洪水起一定的调蓄作用，此时即需要设计洪水过程线。通过对有实测资料地区的洪水过程线分析，求出能概括洪水特征的平均过程线，即概化过程线。小流域的设计洪水过程线一般是根据概化过程线，按设计洪峰流量、设计洪量予以放大求得。国内常见的概化过程线有曲线型、三角形及五点概化过程线等，如图 11-14 所示。

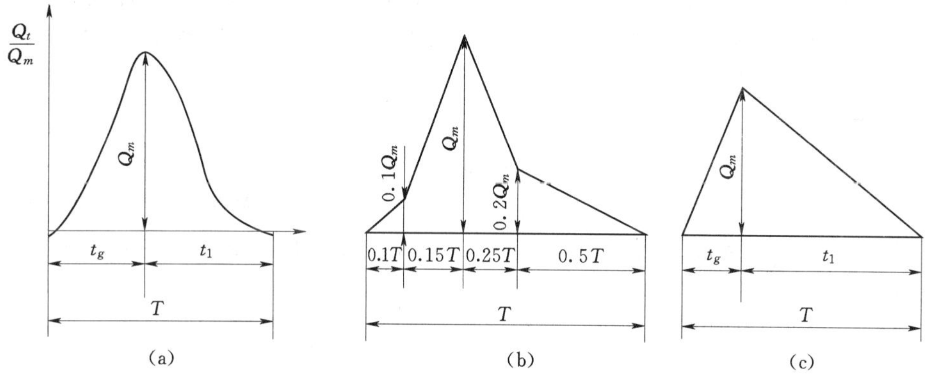

图 11-14 概化洪水过程

(a) 曲线型；(b) 五点概化过程；(c) 三角形

设计洪量可由下式计算

$$W = 1000 h_R F \tag{11-16}$$

式中：h_R 为次净雨量；F 为流域面积，km^2；W 为洪量，m^3。

洪水总历时 T 或涨水历时 T_g(s)，可用下列包含洪峰流量 Q_m 及洪量 W 的公式计算，即 T(或 T_g)$=f(Q_m, W)$。

计算 T（或 T_g）公式的具体形式随概化过程线形状不同而异。对三角形过程线，计算 T 的公式为

$$T=\frac{2W}{Q_m} \tag{11-17}$$

对于三角形概化过程线，主要的问题是确定涨水历时 T_1 与退水历时 T_2 的比例，即

$$T_2=\beta T_1 \tag{11-18}$$

一般情况下，$T_2>T_1$。根据有些地区的分析 β 值为 1.5～3.0。其值与峰现时间有关，一般山区河流洪水的 β 值较大些、丘陵区河流洪水的 β 值则小些。β 的具体数值应由实测资料分析确定。

图 11-14（b）是江西省根据全省集水面积在 $650km^2$ 以下的 81 个水文站、1048 次洪水资料分析得出的概化洪水过程线模式，图中 T 为洪水历时。可按下式计算

$$T=9.66\frac{W}{Q_m} \tag{11-19}$$

式中：Q_m、W、T 的单位分别为 m^3/s；10^4m^3 及 h。应用时规定洪水总量 W 按 24h 设计暴雨所形成的径流深 R(mm) 计算

$$W=0.1RF(10^4m^3) \tag{11-20}$$

式中：F 为流域面积，km^2。

如果设计洪峰流量 Q_m 已知，将 Q_m、W 代入上式，即可算出 T，然后将各转折点的流量比值 Q_i/Q_m 乘以 Q_m，便得出各转折点的流量值，此即设计洪水过程线。Q_m 可用下节介绍的方法求出。

此外，我国有些地区水文手册中有典型的无因次洪水过程线，该过程线以 Q_i/Q_m 为纵坐标，t_i/T 为横坐标，称为标准化过程线，使用时用 Q_m 及 T 分别乘以标准化过程线，便得到设计洪水过程线。

2. 综合瞬时单位线法

（1）基本概念。纳希瞬时单位线完全由参数 n、K 决定。因此，瞬时单位线的综合，实质上就是参数 n、K 的综合。不过，在实际工作中并不直接去综合 n、K，而是综合与 n、K 有关的参数 m_1 和 m_2，或综合 m_1 和 n。由纳希瞬时单位线方程可导出 m_1 和 m_2 与 n、K 的关系为

$$m_1=nK \tag{11-21}$$

$$m_2=1/n \tag{11-22}$$

式中：m_1、m_2 分别为瞬时单位线的一阶和二阶原点矩，习惯上也称 m_1 为单位线的滞时。

对瞬时单位线的综合，一般分两步进行：首先考虑净雨强度影响，在对 m_1 和 m_2 做地区综合之前，根据瞬时单位线非线性变化规律，求得统一标准净雨强度的 m_1 值，称标准化参数。这个标准一般定为净雨强度 $\bar{i}_s=10mm/h$，相应的 m_1 记为 $m_{1,10}$，称标准化的 m_1。同时还要对非线性影响指数 λ 做地区综合，见式（5-31）。其次，是对各流域统一标准的 m_1 进行地区综合，建立标准化的 m_1 与流域特征间的关系。当这些关系建立起来之后，便可用以推求无资料流域的单位线了。

（2）m_1 的标准化与 λ 的地区综合。净雨强度对瞬时单位线的影响，见式（5-31），

可表示为 $m_1=a(\bar{i}_s)^{-\lambda}$，故当 $\bar{i}_s=10\text{mm/h}$ 时，$m_1=m_{1,10}$，得 $m_{1,10}=a10^{-\lambda}$。以上两式消掉 a 后解出：

$$m_1=m_{1,10}\left(\frac{10}{\bar{i}_s}\right)^{\lambda} \tag{11-23}$$

该式一方面可用来使 m_1 标准化，即由 m_1、$\bar{i}_s$ 求 $m_{1,10}$；另一方面，当已知 $m_{1,10}$ 时，可由 $\bar{i}_s$ 计算相应的 m_1。

当净雨强度增加到一定程度后，由于河水漫滩等水力条件的限制，m_1 不会无限度地减小，因此，各省都规定了使用式（11-23）的临界雨强 $\bar{i}_{s临}$，即设计雨强超过 $\bar{i}_{s临}$ 以后，m_1 维持在 $\bar{i}_{s临}$ 的水平，即

$$m_1=m_{1,10}\left(\frac{10}{\bar{i}_{s临}}\right)^{\lambda} \tag{11-24}$$

指数 λ 与流域特征有关，如流域面积 $F(\text{km}^2)$、干流河道坡度 J(‰)、干流长度 L(km)。可建立它们之间的经验关系，如四川第一水文分区，$\lambda=0.9813-0.2109\log F$。

雨强对 m_2（或 n）的影响甚微，一般都不需要做非线性改正，而把 m_2（或 n）直接作为标准化的情况。

（3）$m_{1,10}$ 及 n（或 m_2）的地区综合。瞬时单位线的标准化参数 $m_{1,10}$ 和 n 与流域特征之间也存在着一定的关系，可以通过建立经验公式表达这种关系。例如四川省第一水文分区的公式为

$$m_{1,10}=1.3456F^{0.228}J^{-0.1071}(F/L^2)^{-0.041} \tag{11-25}$$

$$n=2.679(F/L^2)^{-0.1221}J^{-0.1134} \tag{11-26}$$

以上两式中，$m_{1,10}$、F、L、J 的单位分别为 h、km^2、km、‰。这类公式都刊于各省的《暴雨径流查算图表》等水文手册中，可供查用。

（4）由综合瞬时单位线推求设计洪水过程。对于无实测资料的中、小流域，用综合瞬时单位线推求设计洪水过程的步骤大体为：①根据产流计算方法，由流域的设计暴雨推求设计净雨过程；②将流域特征值代入瞬时单位线参数地区综合公式求 $m_{1,10}$、n（或 m_2）及 λ；③按设计净雨强度由 $m_{1,10}$ 求出设计条件的 m_1，并由上一步的 n 求 K；④选择净雨时段 Δt，由 n、K 求基本单位线和实用单位线，Δt 应满足条件 $\Delta t=(1/2\sim1/3)t_p$（t_p 为单位线的涨洪历时），初定 Δt 时可参考广东省建议的数据，如表 11-8 所示；⑤由设计净雨过程及单位线求得设计地面径流过程；⑥按各省水文手册或有关设计单位建议的计算方法确定设计条件下的地下径流过程；⑦地面、地下径流过程按相应时刻叠加，即得设计洪水过程。

表 11-8　单位线适宜的净雨时段与流域面积的关系

流域面积 $F(\text{km}^2)$	<5	5～15	15～100	100～350	350～1000
适宜净雨时段 Δt(h)	1/3	1/2	1	2	3

【例题 6】 某流域面积 $F=500\text{km}^2$，河道干流平均坡降 $J_L=65$‰。流域坡度 $J_F=57.3\text{cm/km}^2$。已求得 $p=1\%$ 的设计暴雨和按该流域的损失参数 $\mu=2.5\text{mm/h}$ 计算的设计

净雨过程，如表 11-9 所示。经分析，设计条件下的地下径流可取 10m³/s，流域所处水文分区的综合瞬时单位线参数公式分别为 $m_{1,10}=12F^{0.13}(J_LJ_F)^{-0.2265}$、$\lambda=0.894-0.22\log F$ 及 $n=2.1m_{1,10}^{0.516}J_L^{-0.232}$（式中：$m_{1,10}$ 的单位为 h，F、J_L、J_F 的意义和单位同上）。试求瞬时单位线参数 n、K 及单位线。

表 11-9　　某流域设计暴雨及设计地面净雨过程（P=1%）

时段序号（Δt=3h）	1	2	3	4	5	6	7	8
雨量 P_i(mm)	5.0	9.0	22.5	162.5	31.0	16.5	15.9	6.5
净雨 $R_{s,i}$(mm)	0	1.5	15.0	155.0	23.5	9.0	8.4	0

解：（1）计算瞬时单位线参数 n、K。将 F、J_L、J_F 代入给定的公式，分别得 $m_{1,10}=12\times500^{0.13}\times(65\times57.3)^{-0.2265}=4.18$（h），$\lambda=0.894-0.22\log(500)=0.3$，$n=2.1\times4.18^{0.516}\times65^{-0.232}=1.7$。

由表 11-9 地面净雨求得平均净雨强度为 $219.4/(6\times3)=11.8$（mm/h），代入式（11-23），得 $m_1=4.18(10/11.8)^{0.3}=4.0$（h），于是由式（11-21）计算得 $K=4.0/1.7=2.4$（h）。

（2）计算单位线。该流域面积 $F=500\text{km}^2$，参考表 11-8 确定计算时段 $\Delta t=3$h。于是根据上步求得的 $n=1.7$、$K=2.4$h，可由瞬时单位线的 S 曲线查用表推求 3h10mm 单位线，具体方法详见第五章中的第五节“间接法推求单位线”。

第七节　小流域设计洪峰流量的推求

一、推理公式法

推理公式法是基于暴雨形成洪水的基本原理推求设计洪水的一种方法。推理公式，英、美称为“合理化方法”，前苏联称为“稳定形势公式”。推理公式法是根据降雨资料推求洪峰流量的最早方法之一，至今已有 130 多年。

1. 推理公式的基本形式

假定流域产流强度 r 在时间、空间上都均匀，根据等流时线法汇流原理（见第五章第一节），可得出形成洪峰流量的计算公式

$$Q_m=0.278rF=0.278(a-\mu)F \tag{11-27}$$

式中：a 为平均降雨强度，mm/h；μ 为损失强度，mm/h；F 为流域面积，km²；0.278 为单位换算系数；Q_m 为洪峰流量，m³/s。

在产流强度时空均匀情况下，流域汇流过程可用图 11-15 表示。如果用 t_c 表示净雨历时，τ 表示流域汇流历时，则：

（1）当 $t_c\geqslant\tau$ 时，会形成稳定洪峰段，洪峰流量 Q_m 由式（11-27）给出，Q_m 仅与流域面积和产流强度有关，称为全面汇流造峰。

（2）当 $t_c<\tau$ 时，称为部分汇流造峰，即洪峰流量只是由部分流域面积的净面形成，此时不能正常使用推理公式，否则所求洪峰流量偏大。

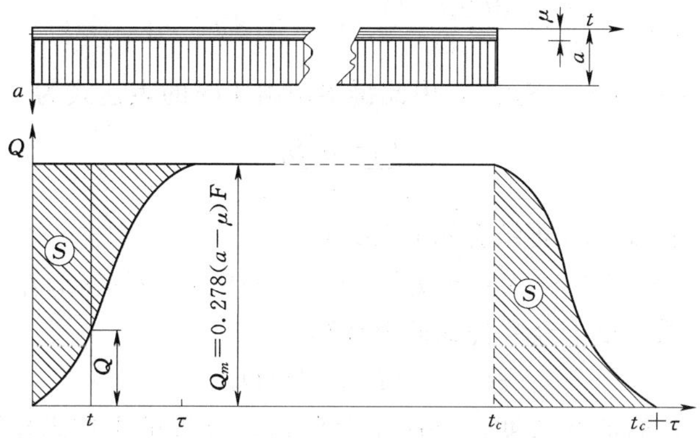

图 11－15　均匀产流条件下流域汇流过程示意

2. 推理公式的应用

产流强度实际上随时间、空间是变化的，从严格意义讲是不能使用推理公式作汇流计算的。但对小流域设计洪水，推理公式法计算简单，且有一定精度，故它是目前水利水电部门最常用的一种方法。对于实际暴雨过程，Q_{mp} 的计算方法如下：

假定所求设计暴雨过程如图 11－16 所示，产流计算采用损失参数 μ 法。

（1）对于全面汇流造峰情况：

$$Q_m=0.278(a-\mu)F=0.278\left(\frac{h_\tau}{\tau}\right)F \tag{11-28}$$

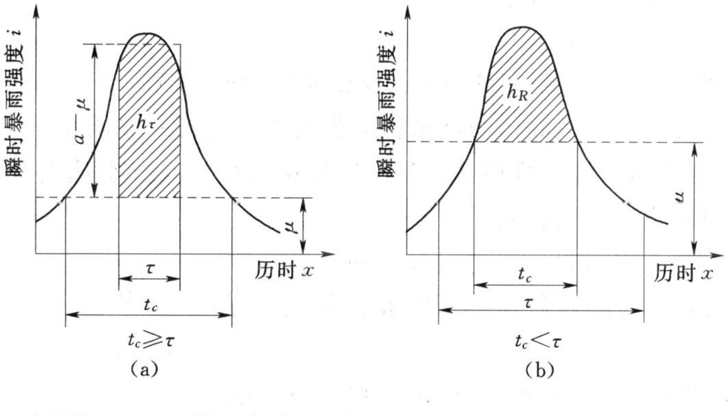

图 11－16　暴雨成峰过程的两种汇流情况及净雨量示意

（a）全面汇流造峰；（b）部分汇流造峰

（2）对于部分汇流造峰情况：

$$Q_m=0.278\left(\frac{h_R}{\tau}\right)F \tag{11-29}$$

式中：h_τ 为 τ 时段内最大产流量；h_R 为产流历时内的产流量。

3. 水科院推理公式

（1）公式推导（本节中暴雨历时采用 t，以示与上节的区别）。水科院推理公式是陈家琦等人经过两年的研究后于 1958 年提出的，目前它是我国设计洪水规范中规定使用的小流域设计洪水计算方法。

根据暴雨公式，$i(t)=\frac{dx_{tp}}{dt}=\frac{d(S_p t^{1-n})}{dt}=(1-n)S_p t^{-n}$

令 $i(t)=\mu$，则 $\mu=(1-n)S_p t_c^{-n}$，因此得出净雨历时的表达式为

$$t_c=\left[\frac{(1-n)S_p}{\mu}\right]^{\frac{1}{n}} \tag{11-30}$$

当 $t_c<\tau$ 时，由图 11-16 再结合暴雨公式得

$$h_R=S_p t_c^{1-n}-\mu t_c=S_p t_c^{1-n}-(1-n)S_p t_c^{-n}t_c=nS_p t_c^{1-n} \tag{11-31}$$

流域汇流时间 τ 采用以下经验公式近似计算

$$\tau=0.278L/(mJ^{1/3}Q_m^{1/4}) \tag{11-32}$$

式中：L 为流域最远点的流程长度，km；J 为沿最远流程的平均纵比降（以小数计）；m 为汇流参数；Q_m 为洪峰流量，m^3/s。

当 $t_c\geqslant\tau$ 时，$Q_{mp}=0.278(a-\mu)F=0.278\left(\frac{h_\tau}{\tau}\right)F=0.278\left(\frac{x_{\tau,p}-\mu\tau}{\tau}\right)F$

当 $t_c<\tau$ 时，$Q_{mP}=0.278\left(\frac{h_R}{\tau}\right)F=0.278\left(\frac{nS_p t_c^{1-n}}{\tau}\right)F$

最后，可得水科院推理公式综合如下：

$$\begin{cases} Q_m=\begin{cases} 0.278\left(\frac{S_p}{\tau^n}-\mu\right)F & (\text{当 } t_c\geqslant\tau \text{ 时}) \\ 0.278\left(\frac{S_p t_c^{1-n}-\mu t_c}{\tau}\right)F & (\text{当 } t_c<\tau \text{ 时}) \end{cases} \\ \tau=\frac{0.278L}{mJ^{1/3}Q_m^{1/4}} \end{cases} \tag{11-33}$$

由此方程组便可求得设计洪峰流量 Q_{mp} 及相应的流域汇流时间 τ。

计算中涉及三类共 7 个参数，即流域特征参数 F、L、J；暴雨特征参数 S_p、n；产汇流参数 μ、m。为了推求设计洪峰值，首先需要根据资料情况分别确定有关参数。对于没有任何观测资料的流域，需查有关图集。

（2）公式求解。从式（11-33）可知，洪峰流量 Q_m 和汇流时间 τ 互为隐函数，因而需要试算或图解。

1）试算法步骤如下：先设一个 Q_m，代入式（11-33）得到一个相应的 τ，将它与 t_c 比较，判断属于何种汇流情况，再将该 τ 值代入式（11-33）又求得一个 Q_m，若与假设的一致（误差不超过 1%），则该 Q_m 及 τ 即为所求；否则，另设 Q_m 仿以上步骤试算，直到两式都能共同满足为止。

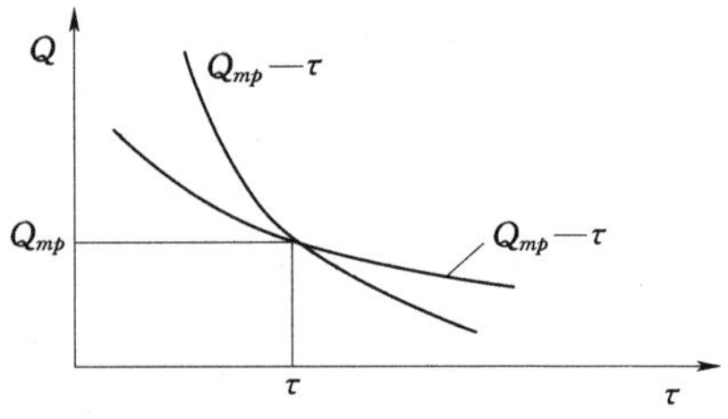

图 11-17　交点法推求洪峰流量

2）图解交点法。对式（11-33）分别作曲线 Q_m—τ 及 τ— Q_m，点绘在一张图上，如图 11-17 所示。两线交点显然同时满足式（11-33），因此交点读数 Q_m、τ 即为该方程组的解。

【例题 7】 江西省某流域上需要建一座小水库，要求用推理公式法推求百年一遇设计

洪峰流量。

解：计算步骤如下。

（1）流域特征参数 F、L、J 的确定。F 在适当比例尺地形图上勾绘出分水岭后，用求积仪量算；L 为从出口断面起，沿主河道至分水岭的最长距离，在适当比例尺的地形图上用分规量算；J 为沿 L 的坡面和河道平均比降。本例已知流域特征 $F=104\text{km}^2$，$L=26\text{km}$，$J=8.75‰$。

（2）设计暴雨特征参数 n 和 S_p。暴雨衰减指数 n 由省实测暴雨资料分析定量，可查当地水文手册获得，一般 n 值以定点雨量资料代替面雨量资料，不作修正。从江西省水文手册中查得设计流域最大 1 日雨量的统计参数为：$\overline{x}_{1\text{d}}=115\text{mm}$，$C_v=0.42$，$C_s/C_v=3.5$，暴雨衰减指数 $n_2=0.60$。最大 24 小设计雨量可由最大 1 日（固定时段）设计雨量乘以系数获得，即 $x_{24,p}=1.1x_{1d,p}$，查附录 3 得 $\Phi_p=3.312$。代入相应的计算公式求出 S_p：

$$S_p=x_{24,p}24^{n_2-1}=1.1\times115\times(0.42\times3.312+1)\times24^{0.6-1}=84.8(\text{mm/h})$$

（3）产汇流参数 μ、m 的确定。查水文手册 $\mu=3.0\text{mm/h}$、$m=0.70$。

（4）图解法求设计洪峰流量。

1）假定 $t_c\geqslant\tau$，采用全面汇流公式计算。将有关参数代入式（11－33）得 Q_m 及 τ 的计算式如下：

$$\begin{cases}Q_{mp}=0.278\left(\dfrac{84.8}{\tau^{0.6}}-3\right)\times104=\dfrac{2451.7}{\tau^{0.6}}-86.7\\ \tau=\dfrac{0.278\times26}{0.7\times0.00875^{1/3}Q_{mp}^{1/4}}=\dfrac{50.1}{Q_{mp}^{1/4}}\end{cases}$$

2）假定一组 τ 值，代入上式算出一组相应的 Q_{mp} 值，再假定一组 Q_{mp} 值代入上式算出一组相应的 τ 值，成果见表 11－10。

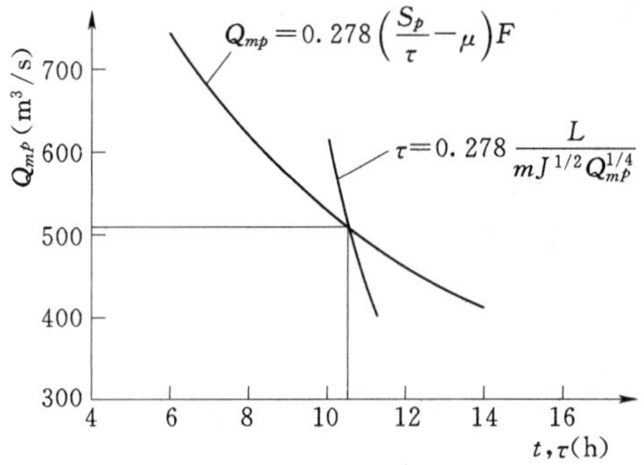

图 11－18　交点法图解求 Q_m、τ

3）绘图。将计算的两组数据 $\tau—Q_{mp}$ 和 $Q_{mp}—\tau$ 绘在一张方格纸上，如图 11－18 所示。两条曲线的交点对应的 Q_{mp} 即为所求设计洪峰流量。由图读出 $Q_{mp}=510\text{m}^3/\text{s}$，$\tau=10.55\text{h}$。

表 11－10　　$Q_m—\tau$ 线及 $\tau—Q_m$ 线计算表

假　设 τ（h）	计　算 Q_{mp}（m^3/s）	假　设 Q_{mp}（m^3/s）	计　算 τ（h）
（1）	（2）	（3）	（4）
8	617.4	400	11.2
10	529.1	450	10.9
12	465.3	500	10.6
14	416.6	600	10.1

4）检验是否满足 $t_c\geqslant\tau$。$t_c=\left[\dfrac{(1-n_2)S_p}{\mu}\right]^{\frac{1}{n_2}}=\left(\dfrac{0.4\times84.8}{3.0}\right)^{\frac{1}{0.6}}=57$（h），本例 $\tau=10.55\text{h}<t_c=57\text{h}$，所以采用全面汇流公式是正确的。

二、地区经验公式法

设计洪峰流量的地区经验公式是根据一个地区各河流的实测洪水和调查洪水资料，找出洪峰流量与流域特征、降雨特性之间的相互关系，建立起来的公式。这些公式都是根据某一地区实测经验数据制定的，只适用于该地区，所以称为地区经验公式。

影响洪峰流量的因素是多方面的，包括地质地貌特征（植被、土壤、水文地质等）、流域几何形态特征（集水面积、河长、比降、河槽断面形态等）以及降雨特性，地质地貌特征往往难于定量，在建立经验公式时，一般采用分区的办法加以处理。因此，经验公式的地区性很强。

经验公式最早见于19世纪中期，由洪峰流量与流域面积建立关系。当时由于水文资料十分缺乏，没有频率概念。以后随着工程建设的开展，各国在建立地区经验公式方面做了许多工作，使经验公式逐渐具备了新的形式和内容。我国水利、交通、铁道等部门，为了修建水库、桥梁和涵洞，对小流域设计洪峰流量的经验公式进行了大量的分析研究，在理论上、计算方法上都有所创新，在实用上已发挥了一定的作用。但是，此类公式受实测资料限制，缺乏大洪水资料的验证，不易解决外延问题。

1. 单因素公式

单因素公式多以流域面积为参变量，如

$$Q_p = C_p F^a \tag{11-34}$$

式中：Q_p 为频率 p 的设计洪峰流量，m^3/s；F 为流域面积，km^2；a、C_p 为经验指数和系数。

a、C_p 随地区和频率而变化，可在各省区的水文手册中查到。例如江西省把全省分为8个区，各区按不同的频率给出相应的 a 值和 C_p 值，表11-11为该省第Ⅷ区的情况。

表11-11　　江西省第Ⅷ水文区经验公式参数表

频率 p (%)		0.2	0.5	1	2	5	10	20	选用水文站流域面积范围 (km^2)
Ⅷ（修水区）	C_p	27.5	23.3	19.4	15.7	11.6	8.6	5.2	6.72～5303
	a	0.75	0.75	0.76	0.76	0.78	0.79	0.83	

对于给定设计流域，可根据水文手册查出 C_p 及 a 值，并量出流域面积 F，从而算出 Q_{mp}。

式（11-34）过于简单，较难反映小流域的各种特性，只有在实测资料较多的地区，分区范围不太大，分区暴雨特性和流域特征比较一致时，才能得出符合实际情况的成果。

2. 多因素公式

为了反映小流域暴雨成峰的各种特性，各地大多采用多因素经验公式，具体形式有

$$Q_{mp} = C h_{24p} F^n \tag{11-35}$$

$$Q_{mp} = C h_{24p}^{\alpha} f^{\gamma} F^n \tag{11-36}$$

$$Q_{mp} = C h_{24p}^{\alpha} J^{\beta} f^{\gamma} F^n \tag{11-37}$$

式中：$f = F/L^2$ 为流域形状系数；J 为河道干流平均坡度；h_{24p} 为设计年最大24h净雨

量，mm；α、β、γ及n为指数；C为综合系数。以上参数通过地区实测资料分析得出。

选用因素以多少为宜，可从两方面考虑。一是能使计算成果提高精度，使公式更符合实际，但所选用的因素必须能通过查勘、测量、等值线图内插等手段加以定量。二是与形成洪峰无关的因素不宜随意选用，因素与因素之间关系十分密切的不必都选用，否则无益于提高计算精度，反而增加计算难度。例如安徽省山丘区中小河流洪峰流量经验公式为

$$Q_p = CR_{24,p}^{1.21}F^{0.73} \tag{11-38}$$

式中：$R_{24,p}$为设计频率p的24h净雨量，mm；C为地区经验系数。

该省把山丘区分为4种类型，即深山区、浅山区、高丘区、低丘区，其C值分别为0.0541、0.0285、0.0239、0.0194。24h设计暴雨$P_{24,p}$按等值线图查算，并通过点面关系折算而得。设计净雨按下式计算：深山区$R_{24p}=P_{24p}-30$，浅山区、丘陵区$R_{24p}=P_{24p}-40$。

3. 洪峰流量均值的经验公式

以上公式都是直接求设计洪峰流量的。但也有的地区是建立洪峰流量均值的经验公式，同时再绘出洪峰流量变差系数C_v的等值线图和给出偏态系数C_s的分区值（C_s/C_v值）。在确定统计参数后，就可计算设计洪峰流量。洪峰流量均值的经验公式，其形式与上述两类公式相似，例如

$$\overline{Q}_m = CF^n \tag{11-39}$$

$$\overline{Q}_m = C\overline{x}_{24}J^{\beta}f^{r}F^{n} \tag{11-40}$$

式中：$\overline{Q}_m$为年最大洪峰流量的多年平均值；$\overline{x}_{24}$为年最大24小时雨量的多年平均值。

习　　题

1. 已知某站频率$p=10\%$的不同历时的最大暴雨强度i_T如表11-12所示，试求所给暴雨公式$i_T=S_p/T^n$中的雨力S_p(mm/h)和衰减系数n。

表11-12　　$P=1\%$的各种历时最大雨强

时　段T(h)	1	2	3	4	5
i_T(mm/h)	62.0	38.0	28.5	23.5	20.0

2. 已知某场暴雨雨峰发生在7月6日零时附近，根据入流站露点资料（表11-13），试确定该站代表性露点值（表中露点已换算至1000hPa地面处）。

表11-13　　某站露点资料

时间	月日	7月4日				7月5日				7月6日
	时	00	06	12	18	00	06	12	18	00
露点（℃）		20	21	22	23.4	24	25	25.7	24.2	23.8

3. 经对某流域降雨资料进行频率计算，求得该流域频率$p=1\%$的中心点设计暴雨，并由流域面积$F=44\text{km}^2$，查水文手册得相应的点面折算系数α_F，见表11-14，选择某站

1967年6月23～24日暴雨作为设计暴雨的过程分配典型，见表11－15，试用同频率放大法推求 $p=1\%$ 的三日设计面暴雨过程。

表11－14　各种历时设计点雨量及点面折算系数

时　段	6h	1d	3d
设计雨量（mm）	192.3	306.0	435.0
折算系数 α_F	0.912	0.938	0.963

表11－15　某站1967年6月23～24日暴雨作为设计暴雨的过程分配典型（$\Delta t=6h$）

时段数	1	2	3	4	5	6	7	8	9	10	11	12	合计
雨量（mm）	4.8	4.2	120.5	75.3	4.4	2.6	2.4	2.3	2.2	2.1	1.0	1.0	222.8

4. 已知设计暴雨和产、汇流设计方案，推求 $p=1\%$ 的设计洪水。资料及计算步骤如下。

（1）已知平垣站以上流域 $F=992km^2$，$p=1\%$ 的最大24h设计面雨量为152mm，其时程分配如表11－16所示实测典型暴雨，取 $\Delta t=3h$，试求设计暴雨过程。

（2）设计净雨计算：本流域位于湿润地区，用同频率法求得设计 $P_a=82mm$，$I_m=100mm$，稳渗率 $f_c=1.5mm/h$。试由设计暴雨求得地面、地下净雨过程（列表进行）。

（3）设计洪水计算：地面净雨采用大洪水分析得来的单位线进行地面汇流计算，如表11－17所示，地下净雨采用三角形过程的地下汇流计算再加深层基流 $40m^3/s$，试求设计洪水过程线。

表11－16　典型暴雨面雨量分配

时　段	13～16	16～19	19～22	22～5.1	1～4	4～7	7～10	10～13	合计
面雨量（mm）	1.8	5.6	20.4	1.8	44.6	34.0	27.4	7.2	142.8

表11－17　6h10mm单位线

时段（$\Delta t=3h$）	0	1	2	3	4	5	6	7	8	9	10	11	12	合计
$q(m^3/s)$	0	68.9	237	258	184	91.9	44.1	21.1	8.3	2.8	1.8	0.92	0	918.8

5. 某小流域面积为 $3.0km^2$，等流时面积（$f_1=0.5km^2$，$f_2=2.5km^2$），流域汇流时间 $\tau_m=3h$，而 $\tau_{AB}=\tau_{BC}=1.5h$，设计暴雨公式 $i=120/T^{0.7}$，其中 T 为历时（h），设计暴雨损失率 $\mu=10mm/h$，试按公式 $Q_m=0.278(i-\mu)f$（f 为成峰 Q_m 的汇流面积）计算全面汇流和仅 f_2 部分汇流的洪峰流量，并比较之。

第十二章 河流泥沙计算

由于地表水流的侵蚀和推移作用，将流域面上表层风化的岩土带入河流，形成河流的泥沙。在河流中，由于冲刷和淤积造成河床的不断变动，称之为河床演变。一般来说，河流在上游受到冲刷，在下游受到淤积。在水资源开发利用过程中，水库和渠道的淤积、水库下游河道的冲刷及河势的变化、水工建筑物及金属构件的磨损、水轮机叶片的磨蚀等，都向人们提出一系列的问题需要解决。

对于河流泥沙需要统计分析的指标有：多年平均含沙量、多年平均年月输沙量、输沙模数、含沙量和输沙量的历年最大、最小值等。在泥沙分析中还有两个重要指标：一是河流泥沙的颗粒组成，即各种粒径泥沙的比例；二是在河流不同地点的泥沙输移比，即流域面上的侵蚀量与不同河流断面处的输沙比。

第一节 河流多年平均输沙量计算

工程水文学研究河流泥沙的目的就是预估在未来工程运用期内，河流泥沙的数量和变化，为水利工程规划和设计提供相关数据。

影响河流泥沙多少的主要因素：一是气候因素，如气温、降水、风力等；二是下垫面因素，如流域的地形特征、土壤特性和植被情况等。根据泥沙在河流中运动状态的不同，将泥沙分为悬移质、推移质和河床质三种类型。在水利工程的规划设计中，一般要求分析计算悬移质和推移质的数量及变化规律。

一、悬移质多年平均年输沙量的计算

1. 泥沙资料充分时的计算

年输沙量是指一年内通过设计断面的泥沙总重量，单位为 t，它包括悬移质输沙量与推移质输沙量。在悬移质泥沙测验中，由于采样器及测验条件的限制，近底层悬沙无法测到。另外，含沙量大的洪水期，由于流速大，往往在 $0.5H$ 水深处的水样采不到，因而悬移质泥沙的实测值普遍偏小。所以，当设计断面具有长期实测流量及悬移质含沙量资料时，首先要对实测悬移质含沙量资料进行可靠性审查，通过测验、试验和分析计算进行修正。

一般认为资料具有 15 年以上时为充分，可用算术平均法计算多年平均输沙量：

$$\overline{W}_s = \frac{1}{n}\sum_{i=1}^{n} W_{si} \tag{12-1}$$

式中：$\overline{W}_s$ 为多年平均悬移质年输沙量，t；W_{si} 为各年悬移质输沙量，t；n 为年数。

2. 泥沙资料不足时的计算

当设计断面的资料不足时（少于 15 年），可根据资料的具体情况，采用不同的计算

方法。

（1）如设计断面具有长期年径流资料和短期年输沙量资料，且年输沙量与年径流量之间相关关系较好时，可利用相关关系由长期年径流资料展延年输沙量资料系列，然后求其多年平均值。

（2）当汛期降雨侵蚀作用强烈或平行观测年数较短时，两者的相关关系并不密切，则可建立汛期径流量与年输沙量的相关关系，展延年输沙量资料系列。

（3）如年径流量与年输沙量的相关关系不密切，而设计断面的上游或下游站具有长系列的年输沙量资料时，也可建立设计断面与上游或下游站年输沙量的相关关系，如关系较密切也可用以展延系列（但须注意两断面间无较大支流汇入，河槽情况无显著变化，自然地理条件大致相同）。

（4）如实测资料系列很短，如只有 2～3 年，不足以建立相关关系时，则可粗略地假定悬移质年输沙量与年径流量的比值为常数，于是多年平均年输沙量$\overline{W}_s$可由多年平均年径流量$\overline{W}$推算，即

$$\overline{W}_s=\frac{W_{si}}{W_i}\overline{W} \tag{12-2}$$

式中：W_{si}为某一年的实测悬移质年输沙量，t；W_i为相应年份的年径流量，m^3。

当有两三年的W_{si}值时，则可求出两三个$\overline{W}_s$值，再取其平均值作为采用的多年平均年输沙量。由于逐年的比值并不稳定，以固定比值求得的多年平均年输沙量未必可靠，必须注意分析论证实测年的代表性。

3. 泥沙资料缺乏时的计算

当缺乏实测资料时，只能采用下述方法粗略进行估算。

（1）侵蚀模数分区图法。为了比较地表面侵蚀情况的不同，判断流域被侵蚀的程度，必须研究流域单位面积的输沙量，即年侵蚀模数。多年平均悬移质年侵蚀模数为

$$\overline{M}_s=\frac{\overline{W}_s}{F} \tag{12-3}$$

式中：$\overline{M}_s$为多年平均悬移质年侵蚀模数，t/(km^2·a)；F为流域面积，km^2。

在我国各省的水文手册中，一般均载有悬移质多年平均年侵蚀模数分区图，根据设计流域所在的位置可从图上查出多年平均悬移质年侵蚀模数。然后，将查出的数值乘以设计断面以上的流域面积，即为设计断面的多年平均悬移质年输沙量。

如果下垫面因素对河流泥沙的特征值影响很大，采用分区图算得的成果必然是很粗略的。而且这种分区图都是按大中流域的资料绘制的，应用于小流域时，还必须考虑设计流域的下垫面特点以及小河含沙量与大河含沙量的关系，做适当修正。

（2）沙量平衡法。设$\overline{W}_{s,上}$及$\overline{W}_{s,下}$分别为某河干流上、下游站的多年平均年输沙量，$\overline{W}_{s,支}$及$\overline{W}_{s,区}$分别为上、下游站之间较大支流断面和除去较大支流以外的区间多年平均输沙量，ΔS为上、下游两站间的河床冲刷量（正值）或淤积量（负值），则该河段多年平均的沙量平衡方程如下

$$\overline{W}_{s,下}=\overline{W}_{s,上}+\overline{W}_{s,支}+\overline{W}_{s,区}\pm\Delta S \tag{12-4}$$

当上、下游或支流中的任一测站为缺乏资料的设计站，而其他两站具有较长的输沙量

资料时，可应用式（12－4）推求设计站的多年平均年输沙量。$\overline{W}_{s,区}$ 和 ΔS 可由历年资料估计，如数量不大亦可忽略不计。

（3）经验公式法。如果没有资料而且以上方法都不能应用时，可用经验公式进行粗略估计。经验公式很多，如

$$\overline{\rho}=10^4\alpha\sqrt{J} \tag{12-5}$$

式中：$\overline{\rho}$为多年平均含沙量，g/m³；J 为河道平均比降；α 为侵蚀模数。

侵蚀模数与流域的冲刷程度有关，拟定时可参考下列数值：冲刷剧烈的区域，$\alpha=6\sim8$；冲刷中等的区域，$\alpha=4\sim6$；冲刷轻微的区域，$\alpha=1\sim2$；冲刷极轻的区域，$\alpha=0.5\sim1$。

黄河水利委员会在陕北小流域作产沙量预报时，提出多年平均年产沙量计算公式：

$$\overline{W}_s=0.095\eta\overline{M}_Q^{2.0}J^{0.28}L^{0.25} \tag{12-6}$$

式中：$\overline{W}_s$ 为多年平均年产沙量，10^4t/km²；$\overline{M}_Q$ 为多年平均年径流模数，10^4m³/km²；L 为流域长度，km；η 为修匀系数，平均用 1.24；J 为比降。

二、推移质多年平均年输沙量计算

山区河流，坡度较陡，水土流失严重，推移质往往很大，它是造成河道淤积的主要因素。由于推移质的采样和测验工作尚存在许多问题，而且我国推移质测验开展得很少，实测资料比悬移质更为缺乏。为此，推移质的估算不宜以一种方法为准，应采用多种方法估算，经过分析比较，给出合理的数据。

具有多年推移质实测资料时，其推移质年输沙量的多年平均值即为多年平均推移质年输沙量。当缺乏实测资料时，目前采用的方法大都不成熟，下面介绍三种方法供选用。

1. 总悬比法

所谓“总悬比”是指总输沙量与悬移质输沙量之比，记为 α。当某站的悬移质年输沙量及总悬比 α 已知时，即可求得总年输沙量，它包括推移质与悬移质。

山东省根据 23 座大中型水库泥沙淤积资料分析，总悬比 α 为 1.37～3.26，平均值为 1.94，可见推移质泥沙占有很大的比重。

总悬比的大小，取决于总输沙量中漏测的近底层悬沙数量和缺测的推移质输沙量。而总悬比与床沙粒径及河道比降有密切关系，山东省得出的经验关系为

$$\alpha=1+0.599D_{50}^{0.31}I^{0.42} \tag{12-7}$$

式中：D_{50} 为水库回水末端泥沙的中值粒径，mm；I 为水库以上原河道干流坡度，m/km。

2. 系数法

该法认为推移质输沙量与悬移质输沙量之间具有一定的比例关系，此关系在一定地区和一定河道水文地理条件下是相当稳定的。推移质多年平均年输沙量 $\overline{W}_b$ 为

$$\overline{W}_b=\beta\overline{W}_s \tag{12-8}$$

式中：$\overline{W}_s$ 为多年平均悬移质年输沙量，t；β 为推移质年输沙量与悬移质年输沙量的比值。β 值可根据相似河流已有实测资料估计，也可参考下列数值：平原地区 $\beta=0.01\sim0.05$，丘陵地区 $\beta=0.05\sim0.15$，山区 $\beta=0.15\sim0.30$。

3. 颗粒级配曲线法

从颗粒级配曲线可以看出泥沙粒径的相对大小和泥沙粒径分配的均匀程度，坡度较陡

的曲线表示泥沙颗粒分配较均匀，坡度较小的曲线表示泥沙颗粒分配不均匀，如图 12－1 所示。

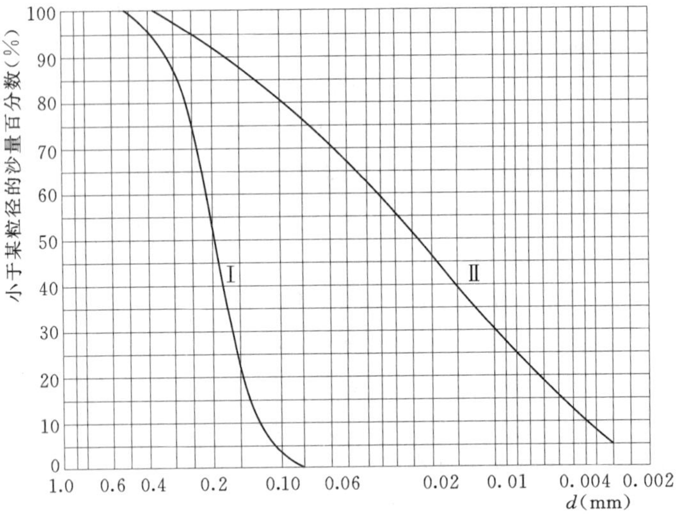

图 12－1　泥沙颗粒级配曲线

根据颗粒级配曲线区分推移质的数量时，一般把级配大于 97％的粒径作为推移质粒径的下限。南方河流大致以 0.5mm 的粒径为界限，并从级配曲线中确定推移质所占的重量百分率。

为了探索推移质变化规律及推移质输沙率的计算，国内外不少学者从实验室试验结果，推出推移质输沙率计算公式。这些公式只考虑了水力条件，而没有考虑它们受补给条件的影响。事实上，天然河流与实验室水槽条件不完全相同，因此，以实验室资料为主要依据的计算公式，常常不能反映天然河流的实际情况。尽管如此，试验研究仍为研究泥沙的一个主要途径，这些计算公式仍具有一定的现实意义。除此之外，也可利用地貌、地质、地质调查的方法来估算推移质的输沙量。

第二节　输沙量年际、年内变化计算

河流中挟带泥沙的多少，除与河槽冲淤和局部塌岸有关外，主要取决于地表径流形成过程中的侵蚀作用。流域地表的侵蚀又与气候、地质、土壤、植被、人类活动等关系密切。对于特定流域，气候是输沙量变化的主要因素，因此，在不同的旱涝年份，年输沙量显著不同。由于季节的变化，在一年之中各月的输沙量分配也极不均匀；即使在汛期的一次洪水过程中，输沙量也具有一定的变化规律。为了水利工程规划设计和运行管理的需要，必须了解和掌握输沙量的年际和年内变化规律。由于对推移质的测验尚有不少困难，观测资料不足，研究成果缺乏，以下仅论述悬移质的变化规律。

一、悬移质输沙量的年际变化

悬移质输沙量的年际变化主要表现在各年输沙量的差异中。实际工作中，一般都采用频率计算方法来确定悬移质输沙量年际变化的统计参数（特征值）。在有足够资料的情况下，可以直接算出悬移质年输沙量的均值$\overline{W}_s$、变差系数$C_{v,S}$和偏态系数$C_{s,S}$。在资料不足的情况下，可以设法建立悬移质年输沙量的变差系数$C_{v,S}$与年径流量的变差系数$C_{v,Q}$之间的关系，从而由年径流量变差系数确定悬移质年输沙量的变差系数：

$$C_{v,S}=KC_{v,Q} \tag{12-9}$$

式中：K为比例系数，随河流特性而异（有些省区的水文手册中列有此值）。

已知$\overline{W}_s$和$C_{v,S}$后，偏态系数一般采用$C_{s,S}=2C_{v,S}$，选用P—Ⅲ型频率曲线绘制悬移质年输沙量频率曲线，据此确定某指定频率的悬移质年输沙量。

对北方多沙河流悬移质观测资料的统计分析表明，泥沙的年际变化远大于径流的年际变化，所以，河流年输沙量的变差系数$C_{v,S}$一般比年径流量的变差系数$C_{v,Q}$大。在黄河中游地区，$C_{v,S}$为$C_{v,Q}$值的1.2～7.3倍，一般在0.6～2.4之间；在海河滹沱河上游区，$C_{v,S}$为$C_{v,Q}$值的1.2～2.4倍，一般在1.0～1.2之间；在辽河西北多沙地区，$C_{v,S}$为$C_{v,Q}$值的1.2～5.0倍，一般在0.6～3.5之间；表12-1列出了我国多沙河流悬移质的统计参数，可供参考使用。

表12-1　我国北方多沙河流悬移质统计参数

流域	分区	$C_{v,S}$		$C_{v,S}/C_{v,Q}$		k_m	
		变幅	平均	变幅	平均	变幅	平均
黄河	陕北风沙区	0.9～2.2	1.55	0.6～7.34	6.67	3.0～5.0	4
	无定河以北黄丘区	0.9～1.0	0.95	1.5～2.5	2	2.2～2.8	2.45
	无定河黄丘区	0.55～0.65	0.62	1.2～3.2	2.1	2.0～2.25	2.1
	延安地区	0.8～0.9	0.84	1.8～2.3	2.05	2.2～3.0	2.6
	晋西北黄丘区	1.1～1.3	1.2	1.2～2.9	2.2	2.7～3.3	2.95
	泾河上中游地区	0.9～1.1	0.97	1.7～2.2	1.95	2.6～3.1	2.83
	渭河上游区	0.6～0.65	0.62	1.2～1.5	1.36	2.0～2.2	2.1
	关中地区	0.7～2.4	1.43	1.5～6.0	3.28	2.0～5.2	3.6
	汾河黄丘区	0.9～1.6	1.3	1.6～3.6	2.4	2.1～4.5	3.54
海河	滹沱河上游	1.0～1.2	1.1	1.2～2.4	1.7	3.0～3.5	3.2
辽河	西北多沙地区	0.6～3.5	1.5	1.2～5.0	2.6	2.3～7.4	3.9

注　表中k_m为实测最大年输沙量与均值之比。

二、悬移质输沙量的年内变化

悬移质输沙量的年内变化（分配）可用各月输沙量占全年输沙量的相对百分数表示。由于汛期洪水集中，侵蚀强烈，汛期输沙量的绝大部分又集中在暴雨时期，因此，悬移质输沙量的年内变化过程基本上与径流量的年内变化过程相似，且与洪峰流量大小有关。但是，有些流域的年内水沙分配有显著的差别，主要是由于各流域泥沙来源、侵蚀程度和雨量分布不同所造成的。

在同一流域上，各年输沙量大小的不同，其年内分配也不相同。在具有长期实测泥沙资料的情况下，分析各年输沙量的年内分配规律，从中选出丰沙、平沙和枯沙三种代表年，作为水工设计的参考依据。在资料不足或缺乏时，常采取水文比拟法移用参证流域的输沙量典型年内分配，作为设计流域悬移质输沙量的代表年的年内分配。

三、洪水过程中输沙率变化

在水利工程规划设计和运用中，考虑排泄泥沙时，应对洪水过程中含沙量的变化进行具体分析。天然河道中含沙量与流量存在着一定的关系，但由于沙量来源及水力条件的变化，两者的关系较为复杂。有些河流洪水上涨，输沙相应增加，洪峰与沙峰相应出现，洪水消退，输沙也消退；而有些河流则不同，洪水消退，含沙量并不随之降低，常有沙峰迟于洪峰的现象。究其原因有以下几方面：①由于水流挟带泥沙颗粒的粗细不同，如河道水流挟带较粗颗粒的泥沙，当洪峰过后，流速降低，粗颗粒泥沙的运动受到限制，因而含沙量将随流量降落而消减。②如果河道水流挟带的泥沙很细，由于不易沉降，虽然洪峰过后流速降低，但仍超过挟带泥沙的止动流速，因此泥沙仍然随水流运动，如果再遇上河岸坍塌，则洪峰过后才出现沙峰。③对于面积不太大的流域，由于各支流的单位面积产沙量有显著差异，而暴雨又往往集中在较小的局部地区，因此洪峰与沙峰之间往往不一定相应。④若河流的流域面积较大，水沙通过河槽沿程的调节作用，洪峰与沙峰就显得一致。

习　　题

1. 在资料充分、不足和缺乏的情况下，悬移质多年平均年输沙量如何计算？
2. 推移质多年平均年输沙量计算的方法有哪些？
3. 简述输沙量年际、年内变化的计算方法。

第十三章　水　库　特　性

所谓水库一般是指在山谷、河道或低洼地区用挡水和泄水等水工建筑物形成的人工水域，常用的挡水建筑物有坝、堤和水闸等。在本课程中，水库特指的是在河流的适当位置筑坝而形成的人工湖泊。为了达到兴利除害、充分发挥河流水资源在国民经济建设中的作用之目的，筑坝建库是最常用的、也是最重要的水利措施。同时，在水利工程中，无论是兴利调节还是防洪调节，一般都是利用水库来实现的。

第一节　水库基本特征

一、水库的分类

水库可以根据其用途、所在位置和库容大小进行分类。

1. 按用途不同分类

按用途不同，水库可以分为单目标水库和多目标水库两种。单目标水库是为某一种目的而修建的水库，如防洪水库、发电水库、灌溉水库、航运水库等等。多目标水库又称为综合利用水库，这类水库是为防洪、发电、灌溉、供水、航运、旅游和渔业等多种目的或其中某几种目的而修建的水库。对多目标水库，防洪（包括自身的防洪）问题往往居重要位置。

2. 按位置不同分类

按水库所处位置的不同，水库可以分为山谷水库、丘陵水库和平原水库三类。山谷水库位于高山峡谷中，其特点是拦河坝较短，水库呈狭长形（河道型），回水范围较长。丘陵水库位于丘陵地区，这类水库的特点是水面比较开阔，库容较山谷水库要大。平原水库位于平原地区，通常是利用天然湖泊、洼地修建而成，因而又称湖泊水库。这类水库的特点是大坝高度相对较低，水面开阔，淹没范围较大。

3. 按水库总库容分类

根据水库总库容的大小，水库有大、中、小型水库之分，详见第十章中的防洪标准表。

二、水库特性曲线

用来反映库区地形特征的曲线称为水库特性曲线，它包括水库水位面积关系曲线和水库水位库容关系曲线，分别简称为水库面积曲线和水库容积曲线。

1. 水库面积曲线

水库面积曲线是指水库蓄水位 Z 与相应水面面积 F 的关系曲线。水库的水面面积随水位的变化而变化。库区形状与河道坡度不同，水库水位与水面面积的关系也不尽相同。

绘制水库面积曲线时，一般可根据 1/10000～1/5000 比例尺的库区地形图，用求积

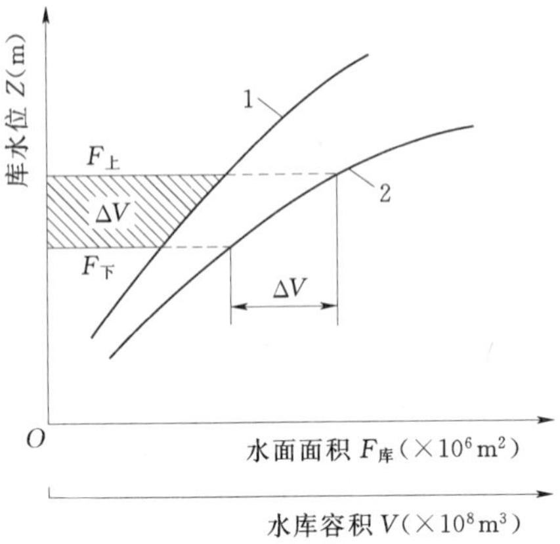

图 13-1　水库面积曲线和水库容积曲线
1—水库面积曲线；2—水库容积曲线

仪（或按比例尺数方格方法）计算各等高线与坝轴线所围成的水面面积，然后以水位为纵坐标，以水库水面面积为横坐标，点绘出水位—面积关系曲线，如图 13-1 中的 1 线所示。

2. 水库容积曲线

水库容积曲线是水库面积曲线的积分曲线，即库水位 Z 与累积容积 V 的关系曲线，如图 13-1 中的 2 线所示。绘制方法是，首先将水库面积曲线中的水位分层，再自库底向上逐层计算各相邻高程之间的容积。各分层间的容积为

$$\Delta V=(F_i+F_{i+1})\Delta Z/2 \qquad (13-1)$$

式中：ΔV 为相邻高程之间的库容，m^3；F_i、F_{i+1}分别为相邻高程间的水库水面面积，m^2；ΔZ 为高程间距，m。

或用较精确公式计算

$$\Delta V=(F_i+\sqrt{F_iF_{i+1}}+F_{i+1})\Delta Z/3 \qquad (13-2)$$

然后自下而上按下式依次相加，即可求出各水库水位对应的库容，从而绘出水库容积曲线。

$$V=\sum_{i=1}^{n}\Delta V_i \qquad (13-3)$$

水库容积的计量单位除了用 m^3 表示外，在生产中为了能与来水的流量单位直接对应，便于调节计算，还常采用 $(m^3/s)\cdot\Delta t$ 表示。Δt 是计算时段（可取月、旬、日、时）。如 $1m^3/s\cdot$月表示 $1m^3/s$ 的流量在一个月（每月天数计为 30.4 天）的总水量，即 $1m^3/s\cdot$月$=1\times30.4\times24\times3600=2.63\times10^6m^3$。

以上所述的水库特性曲线，是在假定入库流量为零、库水面是水平的基础上绘制的。此时，水库内的水体是静止的，相应的库容称为静库容。如有一定的入库流量，则水库水面从坝址起沿程上溯的回水曲线并非水平，越近上游，水面越上翘，直到入库端与天然河道水面衔接为止。因此，相应于坝前某一水位的水库库容，实际上要比静库容大。静库容相应的坝前水位水平线以上与实际水面线之间包含的楔形库容称为动库容，如图 13-2 所示。水库动库容大小与库水位和入库流量有关，以入库流量为参数的坝前水位与计入楔形库容的水库库容之间的关系曲线，称为动库容曲线。考虑动库容的库容曲线是以入库流量为参数的一组等值线，如图 13-3 所示。绘制方法是：在可能出现的洪水范围内拟定多个入库流量，对某一入库流量假定不同的坝前水位，根据水力学公式求出不同的水面线并计算相应的库容，便可绘出该入库流量的水位库容曲线，采用相同的方法又可绘出另一流量的曲线。

一般情况下，按静库容进行径流调节计算，精度能满足要求。但在详细研究水库回水淹没和浸没问题或梯级水库衔接情况时应考虑回水影响。对于多沙河流，泥沙淤积对库容影响较大，应按相应设计水平年和最终稳定情况下的淤积量和淤积形态修正库容曲线。

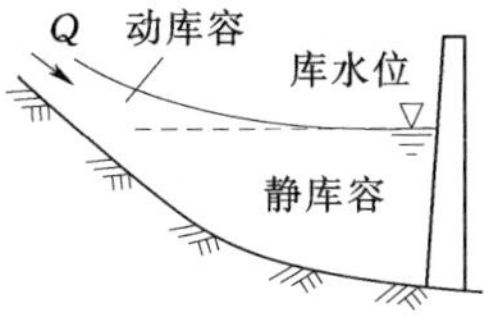

图 13-2　水库动库容

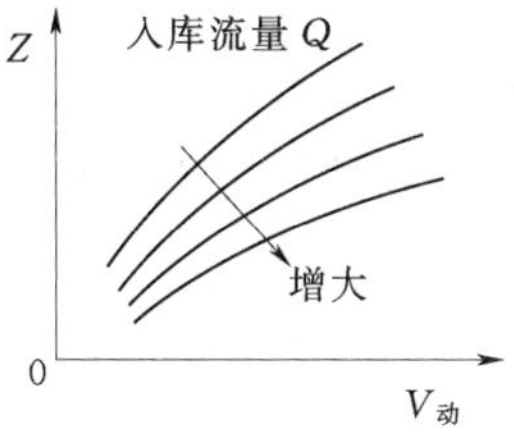

图 13-3　动库容曲线

三、水库特征水位及特征库容

表示水库工程规模及运用要求的各种库水位，称为水库特征水位。它们是根据河流的水文条件、坝址的地形、地质条件和各用水部门的需水要求，通过调节计算，并从政治、技术、经济等因素进行全面综合分析论证来确定的。这些特征水位和相应的库容，各有其特定的任务和作用，体现着水库运用和正常工作的各种特定要求。它们也是在规划设计阶段，确定主要水工建筑物尺寸（如坝高和溢洪道大小），估算工程投资和效益的基本依据。水库特征水位和特征库容有以下几种，如图 13-4 所示。

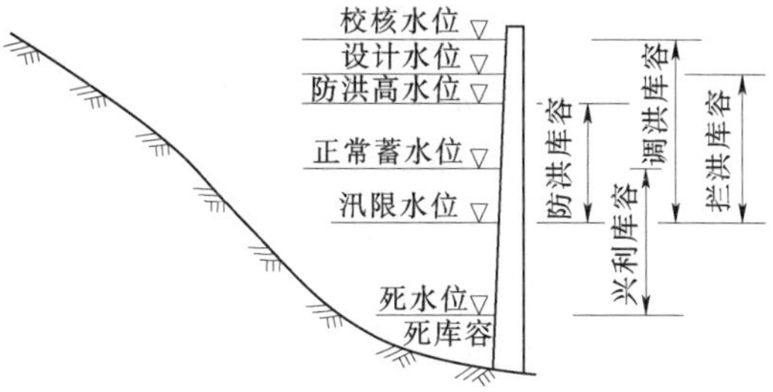

图 13-4　水库特征水位及特征库容

1. 死水位和死库容

水库在正常运用情况下允许消落的最低水位称为死水位 $Z_{死}$。死水位以下的库容称为死库容 $V_{死}$。水库正常运行时，水位一般不能低于死水位。除非特殊干旱年份，为保证紧要用水或遇其他特殊情况，必经慎重研究，才允许临时泄放或动用死库容中的水。

2. 正常蓄水位和兴利库容

在正常运用条件下，水库为了满足设计的兴利要求，在开始供水时应蓄到的水位称为正常蓄水位 $Z_{蓄}$（或正常高水位）。正常蓄水位到死水位之间的库容称为兴利库容 $V_{兴}$（又称调节库容或有效库容），是水库可用于兴利供水的库容。正常蓄水位与死水位之间的深度，称为消落深度或工作深度。

当溢洪道无闸门时，正常蓄水位就是溢洪道堰顶的高程；当溢洪道有闸门时，多数情况下正常蓄水位也就是闸门关闭时的门顶高程（或稍低一些）。

正常蓄水位是最重要的特征水位之一，它是一个重要的水库设计参数，直接关系到一些主要水工建筑物的尺寸、投资、淹没、综合利用效益及其他工作指标。另外，大坝的结构设计、强度和稳定性计算，也主要以它为依据。因此，大中型水库正常蓄水位的确定是一个重要问题，往往牵涉到技术、经济、政治、社会、环境等方面，需要全面考虑，综合分析确定。

3. 防洪限制水位和结合库容

在汛期水库为兴利蓄水而允许达到的上限水位称为防洪限制水位 $Z_{汛}$（简称汛限水

位），它也是在设计条件下水库防洪的起调水位。该水位以上的库容用于调节洪水，当洪水到来后才允许水库超过该水位。一旦洪水消退，应尽快使水库回落到防洪限制水位。

在溢洪道设闸门的情况下，防洪限制水位与正常蓄水位之间的容积称为结合库容（也称共用库容或重叠库容），汛期它是防洪库容的一部分，汛后又可用来兴利蓄水，成为兴利库容的一部分。若汛期洪水有明显的季节性变化规律，经论证，对主汛期和非主汛期可分别采用不同的防洪限制水位。

4. 防洪高水位和防洪库容

当水库遇到下游防护对象的设计标准洪水时，在坝前允许达到的最高水位称为防洪高水位 $Z_{防}$，当水库承担下游防洪任务时才需确定这一水位。此水位是采用相应下游防洪标准的各种典型洪水，按拟定的防洪调度方式，自防洪限制水位开始进行水库调洪计算求得。

防洪高水位至防洪限制水位之间的容积称为防洪库容 $V_{防}$，用以控制洪水以满足下游防洪要求。当汛期各时段分别拟定不同的防洪限制水位时，此库容是指最低防洪限制水位至防洪高水位之间的库容。

5. 设计洪水位和拦洪库容

当水库遇到大坝设计标准的洪水时，经调洪计算后坝前达到的最高水位称为设计洪水位 $Z_{设}$，它与防洪限制水位之间的库容称为拦洪库容 $V_{拦}$（或称设计调洪库容 $V_{设}$）。

设计洪水位是水库的重要参数之一，它决定了在设计洪水条件下水库上游的淹没范围，同时又与泄洪建筑物尺寸、类型有关。泄洪设备类型（如溢流堰、泄洪孔、泄洪隧洞）则应根据地形、地质条件和坝型、枢纽布置等特点拟定。

6. 校核洪水位和调洪库容

当水库遇到大坝校核标准的洪水时，经调洪计算后坝前达到的最高水位称为校核洪水位 $Z_{校}$，它与防洪限制水位之间的库容称为调洪库容 $V_{调}$（或称校核调洪库容 $V_{校}$）。

校核洪水位以下的全部容积就是水库的总库容。设计洪水位或校核洪水位加上一定数量的风浪爬高值和安全超高值，就是坝顶高程。

第二节 水 库 水 量 损 失

水库建成蓄水后，改变了天然河流状况及库内外的水力条件，引起了额外的水量损失称为水库水量损失，它主要包括蒸发损失和渗漏损失，在寒冷地区还有结冰损失。在水库的规划设计中，必须考虑这些损失，以保证正常供水。

一、水库蒸发损失

水库蓄水使库区形成了广阔水面，原有的陆面蒸发变为水面蒸发。水库蒸发损失是指计算时段 Δt 内由原来陆面面积变为水面面积所增加的额外蒸发量，即

$$\Delta W_{蒸}=1000(E_{水}-E_{陆})(F_{库}-f) \tag{13-4}$$

式中：$\Delta W_{蒸}$ 为额外增加的蒸发量，m^3；$E_{水}$ 为 Δt 内库区水面蒸发量，mm；$E_{陆}$ 为 Δt 内库区陆面蒸发量，mm；$F_{库}$ 为 Δt 内水库平均水面面积，km^2；f 为建库前库区原有水面面积，km^2。

水面蒸发量可根据水库附近蒸发站或气象站的蒸发资料折算成自然水面蒸发，即

$$E_{水}=\alpha E_{器} \tag{13-5}$$

式中：$E_{器}$为水面蒸发器实测水面蒸发，mm；α为水面蒸发器折算系数，根据蒸发器类型一般可取0.65～0.80。陆面蒸发尚无较成熟的计算方法，在水库设计中，按闭合流域水量平衡方程，采用多年平均降雨量$\overline{P}$和多年平均径流量$\overline{R}$之差，作为陆面蒸发量的估算值，即

$$\overline{E}_{陆}=\overline{P}-\overline{R} \tag{13-6}$$

【例题1】 某水库上游流域面积上多年平均年降水量为$\overline{P}=524.5$mm，多年平均年径流深$\overline{R}=83.8$mm。水库附近气象站80cm蒸发器测得的多年平均年月水面蒸发量见表13-1，蒸发折算系数取0.8，试求该水库各月的蒸发损失量。

表13-1　某水库附近气象站多年平均年月实测水面蒸发量

月份	1	2	3	4	5	6	7	8	9	10	11	12	全年
蒸发量（mm）	38.1	53.6	114.0	208.0	301.0	249.0	201.0	166.0	147.0	115.0	57.2	35.5	1685.4

解：（1）多年平均年陆面蒸发量：$\overline{E}_{陆}=\overline{P}-\overline{R}=524.5-83.8=440.7$（mm）。

（2）多年平均年水面蒸发量：$E_{水}=0.8\times1685.4=1348.3$（mm）。

（3）多年平均年蒸发损失量：$\Delta E=\overline{E}_{水}-\overline{E}_{陆}=1348.3-440.7=907.6$（mm）。

（4）多年平均各月蒸发损失量：根据表13-1计算各月蒸发量分配百分比，再将年蒸发损失量907.6mm按该比例分配到各月，称为多年平均蒸发损失标准，计算结果见表13-2。

表13-2　某水库多年平均各月蒸发损失计算

月份	1	2	3	4	5	6	7	8	9	10	11	12	全年
月分配比（%）	2.26	3.18	6.76	12.34	17.86	14.78	11.93	9.85	8.72	6.82	3.39	2.11	100
蒸发量（mm）	20.5	28.9	61.4	112.0	162.1	134.1	108.3	89.4	79.1	61.9	30.8	19.1	907.6

二、水库渗漏损失

建库后由于蓄水使水位抬高、水压增大，改变了库区周围地下水的流动状态，因而产生了水库的渗漏损失。水库的渗漏损失主要包括以下几个方面：①通过能透水的坝身（如土坝、堆石坝等）渗漏，以及闸门、水轮机等的漏水；②通过坝基及绕坝两翼的渗漏；③通过库底、库周而流向较低的含水层的渗漏。

如果按渗流公式估算渗漏损失量所需要的数据（如渗透系数、渗径长度等），必须根据库区及坝址的水文地质、地形、水工建筑物的型式等条件来确定，而这些数据的获得及渗流运动均较复杂，往往难以用理论计算的方法获得渗漏损失量。因此，在实际工作中，常常根据水文地质情况，定出一些经验性的数据，作为初步估算渗漏损失的依据。

一般以一年或一月的渗漏损失相当于水库蓄水容积的一定百分数来估算：

（1）当水文地质条件优良时（库床为不透水层，地下水面与库面接近），按每年0～10%或每月0～1%计。

（2）当水文地质条件中等时，按每年10%～20%或每月1%～1.5%计。

（3）当水文地质条件较差时，按每年20%～40%或每月1.5%～3%计。

在水库运行的最初几年，渗漏损失往往大于上述经验数据，因为初期蓄水时，为了湿润土壤及抬高地下水位需要额外的损失水量。水库运行多年之后，库床泥沙颗粒间的空隙逐渐被水内细泥或黏土淤塞，渗透系数变小，同时库岸四周地下水位逐渐抬高，渗漏量也减少。

三、结冰损失

结冰损失是指严寒地区冬季水库水面形成冰盖，随着供水期水库水位的消落，一部分冰层将暂时滞留于库周边岸，从而引起水库蓄水量的临时损失。这项损失一般不大，可根据结冰期库水位变动范围的面积及冰层厚度估算。

第三节　死水位的选择与泥沙淤积

在水库规划设计时，一般要先确定死水位，死水位确定之后，再通过兴利调节计算，求出水库的兴利库容、正常蓄水位等。

一、死水位的选择

1. 考虑自流灌溉引水高程

自流灌溉对引水渠首的水面高程有一定的要求，如图13-5的A点所示。这个高程即为放水建筑物下游水位，它可以根据灌区控制高程及引水渠的纵坡和渠道长度推算。根据放水建筑物的型式（有压管或无压隧洞）进行水力计算，求出放水建筑物泄放渠首流量的最小水头，再加上A点高程，即得死水位。

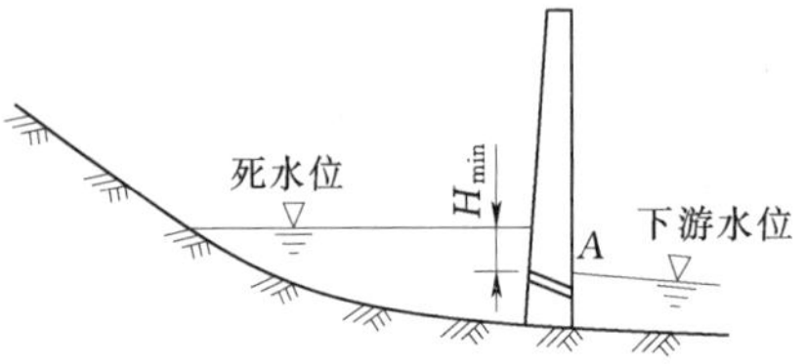

图13-5　下游有灌溉要求时的死水位

2. 考虑泥沙淤积

在河道上修筑水坝形成水库后，水深增大，水面坡度变缓，水流速度变小，水流挟沙能力降低，导致水流中部分泥沙在库区内沉淀，水库不断淤积。在含沙量较大的河流修建水库时，如果事先没有估算泥沙来量，规划设计中未能妥善安排拦沙、排沙措施，经过多次大洪水后，水库就有可能被泥沙淤满而报废。因此，在多沙河流上修建水库，必须考虑泥沙对水库的影响。

对泥沙淤积不太严重的河流，可用死库容作为淤沙库容，其容积大小可根据水库预期使用年限计算确定。淤沙库容可能大于自流引水灌溉要求的死库容，这时应选择二者中较大者作为死库容，相应的库水位即为死水位。

3. 考虑发电最低水头

承担发电任务的水库，死水位或正常蓄水位以及消落深度的选择，需要通过经济比较。当正常蓄水位受到地形、地质条件的限制而事先选定后，若死水位过高，对增加出力有利，但兴利库容较小，降低了水库的调节能力；若死水位过低，对兴利有利，但会大大降低水轮机的效率，甚至无法工作。因此，需要在水轮机的允许水头变化范围内，以保证需要的最低水头选择死水位。

4. 考虑其他兴利要求

当水库上游有通航要求时，死水位不得低于最小航深，同时需要考虑船闸、码头与库水位的关系。水库养鱼需要有足够的水面面积和库容，以满足鱼类生存的需要。严寒地区死水位冰冻层以下应保留足够的容积，以供鱼类栖息。另外，为了满足生态、环境、旅游、卫生等需要，要求水库水位消落到死水位时，必须有一定的水面面积和库容。

总之，综合利用的水库，需要同时满足各部门对死水位的要求。

二、泥沙淤积计算

在规划、设计水库时，应认真分析来水来沙资料，力求正确并留有余地的估算沙量。平均每年淤积在水库内的泥沙容积$\overline{W}_{年淤}$可按下式计算

$$\overline{W}_{年淤}=\overline{W}_{悬}+\overline{W}_{推}=\frac{\overline{G}_{悬}}{\gamma_{悬}}+\frac{\overline{G}_{推}}{\gamma_{推}}=\frac{\rho\overline{W}_{年}}{\gamma_{悬}}+\frac{B\rho\overline{W}_{年}}{\gamma_{推}} \tag{13-7}$$

式中：$\overline{W}_{悬}$、$\overline{W}_{推}$分别为平均每年淤积在库中的悬移质和推移质容积，m^3/a；$\overline{G}_{悬}$、$\overline{G}_{推}$分别为多年平均悬移质和推移质输沙量，kg/a；$\gamma_{悬}$、$\gamma_{推}$分别为悬移质和推移质泥沙容重（随淤积时间和淤积深度而异，一般为1100～1600kg/m^3）；ρ为多年平均含沙量，kg/m^3；$\overline{W}_{年}$为多年平均年径流量，m^3/a；B为推移质与悬移质输沙量之比（平原地区为0.01～0.05，丘陵地区为0.05～0.15，山区为0.15～1.00）。

当库区有塌岸时，还应计入塌岸量，即

$$\overline{W}_{年淤}=\rho\overline{W}_{年}\left(\frac{1}{\gamma_{悬}}+\frac{B}{\gamma_{推}}\right)+\overline{W}_{塌} \tag{13-8}$$

式中：$\overline{W}_{塌}$为库岸的年平均倒塌容积，m^3/a。

为了确定水库预留的淤沙容积，应规定水库的设计淤积年限T，它可视挟沙情况、水库大小、综合利用要求及上游水土保持情况而定。一般中小型水库采用10～50年，大型水库采用50～100年。设计淤积年限T选定后，预留的设计淤沙库容$V_{淤}$为

$$V_{淤}=T\overline{W}_{年淤}=T\rho\overline{W}_{年}\left(\frac{1}{\gamma_{悬}}+\frac{B}{\gamma_{推}}\right)+T\overline{W}_{塌} \tag{13-9}$$

当缺乏实测含沙量资料时，可从当地水文手册中查找土壤侵蚀模数，或参照类似河流的侵蚀模数估算悬移质容积和推移质容积。必要时，需对坝址以上流域进行调查。估算T年悬移质容积$V_{悬}$和推移质容积$V_{推}$的公式为

$$V_{悬}=\frac{1000M_{蚀}FT}{\gamma_{悬}} \tag{13-10}$$

$$V_{推}=\frac{1000M_{蚀}FTB}{\gamma_{推}} \tag{13-11}$$

而水库预留的设计淤积库容为

$$V_{淤}=1000TM_{蚀}F\left(\frac{1}{\gamma_{悬}}+\frac{B}{\gamma_{推}}\right)+T\overline{W}_{塌} \tag{13-12}$$

式中：$M_{蚀}$为多年平均侵蚀模数，$t/(km^2\cdot a)$；F为坝址以上流域面积，km^2。

第四节 水库径流调节分类

河川径流具有年内、年际变化很大的特点，并且地区分布也不均匀，无法满足国民经济各部门的用水要求，这就要求通过水库对天然径流在时间和空间上进行重新分配，以适应需水要求，称为水库的径流调节（也称为枯水调节或兴利调节）。另外，对洪水来说，通过水库的调蓄作用，可使天然入库洪水的洪峰大大削弱，从而消除或减轻防洪压力，称为水库的洪水调节。以上是按调节对象而言的，如果按不同目的和要求，径流调节还可分为许多其他类型。

一、按调节周期分类

水库的蓄水与泄水是随着天然条件下的来水与各部门用水变化而不同的。水库由库空到蓄满、再到放空，这样循环一次经历的时间称为调节周期。按调节周期可分为。

1. 日调节

在一昼夜内，河道天然流量一般变化不大，可用图 13－6 中水平线表示，而用户的需水要求往往变化较大。来水和用水相互不协调，在一昼夜某些时段内来水有余，可暂蓄在水库；而在其他时段来水不足，需要水库供水。这种在一昼夜内（24h）库水位的涨落完成一个循环的径流调节称日调节。

日调节的特点是将均匀的来水调节成变动的用水，以适应用水需要，它所需要的调节库容不大，多见于发电水库。

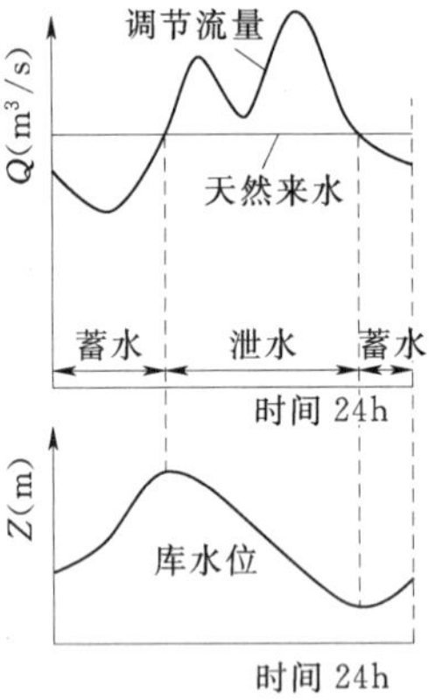

图 13－6 日调节示意

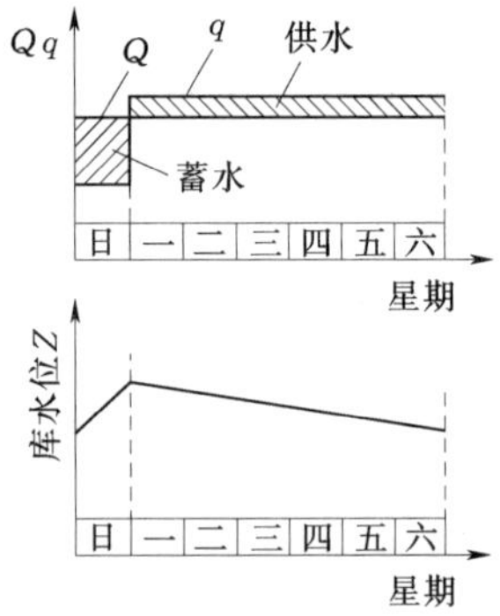

图 13－7 周调节示意

2. 周调节

在枯水季节，河道天然流量在一周内的变化也是很小的，而用水部门由于休息日用水量减少，因此，可利用水库将一周内休息日多余水量蓄存起来，在工作日用，这种调节称为周调节，它所需的调节库容一般不超过一天的来水量，如图 13－7 所示。

3. 年调节

在一年内，河川流量有明显的季节变化，汛期来水过剩，而枯水期来水不足，不能满足用水要求。利用水库将汛期的一部分（或全部）多余水量蓄存起来，到枯水期放出以提高供水量，这种对年内丰、枯季的径流进行重新分配的调节称为年调节，如图 13－8 所示。图中横线阴影部分的面积为水库所需的调节库容，在汛后的枯水期由水库放出，以补充天然水量的不足。如果汛期来水较大，尚有一部分多余水量（图中斜线阴影面积）只能由溢洪道弃掉。年调节水库一般都可同时进行周调节和日调节。

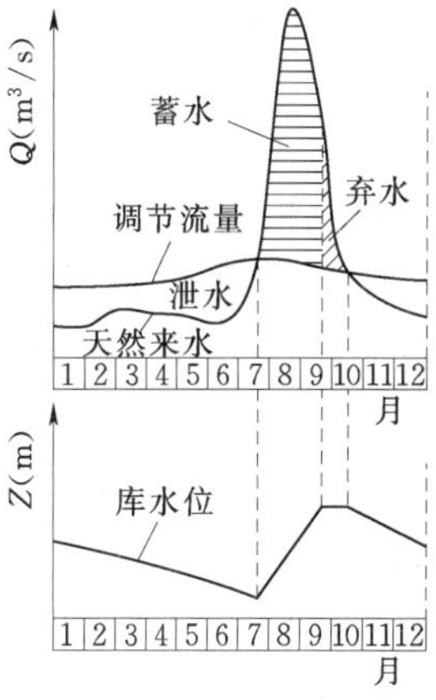

图 13－8　年调节示意

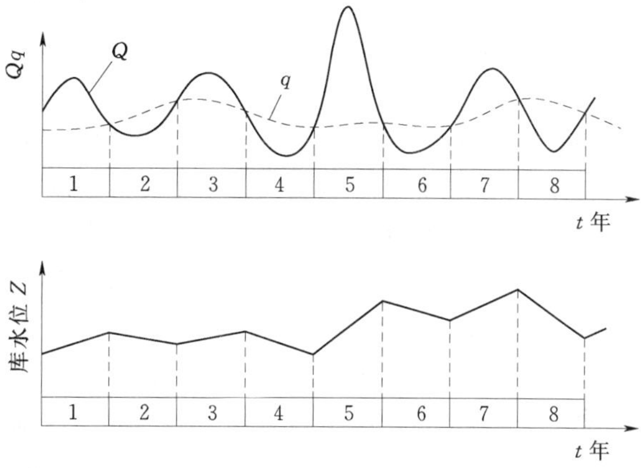

图 13－9　多年调节示意

如果水库的兴利库容能够蓄存设计枯水年丰水期的全部余水量时称为完全年调节；若兴利库容相对较小，不足以蓄存设计枯水年丰水期的全部余水量而产生弃水时称为不完全年调节，或季调节。以上划分的水库调节性能是在规划设计中所采用的界定，从水库实际运行看，这种划分是相对的，如果完全年调节遇到比设计枯水年径流量更丰的年份，就不可能达到完全年调节。

4. 多年调节

河川径流的年际变化也很大，丰水年来水有余，枯水年来水不足，利用水库将丰水年多余水量蓄存起来，用以补充后续枯水年供水量的不足，这种实现年与年之间的水量重新分配的调节称为多年调节，如图 13－9 所示。这时水库可能要经过几个丰水年才能蓄满，所蓄水量分配在以后几个连续枯水年里用掉。因此，多年调节水库的调节周期长达若干年，而且不是一个常数。多年调节水库同时也能进行年调节、周调节和日调节。

水库属于何种调节类型，可用库容系数 β 初步判断。库容系数 β 为兴利库容与多年平均径流量 W_0 的比值，即 $\beta=V_{兴}/W_0$。可参照下列经验判断调节类型：$\beta>30\%\sim50\%$ 属于多年调节；$3\%\sim5\%\leqslant\beta<20\%\sim25\%$ 属于年调节；$\beta<2\%\sim3\%$ 属于日调节。

二、按其他方式分类

1. 补偿调节

水库至下游用水部门取水地点之间常有较大的区间面积，区间来水显著而又不受水库控制，为了充分利用区间来水量，水库应配合区间来水变化补充放水，尽可能使水库放水量与区间水量之和等于或接近于下游用水要求，这种视水库下游区间来水大小而控制水库补充放水量的调节方式称为补偿调节。

2. 梯级调节

布置在同一条河流上的多座水库构成梯级水库，梯级水库的特点是水库之间存在着水量的直接联系（对水电站来说有时还有水头的影响，称水力联系），上游水库的调节直接影响到下游各级水库的调节。在进行下级水库的调节计算时，必须考虑到流入下级水库的水量是由上级水库调节和用水后而下泄的水量与上、下两级水库间的区间来水量组成。

梯级调节计算一般自上而下逐级进行。当上级水库调节性能好，下级水库调节性能差时，可考虑上级水库对下级水库进行补偿调节，以提高梯级水库总的调节水量。对梯级水库进行的径流调节简称梯级调节。

3. 径流电力补偿调节

位于不同河流上但属同一电力系统联合供电的水电站群，可以根据它们所在流域的水文特性及各自的调节性能，通过电力联系来进行相互之间的径流补偿调节，以提高水电站群的总体发电效益。这种通过电力联系的补偿调节称为径流电力补偿调节。

4. 反调节

为了缓解上游水库进行径流调节后给下游用水部门带来的不良影响，在下游适当地点修建水库再对上游水库的下泄水量进行重新调节称为反调节或再调节。河流综合利用中，经常出现上游水库为水力发电进行日调节而造成下泄流量和下游水位的剧烈变化，对下游航运带来不利影响；水电站年内发电用水过程与下游灌溉用水的季节性变化不一致，修建反调节水库有助于缓解这些矛盾。

习　题

1. 思考题。(1) 什么是径流调节？(2) 径流调节有哪些类型？(3) 什么是调节周期？如何选择死水位（死库容）？ (4) 如何计算泥沙淤积量？ (5) 什么是水库特性曲线？(6) 水库特征水位（库容）有哪些？各代表什么意义？

2. 已知某水库坝址以上流域的多年平均年降水量为 $\overline{P}=650$mm，多年平均年径流深 $\overline{R}=120$mm，水库附近气象站 80cm 蒸发器测得的多年平均年月水面蒸发量资料（蒸发折算系数取 0.8），见表 13-3。试求该水库各月的蒸发损失量（标准）。

表 13-3　　某水库附近气象站多年平均年月蒸发量

月　份	1	2	3	4	5	6	7	8	9	10	11	12
蒸发量（mm）	38	54	114	208	300	250	200	166	147	115	58	35

第十四章 水库兴利调节计算

为了灌溉、发电、供水和航运等目的来研究水库的来水、用水、库容及保证率等关系的调节计算称为水库兴利调节计算。

兴利调节计算的任务就是借助水库的调节作用，按用水要求重新分配河川径流，主要是研究天然来水、各部门用水与水库库容三者之间的关系。兴利调节计算包括以下基本内容：①根据用水部门的需要，求出所需兴利库容；②根据已定的兴利库容，求出所能提供的保证调节流量；③找出天然来水、各部门用水与兴利库容三者之间的关系，或是找出保证率、调节流量与兴利库容三者之间的关系；④根据天然径流资料，或各种设计年径流资料及水流出力公式，计算水电站的各项动能指标。

第一节 水库兴利调节计算基本原理

水库兴利调节计算的基本原理就是水量平衡。将整个调节周期划分为若干个计算时段 Δt（一般取月或旬），然后按时历顺序进行逐时段水量平衡计算。计算时段 Δt 内的水库水量平衡方程式为

$$\Delta V=(Q-q)\Delta t \tag{14-1}$$

式中：ΔV 为 Δt 内水库蓄水的变化量，m^3；Q 为 Δt 内的平均入库流量，m^3/s；q 为 Δt 内的平均出库流量（包括各兴利部门的用水流量、水库蒸发损失、渗漏损失、水库蓄满后的无效弃水等），m^3/s。

在调节周期内，水库的蓄水、供水过程称为水库的运用。由于水库来水过程 $Q(t)$ 与用水过程 $q(t)$ 不同，在一个调节周期中，水库的蓄水、供水过程有以下几种不同的组合情况。

一、一次（回）运用

水库的调节周期由一个余水期（$t_0 \sim t_1$）和一个缺水期（$t_1 \sim t_2$）组成，V_1 为余水量，V_2 为缺水量，并且满足 $V_1>V_2$，称为水库一次运用（或一回运用），如图 14-1 所示。

到 t_1 时刻为止，水库只需要蓄水 V_2 就能满足缺水需求，因此所需的调节库容为 V_2。

二、水库两次（回）运用

水库的调节周期由两个余水期和两个缺水期组成，两个余水期的余水量分别为 V_1、V_3，两个缺水期的缺水量分别为 V_2、V_4，并满足 $V_1-V_2+V_3-V_4>0$，称为水库两次运用（或两回运用），如图 14-2 所示。

此时调节库容的确定可分为以下几种情况：

(1) 当 $V_1>V_2$、$V_3>V_4$ 时，水库的两次运用之间相互独立，无水量联系，此时水库所需的调节库容为 V_2 与 V_4 中的较大者。

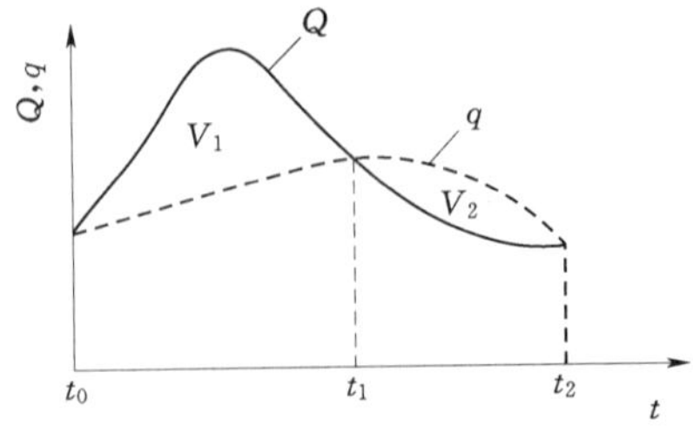

图 14-1 水库一次运用

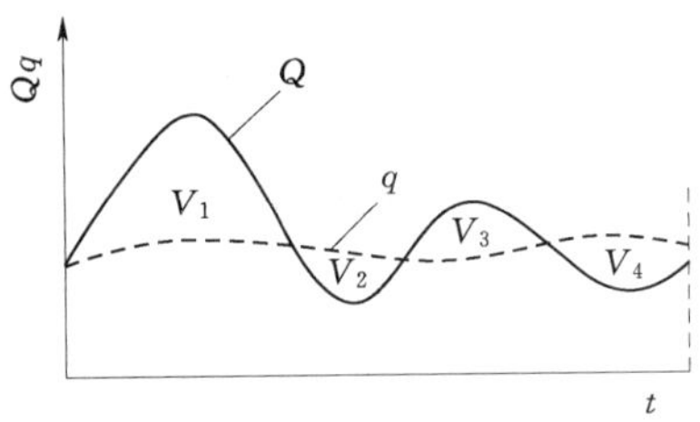

图 14-2 水库二次运用

（2）当 $V_1>V_2$、$V_3<V_4$ 时，水库的两次运用之间有水量联系，则水库所需的调节库容为 $V_2+V_4-V_3$。

（3）当 $V_2<V_3<V_4$ 时，水库的两次运用之间有水量联系，则水库所需的调节库容为 V_4。

对于以上三种情况，确定调节库容的方法可以概括为：①如果中间余水量不同时小于前后两个亏水量，则所需调节库容为两个亏水量中的较大者；②如果中间余水量同时小于前后两个亏水量，则所需调节库容为三者代数和（两个亏水量为正，中间余水量为负）。

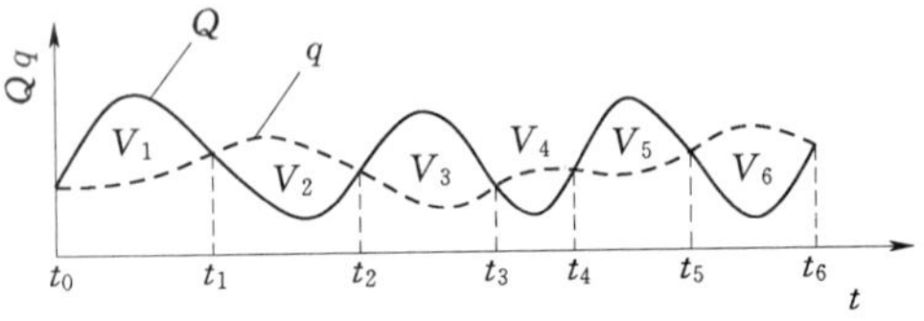

图 14-3 水库多次运用

三、水库多次（回）运用

水库的调节周期由多个余水期和多个缺水期组成，并满足总余水量大于总缺水量，则称为水库多次运用（或多回运用），如图 14-3 所示。

水库多次运用情况，可用逆时序累加缺水量求最大值的方法来确定调节库容。从调节周期末的库空开始，逆时序向前进行水量平衡计算，遇到缺水就加，遇到余水就减，若得负值就取零为止，求出各时刻水库需要的蓄水量，其中的最大值即为所需要的调节库容。

【例题 1】 参考图 14-3，设 $V_1=20$ 万 m^3，$V_2=3$ 万 m^3，$V_3=4$ 万 m^3，$V_4=5$ 万 m^3，$V_5=3$ 万 m^3，$V_6=4$ 万 m^3，求调节库容。

解： 设 t_6 时刻空库，按以上计算规则得到各时刻水库的蓄水量：t_5 时刻 $W_5=V_6=4$ 万 m^3；t_4 时刻 $W_4=V_6-V_5=1$ 万 m^3；t_3 时刻 $W_3=V_6-V_5+V_4=6$ 万 m^3；t_2 时刻 $W_2=V_6-V_5+V_4-V_3=2$ 万 m^3；t_1 时刻 $W_1=V_6-V_5+V_4-V_3+V_2=5$ 万 m^3；t_0 时刻 $W_0=V_6-V_5+V_4-V_3+V_2-V_1=-15$ 万 m^3，因小于 0 取为 0。调节库容为上述各时刻水库蓄水量的最大值，即 6 万 m^3。

第二节 年调节水库兴利调节计算

一、时历列表法

时历法是利用径流的时历特性进行的计算，时历列表法是时历法的一种基本方法，该法计算简单，实用性强，应用广泛。采用该法时，根据是否计入水库水量损失，又分为考虑水量损失和不考虑水量损失两种情况。

1. 不计水量损失的时历列表法

以下结合具体算例说明计算过程。

【例题 2】 某年调节水库的来水、用水情况见表 14-1，调节周期是由当年 7 月初到次年 6 月止。其中 7～11 月为余水期，12 月初到次年 6 月末为缺水期，属于水库的一次运用，求所需的调节库容。

表 14-1　　水库年调节列表计算（不计水量损失）　　单位：万 m^3

月　份	来水量	用水量	来水一用水		早蓄方案		晚蓄方案	
			余水	缺水	月末蓄水	弃水	月末蓄水	弃水
(1)	(2)	(3)	(4)	(5)	(6)	(7)	(8)	(9)
7	14920	7080	7840		7840		6070	1770
8	12260	4490	7770		15610		13840	
9	5420	1290	4130		19740		17970	
10	6240	1540	4700		24220	220	22670	
11	2420	870	1550		24220	1550	24220	
12	1080	1130		50	24170		24170	
1	1120	1500		380	23790		23790	
2	1060	2280		1220	22570		22570	
3	1260	4410		3150	19420		19420	
4	2140	8470		6330	13090		13090	
5	2850	10220		7370	5720		5720	
6	3920	9640		5720	0		0	
合计	54690	52920	25990	24220		1770		1770

解：表中第（2）栏为天然来水过程。第（3）栏为各部门综合用水过程（变动用水）。来水减用水，如为余水填入第（4）栏，如为缺水填入第（5）栏。从 12 月直到次年 6 月均为缺水期，即为水库的供水期。依次累加供水期的缺水量，得到 24220 万 m^3，该值即所需的调节库容。

第（6）栏和第（7）栏为采用早蓄方案的水库蓄水过程。在余水期先蓄水，蓄满调节库容后的余水作为弃水。从蓄水期 7 月份开始，依次累加余水量，到 10 月份水库已蓄到调节库容 24220 万 m^3，并有 220 万 m^3 的余水作为弃水，11 月仍为余水期，余水量 1550 万 m^3 全部为弃水。11 月末称为库满点，之后从 12 月份开始为缺水期，需要水库供水，用蓄水量 24220 万 m^3 依次减去以后各月的缺水量，填入第（6）栏，到 6 月末正好库空，为库空点。

早蓄方案是先蓄后弃，采用顺时序计算方便：有余水就蓄，蓄满后就弃，到缺水期放水，直到放空为止。

第（8）栏和第（9）栏为采用晚蓄方案的水库蓄水过程。在余水期先弃水，但应保证在余水期末蓄满所需的调节库容。通过早蓄方案计算可知，蓄水期总弃水量为 220＋1550

=1770（万 m^3）。因 7 月份的余水大于总弃水量 1770 万 m^3，因此弃水全部发生在该月。之后，水库逐月蓄水，到 11 月末水库正好蓄到调节库容 24220 万 m^3，为库满点。从 12 月份开始为缺水期，需要水库供水，用调节库容 24220 万 m^3 依次减去以后各月份的缺水量，填入第（8）栏，到 6 月末正好库空，为库空点。

晚蓄方案是先弃后蓄，采用逆时序计算方便：遇缺水时相加，遇余水时相减，直到水库蓄满，若蓄水量为零，还有余水就弃。

【例题 3】 某水库二次运用的年调节计算，见表 14-2。11 月和 3～6 月为两个缺水期，12 月～次年 2 月为余水期，因其余水量既小于 11 月的缺水量又小于 3～6 月的缺水量，这时为满足该年用水，调节库容必须等于 11 月～次年 6 月间余、亏水量的代数和，即 $V=740-130-95-307+2537+9752+12251+6957=31705$（万 m^3）。

表中的第（6）～（9）栏为采用早蓄方案及晚蓄方案计算的蓄水过程和弃水过程，方法与例 2 相同。

表 14-2　水库年调节列表计算（不计水量损失）　　单位：万 m^3

月份	来水量	用水量	来水一用水		早蓄方案		晚蓄方案	
			余水	缺水	月末蓄水	弃水	月末蓄水	弃水
(1)	(2)	(3)	(4)	(5)	(6)	(7)	(8)	(9)
7	19750	3524	16226		16226		12022	4206
8	12340	3715	8625		24851		20647	
9	8260	610	7650		31705	796	28297	
10	4140	730	3410		31705	3410	31705	
11	2040	2780		740	30965		30965	
12	1510	1380	130		31095		31095	
1	1070	975	95		31190		31190	
2	730	423	307		31497		31497	
3	1289	3826		2537	28960		28960	
4	2263	12015		9752	19208		19208	
5	3793	16044		12251	6957		6957	
6	4321	11278		6957	0		0	
合计	61506	57302	36443	32237		4206		4206

2. 考虑水量损失的历时列表法

水库在蓄水、供水过程中，不可避免存在水量损失。因此，水库应适当增大库容，以抵偿损失的水量，从而保证正常供水。

水库的蒸发和渗漏损失是在水库蓄水和供水过程中陆续产生的，而且与水库水面面积和蓄水量有关。因此，只有知道计算时段始末的水库蓄水量及水面面积，才能计算出该时段的水量损失。可见，考虑水库水量损失时应采用试算法，但试算法计算量大。为避免试算，可采用逐次逼近的方法进行，即先不考虑水库水量损失进行调节计算，将计算成果作为第一次近似，在该次计算结果的基础上，再考虑水库蒸发损失和渗漏损失进行计算，将计算成果作为第二次近似。如此反复计算下去，直至前后两次计算成果满足允许误差要求时为止。一般情况下只需进行二、三次完整的调节计算，就能得到比较满意的成果。

【例题 4】 考虑水库水量损失的时历列表法调节计算，见表 14－3。第（2）～（6）栏为不计入水量损失的计算结果。第（6）栏第一个值 4000 万 m^3 为死库容；第（7）栏为第（6）栏月初、月末蓄水量的平均值；第（8）栏为各月水库平均水面面积，由第（7）栏查库容曲线和面积曲线得出。

第（9）栏为各月蒸发损失标准，第（10）栏为各月蒸发损失量，由各月蒸发标准乘以该月的水库平均水面积得出，即（10）＝(9)×(8)。渗漏损失按当月平均库存水量的1%计，即（12）＝(7)×1%；第（13）栏为蒸发损失与渗漏损失之和。

第（14）栏为计入水量损失后的用水量，即（14）＝(3)＋(13)；然后逐时段进行水量平衡计算，将第（2）栏减（14）栏的正值记入第（15）栏，负值记入第（16）栏。

根据第（15）和（16）两栏，按照二次运用情况判断，求得调节库容为 32884 万 m^3，不计损失时的调节库容为 31335 万 m^3，考虑水量损失后调节库容增加了 1549 万 m^3。

求得调节库容后，如果按照早蓄方案蓄水，水库的蓄水过程见第（17）栏，第（18）栏为弃水。表 14－3 仍有近似性，这是由于计算水量损失时采用了不计水量损失时的水面面积。为了修正这种误差，可按上述步骤和方法进行再次计算。

时历列表法也可采用逆时序进行逐月试算。由供水期末开始，年调节水库供水期末（本例为 6 月末）的水位应为死水位，这时，先假定月初水位，根据月末死水位及假定的月初水位算出该月平均水位，然后由水库特性曲线查出该月的平均水面面积和蓄水量，进而计算月损失水量。再根据该月天然来水量、用水量和损失水量，计算 6 月初水库蓄水量及其相应水位，若此水位与假定的月初水位相符，则说明假定是正确的，否则重新假定，一直试算到相符为止。然后对供水期倒数第二个月（本例为 5 月）进行试算。依次逐月递推，便可求出供水期初的水位（即正常蓄水位），该水位和死水位之间的库容即为所求的调节库容。

3. 考虑水量损失的简算法

在作初步规划设计时，或在水量损失比例不大时，可采用简算法。根据不计水量损失求得的调节库容可算出供水期的平均库容$\overline{V}=V_{死}+\dfrac{V_{调}}{2}$，由此值查水位容积 $Z—V$ 曲线得水位 Z，再查水位面积曲线 $Z—F$ 得面积 F，据此算出水库的蒸发和渗漏损失水量，将此损失水量与不计损失的调节库容相加求得计入损失的调节库容。当然，蓄水期的损失水量也应考虑，以便检查扣除损失水量后，余水期的余水量是否能够蓄满调节库容。

如在上例中，不计损失的调节库容为 31335 万 m^3，死库容为 4000 万 m^3，算得平均库容为 19668 万 m^3，水库供水期 1～6 月的渗漏损失量为 19668×1%×6＝1180（万 m^3），再查 $Z—V$ 及 Z　F 曲线得相应于平均库容的水面面积为 753 万 m^2。计算 1～6 月蒸发损失水量，其值为 6 个月的蒸发损失标准×水面面积/1000，即（35.0＋35.4＋48.7＋58.0＋97.0＋80.3）×753/1000 ＝267（万 m^3），水库总损失水量为 1180＋267＝1447（万 m^3）。计入损失后的调节库容为 31335＋1447＝32782（万 m^3），此结果与例 3 的详算成果 32884 万 m^3 很接近。

表 14-3 **考虑水量损失水库年调节列表计算**

年．月	来水 $W_{来}$（万 m^3）	用水 $W_{用}$（万 m^3）	来水－用水		水库蓄水量 V（万 m^3）	月平均蓄水量 $\overline{V}$（万 m^3）	月平均库面积 $\overline{A}$（万 m^2）	水库水量损失					考虑损失后用水 $M=W_{用}+W_{损}$（万 m^3）	$W_{来}-M$		水库蓄水量 V'（万 m^3）	弃水 $W_{弃}$（万 m^3）
			余水（+）（万 m^3）	缺水（−）（万 m^3）				蒸发损失		渗漏损失		总损失 $W_{损}=W_{蒸}+W_{渗}$（万 m^3）		余水（+）（万 m^3）	缺水（−）（万 m^3）		
								标准（mm）	$W_{蒸}$（万 m^3）	标准（%）	$W_{渗}$（万 m^3）						
(1)	(2)	(3)	(4)	(5)	(6)	(7)	(8)	(9)	(10)	(11)	(12)	(13)	(14)	(15)	(16)	(17)	(18)
					4000											4000	
1978.7	21140	8356	12784		16784	10392	490	89.4	44	以当月水库蓄水量的1%计算	104	148	8504	12636		16636	
8	8560	2941	5619		22403	19593	752	87.4	66		195	261	3202	5358		21994	
9	6390	930	5460		27863	25133	910	61.5	56		251	307	1237	5153		27147	
10	7360	640	6720		34583	31223	1087	38.9	42		312	354	994	6366		33513	
11	4500	2205	2295		35335	34959	1198	27.1	32		350	382	2587	1913		35426	
12	1860	0	1860		35335	35335	1205	28.7	35		353	388	388	1472		36884	14
1979.1	1320	1930		610	34725	35030	1200	35.0	42		350	392	2322		1002	35882	
2	1255	335	920		35335	35030	1200	35.4	42		350	392	727	528		36410	
3	1487	5204		3717	31618	33476	1152	48.7	56		335	391	5595		4108	32302	
4	2524	11169		8645	22973	27295	975	58.0	57		273	330	11499		8975	23327	
5	3362	14416		11054	11917	17446	690	97.0	67		174	241	14657		11295	12032	
6	4626	12545		7919	4000	7958	410	80.3	33		80	113	12658		8032	4000	
合计	64384	60671	35658	31945				687.4	572		3127	3699	64370	33426	33412		14

校核计算：$\sum W_{来}-\sum W_{用}-\sum W_{损}-\sum W_{弃}=64384-60671-3699-14=0$，说明计算无误。

注 （1）当不计损失时，属于中间余水量不同时小于前后两个亏水量的两回运用情况，见（4）、（5）栏，调节库容等于两个亏水期亏水量的较大者，即：$V_{调}=31335$ 万 m^3。

（2）当计入损失时，属于中间余水量同时小于前后两个亏水量的两回运用情况，见（15）、（16）栏，调节库容等于它们的代数和，即 $V_{调}=33412-528=32884$（万 m^3）。

经计算，余水期的 6 个月扣除水量损失后（方法同上）尚有 33307 万 m^3 余水，能够蓄满调节库容。

二、简化水量平衡法

采用时历列表法求年调节库容时，各月用水可以是变化的。在水库规划中，各月用水量可概化为常数，然后将一年划分为一个余水期和一个供水期，然后用水量平衡法计算年调节库容，即

$$V=\overline{q}T_{供}-W_{供} \tag{14-2}$$

式中：V 为年调节库容；$\overline{q}$ 为各月用水量（常数）；$T_{供}$ 为供水期历时；$W_{供}$ 为供水期天然来水量。应用式（14-2）的关键是要正确划分供水期。确定供水期应注意以下几个问题：

（1）一年只能划分一个余水期和一个供水期。

（2）余水期包含的连续几个月来水的月平均值应大于用水月平均值，供水期包含的连续几个月的月平均来水量应小于用水月平均值。

（3）如果只是根据一年的来水、用水资料确定供水期时，只要满足上述（1）、（2）两条即可。此时，余水期的历时与供水期历时之和为一个调节周期（或 12 个月）。

（4）如果将一个长系列（几十年）的各年均划分为一个余水期和一个供水期时，不能只以本年度各月来水、用水为依据，还需要结合与相邻的前一年与后一年的来水、用水资料，划分余水期和供水期。此时，余水期历时与供水期历时之和可以大于或小于 12 个月。

【例题 5】 某水库的年来水过程见表 14-4。各月用水量为 $20m^3/s$。用简化水量平衡法计算该年所需的调节库容。

表 14-4　　**某水库某年的来水过程**　　单位：m^3/s

月　份	3	4	5	6	7	8	9	10	11	12	1	2
来水	31.2	48.0	52.1	65.0	42.0	39.0	16.0	25.2	6.3	7.4	28.5	10.0

解：（1）确定供水期。由表可知，连续最长月来水量小于月用水量的是 11、12 月份，因此这两个月一定属于供水期。9、10 月份是否也应划归为供水期，则要看这两个月平均来水是否小于月平均用水，若是则属于供水期；反之不属于供水期。1、2 月份是否也应划为供水期，方法与 9、10 两月的判断方法相同。经计算，9、10 月份平均来水大于月平均用水，不属于供水期；1、2 月份平均来水小于月平均用水，属于供水期。最后，该水利年的供水期为 11、12、1、2 共 4 个月。

（2）计算该年所需的调节库容。由式（14-2）得，$V=20\times4-(6.3+7.4+28.5+10)=27.8$ [(m^3/s) ·月]。

三、兴利库容与正常蓄水位的确定

1. 长系列法确定兴利库容

假定有 n 年来水、用水资料，每年按上述方法进行调节计算，可得到 n 个年调节库容。然后按由小到大的次序排列，用经验频率公式 $p=\dfrac{m}{n+1}$求出相应每一库容的频率，在

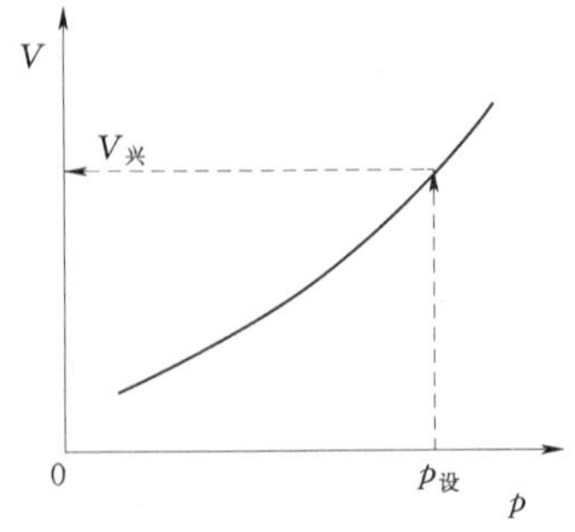

图 14-4　V—p 关系（库容频率）曲线

普通坐标上点绘 $V—p$ 频率曲线，如图 14-4 所示。根据选定的设计保证率 $p_设$，查 $V—p$ 曲线即可求得相应的兴利库容 $V_兴$。因为根据 $V_兴$ 来修建水库，在今后长期运行中，可保证 $p_设$ 这些年份为了提供正常供水所需要的库容小于或等于 $V_兴$。如果实际资料样本能很好地代表总体，那么从长期运行角度来看，这样求得的 $V_兴$ 能使正常供水得到保证的年数正好符合设计保证率。采用长系列法求得的兴利库容 $V_兴$ 就是设计的兴利库容，概念明确，成果可靠。

【例题 6】 某水库 1950～1970 年的各月来水减用水的余缺水量如表 14-5 所示，试用长系列法计算年调节水库的兴利库容。

解： 步骤如下。

（1）按来水、用水资料情况，大致划分调节年度，如表中 11 月到次年 10 月。

（2）计算各时段的余、缺水量，即各时段的来水量减去用水量，如得正值为余水量，如得负值为缺水量，如表中第（2）～（13）栏。

（3）分析计算各年所需的调节库容。有些年不足 12 个月（如 1963～1964 年是 11 个月），有些年可多于 12 个月（如 1954～1955 年是 14 个月），一定要在调节年度内确定调节库容。确定库容时还是根据一次运用、两次运用等情况来判别，各年所需调节库容如表 14-5 中第（14）栏。要注意，有些年来水量小于年用水量，对这种年份来说，无论库容多大，只靠本年水量是无法满足本年用水的。因此，在调节计算时，不需要计算这些年的库容。

（4）将各年的库容由小到大进行排列（对年来水量小于年用水量的年份不计库容，但排列时放在最后），计算其经验频率，并在方格纸上绘出库容频率曲线，如图 14-4 所示。

（5）根据设计保证率 $p_设$ 在曲线上可查得兴利库容（设计值）。

2. 代表年法推求兴利库容

长系列法计算量较大，如果考虑损失时工作量更大。另外，中小型水库常因为资料缺乏或不足而达不到应用长系列法的条件要求，因此只选一个或几个代表年计算兴利库容，以减少工作量或解决资料不足的问题。此法的关键是如何选择代表年，使其计算的结果有一定合理性，能代表长系列法的计算结果。代表年的选择方法有如下几种。

（1）实际代表年法（单一选年法）。

实际代表年法就是单以来水频率曲线为依据，选择符合或接近设计保证率、年内分配偏于不利的实际年的来水过程和同年的用水过程进行调节计算，以此求得的调节库容作为兴利库容。或单以用水频率曲线为依据，选择符合或接近设计保证率、年内分配偏于不利的实际年的用水过程和同年的来水过程作计算，求得的调节库容作为兴利库容。这种单一选年法只考虑来水（或用水）一方面因素，忽略另外一方面用水（或来水）因素，其库容保证率的概念模糊。

表 14-5　　某水库长系列来水、用水调节计算　　单位：(m^3/s) · 月

年　份	各月余缺水量												调节库容	年来水量	年用水量	备　　注
	11	12	1	2	3	4	5	6	7	8	9	10				
(1)	(2)	(3)	(4)	(5)	(6)	(7)	(8)	(9)	(10)	(11)	(12)	(13)	(14)	(15)	(16)	(17)
1950～1951			0.36	1.40	1.92	2.08	1.33	1.60	4.69	−1.13	0.98	0.56	1.13	17.00	3.21	11、12 月缺资料
1951～1952	0.59	1.00	0.89	2.52	3.28	1.32	3.17	−0.33	1.21	0.82	2.25	0.99	0.33	20.39	2.68	
1952～1953	0.53	0.46	0.33	1.20	1.53	0.63	−0.16	2.78	0	−1.62	−0.16	0.46	1.78	10.49	4.51	水库两次运用
1953～1954	1.39	0.57	2.87	2.28	1.31	1.70	8.68	9.26	8.87	1.94	−0.31	0.11	0.31	39.20	0.53	
1954～1955	0.02	0.44	0.72	1.01	2.88	3.41	1.97	5.95	2.03	−0.24	−2.07	−1.06	3.50	18.93	3.87	
1955～1956	−0.13	0.10	0.02	0.19	3.67	2.44	6.21	5.30	0.36	2.98	3.96	0.68	0	26.75	0.97	
1956～1957	0.22	0.11	0.58	1.60	1.23	1.91	4.18	0.43	4.57	3.04	−0.03	0.61	0.03	20.02	1.57	
1957～1958	0.43	0.89	0.12	0.34	1.74	2.35	3.84	−0.71	−2.18	−0.29	2.81	1.52	3.18	15.32	4.46	
1958～1959	0.43	0.25	0.51	2.76	0.77	3.72	4.35	0.39	−0.41	−1.85	−0.75	−0.62	3.63	14.82	5.27	
1959～1960	0.30	0.38	0.54	0.22	2.24	2.46	8.09	3.11	−1.56	1.67	0.36	0.13	1.56	20.42	2.48	
1960～1961	0.60	0.33	0.38	0.97	2.29	1.13	1.30	2.94	−2.08	0.23	1.88	2.80	2.08	15.64	2.87	
1961～1962	0.67	0.29	0.38	0.32	0.30	1.81	2.48	2.12	0.31	2.32	4.54	0.53	0	16.78	0.71	
1962～1963	0.61	0.68	0.26	0.18	0.23	2.66	6.20	0.24	−0.78	2.27	−0.86	−0.06	0.92	14.85	3.22	水库两次运用
1963～1964	0.67	0.26	0.72	1.72	1.42	2.37	2.80	4.18	1.94	0.62	−0.36	0.83	0.36	19.85	2.68	
1964～1965	0.33	0.22	0.06	0.82	0.81	1.28	0.43	−2.01	−1.97	2.87	−0.31	0.72	3.98	8.56	5.31	水库两次运用
1965～1966	0.32	0.43	0.38	0.42	1.45	2.35	0.41	−0.62	2.06	−2.19	−1.34	−0.96	4.40	9.74	7.02	水库两次运用
1966～1967	−0.11	0.18	0.11	0.21	1.20	1.72	2.41	−1.37	−1.12	−2.16	−2.26	−1.17	(8.08)	7.10	9.46	多年调节
1967～1968	0.78	0.07	0.08	0.16	0.22	−0.17	2.10	−1.89	−0.58	−1.55	−1.81	0.02	(10.80)	4.59	7.16	多年调节
1968～1969	−0.15	0.25	1.29	2.41	1.35	0.95	1.20	0.36	13.03	1.60	0.41	−0.16	0.16	26.02	3.47	
1969～1970	0.13	0.21														缺资料

(2) 库容排频法。

库容排频法就是从年来水频率曲线上选出接近(大于和小于)设计保证率的几个年份作为代表年进行调节计算，求得各年调节库容，并按这些库容大小和原选择年份所相应的频率重新排列，即可得设计保证率对应的库容作为兴利库容。如某水库的设计保证率为80%，根据资料系列选出相应 $p=80\%$ 的来水年份为1965～1966年，相应 $p=85\%$ 的来水年份为1964～1965年，相应 $p=75\%$ 的来水年份为1952～1953年，对这三年进行调节计算求得库容分别为4.61(m^3/s)·月、3.98(m^3/s)·月、1.78(m^3/s)·月。再按库容大小重新排列，$p=75\%$ 的 $V=1.78$(m^3/s)·月；$p=80\%$ 的 $V=3.98$(m^3/s)·月；$p=85\%$ 的 $V=4.61$(m^3/s)·月。因此，可确定兴利库容为3.98(m^3/s)·月。

(3) 设计代表年法。

设计代表年法是按设计保证率推求一年的来、用水过程作为设计代表年，然后根据此设计代表年进行调节计算，求得的库容作为兴利库容。推求设计代表年常用以年水量为控制的同倍比法，其方法及步骤如下：①对坝址断面各水文年的年来水量及年用水量进行频率计算，若无较长系列的年月来水资料，则可根据该地区水文手册中年径流统计参数等值线图查得。②由年来水、年用水频率曲线求得相应于用水设计保证率的设计年来水量 $W_{来,p}$ 及设计年用水量 $W_{用,p}$。③从实测资料中选择年来水量接近 $W_{来,p}$，年用水量接近 $W_{用,p}$，且年内分配具有代表性的一年(或几年)作为典型年，典型年来水量为 $W_{来,典}$，年用水量为 $W_{用,典}$。④计算缩放倍比 $K_{来}=\frac{W_{来,p}}{W_{来,典}}$ 及 $K_{用}=\frac{W_{用,p}}{W_{用,典}}$，用 $K_{来}$、$K_{用}$ 分别乘以该典型年各月来水量及各月用水量，即得设计代表年的来、用水过程。⑤对所推求的设计代表年进行调节计算，求得兴利库容。

如由所选择的几个设计代表年求得的结果不一致，为安全起见，可选择对工程较为不利的一年，即调节计算得出较大库容的一年作为设计代表年。

设计代表年法采用来水、用水同频率只有在各年来、用水之间有较好相关关系时才是正确的，否则由此求得的兴利库容不一定符合设计保证率。在干旱地区灌溉用水比较固定(灌溉用水各年相差不多)，可以采用以来水为主的同倍比缩放法确定来水过程，再与固定用水过程配合计算兴利库容。但湿润地区及半湿润地区，农业用水各年不同，调节计算必须考虑来水与用水组合问题。

年调节计算的代表年法和长系列法，在调节计算的原理和方法上是基本相同的，只是在设计代表年法中计算蒸发损失标准时略有一些差别。在长系列法和实际代表年法中，$E_{器}$ 是水文站或气象站当年所观测到的蒸发器蒸发量；而在设计代表年法中，$E_{器}$ 则应采用符合设计条件的年蒸发量，一般是采用实际系列中最大的或较大的年蒸发量，其年内分配则常采用多年平均的年内分配。

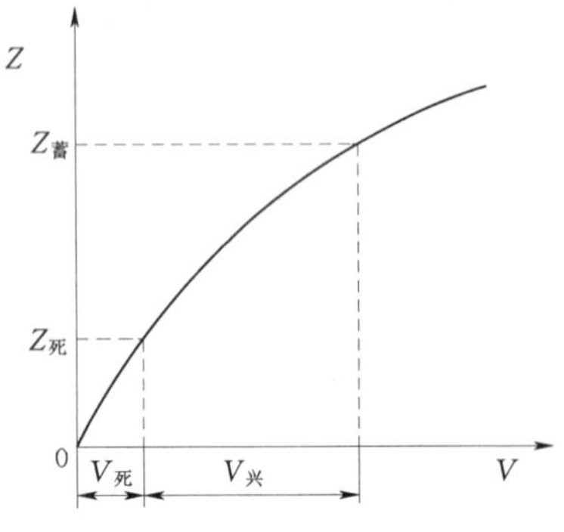

图14-5 由兴利库容查正常蓄水位

3. 正常蓄水位的确定

确定水库的兴利库容后再加上死库容，在水库容积曲线上查得相应的水位，见图14-5，即为正常蓄水位。

第三节　由兴利库容推求调节流量

在水库规划设计阶段，也常需要拟定若干个正常蓄水位作为不同方案的比较。这时，必须针对某一正常蓄水位初定死水位，再得出相应的兴利库容，根据已知兴利库容推求供水期调节流量及其他效益指标。

一、已知兴利库容推求调节流量

在解决这类问题时，由于调节流量未知，难以确定蓄水期和供水期，需通过试算求解。为减少试算工作量，可先假定若干个供水期调节流量方案，对每个方案采用上节方法求出所需兴利库容，然后点绘成调节流量与兴利库容关系曲线，如图 14-6 所示。在该曲线上根据给定的兴利库容 $V_{兴}$，即可查得所求的供水期调节流量 $Q_{调}$。

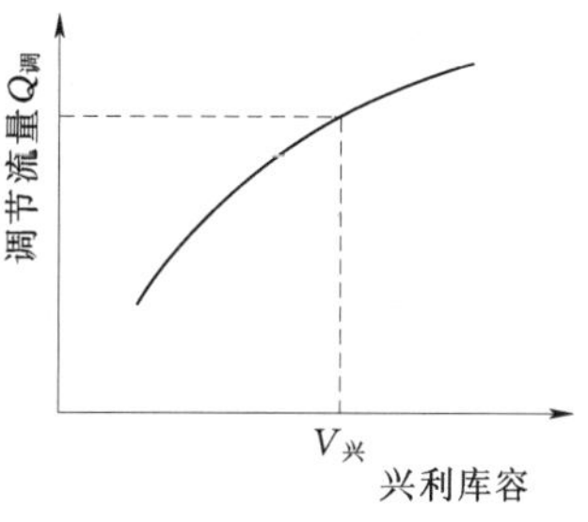

图 14-6　调节流量与兴利库容关系

对于年调节水库，也可用下式计算供水期保证的调节流量：

$$Q_{调}=(\sum W_{设供}-\sum \Delta W_{供损}+V_{兴})/T_{供} \tag{14-3}$$

式中：$\sum W_{设供}$ 为设计枯水年供水期来水量，m^3；$\sum \Delta W_{供损}$ 为供水期水量损失，m^3；$T_{供}$ 为供水期历时，s；$V_{兴}$ 为兴利库容，m^3。

用上式求已知兴利库容的调节流量，应注意以下两个问题：

1. 水库调节性能

首先应确定水库是否属于年调节，因只有年调节水库的 $V_{兴}$ 才是当年蓄满且存蓄的水全部用于该调节年度的供水期。

一般来说，库容系数 $\beta=3\%\sim30\%$ 时为年调节水库，$\beta>30\%$ 为多年调节水库，这些经验数据可作为初步判定水库调节性能的参考。通常还以对设计枯水年按等流量进行完全年调节时所需要的兴利库容 $V_{完}$ 为界限，当实际兴利库容小于 $V_{完}$ 时，水库为年调节，否则为多年调节。显然，若各月用水量均等于设计枯水年平均月来水量，对设计枯水年进行列表计算，即能求出 $V_{完}$ 值。按其含义 $V_{完}$ 也可直接用下式计算

$$V_{完}=\overline{Q}_{设年}T_{枯}-\sum W_{设枯} \tag{14-4}$$

式中：$\overline{Q}_{设年}$ 为设计枯水年年平均流量，m^3/s；$\sum W_{设枯}$ 为设计枯水年枯水期总水量，m^3；$T_{枯}$ 为设计枯水年枯水期历时，s。

根据判断结果，当水库属于多年调节时，则应按多年调节计算方法求调节流量。

2. 划定蓄水期和供水期

应用式（14-3）计算供水期调节流量时，需正确划分蓄、供水期。供水期系指天然来水小于用水的时期。水库在调节年度内一次充蓄、一次供水的情况下，供水期开始时刻应是天然流量开始小于调节流量之时，而终止时刻则应是天然流量开始大于调节流量之

时。可见，供水期长短是相对的，调节流量越大，要求供水的时间越长。然而，调节流量是待求值，故不能直接定出供水期，通常需要试算。即，先假定供水期，待求出调节流量后再进行核对，如果计算的调节流量大于蓄水期天然流量，则重新假定计算。

以上是针对设计枯水年推求保证调节流量，对于其他年来水量大于年用水量的年份，大都属于年调节。因此，也可以按照此方法推求调节流量。

【例题 7】 某拟建水库坝址处的多年平均流量为$\overline{Q}=22.25m^3/s$，多年平均年水量$\overline{W}_{年}=701.7\times10^6m^3$。按设计保证率$P_{设}=90\%$推求的设计枯水年各月平均流量见表14-6。初定兴利库容$V_{兴}=120\times10^6m^3$，试计算保证调节流量。

表 14-6　设计枯水年各月平均流量　单位：m^3/s

月　份	7	8	9	10	11	12	1	2	3	4	5	6
月平均流量	30	50	25	10	8	6	4	4	8	7	6	4

解：(1) 判定水库调节性能。水库库容系数$\beta=120\times10^6/(701.7\times10^6)=0.17$，可初步判定为年调节水库。再进一步分析设计枯水年进行完全年调节的情况，以确定完全年调节所需兴利库容$V_{完}$。其步骤为：①计算设计枯水年平均流量$\overline{Q}_{设年}=13.5\ m^3/s$和年水量$W_{设年}=426.1\times10^6m^3$；②定出枯水期，由表14-6可见，其丰、枯水期十分明显，即当年10月到次年6月为枯水期，$T_{枯}=23.67\times10^6s$；③求枯水期的总水量$\sum W_{设枯}=57\times2.63\times10^6=149.90\times10^6\ (m^3)$；④确定设计枯水年进行完全调节所需兴利库容$V_{完}$，根据式(14-4)，$V_{完}=(13.5\times23.67-149.9)\times10^6=169.6\times10^6m^3$。已知兴利库容$V_{兴}=120\times10^6m^3$小于$V_{完}$，所以最后判定拟建水库是年调节水库。

(2) 按已知兴利库容确定调节流量（不计水量损失）。可以断定调节流量一定比$\overline{Q}_{设年}$小。先假定当年11月到次年6月为供水期（8个月），由式(14-3)得$Q_{调}=(120\times10^6+47\times2.63\times10^6)/(8\times2.63\times10^6)=11.6\ (m^3/s)$。由于$Q_{调}$大于10月份的天然流量，故10月份也应包含在供水期之内，即实际供水期应为9个月。按此供水期再进行计算$Q_{调}=(120\times10^6+57\times2.63\times10^6)/(9\times2.63\times10^6)\approx11.4\ (m^3/s)$。$Q_{调}$小于9月份天然流量，说明供水期按9个月计算是正确的，因此，$Q_{调}$即为所求。

二、兴利库容、调节流量与保证率的关系

对于任一给定的兴利库容$V_{兴}$，可利用径流系列按上述方法逐年进行计算，求得各年供水期的调节流量，然后按其由大到小的次序排列，计算经验频率，做出调节流量频率曲线$Q_p—P$。以同样的方法，改变$V_{兴}$值可作出另一条调节流量频率曲线$Q_p—P$。因此，可做出如图14-7所示的一组以$V_{兴}$为参数的调节流量与保证率关系曲线。这组曲线综合了兴利库容$V_{兴}$、调节流量Q_p和保证率P三者之间的关系。当调节库容一定时，提高保证率，则调节流量减小；当调节流量一定时，提高保证率，则意味着要增加调节库容；当保证率一定时，加大调节库容，则可增大调节流量。

在设计保证率P_0条件下，可在图14-7上查得每个$V_{兴}$对应的Q_p值，再点绘出设计保证率P_0条件下的$V_{兴}—Q_p$线，如图14-8所示。

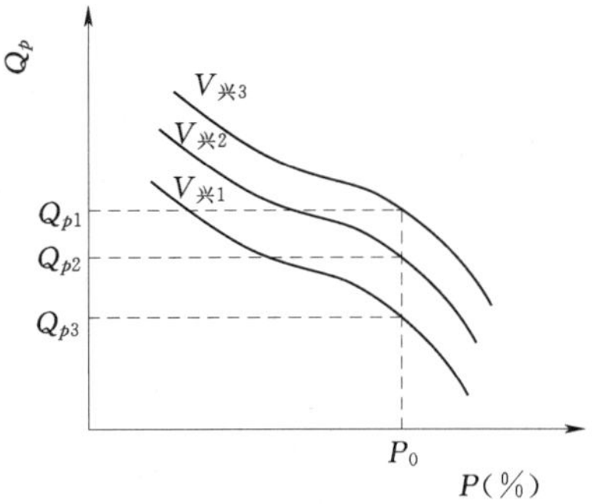

图 14－7　以 $V_兴$ 为参数的 Q_p—P 曲线

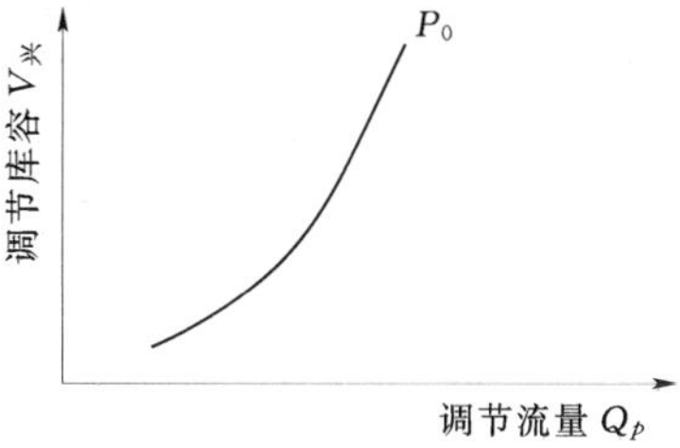

图 14－8　设计保证率 P_0 条件下的 $V_兴$—Q_p 曲线

第四节　多年调节水库兴利调节计算

当年用水量大于年来水量时，水库即使将该年汛期全部多余水量蓄存起来，也无法满足枯水期的供水，若仍要保证正常供水不受破坏，水库就必须跨年度调节，即将该年的前一年甚至是多年汛期多余的水量蓄存起来，以补充该年供水的不足，这就是水库的多年调节。

水库多年调节计算也采用长系列法，其基本原理和步骤与年调节水库相似，多年调节水库的蓄满和放空都是在多年内完成的。因此对于多年调节水库，如计算某一年的调节库容时，往往不能只以一年内缺水期的不足水量来计算该年所需要的调节库容，还必须联系前一年甚至是前几年的不足水量来分析。因此，多年调节水库的调节计算所需要的资料年限要长（一般要 30 年以上），并且系列具有较好的代表性时，计算结果才可靠。

一、时历列表法

【例题 8】 某水库具有 24 年的径流系列，经分析认为具有一定的代表性。试用此来作多年调节计算。

解：(1) 根据来水和用水，将各水利年都划分为一个余水期和一个缺水期，并统计余水期和缺水期的水量。如表 14－7 中的第 (2)、(3)、(4) 栏。

(2) 计算各水利年所需要的调节库容。若某水利年余水量大于缺水量，则该年能实现年调节，反之为多年调节。例如 1950～1951 年，余水大于缺水，则属于年调节。1952～1953 年，余水小于缺水，则为多年调节，每年需要的调节库容如表 14－7 第 (6) 栏。

若某水利年为年调节，则该年的缺水量即为所需的调节库容。例如 1950～1951 年为年调节，该年所需的调节库容为该年的缺水量，即 974.5 万 m^3。

若某水利年为多年调节，则该年所需的调节库容要联系它前一年甚至是多年的余水期与缺水期来计算。计算方法与前述年调节水库多次运用情况相似。例如 1952～1953 年为多年调节，该年所需的调节库容为 3365.7－1215.1＋3188.0＝5338.6（万 m^3）。又如

1957～1958年为多年调节，该年所需的调节库容为2319.3－1433.3＋10261.9－854.9＋3279.7＝13572.7（万 m^3）。

表 14-7　　某水库逐年调节库容计算　　单位：万 m^3

年份	起止月份	余水	缺水	差积水量	调节库容	年份	起止月份	余水	缺水	差积水量	调节库容
(1)	(2)	(3)	(4)	(5)	(6)	(1)	(2)	(3)	(4)	(5)	(6)
1950～1951	11～7	5744.5		5744.5	974.5	1962～1963	11～8	6932.9		－4627.9	1611.0
	8～9		974.5	4770.0			9～10		1611.0	－6238.6	
1951～1952	10～5	3722.2		8492.2	3188.0	1963～1964	11～7	6137.3		－101.3	3628.5
	6～8		3188.0	5304.2			8～9		3628.5	－3729.8	
1952～1953	9～3	1215.1		6519.3	5338.6	1964～1965	10～2	1114.3		－2615.5	8724.9
	4～10		3365.7	3153.6			3～9		6210.7	－8826.2	
1953～1954	11～8	17781.1		20934.7	2159.2	1965～1966	10～3	430.0		－8396.2	48259.0
	9～10		2159.2	18775.5			4～10		12015.2	－20411.4	
1954～1955	11～8	1523.3		20298.8	5431.1	1966～1967	11～6	4321.1		－16090.3	3463.9
	9～12		4795.2	15503.6			7～9		3463.9	－19554.2	
1955～1956	1～8	12344.0		27847.6	3279.7	1967～1968	10～7	13718.2		－5836.0	4338.9
	9～10		3279.7	24567.9			8～10		4338.9	－10174.9	
1956～1957	11～6	854.9		25322.8	12686.7	1968～1969	11～8	11198.9		1024	639.2
	7～11		10261.9	15160.9			9～10		639.2	384.8	
1957～1958	12～8	1433.3		16594.2	13572.7	1969～1970	11～7	10430.1		10814.9	2381.7
	9		2319.3	14274.9			8		2381.7	8433.2	
1958～1959	10～6	4643.7		18918.6	20207.4	1970～1971	9～7	4466.9		12900.1	3504
	7～10		11278.4	7640.2			8～9		3504.0	9396.1	
1959～1960	11～7	6300.4		13940.6	20597.9	1971～1973	10～6	3348.2		12744.3	7453.7
	8～10		6690.9	7249.7			7～9		7297.9	5446.4	
1960～1961	11～3	149.2		7398.9	35351.9	1972～1973	7～9	16044.7		21491.1	0
	4～10		14903.2	－7504.3			10～9		0	21491.1	
1961～1962	11～2	659.1		－6845.2	39408.1	1973～1974	10～6	7522.8		29013.9	7831.5
	3～10		4715.3	－11560.5			7～10		7831.5	21182.4	

二、差积曲线法

【例题9】 采用例8的资料，用差积曲线法计算各年调节库容。

解：（1）根据来水和用水，将各水利年都划分为一个余水期和一个缺水期，并统计余水期和缺水期的水量。如表14-7第（2）、（3）、（4）栏。

（2）按时序计算余水、缺水的累积值，即差积水量，填入表14-7第（5）栏。

（3）以差积水量为纵坐标、时间（年）为横坐标，绘制差积曲线，如图14-9所示。

（4）根据差积曲线计算各水利年所需的调节库容。

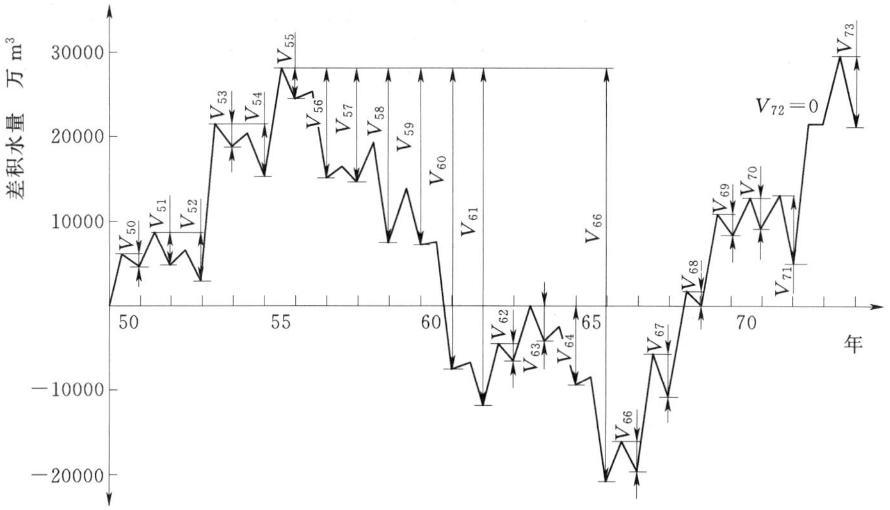

图 14-9　利用差积曲线求调节库容

利用差积曲线计算各年所需的调节库容时，某年的调节库容等于该年缺水期末最低点与前一年甚至是多年余水期末最高点纵坐标的差值。例如计算 1959 年水利年的调节库容时，该水利年缺水期末最低点坐标为 7249.7 万 m³，最高点坐标为 27847.6 万 m³，其差值为 27847.6－7249.7＝20597.9（万 m³），即为该水利年所需要的调节库容。

采用时历列表法或差积曲线法求得各年需要的调节库容后，再进行频率计算，求出满足设计保证率的调节库容，即为兴利库容（设计值），其方法与第二节例题 6 相同。

三、试算法求兴利库容

为了避免逐年分析库容的麻烦，还可使用试算法。该法是先假定一个兴利库容 $V_{兴}$，逐年逐时段连续调节计算，然后统计用水破坏的年数，再计算保证率。如果计算的保证率与设计保证率相符，则假定的库容就是多年调节兴利库容。这种计算方法一般是从水库蓄满（正常蓄水位）或放空（死水位）开始，逐月进行水量平衡计算，遇到余水就蓄，蓄满了还有余水就弃；遇缺水就供，直到 $V_{兴}$ 放空还缺水（不论破坏时间长短和水量的多少）时，就算这年供水遭到破坏。然后从下一年的蓄水期开始再继续进行计算，直到全系列操作完，统计出供水破坏的年数，用下式计算供水保证率：

$$p=\frac{总年数-破坏年数}{总年数+1}\times 100\%$$

若计算的供水保证率不等于设计保证率，则再假定兴利库容重复上述计算过程，直到两者相等为止。

【例题 10】　某多年调节水库，具有 1950～1973 年 23 年的来、用水资料，如表 14-8 所示。已知死库容为 7000 万 m³，用试算法求 $P=75\%$的兴利库容 $V_{兴}$。

表 14-8　　试算法计算兴利库容（部分摘录）　　单位：万 m^3

年.月	来水量	用水量	来水量－用水量		弃水	水库蓄水量	备　注
			余水（＋）	亏水（－）			
(1)	(2)	(3)	(4)	(5)	(6)	(7)	(8)
⋮						⋮	
1965.6						31070	
7	448	8215		7767		23303	
8	7670	7472	198			23501	
9	921	4838		3917		19584	
10	780	3711		2931		16653	
11	383	4155		3772		12881	
12	220	1976		1576		11305	
1966.1	130	350		220		11085	
2	160	350		190		10895	
3	622	350	272			11167	
4	170	7079		6909		4258	
5	113	6949		6836		－2578	供水破坏
6	1130	8768		7638		－10216	供水破坏
7	50710	8215	42495			42495	
8	19000	7472	11528			54023	
9	9771	4838	4933		2356	56600	蓄满弃水
10	1940	3711		1771		54829	
11	893	4155		3262		51567	
12	470	1976		1506		50061	
1967.1	240	350		110		49951	
⋮	⋮	⋮				⋮	

解：(1) 将历年来、用水资料按时历列表逐月算出余水量及亏水量，列入表中的第(4)、(5) 栏。

(2) 假定 $V_{兴}=56600$ 万 m^3。从 1950 年 7 月初水库蓄水量为 0（即死库容）开始起调，计算各月蓄水量。如表 14-8 中的摘录试算，1966 年 5、6 月蓄水分别为－2578 万 m^3 及－10216 万 m^3，即指水库放空后尚缺的水量。经 7、8 月蓄水，至 9 月库满后还有多余水量，所以 9 月产生弃水 $54023+4933-56600=2356$（万 m^3），填入表中的第 (6) 栏，各月的蓄水量填入第 (7) 栏。

(3) 统计 23 年中蓄水量为负值的年数，本例为 5 年，计算保证率 $P=(23-5)/(23+1)=0.75=75\%$，计算值正好等于（或接近）设计保证率，所以该多年调节水库的兴利库容为 56600 万 m^3，即为所求。

为避免多次试算的盲目性，试算几次后，可将试算结果得到的几个 $V_{兴}$ 与 P 对应数据点绘成如图 14－10 的关系曲线，以设计保证率 $P_{设}$ 查此曲线即得到兴利库容 $V_{设}$。

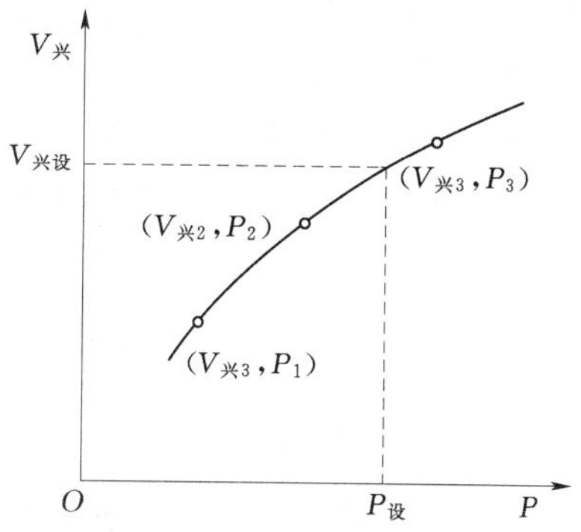

图 14－10　$V_{兴}$—P 关系曲线

四、考虑水量损失的简化计算

考虑多年调节水库的水量损失时，仍然采用年调节水库水量损失的计算方法。为减小计算工作量，通常采用简化方法，即先不考虑水量损失初步计算出兴利库容，并以此值计算多年平均的蓄水容积及多年平均的水面面积，再计算多年平均的逐月蒸发损失和渗漏损失。然后在用水系列中，逐年逐月加入这一水量损失，得到一个新的用水系列，再与来水系列配合，计算逐年所需的调节库容，再作库容频率曲线，按设计保证率查算出兴利库容。

【例题 11】 某多年调节水库有 24 年的来水、用水资料，设计保证率为 75%，死库容为 708 万 m^3，不考虑水量损失初步计算的多年调节兴利库容为 12600 万 m^3。试计算该水库多年平均的逐月损失水量。

解： 以平均蓄水容积和平均水面面积计算水库蒸发损失和渗漏损失。平均蓄水容积 $\overline{V}=V_{死}+\frac{1}{2}V_{兴}=708+\frac{1}{2}\times 12600=7008$（万 m^3），相应的水面面积由水库面积曲线查出 $\overline{F}=9.35km^2$。

月渗漏损失标准取多年平均蓄水容积的 0.5%，则月渗漏损失为 7008×0.5%＝35.0（万 m^3），月蒸发损失标准等于多年平均的各月蒸发损失深度，以此深度乘以多年平均水面面积得到多年平均的各月蒸发损失，计算结果见表 14－9。

表 14－9　　某水库多年平均水量损失计算

月份	蒸发损失标准（mm）	蒸发损失（万 m^3）	渗漏损失（万 m^3）	总损失（万 m^3）	月份	蒸发损失标准（mm）	蒸发损失（万 m^3）	渗漏损失（万 m^3）	总损失（万 m^3）
1	14.5	13.6	35.0	48.6	8	45.4	45.5	35.0	80.5
2	15.8	14.8	35.0	49.8	9	34.5	34.5	35.0	69.5
3	12.0	11.2	35.0	46.2	10	31.0	31.0	35.0	66.0
4	5.7	5.3	35.0	40.3	11	15.0	14.9	35.0	49.9
5	11.9	11.1	35.0	46.1	12	13.4	13.4	35.0	48.4
6	36.0	33.7	35.0	68.7					
7	38.6	36.1	35.0	71.1	全年	265.1	265.1	420.0	685.1

第五节　水能利用基本概念

河川径流的水能利用是水资源利用的重要组成部分。在天然河道中，水流蕴藏着一定的能量，但这种能量消耗于水流的内部摩擦、克服沿程河床阻力、冲刷河床和挟带泥沙等。如果采取一定的工程措施，设法利用水流所蕴藏的能量，就是水流能量的利用，简称为水能利用。

一、水能利用的基本原理

为了计算天然河道中水流潜在的能量，取河道中的一个河段来分析，如图 14-11 所示。若取 0—0 为基准面，则按伯努利方程，流经两断面单位重量水体所消耗的能量为

$$E=(Z_1-Z_2)+\frac{p_1-p_2}{\gamma}+\frac{\alpha_1 V_1^2-\alpha_2 V_2^2}{2g} \tag{14-5}$$

式中：两断面大气压强 p_1 与 p_2 近似相等，流速水头$\frac{\alpha_1 V_1^2}{2g}$与$\frac{\alpha_2 V_2^2}{2g}$的差值也相对较小，可忽略不计。因此，这一单位重量水体的能量 E 可近似地用水位差 $H=Z_1-Z_2$ 来表示。

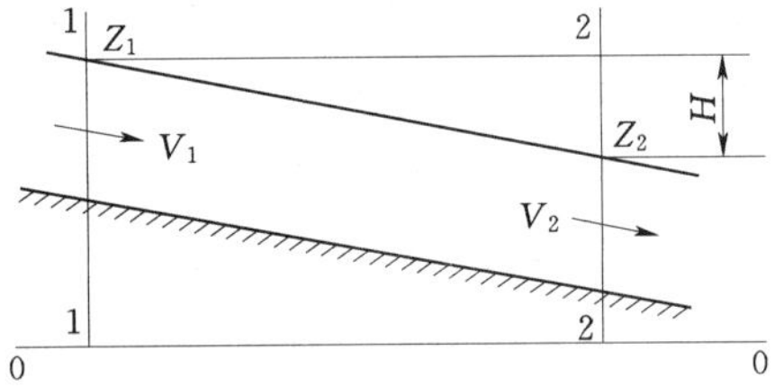

图 14-11　河段水能示意

若 T 时段内流经断面 1—1 至断面 2—2 的水量体积为 W，则两断面间的能量差为

$$E=\gamma WH=1000WH \quad (\text{kg}\cdot\text{m}) \tag{14-6}$$

式中：γ 为水的容重（取 1000kg/m^3）；W、H 的单位分别为 m^3 和 m；E 的单位为 kg·m。习惯以 kW·h 为能量单位，而 $1\text{kW}\cdot\text{h}=102\times3600=367200$（kg·m）。所以式（14-6）可表示为

$$E=\frac{1000}{367200}WH=0.00272WH \quad (\text{kW}\cdot\text{h}) \tag{14-7}$$

式（14-7）表示水量 W 下落 H 距离所作的功。单位时间的功称为功率 N，因为 $W=3600QT$，所以：

$$N=\frac{E}{T}=9.8QH \tag{14-8}$$

式中：N 在电力上也称为出力，kW；Q 为流量，m^3/s；H 为落差，m；T 为时间，h。

从式（14-8）可以看出，河流水能的利用取决于落差和流量两个因素。在天然情况下，河段的落差是分散的，要想加以利用必须采取措施，把分散的落差集中起来，形成可利用的水头（被集中起来的落差称为水头）。

按式（14-8）计算的水流功率是理论功率，实际上水流通过引水建筑物（拦污栅、进水口、引水管道至水轮机，并经尾水管排至下游河槽的整个过程）发电时，必定会产生一定的水头损失 ΔH，水头损失一般与引水设备的形状和流量大小等因素有关，可由水力学公式计算。规划时，要事先绘制引用流量与相应的水头损失关系曲线，以便计算时查用。当水头损失与水头相比甚小时，初步计算中可忽略不计。如考虑水头损失，用净水头来代替毛水头（水库上下游水位差 H），即 $H_{净}=H-\Delta H$。

除有水头损失外，水流经过水轮机先将水能变成机械能，再通过传动设备带动发电机转动才能变成电能。在能量的转换和传递过程中，也存在一定的能量损失。此能量损失通常以水电站效率 η 来反映。因此，水电站实际发电功率为

$$N=9.8\eta QH_{净} \tag{14-9}$$

水电站的效率 η 实际上是随着流量、水头不同而变化的，考虑这些因素进行计算就会

增加很多麻烦。因此，在水能初步计算中，常把 9.8η 作为常数 A 处理，称为出力系数，则水电站出力可表示为

$$N=AQH_{净} \tag{14-10}$$

式（14－10）为水能计算的基本公式。对于小型水电站 $A=6.5\sim7.5$；中型水电站 $A=7\sim8$；大型水电站 $A=8\sim8.5$。

水电站在时段发出的电能即为发电量，由时段平均出力$\overline{N}$乘时段小时数 T 求得

$$E=\overline{N}T \tag{14-11}$$

二、水能利用方式

根据集中落差方式的不同，水能利用的方式可分为坝式、引水式、混合式三种基本类型，如图 14－12 所示，在实际中要根据当地的条件来选择合适的开发方式。

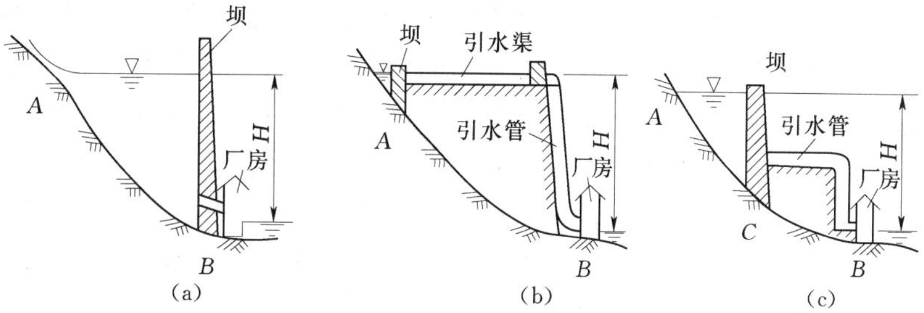

图 14－12　水能的集中方式示意

（a）坝式；（b）引水式；（c）混合式

1. 坝式

在河道中拦河筑坝抬高上游水位形成水库，如图 14－12（a）所示，使河段 AB 的落差集中到坝址 B 处，从而获得水电站的水头（落差）H。所引取流量为坝址 B 处的平均流量。坝式水电站按能否调节天然径流可分为蓄水式和径流式，能进行径流调节的水电站称为蓄水式水电站；只能引取未经调节的天然流量来发电的，称为径流式水电站。若按照厂房位置不同，可分为河床式和坝后式两种。河床式水电站厂房是挡水建筑物的一部分，能承受水的压力，这种型式适合于平原河流的低水头水电站；坝后式水电站的厂房位于坝后，厂房不承受上、下游水位差的压力，因而适合于河床较窄、洪水流量较大的高、中水头电站。坝式水电站能较充分的利用水能，但基建工程较大，并造成一定的上游淹没。

2. 引水式

在 AB 河段上，如图 14－12（b）所示，没有适合修建大坝的场地，则沿河床修建引水道，以便使河段 AB 的落差集中到引水道末的厂房处，从而获得水电站的水头 H，但引水渠道集中落差时会有一定的损失。如果引水道是明渠，则称无压引水式水电站，如果引水道是有压隧洞或有压管道，则称为有压引水式水电站。引水式没有水库容积调节径流，也不会使 AB 河段有淹没损失，且不需要有较好的地形、地质条件筑坝。当河段坡降陡峻时，常用引水式来集中水能。

3. 混合式

在 AB 河段上，如图 14-12（c）所示，B 处不宜建坝，但 C 处的地形、地质条件可以筑坝。这样，就可在 C 处用坝集中 AC 河段的水能，并引取 C 处的流量通过引水隧洞至 B 处，以此引水集中 CB 河段的水能。这种混合式开发，能利用 $A\sim B$ 处的水头，但只能利用 C 处的流量，而 $C\sim B$ 处的流量就无法利用。由于 C 处筑坝，形成水库，能够调节径流，但调节程度不如坝式，淹没损失也只是 AC 河段。

第六节　中小型水电站动能指标计算

中小型水电站的水能计算也是水库兴利计算的内容之一，主要是通过调节计算确定水电站的动能指标，包括保证出力、多年平均发电量的计算及装机容量的确定，保证出力是指相应于设计保证率的枯水出力；多年平均发电量则是水电站多年期间年发电量的平均值。保证出力和多年平均发电量是两个主要动能指标，同时又是决定水电站装机容量的依据。水能计算是一个比较复杂的问题，本节仅就水能计算中以发电为主的中小型水电站，介绍一些简单实用的列表计算法，该法概念清晰，应用较为广泛。

水电站出力和发电量的计算是在一定的死水位和正常蓄水位下进行的，即水库的兴利库容为已知。在水电站规划设计阶段，由于水库参数尚未选定，需先假设几个不同的死水位和正常蓄水位方案，通过对每个方案进行计算来选择有利方案。

一、保证出力计算

1. 无调节水电站保证出力

如果水电站上游没有水库或虽有水库但库容很小，不能对天然来水进行调节，称为无调节或径流式水电站。如山区引水式水电站、小库容的河床式水电站及某些多沙河流上水库被淤积不能再进行调节的水电站均属此类。无调节水电站的引用流量完全取决于天然来水。若上游有其他用水部门取水，则应将这部分流量从天然来水中扣除。发电站水头的确定也比较简单，若上游水位基本保持不变，就是水库的正常蓄水位，也是死水位，下游水位则与下泄流量有关，可从下游水位流量关系曲线查得，水头损失用水力学公式估算。

无调节水电站的保证出力是指相应于设计保证率的日平均水流出力，其设计保证率常用历时保证率 $p_{历}$ 表示。根据径流资料情况和对计算精度的要求，无调节水电站保证出力的计算方法有长系列法和代表年法。

当水电站取水断面处的径流系列较长，且具有较好的代表性时可采用长系列法。该法首先根据已有的水文系列，取日为计算时段，逐日计算水电站的日平均出力，然后将日平均出力从大到小排列，按经验频率公式计算日平均出力的频率，然后绘制日平均出力频率曲线，并由已选定的设计保证率在曲线上查得保证出力。

通常为了简化计算，将日平均流量由大到小分组，统计其出现日数和累积出现日数，再按分组流量平均值来计算出力，并推求保证出力，计算时可按表 14-10 进行。根据表 14-10 计算结果，可绘出水电站日平均出力频率曲线。若将图的横坐标改为时间 t，即用一年 365 天或 8760 小时来表示，则又可得到日平均出力历时曲线，如图 14-13 所示。根据选定的设计保证率 $p_{历}$ 在日平均出力频率曲线上，可查得水电站的日平均

保证出力 N_p。

表 14-10　　　无调节水电站的出力计算（A=0.7）

日平均流量分组 (m³/s)	分组日流量平均值 (m³/s)	出现日数 (d)	累积出现日数 (d)	频率（保证率）p (%)	保证时间 ($t=8760P$) (h)	引用及损失流量 (m³/s)	发电流量 $Q_电$ (m³/s)	上游水位 $Z_上$ (m)	下游水位 $Z_下$ (m)	水头损失 ΔH (m)	净水头 $H_净$ (m)	出力 N (kW)
(1)	(2)	(3)	(4)	(5)	(6)	(7)	(8)	(9)	(10)	(11)	(12)	(13)
>180	>180	595	595	9.58	839	2	>178	123.85	97.35	1.20	25.30	31524
150～180	165	492	1087	17.50	1533	2	163	123.85	97.35	1.20	25.30	28867
130～150	140	321	1408	22.67	1986	2	138	123.85	97.35	1.20	25.30	24440
⋮	⋮	⋮	⋮	⋮	⋮	⋮	⋮	⋮	⋮	⋮	⋮	⋮
<15	<15	5	6210	100	8760	1	<14	123.85	96.55	1.20	26.10	2558

在规划及初步设计阶段，一般可选择三个设计代表年进行简化计算，即设计枯水年、设计平水年和设计丰水年。将三个设计代表年的日平均流量统一进行分组，并统计各组流量出现日数和累积出现日数，然后按与长系列法相同的步骤来计算无调节水电站的保证出力。

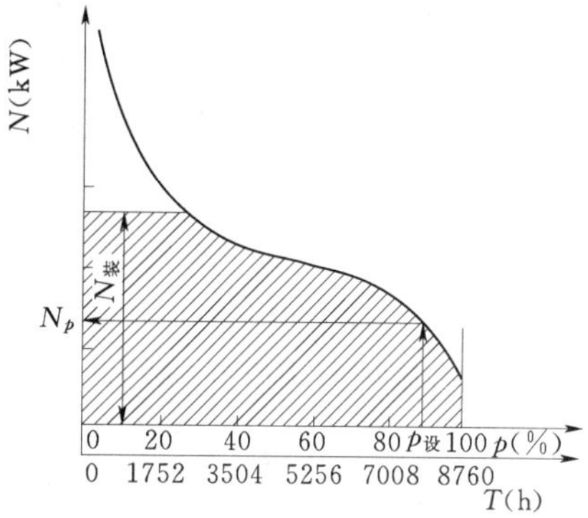

图 14-13　日平均出力频率（历时）曲线

2. 日调节水电站保证出力

日调节水电站具有一定的库容，可将一日内的天然流量调节为电力变化需要的流量。日调节水电站的计算方法与无调节基本相同，区别仅在于无调节水电站的上游水位固定不变，而日调节水电站的上游水位日内在正常蓄水位和死水位之间变化。计算仍以日为时段，上游日平均水位由死库容加上日调节库容的 1/2，再查库容曲线得出，保证出力计算同上。

3. 年调节水电站保证出力

年调节水库通过兴利库容可以将年内水量进行重新分配，所以年调节水电站的发电流量不完全取决于天然流量。发电流量的变化还会影响上游库水位的变化，也影响水电站尾水位的变化，因此，年调节水电站的水能计算比较复杂。下面介绍以等流量调节方式进行计算的方法。

等流量调节方式是一种近似方法，是为了计算简便而提出来的。它设想蓄水期的发电流量和供水期的发电流量都是均匀的，即在水库调节能力允许的情况下，尽量使发电流量为均匀流量。年调节的水能计算一般以月为时段，供水期的发电流量（调节流量）用下式计算

$$Q_{供调}=\frac{W_{供}+V_{兴}}{T_{供}} \tag{14-12}$$

式中：$Q_{供调}$ 为供水期的调节流量，m^3/s；$W_{供}$ 为供水期的天然来水量，$(m^3/s)\cdot$月；$V_{兴}$

为水库的兴利库容，(m^3/s)·月；$T_{供}$为供水期的月数。

由于供水期长短与供水期来水量有关联，所以需用试算法求调节流量。先假定供水期$T_{供}$，即可求得供水期来水量$W_{供}$，按式（14-12）求得调节流量$Q_{供调}$，然后以$Q_{供调}$检查假定的供水期是否合理，因供水期是指天然流量小于调节流量的时期，如不合理，则要重新试算。

蓄水期的发电流量（调节流量）由下式计算

$$Q_{蓄调}=\frac{W_{蓄}-V_{兴}}{T_{蓄}} \tag{14-13}$$

同样采用试算法求出$Q_{蓄调}$，即先假定蓄水期$T_{蓄}$，求得$W_{蓄}$，按式（14-13）求出$Q_{蓄调}$，然后以$Q_{蓄调}$检查假定的蓄水期是否合理，蓄水期是指天然流量大于调节流量的时期。试算合理后，就可确定$Q_{蓄调}$。

在天然来水过程中，若某些时段既不是供水期也不是蓄水期，则称为不蓄不供期。这些时期的发电量等于天然流量的发电量。

【例题12】 某年调节水电站的兴利库容为$12(m^3/s)$·月，死库容为$4(m^3/s)$·月，某年来水过程如表14-11第（2）栏。试对该年的水能（出力系数$A=7$）进行计算。

解：（1）计算各月发电调节流量。假定9月～次年2月这6个月为供水期，则$W_{供}=2.35+0.85+1.20+1.00+1.65+2.50=9.55(m^3/s)$·月，$Q_{供调}=(9.55+12)/6=3.59(m^3/s)$；而9月～次年2月的天然来水量小于$3.59m^3/s$，3～8月的天然流量大于$3.59m^3/s$，故该假定是正确的。同样可得蓄水期3～7月的调节流量为$4.9m^3/s$。将蓄水期、供水期的调节流量填于第（3）栏。为计算方便，9月～次年1月的$Q_{供调}=3.6m^3/s$，而2月的$Q_{供调}=3.55m^3/s$是为了保持水量平衡，8月为不蓄不供期。

（2）计算水库各月蓄水量和月平均水位。由余缺水量和死库容求得第（8）栏的各月末水库蓄水量，根据第（9）栏的月平均蓄水量，查水位容积曲线得第（10）栏的上游月平均水位。

（3）计算各月下游水位。由第（3）栏查下游水位流量关系曲线得第（11）栏的下游水位。

（4）计算各月出力。由上、下游水位计算水头填于第（12）栏（此例未考虑水头损失），结合第（3）栏便可按式（14-10）得第（13）栏的各月平均出力。

（5）计算年发电量。第（13）栏的平均值即为年平均出力，将其乘以一年的小时数，即为此年的发电量7.41×10^6kW·h。

年调节水电站的保证出力是指相应于设计保证率供水期的平均出力。由上述年调节水电站的水能计算可知，对每一年的水文资料，都可通过水能计算得出供水期的平均出力。将各年供水期的平均出力从大到小排序，计算出相应频率，并绘制频率曲线，在曲线上查得相应于设计保证率的出力便是年调节水电站的保证出力。

在精度要求不是很高时，为了简化计算，可以只对设计枯水年进行水能计算，此年供水期的平均出力即为保证出力。如果表14-11所表示的年份为设计枯水年，则保证出力$N_p=(837+799+743+716+643+579)/6=720$（kW）。

表 14-11　　某水库出力计算

月份	天然来水 (m^3/s)	发电用水 (m^3/s)	余水量		不足水量		月末水库蓄水 (万 m^3)	平均蓄水 (万 m^3)	月平均水位 (m)	下游水位 (m)	水头 (m)	出力 (kW)
			流量 (m^3/s)	水量 (万 m^3)	流量 (m^3/s)	水量 (万 m^3)						
(1)	(2)	(3)	(4)	(5)	(6)	(7)	(8)	(9)	(10)	(11)	(12)	(13)
							1050					
3	7.50	4.90	2.60	683			1732	1391	25.50	1.50	24.00	823
4	6.50	4.90	1.60	420			2154	1943	28.50	1.5	27.00	926
5	5.00	4.90	0.10	26			2180	2163	29.50	1.50	28.00	960
6	12.00	4.90	7.10	1866			4042	3111	32.40	1.50	30.90	1060
7	5.50	4.90	0.60	158			4200	4121	34.80	1.5	33.30	1140
8	3.90	3.90					4200	4200	35.00	1.30	33.70	920
9	2.35	3.60			1.25	329	3873	4037	34.50	1.30	33.20	837
10	0.85	3.60			2.75	723	3153	3513	33.00	1.30	31.70	799
11	1.20	3.60			2.40	631	2525	2839	30.80	1.30	29.50	743
12	1.00	3.60			2.6	683	1844	2184	29.70	1.30	28.40	716
1	1.65	3.60			1.95	512	1334	1590	26.80	1.30	25.50	643
2	2.50	3.55			1.05	276	1058	1196	24.80	1.30	23.30	579

注　表中第（5）、第（7）栏等于第（4）、（6）栏乘以平均每个月的秒数（2.63×10^6）。

4. 多年调节水电站保证出力

多年调节水电站的特点是水库能进行年际间的水量调配，将丰水年蓄存在水库中的多余水量，可以调配到连续几个枯水年份使用。多年调节水电站的水能计算与年调节水电站水能计算相似，只是在求发电流量时，多年调节水库的供水期与蓄水期的调节周期可能长达若干年。以等流量的调节方式进行水能计算时，试算确定供水期或蓄水期的调节流量，仍可用式（14-12）和式（14-13）。只要各年调节流量确定后，就可列表进行各年的水能计算了。

多年调节水电站的保证出力是指符合设计保证率要求的连续枯水年组的平均出力。因此，多年调节水电站的保证出力通常可采用设计枯水年组的水文资料进行计算。首先对枯水年组进行调节计算，通过试算求得供水期（枯水年组）调节流量 $Q_{调}$，并用简单计算法或列表法求得供水期内的平均水头。用简算法时，以$\overline{V}=V_{死}+\frac{1}{2}V_{兴}$查得平均库水位，以$Q_{调}$查得下游水位，从而可得平均水头$\overline{H}$。用列表法时，列出供水期的来水量和调节流量，从正常蓄水位开始，计算各时段的蓄水量和库水位，下游水位由 $Q_{调}$ 查得，计算各时段的水头，就可以求得供水期的平均水头$\overline{H}$，则供水期的平均出力即为保证出力 $N_p=AQ_{调}\overline{H}$。

二、多年平均年发电量的计算

1. 无调节水电站多年平均发电量

无调节水电站多年平均发电量的计算可采用日平均出力历时曲线来求得。出力历时曲线以下的全部面积，如图 14-13 所示，即为水流所具有的多年平均发电量。但由于装机容量的限制，某些时刻过大的出力是不能利用的，不能包括在内。因此可在图 14－13 的纵坐标上做出装机容量的水平线（称为切头），则图中阴影面积即为多年平均发电量。当然，亦可将各年进行列表计算平均发电量。

2. 日调节水电站多年平均发电量

日调节水电站与无调节水电站相同。

3. 年调节水电站多年平均发电量

年调节水电站的多年平均发电量，如用长系列资料，就应每年进行水能计算，求得各年的年发电量，如例题 12 中的（5），然后再求多年平均值即为多年平均年发电量。简化的方法，就是选择丰、中、枯三个代表年，分别计算这三年的发电量 $E_{年,丰}$、$E_{年,中}$、$E_{年,枯}$，再取三年平均值作为多年平均年发电量。

在计算各年发电量时，不能把月平均出力大于装机容量的部分包括在内，多余部分为弃水出力，即实际计算时，凡是月平均出力大于装机容量 $N_{装}$ 的都应以 $N_{装}$ 代替，再来计算发电量。

4. 多年调节水电站多年平均发电量

多年调节水电站的多年平均发电量计算与年调节相同，只是要对多年连续计算。因调节周期是多年，不是每年都能蓄满和放空水库的，可从水库蓄满或水库放空时开始连续计算，计算出各年发电量后，求其均值，即为多年平均发电量。简化计算时，亦可用丰、中、枯三个代表年进行，求得这三年的发电量的均值即为多年平均发电量。

三、装机容量的选择

水电站的装机容量从设备的观点来看，包括最大工作容量、备用容量和重复容量。最大工作容量是为满足用户的最大负荷需要而设置的容量。只有最大工作容量还不能保证用户的正常供电，这是因为：①有超过最大负荷的跳动负荷出现时供电就不正常，要正常工作就要设置备用容量，称负荷备用容量；②有些机组可能会突发事故，供电就不正常，若有备用容量代替事故机组工作才能正常供电，为此设置的备用容量称事故备用容量；③机组到一定时期（如每年一次）要进行检修，在检修期间，应有机组代替其工作，若专门为代替检修机组工作而设置的容量称为检修备用容量。综上所述，备用容量包括负荷备用容量、事故备用容量和检修备用容量。最大工作容量和备用容量之和称为必需容量，是正常供电必不可少的。除必需容量外，在调节性能较差的水电站上，为了充分利用水力资源，减少弃水，可多装一部分容量来发季节性电能，这部分容量称季节容量或重复容量。

装机容量是水电站的重要参数，它反映了水电站的规模、水力资源的利用程度、水电站的效益及供电保证的程度等。装机容量的选择，应根据用户的负荷要求、天然水量、水电站的落差、水库调节性能、综合利用要求和水电站在电力系统的作用等通过技术经济比较，综合分析，合理确定。总之，装机容量的选择是个复杂的过程，但在规划阶段进行方案比较时，或规模较小的水电站，装机容量的选择通常用简化方法。

1. 装机容量年利用小时数法

水电站多年平均发电量$\overline{E}_{年}$除以装机容量 $N_{装}$ 得机组多年平均年利用小时数，即一年内要求发电量为$\overline{E}_{年}$，全部机组满载运行时所需要的发电小时数，简称年利用小时数 $h_{年}$，即

$$h_{年}=\frac{\overline{E}_{年}}{N_{装}} \tag{14-14}$$

当 $h_{年}$ 较大时，表示机组运行时间长，设备利用率高，水力资源利用不充分；当 $h_{年}$ 较小时，表示机组运行的时间短、设备利用率低，而水力资源利用较充分。因此，可以从设备利用率、电力需要、地区的水力资源等具体条件考虑，选定水电站的年利用小时数，然后推求装机容量，即

$$N_{装}=\frac{\overline{E}_{年}}{h_{年}} \tag{14-15}$$

但是水电站的$\overline{E}_{年}$和 $N_{装}$ 有关，因此利用上式计算装机容量时需要采用试算法。假定若干个装机容量，通过水能计算求得若干个多年平均发电量，再按式（14－14）算出若干个年利用小时数，绘制 $N_{装}$—$h_{年}$ 关系曲线，如图 14－14 所示。

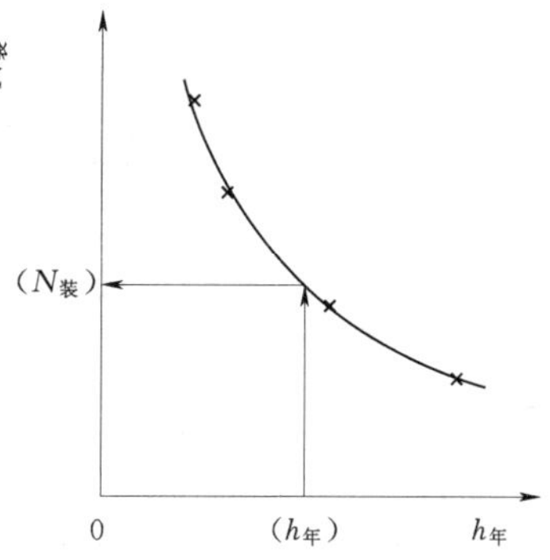

图 14－14　$N_{装}$—$h_{年}$ 关系曲线

然后按选定的设计年利用小时数 $h_{年}$ 查出水电站应有的装机容量 $N_{装}$。装机容量年利用小时数法的关键在于如何确定水电站的设计年利用小时数，它是反映水电站经济的综合指标。它的确定要考虑如下因素：①对水力资源丰富的地区，$h_{年}$ 应取较大的数值；②调节性能好的水电站，$h_{年}$ 应取较小的数值；③若水电站在电网中比重较大时，$h_{年}$ 应取较大的数值；④用户用电较均匀时，$h_{年}$ 应取较大的数值；⑤综合利用的水库，$h_{年}$应取较小值。一般取值是在 2000～6000h 内选择。

2. 保证出力倍比法

对有调节的水电站来说，最大工作容量占装机容量的比重较大，而最大工作容量的大小取决于保证出力。因此，装机容量 $N_{装}$ 与保证出力 N_p 有较密切的关系，即

$$N_{装}=cN_p \tag{14-16}$$

式中：c 为倍比系数。c 值的确定与 $h_{年}$ 值考虑的因素相同，即：①水力资源丰富的地区，c 值可取小些；②调节性能好的水电站，c 值可取大些；③水电比重在电网中较大时，c 值可取小些；④用户负荷较均匀时，c 值可取小些；⑤综合利用的水库，c 值可取大些。一般情况下 c 值在 2～4 之间选取；但对某些地区，水力资源非常缺乏，c 值可达 6～8。c 值确定后就很容易确定装机容量。

确定装机容量后，还要考虑机组设备的生产和供应情况。①对大型水电站，可以与生产厂家协商，定制适合本电站情况的新型机组；②对小型水电站，一般是套用定型机组，使水电站建设易于进行。机组机型确定后，装机容量才能最后确定。

习　　题

1. 思考题。（1）如何判断多次运用的调节库容？（2）如何考虑水库的水量损失？（3）水库的设计兴利库容是如何确定的？（4）如何由兴利库容确定调节流量？

2. 已知某水库 1978～1979 水利年的来水量及用水量，如表 14－12 所示。试求：（1）

调节库容；(2) 分别用早蓄和晚蓄方案求水库月末蓄水量及弃水量。

表 14-12　　某水库 1978～1979 水利年的来水量及用水量

月　份	7	8	9	10	11	12	1	2	3	4	5	6
来水量 (10^4m^3)	2075	775	575	275	275	95	175	95	115	225	305	425
用水量 (10^4m^3)	785	285	85	385	185	165	135	15	485	385	685	1000

3. 已知某年调节水库的设计代表年 ($P=80\%$) 各月来水、用水、蒸发损失标准及水库特性曲线等资料，如表 14-13、表 14-14 所示，渗漏损失按相应月库容的 1%计算，死库容为 300 万 m^3。试求：(1) 不考虑水量损失的调节库容；(2) 考虑水量损失的调节库容。

表 14-13　　某水库设计来水、用水及蒸发分配资料

月　份	1	2	3	4	5	6	7	8	9	10	11	12
来水 (10^4m^3)	410	381	1273	428	404	1126	3988	4994	997	474	181	170
用水 (10^4m^3)	210	210	465	980	650	840	1240	2000	543	210	985	1246
蒸发分配 (mm)	9	11	24	49	65	70	75	79	73	32	15	10

表 14-14　　某水库特性曲线

水位 Z (m)	150	152	154	156	158	160	162	164	166	168	170
面积 A (km^2)	0	0.3	0.62	0.93	1.22	1.68	2.08	2.43	2.90	3.35	3.95
容积 (10^4m^3)	0	100	300	1500	2400	3200	3900	4500	4900	5300	5600

4. 某以发电为主的年调节水库，已知设计枯水年的各月来水量，如表 14-15 所示，兴利库容为 110(m^3/s)·月，供水期上游平均水位为 100m，下游平均水位为 80m，出力系数 $A=7$，出力倍比系数 $c=3$，不计水量损失。试求：(1) 水库供水期的调节流量；(2) 水电站的保证出力；(3) 水电站的装机容量。

表 14-15　　某水电站坝址处设计枯水年各月来水量

月　份	5	6	7	8	9	10	11	12	1	2	3	4
流量 (m^3/s)	80	70	80	20	5	5	5	5	5	5	10	10

第十五章 水库防洪调节计算

天然条件下的河川径流具有利害两重性，在河流上修建水库的目的是兴利除害，所以既要考虑兴利问题，也要关注防洪问题。水库的防洪任务，一是通过设置蓄洪库容和泄洪措施保护水库不受洪水漫顶的威胁；二是通过设置防洪库容调节洪水，减轻或免除对下游的威胁。

水库防洪调节计算的主要内容包括水库调洪计算和水库防洪计算。调洪计算的目的是在已拟定泄洪建筑物型式和尺寸的条件下，根据各种标准的设计洪水，遵循水库汛期的控制运用规则，计算出水库的泄流过程，确定最大泄量、防洪水位及防洪库容。水库防洪计算的目的是在调洪计算的基础上，主要是对各种拟定的防洪方案进行比较，以期选择最佳的泄流方案。

第一节 水库的调洪作用

一、水库的调洪作用

1. 溢洪道无闸门控制

无闸控制的开敞式溢洪道如图 15－1 所示，这种泄洪设施具有结构简单，造价低，操作方便的特点，小型水库常采用。

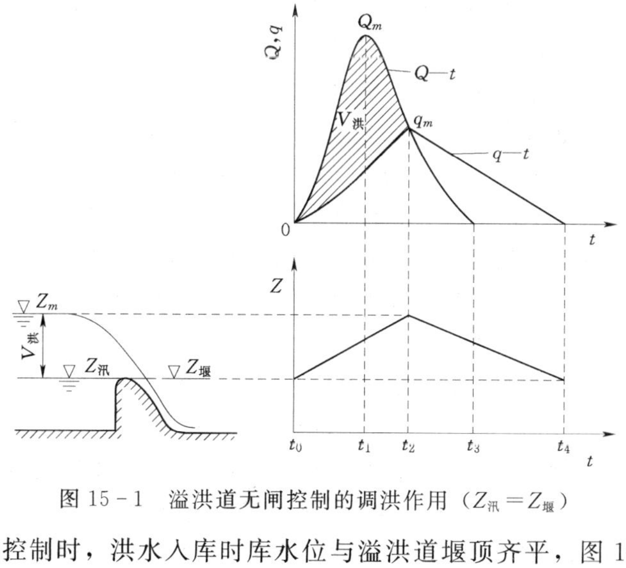

图 15－1 溢洪道无闸控制的调洪作用（$Z_汛=Z_堰$）

溢洪道无闸门控制时，洪水入库时库水位与溢洪道堰顶齐平，图 15－1 中的 $Q—t$ 为入库洪水过程，$q—t$ 为下泄洪水过程，$Z—t$ 为库水位变化过程。水库对洪水的调节过程分为以下三个阶段：①洪水入库时刻 t_0 为起调时刻，此时起调水位 $Z=Z_汛=Z_堰$，下泄量

$q=0$；②在 $t_0 \sim t_2$ 时段，由于 $Q>q$，水库始终处于蓄水状态，库水位 Z 不断升高，下泄量 q 也相应增大。至 t_2 时刻 $Q=q$，水库达到最高水位 Z_m 与最大蓄量 $V_{洪}$，下泄量也达到最大 q_m；③t_2 时刻以后，由于 $Q<q$，前一时段暂蓄的洪水逐渐下泄，库水位逐渐下降，下泄量也随之减小。至 t_4 时刻，库水位回到堰顶高程，调洪过程结束。

如果洪水入库时 $Z_{汛}<Z_{堰}$，如图 15－2 所示，水位则需先充蓄至堰顶高程，其后溢洪道才开始泄流，开始泄流后的调洪过程与前相同。此种情况下，如果入库洪水相同，则因堰顶以下、汛限水位以上的库容 $V_{蓄}$ 起到了拦蓄部分洪水的作用，因而调洪过程中出现的最高洪水位相对较低，溢洪道最大泄量也相应变小。

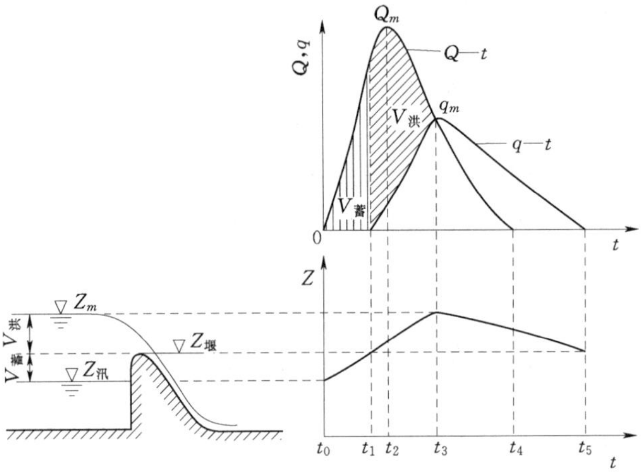

图 15－2　溢洪道无闸控制的调洪作用（$Z_{汛}<Z_{堰}$）

2. 溢洪道有闸门控制

对大中型水库，特别是承担下游防洪任务的水库，溢洪道一般都设有闸门，此时水库的防洪与兴利库容相结合成为可能。有闸控制水库的调洪作用，因水库汛期控制运用情况不同而变得复杂，下面介绍一种较为简单的情况。

如图 15－3 所示，起调水位为汛限水位，入库洪水为相应于下游防洪标准的洪水，下游防洪控制区的允许安全泄量为 $q_{允}$。水库对洪水的调节过程分为以下五个阶段：①在 $t=t_0$ 时刻起调水位 $Z=Z_{汛}$，$Z_{汛}>Z_{堰}$，下泄量 $q=0$。②在 $t_0 \sim t_1$ 时段，考虑到汛后兴利的需要，在没有准确洪水预报的情况下，不允许闸门全开，而应控制闸门的开度使 $q=Q$，相应的库水位稳定在汛限水位。泄流过程为图中的 ab 段，该阶段为控制泄流阶段。至 t_1 时刻闸门已完全开启，溢洪道自由泄流。③在 $t_1 \sim t_2$ 时段，由于后续入库流量持续增大，为尽快泄洪，闸门处于全开状态，此阶段因 $Q>q$，水库进入蓄水状态，库水位升高，下泄量也相应增大，直至 t_2 时刻 $q=q_{允}$。泄流过程为图中 bc 段，该阶段为自由泄流。④在 $t_2 \sim t_3$ 时段，由于 t_2 时刻以后入库流量大于水库泄流能力，若水库仍按泄流能力下泄，则下泄流量将超过 $q_{允}$，不能确保下游安全。为此，应逐渐减小闸门开度，使 $q=q_{允}$，泄流过程为图中 cd 段，该阶段为控制泄流。⑤在 $t_3 \sim t_4$ 时段，到 t_3 时刻水库的蓄洪量达到最大值（防洪库容 $V_{防}$），相应的最高洪水位即为防洪高水位 $Z_{防}$。t_3 时刻以后，为尽快将水位降低至 $Z_{汛}$，闸门开度又逐渐加大，在保证 q 不超过 $q_{允}$ 的条件下，迅速腾空库容，迎接下次洪水。

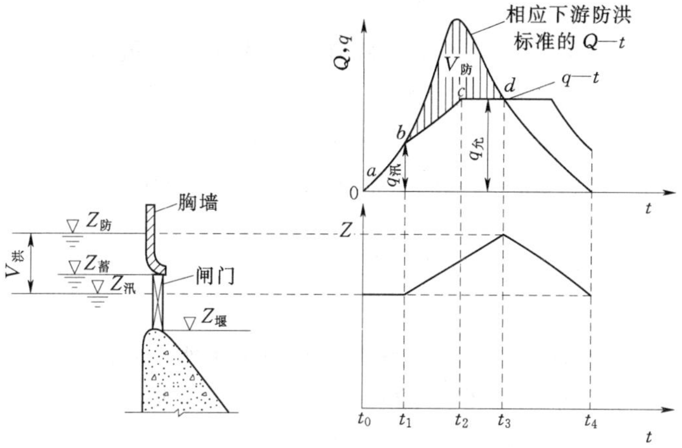

图 15-3　溢洪道设闸门控制的调洪作用

根据以上两种情况的分析可以看出，水库的调洪作用表现在：通过对入库洪水的蓄、泄，出库洪水过程相对于入库洪水过程变得更为平缓，洪水历时拉长，洪峰流量减小。水库对洪水的这种调节作用主要与入库洪水、泄流建筑物型式与尺寸、汛期水库的控制运用方式和下游的防洪要求有关。例如，减小泄流建筑物尺寸，同一库水位的下泄量也将减小，最终会导致调洪库容的增大。又如，下游河道的安全泄量增大，最终会导致调洪库容的减小。因此，入库洪水、泄流建筑物类型与尺寸、调洪方式和调洪库容之间是相互关联、相互影响的。水库防洪调节计算，就是要定量地分析它们之间的关系。

二、水库的调洪机理

根据水库的水量平衡方程 $Q-q=\frac{\mathrm{d}V}{\mathrm{d}t}$ 可知：①当入库洪水流量大于出库流量时，即 $Q>q$，$\frac{\mathrm{d}V}{\mathrm{d}t}>0$，水库的蓄水量增加，库水位逐渐升高；②当入库洪水流量小于出库流量时，即 $Q<q$，$\frac{\mathrm{d}V}{\mathrm{d}t}<0$，水库的蓄水量减少，库水位逐渐下降；③当入库洪水流量与出库流量相等时，即 $Q=q$，$\frac{\mathrm{d}V}{\mathrm{d}t}=0$，水库的蓄水量达到最大，库水位也达到最高，这时下泄的流量也必然最大。

根据上述分析并结合水库的调洪作用表明，当入库洪水流量与下泄流量相等时，即下泄洪水过程线的峰值必然落在入库洪水过程线的退水段，并相交，这时才会出现最大蓄水量和最高洪水位，这一概念在后面的调洪计算中是非常有用的。

第二节　水库调洪计算原理

一、水库的泄流能力

在水库泄洪设施中，根据水库的具体条件可设置表面式溢洪道或深水式泄洪洞，或二者兼有。溢洪道又分为有闸控制和无闸控制两种形式。深水式泄洪洞都有闸门控制，当设置高程较低时，还可起到施工导流、放空水库和排沙等多种作用。因此，重要的大中型水库枢纽一般均设有上述两类泄洪建筑物。

泄洪建筑物的泄流能力是指泄洪建筑物在某一水头下的最大下泄流量。对无闸溢洪道，该水头下的泄流量和泄流能力是一致的；对于有闸溢洪道，当闸门全开时二者也是一致的。溢洪道的类型、尺寸既定之后，不管是有闸还是无闸，其泄流能力仅随水头而变化，只是实际应用中，无闸溢洪道只能按泄流能力下泄，有闸溢洪道则可在泄流能力之内由闸门控制下泄流量，因而更加灵活。

溢洪道的泄流能力可按堰流公式来计算

$$q_{溢}=M_1BH^{3/2} \tag{15-1}$$

式中：$q_{溢}$为溢洪道的泄流能力，m^3/s；H 为溢洪道堰上水头，m；B 为溢洪道堰顶净宽，m；M_1 为流量系数，其值取决于溢流堰的形式，可查阅《水力学》。

泄洪洞的泄流能力可按有压管流公式计算

$$q_{洞}=M_2\omega H^{1/2} \tag{15-2}$$

式中：$q_{洞}$为泄洪洞的泄流能力，m^3/s；H 为泄洪洞计算水头（非淹没出流时等于库水位与洞口中心高程之差；淹没出流时等于上、下游水位之差），m；ω 为泄洪洞的断面面积，m^2；M_2 为流量系数，可查阅《水力学》。

二、水库调洪计算原理

1. 水库的水量平衡方程

水库水量平衡方程与河段水量平衡方程相同，即计算时段 Δt 内进入水库的水量与下泄的水量之差应等于该时段内水库蓄水量的变化量：

$$\frac{Q_1+Q_2}{2}\Delta t-\frac{q_1+q_2}{2}\Delta t=V_2-V_1 \tag{15-3}$$

式中：Q_1、Q_2 为 Δt 始、末的入库流量，m^3/s；q_1、q_2 为 Δt 始、末的出库流量，m^3/s；V_1、V_2 为 Δt 始、末的水库蓄水量，m^3。

2. 水库的蓄泄方程

当水库的泄流建筑物型式、尺寸一定时，泄流能力只取决于泄流水头或水库蓄水量，即泄流能力是泄流水头 H（或库水位 Z、或库容 V）的单值函数。于是式（15－1）与式（15－2）可用蓄泄方程来表示，即

$$q=f_1(H)=f_2(Z)=f_3(V) \tag{15-4}$$

式（15－4）称为蓄泄方程，其中 q—V 关系曲线称为蓄泄曲线。在调洪计算时，计算时段 Δt 可根据精度要求，视入库洪水过程的变化情况而定，对陡涨陡落的洪水 Δt 应取短一些；反之可取长一些。水库蓄水量 V_1 与下泄流量 q_1 为初始条件，由前一时段求得，V_2 与 q_2 未知。入库洪水过程 Q_1、Q_2 已知，为了求解 V_2 与 q_2，需要联立求解式（15－3）与式（15－4）。通过逐时段连续计算，即可求出水库的下泄流量 q 过程。

第三节　水库调洪计算列表试算法

水库调洪计算主要有列表试算法、图解法和简化三角形法等，列表试算法是应用最广

的一种方法，本节先介绍此法。

对于无闸控制而自由泄流的水库，计算步骤如下。

(1) 根据库容曲线和拟定的泄流建筑物型式和尺寸，用泄流公式（15－1）和式（15－2）计算并绘制蓄泄关系 q—V 曲线，如图 15－4 所示。

(2) 根据水库汛期的控制运用方式，确定调洪计算的初始条件，如起调水位 Z_1 及相应的库容 V_1、下泄流量 q_1，根据入库洪水特点确定计算时段 Δt。

(3) 试算法求泄流量 q_2。假设第一时段末的 q_2，由水量平衡方程式（15－3）求得 V_2，再由 V_2 在蓄泄曲线 q—V 上查得 q_2，若它与假设的 q_2 相等，即为所求。否则，需重新假设 q_2。完成了第一个时段的计算后，把第一时段末的 V_2、q_2，作为第二时段初的 V_1 与 q_1，用同样的方法进行第二时段的试算。这样连续计算便可求得整个泄流过程 q—t。

(4) 将入库洪水过程 Q—t 和计算的泄流（出库）过程 q—t 绘在同一张图上，如图 15－5 所示。根据调洪原理，若计算出的最大下泄流量 q_m 正好是两线的交点，说明计算的 q_m 正确。否则，应缩小 q_m 附近的计算时段 Δt 值，重新进行试算，直至计算的 q_m 正好是两线的交点为止。

(5) 由 q_m 查蓄泄曲线 q—V，可得最高洪水位时的库容 V_m。由 V_m 减去起调水位相应的库容，即得水库对入库洪水的调洪库容 $V_洪$。再由 V_m 查水库的库容曲线 Z—V，得到最高洪水位 Z_m。显然，当入库洪水为相应的设计标准的洪水、起调水位为汛限水位时，求得的 $V_洪$ 和 Z_m 即是设计调洪库容与设计洪水位；当入库洪水为校核标准的洪水、起调水位为汛限水位时，求得的 $V_洪$ 和 Z_m 即是校核调洪库容与校核洪水位。

【例题 1】 某水库泄流建筑物为无闸溢洪道，堰顶高程与正常蓄水位齐平，均为 132m，堰顶净宽 $B=40$m，流量系数 $M_1=1.6$。该水库设有小型水电站，汛期按水轮机过水能力 $q_电=10\text{m}^3/\text{s}$ 引水发电，尾水再引入渠首灌溉。水库的水位容积关系曲线见表 15－1。设计标准为百年一遇的设计洪水过程线如表 15－3 中第（1）、（3）栏所列。用试算法求水库泄流过程、设计最大下泄流量、设计调洪库容和设计洪水位。

表 15－1　　水库水位—容积关系

水位 Z（m）	116	118	120	122	124	126	128	130	132	134	136	138
库容 V（10^4m^3）	0	20	82	210	418	732	1212	1700	2730	3600	4460	4880

表 15－2　　水库蓄泄关系曲线计算

库水位 Z(m)	(1)	132	132.5	133	133.5	134	134.5	135	136	137
溢洪道堰顶水头 H（m）	(2)	0	0.5	1	1.5	2	2.5	3	4	5
溢洪道泄量 $q_溢$（m^3/s）	(3)	0	22	64	118	181	253	333	512	716
发电洞泄量 $q_电$（m^3/s）	(4)	10	10	10	10	10	10	10	10	10
总泄流量 q（m^3/s）	(5)	10	32	74	128	191	263	343	522	726
库容 V（10^4m^3）	(6)	2730	2980	3180	3420	3600	3840	4060	4460	4880

解：(1) 首先绘出 Z—V 关系曲线备用，再计算并绘制水库的蓄泄曲线 q—V。具体计算见表 15－2。

表 15－2 中第（1）行为堰顶高程 132m 以上假设的不同库水位 Z。第（2）行为堰顶

水头 H，等于库水位 Z 减去堰顶高程。第（3）行为溢洪道泄量，可用下式计算

$$q_{溢}=M_1BH^{3/2}=1.6\times40H^{3/2}=64H^{3/2}$$

第（4）行为发电流量 $10\mathrm{m^3/s}$。第（5）行为总的泄流量。第（6）行为相应库水位 Z 的库容 V，可由库容曲线查得。

利用表 15-2 中第（5）、（6）行对应值绘制 q—V 蓄泄曲线，如图 15-4 所示。

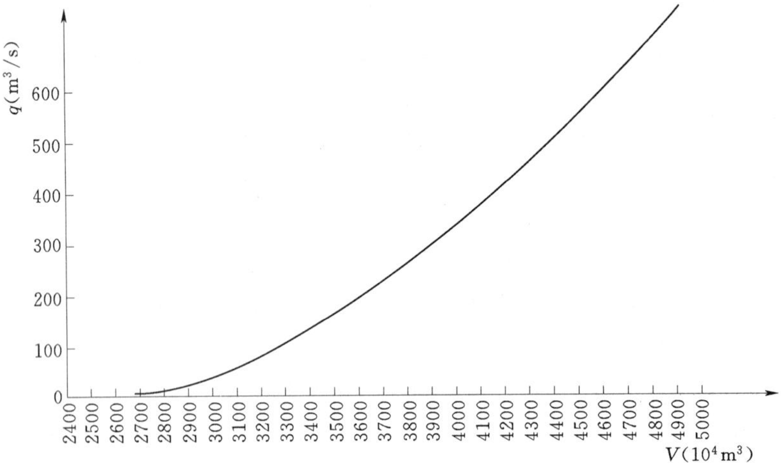

图 15-4　水库 q—V 蓄泄关系曲线

（2）确定调洪起始条件。由于水库溢洪道无闸门控制，因此起调水位等于汛限水位，与堰顶高程齐平（132m），相应库容为 $2730\times10^4\mathrm{m^3}$，初始泄量为发电流量 $10\mathrm{m^3/s}$。

（3）逐时段试算推求泄流过程 q—t。试算过程采用列表方式，见表 15-3。计算时段 Δt 取 8h。对于第一时段，可由已知的起始条件 $q_1=10\mathrm{m^3/s}$、$V_1=2730\times10^4\mathrm{m^3}$，以及已知的 $Q_1=0\mathrm{m^3/s}$，$Q_2=100\mathrm{m^3/s}$，假设 q_2 值，逐栏推算，求得第（9）栏 ΔV 值。

表 15-3　　**某水库调洪计算表（摘录）**

时间 t (h)	时段 Δt (h)	Q ($\mathrm{m^3/s}$)	$\frac{Q_1+Q_2}{2}$ ($\mathrm{m^3/s}$)	$\left(\frac{Q_1+Q_2}{2}\right)\Delta t$ ($10^4\mathrm{m^3}$)	q ($\mathrm{m^3/s}$)	$\frac{q_1+q_2}{2}$ ($\mathrm{m^3/s}$)	$\left(\frac{q_1+q_2}{2}\right)\Delta t$ ($10^4\mathrm{m^3}$)	ΔV ($10^4\mathrm{m^3}$)	V ($10^4\mathrm{m^3}$)	Z (m)
(1)	(2)	(3)	(4)	(5)	(6)	(7)	(8)	(9)	(10)	(11)
0		0			10				2730	132.0
8	8	100	50	144.0	16	13	37.4	106.6	2837	132.2
16	8	480	290	835.2	134	75	216.0	619.2	3456	133.6
24	8	840	660	1900.8	510	322	927.4	973.4	4429	135.9
28	4	730	785	1130.4	640	575	828.0	302.4	4731	136.6
30	2	650	690	496.8	660	650	468.0	28.8	4760	136.7
32	2	560	605	435.6	638	649	467.3	−31.7	4728	136.6
40	8	340	450	1296.0	490	564	1624.3	−328.3	4400	135.8
48	8	210	275	792.0	330	410	1180.8	−388.8	4011	134.9
⋮	⋮	⋮	⋮	⋮	⋮	⋮	⋮	⋮	⋮	⋮

假设 $q_2=20\text{m}^3/\text{s}$ 时，求得 $\Delta V=100.8\times10^4\text{m}^3$。进而求得第（10）栏 V_2 值为 $2831\times10^4\text{m}^3$，以此 V_2 值，由图 15－4 中查得 $q_2=15\text{m}^3/\text{s}$。查得的 q_2 值与原假设不符，需重新假设 $q_2=16\text{m}^3/\text{s}$，求得 $\Delta V=106.6\times10^4\text{m}^3$，$V_2=2837\times10^4\text{m}^3$，由此值再查蓄泄曲线 $q—V$，得 $q_2=16\text{m}^3/\text{s}$，与假设相符，即为所求，填入表 15－3 中的第（6）栏。

将第一时段末的 V_2、q_2 作为第二时段初的 V_1、q_1，重复类似的计算可求得第二时段末的 $q_2=134\text{m}^3/\text{s}$，$V_2=3456\times10^4\text{m}^3$。如此连续试算下去，即可得到时段 Δt 为 8h 的泄流过程 $q—t$。

（4）绘制 $Q—t$ 与 $q—t$ 曲线，求最大下泄流量 q_m。以表 15－3 中第（1）、（3）、（6）栏相应的数值，绘制 $Q—t$ 与 $q—t$ 曲线，如图 15－5 所示。由图可知，以 $\Delta t=8\text{h}$ 求得的 $q_m=638\text{m}^3/\text{s}$ 并不正好落在 $Q—t$ 曲线上（图中虚线表示的 $q—t$ 段），也就是说 $Q—t$ 与 $q—t$ 的交点并不是 q_m 值，这说明计算时段 Δt 在第 4 时段取得太长。

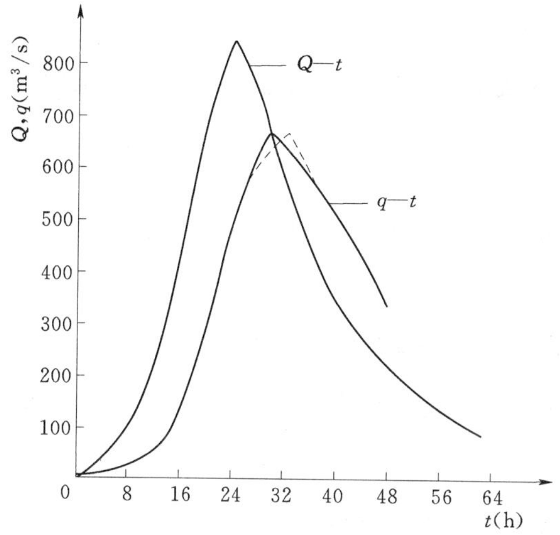

图 15－5　水库设计洪水过程线与下泄流量过程线

将计算时段 Δt 在 $t=24\text{h}$ 与 32h 之间减小为 4h 和 2h，重新进行试算，则得如表 15－3 中第（6）栏相应于 $t=28\text{h}$、30h、32h 时的泄流值。以此最终成果重新绘图，即为图 15－5 中以实线表示的 $q—t$ 过程。最大泄量 q_m（$660\text{m}^3/\text{s}$）发生在 $t=30\text{h}$ 时刻，正好是 $q—t$ 曲线与 $Q—t$ 曲线的交点，即为所求。

（5）求设计调洪库容 $V_设$ 和设计洪水位 $Z_设$。利用表 15－3 中第（10）栏各时段末库容值 V，在库容曲线上查得各时段末的相应库水位 Z，即表中第（11）栏。$q_m=660\text{m}^3/\text{s}$ 的库容为 $4760\times10^4\text{m}^3$，减去堰顶高程以下库容 $2730\times10^4\text{m}^3$，即为 $V_设=2030\times10^4\text{m}^3$，而相应于 $4760\times10^4\text{m}^3$ 的库水位，即为 $Z_设=136.7\text{m}$。

从以上计算过程可以看出，列表法概念清晰、易于掌握。虽然试算工作量较大，但它既可用于无闸，也可用于有闸；既适用于固定时段 Δt，也适用于变动时段的调洪计算。

第四节　水库调洪计算图解法

一、单辅助线半图解法

试算法概念明确，但计算量大。在实际工作中，采用单辅助线半图解法可避免试算。单辅助线法的基本原理依然是逐时段连续求解水量平衡方程和蓄泄方程。

先将水量平衡方程式（15－3）改写为

$$\frac{V_2}{\Delta t}+\frac{q_2}{2}=\frac{Q_1+Q_2}{2}-q_1+\frac{V_1}{\Delta t}+\frac{q_1}{2} \tag{15-5}$$

根据水库蓄泄方程式（15－4）计算并绘制出辅助曲线，如图 15－6 所示。

单辅助线表达式为
$$q=f\left(\frac{V}{\Delta t}+\frac{q}{2}\right) \tag{15-6}$$

利用单辅助线进行计算的步骤如下：

（1）由时段初的 V_1、q_1 及已知的 Q_1、Q_2，按式（15－5）计算 $\left(\frac{V_2}{\Delta t}+\frac{q_2}{2}\right)$。

（2）由 $\left(\frac{V_2}{\Delta t}+\frac{q_2}{2}\right)$ 在辅助线 $q—\left(\frac{V}{\Delta t}+\frac{q}{2}\right)$ 上查时段末的 q_2。

（3）由 q_2 在水库的蓄泄曲线 $q=f(V)$ 上查时段末的 V_2。

（4）本时段末的 V_2、q_2 即为下一时段初的 V_1、q_1，重复上述（1）、（2）、（3）步骤，如此逐时段连续图解计算，便可求得水库的泄流过程 $q—t$。

由辅助线 $q=f\left(\frac{V}{\Delta t}+\frac{q}{2}\right)$ 的形式可知，一条辅助线对应一个固定的 Δt 值，故辅助线法只适用于 Δt 固定的情况。当 Δt 有变化时，应按改变后的 Δt 重作辅助线，或用试算法计算。

【例题 2】 仍以例题 1 为例，试用单辅助线半图解法进行调洪计算（计算时段 $\Delta t=$ 4h）。

解：（1）计算并绘制 $q—\left(\frac{V}{\Delta t}+\frac{q}{2}\right)$ 单辅助曲线。为提高图解精度，V 值取溢洪道堰顶以上的库容。辅助曲线计算过程如表 15－4 所示。利用表中第（6）、（8）栏的相应数值绘制辅助曲线，如图 15－6 所示。

表 15－4　某水库 $q—\left(\frac{V}{\Delta t}+\frac{q}{2}\right)$ 辅助曲线计算（Δt=4h）

库水位 Z (m)	堰顶水头 H (m)	库容 $V_{总}$ (10^4m^3)	堰顶以上库容 V (10^4m^3)	$\frac{V}{\Delta t}$ (m^3/s)	q (m^3/s)	$\frac{q}{2}$ (m^3/s)	$\frac{V}{\Delta t}+\frac{q}{2}$ (m^3/s)
(1)	(2)	(3)	(4)	(5)	(6)	(7)	(8)
132	0	2730	0	0	10	5.0	5
133	1	3180	450	312.5	74	37.0	350
134	2	3600	870	604.0	191	95.5	700
135	3	4060	1330	923.5	343	171.5	1095
136	4	4460	1730	1201.5	522	261.0	1462
137	5	4880	2150	1493.0	726	363.0	1856

（2）调洪计算求 $q—t$ 过程和库水位过程。调洪的起始条件同前例，计算过程可列表进行，见表 15－5。对于第一个时段，$Q_1=0m^3/s$，$Q_2=40m^3/s$，$q_1=10m^3/s$。由 q_1 查图 15－6 得 $\left(\frac{V_1}{\Delta t}+\frac{q_1}{2}\right)=5m^3/s$，代入式（15－5）求得 $\left(\frac{V_2}{\Delta t}+\frac{q_2}{2}\right)=15m^3/s$，以此再查图得 $q_2=11m^3/s$。

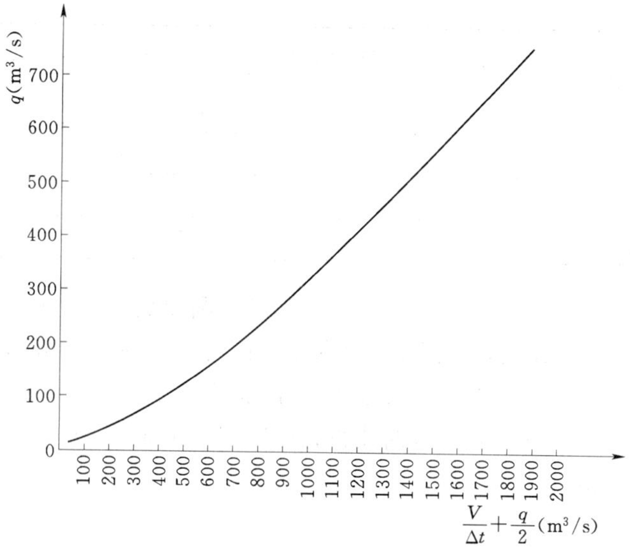

图 15－6　某水库 $q—\left(\frac{V}{\Delta t}+\frac{q}{2}\right)$ 单辅助曲线

依此类推，可求出其他时段的泄量，如表 15－5 中第（6）栏所示。

利用计算 $q—V$ 关系曲线的表 15－2 中的库水位 Z 与泄流能力 q，可绘制 $Z—q$ 关系曲线，如图 15－7 所示。利用该图可将表 15－5 中的第（6）栏的 $q—t$ 过程转换为库水位过程 $Z—t$，见表 15－5 中的第（7）栏。

表 15－5　　**某水库半图解调洪计算**

时间 t (h)	时段数	Q $(\mathrm{m^3/s})$	$\frac{(Q_1+Q_2)}{2}$ $(\mathrm{m^3/s})$	$\frac{V}{\Delta t}+\frac{q}{2}$ $(\mathrm{m^3/s})$	q $(\mathrm{m^3/s})$	Z (m)
(1)	(2)	(3)	(4)	(5)	(6)	(7)
0		0		5	10	132.0
4	1	40	20	15	11	132.0
8	2	100	70	74	15	132.1
12	3	230	165	224	44	132.6
16	4	480	355	535	130	133.5
20	5	700	590	995	305	134.8
24	6	840	770	1460	530	136.0
28	7	730	785	1715	655	136.7
32	8	560	645	1705	650	136.7
36	9	460	510	1565	588	136.4
40	10	340	400	1377	484	135.8
44	11	260	300	1193	390	135.3

续表

时间 t (h)	时段数	Q (m^3/s)	$\frac{(Q_1+Q_2)}{2}$ (m^3/s)	$\frac{V}{\Delta t}+\frac{q}{2}$ (m^3/s)	q (m^3/s)	Z (m)
48	12	210	235	1038	322	134.9
52	13	158	184	900	268	134.2
56	14	94	126	775	220	133.9

（3）绘制 Q—t 与 q—t 过程，求 q_m、$V_设$ 与 $Z_设$。利用表 15－5 中第（1）、（3）、（6）栏可绘制 Q—t 与 q—t 过程线，如图 15－8 所示。图中 q—t 曲线的峰值按曲线的趋势徒手勾绘而成。取 Q—t 与 q—t 两曲线的交点的纵坐标值为 $q_m=660m^3/s$。利用 q_m 值，由图 15－7 可查得 $Z_设=136.70m$。查库容曲线得相应库容为 $4760\times10^4m^3$，再减去堰顶以下库容得 $V_设=2030\times10^4m^3$。

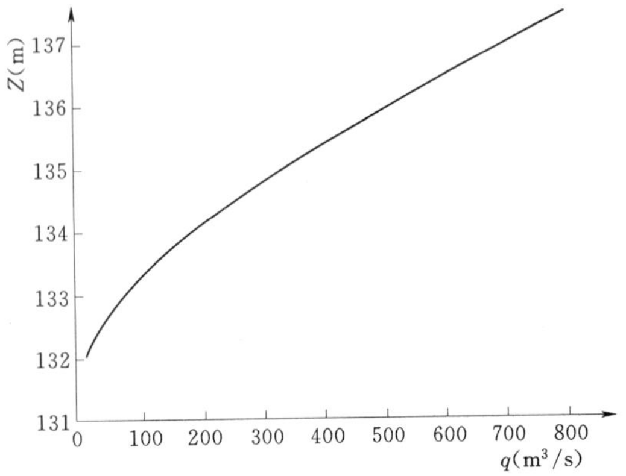

图 15－7　库水位 Z 与泄量 q 关系曲线

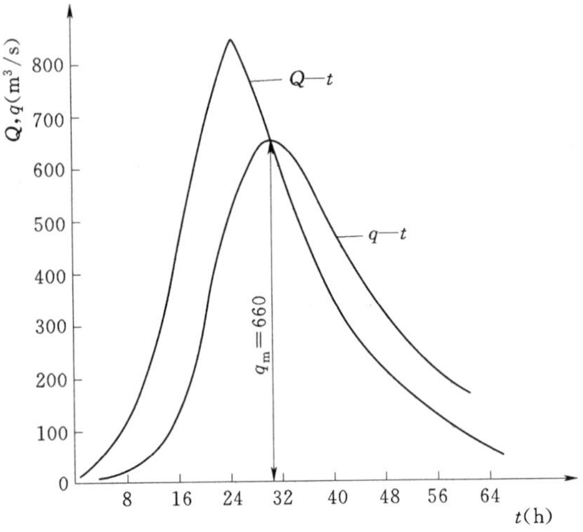

图 15－8　某水库 Q—t 与 q—t 过程线

二、双辅助线图解法

双辅助线图解法是将水库的水量平衡方程改写为

$$\left(\frac{V_2}{\Delta t}+\frac{q_2}{2}\right)=\overline{Q}+\left(\frac{V_1}{\Delta t}-\frac{q_1}{2}\right) \tag{15-7}$$

式中：$\overline{Q}=\frac{Q_1+Q_2}{2}$为时段平均入库流量。把蓄泄曲线改成 $q-\left(\frac{V}{\Delta t}+\frac{q}{2}\right)$与 $q-\left(\frac{V}{\Delta t}-\frac{q}{2}\right)$两条辅助线，如图 15－9 所示。图解时从第一时段开始，已知时段平均入流量$\overline{Q}$和时段初的 q_1，以 q_1 在图 15－9 的纵坐标上定出 A 点，作水平线交曲线 $q-\left(\frac{V}{\Delta t}-\frac{q}{2}\right)$于 B 点，延长 AB 线到 C，使 $BC=\overline{Q}$，过 C 点作垂线与曲线 $q-\left(\frac{V}{\Delta t}+\frac{q}{2}\right)$交于 D 点，则 D 点的纵坐标即为时段末的下泄流量 q_2。第一时段的 q_2 也是第二时段的 q_1，用这样的方法继续图解下

去，即可得到整个下泄过程 $q—t$。

【例题 3】 某水库泄洪建筑物为无闸溢洪道，其堰顶高程与正常蓄水位齐平为 116m，堰顶宽 $B=45$m，堰流系数 $M_1=1.6$。水库设有小型水电站，汛期按水轮机过水能力 $q_电=10m^3/s$ 引水发电。水库设计洪水过程线如表 15－7 第（1）、（2）行。试用双辅助线图解法求水库下泄流量过程线 $q—t$。

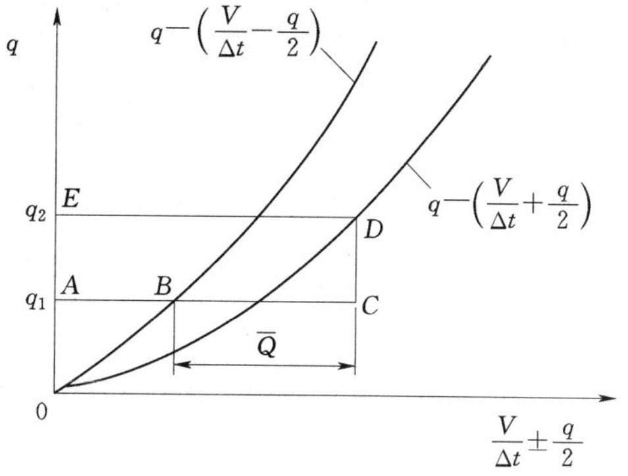

图 15－9　双辅助线示意

解：（1）绘制 $q—\left(\frac{V}{\Delta t}\pm\frac{q}{2}\right)$ 辅助线。先利用水库的水位容积关系及堰流公式建立 $q—V$ 曲线（例题 1），然后列表计算 $\frac{V}{\Delta t}\pm\frac{q}{2}$，见表 15－6。根据表中第（5）、（7）及（8）栏点绘 $q—\left(\frac{V}{\Delta t}\pm\frac{q}{2}\right)$ 双关系曲线，见图 15－9。

表 15－6　$q—\left(\frac{V}{\Delta t}\pm\frac{q}{2}\right)$ 双关系曲线计算（$\Delta t=12$h）

Z (m)	H (m)	V (10^6m^3)	$V/\Delta t$ ($10^3m^3/s$)	q (m^3/s)	$q/2$ ($10^3m^3/s$)	$\frac{V}{\Delta t}+\frac{q}{2}$	$\frac{V}{\Delta t}-\frac{q}{2}$
(1)	(2)	(3)	(4)	(5)	(6)	(7)	(8)
116	0	247	5.72	10	0.005	5.725	5.715
117	1	262	6.06	82	0.041	6.101	6.019
118	2	276	6.39	214	0.107	6.497	6.283
119	3	291	6.74	384	0.192	6.932	6.548
120	4	307	7.11	586	0.293	7.403	6.817
121	5	322	7.45	816	0.408	7.858	7.042
122	6	340	7.87	1068	0.534	8.404	7.336
124	8	378	8.75	1638	0.819	9.569	7.931
126	10	423	9.79	2280	1.140	10.930	8.650

（2）推求 $q—t$ 及 q_m。起调条件 $V_1=247\times10^6m^3$，$q_1=10m^3/s$，$\Delta t=12$h，已知 $Q_1=10m^3/s$，$Q_2=140m^3/s$，$\overline{Q}=75m^3/s$。用 $q_1=10m^3/s$ 在纵坐标上量取 A 点，过 A 点作水平线与 $q—\left(\frac{V}{\Delta t}-\frac{q}{2}\right)$ 线交于 B 点；在 AB 延长线上量取 $BC=\overline{Q}=75m^3/s$；过 C 点作垂线于 $q—\left(\frac{V}{\Delta t}+\frac{q}{2}\right)$ 线交于 D 点，D 点的纵标即为 $q_2=20m^3/s$。

（3）将第一时段的 q_2 作为下一时段的 q_1，用上述相同的方法图解，即可求得第二时段的 q_2。其余时段类推，直到求出 $q—t$，如表 15－7 所示。

表 15-7　　双辅助线图解法调洪成果

时间（h）	0	12	24	36	48	60	72	84	96	108
Q（m^3/s）	10	140	710	279	131	65	32	15	10	10
q（m^3/s）	10	20	105	235	225	175	130	100	75	65

（4）按表 15-7 绘出 $Q—t$ 与 $q—t$ 线，见图 15-10。$q—t$ 线的峰值 q_m 按趋势绘于 $Q—t$ 线上并相交，量取交点处的 $q_m=250\ m^3/s$。用 q_m 查 $q—V$ 曲线得 V，$V_{设}=V-V_{起}=30.5\times10^6 m^3$。（$V_{起}$为起调水位以下库容），再由 V 查水库的水位容积曲线得 $Z_{设}$。

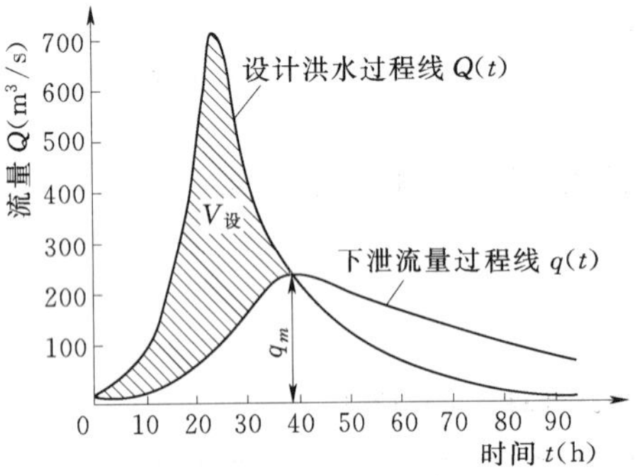

图 15-10　由流量过程线确定 q_m 示意

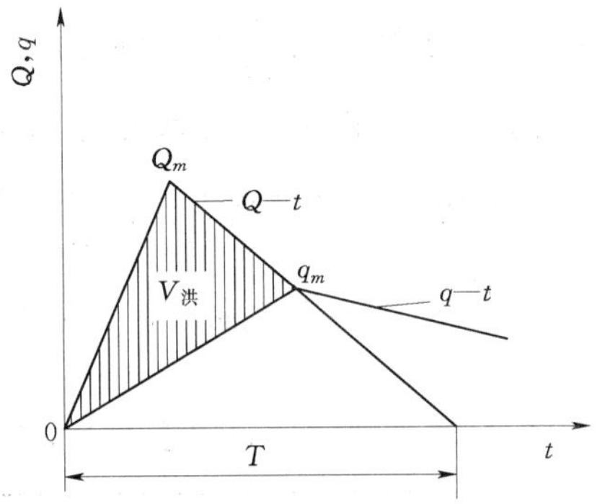

图 15-11　概化的入库与出库洪水过程线

三、简化三角形法

中小型水库作规划设计并进行多方案比较时，往往只需求出最大泄量 q_m 与调洪库容 $V_{洪}$，而无需求出整个泄流过程。为避免上述列表试算法或图解法的麻烦，对于溢洪道无闸的水库，此时可采用简化三角形法进行调洪计算。该法假定入库洪水过程和出库流量过程均可以概化为三角形，见图 15-11 所示。于是入库洪水总量 W 为

$$W=\frac{1}{2}Q_mT \tag{15-8}$$

调洪库容 $V_{洪}$（阴影面积）为

$$V_{洪}=\frac{1}{2}Q_mT-\frac{1}{2}q_mT=\frac{1}{2}Q_mT\left(1-\frac{q_m}{Q_m}\right) \tag{15-9}$$

式中：Q_m、q_m 分别为入库洪峰流量和出库最大泄流，m^3/s；T 为洪水历时，s。

将式（15-8）代入式（15-9）有

$$V_{洪}=W\left(1-\frac{q_m}{Q_m}\right) \tag{15-10}$$

或

$$q_m=Q_m\left(1-\frac{V_{洪}}{W}\right) \tag{15-11}$$

利用式（15-10）或式（15-11）和水库蓄泄曲线 $q=f(V)$（V 采用堰顶以上库容），在设计洪量 W 和设计洪峰 Q_m 已知的情况下，可用试算法或图解法求得未知量 q_m

和 $V_{洪}$。

1. 试算法

假定 q_m，利用式（15－10）求得 $V_{洪}$，再由 $q—V$ 关系曲线用 $V_{洪}$ 查得一个 q_m，若 q_m 与假定的 q_m 值相等，则所假设的 q_m 与求出的 $V_{洪}$ 即为所求。否则，需重新假定 q_m 再试算。

2. 图解法

绘制 $Q—t$ 于第一象限及 $q—V$ 于第二象限，如图 15－12 所示。截取 $OB=W$，由 A 作平行于横轴的平行线 AD 交纵轴于 D 点，连 DB 交 $q—V$ 线于 E 点。则 E 点的纵标值 OG 即为 q_m，横标值 OF 即为 $V_{洪}$。该法的图解原理可由 ΔBEF 与 ΔBDO 的对应边成比例而得到证明。

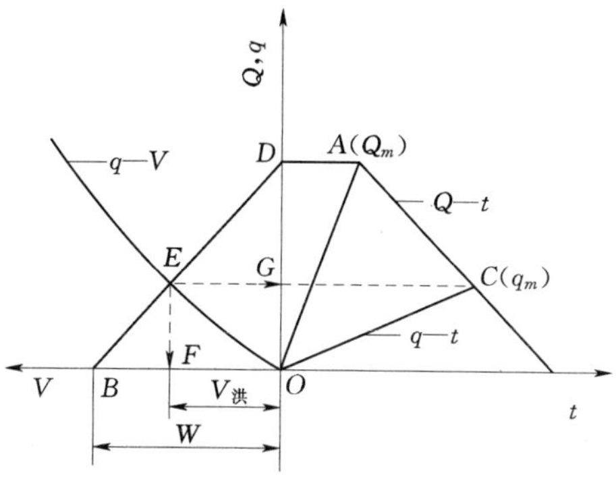

图 15－12　简化三角形图解法示意

四、考虑动库容的半图解法

上述调洪计算方法都是以静库容曲线为基础进行的，这对于湖泊型水库是能满足精度要求的。但对于一些峡谷型水库，当通过大洪水流量时，由于回水的影响，水库水面常呈现明显的坡降，楔形库容较大，若仍按静库容进行调洪计算，常常会带来较大的误差，此时必须采用动库容进行调洪计算。

考虑动库容的调洪计算，其基本原理和方法与静库容的调洪计算基本相同。以单辅助线法为例，其区别仅在于用静库容制作的 $q—V$ 曲线改换成动库容的 $q—Q—V$ 关系线；把 $q—\left(\frac{V}{\Delta t}+\frac{q}{2}\right)$ 改换成 $q—Q—\left(\frac{V}{\Delta t}+\frac{q}{2}\right)$ 辅助线。$q—Q—\left(\frac{V}{\Delta t}+\frac{q}{2}\right)$ 辅助线可利用动库容曲线来制作，计算时按表 15－8 所示的格式进行。先假设不同的入库流量 Q_i，在每一入库流量 Q_i 下，假设不同的坝前水位，再计算表中（3）～（7）各项值。对某一入库流量 Q，由 Z 查动库容曲线得 V。第（4）栏可由第（2）栏及溢洪道堰顶高程或泄洪洞孔口中心高

表 15－8　　动库容 $q—Q—\left(\frac{V}{\Delta t}+\frac{q}{2}\right)$ 辅助线

入库流量 Q (m^3/s)	坝前水位 Z (m)	动库容 V (m^3)	计算水头 H (m)	下泄流量 q (m^3/s)	$\frac{V}{\Delta t}$ (m^3/s)	$\frac{V}{\Delta t}+\frac{q}{2}$ (m^3/s)
(1)	(2)	(3)	(4)	(5)	(6)	(7)
Q_1	⋮ ⋮	⋮ ⋮	⋮ ⋮	⋮ ⋮	⋮ ⋮	⋮ ⋮
Q_2	⋮ ⋮	⋮ ⋮	⋮ ⋮	⋮ ⋮	⋮ ⋮	⋮ ⋮
⋮	⋮	⋮	⋮	⋮	⋮	⋮

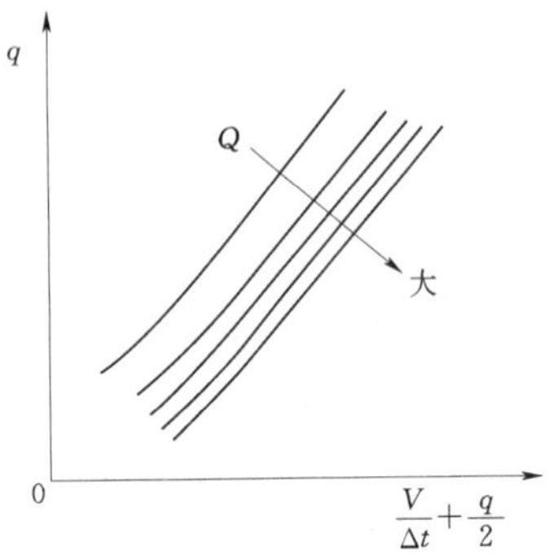

图 15-13 动库容的 q—Q—$\left(\frac{V}{\Delta t}+\frac{q}{2}\right)$ 辅助线

程与下游水位等资料求得。第（5）栏可由泄流公式求得。最后，可利用第（1）、（5）、（7）栏数值点绘辅助曲线，如图 15-13 所示。

利用辅助曲线，由第一时段开始，在 Q_1、Q_2、V_1、q_1 已知的情况下，用式（15-5）求出时段末的 $\left(\frac{V_2}{\Delta t}+\frac{q_2}{2}\right)$，据此值和 Q_2 值，在图 15-13 中相应的 Q_2 曲线上查出 q_2。再以第一时段末的 Q_2、q_2、$\left(\frac{V_2}{\Delta t}+\frac{q_2}{2}\right)$作为第二时段初的 Q_1、q_1、$\left(\frac{V_1}{\Delta t}+\frac{q_1}{2}\right)$，计算出第二时段末的$\left(\frac{V_2}{\Delta t}+\frac{q_2}{2}\right)$。按同样的方法，据此值和第二时段末的 Q_2 查图得第二时段末的 q_2 值。如此逐时段解算，即可求出整个泄流过程。

第五节 水库防洪计算

水库泄洪建筑物的型式与尺寸、控制运用方式与最大下泄流量和调洪库容之间是互相关联、互相影响的。由于水库泄洪建筑物有多种型式和不同尺寸，并且考虑到水库是否承担下游防洪任务，因此，在规划设计阶段，需要对多种方案进行技术经济论证加以比较。为此，需在掌握水库调洪计算方法的基础上，进一步研究水库的防洪计算。

水库防洪计算任务主要是对各种拟定的方案，进行调洪计算，求得最大下泄流量、调洪库容和最高洪水位等技术参数，为技术经济论证和选择最佳方案提供依据。水库防洪计算的内容，主要包括以下几点：①根据库区地形、地质等条件，分析洪水特性及灾害情况，考虑兴利库容与调洪库容结合的可能和程度，拟定若干个泄流建筑物型式、位置、尺寸以及汛期运用方式的方案。②对各方案进行调洪计算，求得每个方案相应于各种设计洪水的最大下泄流量、调洪库容和最高洪水位。③计算各方案的大坝造价、淹没损失、泄流建筑物投资效益等经济指标，进行技术经济分析与比较，选择最佳方案。

一、溢洪道无闸门控制的防洪计算

中小型水库为了节省投资、便于管理，溢洪道一般不设闸门。水库不设闸门时，有如下几个特点：①为保证正常兴利用水的供给，溢洪道堰顶高程与正常蓄水位齐平；②兴利库容与防洪库容不能结合使用，水库的汛限水位与正常蓄水位齐平；③起调水位取在堰顶高程处，属于自由泄流方式。根据下游有无防洪要求，防洪计算又可分为以下两种情况。

1. 下游无防洪要求

由于水库下游没有防洪要求，所以水库的下泄流量没有限制。防洪计算的步骤为：

（1）拟定泄洪建筑物尺寸方案。根据库区地形与地质条件，拟定若干个可能的溢洪道宽度 B 方案。

（2）调洪计算。相应于水库枢纽设计洪水与校核洪水，对各方案进行调洪计算，求得相应的调洪库容 $V_{设}$ 与 $V_{校}$，最大下泄流量 $q_{m设}$ 与 $q_{m校}$，最高洪水位 $Z_{设}$ 与 $Z_{校}$。

(3) 计算坝顶高程。对某一 B 方案的 $Z_{设}$ 与 $Z_{校}$，利用式（15－12）计算坝顶高程，并取较大者作为该方案的坝顶高程 $Z_{坝}$。所以，在某一方案 B 下则有

$$\left.\begin{aligned}Z_{坝}&=Z_{设}+h_{浪,设}+\Delta h_{设}\\Z_{坝}&=Z_{校}+h_{浪,校}+\Delta h_{校}\end{aligned}\right\}\tag{15-12}$$

式中：$Z_{设}$、$Z_{校}$ 为某一 B 方案的设计洪水位和校核洪水位；$h_{浪,设}$、$h_{浪,校}$ 为设计条件和校核条件下的风浪高（与水面大小、风速高低、坝坡情况有关，按有关规范计算）；$\Delta h_{设}$、$\Delta h_{校}$ 分别为（$Z_{设}+h_{浪,设}$）和（$Z_{校}+h_{浪,校}$）的安全超高（按《水利水电枢纽工程等级划分及设计标准》中的规定选取）。

(4) 方案比较和选择。计算各个 B 方案的经济指标，点绘溢洪道宽度 B 与大坝投资、上游淹没损失及管理维修费之和 S_V 的关系；点绘 B 与溢洪道设施投资、下游堤防修建费及下游淹没损失费之和 S_D 的关系；点绘 B 与总投资 $S=S_V+S_D$ 的关系，如图 15－14 所示。同时点绘 B 与坝顶高程 $Z_{坝}$、B 与最大下泄流量 $q_{m校}$ 的关系，如图 15－15 所示。按总投资最小的原则由图 15－14 可查得最佳溢洪道宽度 B_P，再由图 15－15 可查出相应的坝顶高程与最大下泄流量。

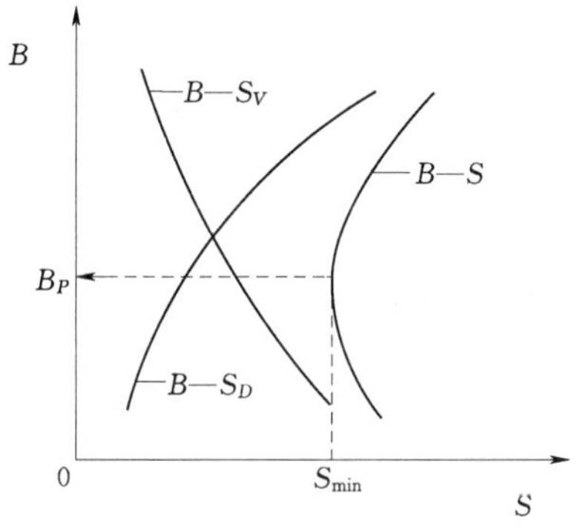

图 15－14　$B—S_V$、$B—S_D$、$B—S$ 关系曲线

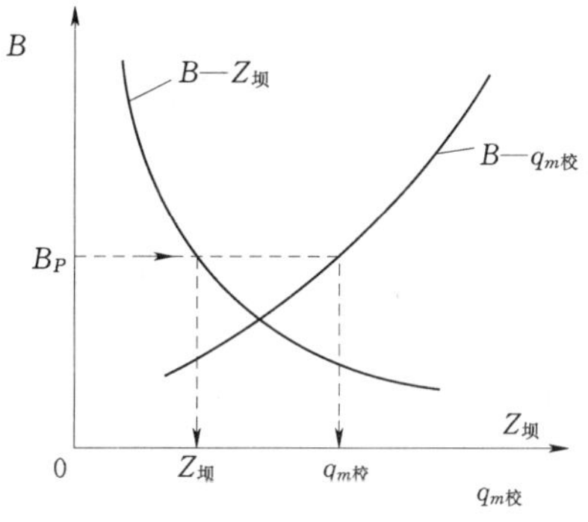

图 15－15　$B—Z_{坝}$、$B—q_{m校}$ 关系曲线

2. 下游有防洪要求

下游有防洪要求的无闸控制防洪计算，基本步骤与上面无防洪要求的相同。区别在于下游有防洪要求，故防洪标准既有枢纽的标准，又有下游防护对象的标准。在防洪计算中需要考虑下游安全泄量的要求，分别对枢纽标准与下游防洪标准的洪水进行调洪计算。具体步骤是：

(1) 假定不同的溢洪道宽度 B 方案。

(2) 对下游防洪标准的设计洪水进行调洪计算，求得 B 与 q_m 的关系，舍去 q_m 超过下游安全泄量 $q_{允}$ 的宽度 B 方案。

(3) 以满足下游防洪要求的诸 B 方案，再对枢纽防洪标准的洪水进行调洪计算，计算过程与无防洪要求的基本相同。对每一方案 B 确定坝高、设计洪水位与校核洪水位以及相应调洪库容后，再进行经济比较，求得经济上合理或最佳的 B 方案。

二、溢洪道有闸门控制的防洪计算

1. 溢洪道设闸的作用

溢洪道设置闸门，尽管使泄洪设施的投资增加，操作管理变得复杂，但可以比较灵活地按需要控制泄流的大小和泄流时间，这将给大中型水库枢纽的综合利用带来巨大好处，故大中型水库的溢洪道上一般都设闸门。设闸的作用主要体现在以下几方面。

（1）因为有闸溢洪道的堰顶低于汛限水位，故在库水位相同时，有闸溢洪道的泄流能力大于无闸溢洪道的泄流能力。

（2）在同样满足下游河道允许泄量 $q_{允}$ 的情况下，如图 15－16（a）所示，有闸的防洪库容要比无闸的小（图中有闸和无闸两种情况下的出流过程线 $q—t$ 在其交点左侧所包围的面积即为减小的数值），从而可减少大坝投资和上游淹没损失；反之，防洪库容一定，有闸则可使下泄的最大流量减小，图 15－16（b）所示，从而可减轻下游的洪水灾害。

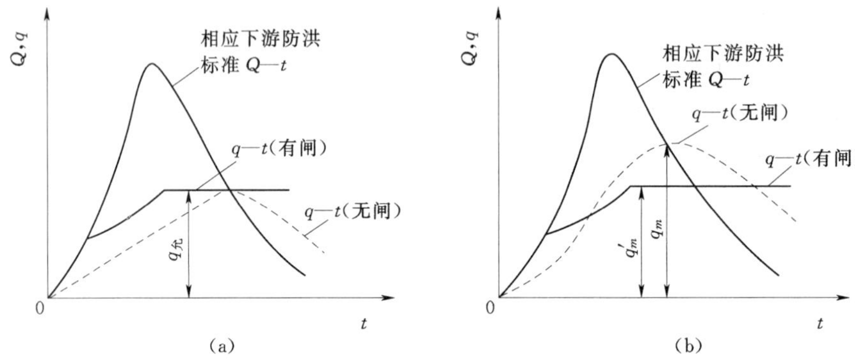

图 15－16　溢洪道有闸与无闸控制时调洪情况的比较

（a）$q_{允}$一定；（b）$V_{防}$一定

（3）有闸控制泄流，可以在区间来水较大时，控制闸门减小水库下泄量，待区间洪水减小时，再加大水库下泄量，使上游洪水和区间洪水错开，从而可以有效地削减下游河段的最大流量。

（4）在溢洪道设闸的情况下，正常蓄水位 $Z_{正}$ 高于汛限水位 $Z_{汛}$，$Z_{汛}$ 和 $Z_{正}$ 之间的库容作为结合库容，在汛期用来防洪，非汛期蓄水兴利，这样可使水库的总库容减小。

（5）水库溢洪道设闸，还便于考虑洪水预报，提前预泄并腾空库容。

2. 溢洪道设闸水库的防洪计算

溢洪道有闸门控制的防洪计算要复杂一些，主要步骤如下。

（1）防洪方案的拟定。溢洪道有闸门控制时，由于组合的因素中除溢洪道宽度 B 以外，还有堰顶高程 $Z_{堰}$、汛限水位 $Z_{汛}$、正常蓄水位 $Z_{正}$、闸门顶高程 $Z_{门}$ 等，当有非常泄洪设施时，还要考虑其位置、类型、规模、启用水位等，其中任一因素的改变，都构成一个拟定的方案。对于这种比较复杂的情况，要特别注意深入全面地调查和分析，抓住主要矛盾，尽可能排除那些无需大量计算就能确定的可比较因素，以利于尽快找到最优方案。下面就未遇到的几个因素，介绍其方案拟定的一些经验和方法。① 当闸门顶以上没有胸墙时，闸门顶高程 $Z_{门}$ 应不低于正常蓄水位 $Z_{正}$，即 $Z_{门} \geqslant Z_{正}$。②溢洪道堰顶高程 $Z_{堰}$ 与 $Z_{门}$ 的关系为 $Z_{堰}=Z_{门}-h_{门}$（$h_{门}$ 为闸门高度，m，如图 15－17 所示）。③防洪限制水位 $Z_{汛}$ 是指汛期水库允许维持的上限水位。在每场洪水过后要尽快使之恢复到该水位，迎接下次洪水。在设计条件下，$Z_{汛}$就是起调水位。该水位反映了兴利库容与调洪库容结合的程度，$Z_{汛}$与$Z_{正}$、$Z_{堰}$的关系为$Z_{堰} \leqslant Z_{汛} \leqslant Z_{正}$，如图15－17所示。

$Z_{汛}$可根据洪水特性、防洪要求等确定。从主观愿望上，总是希望将该水位定得低一些，使较多的兴利库容兼作防洪，这样便可使$Z_{设}$、$Z_{校}$、$Z_{坝}$都较低，从而降低工程造价。但定得太低，会使兴利得不到保证，这对兴利来说是不允许的。正确的$Z_{汛}$应是在不破坏保证供水的原则下取最低值。依此原理，可用试算法求得$Z_{汛}$：假设一个$Z_{汛}$，按汛期库水位不超过$Z_{汛}$、非汛期库水位不超过$Z_{正}$，逐年进行兴利调节计算，求得一个相应的供水保证率p。设不同的$Z_{汛}$求得不同的p，设计保证率$p_{设}$所对应的$Z_{汛}$即为所求。若为年调节水库，也可对设计频率的枯水代表年（调节年度）按上述方法作兴利调节计算，若该年用水刚好满足，且无余水，即认为所设$Z_{汛}$是合理的。有些地方根据汛期洪水特性可以明显地划分为几个阶段，则应分别拟定各阶段的$Z_{汛}$值。

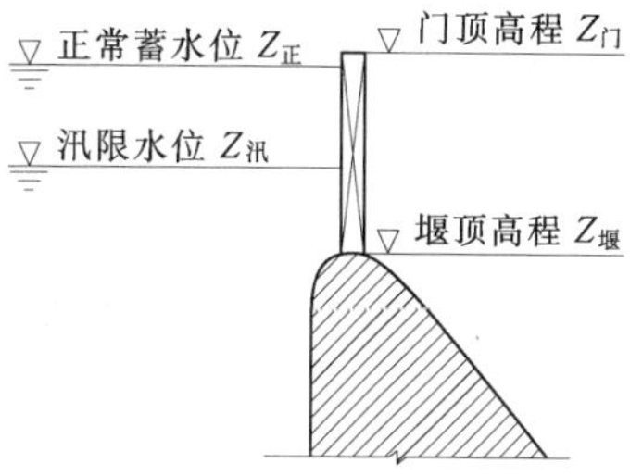

图15－17　水库$Z_{汛}$、$Z_{正}$、$Z_{堰}$及$h_{门}$关系

（2）拟定调洪方式。当闸门全开时为自由泄流，当闸门部分开启时为控制泄流，必要时还要考虑非常泄洪设施的运用。因此，必须事先确定汛期的控制运用规则与方式，才能进行调洪计算。拟定调洪方式时，应考虑下游防洪、非常泄洪和是否有可靠的洪水预报等情况。

水库汛期的调洪方式，随水库的具体情况和承担的任务不同而不同。一般来讲，当水库不考虑洪水预报、以库水位作为设计洪水的判别条件时，汛期的控制运用方式是自由泄流与控制固定泄流相结合，并以库水位作为改变泄流的依据。即：当洪水入库时，库水位为$Z_{汛}$，在调洪初始阶段，为保证一定的兴利蓄水，闸门渐开控制泄流，使$q=Q$，保持库水位不变。直到入流Q大于汛限水位所对应的闸门全开的泄量$q_{限}$时，库水位开始上升。此后闸门已全开转入自由泄流。直至泄量q达到下游安全泄量$q_{允}$时，再逐渐关小闸门控制固定泄流，使$q=q_{允}$以保证下游防洪安全。在$q=q_{允}$的时段内，由于Q持续大于q，蓄水量不断增加，库水位不断上升。当入库洪水是下游防洪标准的洪水时，水库达到的最高水位即为防洪高水位$Z_{防}$，如图15－3所示。

如果入库洪水超过了下游防洪标准，在库水位达到防洪高水位之前，水库的控制运用过程与上述过程完全相同，控制$q=q_{允}$直到库水位达到防洪高水位$Z_{防}$时为止。当库水位达到$Z_{防}$时，入库流量Q仍大于$q_{允}$，或库水位仍继续上涨时，说明该次洪水超过了下游防洪标准，不能再保下游安全了，应将保证大坝安全作为调洪目标，此时又将闸门全开，转入自由泄流。当入库洪水是相应于枢纽设计洪水时，所达到的最高库水位即为设计洪水位$Z_{设}$。整个泄流过程如图15－18所示。

如果水位仍然上涨，当达到了启用非常泄洪设施的水位$Z_{启}$、且有继续上涨的趋势时，说明入库洪水超过了启用标准，水库即进入非常运用阶段，此时应使非常泄洪设施即刻投入运行，与溢洪道和泄洪洞一起全力排泄，以确保大坝安全。当入库洪水是相应于水库枢纽校核洪水时，则最高洪水位即为校核洪水位$Z_{校}$。整个泄流过程如图15－19所示。

(3) 调洪计算。对某一拟定的溢洪道宽度 B、堰顶高程、汛限水位方案，以及确定的调洪方式，对水库枢纽设计洪水和校核洪水分别进行调洪计算。

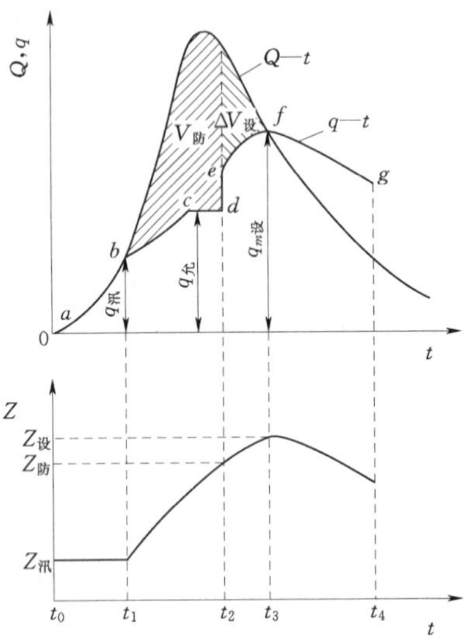

图 15-18　设闸对设计洪水调洪示意

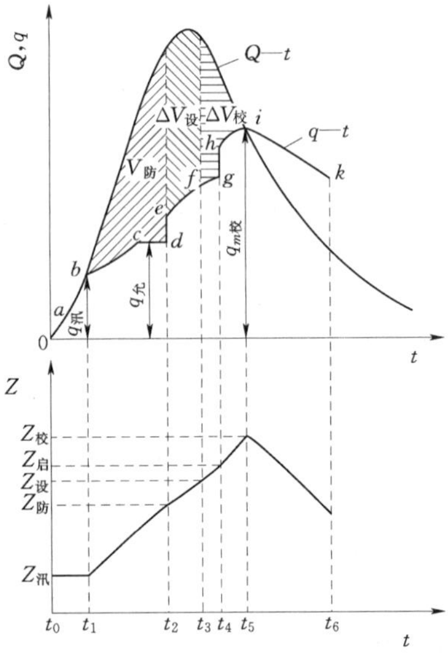

图 15-19　设闸对校核洪水调洪示意

对于设计标准的洪水属于发生机会较多的洪水，按规范规定应由正常泄洪设施（指设闸的溢洪道）排泄，由前述调洪方式进行调洪计算，求得其下泄流量过程线，即图 15-18 中的 $abcdefg$ 线。具体作法是：b 点之前库水位为 $Z_{汛}$（设计条件下的起调水位），闸门渐开应按 $q=Q$ 控制泄流得 ab 线；b 点至 c 点之间，$Z_{汛}$ 以上的蓄洪量不超过防洪库容 $V_{防}$，水位介于 $Z_{汛}$ 与 $Z_{防}$ 之间。当 $q_{允}>Q>q_{限}$ 时，闸门应全开自由泄流，按第三节介绍的方法计算下泄流量过程线，即 bc 线；在 c 点至 d 点间，虽然库水位仍不超过防洪高水位 $Z_{防}$，但下泄能力开始超过 $q_{允}$，故按 $q=q_{允}$ 控制泄流得水平线 cd；从 d 点开始，$Z_{汛}$ 以上的蓄洪量超过 $V_{防}$，反映在库水位上即 $Z>Z_{防}$，判知当时的洪水超过了下游防洪标准，故闸门再次全开自由泄流，按此调洪演算得出 efg 线和设计标准的最大下泄流量 $q_{m,设}$。设计洪水与下泄过程线 $bcdef$ 之间所夹的面积 $(V_{防}+\Delta V_{设})$ 即为所求的设计调洪库容 $V_{设}$，将它与 $Z_{汛}$ 以下的库容相加查库容曲线，便可得到设计洪水位 $Z_{设}$。

对于校核标准的洪水，除了应用正常泄洪设施外，还应考虑用非常泄洪设施排洪。仍用上面所述的调洪方式进行计算，如图 15-19 所示，可得校核标准的下泄流量过程线 $abcdefghi$。g 点以前的调洪计算方法与设计标准的情况相同。g 点表示在此以前由正常泄洪设施排洪，库水位涨到了非常泄洪设施的启用水位 $Z_{启}$，这时如果水位仍在上涨，表明入库洪水超过了启用标准，故应将非常泄洪设施立即投入运行。此后，用总的（正常泄洪设施加非常泄洪设施）蓄泄曲线 $q—V$，按自由泄流演算求得下泄过程 ghi 和 $q_{m,校}$。校核标准的洪水过程线与下泄过程线 $bcdefghi$ 之间所夹的面积 $(V_{设}+\Delta V_{校})$ 即为校核调洪库容 $V_{校}$，然后可由 $V_{校}$ 加 $Z_{汛}$ 以下的库容，再查库容曲线得到校核洪水位 $Z_{校}$。

(4) 方案比较与选择。有了各方案的设计洪水位与校核洪水位，就可以确定坝高。然后，如同溢洪道无闸控制时的情况一样，进行各方案的技术经济比较论证，从各方案中选择技术上可行、经济上合理的最佳方案。

三、具有非常泄洪设施的防洪计算

1. 非常泄洪设施

有的水库校核洪水比设计洪水大得多，尤其当校核洪水采用可能最大洪水时，二者相差更为悬殊。如只有正常泄洪建筑物，例如正常溢洪道，则要将它修得很宽，枢纽造价高，很不经济。在这种情况下，若条件许可，应尽量修建位置适当、工程比较简易、造价较低、使用机会很少的非常泄洪设施，帮助正常泄洪设施宣泄比设计洪水大得多的洪水（包括校核洪水），但正常泄洪设施的泄洪能力应不小于正常运用时的泄洪要求。

水库的非常泄洪设施可以是非常溢洪道与非常泄洪洞，在我国采用较多的是非常溢洪道，也有采用临时炸开副坝作为非常泄洪措施的。非常泄洪设施主要是设置非常溢洪道，其位置可选在高程及位置比较合适的库区分水线的垭口或副坝处。在垭口处开挖非常溢洪道时，需在进口底坎上修筑既能可靠挡水又能在启用时迅速破开的挡水土堤。如果副坝（土石坝）较长，则应采用一定形式的结构以限制其溃口宽度。非常溢洪道的堰顶高程或副坝的坝底高程一般应不低于正常溢洪道堰顶（当正常溢洪道不设闸时）或汛限水位（正常溢洪道设闸时），这样将有利于汛后蓄水。

2. 非常泄洪设施的启用标准

非常溢洪道的启用方式有二：自溃和引溃。前者是库水位涨到启用非常泄洪设施的水位 $Z_{启}$ 时，库水漫过挡水堤（或副坝）而使其自行溃决；后者是库水位达到 $Z_{启}$ 时用炸药爆破。按上述方式启用，实属溃坝性质，理应按溃坝水流计算，但这样做甚是困难，故目前一般都近似简化为无闸溢洪道的情况估算并绘出泄流曲线。规划非常溢洪道时，应控制水库最大总下泄量不超过坝址最大天然来水量。

除了要考虑非常泄洪设施的位置、类型及尺寸外，还要考虑在什么条件下投入运用，即启用标准问题。目前，多以水位作为启用标准，称为启用水位 $Z_{启}$。启用标准过低，例如超过设计洪水位不多就启用，将会给下游带来比较频繁的洪水灾害，且在洪水过后修复这些设施（例如修复被炸毁的副坝）也不是一件容易的事，故不能定得太低；但也不宜定得太高，如果定得过高，虽能减少下游洪水灾害，但会使得泄洪设施的规模过分增大，工程投资和上游淹没损失也会增加。至于定多高为宜，则应通过方案比较确定。

3. 启用非常泄洪设施时的调洪计算

当入库洪水为校核标准的洪水时，启用非常泄洪设施的水库调洪计算，其基本原理与方法与前面几节基本相同。然而，当库水位达到 $Z_{启}$ 以后，非常泄洪设施投入运用，水库的泄量为非常泄洪设施与正常泄洪设施的泄量之和。因此，原为正常泄洪制作的 $q—V$ 关系线以及 $q—\left(\frac{V}{\Delta t}+\frac{q}{2}\right)$ 辅助线均应重新制作。

图 15-20（a）为水库的 $Z—q$ 曲线，其中 AC 段为正常泄流情况，CDE 段为非常泄流时的情况。图 15-20（b）为水库的 $q—V$ 曲线，其中 AC 段为正常泄流情况，CDE 段为非常泄流情况。图中 $Z_{堰正}$ 与 $Z_{堰非}$ 为正常溢洪道和非常溢洪道的堰顶高程，$Z_{启}$ 为启用水位，$V_{堰正}$、$V_{堰非}$、$V_{启}$ 分别为与上述特征水位对应的正常溢洪道堰顶以上库容。当非常溢洪道启用以后，泄流量为 $q_{正}+q_{非}$。由于库水位在 $Z_{启}$ 时，非常溢洪道上已有一定水头，

故启用非常溢洪道时泄流量剧增，因此 $Z—q$ 曲线中的 CD 段为水平段，$q—V$ 曲线中的 CD 段则为垂直线。

由 $Z—q$ 和 $q—\left(\frac{V}{\Delta t}+\frac{q}{2}\right)$ 曲线，仍可用试算法或图解法进行调洪计算。对校核洪水调洪计算的泄流过程，如图 15－19 所示。图中 ab 段为控制泄流 $q=Q$，库水位不变。b 点可由 $Z_{汛}$ 下正常溢洪道闸门全开求得 $q_{汛}=M_1B(Z_{汛}-Z_{堰正})^{3/2}$ 而判定。bc 段为自由泄流，可由图解法调洪计算求得。其中 c 点为闸门全开情况下，自由泄流 $q=q_{允}$。该点很可能不在半图解法计算时段 Δt 的分界点上，因此往往需试算确定。cd 段为控制泄流 $q=q_{允}$，可用水量平衡方程求水库蓄水过程。至 d 点时水库正好蓄满 $V_{防}$，库水位为 $Z_{防}$。在 de 段，正常溢洪道闸门全开，泄量在短时间内骤然增加。可由 $Z_{防}$ 情况下闸门全开求得自由泄流的泄量 q 而确定 e 点。ef 段为自由泄流，可用图解法调洪计算求得。到 f 点水位达到 $Z_{设}$，为调节设计洪水而增加的调洪库容 $\Delta V_{设}$ 蓄满。同样，f 点也往往不在图解法计算时段 Δt 的分界点上，而需试算确定。fg 段仍为自由泄流，由于时间较短，往往用试算求得。到 g 点时，水位达到启用非常溢洪道的水位 $Z_{启}$，非常溢洪道立刻投入运行，泄量剧增。可由正常溢洪道与非常溢洪道在 $Z_{启}$ 时的合成泄量 $q_{正}+q_{非}$ 确定 h 点，即相应于图 15－20 (a) 中的 D 点。hik 段为非常溢洪道参与泄洪的自由泄流，可用半图解法求得。而采用的 $q—V$ 曲线就是图 15－20 (b) 中的 DE 段。

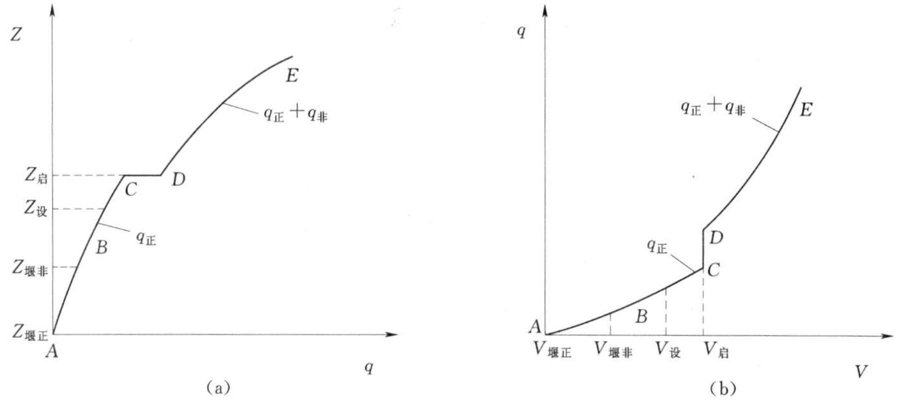

图 15－20　启用非常泄洪设施时的 $Z—q$、$q—V$ 曲线

(a) $Z—q$ 曲线；(b) $q—V$ 曲线

4. 方案比较和选择

需要修建非常泄洪设施的水库，在拟定水库的泄洪方案时，应该对正常泄洪设施和非常泄洪设施同时考虑。拟定非常泄洪设施的位置、类型、非常溢洪道的堰顶高程 $Z_{堰非}$ 及启用水位 $Z_{启}$ 等，通过调洪计算，进行方案比较，选择最优方案。实际上，非常泄洪设施的选择余地并不大，如果地形条件不允许也可不设非常溢洪道。

第六节　溃坝洪水计算*

水库的修建是为了兴利和防洪，但由于某些特殊原因，例如地震、超标准洪水以及施工与管理的严重失误等，都会使坝体突然遭到破坏而形成溃坝洪水，给下游带来极其严重的损失，我国中小型水库溃坝的事例时有发生。因此，在水文计算中，对于中小型水库的溃坝最大流量也要作必要的计算，为工程今后的管理和防护提供依据。

试验表明，当坝体瞬间全部溃破时，库内蓄水在水压力和重力作用下，奔泻而出，在坝前形成负波，逆着水流向上游传播，称为落水逆波；在坝下游形成正波，顺着水流向下游传播，称为涨水顺波。落水逆波向上游传播时，前边的波速总是大于后面的波速，使波形逐渐展平；涨水顺波向下游传播时，后面的波速总是大于前面的波速，造成后波赶前波的现象，如图 15－21 所示。图 15－22 表示出一次溃坝洪水在坝址及下游各断面的洪水过程线，坝址处峰形极为尖瘦，溃坝后瞬息之间即达最大值，然后随时间的推移而急速下降，呈乙字形的退水线。随着溃坝洪水向下游的推进，洪水过程线沿程渐渐变缓。

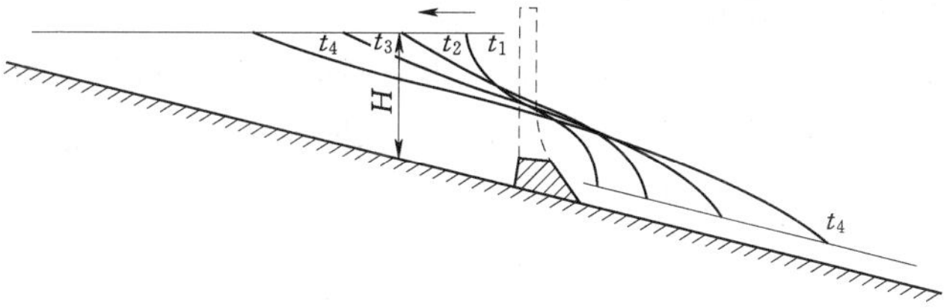

图 15－21　溃坝水流状态示意

当坝体局部溃破时，由于溃决口的宽度和深度与全部溃决时不同，故溃坝对最大流量的影响也不尽相同，最大流量计算的条件也有所区别。对中小型水库，资料表明土坝、堆石坝，短时间局部溃决的较多，而山谷中的土坝和刚性坝（如拱坝）在短时间内坝体容易全部溃决。为安全起见，在设计计算时一般按瞬时全部溃决的情况考虑。

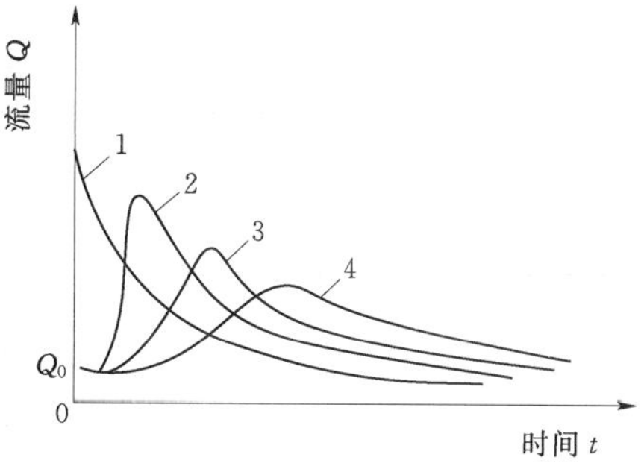

图 15－22　溃坝洪水沿程演进示意

1—坝址断面；2、3、4—坝下游沿程断面

一、坝址处溃坝最大流量计算

1. 全部溃决

在坝体瞬时全溃条件下，A·里特尔在圣维南非恒定流方程的基础上，假定水库库区为平底、无阻力，河槽为棱柱体，导出了溃坝最大流量计算公式

$$Q_m=(8/27)\sqrt{g}BH^{3/2} \tag{15-13}$$

式中：Q_m 为溃坝最大流量，m^3/s；g 为重力加速度，m/s^2；B 为坝址处的库面宽，以坝长表示，m；H 为坝前水深，m。

2. 局部溃决

坝体局部溃决时，考虑到溃决口和溃口处残留坝体高度对溃坝最大流量的影响，铁科院得出适合于瞬间全溃和局部溃决的坝址最大流量计算公式为：

$$Q_m=0.27\sqrt{g}(L/B)^{1/10}(B/b)^{1/3}b(H-Kh)^{3/2} \tag{15-14}$$

式中：L 为库区长度，m，一般可采用坝址断面至库区上游库面突然缩小处的距离，当 $L/B>5$ 时，其影响不再增加，均按 $L/B=5$ 计；b 为溃口的平均宽度，m，全溃时等于坝长，当溃坝的蓄水库容 $V\geqslant 100$ 万 m^3 时，按 $b=K_1V^{1/4}B^{1/7}H^{1/2}$ 估计（K_1 为坝体材质系数，对黏土类、黏土心墙或斜墙以及土、石、混凝土等 $K_1=1.19$，对均质壤土 $K_1=1.98$，V 为库蓄水量，万 m^3。），当 $V<100$ 万 m^3 时，按 $b=K_2(VH)^{1/4}$ 估计（K_2 为系数，坝体施工和管理质量好的取 6.6，差的取 9.1，V 同前）；h 为溃口处残留坝体的平均高度，m；K 为经验系数，按 $K=1.4(bh/BH)^{1/3}$ 估计。

式（15-14）适用性比较广泛，当 $b=B$，$h=0$ 时，为全部溃决；当 $b<B$，$h=0$ 时，为横向局部溃决；当 $b<B$，$h>0$ 时，为横向与竖向局部溃决同时存在；当 $b=B$，$h>0$ 时，为竖向局部溃决。

二、坝址溃坝洪水过程线的推求

推求坝址溃坝洪水过程线的目的在于推算下游各处溃坝洪水最大流量、水位和到达时间。溃坝流量过程线与溃坝最大流量 Q_m、溃坝时入库流量 Q_0、下游水位以及溃坝可泄库容有关，其线型近似于四次抛物线，即

$$\frac{t}{T}=\left(1-\frac{Q_t-Q_0}{Q_m-Q_0}\right)^4 \tag{15-15}$$

式中：Q_t 为 t 时刻的流量，m^3/s；Q_m 为溃坝最大流量，m^3/s；Q_0 为入库流量，m^3/s；T 为过程线的总历时；通过实验得出坝址处典型洪水过程线的坐标值，如表 15-9 所示。

表 15-9　　坝址溃坝典型过程线坐标值

t/T	0	0.05	0.1	0.2	0.3	0.4	0.6	0.8	1.0
$\frac{Q_t-Q_0}{Q_m-Q_0}$	1.0	0.62	0.48	0.34	0.26	0.207	0.130	0.061	0

根据水量平衡原理，坝址溃坝洪水过程线的总历时 T 应满足下列条件

$$T=\frac{5V'}{(Q_m-Q_0)} \tag{15-16}$$

式中：V'为溃坝前的水库蓄水容积。

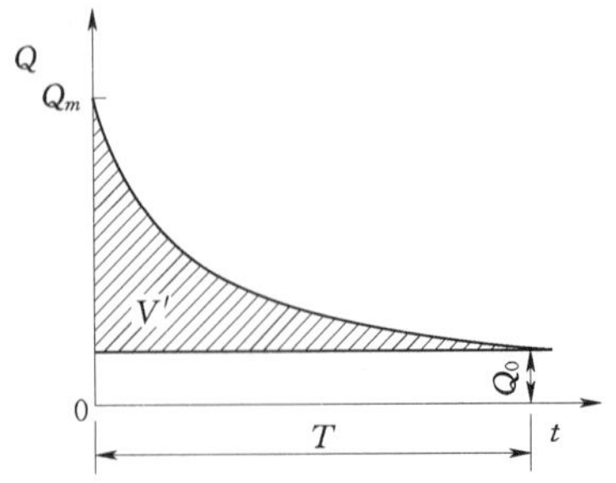

图 15-23　坝址溃坝洪水过程线

由式（15-16）求得 T 值后，连同已知的 Q_m、Q_0，就可按表 15-9 的数值缩放求得坝址洪水过程，如图 15-23 所示。

典型过程线法计算简单，易于掌握，但由于把溃坝流量的全部过程过于概化，因此不能反映水库的库容特性以及坝址泄流能力等因素，只能是近似计算。

三、溃坝洪水向下游的演算

求得坝址流量过程线后，可用非恒定流解法向下游推演求得下游各断面的流量过程线。但由于溃坝波向下游演进时主要受河槽调节作用，尖峰部分容易坦化，因此可以忽略动力方程式中的惯性项和立波特性。一般采用水量平衡图解法作简化计算。

依水量平衡原理，Δt 时段内 Δl 河段入流与出流的水量差应等于河槽蓄水的变化

量，即

$$\frac{1}{2}\Delta t[(Q''_1+Q'_1)-(Q''_2+Q'_2)]=\frac{1}{2}\Delta l[(F''_2+F''_1)-(F'_2+F'_1)] \qquad (15-17)$$

式中：Δl 为河段长度；F 为断面积；Q 为流量；符号上角标′代表时段初、上角标″代表时段末、下角标 1 代表上断面、下角标 2 代表下断面。

将式（15－17）两端除以 Δt，并令 $K=\Delta l/\Delta t$，经移项整理得

$$(KF'_1+Q'_1)-(KF''_1-Q''_1)=(KF''_2+Q''_2)-(KF'_2-Q'_2) \qquad (15-18)$$

当 Δt 及 Δl 确定后 K 值已知，由每个断面的水位—流量及水位—面积曲线，便可建立河段上下端面的 Q—$(KF\pm Q)$ 关系曲线，如图 15－24 所示。再将式（15－18）移项得

$$(KF'_1+Q'_1)-(KF''_1-Q''_1)+(KF'_2-Q'_2)=(KF''_2+Q''_2) \qquad (15-19)$$

根据式（15－19），再利用图 15－24 即可进行图解，步骤如下：

（1）由图 15－24，已知 Q''_1、Q'_2 及 Q'_1 分别查得 $KF''_1-Q''_1$、$KF'_2-Q'_2$ 及 $KF'_1+Q'_1$。

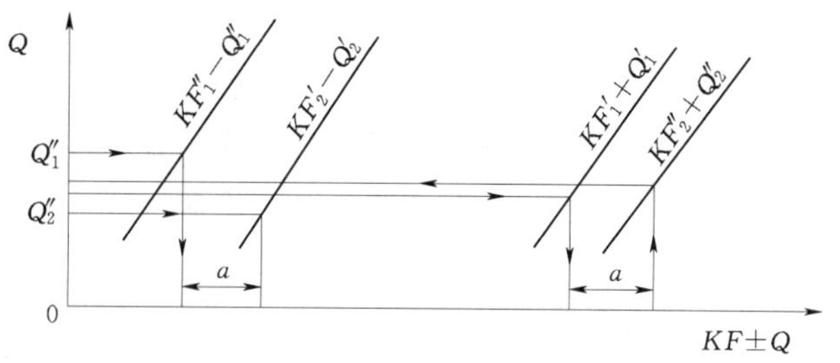

图 15－24　Q—$(KF\pm Q)$ 关系曲线

（2）令 $(KF'_2-Q'_2)-(KF''_1-Q''_1)=a$，则 $(KF'_1+Q'_1)+a=(KF''_2+Q''_2)$，求得 $KF''_2+Q''_2$。

（3）再由 $KF''_2+Q''_2$ 在图 15－24 上查出 Q''_2。

依此类推，即可求得河段下断面的出流洪水过程线。

在溃坝情况下，第一时段的出流量不能当作直线变化。在溃坝立波未到达下断面之前，流量仍为起始状态 Q_0；当立波到达时，流量瞬时陡涨，如图 15－25 所示。因此，第一时段需用试算方法处理。第一时段 Δt_1 的选取应满足下式

$$\Delta t_1 \geqslant \frac{\Delta l}{\omega} \qquad (15-20)$$

而且

$$\omega=v_0+\sqrt{gh_0\left(1+\frac{3h}{2h_0}\right)} \qquad (15-21)$$

式中：ω 为立波传播速度，m/s；v_0 为起始状态断面平均流速，m/s；h_0 为起始状态断面平均水深，m；h 为立波高度，m。

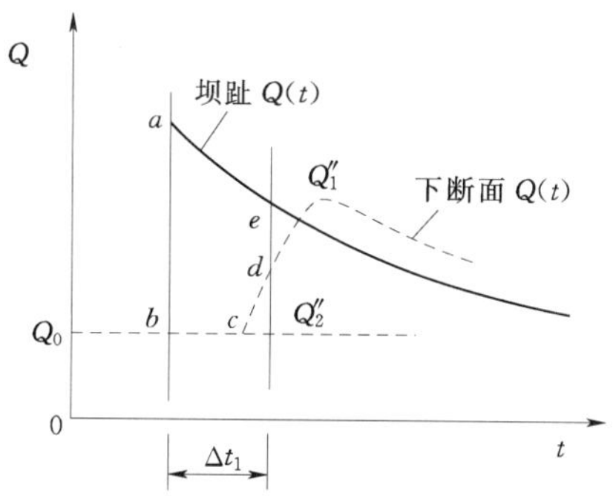

图 15－25　第一时段试算示意

试算时先假定时段末下断面流量 Q''_2，由于起始流态及时段入流过程已知，就可以求得时段增加的水量，即图 15－25 中 $abcde$ 的面积。然后根据河段上下断面时段始末流量，

由水位—流量及水位—面积关系曲线查得相应过水面积，计算时段始末的河槽蓄量 $W=\Delta l\overline{F}$ 及其差值 ΔW，如果 ΔW 等于时段增加的水量，则假定的 Q_2'' 即为所求。否则，另设 Q_2'' 重算直到二者相等。

第七节　水库运行中汛限水位的设置*

在水库的控制运用中，汛前限制水位是一个很重要的参数。水库建成后，汛限水位的确定，一般要考虑的因素有以下几点。

（1）水库工程质量。质量差的水库应该降低汛限水位运行；质量问题严重的水库要空库运行，以保证防洪安全。尤其对有病险的新建水库，通过低水位运行和观测资料分析，无异常现象后逐步提高运用的汛限水位。

（2）水库防洪标准。对原设计防洪标准较低的水库，在汛期为了保证水库安全，应降低汛限水位，以便提高防洪标准。

（3）水文情况。如果入库径流枯季相对较大，在汛后短期内可以蓄满水库，这种情况下的汛限水位可以定得低一些。若汛期内河道流量有明显的分期，则可将汛期分为不同的分期，分别计算各分期的洪量和留出不同的防洪库容，进而确定各分期的汛限水位。这种分期控制，有利于逐步蓄水。

一、无闸溢洪道防洪限制水位的设置

水库建成并经几年运用达到设计标准时，汛限水位应与溢洪道堰顶齐平，洪水来临时则由溢洪道自由泄出。目前很多已建水库由于种种原因还难以达到这种运行水平，因此，这一类水库在汛期必须限制蓄水，汛限水位定在溢洪道堰顶高程以下，其具体位置通过调洪演算来确定。如图 15-26（a）所示，进入水库的一部分洪水首先被拦蓄在汛限水位至溢洪道堰顶之间的库容中，图中以 V_1 表示。溢洪道堰顶以上的滞洪库容（$V_{滞}$）只需要对剩余洪量，即洪水总量 $W-V_1$ 进行调节。

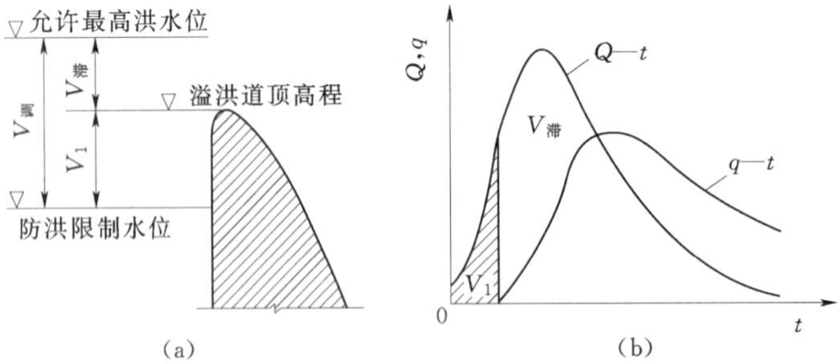

图 15-26　无闸门溢洪道防洪限制水位示意
（a）防洪限制水位位置图；（b）调洪演算图

由于汛限水位 $Z_{汛}$ 未知，V_1 不能定，可通过试算来确定 $Z_{汛}$。先假定几个不同的 $Z_{汛}$，求得相应的 V_1，再从洪水过程线 $Q—t$ 上扣除 V_1，并对入流洪水 $Q—t$ 的其余部分进行调洪计算，得 $V_{滞}$，如图 15-26（b）所示。由库容曲线可查得相应的最高洪水位 Z_m 与允许最高洪水位 $Z_{m,允}$（$Z_{m,允}$ 可由水工建筑物确定）进行比较，若两者相等，则 $Z_{汛}$ 即为所求的

汛限水位。

二、有闸溢洪道汛限水位的设置

溢洪道有闸门控制时，汛限水位一般处在溢洪道顶高程之上，如图 15-27 所示。根据水库下游有无防洪任务的要求不同，推求汛限水位的方法也有所区别。

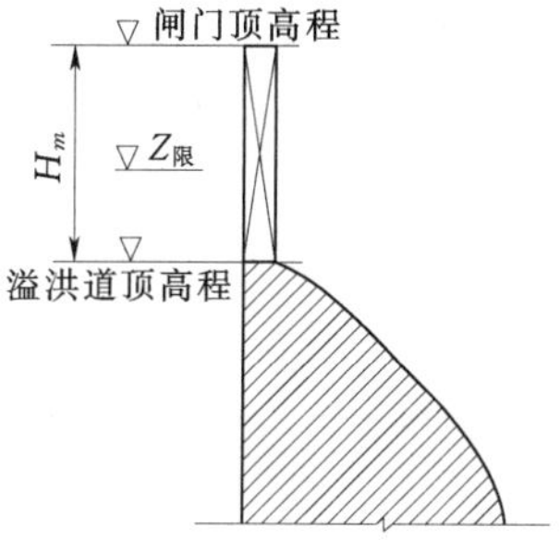

图 15-27　有闸门溢洪道防洪限制水位示意

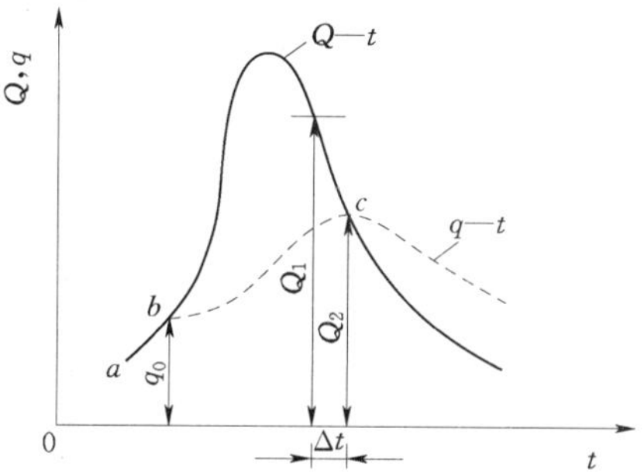

图 15-28　逆时序调洪演算示意

1. 下游无防洪任务

水库下游无防洪任务要求时，防洪计算的主要目的是为了大坝的安全，水库的最大泄量不受限制。水库的闸门控制运用方式如下：在洪水来临前闸门关闭，蓄水至汛限水位。洪水入库时，逐渐开启闸门，使下泄流量等于入库流量，见图 15-28 中的曲线 ab 段，库水位维持在汛限水位不变。b 点以后入库流量开始大于闸门全部开启的泄洪能力，则将闸门全部打开形成自由溢流，下泄流量随库水位的升高而增大，至 c 点下泄流量达到最大，此时入库流量等于下泄流量。c 点后随着库水位逐渐降低，下泄流量逐渐减少。

如果当年水库的允许最高洪水位已确定，汛限水位 $Z_{汛}$ 可采用调洪计算方法逆时序反推。

2. 下游有防洪任务

如果水库承担下游防洪任务，确定汛限水位的原则应该是既能保证水库的安全，又能满足下游防洪要求，并根据拟定的防洪调度方式通过调洪计算加以确定。以固定泄流方式为例叙述如下：

固定泄流情况下推求 $Z_{汛}$ 需采用试算法。对于一级控制泄流，开始时，应先取下游防洪标准的洪水过程线，假定一个起调水位 $Z_{汛}$，下泄量按下游安全泄量 $q_{安}$ 控制，进行调洪计算求得相应于下游防洪标准的 $V_{防1}$，如图 15-29（a）所示。当出现水库设计洪水时，如图 15-29（b）所示，开始仍按 $q_{安}$ 下泄，当 $V_{防1}$ 已蓄满时，则敞开闸门泄洪，当达最大下泄量 q_m 时，求得这时的最高洪水位 Z_m 与允许最高洪水位相比较，如两者相等，则假定的起调水位即为汛限水位；如两者不等，则重新假定起调水位 $Z_{限}$，再进行计算直至两者相等为止。

若为分级控制，亦须先假定一个起调水位 $Z_{汛}$ 进行调洪计算，求得下游各种防洪标准相应的防洪库容 $V_{防1}$、$V_{防2}$、…，及水库洪水位 Z_1、Z_2、…。当库水位低于 Z_1 时，控制泄流量不大于 $q_{安1}$，库水位在 Z_1～Z_2 之间时，控制泄流量不大于 $q_{安2}$，…依次逐级控制，

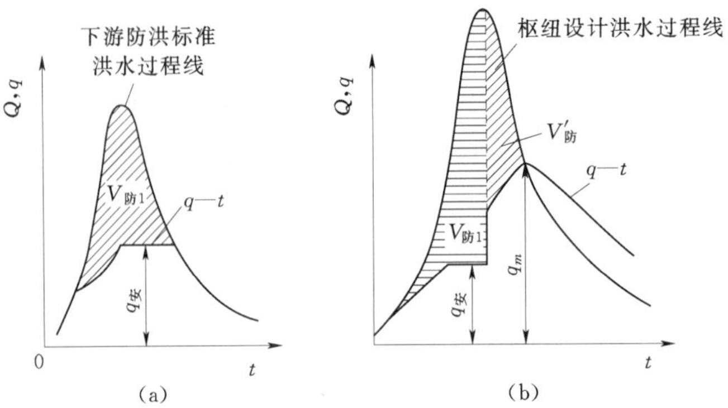

图 15-29　固定泄流（一级控制）防洪调度示意
(a) 第一步调洪；(b) 第二步调洪

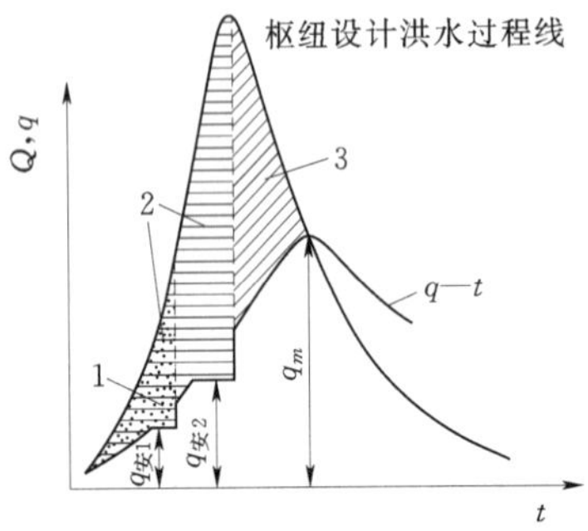

图 15-30　固定泄流（二级控制）防洪调度示意
1—$V_{防1}$；2—$V_{防2}$；3—$V_防$

如图 15-30 所示。

当超过下游最后一级防洪标准时，如图 15-30 中的 $V_{防2}$ 及其相应的库水位 Z_2，则敞开闸门泄洪至最大下泄量 q_m，求得相应的最高库水位 Z_m 与允许最高洪水位相比较，两者相等的起调水位即为所求的汛限水位。

三、汛限水位的分期设置

对于汛期洪水变化有明显分期特性的河流，可根据洪水变化特性将汛期分为若干个分期，如前汛期、后汛期，或初汛期、主汛期、末汛期等。按分期确定 $Z_汛$，在某些分期可以将 $Z_汛$ 相对地抬高，以便在保证防洪安全的前提下，充分利用库容蓄水兴利。例如，初汛和末汛的洪水小于主汛期，所以其 $Z_汛$ 可以相对提高。分期设置汛限水位计算的基本内容和步骤为：

(1) 将整个汛期划分为若干分期，如第十章所述，主要根据水文气象资料和预报条件进行统计分析和洪水成因分析，然后研究确定。

(2) 各分期设计标准的洪水计算，也按第十章方法进行计算，即可求得各分期的设计洪水。分期设计洪水组合的全汛期洪水不应低于年最大值法选样推求的设计洪水，以确保防洪安全。

(3) 分期汛限水位的推求按划定的分期进行，例如对于汛期划分为初汛、主汛和汛末三个分期的水库，首先对初汛期内的设计洪水进行调洪计算，由已经确定的允许最高洪水位求得相应的汛限水位，其他分期也按规定的防洪标准由同样方法求得相应的汛限水位。

习　　题

1. 思考题。(1) 水库的调洪机理是什么？(2) 水库的调洪计算原理是什么？(3) 如何制作蓄泄曲线？(4) 有闸溢洪道有什么好处？(5) 调洪计算的目的是什么？(6) 防洪计算的目的是什么？

2. 某水库为无闸溢洪道，已知：设计洪水过程线（表 15－10），水库特性曲线（表 15－11），堰顶高程为 140m，相应的堰下库容为 $305\times10^4 m^3$，堰顶宽度为 10m，流量系数为 1.6，汛期水电站用水流量为 $5m^3/s$，计算时段取 1 小时。试推求：(1) 防洪库容；(2) 最大下泄流量及时刻；(3) 防洪水位；(4) 下泄流量过程线。

表 15－10　设计洪水过程线表 ($P=1\%$)

时间 t (h)	0	1	2	3	4	5	6	7
流量 Q (m^3/s)	5.0	30.3	55.5	37.5	25.2	15.0	6.7	5.0

表 15－11　水库特性曲线表

库水位 Z (m)	140.0	140.5	141.0	141.5	142.0	142.5	143.0
容积 V ($10^4 m^3$)	305	325	350	375	400	425	455

3. 某水库为有闸溢洪道，已知：水库特性曲线（表 15－12），水位与下泄量的关系（由水力学公式算出，如表 15－13 所示），设计洪水过程线（表 15－14），堰顶高程为 126m，堰顶宽度为 60m，闸门高度为 9m，正常蓄水位与闸门顶齐平，起调水位为 135m，相应最大泄量为 $3390m^3/s$。当来水小于 $3390m^3/s$ 时，通过控制闸门开度可以来多少泄多少，当来水大于 $3390m^3/s$ 时，闸门全开自由泄流。试推求：(1) 设计洪水位；(2) 下泄流量过程线。

表 15－12　水库特性曲线表

库水位 Z (m)	100	105	110	115	120	125	130	135	140
容积 V ($10^8 m^3$)	0.125	0.5	1.12	1.955	3.185	4.77	6.86	9.66	13.44

表 15－13　水位与泄量关系表

水位 Z (m)	126	128	130	132	134	135	136	138	140
水头 H (m)	0	2	4	6	8	9	10	12	14
流量 q (m^3/s)	0	356	1002	1830	2820	3390	3960	5196	6540

表 15－14　设计洪水过程线 ($P=1\%$)

历时 t (h)	0	12	24	36	48	60	72	84	96	108	120	132	144	156	168
流量 Q (m^3/s)	600	1040	2000	3390	5500	5000	3980	2980	2550	2000	1560	1200	910	680	600

4. 某小型水库 50 年一遇的设计洪水过程线可概化成三角形，已知洪峰流量为 $300m^3/s$，洪水历时为 8h（其中，涨洪历时为 3h，落洪历时为 5h），堰顶以上库容与泄量关系（表 15－15）。试用简化三角形试算法和图解法推求拦洪库容和最大下泄量。

表 15－15　某小型水库堰顶以上库容与下泄流量关系表

流量 q (m^3/s)	0	25	50	100	150	200	250
库容 V ($10^4 m^3$)	0	95	165	280	375	470	550

附录1 瞬时单位线的S曲线查用表

t/K \ n	1.0	1.1	1.2	1.3	1.4	1.5	1.6	1.7	1.8	1.9	2.0	2.1	2.2	2.3	2.4	2.5	2.6	2.7	2.8	2.9	3.0
0	0	0	0	0	0	0	0	0	0	0	0	0	0	0	0	0	0	0	0	0	0
0.1	0.095	0.072	0.054	0.041	0.030	0.022	0.017	0.012	0.009	0.007	0.005	0.003	0.002	0.002	0.001	0.001	0.001	0	0	0	0
0.2	0.181	0.147	0.118	0.095	0.075	0.060	0.047	0.036	0.029	0.022	0.018	0.014	0.010	0.008	0.006	0.004	0.003	0.002	0.002	0.001	0.001
0.3	0.259	0.218	0.182	0.152	0.126	0.104	0.086	0.069	0.057	0.045	0.037	0.030	0.024	0.019	0.015	0.012	0.010	0.007	0.006	0.005	0.004
0.4	0.330	0.285	0.244	0.209	0.178	0.150	0.127	0.107	0.089	0.074	0.061	0.051	0.042	0.034	0.028	0.023	0.019	0.015	0.012	0.010	0.008
0.5	0.393	0.346	0.305	0.266	0.230	0.198	0.171	0.146	0.126	0.106	0.090	0.076	0.065	0.054	0.045	0.037	0.031	0.025	0.022	0.018	0.014
0.6	0.451	0.403	0.360	0.318	0.281	0.237	0.216	0.188	0.164	0.142	0.122	0.104	0.090	0.076	0.065	0.055	0.046	0.039	0.033	0.028	0.023
0.7	0.503	0.456	0.411	0.369	0.331	0.294	0.261	0.231	0.200	0.178	0.156	0.136	0.117	0.101	0.088	0.075	0.065	0.056	0.044	0.039	0.034
0.8	0.551	0.505	0.461	0.418	0.378	0.340	0.306	0.273	0.243	0.216	0.191	0.169	0.149	0.130	0.113	0.098	0.086	0.074	0.064	0.056	0.047
0.9	0.593	0.549	0.505	0.464	0.423	0.385	0.349	0.315	0.285	0.255	0.228	0.202	0.180	0.160	0.141	0.124	0.109	0.096	0.084	0.073	0.063
1.0	0.632	0.589	0.547	0.506	0.466	0.428	0.392	0.356	0.324	0.293	0.264	0.238	0.213	0.190	0.170	0.151	0.134	0.118	0.104	0.092	0.080
1.1	0.667	0.626	0.585	0.545	0.506	0.468	0.431	0.396	0.363	0.331	0.301	0.273	0.247	0.222	0.200	0.179	0.160	0.143	0.127	0.113	0.100
1.2	0.699	0.660	0.621	0.582	0.544	0.506	0.470	0.436	0.400	0.368	0.337	0.308	0.281	0.255	0.231	0.219	0.188	0.169	0.151	0.135	0.121
1.3	0.728	0.691	0.654	0.616	0.579	0.543	0.506	0.471	0.447	0.405	0.373	0.343	0.315	0.288	0.262	0.239	0.216	0.196	0.171	0.159	0.143
1.4	0.753	0.719	0.684	0.648	0.612	0.577	0.541	0.507	0.473	0.440	0.408	0.378	0.348	0.321	0.294	0.269	0.246	0.224	0.203	0.184	0.167
1.5	0.777	0.744	0.711	0.677	0.643	0.608	0.574	0.540	0.507	0.474	0.442	0.411	0.382	0.353	0.326	0.300	0.275	0.252	0.231	0.210	0.191
1.6	0.798	0.768	0.736	0.704	0.671	0.638	0.605	0.572	0.539	0.507	0.475	0.444	0.414	0.385	0.357	0.331	0.305	0.281	0.258	0.237	0.217
1.7	0.817	0.789	0.759	0.729	0.698	0.666	0.634	0.602	0.570	0.538	0.507	0.476	0.446	0.417	0.389	0.361	0.335	0.310	0.287	0.264	0.243
1.8	0.835	0.808	0.781	0.752	0.722	0.692	0.661	0.630	0.599	0.568	0.537	0.507	0.477	0.448	0.419	0.392	0.365	0.330	0.315	0.292	0.269
1.9	0.850	0.826	0.800	0.773	0.745	0.716	0.687	0.657	0.627	0.596	0.566	0.536	0.507	0.478	0.449	0.421	0.395	0.368	0.343	0.319	0.296
2.0	0.865	0.842	0.818	0.792	0.766	0.739	0.710	0.682	0.653	0.623	0.594	0.565	0.536	0.507	0.478	0.451	0.423	0.397	0.372	0.347	0.323
2.1	0.878	0.856	0.834	0.810	0.785	0.759	0.733	0.706	0.679	0.649	0.620	0.592	0.565	0.535	0.507	0.479	0.452	0.425	0.400	0.375	0.350
2.2	0.890	0.870	0.849	0.826	0.803	0.778	0.753	0.727	0.700	0.673	0.645	0.618	0.590	0.562	0.534	0.507	0.480	0.453	0.427	0.402	0.377
2.3	0.900	0.882	0.862	0.841	0.819	0.796	0.772	0.748	0.722	0.696	0.669	0.642	0.615	0.588	0.560	0.533	0.507	0.480	0.454	0.429	0.404
2.4	0.909	0.895	0.875	0.855	0.835	0.813	0.790	0.767	0.742	0.717	0.692	0.665	0.639	0.613	0.586	0.559	0.533	0.507	0.481	0.455	0.430

续表

t/K \ n	1.0	1.1	1.2	1.3	1.4	1.5	1.6	1.7	1.8	1.9	2.0	2.1	2.2	2.3	2.4	2.5	2.6	2.7	2.8	2.9	3.0
2.5	0.918	0.902	0.886	0.868	0.849	0.828	0.807	0.784	0.761	0.737	0.713	0.688	0.662	0.636	0.610	0.584	0.558	0.532	0.506	0.481	0.456
2.6	0.926	0.912	0.896	0.879	0.861	0.842	0.822	0.801	0.779	0.756	0.733	0.708	0.684	0.659	0.634	0.608	0.582	0.557	0.532	0.506	0.482
2.7	0.933	0.920	0.905	0.890	0.873	0.855	0.836	0.816	0.796	0.774	0.751	0.728	0.704	0.680	0.656	0.631	0.606	0.581	0.556	0.531	0.506
2.8	0.939	0.928	0.914	0.899	0.884	0.867	0.849	0.831	0.811	0.790	0.769	0.747	0.724	0.701	0.677	0.653	0.629	0.604	0.579	0.555	0.531
2.9	0.945	0.934	0.922	0.908	0.894	0.878	0.862	0.844	0.825	0.806	0.785	0.764	0.742	0.720	0.697	0.674	0.650	0.626	0.602	0.578	0.554
3.0	0.950	0.940	0.929	0.916	0.903	0.888	0.873	0.856	0.839	0.820	0.801	0.781	0.760	0.738	0.716	0.694	0.671	0.648	0.624	0.600	0.577
3.1	0.955	0.946	0.935	0.924	0.911	0.898	0.883	0.868	0.851	0.834	0.815	0.796	0.776	0.756	0.734	0.713	0.691	0.668	0.645	0.622	0.599
3.2	0.959	0.951	0.941	0.930	0.919	0.906	0.893	0.878	0.863	0.846	0.829	0.811	0.792	0.772	0.752	0.731	0.709	0.688	0.665	0.643	0.620
3.3	0.963	0.955	0.946	0.936	0.926	0.914	0.902	0.888	0.873	0.858	0.841	0.824	0.806	0.787	0.768	0.748	0.727	0.706	0.685	0.663	0.641
3.4	0.967	0.959	0.951	0.942	0.932	0.921	0.910	0.897	0.883	0.869	0.853	0.837	0.820	0.802	0.783	0.764	0.744	0.724	0.703	0.682	0.660
3.5	0.970	0.963	0.956	0.947	0.938	0.928	0.917	0.905	0.892	0.879	0.864	0.849	0.832	0.815	0.798	0.779	0.760	0.741	0.721	0.700	0.679
3.6	0.973	0.967	0.960	0.952	0.944	0.934	0.924	0.913	0.901	0.888	0.874	0.860	0.844	0.828	0.811	0.794	0.776	0.757	0.738	0.718	0.697
3.7	0.975	0.970	0.963	0.956	0.948	0.940	0.930	0.920	0.909	0.897	0.884	0.870	0.856	0.840	0.824	0.807	0.790	0.722	0.753	0.734	0.715
3.8	0.978	0.973	0.967	0.960	0.953	0.945	0.936	0.926	0.916	0.905	0.893	0.880	0.866	0.851	0.846	0.820	0.804	0.786	0.768	0.750	0.731
3.9	0.980	0.975	0.970	0.964	0.957	0.950	0.941	0.932	0.923	0.912	0.901	0.889	0.876	0.862	0.848	0.834	0.817	0.800	0.783	0.765	0.747
4.0	0.982	0.977	0.973	0.967	0.961	0.954	0.946	0.938	0.929	0.919	0.908	0.897	0.885	0.872	0.858	0.844	0.829	0.813	0.796	0.779	0.762
4.2	0.985	0.981	0.971	0.973	0.967	0.962	0.955	0.948	0.940	0.931	0.922	0.912	0.901	0.890	0.877	0.864	0.851	0.837	0.822	0.806	0.790
4.4	0.988	0.985	0.981	0.977	0.973	0.968	0.962	0.956	0.949	0.942	0.934	0.925	0.915	0.905	0.894	0.883	0.870	0.857	0.844	0.830	0.815
4.6	0.990	0.987	0.985	0.981	0.975	0.973	0.963	0.963	0.957	0.951	0.944	0.936	0.928	0.919	0.909	0.899	0.888	0.876	0.864	0.851	0.837
4.8	0.992	0.990	0.987	0.985	0.981	0.978	0.974	0.969	0.964	0.958	0.952	0.946	0.938	0.930	0.922	0.913	0.903	0.892	0.881	0.870	0.857
5.0	0.993	0.992	0.990	0.987	0.984	0.981	0.978	0.974	0.970	0.965	0.960	0.954	0.947	0.940	0.933	0.925	0.916	0.907	0.897	0.886	0.875
5.5	0.996	0.995	0.994	0.992	0.990	0.988	0.986	0.983	0.980	0.977	0.973	0.969	0.965	0.960	0.955	0.949	0.942	0.935	0.928	0.920	0.912
6.0	0.998	0.997	0.996	0.995	0.994	0.993	0.991	0.989	0.987	0.985	0.983	0.980	0.977	0.973	0.969	0.965	0.961	0.956	0.950	0.944	0.938
7.0	0.999	0.999	0.998	0.998	0.998	0.997	0.996	0.996	0.995	0.994	0.993	0.991	0.990	0.988	0.986	0.984	0.982	0.980	0.977	0.974	0.970
8.0			0.999	0.999	0.999	0.999	0.999	0.998	0.998	0.997	0.997	0.996	0.996	0.995	0.994	0.993	0.992	0.991	0.989	0.988	0.986
9.0								0.999	0.999	0.999	0.999	0.999	0.998	0.998	0.997	0.997	0.997	0.996	0.995	0.995	0.994

续表

t/K \ n	3.0	3.1	3.2	3.3	3.4	3.5	3.6	3.7	3.8	3.9	4.0	4.1	4.2	4.3	4.4	4.5	4.6	4.7	4.8	4.9	5.0
0	0	0	0	0	0	0	0	0	0	0	0	0	0	0	0	0	0	0	0	0	0
0.5	0.014	0.012	0.010	0.008	0.006	0.005	0.004	0.003	0.003	0.002	0.002	0.001	0.001	0.001	0.001	0.001	0	0	0	0	0
1.0	0.080	0.070	0.061	0.053	0.046	0.040	0.035	0.030	0.026	0.022	0.019	0.016	0.014	0.012	0.010	0.009	0.007	0.006	0.005	0.004	0.004
1.1	0.100	0.088	0.077	0.068	0.060	0.052	0.045	0.040	0.034	0.030	0.026	0.022	0.019	0.016	0.014	0.012	0.010	0.009	0.008	0.006	0.005
1.2	0.121	0.107	0.095	0.084	0.074	0.066	0.058	0.051	0.044	0.039	0.034	0.029	0.026	0.022	0.019	0.017	0.014	0.012	0.011	0.009	0.008
1.3	0.143	0.128	0.114	0.102	0.091	0.081	0.071	0.063	0.056	0.049	0.043	0.038	0.033	0.029	0.025	0.022	0.019	0.017	0.014	0.012	0.011
1.4	0.167	0.150	0.135	0.121	0.109	0.097	0.087	0.077	0.069	0.061	0.054	0.047	0.042	0.037	0.032	0.028	0.025	0.022	0.019	0.016	0.014
1.5	0.191	0.173	0.157	0.142	0.128	0.115	0.103	0.092	0.083	0.074	0.066	0.058	0.052	0.046	0.040	0.036	0.031	0.028	0.024	0.021	0.019
1.6	0.217	0.198	0.180	0.164	0.148	0.134	0.121	0.109	0.098	0.088	0.079	0.070	0.063	0.056	0.050	0.044	0.039	0.035	0.031	0.027	0.024
1.7	0.243	0.223	0.204	0.186	0.170	0.154	0.140	0.127	0.115	0.103	0.093	0.084	0.075	0.067	0.060	0.054	0.048	0.043	0.038	0.033	0.030
1.8	0.269	0.248	0.228	0.210	0.192	0.175	0.160	0.146	0.132	0.120	0.109	0.098	0.089	0.080	0.072	0.064	0.058	0.051	0.046	0.041	0.036
1.9	0.296	0.274	0.253	0.234	0.215	0.197	0.181	0.166	0.151	0.138	0.125	0.114	0.103	0.093	0.084	0.076	0.068	0.061	0.055	0.049	0.044
2.0	0.323	0.301	0.279	0.258	0.239	0.220	0.203	0.186	0.171	0.156	0.143	0.130	0.119	0.108	0.098	0.089	0.080	0.072	0.065	0.059	0.053
2.1	0.350	0.327	0.305	0.283	0.263	0.244	0.225	0.208	0.191	0.176	0.161	0.148	0.135	0.123	0.112	0.102	0.093	0.084	0.076	0.069	0.062
2.2	0.377	0.354	0.331	0.309	0.287	0.267	0.248	0.230	0.212	0.196	0.181	0.166	0.153	0.140	0.128	0.117	0.107	0.097	0.088	0.080	0.072
2.3	0.404	0.380	0.356	0.334	0.312	0.291	0.271	0.252	0.234	0.217	0.201	0.185	0.171	0.157	0.144	0.132	0.121	0.111	0.101	0.092	0.084
2.4	0.430	0.406	0.382	0.359	0.337	0.316	0.295	0.275	0.256	0.238	0.221	0.205	0.190	0.175	0.161	0.149	0.137	0.125	0.115	0.105	0.096
2.5	0.456	0.432	0.408	0.385	0.362	0.340	0.319	0.299	0.279	0.260	0.242	0.225	0.209	0.194	0.179	0.166	0.153	0.141	0.129	0.119	0.109
2.6	0.482	0.457	0.433	0.410	0.387	0.364	0.343	0.322	0.302	0.283	0.264	0.246	0.229	0.213	0.198	0.183	0.170	0.157	0.145	0.133	0.123
2.7	0.506	0.482	0.458	0.434	0.411	0.389	0.367	0.346	0.325	0.305	0.286	0.268	0.250	0.233	0.217	0.202	0.187	0.174	0.161	0.149	0.137
2.8	0.531	0.506	0.482	0.459	0.436	0.413	0.391	0.369	0.348	0.328	0.308	0.289	0.271	0.253	0.237	0.221	0.206	0.191	0.178	0.165	0.152
2.9	0.554	0.530	0.506	0.483	0.460	0.437	0.414	0.392	0.371	0.350	0.330	0.311	0.292	0.274	0.257	0.240	0.224	0.209	0.195	0.181	0.168
3.0	0.577	0.553	0.530	0.506	0.483	0.460	0.438	0.416	0.394	0.373	0.353	0.333	0.314	0.295	0.277	0.260	0.244	0.228	0.213	0.198	0.185
3.1	0.599	0.576	0.552	0.529	0.506	0.483	0.461	0.439	0.417	0.396	0.375	0.355	0.335	0.316	0.298	0.280	0.263	0.246	0.231	0.216	0.202
3.2	0.620	0.603	0.574	0.552	0.528	0.506	0.484	0.462	0.440	0.418	0.397	0.377	0.357	0.338	0.319	0.301	0.283	0.266	0.250	0.234	0.219

续表

t/K \ n	3.0	3.1	3.2	3.3	3.4	3.5	3.6	3.7	3.8	3.9	4.0	4.1	4.2	4.3	4.4	4.5	4.6	4.7	4.8	4.9	5.0
3.3	0.641	0.618	0.596	0.573	0.551	0.528	0.506	0.484	0.462	0.441	0.420	0.399	0.379	0.359	0.340	0.321	0.304	0.286	0.269	0.253	0.237
3.4	0.660	0.638	0.616	0.594	0.572	0.550	0.528	0.506	0.484	0.463	0.442	0.421	0.400	0.380	0.361	0.342	0.324	0.306	0.289	0.272	0.256
3.5	0.679	0.658	0.636	0.615	0.593	0.571	0.549	0.528	0.506	0.485	0.462	0.442	0.422	0.404	0.382	0.363	0.344	0.326	0.308	0.291	0.275
3.6	0.697	0.677	0.656	0.634	0.613	0.592	0.570	0.549	0.527	0.506	0.484	0.464	0.443	0.423	0.403	0.384	0.365	0.346	0.328	0.311	0.293
3.7	0.715	0.695	0.674	0.653	0.633	0.612	0.590	0.569	0.548	0.527	0.506	0.485	0.464	0.444	0.424	0.404	0.385	0.366	0.348	0.330	0.313
3.8	0.731	0.712	0.692	0.672	0.651	0.631	0.610	0.589	0.568	0.547	0.527	0.506	0.485	0.465	0.445	0.425	0.406	0.387	0.368	0.350	0.332
3.9	0.747	0.728	0.709	0.689	0.670	0.649	0.629	0.609	0.588	0.567	0.548	0.526	0.506	0.485	0.465	0.446	0.426	0.407	0.388	0.370	0.352
4.0	0.762	0.744	0.725	0.706	0.687	0.667	0.647	0.627	0.607	0.587	0.567	0.546	0.526	0.506	0.486	0.466	0.446	0.427	0.403	0.389	0.371
4.2	0.790	0.773	0.756	0.738	0.720	0.701	0.682	0.663	0.644	0.624	0.605	0.588	0.565	0.545	0.525	0.506	0.486	0.467	0.448	0.429	0.410
4.4	0.815	0.799	0.783	0.767	0.750	0.733	0.715	0.679	0.678	0.660	0.641	0.621	0.602	0.582	0.563	0.544	0.525	0.506	0.486	0.468	0.449
4.6	0.837	0.823	0.809	0.793	0.778	0.761	0.745	0.728	0.710	0.692	0.674	0.656	0.637	0.619	0.600	0.581	0.562	0.543	0.524	0.505	0.487
4.8	0.857	0.845	0.831	0.817	0.803	0.788	0.772	0.756	0.740	0.723	0.706	0.688	0.671	0.653	0.634	0.616	0.598	0.579	0.560	0.542	0.524
5.0	0.875	0.854	0.851	0.838	0.825	0.811	0.797	0.782	0.767	0.751	0.735	0.718	0.702	0.683	0.667	0.650	0.632	0.614	0.596	0.578	0.560
5.2	0.891	0.881	0.870	0.858	0.846	0.833	0.820	0.806	0.792	0.777	0.762	0.746	0.731	0.714	0.698	0.681	0.664	0.647	0.629	0.612	0.594
5.4	0.905	0.896	0.886	0.875	0.864	0.852	0.840	0.828	0.814	0.801	0.787	0.772	0.757	0.742	0.726	0.710	0.694	0.678	0.661	0.644	0.627
5.6	0.918	0.909	0.900	0.891	0.880	0.870	0.859	0.847	0.835	0.822	0.809	0.796	0.782	0.768	0.753	0.738	0.722	0.707	0.691	0.674	0.658
5.8	0.928	0.921	0.913	0.904	0.895	0.885	0.875	0.865	0.854	0.842	0.830	0.818	0.805	0.791	0.777	0.763	0.749	0.734	0.719	0.703	0.687
6.0	0.938	0.930	0.924	0.916	0.908	0.899	0.890	0.881	0.870	0.860	0.849	0.837	0.825	0.813	0.800	0.787	0.773	0.759	0.745	0.730	0.715
6.5	0.957	0.952	0.947	0.941	0.935	0.927	0.921	0.913	0.905	0.897	0.888	0.879	0.869	0.859	0.848	0.837	0.826	0.814	0.802	0.789	0.776
7.0	0.970	0.967	0.963	0.958	0.954	0.949	0.943	0.938	0.932	0.925	0.918	0.911	0.903	0.895	0.887	0.878	0.868	0.859	0.848	0.838	0.827
7.5	0.980	0.977	0.974	0.971	0.968	0.964	0.960	0.956	0.951	0.946	0.941	0.935	0.929	0.923	0.916	0.911	0.902	0.894	0.886	0.877	0.868
8.0	0.986	0.984	0.982	0.980	0.978	0.975	0.972	0.969	0.965	0.962	0.958	0.953	0.949	0.944	0.939	0.933	0.927	0.921	0.915	0.908	0.900
9.0	0.994	0.993	0.991	0.990	0.989	0.988	0.986	0.985	0.983	0.981	0.979	0.976	0.974	0.971	0.968	0.965	0.961	0.958	0.954	0.950	0.945
10.0	0.997	0.997	0.996	0.996	0.995	0.994	0.994	0.993	0.992	0.991	0.990	0.988	0.987	0.985	0.984	0.982	0.980	0.978	0.976	0.973	0.971
11.0	0.999	0.999	0.998	0.998	0.998	0.997	0.997	0.997	0.996	0.996	0.995	0.994	0.994	0.993	0.992	0.991	0.990	0.989	0.988	0.986	0.985
12.0			0.999	0.999	0.999	0.999	0.999	0.998	0.998	0.998	0.998	0.997	0.997	0.997	0.996	0.996	0.995	0.994	0.994	0.993	0.992

续表

t/K \ n	5.0	5.1	5.2	5.3	5.4	5.5	5.6	5.7	5.8	5.9	6.0	6.1	6.2	6.3	6.4	6.5	6.6	6.7	6.8	6.9	7.0
0	0	0	0	0	0	0	0	0	0	0	0	0	0	0	0	0	0	0	0	0	0
0.5																					
1.0	0.004	0.003	0.003	0.002	0.002	0.002	0.001	0.001	0.001	0.001	0.001	0	0	0	0	0	0	0	0	0	0
1.5	0.019	0.016	0.014	0.012	0.011	0.009	0.008	0.007	0.006	0.005	0.004	0.004	0.003	0.003	0.002	0.002	0.002	0.001	0.001	0.001	0.001
2.0	0.053	0.047	0.042	0.038	0.034	0.030	0.027	0.024	0.021	0.019	0.017	0.015	0.013	0.011	0.010	0.009	0.008	0.007	0.006	0.005	0.004
2.5	0.109	0.100	0.091	0.083	0.076	0.069	0.063	0.057	0.051	0.047	0.042	0.038	0.034	0.031	0.028	0.025	0.022	0.020	0.018	0.016	0.014
3.0	0.185	0.172	0.160	0.148	0.137	0.127	0.117	0.108	0.099	0.091	0.084	0.077	0.071	0.065	0.059	0.054	0.049	0.045	0.041	0.037	0.034
3.2	0.219	0.205	0.192	0.179	0.166	0.155	0.144	0.133	0.123	0.114	0.105	0.098	0.090	0.083	0.076	0.070	0.064	0.059	0.053	0.049	0.045
3.4	0.256	0.240	0.226	0.211	0.198	0.185	0.173	0.161	0.150	0.139	0.129	0.120	0.111	0.103	0.095	0.088	0.081	0.075	0.069	0.063	0.058
3.6	0.294	0.277	0.261	0.246	0.231	0.217	0.204	0.191	0.179	0.167	0.156	0.146	0.135	0.126	0.117	0.109	0.100	0.093	0.086	0.080	0.073
3.8	0.332	0.315	0.298	0.282	0.266	0.251	0.237	0.223	0.210	0.197	0.184	0.173	0.162	0.151	0.141	0.132	0.122	0.114	0.106	0.098	0.091
4.0	0.371	0.353	0.336	0.319	0.303	0.287	0.271	0.256	0.242	0.228	0.215	0.202	0.190	0.178	0.167	0.157	0.146	0.137	0.128	0.119	0.111
4.1	0.391	0.373	0.355	0.338	0.321	0.305	0.289	0.274	0.259	0.244	0.231	0.218	0.205	0.193	0.181	0.170	0.159	0.149	0.139	0.130	0.121
4.2	0.410	0.392	0.374	0.357	0.340	0.323	0.307	0.291	0.276	0.261	0.247	0.233	0.220	0.208	0.195	0.184	0.172	0.162	0.151	0.142	0.133
4.3	0.430	0.411	0.393	0.375	0.358	0.341	0.325	0.309	0.293	0.278	0.263	0.249	0.236	0.223	0.210	0.198	0.183	0.175	0.164	0.154	0.144
4.4	0.449	0.430	0.412	0.394	0.377	0.360	0.343	0.327	0.311	0.295	0.280	0.266	0.251	0.238	0.225	0.212	0.200	0.189	0.177	0.167	0.156
4.5	0.468	0.449	0.431	0.413	0.395	0.378	0.361	0.345	0.328	0.312	0.297	0.282	0.268	0.254	0.240	0.227	0.214	0.203	0.191	0.180	0.169
4.6	0.487	0.469	0.450	0.432	0.414	0.397	0.379	0.363	0.346	0.330	0.314	0.299	0.284	0.270	0.256	0.243	0.229	0.217	0.205	0.193	0.182
4.7	0.505	0.487	0.469	0.451	0.433	0.415	0.398	0.381	0.364	0.348	0.332	0.316	0.301	0.286	0.272	0.258	0.244	0.232	0.219	0.207	0.195
4.8	0.524	0.505	0.487	0.469	0.451	0.433	0.416	0.399	0.382	0.365	0.349	0.333	0.318	0.303	0.288	0.274	0.260	0.247	0.234	0.221	0.209
4.9	0.542	0.524	0.505	0.487	0.469	0.452	0.434	0.417	0.400	0.383	0.366	0.350	0.335	0.320	0.304	0.290	0.276	0.262	0.249	0.236	0.223
5.0	0.560	0.541	0.523	0.505	0.487	0.470	0.452	0.435	0.418	0.401	0.384	0.368	0.352	0.336	0.321	0.306	0.292	0.278	0.264	0.251	0.238
5.1	0.577	0.559	0.541	0.523	0.505	0.488	0.470	0.453	0.435	0.418	0.402	0.385	0.369	0.353	0.338	0.323	0.308	0.294	0.279	0.266	0.253
5.2	0.594	0.576	0.558	0.541	0.523	0.505	0.488	0.470	0.453	0.436	0.419	0.403	0.386	0.370	0.354	0.339	0.324	0.310	0.295	0.281	0.268
5.3	0.610	0.593	0.575	0.558	0.540	0.523	0.505	0.488	0.471	0.453	0.437	0.420	0.403	0.387	0.371	0.356	0.340	0.326	0.311	0.297	0.283

续表

t/K \ n	5.0	5.1	5.2	5.3	5.4	5.5	5.6	5.7	5.8	5.9	6.0	6.1	6.2	6.3	6.4	6.5	6.6	6.7	6.8	6.9	7.0
5.4	0.627	0.609	0.592	0.575	0.557	0.540	0.522	0.505	0.488	0.471	0.454	0.437	0.421	0.404	0.388	0.373	0.357	0.342	0.327	0.313	0.298
5.5	0.642	0.626	0.608	0.591	0.574	0.557	0.539	0.522	0.505	0.488	0.471	0.454	0.438	0.421	0.405	0.389	0.374	0.358	0.343	0.328	0.314
5.6	0.658	0.641	0.624	0.607	0.590	0.573	0.556	0.539	0.522	0.505	0.488	0.471	0.455	0.438	0.422	0.406	0.390	0.375	0.359	0.345	0.330
5.7	0.673	0.656	0.640	0.623	0.606	0.590	0.573	0.556	0.539	0.522	0.505	0.488	0.472	0.455	0.439	0.423	0.407	0.391	0.376	0.361	0.346
5.8	0.687	0.671	0.655	0.639	0.622	0.606	0.589	0.572	0.555	0.538	0.522	0.505	0.488	0.472	0.456	0.439	0.423	0.408	0.392	0.377	0.362
5.9	0.701	0.686	0.670	0.654	0.638	0.621	0.605	0.588	0.571	0.555	0.538	0.522	0.505	0.489	0.472	0.456	0.440	0.424	0.408	0.393	0.378
6.0	0.715	0.700	0.684	0.668	0.652	0.636	0.620	0.604	0.587	0.571	0.554	0.538	0.521	0.505	0.489	0.472	0.456	0.440	0.425	0.409	0.394
6.2	0.741	0.726	0.712	0.696	0.681	0.666	0.650	0.634	0.618	0.602	0.586	0.570	0.553	0.537	0.521	0.505	0.489	0.473	0.457	0.441	0.426
6.4	0.765	0.751	0.737	0.723	0.708	0.693	0.678	0.663	0.648	0.632	0.616	0.600	0.585	0.568	0.553	0.537	0.521	0.505	0.489	0.473	0.458
6.6	0.787	0.774	0.761	0.748	0.734	0.720	0.705	0.690	0.676	0.661	0.645	0.630	0.614	0.597	0.583	0.568	0.552	0.536	0.520	0.505	0.489
6.8	0.808	0.796	0.783	0.771	0.758	0.744	0.730	0.716	0.702	0.688	0.673	0.658	0.643	0.628	0.613	0.597	0.582	0.566	0.551	0.536	0.520
7.0	0.827	0.816	0.804	0.792	0.780	0.767	0.754	0.741	0.727	0.713	0.699	0.685	0.671	0.656	0.641	0.626	0.611	0.596	0.581	0.566	0.550
7.2	0.844	0.834	0.823	0.812	0.800	0.788	0.776	0.764	0.751	0.738	0.724	0.710	0.697	0.682	0.668	0.654	0.639	0.624	0.610	0.595	0.580
7.4	0.860	0.851	0.841	0.830	0.819	0.808	0.797	0.785	0.773	0.760	0.747	0.734	0.721	0.708	0.694	0.680	0.666	0.652	0.637	0.623	0.608
7.6	0.875	0.866	0.857	0.845	0.837	0.826	0.816	0.805	0.793	0.781	0.769	0.757	0.744	0.732	0.718	0.705	0.691	0.678	0.664	0.650	0.635
7.8	0.888	0.880	0.871	0.862	0.853	0.843	0.833	0.823	0.812	0.801	0.790	0.778	0.766	0.754	0.741	0.729	0.716	0.702	0.689	0.675	0.662
8.0	0.900	0.893	0.885	0.877	0.868	0.859	0.850	0.840	0.830	0.819	0.809	0.798	0.786	0.775	0.763	0.751	0.738	0.725	0.713	0.700	0.687
8.5	0.926	0.920	0.913	0.907	0.899	0.892	0.884	0.876	0.868	0.859	0.850	0.841	0.831	0.821	0.811	0.800	0.790	0.778	0.767	0.755	0.744
9.0	0.945	0.940	0.935	0.930	0.924	0.918	0.912	0.906	0.899	0.892	0.884	0.876	0.869	0.860	0.851	0.842	0.833	0.823	0.814	0.804	0.793
9.5	0.960	0.956	0.952	0.948	0.943	0.938	0.933	0.928	0.923	0.917	0.911	0.905	0.898	0.891	0.884	0.877	0.869	0.861	0.853	0.844	0.835
10.0	0.971	0.968	0.965	0.962	0.958	0.955	0.951	0.946	0.942	0.938	0.933	0.928	0.922	0.917	0.911	0.905	0.898	0.892	0.885	0.877	0.870
11.0	0.985	0.983	0.982	0.979	0.978	0.975	0.973	0.971	0.968	0.965	0.962	0.959	0.956	0.952	0.949	0.945	0.940	0.936	0.931	0.926	0.921
12.0	0.992	0.992	0.991	0.990	0.988	0.981	0.986	0.985	0.983	0.981	0.980	0.978	0.976	0.974	0.971	0.969	0.966	0.963	0.961	0.957	0.954
13.0	0.996	0.995	0.995	0.995	0.994	0.993	0.993	0.992	0.991	0.990	0.989	0.988	0.987	0.986	0.984	0.983	0.981	0.980	0.978	0.976	0.974
14.0	0.998	0.998	0.998	0.997	0.997	0.997	0.996	0.996	0.996	0.995	0.994	0.994	0.993	0.993	0.992	0.991	0.990	0.989	0.988	0.987	0.986
15.0	0.999	0.999	0.999	0.999	0.999	0.998	0.998	0.998	0.998	0.997	0.997	0.997	0.997	0.996	0.996	0.995	0.995	0.994	0.994	0.993	0.992

附录2 频率格纸

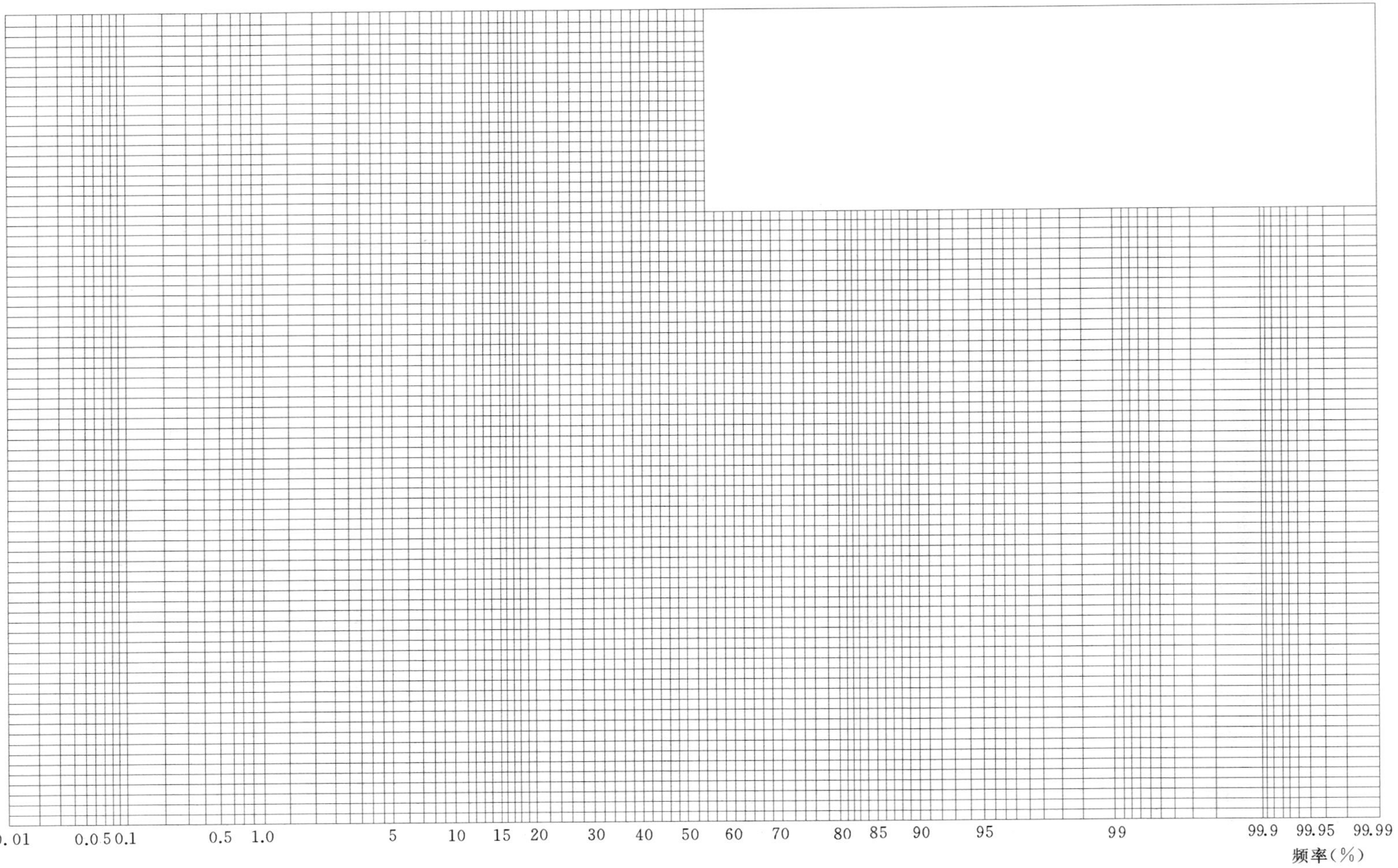
0.01
0.05
0.1
0.5
1.0
5
10
15
20
30
40
50
60
70
80
85
90
95
99
99.9
99.95
99.99
频率(%)

附录3　皮尔逊—Ⅲ型频率曲线离均系数 Φ_p 值表

C_s \ $P(\%)$	0.01	0.1	0.2	0.33	0.5	1	2	5	10	20	50	75	90	95	99
0	3.72	3.09	2.88	2.71	2.58	2.33	2.05	1.64	1.28	0.84	0.00	−0.67	−1.28	−1.64	−2.33
0.1	3.94	3.23	3.00	2.82	2.67	2.40	2.11	1.67	1.29	0.84	−0.02	−0.68	−1.27	−1.62	−2.25
0.2	4.16	3.38	3.12	2.92	2.76	2.47	2.16	1.70	1.30	0.83	−0.03	−0.69	−1.26	−1.59	−2.18
0.3	4.38	3.52	3.24	3.03	2.86	2.54	2.21	1.73	1.31	0.82	−0.05	−0.70	−1.24	−1.55	−2.10
0.4	4.61	3.67	3.36	3.14	2.95	2.62	2.26	1.75	1.32	0.82	−0.07	−0.71	−1.23	−1.52	−2.03
0.5	4.83	3.81	3.48	3.25	3.04	2.68	2.31	1.77	1.32	0.81	−0.08	−0.71	−1.22	−1.49	−1.96
0.6	5.05	3.96	3.60	3.35	3.13	2.75	2.35	1.80	1.33	0.80	−0.10	−0.72	−1.20	−1.45	−1.88
0.7	5.28	4.10	3.72	3.45	3.22	2.82	2.40	1.82	1.33	0.79	−0.12	−0.72	−1.18	−1.42	−1.81
0.8	5.50	4.24	3.85	3.55	3.31	2.89	2.45	1.84	1.34	0.78	−0.13	−0.73	−1.17	−1.38	−1.74
0.9	5.73	4.39	3.97	3.65	3.40	2.96	2.50	1.86	1.34	0.77	−0.15	−0.73	−1.15	−1.35	−1.66
1.0	5.96	4.53	4.09	3.76	3.49	3.02	2.54	1.88	1.34	0.76	−0.16	−0.73	−1.13	−1.32	−1.59
1.1	6.18	4.67	4.20	3.86	3.58	3.09	2.58	1.89	1.34	0.74	−0.18	−0.74	−1.10	−1.28	−1.52
1.2	6.41	4.81	4.32	3.95	3.66	3.15	2.62	1.91	1.34	0.73	−0.19	−0.74	−1.08	−1.24	−1.45
1.3	6.64	4.95	4.44	4.05	3.74	3.21	2.67	1.92	1.34	0.72	−0.21	−0.74	−1.06	−1.20	−1.38
1.4	6.87	5.09	4.56	4.15	3.83	3.27	2.71	1.94	1.33	0.71	−0.22	−0.73	−1.04	−1.17	−1.32
1.5	7.09	5.23	4.68	4.24	3.91	3.33	2.74	1.95	1.33	0.69	−0.24	−0.73	−1.02	−1.13	−1.26
1.6	7.31	5.37	4.80	4.34	3.99	3.39	2.78	1.96	1.33	0.68	−0.25	−0.73	−0.99	−1.10	−1.20
1.7	7.54	5.50	4.91	4.43	4.07	3.44	2.82	1.97	1.32	0.66	−0.27	−0.72	−0.97	−1.06	−1.14
1.8	7.76	5.64	5.01	4.52	4.15	3.50	2.85	1.98	1.32	0.64	−0.28	−0.72	−0.94	−1.02	−1.09
1.9	7.98	5.77	5.12	4.61	4.23	3.55	2.88	1.99	1.31	0.63	−0.29	−0.72	−0.92	−0.98	−1.04
2.0	8.21	5.91	5.22	4.70	4.30	3.61	2.91	2.00	1.30	0.61	−0.31	−0.71	−0.895	−0.949	−0.989
2.1	8.43	6.04	5.33	4.79	4.37	3.66	2.93	2.00	1.29	0.59	−0.32	−0.71	−0.869	−0.914	−0.945
2.2	8.65	6.17	5.43	4.88	4.44	3.71	2.96	2.00	1.28	0.57	−0.33	−0.70	−0.844	−0.879	−0.905
2.3	8.87	6.30	5.53	4.97	4.51	3.76	2.99	2.00	1.27	0.55	−0.34	−0.69	−0.820	−0.849	−0.867
2.4	9.08	6.42	5.63	5.05	4.58	3.81	3.02	2.01	1.26	0.54	−0.35	−0.68	−0.795	−0.820	−0.831
2.5	9.30	6.55	5.73	5.13	4.65	3.85	3.04	2.01	1.25	0.52	−0.36	−0.67	−0.772	−0.791	−0.800
2.6	9.51	6.67	5.82	5.20	4.72	3.89	3.06	2.01	1.23	0.50	−0.37	−0.66	−0.748	−0.764	−0.769
2.7	9.72	6.79	5.92	5.28	4.78	3.93	3.09	2.01	1.22	0.48	−0.37	−0.65	−0.726	−0.736	−0.740
2.8	9.93	6.91	6.01	5.36	4.84	3.97	3.11	2.01	1.21	0.46	−0.38	−0.64	−0.702	−0.710	−0.714
2.9	10.14	7.03	6.10	5.44	4.90	4.01	3.13	2.01	1.20	0.44	−0.39	−0.63	−0.680	−0.687	−0.690
3.0	10.35	7.15	6.20	5.51	4.96	4.05	3.15	2.00	1.18	0.42	−0.39	−0.62	−0.658	−0.665	−0.667
3.1	10.56	7.26	6.30	5.59	5.02	4.08	3.17	2.00	1.16	0.40	−0.40	−0.60	−0.639	−0.644	−0.645
3.2	10.77	7.38	6.39	5.66	5.08	4.12	3.19	2.00	1.14	0.38	−0.40	−0.59	−0.621	−0.625	−0.625
3.3	10.97	7.49	6.48	5.74	5.14	4.15	3.21	1.99	1.12	0.36	−0.40	−0.58	−0.604	−0.606	−0.606
3.4	11.17	7.60	6.56	5.80	5.20	4.18	3.22	1.98	1.11	0.34	−0.41	−0.57	−0.587	−0.588	−0.588
3.5	11.37	7.72	6.65	5.86	5.25	4.22	3.23	1.97	1.09	0.32	−0.41	−0.55	−0.570	−0.571	−0.571
3.6	11.57	7.83	6.73	5.93	5.30	4.25	3.24	1.96	1.08	0.30	−0.41	−0.54	−0.555	−0.556	−0.556
3.7	11.77	7.94	6.81	5.99	5.35	4.28	3.25	1.95	1.06	0.28	−0.42	−0.53	−0.540	−0.541	−0.541

续表

C_s \ $P(\%)$	0.01	0.1	0.2	0.33	0.5	1	2	5	10	20	50	75	90	95	99
3.8	11.97	8.05	6.89	6.05	5.40	4.31	3.26	1.94	1.04	0.26	−0.42	−0.52	−0.525	−0.526	−0.526
3.9	12.16	8.15	6.97	6.11	5.45	4.34	3.27	1.93	1.02	0.24	−0.41	−0.506	−0.512	−0.513	−0.513
4.0	12.36	8.25	7.05	6.18	5.50	4.37	3.27	1.92	1.00	0.23	−0.41	−0.495	−0.500	−0.500	−0.500
4.1	12.55	8.35	7.13	6.24	5.54	4.39	3.28	1.91	0.98	0.21	−0.41	−0.484	−0.488	−0.488	−0.488
4.2	12.74	8.45	7.21	6.30	5.59	4.41	3.29	1.90	0.96	0.19	−0.41	−0.473	−0.476	−0.476	−0.476
4.3	12.93	8.55	7.29	6.36	5.63	4.44	3.29	1.88	0.94	0.17	−0.41	−0.462	−0.465	−0.465	−0.465
4.4	13.12	8.65	7.36	6.41	5.68	4.46	3.30	1.87	0.92	0.16	−0.40	−0.453	−0.455	−0.455	−0.455
4.5	13.30	8.75	7.43	6.46	5.72	4.48	3.30	1.85	0.90	0.14	−0.40	−0.444	−0.444	−0.444	−0.444
4.6	13.49	8.85	7.50	6.52	5.76	4.50	3.30	1.84	0.88	0.13	−0.40	−0.435	−0.435	−0.435	−0.435
4.7	13.67	8.95	7.56	6.57	5.80	4.52	3.30	1.82	0.86	0.11	−0.39	−0.426	−0.426	−0.426	−0.426
4.8	13.85	9.04	7.63	6.63	5.84	4.54	3.30	1.80	0.84	0.09	−0.39	−0.417	−0.417	−0.417	−0.417
4.9	14.04	9.13	7.70	6.68	5.88	4.55	3.30	1.78	0.82	0.08	−0.38	−0.408	−0.408	−0.408	−0.408
5.0	14.22	9.22	7.77	6.73	5.92	4.57	3.30	1.77	0.80	0.06	−0.379	−0.400	−0.400	−0.400	−0.400
5.1	14.40	9.31	7.84	6.78	5.95	4.58	3.30	1.75	0.78	0.05	−0.374	−0.392	−0.392	−0.392	−0.392
5.2	14.57	9.40	7.90	6.83	5.99	4.59	3.30	1.73	0.76	0.03	−0.369	−0.385	−0.385	−0.385	−0.385
5.3	14.75	9.49	7.96	6.87	6.02	4.60	3.30	1.72	0.74	0.02	−0.363	−0.377	−0.377	−0.377	−0.377
5.4	14.92	9.57	8.02	6.91	6.05	4.62	3.29	1.70	0.72	0.00	−0.358	−0.370	−0.370	−0.370	−0.370
5.5	15.10	9.66	8.08	6.96	6.08	4.63	3.28	1.68	0.70	−0.01	−0.353	−0.364	−0.364	−0.364	−0.364
5.6	15.27	9.74	8.14	7.00	6.11	4.64	3.28	1.66	0.67	−0.03	−0.349	−0.357	−0.357	−0.357	−0.357
5.7	15.45	9.82	8.21	7.04	6.14	4.65	3.27	1.65	0.65	−0.04	−0.344	−0.351	−0.351	−0.351	−0.351
5.8	15.62	9.91	8.27	7.08	6.17	4.67	3.27	1.63	0.63	−0.05	−0.339	−0.345	−0.345	−0.345	−0.345
5.9	15.78	9.99	8.32	7.12	6.20	4.68	3.26	1.61	0.61	−0.06	−0.334	−0.339	−0.339	−0.339	−0.339
6.0	15.94	10.07	8.38	7.15	6.23	4.68	3.25	1.59	0.59	−0.07	−0.329	−0.333	−0.333	−0.333	−0.333
6.1	16.11	10.15	8.43	7.19	6.26	4.69	3.24	1.57	0.57	−0.08	−0.325	−0.328	−0.328	−0.328	−0.328
6.2	16.28	10.22	8.49	7.23	6.28	4.70	3.23	1.55	0.55	−0.09	−0.320	−0.323	−0.323	−0.323	−0.323
6.3	16.45	10.30	8.54	7.26	6.30	4.70	3.22	1.53	0.53	−0.10	−0.315	−0.317	−0.317	−0.317	−0.317

附录 4　皮尔逊—Ⅲ型频率曲线的模比系数 K_P 值表

C_v \ $P(\%)$	0.01	0.1	0.2	0.33	0.5	1	2	5	10	20	50	75	90	95	99
$C_s=2C_v$															
0.05	1.20	1.16	1.15	1.14	1.13	1.12	1.11	1.08	1.06	1.04	1.00	0.97	0.94	0.92	0.89
0.10	1.42	1.34	1.31	1.29	1.27	1.25	1.21	1.17	1.13	1.08	1.00	0.93	0.87	0.84	0.78
0.15	1.67	1.54	1.48	1.46	1.43	1.38	1.33	1.26	1.20	1.12	0.99	0.90	0.81	0.77	0.69
0.20	1.92	1.73	1.67	1.63	1.59	1.52	1.45	1.35	1.26	1.16	0.99	0.86	0.75	0.70	0.59
0.22	2.04	1.82	1.75	1.70	1.66	1.58	1.50	1.39	1.29	1.18	0.98	0.84	0.73	0.67	0.56
0.24	2.16	1.91	1.83	1.77	1.73	1.64	1.55	1.43	1.32	1.19	0.98	0.83	0.71	0.64	0.53
0.25	2.22	1.96	1.87	1.81	1.77	1.67	1.58	1.45	1.33	1.20	0.98	0.82	0.70	0.63	0.52
0.26	2.28	2.01	1.91	1.85	1.80	1.70	1.60	1.46	1.34	1.21	0.98	0.82	0.69	0.62	0.50
0.28	2.40	2.10	2.00	1.93	1.87	1.76	1.66	1.50	1.37	1.22	0.97	0.79	0.66	0.59	0.47
0.30	2.52	2.19	2.08	2.01	1.94	1.83	1.71	1.54	1.40	1.24	0.97	0.78	0.64	0.56	0.44
0.35	2.86	2.44	2.31	2.22	2.13	2.00	1.84	1.64	1.47	1.28	0.96	0.75	0.59	0.51	0.37
0.40	3.20	2.70	2.54	2.42	2.32	2.16	1.98	1.74	1.54	1.31	0.95	0.71	0.53	0.45	0.30
0.45	3.59	2.98	2.80	2.65	2.53	2.33	2.13	1.84	1.60	1.35	0.93	0.67	0.48	0.40	0.26
0.50	3.98	3.27	3.05	2.88	2.74	2.51	2.27	1.94	1.67	1.38	0.92	0.64	0.44	0.34	0.21
0.55	4.42	3.58	3.32	3.12	2.97	2.70	2.42	2.04	1.74	1.41	0.90	0.59	0.40	0.30	0.16
0.60	4.85	3.89	3.59	3.37	3.20	2.89	2.57	2.15	1.80	1.44	0.89	0.56	0.35	0.26	0.13
0.65	5.33	4.22	3.89	3.64	3.44	3.09	2.74	2.25	1.87	1.47	0.87	0.52	0.31	0.22	0.10
0.70	5.81	4.56	4.19	3.91	3.68	3.29	2.90	2.36	1.94	1.50	0.85	0.49	0.27	0.18	0.08
0.75	6.33	4.93	4.52	4.19	3.93	3.50	3.06	2.46	2.00	1.52	0.82	0.45	0.24	0.15	0.06
0.80	6.85	5.30	4.84	4.47	4.19	3.71	3.22	2.57	2.06	1.54	0.80	0.42	0.21	0.12	0.04
0.90	7.98	6.08	5.51	5.07	4.74	4.15	3.56	2.78	2.19	1.58	0.75	0.35	0.15	0.08	0.02
$C_s=2.5C_v$															
0.05	1.20	1.16	1.15	1.14	1.14	1.12	1.11	1.08	1.07	1.04	1.00	0.97	0.94	0.92	0.89
0.10	1.43	1.35	1.31	1.29	1.28	1.25	1.22	1.17	1.13	1.08	1.00	0.93	0.88	0.84	0.79
0.15	1.70	1.55	1.50	1.47	1.44	1.39	1.34	1.26	1.20	1.12	0.99	0.89	0.82	0.77	0.70
0.20	1.97	1.76	1.70	1.65	1.61	1.54	1.46	1.35	1.26	1.16	0.98	0.86	0.76	0.70	0.61
0.25	2.29	2.00	1.92	1.85	1.79	1.70	1.60	1.45	1.33	1.20	0.97	0.82	0.70	0.64	0.54
0.30	2.62	2.25	2.14	2.05	1.98	1.86	1.73	1.55	1.40	1.24	0.96	0.78	0.65	0.58	0.47
0.35	3.00	2.53	2.39	2.27	2.19	2.03	1.87	1.65	1.47	1.27	0.95	0.75	0.60	0.53	0.41
0.40	3.38	2.81	2.64	2.50	2.40	2.21	2.02	1.75	1.54	1.30	0.94	0.71	0.55	0.47	0.36
0.45	3.82	3.12	2.91	2.75	2.62	2.40	2.17	1.85	1.60	1.33	0.92	0.67	0.51	0.43	0.32
0.50	4.26	3.44	3.19	3.00	2.85	2.59	2.32	1.96	1.67	1.36	0.90	0.63	0.47	0.39	0.29

续表

C_v \ P(%)	0.01	0.1	0.2	0.33	0.5	1	2	5	10	20	50	75	90	95	99
$C_s=2.5C_v$															
0.55	4.75	3.79	3.50	3.27	3.10	2.79	2.48	2.07	1.73	1.39	0.88	0.60	0.43	0.35	0.26
0.60	5.25	4.14	3.81	3.54	3.35	3.00	2.64	2.17	1.80	1.42	0.86	0.56	0.39	0.32	0.24
0.65	5.80	4.52	4.14	3.83	3.61	3.21	2.81	2.27	1.86	1.44	0.83	0.53	0.36	0.30	0.23
0.70	6.36	4.90	4.47	4.13	3.88	3.43	2.98	2.39	1.92	1.46	0.81	0.50	0.33	0.27	0.22
0.75	6.96	5.31	4.82	4.44	4.16	3.66	3.15	2.49	1.98	1.47	0.78	0.46	0.31	0.26	0.21
0.80	7.57	5.73	5.18	4.76	4.44	3.89	3.33	2.60	2.04	1.49	0.75	0.43	0.28	0.24	0.21
0.85	8.22	6.17	5.55	5.09	4.73	4.12	3.50	2.70	2.10	1.50	0.72	0.40	0.27	0.23	0.21
0.90	8.88	6.61	5.93	5.43	5.03	4.36	3.68	2.80	2.15	1.50	0.70	0.37	0.25	0.22	0.20
0.95	9.59	7.09	6.33	5.78	5.34	4.60	3.86	2.90	2.20	1.51	0.67	0.35	0.24	0.21	0.20
1.00	10.30	7.55	6.73	6.13	5.65	4.85	4.04	3.01	2.25	1.52	0.64	0.33	0.23	0.21	0.20
1.05	11.05	8.04	7.14	6.49	5.97	5.10	4.22	3.11	2.29	1.52	0.61	0.31	0.22	0.20	0.20
1.10	11.80	8.54	7.56	6.85	6.29	5.35	4.41	3.21	2.34	1.52	0.58	0.29	0.21	0.20	0.20
1.15	12.61	9.06	8.00	7.23	6.62	5.60	4.59	3.30	2.38	1.51	0.55	0.27	0.21	0.20	0.20
1.20	13.42	9.58	8.44	7.61	6.95	5.86	4.78	3.40	2.42	1.50	0.53	0.26	0.21	0.20	0.20
1.25	14.27	10.12	8.90	8.01	7.29	6.12	4.97	3.50	2.44	1.49	0.50	0.25	0.21	0.20	0.20
1.30	15.13	10.67	9.37	8.41	7.64	6.38	5.16	3.60	2.47	1.48	0.48	0.24	0.20	0.20	0.20
1.35	16.02	11.24	9.84	8.80	8.00	6.64	5.34	3.68	2.50	1.46	0.45	0.23	0.20	0.20	0.20
1.40	16.92	11.81	10.31	9.20	8.35	6.91	5.52	3.76	2.53	1.45	0.43	0.23	0.20	0.20	0.20
1.45	17.86	12.40	10.79	9.61	8.70	7.17	5.70	3.83	2.56	1.43	0.40	0.22	0.20	0.20	0.20
1.50	18.61	12.99	11.28	10.03	9.06	7.44	5.88	3.91	2.58	1.41	0.37	0.22	0.20	0.20	0.20
$C_s=3C_v$															
0.20	2.02	1.79	1.72	1.67	1.63	1.55	1.47	1.36	1.27	1.16	0.98	0.86	0.76	0.71	0.62
0.25	2.35	2.05	1.95	1.88	1.82	1.72	1.61	1.46	1.34	1.20	0.97	0.82	0.71	0.65	0.56
0.30	2.72	2.32	2.19	2.10	2.02	1.89	1.75	1.56	1.40	1.23	0.96	0.78	0.66	0.60	0.50
0.35	3.12	2.61	2.46	2.33	2.24	2.07	1.90	1.66	1.47	1.26	0.94	0.74	0.61	0.55	0.46
0.40	3.56	2.92	2.73	2.58	2.46	2.26	2.05	1.76	1.54	1.29	0.92	0.70	0.57	0.50	0.42
0.42	3.75	3.06	2.85	2.69	2.56	2.34	2.11	1.81	1.56	1.31	0.91	0.69	0.55	0.49	0.41
0.44	3.94	3.19	2.97	2.80	2.65	2.42	2.17	1.85	1.59	1.32	0.91	0.67	0.54	0.47	0.40
0.45	4.04	3.26	3.03	2.85	2.70	2.46	2.21	1.87	1.60	1.32	0.90	0.67	0.53	0.47	0.39
0.46	4.14	3.33	3.09	2.90	2.75	2.50	2.24	1.89	1.61	1.33	0.90	0.66	0.52	0.46	0.39
0.48	4.34	3.47	3.21	3.01	2.85	2.58	2.31	1.93	1.65	1.34	0.89	0.65	0.51	0.45	0.38
0.50	4.55	3.62	3.34	3.12	2.96	2.67	2.37	1.98	1.67	1.35	0.88	0.64	0.49	0.44	0.37
0.52	4.76	3.76	3.46	3.24	3.06	2.75	2.44	2.02	1.69	1.36	0.87	0.62	0.48	0.42	0.36

续表

C_v \ $P(\%)$	0.01	0.1	0.2	0.33	0.5	1	2	5	10	20	50	75	90	95	99
								$C_s=3C_v$							
0.54	4.98	3.91	3.60	3.36	3.16	2.84	2.51	2.06	1.72	1.36	0.86	0.61	0.47	0.41	0.36
0.55	5.09	3.99	3.66	3.42	3.21	2.88	2.54	2.08	1.73	1.36	0.86	0.60	0.46	0.41	0.36
0.56	5.20	4.07	3.73	3.48	3.27	2.93	2.57	2.10	1.74	1.37	0.85	0.59	0.46	0.40	0.35
0.58	5.43	4.23	3.86	3.59	3.38	3.01	2.64	2.14	1.77	1.38	0.84	0.58	0.45	0.40	0.35
0.60	5.66	4.38	4.01	3.71	3.49	3.10	2.71	2.19	1.79	1.38	0.83	0.57	0.44	0.39	0.35
0.65	6.26	4.81	4.36	4.03	3.77	3.33	2.88	2.29	1.85	1.40	0.80	0.53	0.41	0.37	0.34
0.70	6.90	5.23	4.73	4.35	4.06	3.56	3.05	2.40	1.90	1.41	0.78	0.50	0.39	0.36	0.34
0.75	7.57	5.68	5.12	4.69	4.36	3.80	3.24	2.50	1.96	1.42	0.76	0.48	0.38	0.35	0.34
0.80	8.26	6.14	5.50	5.04	4.66	4.05	3.42	2.61	2.01	1.43	0.72	0.46	0.36	0.34	0.34
								$C_s=3.5C_v$							
0.20	2.06	1.82	1.74	1.69	1.64	1.56	1.48	1.36	1.27	1.16	0.98	0.86	0.76	0.72	0.64
0.25	2.42	2.09	1.99	1.91	1.85	1.74	1.62	1.46	1.34	1.19	0.96	0.82	0.71	0.66	0.58
0.30	2.82	2.38	2.24	2.14	2.06	1.92	1.77	1.57	1.40	1.22	0.95	0.78	0.67	0.61	0.53
0.35	3.26	2.70	2.52	2.39	2.29	2.11	1.92	1.67	1.47	1.26	0.93	0.74	0.62	0.57	0.50
0.40	3.75	3.04	2.82	2.66	2.53	2.31	2.08	1.78	1.53	1.28	0.91	0.71	0.58	0.53	0.47
0.42	3.95	3.18	2.95	2.77	2.63	2.39	2.15	1.82	1.56	1.29	0.90	0.69	0.57	0.52	0.46
0.44	4.15	3.33	3.08	2.88	2.73	2.48	2.21	1.86	1.59	1.30	0.89	0.68	0.56	0.51	0.46
0.45	4.27	3.40	3.14	2.94	2.79	2.52	2.25	1.88	1.60	1.31	0.89	0.67	0.55	0.50	0.45
0.46	4.37	3.48	3.21	3.00	2.84	2.56	2.28	1.90	1.61	1.31	0.88	0.66	0.54	0.50	0.45
0.48	4.60	3.63	3.35	3.12	2.94	2.65	2.35	1.95	1.64	1.32	0.87	0.65	0.53	0.49	0.45
0.50	4.82	3.78	3.48	3.24	3.06	2.74	2.42	1.99	1.66	1.32	0.86	0.64	0.52	0.48	0.44
0.52	5.06	3.95	3.62	3.36	3.16	2.83	2.48	2.03	1.69	1.33	0.85	0.63	0.51	0.47	0.44
0.54	5.30	4.11	3.76	3.48	3.28	2.91	2.55	2.07	1.71	1.34	0.84	0.61	0.50	0.47	0.44
0.55	5.41	4.20	3.83	3.55	3.34	2.96	2.58	2.10	1.72	1.34	0.84	0.60	0.50	0.46	0.44
0.56	5.55	4.28	3.91	3.61	3.39	3.01	2.62	2.12	1.73	1.35	0.83	0.60	0.49	0.46	0.43
0.58	5.80	4.45	4.05	3.74	3.51	3.10	2.69	2.16	1.75	1.35	0.82	0.58	0.48	0.46	0.43
0.60	6.06	4.62	4.20	3.87	3.62	3.20	2.76	2.20	1.77	1.35	0.81	0.57	0.48	0.45	0.43
0.65	6.73	5.08	4.58	4.22	3.92	3.44	2.94	2.30	1.83	1.36	0.78	0.55	0.46	0.44	0.43
0.70	7.43	5.54	4.98	4.56	4.23	3.68	3.12	2.41	1.88	1.37	0.75	0.53	0.45	0.44	0.43
0.75	8.16	6.02	5.38	4.92	4.55	3.92	3.30	2.51	1.92	1.37	0.72	0.50	0.44	0.43	0.43
0.80	8.94	6.53	5.81	5.29	4.87	4.18	3.49	2.61	1.97	1.37	0.70	0.49	0.44	0.43	0.43

续表

C_v \ $P(\%)$	0.01	0.1	0.2	0.33	0.5	1	2	5	10	20	50	75	90	95	99
$C_s=4C_v$															
0.20	2.10	1.85	1.77	1.71	1.66	1.58	1.49	1.37	1.27	1.16	0.97	0.85	0.77	0.72	0.65
0.25	2.49	2.13	2.02	1.94	1.87	1.76	1.64	1.47	1.34	1.19	0.96	0.82	0.72	0.67	0.60
0.30	2.92	2.44	2.30	2.18	2.10	1.94	1.79	1.57	1.40	1.22	0.94	0.78	0.68	0.63	0.56
0.35	3.40	2.78	2.60	2.45	2.34	2.14	1.95	1.68	1.47	1.25	0.92	0.74	0.64	0.59	0.54
0.40	3.92	3.15	2.92	2.74	2.60	2.36	2.11	1.78	1.53	1.27	0.90	0.71	0.60	0.56	0.52
0.42	4.15	3.30	3.05	2.86	2.70	2.44	2.18	1.83	1.56	1.28	0.89	0.70	0.59	0.55	0.52
0.44	4.38	3.46	3.19	2.98	2.81	2.53	2.25	1.87	1.58	1.29	0.88	0.68	0.58	0.55	0.51
0.45	4.49	3.54	3.25	3.03	2.87	2.58	2.28	1.89	1.59	1.29	0.87	0.68	0.58	0.54	0.51
0.46	4.62	3.62	3.32	3.10	2.92	2.62	2.32	1.91	1.61	1.29	0.87	0.67	0.57	0.54	0.51
0.48	4.86	3.79	3.47	3.22	3.04	2.71	2.39	1.96	1.63	1.30	0.86	0.66	0.56	0.53	0.51
0.50	5.10	3.96	3.61	3.35	3.15	2.80	2.45	2.00	1.65	1.31	0.84	0.64	0.55	0.53	0.50
0.52	5.36	4.12	3.76	3.48	3.27	2.90	2.52	2.04	1.67	1.31	0.83	0.63	0.55	0.52	0.50
0.54	5.62	4.30	3.91	3.61	3.38	2.99	2.59	2.08	1.69	1.31	0.82	0.62	0.54	0.52	0.50
0.55	5.76	4.39	3.99	3.68	3.44	3.03	2.63	2.10	1.70	1.31	0.82	0.62	0.54	0.52	0.50
0.56	5.90	4.48	4.06	3.75	3.50	3.09	2.66	2.12	1.71	1.31	0.81	0.61	0.53	0.51	0.50
0.58	6.18	4.67	4.22	3.89	3.62	3.19	2.74	2.16	1.74	1.32	0.80	0.60	0.53	0.51	0.50
0.60	6.45	4.85	4.38	4.03	3.75	3.29	2.81	2.21	1.76	1.32	0.79	0.59	0.52	0.51	0.50
0.65	7.18	5.34	4.78	4.38	4.07	3.53	2.99	2.31	1.80	1.32	0.76	0.57	0.51	0.50	0.50
0.70	7.95	5.84	5.21	4.75	4.39	3.78	3.18	2.41	1.85	1.32	0.73	0.55	0.51	0.50	0.50
0.75	8.76	6.36	5.65	5.13	4.72	4.03	3.36	2.50	1.88	1.32	0.71	0.54	0.51	0.50	0.50
0.80	9.62	6.90	6.11	5.53	5.06	4.30	3.55	2.60	1.91	1.30	0.68	0.53	0.50	0.50	0.50

附录5　三点法 S 与 C_s 关系表

(1) P=1%～50%～99%

S	0	1	2	3	4	5	6	7	8	9
0.0	0.00	0.03	0.05	0.07	0.10	0.12	0.15	0.17	0.20	0.23
0.1	0.26	0.28	0.31	0.34	0.36	0.39	0.41	0.44	0.47	0.49
0.2	0.52	0.54	0.57	0.59	0.62	0.65	0.67	0.70	0.73	0.76
0.3	0.78	0.81	0.84	0.86	0.89	0.92	0.94	0.97	1.00	1.02
0.4	1.05	1.08	1.10	1.13	1.16	1.18	1.21	1.24	1.27	1.30
0.5	1.32	1.36	1.39	1.42	1.45	1.48	1.51	1.55	1.58	1.61
0.6	1.64	1.68	1.71	1.74	1.78	1.81	1.84	1.88	1.92	1.95
0.7	1.99	2.03	2.07	2.11	2.16	2.20	2.25	2.30	2.34	2.39
0.8	2.44	2.50	2.55	2.61	2.67	2.74	2.81	2.89	2.97	3.05
0.9	3.14	3.22	3.33	3.46	3.59	3.73	3.92	4.14	4.44	4.90

(2) P=3%～50%～97%

S	0	1	2	3	4	5	6	7	8	9
0.0	0.00	0.04	0.08	0.11	0.14	0.17	0.20	0.23	0.26	0.29
0.1	0.32	0.35	0.38	0.42	0.45	0.48	0.51	0.54	0.57	0.60
0.2	0.63	0.66	0.70	0.73	0.76	0.79	0.82	0.86	0.89	0.92
0.3	0.95	0.98	1.01	1.04	1.08	1.11	1.14	1.17	1.20	1.24
0.4	1.27	1.30	1.33	1.36	1.40	1.43	1.46	1.49	1.52	1.56
0.5	1.59	1.63	1.66	1.70	1.73	1.76	1.80	1.83	1.87	1.90
0.6	1.94	1.97	2.00	2.04	2.08	2.12	2.16	2.20	2.23	2.27
0.7	2.31	2.36	2.40	2.44	2.49	2.54	2.58	2.63	2.68	2.74
0.8	2.79	2.85	2.90	2.96	3.02	3.09	3.15	3.22	3.29	3.37
0.9	3.46	3.55	3.67	3.79	3.92	4.08	4.26	4.50	4.75	5.21

(3) P=5%～50%～95%

S	0	1	2	3	4	5	6	7	8	9
0.0	0.00	0.04	0.08	0.12	0.16	0.20	0.24	0.27	0.31	0.35
0.1	0.38	0.41	0.45	0.48	0.52	0.55	0.59	0.63	0.66	0.70
0.2	0.73	0.76	0.80	0.84	0.87	0.90	0.94	0.98	1.01	1.04
0.3	1.08	1.11	1.14	1.18	1.21	1.25	1.28	1.31	1.35	1.38
0.4	1.42	1.46	1.49	1.52	1.56	1.59	1.63	1.66	1.70	1.74
0.5	1.78	1.81	1.85	1.88	1.92	1.95	1.99	2.03	2.06	2.10
0.6	2.13	2.17	2.20	2.24	2.28	2.32	2.36	2.40	2.44	2.48
0.7	2.53	2.57	2.62	2.66	2.70	2.76	2.81	2.86	2.91	2.97
0.8	3.02	3.07	3.13	3.19	3.25	3.32	3.38	3.46	3.52	3.60
0.9	3.70	3.80	3.91	4.03	4.17	4.32	4.49	4.72	4.94	5.43

(4) $P=10\%\sim50\%\sim90\%$

S	0	1	2	3	4	5	6	7	8	9
0.0	0.00	0.05	0.10	0.15	0.20	0.24	0.29	0.34	0.38	0.43
0.1	0.47	0.52	0.56	0.60	0.65	0.69	0.74	0.78	0.83	0.87
0.2	0.92	0.96	1.00	1.04	1.08	1.13	1.17	1.22	1.26	1.30
0.3	1.34	1.38	1.43	1.47	1.51	1.55	1.59	1.63	1.67	1.71
0.4	1.75	1.79	1.83	1.87	1.91	1.95	1.99	2.02	2.06	2.10
0.5	2.14	2.18	2.22	2.26	2.30	2.34	2.38	2.42	2.46	2.50
0.6	2.54	2.58	2.62	2.66	2.70	2.74	2.78	2.82	2.86	2.90
0.7	2.95	3.00	3.04	3.08	3.13	3.18	3.24	3.28	3.33	3.38
0.8	3.44	3.50	3.55	3.61	3.67	3.74	3.80	3.87	3.94	4.02
0.9	4.11	4.20	4.32	4.45	4.59	4.75	4.96	5.20	5.56	

附录6 三点法C_s与有关Φ值的关系表

C_s	$\Phi_{50\%}$	$\Phi_{1\%}\sim\Phi_{99\%}$	$\Phi_{3\%}\sim\Phi_{97\%}$	$\Phi_{5\%}\sim\Phi_{95\%}$	$\Phi_{10\%}\sim\Phi_{90\%}$
0.0	0.000	4.652	3.762	3.290	2.564
0.1	−0.017	4.648	3.756	3.287	2.560
0.2	−0.033	4.645	3.750	3.284	2.557
0.3	−0.055	4.641	3.743	3.278	2.550
0.4	−0.068	4.637	3.736	3.273	2.543
0.5	−0.084	4.633	3.732	3.266	2.532
0.6	−0.100	4.629	3.727	3.259	2.522
0.7	−0.116	4.624	3.718	3.246	2.510
0.8	−0.132	4.620	3.709	3.233	2.498
0.9	−0.148	4.615	3.692	3.218	2.483
1.0	−0.164	4.611	3.674	3.204	2.468
1.1	−0.179	4.606	3.656	3.185	2.448
1.2	−0.194	4.601	3.638	3.167	2.427
1.3	−0.208	4.595	3.620	3.144	2.404
1.4	−0.223	4.590	3.601	3.120	2.380
1.5	−0.238	4.586	3.582	3.090	2.353
1.6	−0.253	4.586	3.562	3.062	2.326
1.7	−0.267	4.587	3.541	3.032	2.296
1.8	−0.282	4.588	3.520	3.002	2.265
1.9	−0.294	4.591	3.499	2.974	2.323
2.0	−0.307	4.594	3.477	2.945	2.198
2.1	−0.319	4.603	3.469	2.918	2.164
2.2	−0.330	4.613	3.440	2.890	2.130
2.3	−0.340	4.625	3.421	2.862	2.095
2.4	−0.350	4.636	3.403	2.833	2.060
2.5	−0.359	4.648	3.385	2.806	2.024
2.6	−0.367	4.660	3.367	2.778	1.987
2.7	−0.376	4.674	3.350	2.749	1.949
2.8	−0.383	4.687	3.333	2.720	1.911
2.9	−0.389	4.701	3.318	2.695	1.876
3.0	−0.395	4.716	3.303	2.670	1.840
3.1	−0.399	4.732	3.288	2.645	1.806
3.2	−0.404	4.748	3.273	2.619	1.772
3.3	−0.407	4.765	3.259	2.594	1.738
3.4	−0.410	4.781	3.245	2.568	1.705
3.5	−0.412	4.796	3.225	2.543	1.670
3.6	−0.414	4.810	3.216	2.518	1.635
3.7	−0.415	4.824	3.203	2.494	1.600
3.8	−0.416	4.837	3.189	2.470	1.570

续表

C_s	$\Phi_{50\%}$	$\Phi_{1\%} \sim \Phi_{99\%}$	$\Phi_{3\%} \sim \Phi_{97\%}$	$\Phi_{5\%} \sim \Phi_{95\%}$	$\Phi_{10\%} \sim \Phi_{90\%}$
3.9	−0.415	4.850	3.175	2.446	1.536
4.0	−0.414	4.863	3.160	2.422	1.502
4.1	−0.412	4.876	3.145	2.396	1.471
4.2	−0.410	4.888	3.130	2.372	1.440
4.3	−0.407	4.901	3.115	2.348	1.408
4.4	−0.404	4.914	3.100	2.325	1.376
4.5	−0.400	4.924	3.084	2.300	1.345
4.6	−0.396	4.934	3.067	2.276	1.315
4.7	−0.392	4.942	3.050	2.251	1.286
4.8	−0.388	4.949	3.034	2.226	1.257
4.9	−0.384	4.955	3.016	2.200	1.229
5.0	−0.379	4.961	2.997	2.174	1.200
5.1	−0.374		2.978	2.148	1.173
5.2	−0.370		2.960	2.123	1.145
5.3	−0.365			2.098	1.118
5.4	−0.360			2.072	1.090
5.5	−0.356			2.047	1.063
5.6	−0.350			2.021	1.035

附录 7　1000hPa 地面到指定高度(高出地面米数)间饱和假绝热大气中的可降水量(mm)与 1000hPa 地面露点(℃)函数关系表

高度(m)	1000hPa 地面露点(℃)																														
	0	1	2	3	4	5	6	7	8	9	10	11	12	13	14	15	16	17	18	19	20	21	22	23	24	25	26	27	28	29	30
200	1	1	1	1	1	1	1	2	2	2	2	2	2	2	2	2	3	3	3	3	3	4	4	4	4	4	5	5	5	6	6
400	2	2	2	2	2	3	3	3	3	3	4	4	4	4	5	5	5	5	6	6	6	7	7	8	8	9	9	10	10	11	12
600	3	3	3	3	3	4	4	4	5	5	5	6	6	6	7	7	7	8	8	9	10	10	11	11	12	13	14	15	15	16	17
800	3	3	4	4	4	5	5	5	6	6	7	7	8	8	9	9	10	10	11	12	13	13	14	15	16	17	18	19	20	21	22
1000	4	4	4	5	5	6	6	6	7	7	8	9	9	10	10	11	12	13	13	14	15	16	17	18	20	21	22	23	25	26	28
1200	4	5	5	6	6	7	7	8	8	9	9	10	11	11	12	13	14	15	16	17	18	19	20	21	23	24	26	27	29	31	32
1400	5	5	6	6	7	7	8	8	9	10	10	11	12	13	14	15	16	17	18	19	20	22	23	24	26	28	29	31	33	35	37
1600	5	6	6	7	7	8	9	9	10	11	11	12	13	14	15	16	17	19	20	21	23	24	25	27	29	31	33	35	37	39	41
1800	6	6	7	7	8	9	9	10	11	12	12	13	14	15	17	18	19	20	22	23	25	26	28	30	32	34	36	39	41	43	46
2000	6	7	7	8	9	9	10	11	11	12	13	14	16	17	18	19	20	22	24	25	27	29	31	33	35	37	39	42	44	47	50
2200	7	7	8	8	9	10	10	11	12	13	14	15	16	18	19	20	22	24	25	27	29	31	33	35	37	40	42	45	48	51	54
2400	7	8	8	9	9	10	11	12	13	14	15	16	17	19	20	22	23	25	27	29	31	33	35	37	40	43	45	48	51	54	57
2600	7	8	8	9	10	11	11	12	13	14	16	17	18	20	21	23	24	26	28	30	32	35	37	40	42	45	48	51	55	58	61
2800	7	8	9	9	10	11	12	13	14	15	16	18	19	21	22	24	26	27	30	32	34	36	39	42	45	48	51	54	58	61	65
3000	8	8	9	10	10	11	12	13	14	15	17	18	20	21	23	25	27	29	31	33	35	38	41	44	47	50	53	57	61	64	68
3200	8	8	9	10	11	12	13	14	15	16	17	19	20	22	24	26	28	30	32	34	37	40	42	45	49	52	56	59	63	67	71
3400	8	8	9	10	11	12	13	14	15	16	18	19	21	23	24	26	29	31	33	36	38	41	44	47	51	54	58	62	66	70	74
3600	8	9	9	10	11	13	13	14	15	17	18	20	22	23	25	27	29	32	34	37	39	42	45	49	52	56	60	64	68	73	77
3800	8	9	10	10	11	13	13	14	16	17	19	20	22	24	26	28	30	32	35	38	41	44	47	50	54	58	62	66	70	75	80
4000	8	9	10	11	11	13	14	15	16	17	19	21	22	24	26	28	31	33	36	39	42	45	48	52	56	60	64	68	73	78	83
4200	8	9	10	11	12	13	14	15	16	18	19	21	23	25	27	29	31	34	37	40	43	46	49	53	57	61	66	70	75	80	85
4400	8	9	10	11	12	13	14	15	16	18	20	21	23	25	27	29	32	34	37	40	44	47	51	54	58	63	67	72	77	82	87
4600	8	9	10	11	12	13	14	15	17	18	20	22	24	25	28	30	32	35	38	41	44	48	52	56	60	64	69	74	79	84	90
4800	8	9	10	11	12	13	14	15	17	18	20	22	24	26	28	30	33	36	39	42	45	49	53	57	61	65	70	75	81	86	92
5000	8	9	10	11	12	13	14	16	17	19	20	22	24	26	28	31	33	36	39	42	46	50	54	58	62	67	72	77	82	88	94
5200	8	9	10	11	12	13	14	16	17	19	20	22	24	26	29	31	34	37	40	43	47	50	54	59	63	68	73	78	84	90	96
5400	8	9	10	11	12	13	14	16	17	19	20	22	24	26	29	31	34	37	40	44	47	51	55	60	64	69	74	80	86	92	98

续表

高度(m)	1000hPa 地面露点(℃)																														
	0	1	2	3	4	5	6	7	8	9	10	11	12	13	14	15	16	17	18	19	20	21	22	23	24	25	26	27	28	29	30
5600	8	9	10	11	12	13	14	16	17	19	21	22	24	27	29	32	35	38	41	44	48	52	56	60	65	70	76	81	87	93	100
5800	8	9	10	11	12	13	14	16	17	19	21	22	25	27	29	32	35	38	41	45	48	52	57	61	66	71	77	82	88	95	101
6000	8	9	10	11	12	13	15	16	17	19	21	23	25	27	30	32	35	38	42	45	49	53	57	62	67	72	78	84	90	96	103
6200	8	9	10	11	12	13	15	16	17	19	21	23	25	27	30	32	35	38	42	45	49	54	58	63	68	73	79	85	91	98	104
6400	8	9	10	11	12	13	15	16	18	19	21	23	25	27	30	33	35	39	42	46	50	54	58	63	68	74	80	86	92	99	106
6600	8	9	10	11	12	13	15	16	18	19	21	23	25	27	30	33	36	39	42	46	50	54	59	64	69	74	80	87	93	100	107
6800	8	9	10	11	12	13	15	16	18	19	21	23	25	27	30	33	36	39	42	46	50	55	60	65	70	75	81	87	94	101	108
7000	8	9	10	11	12	14	15	16	18	19	21	23	25	28	30	33	36	39	43	46	51	55	60	65	70	76	82	88	95	102	110
7200	8	9	10	11	12	14	15	16	18	19	21	23	25	28	30	33	36	39	43	47	51	55	60	65	71	76	82	89	96	103	111
7400	8	9	10	11	12	14	15	16	18	19	21	23	25	28	30	33	36	39	43	47	51	56	61	66	71	77	83	90	97	104	112
7600	8	9	10	11	12	14	15	16	18	19	21	23	25	28	30	33	36	39	43	47	51	56	61	66	72	77	83	90	98	105	113
7800	8	9	10	11	12	14	15	16	18	19	21	23	25	28	30	33	36	39	43	47	51	56	61	66	72	78	84	91	98	106	114
8000	8	9	10	11	12	14	15	16	18	19	21	23	26	28	30	33	36	40	43	47	52	56	61	67	72	78	85	92	99	107	115
8200	8	9	10	11	12	14	15	16	18	19	21	23	26	28	30	33	36	40	43	47	52	57	62	67	73	78	85	92	100	108	115
8400	8	9	10	11	12	14	15	16	18	19	21	23	26	28	30	33	36	40	43	47	52	57	62	67	73	79	85	92	100	108	116
8600	8	9	10	11	12	14	15	16	18	19	21	23	26	28	30	33	36	40	43	47	52	57	62	68	73	79	86	93	101	109	117
8800	8	9	10	11	12	14	15	16	18	19	21	23	26	28	30	33	36	40	43	47	52	57	62	68	73	79	86	93	101	109	118
9000	8	9	10	11	12	14	15	16	18	19	21	23	26	28	31	33	36	40	43	47	52	57	62	68	74	80	86	94	102	110	118
9200	8	9	10	11	12	14	15	16	18	19	21	23	26	28	31	33	36	40	43	48	52	57	62	68	74	80	87	94	102	110	119
9400						14	15	16	18	19	21	23	26	28	31	33	36	40	44	48	52	57	62	68	74	80	87	94	102	110	119
9600						14	15	16	18	19	21	23	26	28	31	33	36	40	44	48	52	57	63	68	74	80	87	94	102	111	120
9800						14	15	16	18	19	21	23	26	28	31	33	36	40	44	48	52	57	63	68	74	80	87	95	103	111	120
10000						14	15	16	18	19	21	23	26	28	31	33	37	40	44	48	52	57	63	68	74	80	87	95	103	112	121
11000											21	23	26	28	31	33	37	40	44	48	52	57	63	68	74	81	88	96	104	113	122
12000																33	37	40	44	48	52	57	63	68	74	81	88	96	105	114	123
13000																					52	57	63	68	74	81	88	97	105	114	124
14000																					52	57	63	68	74	81	88	97	105	115	124
15000																										81	88	97	106	115	124
16000																										81	88	97	106	115	124
17000																											88	97	106	115	124

参 考 文 献

［1］ 詹道江，叶守泽．工程水文学［M］．3版．北京：中国水利水电出版社，2000.

［2］ 芮孝芳．水文学原理［M］．北京：中国水利水电出版社，2004.

［3］ 梁忠民，钟平安，华家鹏．水文水利计算［M］．2版．北京：中国水利水电出版社，2008.

［4］ 詹道江，邹进上．可能最大暴雨与洪水［M］．北京：水利电力出版社，1983.

［5］ 雒文生．河流水文学［M］．北京：水利电力出版社，1992.

［6］ 包为民．水文预报［M］．3版．北京：中国水利水电出版社，2008.

［7］ 雒文生，宋星原．工程水文与水利计算［M］．2版．北京：中国水利水电出版社，2010.

［8］ 中华人民共和国水利部．GB 50201—94 防洪标准［M］．北京：中国计划出版社，1994.

［9］ 谢悦波．水信息技术［M］．北京：中国水利水电出版社，2009.

［10］ 芮孝芳．径流形成原理［M］．南京：河海大学出版社，1991.

［11］ 詹道江，徐向阳，陈元芳．工程水文学［M］．4版．北京：中国水利水电出版社，2010.

［12］ 王国安．可能最大暴雨和洪水计算原理与方法［M］．北京：中国水利水电出版社，1999.

［13］ 范荣生，王大齐．水资源水文学［M］．北京：中国水利水电出版社，1996.

［14］ 任树梅，程伍群，魏永霞．工程水文学与水利计算基础［M］．2版．北京：中国农业大学出版社，2008.

［15］ 魏永霞，王学丽．工程水文学［M］．北京：中国水利水电出版社，2005.

［16］ 中华人民共和国水利部．SL 278—2002 水利水电工程水文计算规范［M］．北京：中国水利水电出版社，2002.

［17］ 黎国胜，王颖．工程水文与水利计算［M］．郑州：黄河水利出版社，2009.

［18］ 张子贤．工程水文及水利计算［M］．北京：中国水利水电出版社，2008.

［19］ 耿洪江．工程水文及水利计算［M］．北京：中国水利水电出版社，2001.

［20］ 刘光文．水文分析与计算［M］．北京：水利电力出版社，1989.

［21］ 黄振平．水文统计学［M］．南京：河海大学出版社，2003.

［22］ 陈家琦．小流域暴雨洪水计算问题［M］．北京：地质出版社，1989.

［23］ 叶守泽．水文水利计算［M］．北京：水利电力出版社，1992.

［24］ 马学尼，黄廷林．水文学［M］．3版．北京：中国建筑工业出版社，1998.

［25］ 周忠远，舒大兴．水文信息采集与处理［M］．南京：河海大学出版社，2005.

［26］ 任树梅，李靖．工程水文与水文计算［M］．北京：中国农业出版社，2005.

［27］ 中华人民共和国水利部．SL 250—2000 水文情报预报规范［M］．北京：中国水利水电出版社，2000.

［28］ 宋星源，雒文生，赵英林，等．工程水文学题库及题解［M］．北京：中国水利水电出版社，2003.

［29］ 范世香，程银才，高雁．洪水设计与防治［M］．北京：化学工业出版社，2008.

［30］ 范世香，高雁，程银才．应用水文学［M］．北京：中国环境科学出版社，2012.

［31］ 范世香，高雁，程银才．特征河长的一种半经验新计算方法［J］．水电能源科学，2007，25（4）.

［32］ 范世香，安淑红，张淑琢．几种常用汇流曲线单位（因次）问题的分析［J］．水电能源科学，2008，26（3）.

［33］ 范世香，高雁，宋丹丹．汇流曲线的定义与因次［J］．水电能源科学，2013，31（8）.